中国土木建筑百科辞典

城市规划与风景园林

中国建筑工业出版社

图书在版编目(CIP)数据

中国土木建筑百科辞典.城市规划与风景园林/李国豪等主编.
北京:中国建筑工业出版社,2004
ISBN 7-112-02521-4

I. 中... II. 李... III. ①建筑工程—词典②城市规划—
词典③风景园林—词典 IV. TU-61

中国版本图书馆 CIP 数据核字(2000)第 080201 号

中国土木建筑百科辞典
城市规划与风景园林

*

中国建筑工业出版社出版、发行(北京西郊百万庄)
新 华 书 店 经 销
北京市景煌照排中心照排
北京同文印刷有限责任公司印刷

*

开本:787×1092 毫米 1/16 印张:26 字数:923 千字
2005 年 4 月第一版 2005 年 4 月第一次印刷
印数:1—2500 册 定价:**80.00** 元
ISBN 7-112-02521-4
TU·1936(9062)

版权所有 翻印必究
如有印装质量问题,可寄本社退换
(邮政编码 100037)
本社网址:http://www.china-abp.com.cn
网上书店:http://www.china-building.com.cn

《中国土木建筑百科辞典》总编委会名单

主　　　任：李国豪

常务副主任：许溶烈

副　主　任：（以姓氏笔画为序）

左东启　卢忠政　成文山　刘鹤年　齐　康　江景波　吴良镛　沈大元
陈雨波　周　谊　赵鸿佐　袁润章　徐正忠　徐培福　程庆国

编　　　委：（以姓氏笔画为序）

王世泽　　　王　弗　　　王宝贞（常务）王铁梦　　　尹培桐
邓学钧　　　邓恩诚　　　左东启　　　石来德　　　龙驭球（常务）
卢忠政　　　卢肇钧　　　白明华　　　成文山　　　朱自煊（常务）
朱伯龙（常务）朱启东　　　朱象清　　　刘光栋　　　刘先觉
刘柏贤　　　刘茂榆　　　刘宝仲　　　刘鹤年　　　齐　康
江景波　　　安　昆　　　祁国颐　　　许溶烈　　　孙　钧
李利庆　　　李国豪　　　李荣先　　　李富文（常务）李德华（常务）
吴元炜　　　吴仁培（常务）吴良镛　　　吴健生　　　何万钟（常务）
何广乾　　　何秀杰（常务）何钟怡（常务）沈大元　　　沈祖炎（常务）
沈蒲生　　　张九师　　　张世煌　　　张梦麟　　　张维岳
张　琰　　　张新国　　　陈雨波　　　范文田（常务）林文虎（常务）
林荫广　　　林醒山　　　罗小未　　　周宏业　　　周　谊
庞大中　　　赵鸿佐　　　郝　瀛（常务）胡鹤均（常务）侯学渊（常务）
姚玲森（常务）袁润章　　　贾　岗　　　夏行时　　　夏靖华
顾发祥　　　顾迪民（常务）顾夏声（常务）徐正忠　　　徐家保
徐培福　　　凌崇光　　　高学善　　　高渠清　　　唐岱新
唐锦春（常务）梅占馨　　　曹善华（常务）龚崇准　　　彭一刚（常务）
蒋国澄　　　程庆国　　　谢行皓　　　魏秉华

《中国土木建筑百科辞典》编辑部名单

主　　　任：张新国

副　主　任：刘茂榆

编辑人员：（以姓氏笔画为序）

刘茂榆　杨　军　张梦麟　张　琰　张新国　庞大中　郦锁林　顾发祥
董苏华　曾　得　魏秉华

3

城市规划与风景园林编委会名单

主 编 单 位：清华大学　同济大学
主　　　编：李德华　朱自煊
副 主 编：董鉴泓　赵炳时　邹德慈　刘小石
编　　　委：(以姓氏笔画为序)

邓述平	甘伟林	石成球	白德懋	刘家麒	乐卫忠	朱纯华	李铮生
阮仪三	陈保荣	沈玉麟	严　正	芮经纬	吴明伟	陈　田	陈为邦
张守仪	宗　林	周一星	郑光中	金大勤	林志群	胡序威	柯焕章
陶松龄	梅保华	黄伟康	黄富厢	谢文蕙			

撰 稿 人：(以姓氏笔画为序)

丁景熹	开　彦	王早生	毛其智	文立道	邓述平	史育龙	白德懋
乐卫忠	宁越敏	朱祖希	刘仁根	刘家麒	刘博敏	刘滨谊	阮仪三
芮经纬	李峻利	李铮生	李德华	杨照远	严　正	吴　晟	吴明伟
何学涌	沈　洪	沈玉麟	张文奇	张国全	张守仪	陈　田	陈保荣
陈为邦	陈秉钊	陈景润	武绪敏	范　为	范念母	林志群	罗廷栋
周一星	周杰民	周维权	金大勤	金经元	郑光中	宗　林	孟兆祯
赵以忻	赵炳时	赵洪才	赵健溶	胡序威	查　克	洪再生	秦福生
耿世彬	晏　群	徐循初	高　霖	唐炳华	浦善新	陶松龄	黄伟康
黄富厢	梅保华	曹型荣	商志原	章敬三	董鉴泓	蒋大卫	鲁晨海
谢文蕙	管元馨	薛　平	魏士衡				

序　言

经过土木建筑界一千多位专家、教授、学者十个春秋的不懈努力,《中国土木建筑百科辞典》十五个分卷终于陆续问世了。这是迄今为止中国建筑行业规模最大的专科辞典。

土木建筑是一个历史悠久的行业。由于自然条件、社会条件和科学技术条件的不同,这个行业的发展带有浓重的区域性特色。这就导致了用于传授知识和交流信息的词语亦有颇多差异,一词多义、一义多词、中外并存、南北杂陈的现象因袭流传,亟待厘定。现代科学技术的发展,促使土木建筑行业各个领域发生深刻的变化。随着学科之间相互渗透、相互影响日益加强,新兴学科和边缘学科相继形成,以及日趋活跃的国际交流与合作,使这个行业的科学技术术语迅速地丰富和充实起来,新名词、新术语大量涌现;旧名词、旧术语或赋予新的概念或逐渐消失,人们急切地需要熟悉和了解新旧术语的含义。希望对国外出现的一些新事物、新概念、新知识有个科学的阐释。此外,人们还要查阅古今中外的著名人物,著名建筑物、构筑物和工程项目,重要学术团体、机构和高等学府,以及重要法律法规、典籍、著作和报刊等简介。因此,编撰一部以纠讹正名,解诂释疑,系统汇集浓缩知识信息的专科辞书,不仅是读者的期望,也是这个行业科学技术发展的需要。

《中国土木建筑百科辞典》共收词约6万条,包括规划、建筑、结构、力学、材料、施工、交通、水利、隧道、桥梁、机械、设备、设施、管理,以及人物、建筑物、构筑物和工程项目等土木建筑行业的主要内容。收词力求系统、全面,尽可能反映本行业的知识体系,有一定的深度和广度;构词力求标准、严谨,符合现行国家标准规定,尽可能达到辞书科学性、知识性和稳定性的要求。正在发展而尚未定论或有可能变动的词目,暂未予收入;而历史上曾经出现,虽已被淘汰的词目,则根据可能参阅古旧图书的需要而酌情收入。各级词目之间尽可能使其纵横有序,层属清晰。释义力求准确精练,有理有据,绝大多数词目的首句释义均为能反映事物本质特征的定义。对待学术问题,按定论阐述;尚无定论或有争议者,则作宏观介绍,或并行反映现有的各家学说、观点。

中国从《尔雅》开始,就有编撰辞书的传统。自东汉许慎《说文解字》刊行以来,迄今各类辞书数以万计,可是土木建筑行业的辞书依然屈指可数,大型辞书则属空白。因此，承上启下，继往开来，编撰这部大型辞书，不惟当务之急，亦是本书总编委会和各个分卷编委会全体同仁对本行业应有之奉献。在编撰过程中，建设部科学技术委员会从各方面为我们创造了有利条件。各省、自治区、直辖市建设部门给予热情帮助。同济大学、清华大学、西南交通大学、哈尔滨建筑大学、重庆建筑大学、湖南大学、东南大学、武汉工业大学、河海大学、浙江大学、天津大学、西安建筑科技大学等高等学府承担了各个分卷的主要撰稿、审稿任务，从人力、财力、精神和物质上给予全力支持。遍及全国的撰稿、审稿人员同心同德，精益求精，切磋琢磨，数易其稿。中国建筑工业出版社的编辑人员也付出了大量心血。当把《中国土木建筑百科辞典》各个分卷呈送到读者面前时，我们谨向这些单位和个人表示崇高的敬意和深切的谢忱。

在全书编撰、审查过程中，始终强调"质量第一"，精心编写、反复推敲。但《中国土木建筑百科辞典》收词广泛，知识信息丰富，其内容除与前述各专业有关外，许多词目释义还涉及社会、环境、美学、宗教、习俗，乃至考古、校雠等；商榷定义，考订源流，难度之大，问题之多，为始料所不及。加之客观形势发展迅速，定稿、付印皆有计划，广大读者亦要求早日出版，时限已定，难有再行斟酌之余地，我们殷切地期待着读者将发现的问题和错误，一一函告《中国土木建筑百科辞典》编辑部（北京西郊百万庄中国建筑工业出版社，邮编100037），以便全书合卷时订正、补充。

《中国土木建筑百科辞典》总编委会

前　言

　　《中国土木建筑百科辞典》城市规划与风景园林卷自 1989 年开始制订计划，分工编写到定稿，审校和复印，前后经历了 15 个年头。参加本卷编写的有 83 人，全书篇幅近 100 万字。这是一项跨世纪的巨大工程，今天终于和读者见面了。应该感谢积极支持这项工程的各大院校和规划设计研究院。他们是同济大学、东南大学、北京大学、清华大学、天津大学、南京大学、北京林业大学、北京建筑工程学院等以及中国城市规划设计研究院、北京城市规划设计研究院、北京建筑设计研究院、上海城市规划设计研究院、北京社会科学院、中国建筑设计研究院等。更要感谢参与编写的专家、学者、规划设计人员、研究人员，是他们辛勤的汗水和无私奉献，为本卷的出版作出了巨大的贡献。

　　这 15 年是我国改革开放取得巨大成就的 15 年，反映在城市化和城市建设上也是变化最大的 15 年。作为一本辞书，既要跟上时代步伐，有一定超前意识；又要求标准、严谨，达到科学性、知识性和稳定性要求。本卷在制订规划、组织编写时，就注意到这些方面。为此，把城市规划内容扩展到城市科学领域，增加了城市地理、城市经济、城市社会学等方面条目；在各分支学科领域，也尽可能把当时国内外比较新的概念、内容编写进来；对园林、绿化和生态、景观方面，也作为一个重要内容来对待。这些在今天已为人们所熟知，但在当时已相当超前了。因而对当初立意创新而由于出版一再推迟以至于今天反倒有点滞后之感而深表遗憾。希望本卷出版能为广大读者提供一本较为全面、方便和比较准确的工具书，也欢迎大家提出宝贵意见。

城市规划与风景园林卷编委会

凡　例

组　卷

一、本辞典共分建筑、城市规划与风景园林、工程力学、建筑结构、工程施工、工程机械、工程材料、建筑设备工程、基础设施与环境保护、交通运输工程、桥梁工程、地下工程、水利工程、经济与管理、建筑人文十五卷。

二、各卷内容自成体系；各卷间存有少量交叉。建筑卷、建筑结构卷、工程施工卷等，内容侧重于一般房屋建筑工程方面，其他土木工程方面的名词、术语则由有关各卷收入。

词　条

三、词条由词目、释义组成。词目为土木建筑工程知识的标引名词、术语或词组。大多数词目附有对照的英文，有两种以上英译者，用"，"分开。

四、词目以中国科学院和有关学科部门审定的名词术语为正名，未经审定的，以习用的为正名。同一事物有学名、常用名、俗名和旧名者，一般采用学名、常用名为正名，将俗名、旧名采用"俗称"、"旧称"表达。个别多年形成习惯的专业用语难以统一者，予以保留并存，或以"又称"表达。凡外来的名词、术语，除以人名命名的单位、定律外，原则上意译，不音译。

五、释义包括定义、词源、沿革和必要的知识阐述，其深度和广度适合中专以上土木建筑行业人员和其他读者的需要。

六、一词多义的词目，用①、②、③分项释义。

七、释义中名词术语用楷体排版的，表示本卷收有专条，可供参考。

插　图

八、本辞典在某些词条的释义中配有必要的插图。插图一般位于该词条的释义中，不列图名，但对于不能置于释义中或图跨越数条词条而不能确定对应关系者，则在图下列有该词条的词目名。

排　列

九、每卷均由序言、本卷序、凡例、词目分类目录、正文、检字索引和附录组成。

十、全书正文按词目汉语拼音序次排列；第一字同音时，按阴平、阳平、上声、去声的声调顺序排列；同音同调时，按笔画的多少和起笔笔形横、竖、撇、点、折的序次排列；首字相同者，按次字排列，次字相同者按第三字排列，余类推。外文字母、数字起头的词目按英文、俄文、希腊文、阿拉伯数字、罗马数字的序次列于正文后部。

检　索

十一、本辞典除按词目汉语拼音序次直接从正文检索外，还可采用笔画、分类目录和英文三种检索方法，并附有汉语拼音索引表。

十二、汉字笔画索引按词目首字笔画数序次排列；笔画数相同者按起笔笔形横、竖、撇、点、折的序次排列，首字相同者按次字排列，次字相同者按第三字排列，余类推。

十三、分类目录按学科、专业的领属、层次关系编制，以便读者了解本学科的全貌。同一词目在必要时可同时列在两个以上的专业目录中，遇有又称、旧称、俗称、简称词目，列在原有词目之下，页码用圆括号括起。为了完整地表示词目的领属关系，分类目录中列出了一些没有释义的领属关系词或标题，该词用〔　〕括起。

十四、英文索引按英文首词字母序次排列，首字相同者，按次词排列，余类推。

目　　录

词目分类目录

说　明

一、本目录按学科、专业的领属、层次关系编制，供分类检索条目之用。

二、有的词条有多种属性，可能在几个分支学科和分类中出现。

三、词目的又称、旧称、俗称、简称等，列在原有词目之下，页码用圆括号括起，如(1)、(9)。

四、凡加有 [　] 的词为没有释义的领属关系词或标题。

1

5

11

14

16

23

[园林设计代表人物]

A

a

阿奥斯达 Aosta

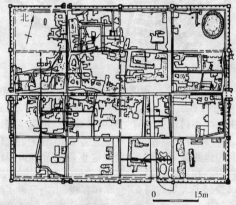

古罗马帝国时期军事营寨城。位于意大利西北部边境附近。公元前一世纪按罗马军队严谨的营寨格局建成。平面规整,方格网道路系统。与其他罗马营寨城不同的是,南北向干道向西偏移,同时在东面增加一平行干道,与东西向干道形成两个交叉点。据推测,当时可能有两支军队同时驻扎,因此形成两个中心。   (陈保荣)

阿尔伯蒂(1404～1472 年) Leon Battista Alberti

意大利文艺复兴时期的杰出人物,在文学、作曲、美学、建筑、绘画和设计理论方面均颇突出,所著《建筑学十书》(1452 年)对意大利别墅的规划和设计原则作了明确的阐述。有开阔的视野,把周围的景观、风向、水体和阳光都借纳到花园中来,并把古希腊、古罗马的传统与坡地的基地结合起来,形成一种有缓坡的步道。他强调哲理、数学和考古,建筑和基地设计采用规整几何形,特别偏爱圆和半圆的线型。   (李铮生)

阿尔罕伯拉宫 The Alhambra

又称红宫。阿拉伯伊斯兰王朝在西班牙格兰纳达所建。位于一小山上,有一圈 3 500m 的红石围墙,由六个院七个厅堂组成。而以两个伊斯兰庭院称著。一是玉泉院(又称石榴院 36m×23m),以朝觐仪式为主,院中有一长条形水池,原作沐浴仪式之用。池的两端有大理石的喷水盘,院两侧是光洁的

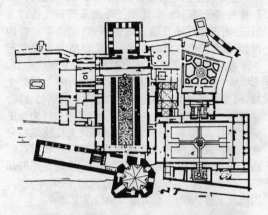

玉泉院(石榴院)

狮子院

墙,两端是券廊,有幽闲肃穆的气氛。另一是狮子院(28m×16m),是后妃们居住的地方,周围有回廊,院内有十字形水渠,中央有池和12头雄狮托住的喷水盘,水从狮口喷出,流向四周浅沟。 (李铮生)

阿玛纳城 Tel-el-Amarna

上埃及埃赫塔吞城废墟。"埃赫塔吞"意为"太阳神阿顿普照的地方"。位于今埃及艾斯尤特以北71km阿玛纳。埃及国王阿肯那顿(阿孟霍特普四世)实行新政崇拜太阳,于公元前1375年在尼罗河东岸荒地上建立新都。城市沿尼罗河呈带状布置,无城墙。一条御路顺尼罗河弯曲由南而北贯穿全城,两侧布置城市主要建筑物。城市有明确的分区,北端有一皇宫,南部为高级官吏府邸,中央区为帝王统治中心,有皇宫、阿顿神庙、官署及文化建筑物分立于御路两侧,用一过街楼联系起来。在城市以东约2km处有69m×69.6m带有围墙、布局规则但却拥挤的住宅区,供匠人居住。公元前1356年左右,因政权更替,城市在尚未建成的情况下废弃。

(陈保荣)

阿麦连堡广场 Amalienborg Place, Copenhagen

丹麦哥本哈根君权时期的著名城市广场。建于1749年。平面呈八角形,由格局对称的建筑围合而成。广场中心竖立着一座骑马雕像,一端有一条短街连接一座大理石教堂作为对景,另一端通往船埠。 (黄伟康)

阿姆斯特丹(13~17世纪) Amsterdam(13~17 century)

位于荷兰北部须德海湾内的贸易和港口城市。13世纪随着手工业工场与海上贸易的发展,城市逐渐由海滨小村发展为荷兰的重要城市。市内运河密布,至今城市中心区的规划结构仍是13~17世纪的运河与道路骨架。至17世纪这里曾是蜚声世界的贸易中心和最大的港口。城外修建了防御性城墙,港口筑起了大量的码头、仓库和客栈,市内开设了交易所和银行。不久城墙又向外扩大,并建了22个碉堡。市区作马蹄状向河口两岸发展,后又成扇形,这些房屋多沿运河分布。 (沈玉麟)

阿索斯广场 Assos, Greece

希腊化时期阿索斯城的中心广场。平面为梯形,两侧有尺度宏大、高2层的敞廊。市民在廊中进行商品交易。有时可前后分成两进,后进开设店铺。利用墙面作壁面或铭文,敞廊与相连的街旁柱廊形成气势壮阔的长距离柱廊透视景象。

(黄伟康)

ai

埃斯特别墅 Villa d'Este, Tivoli Italy

意大利台地园的代表作之一。建于1549年,位于罗马东郊风景优美的梯沃里。整个园地上下高差约50m,按山势分成宽窄不等的五层,最下层为一平整的大台地。中间有一主轴线,用植物、扶梯、水池、雕像、瀑布等贯穿起来。其布局和处理集中体现了台地园的特色。在水的处理上有独特之处,利用山岭的天然水源加以组织,形成喷泉、水池、水戏、水风琴、水渠等形式,并运用流水的不同方式产生多种声响效果,如短促的喷泉声、瀑布的吼声、缓流的汩汩声、湍流的高频声、滴水的丁冬声、水波的拍岸声等,从而构成了一首水声的交响乐,受到赞赏。

(李铮生)

爱丽舍田园大街

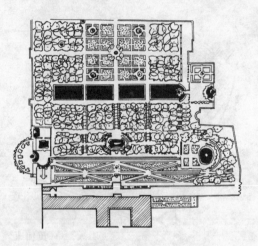

埃斯特别墅

爱丽舍田园大街 The Champs-Elysees,Paris

巴黎中心区最著名的林阴大道。宽 70m,长约
19km,联结着协和广场和星形广场,构成城市的主
轴线。大道分成两段:第一段是从协和广场到圆点
广场(Rond Point),两侧有开阔的街头公园,布置着
纪念碑、小剧场和两座宫殿建筑;另一段从圆点广场
至星形广场,两侧密布着商店、餐馆、银行和各国航
空公司、办事处。　　　　　　　　　　　(黄伟康)

an

安全岛 refuge island

又称避车岛。建在较宽的道路的中央或机动车
道与非机动车道之间的人行横道上的安全设施,高
于车道路面,供行人横穿道路时临时停留,在安全岛
的外侧一般涂有醒目的标志,以提醒司机注意。
　　　　　　　　　　　　　　　　　　(李峻利)

安阳 Anyang

位于河南省北部,是商代的殷都,秦筑城,隋至
清历为州、郡、路、府治所。旧城基本保持传统格局,
并存有许多民居。市区西北小屯村为殷代王城遗
址,出土有大量甲骨文及青铜器。文物古迹有文峰
塔、高阁寺、小白塔等,城北有袁世凯陵墓,城西水冶
镇有珍珠泉风景区及万佛沟石窟等。为第二批国家
级历史文化名城。安阳市区人口 42.7 万(1991 年
末)。工业有钢铁、机械、纺织、化学等。
　　　　　　　　　　　　　　　　　　(阮仪三)

安置费

见转业费(280 页)。

岸线分配 shoreline planning

又称岸线规划。城市对临水岸线(包括毗邻的
水域和陆域)使用作出的安排。根据城市总体规划
布局,结合城市岸线使用的现状,对需要临水布置的
部门,按水深、水域、地质、地貌、陆域的要求进行综
合平衡,安排合理的位置,划定适当的范围。对不合
理占用的岸线可进行调整。　　　　　　　(宗　林)

岸线规划 shoreline planning

见岸线分配(3 页)。

ao

嚣

也作隞、敖,商代都城之一。《竹书纪年》载"仲
丁元年(公元前 1562 年)将都城自亳迁至嚣",嚣城
址在今郑州市区,平面近似正方形,北城墙长约
1 690m,西城墙长约 1 700m,南、东城墙各长约
1 870m。有宫殿、奴隶主和贵族的住宅、储粮窖、平民
住宅,城北有冶铁,制骨器,制陶等手工作坊。夯土
城墙目前尚有数段露出地面达数米。奴隶的住房很
小,也有半地下的房屋。　　　　　　　　(董鉴泓)

奥姆斯德(1822~1903 年) Frederick Law Olm-
sted

美国著名风景建筑师,美国风景建筑师职业的
奠基人,冠有"风景建筑之父"之称,在国际风景建筑
界享有盛誉。他自幼热爱自然,曾当过农民、测量
员、新闻记者,学过水利工程、农学,办过农场。在
1850 年去英格兰参观时,对英国自然风景园颇赞
赏。1858 年与建筑师孚克斯(Calvert Vaux)合作设
计的纽约中央公园在高楼包围之中却给人享受到自

然之美，获得成功，名声大振。他在近四十年的时间内完成了六百余项目。尤其是波士顿的绿地系统，将被污染的沼泽地改建成为公园绿地。1865 年负责加州约瑟米堤峪谷的规划，开辟为公共游览区。他的工作一直受到赞赏。其主要贡献有：开创风景建筑名称和专业，奠定专业哲理；重视大众游憩需要，推动城市绿地系统的理论和建设；把风景建筑理念引入住区规划及城市规划；倡导国家公园概念，保护优美自然环境。他的工作和理念对近现代园林产生了深远的影响。　　　　　　　　　　（李铮生）

B

ba

八达岭-十三陵风景名胜区

在北京市延庆县和昌平县的国家重点风景名胜区。面积 280km²，分为八达岭、十三陵两个景区。八达岭是万里长城的一段，居高临下，地势险峻，是北京与塞外的咽喉要道。八达岭城墙平均高 7.8m，宽 6.5m，可五骑并进，十丁并行。筑有墙台、敌台、战台。居庸关建于关沟之中，两山壁立，中通一轨，重屹叠嶂，蔽亏天日。居庸叠翠为燕京八景之一。十三陵是明代帝王陵寝，三面环山，正南开阔，面向京城，龙虎两山对峙，形成天然门户。1409 年开始建陵，有十三座皇陵。陵区正面有一精美的汉白玉石坊，五间六柱十一楼形制。在 7km 长的陵道旁，有许多建筑和石雕群，庄重威严。1956 年发掘的定陵地宫，成为游览中心。　　　　　　（王早生）

"八大部"-净月潭风景名胜区

在吉林省长春市境内的国家重点风景名胜区。由伪满洲国傀儡皇帝宫殿、伪国务院及其下属"八大部"等历史建筑与山清水秀的净月潭自然风光组合而成，面积 151km²。伪皇宫在城区东北部，宫殿分内外两庭。外庭主要有勤民楼、怀远楼、嘉乐殿；内庭主要有缉熙楼、同德殿，还有御花园、书画库、跑马场等附属建筑。净月潭在市区东南，有潭北山色、潭南林海、月潭水光和潭东村舍四个景区，水景为主，山村衬托，植被丰富，有大片森林、山花、药用植物，82 种脊椎动物、60 多种鸟类。山村中有 2 处金代古墓。　　　（赵健溶）

巴比干中心　Barbican Centre, London

伦敦市中心重建的一个现代居住区。1955 年开始建设。1981 年全部建成。占地 15.2 万 m²，有 2 113 套住宅和女子学校、音乐歌剧学校、戏院、音乐厅以及商店。住宅多高层结合，人口密度达 570 人/万 m²，但仍有足够的绿地和活动空间，创造良好的居住环境。室外是个大平台，平台供步行及生活活动。车行道和停车场都在平台以下，排除了车辆对居民的干扰。

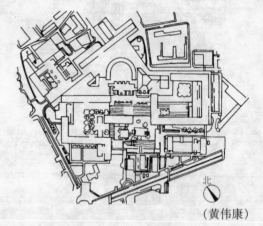

（黄伟康）

巴比伦城　Babylon

两河流域的古代著名城市。位于今巴格达南 88km 处。曾为古巴比伦王国及新巴比伦王国首都。公元前 6 世纪尼布甲尼撒二世时，都城为西亚贸易

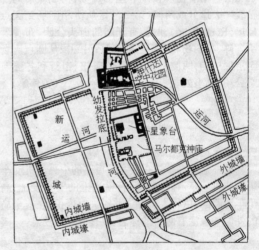

和文化中心，规划建设宏伟壮观，人口达 10 万。被誉为世界七大奇观之一的巴比伦空中花园在此时建成。幼发拉底河由城市中间穿过，城市大体呈矩形。有两重城墙，中间间隔 12m，墙厚 6m；城东南另加筑外城。宫殿、圣地、神庙都有厚重防御性围墙。内城

面积约 35km²,有 9 座城门。城中马尔都克神庙正对夏至日出方向,以该神庙为中心确定全城的布局。在中央大道与河岸之间由北向南依次布置王宫、星象台及马尔都克神庙。这种排成一列的布局区别于两河流域其他城市将主要建筑集中在一起的布局方式。公元 2 世纪,城市沦为废墟。　　　（陈保荣）

巴比伦空中花园　The Hanging Garden of Babylon

又称悬空园。新巴比伦国王尼布甲尼撒二世（公元前 605 年~公元前 563 年）为取悦他的王妃而建的层园。被誉为古代世界七大奇观之一。据推测它是一座台形的建筑物,顶上有庙宇。每台层有拱廊,其顶覆土种植各种树木花草,有人工提水设施引河水灌溉。并形成溪流和瀑布。远看,如同一座人造山悬挂于空中。该园可谓最早最大的屋顶花园。

（李铮生）

巴格达(中世纪)　Baghdad(Middle Ages)

中世纪阿拉伯伊斯兰教帝国首都。此城于公元766 年建成,聘请了波斯星卜师汉立特为顾问,仿效逊尼亚的廓尔城进行修建。城市平面为圆形,是太

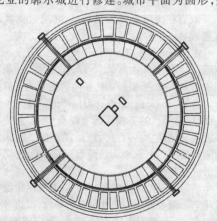

阳的象征,直径 2.8km,占地 6km²,有四座城门。宫殿与清真寺规模很大,居城市中心。城市中有商馆、旅驿、市场、市场(巴扎)和公共浴室等。城市主轴线与子午线成斜角的关系。　　　　　（沈玉麟）

巴黎古城保护规划　Preservation planning of historic Paris

根据 1962 年马尔罗法和 1977 年法令制定的巴黎古城保护规划。在巴黎有 11 个区被指定加以保护,并把巴黎分成三个部分:①历史中心区,即 18 世纪形成的巴黎旧区,主要保护原有历史面貌,维持传统的职能活动。②19 世纪形成的旧区,主要保护 19 世纪的统一和谐面貌。③对周围地区则适当放宽控制。古城保护规划除保存众多的文物古迹外,要求完整地保持长期历史上形成而在 19 世纪中叶为欧斯曼改造了的城市格局。　　　　　（沈玉麟）

巴黎新城　new towns around Paris

法国首都巴黎按照 1965 年《大巴黎规划》确定建立的五座新城。它们分别布置在巴黎城区两侧从东南向西北与城市发展轴相平行的两条切线上。城址充分利用原有基础,规模较大;新城与母城以及其他新城之间有完善的快速交通联系;通过优惠政策吸引巴黎的工业及第三产业,并使60 %~80 %居民就地工作;创建有吸引力的新城中心,并考虑分期发展阶段的完整性;注意地形、地貌与绿地、建筑空间的有机结合等。新城名称及简况如下:

新城名称	位置与距离	用地 （km²）	规划人口 （万人）
塞尔基-蓬杜瓦兹 Cergy-Pontoise	巴黎西北 25km	100	20
埃夫利 Evry	巴黎东南 25km	92.8	50
圣康旦-昂-伊夫林 St. Quentin-en-Yvelines	巴黎西南 30km	160	40
玛尔-拉-瓦雷 Marne-La-Vallee	巴黎东部 10km	150	20
默伦-塞纳尔 Melun-Senart	巴黎东南 35km	170	30

（陈保荣）

巴黎(中世纪)　Mediaeval Paris(Middle Ages)

公元 888 年法兰西国家的首都。是在古罗马营寨城的基础上发展起来的。当时罗马城堡建于塞纳河渡口的小岛即“城岛”。后来在河以南扩展了城市。在中世纪它几次扩大了自己的城墙。当时街道曲折狭窄,木构房屋十分拥挤。公元 1180~1225 年修建了卢浮堡垒。1183 年开始修建中央商场。1163 年开始修建巴黎圣母院。13、14 世纪在城岛西北部兴建了宫殿,后毁于火灾。　　　（沈玉麟）

巴黎(中世纪)

巴斯(近代)　Bath(modern times)

18世纪中叶英国城市建设的一个范例。位于伦敦附近,以温泉疗养著称。1764年由小约翰伍德设计、建造了一个92m直径的圆形广场(舍葛斯 Circus),四周环抱着在同一屋檐下整齐排列的多层环形建筑群。另一是1769年建造的183m长的在同一屋檐下排列整齐的月牙状居住建筑群,在其前形成大的月牙状广场绿地(皇家克莱逊特 Royal Crescent)。有一条街道把以上两组建筑群联系起来。1794年又建造了"兰斯道恩·克莱逊特"(Lansdowne Creseent)。这个建筑群位于城市高处,以三个折曲,顺地形高差组成蛇形住宅群。这在当时是一种创举,在空间处理上运用了开敞和动态的手法。　　　　　　(沈玉麟)

巴西利亚　Brasilia

巴西首都,平地起家的新城。为改变巴西工业和城市过分集中于沿海地区的状况,开发不发达地区,1956年政府在内陆确定首都新址,并通过竞赛选中巴西建筑师 L.科斯塔(L.Costa)的规划方案。1957年开始建设,1960年初具规模。规划用地152km^2,人口50万。城市骨架由两条东西向和南北向功能迥异的轴线相交而成,平面形状犹如向后掠翼的飞机。东西向为主轴,长6km。东段有布局严谨的政府各部办公大楼,端部著名的三权广场上议会大厦、总统府和高等法院三足鼎立。西段为旅馆区、电视塔、体育场及两侧的公园等。西端为铁路客运站。南北间弓形轴线形成的两翼长达13km,布置着由公寓式住宅及相应生活服务设施构成的形状相同的街区,边缘为联排式住宅。两条轴线相交处设四层平台,以疏导来自各方的交通,除设有市际交通车站、大型停车场外。

尚有商业及文娱中心。南翼的东侧为使馆区。在城市两翼的东西,有巨大的人工湖。沿湖设有大学、俱乐部及大片独院式住宅区等。

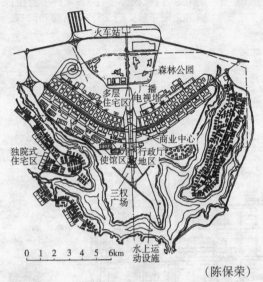

（陈保荣）

霸城门
　　汉长安城东南方城门。正对长乐宫门,门有三洞,正对三个门洞有三条并列的街道,总宽约47m。
（董鉴泓）

bai

白居易（772～846年）　Bai Juyi
　　唐代著名诗人,字乐天,号香山居士,醉吟先生。先世太原人,晚年官太子少傅,谥号"文",世称白傅。一生不仅留下近三千篇诗作,还提出一整套诗歌理论。他又是一个文学家和曲子词作家。白居易自编自己的诗文集,名"白氏长庆集",共收诗文3 800多篇,成75卷,抄写五部。唐末动乱,抄本散乱。南宋绍兴年间（1131～1162年）出版刻本名"白氏文集",仅71卷。明万历三十四年（1606年）,重刻"白氏长庆集"71卷。谪官居庐山时,自筑寓园,自撰《草堂记》。从58岁开始定居洛阳,以饮酒、弹琴、赋诗和游山玩水为自娱,并作园记,如《冷泉亭记》、《池上篇序》、《三游洞序》等,均载于《白氏长庆集》。《草堂记》所记为其庐山的寓园。《池上篇序》所记为其洛阳履道里寓园。这些园记写景状物,旨趣隽永,既是优美的杂记小品,也是唐代园池的忠实记录。
（乐卫忠）

白鹿洞书院　the White Deer Hollow Academy
　　中国最早的书院之一,在江西庐山五老峰下山谷中。唐宝历元年（825年）,李渤在昔日隐居旧址建台,引流植花,名白鹿洞。南唐昇元中建成"庐山

国学"。宋初扩为书院,后遭兵火。南宋淳熙六年（1179年）由著名理学家朱熹重建,并在此讲学。现存为清道光年间（1821～1851年）所修。书院为四山围合,以一水穿流其中,泉清石秀,古木苍苍,环境静雅秀美。书院门外,有独对亭、枕流桥、华盖松、钓台等景点,还有古人石刻书法多处。建筑简朴,与山石、林木浑然一体,反映了古代文士追求一个脱俗修学,格物以致知的境界。为书院园林代表作之一。
（鲁晨海）

ban

搬迁　move
　　居民从一个居住地点迁移到另一个居住地点。搬迁既可能在城市农村之间进行,也可能在城市之间或城市之中进行。
（严　正）

半坡遗址　the ruins of Banpo
　　西安半坡村的原始社会聚落的遗址。位于浐河东岸台阶地,距今已6 000余年。东西最宽处200m,南北最长处300m,聚落中央有一较大房屋,约10m×12m,屋内未发现生活用物,其北有数十座方形或圆形小屋,门均向着大屋。遗址中有一条壕沟,为防御设施。居住区与墓葬区及窑地分开。已发掘的建筑中有方形半穴居,不规则形竖穴,半穴居向地面建筑过渡型,圆形地面建筑等。1958年在遗址建半坡博物馆。1961年定为全国重点文物保护单位。
（董鉴泓）

bao

保定　Baoding
　　位于河北省中部。西周属燕,至战国为燕属地,北魏建县,唐至明为州、路、府治,清为直隶省省会。旧城始建于宋,明增筑,尚存部分城墙。保定是历代军事重镇,在清末民初曾为北京的文化辅助城市。革命纪念地有保定师范学校、育德中学、协生印书局、石家花园等。文物古物有大慈阁、古莲花池、钟楼、直隶总督署、慈禧行宫、清真西寺等。为第二批国家级历史文化名城。保定市区人口48.8万（1991年末）。在京广铁路线上。工业以纺织、机械、化学、电子等。
（阮仪三）

保护区　conservation area
　　为确保一些具有重要价值的自然或人文资源得到保护管理和有效利用,所划定的区域范围。在不同等级的野生动植物、风景名胜、水源地、文物古迹等保护区或管理界限内,对建设开发均规定有具体的限制措施。
（赵炳时）

bei

碑亭　pavilion for inscribed tablet

覆盖着石碑的亭子。中国园林里面多有石碑作为园林的小品点缀,其中比较重要的覆以亭子,起到保护石碑并从形象上突出其重要性的作用。在皇家园林里面建置较多,如果所覆盖的石碑上的文字是皇帝亲笔题写的,叫做"御碑亭"。　　（周维权）

北方宫苑　imperial park in the North

古代封建帝王,在皇城或京城都内,或在京城近郊或近畿地区风景胜地,所营建的规模巨大、供游娱狩猎、消夏避暑的行宫别苑。分布在长江以北地区的帝王宫苑,统称为"北方宫苑"。特点为规模宏大,多取自然之势,略作人工斧凿。苑中山水多自然山水,采用人工山水者,规模亦多巨大;禽兽多自由散养。著名的有:北宋开封艮岳、清代北京颐和园等。
　　　　　　　　　　　　　　　（鲁晨海）

北海

见三海(192页)。

北京　Beijing

中华人民共和国的首都,早在五六十万年前"北京人"就曾在这里生活。西周初年,建都蓟城,史称

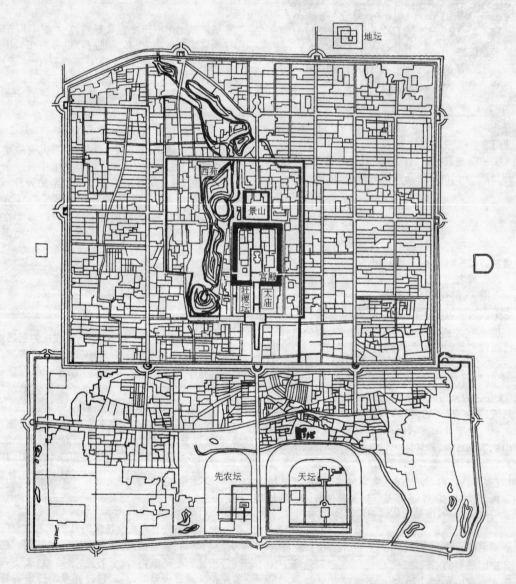

清代北京平面图

燕蓟。秦设广阳郡,东汉、唐为幽州治所。辽(南京)、金(中都)、元(大都)、明(北京)、清(北京)的首都。北京又是近代革命的策源地之一。"五四"运动、"一二·九"运动,都在这里发生。革命与历史文物保存非常丰富。有北京大学红楼、天安门、人民英雄纪念碑、毛主席纪念堂、故宫、北海、天坛、颐和园、十三陵、八达岭万里长城和中国猿人遗址等等,为第一批国家级历史文化名城。北京市区人口 583 万(1991 年末),是全国铁路交通枢纽和全国航空线中心,有全国主要的科研机构和高等学院,是我国最大的科研、教育、文化的中心。有钢铁、石油化工、机械、电子、汽车等工业,是全国最大的综合性工业中心之一。亦为明(自 1423 年起)清两朝及民国初年的首都。明洪武四年(公元 1371 年)将元大都改称北平,将城市北部较空旷部分舍弃,北城墙南移。永乐元年(公元 1403 年)升为都城,改称北京,开始营建宫殿等,永乐十七年又将南墙南移 1km。永乐二十一年正式迁都于此。城墙东西长 6 635m,南北长 5 350m,明嘉靖年间(公元 1522~1566 年)在内城南垣以外已发展大片居民区及市肆,为加强城防修筑外城墙,东西长 7 950m,南北长 3 100m。清代仍在此建都并沿用明宫殿。城市布局严整,宫城(紫禁城)居中偏南,外为皇城,将北海、中南海及一些宫苑包括在内。城市有明确的中轴线,从永定门至正阳门、天安门、宫殿群、神武门、钟鼓楼,全长 8km,将城门、不同形式变化的广场空间及一些建筑物组合起来,并突出主要的宫殿群。居住区在皇城四周,明代分为 37 坊,清代分为 10 坊。城市道路沿袭元大都的骨架,在一些道路交叉口,形成繁荣商市。按不同商品及行业成市,如珠市口、米市大街等。商市中心在外城正阳门南一带。太庙及社稷坛在宫城大门天安门东西两侧,都符合周代城制。

(董鉴泓 阮仪三)

北京中轴线 The Grand Central Axis, Beijing
举世无双的建筑空间艺术轴线,统率北京城市全局的脊梁。现存明清时代的中轴线南起永定门、北止钟鼓楼,全长约 8km。沿线进永定门后两侧是天坛与先农坛、经正阳门、过天安门、入紫禁城。作为故宫居于至高无上的地位。宫前轴线两侧对称地布置了太庙(现为劳动人民文化宫)和社稷坛(现为中山公园),体现了"左祖右社"的传统布局。出紫禁城,登景山,是全城的制高点。出地安门至钟鼓楼。空间的收与放、地平的降低与升高、建筑所包围的庭院在比例尺度上的谐调,金碧辉煌的宫殿高居于灰色低矮的居民之上。由此形成的空间序列做到了气势磅礴、完美无缺、令人叹为观止。 (白德懋)

背景 background view
在观赏的主要景物背后起衬托作用的景物(参
见远景,265 页)。 (刘家麒)

被扶养人口 dependent population
城市中没有达到或超过劳动年龄界限,不参加社会劳动的人口。他们因暂时不具备或丧失劳动能力,而未参加或已退出社会物质产品的再生产过程,依靠家庭或社会抚养。被抚养人口主要由两部分人口构成:17 岁以下学龄青少年、儿童;女性 55 岁、男性 60 岁以上不参加社会劳动的老年人口。

(刘仁根)

bi

比例 proportion
建筑与空间构图中长宽高的尺寸之比。用来衡量建筑物的整体与局部、局部与局部、整体与周围环境之间的尺寸与体量的关系。 (郑光中)

彼得堡 Petersburg
俄罗斯彼得大帝 1703 年在波罗的海口新建的帝都。城市中心选在华西里岛前、涅瓦河交叉处,塑造了一个有河光水色衬托、隔岸三面对峙的组景式建筑群体。最先建造的是彼得堡圣保罗教堂和尖塔。它与隔岸的造船厂的尖塔(1727 年改建为海军部)以及华西里岛端上的美术品陈列馆鼎足而立,形成了彼得堡的门户。其中斜对海军部塔楼的是城市主要干道涅瓦大街。城市格局宏伟严整、富于创造活力。后于 19 世纪上半叶,又进行了大面积的改建,进一步完善了帝都的面貌。 (沈玉麟)

彼得宫苑 Peterhof
又称彼得夏宫。俄国彼得大帝盛期(18 世纪初)在涅瓦河畔建造了彼得宫及其苑园。其园占地 1.2km², 聘请法国造园师设计建造,是勒诺特式园林在俄国的代表。全园种以丛林,林苑被位于城堡中心轴上的河渠分成两半,宫殿建于高 12m 的平台上,二叠飞瀑自城堡的台地落入大池,旁有七组彩石大理石的台阶,池中有镀金雕刻物,并喷出大水柱,平静的河渠两侧设置有喷泉的园路,这些喷泉均喷向河渠,经河渠再流入大海。在这些飞瀑旁有宽阔的台地,种植有灌木或花卉,在城堡的前方有开阔的视野。在园中还设置了特色的"蘑菇喷泉"、"橡树喷泉",当人接近时会突然被淋湿,产生趣感。其清澈的水渠,茂密的丛林,多彩的喷泉,强烈的中轴线和星形的行道树路构成了美丽的构图。 (李铮生)

彼得夏宫
见彼得宫苑(9 页)。

壁山 wall-background rock
即"借以粉墙为纸,以石为绘"的做法。作为室内、室外对景的置石或掇山的处理。一般以山石花

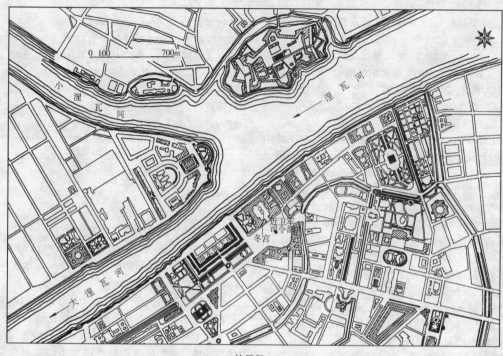

彼得堡

台和特置山石组合成景。山石与植物相映生辉。由于有墙为背景而轮廓清新,俨然入画。收之园窗,宛若镜游。
（孟兆祯）

避暑山庄 Mountain Estate for Escaping the Heat, Summer Estate

又称热河行宫。是我国现存规模最大的帝王的离宫别苑。清康熙四十二年(1703年)始建,四十七年初具规模。后历年扩建增修,至乾隆五十五年(1790年)建成。在河北省承德市北部。为清代皇帝消夏避暑之处。全苑占地560万 m^2。有康熙四字题名三十六景和乾隆三字题名三十六景,集写各地名胜于一苑中。布局采用传统的前宫后苑布置手法,结合自然山势,巧设殿堂楼台。全苑可分成宫殿区、湖泊区、平原区和山岳区。其中湖泊占去一半,主要由热河泉流汇成泊。建筑体型简朴、装修淡雅,建筑布局相对规整严谨。而园景富于变化,山水林木建筑融为一体。部分造景仿造江南水乡景色,湖岸曲折、楼阁相错。同时并善借周围自然山景入苑,如借景东侧的"棒槌峰"。
（鲁晨海）

bian

边际成本 marginal cost

又称新增成本。即每增加一单位产出所引起的成本增加额。等于总成本增量与产出增量之比,变

动规律是随着产出的增加,边际成本先是递减然后递增。这种规律亦广泛存在于区域开发过程中,如城市土地开发。
（胡序威）

边界 edge

用以限定每个面或区域的性质和范围,显示其明确的意象的一种线性成分。如海岸、江边、铁路、高速公路、城墙、围墙等。也用来区分两个不同的面或区域。
（白德懋）

编组站 shunting yard

办理大量货物列车的解体、并把若干车皮编成列车的作业车站。设在数条铁路干线的汇集处,或在始发及到达大量货物的地点或工业区的出口、港湾旁等处。是规模最大的铁路车站类型,大多位于大、中城市。由于组成复杂,占地很广,昼夜作业,对城市干扰很大,应按其在铁路网上的位置与作用,区别不同类型(路网性编组站、区域性编组站或地方性编组站)妥善安排它在城市布局中的位置。
（宗 林）

汴梁 Bianliang

见开封(北宋)(131页)。

汴州 Bianzhou

见开封(北宋)(131页)。

变电站 power substation

改变交流电能的电压,以满足电能传输和用户用电要求的设施。为了经济合理地进行电能传输,

在发电厂中一般均要设置升压变电装置,以便将发出的电能提高电压后输送到较远的地方去。由于城市各种用户的用电设备的电压一般都较低,所以在城市中均要设置若干降压变电站,以便将发电厂送来的较高电压的电能降低电压后供给用户使用。城市降压变电站一般应接近用电负荷中心,并便于电力线路的进出。对于大城市的中心地区,应建设采用电缆进出线的屋内变电站。　　　（武绪敏）

遍在产业

见辅助产业(77 页)。

遍在性原料　ubiquitous material

各地区均有分布、能就地取给、对工业区位没有影响的原料,如供制氧、氮的空气原料。

　　　　　　　　　　（胡序威　陈　田）

biao

标度　index

在定量分析中对有关因素要求给以量化的值。如各种指标、参数和变量值等,都统称为标度。

　　　　　　　　　　　　（陈秉钊）

表演中心　performance centre

剧场、音乐厅及其他表演活动集中的建筑物或建筑群体。例如美国纽约林肯表演艺术中心,包括大都会歌剧院、音乐厅、纽约州立剧院和包蒙特剧院、表演艺术图书馆和芭蕾舞学校等,占地近 6 万 m²。

　　　　　　　　　　　　（邓述平）

bie

别馆

见别墅(11 页)。

别墅　villa

又称别业、别馆。家宅以外的独户住宅,主要供休憩用。多位于城郊风景区,除满足居住功能外,特点是建筑与环境紧密结合,为住户创造接触自然、观赏景色的优越条件。　　　　（张守仪）

别业

见别墅(11 页)。

bin

滨水绿地　water front green space

将城市临江(河、湖、海)的地带加以绿化,并尽量划作为公共游憩、观赏、娱乐的绿地。是城市绿地系统的一个重要组成部分。开阔的水面、变化的水岸、丰富的水景,为绿带提供了优良的环境。该绿地

可随地形或宽或窄呈带状延伸,设置相应的步行道、自行车道(车行道要慎重)。按功能和景观要求可布置合宜的公共建筑、园林建筑和装饰小品等,构成具有特色的滨水绿地和景色。　　　（李铮生）

殡葬设施用地　land for funeral use

殡仪馆、火葬场、骨灰存放处和墓地等设施的用地。　　　　　　　　　　（蒋大卫）

bing

并联式住宅　semi-detached house, double houses

两套住宅并联,共用一道分户山墙的住宅。层数为一至三层,上下均属一户。每套住宅三面临空,基本具有独立式住宅种种优点,但较经济,也有上下层分别供两户使用的。每户仍然三面临空,有独立的院子和出入口。　　　　（张守仪）

bo

拨地　land allocation, acquisition approval

政府土地主管部门把国有地划拨给国家建设项目或其他批准的用地项目。拨地内容,包括用地地址、范围、周边尺寸、用地性质和对土地的使用要求等。　　　　　　　　　　　　（严　正）

波波罗广场　Piazza del Popolo, Rome

进入罗马的北大门广场。穿过波波罗拱门,位于椭圆形广场中心的方尖柱成了广场的视觉中心,并由此放射出 3 条城市干道,通向罗马中心区。3 条道路所形成的夹角,在 17 世纪中叶建造了两座对称的教堂,强调了道路入口的形象。

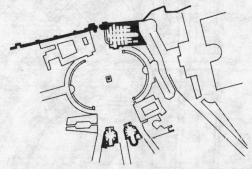

　　　　　　　　　　　　（黄伟康）

波士顿 128 号公路高技术园区　Science Park on Highwag 128, Boston

美国东海岸波士顿外围沿环形 128 号公路发展的高技术园区。公路距市区约 14km。20 世纪 50～60 年代公路建成后,沿公路陆续建成相对集中为 7 片的高技术园区。它集中了国家主要的实验中

心。位于波士顿的麻省理工学院及其他著名学府与该区有密切联系。有两条公路与128号公路相连。20世纪70~80年代,在经历了经济衰退之后,又沿距波士顿28~35km以外的外环495号公路发展了一批新兴高技术企业,形成一系列新的高技术园区。

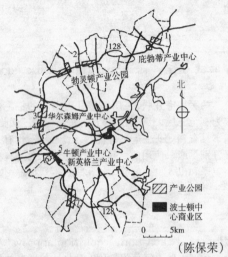

(陈保荣)

波士顿市政府中心 Boston Government Centre
20世纪60年代在美国改造市中心成功的实例

之一。在24万m²的用地内安排了市政厅、联邦事务局、州办公楼、州服务中心等公共建筑。建筑群布局经过统一规划,保留了一些历史性建筑,重新组织了交通,将原有22条小路和众多的交叉口改建为6条主次干道。从而开辟更大的步行区,形成一个完整的步行系统,广场上的绿化、地面铺装、座椅及建筑小品均经细心的处理。附图中:1.市政厅;2.J·F·肯尼迪联邦事务局;3.政府中心广场;4.汽车旅馆;5.多层车库;6.私人企业事务所;7.警察署;8.教会;9.新月大厦;10.州服务中心;11.犹太人服务中心;12.邮局;13.霍金斯三十大街;14.会堂;15.州议会厅;16.裁判所;17.州事务局;18.中央干线道路。

(黄伟康)

伯尔尼老城绝对保护区 the strictly controlled preservation area of Berne old city

瑞士对始建于中世纪的伯尔尼老城完整地保持原样、划为绝对保护区。老城位于阿尔河西岸、三面环水。在该区内旧建筑一律不准拆改。这里有几百年前修建的市政厅、教堂、钟楼、集市、商业区和街道两旁的拱廊等。街口保存着中世纪城门,街道广场上有众多的古老井泉,各种博物馆、大剧院、医院等也都有三四百年的历史。这座古城几百年来一直保持着中世纪古色古香的风格。

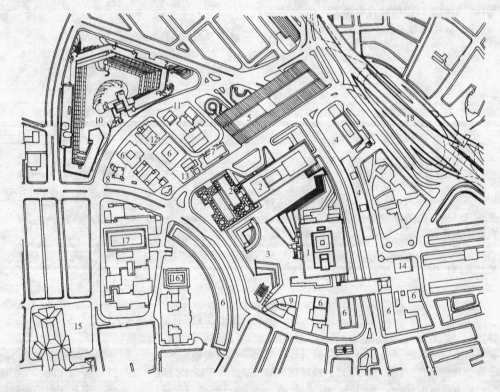

波士顿市政府中心

（沈玉麟）

伯尔尼(中世纪) Berne (Middle Ages)

始建于公元 1191 年的瑞士历史名城。1218 年为神圣罗马帝国的自由市。古城三面环水,原以木构建筑为主,1405 年大部毁于火灾,后用石灰石加以重建。至今仍保持中世纪面貌,有 12 世纪的瞭望台,15 世纪的市政厅、哥特式大教堂,16 世纪的著名钟楼以及狭窄的拱廊式旧街道、中世纪城门和井泉等。　　　　　　　　（沈玉麟）

驳运 barge transport

沿海、内河或港内常用的一种货物运输方式。一般系用非自航船(驳船)装载货物,由机动轮船拖带或顶推航行至目的地装卸。装有动力机自航的驳船叫"机动驳"。　　　　　　　　（宗　林）

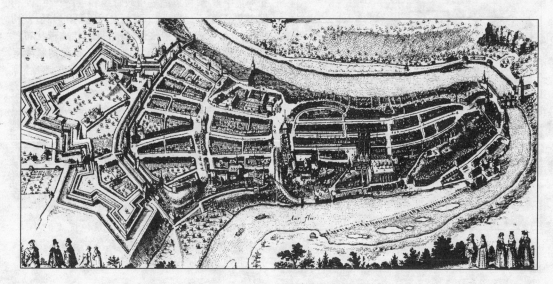

伯尔尼(中世纪)

泊车换乘 park and ride

一种鼓励公共交通发展、缓解市区交通拥挤的办法。在城市中心区外围或城市边缘地带大容量客运交通线路的车站外设专用汽车停车场,使入城的汽车在此停泊、驾驶者换乘公共交通车辆,以减少城市中心地区的小汽车交通量。停车一般免费,以资鼓励。也适用于自行车、摩托车。　（徐循初）

泊位 berth

又称船位。船舶停泊的位置。有停靠岸边的码头泊位,有泊在水上的锚泊位和浮筒泊位。一个泊位长度一般以代表船型长度加相邻船舶的间距来确定。

一个泊位的月综合通过能力＝

$$\frac{一艘船载货的重量 \times 月工作小时数}{装卸一艘船所需的小时数}(吨)$$

　　　　　　　　（宗　林）

勃朗(1716～1783 年) Lancelot Brown

英国著名造园师,自然风景园的代表人物。接受了其师肯特的造园思想,并加以发展。在他的设计中:大片的草地覆盖在起伏缓和的地形上,簇簇树丛散布其中,道路回绕在草地和树丛间,溪河湖池宽窄自然,很少建筑。当时他还改造了许多意大利台地园或勒诺特式园,台地被改为波形地形,大量的整形修剪的树木被毁,这些极端的做法也遭到反对。由于勃朗对任何基地都认为大有可为的,而获得"能干的勃朗"(Capability Brow)的称号。　（李铮生）

亳州 Bozhou

位于安徽省西北部。亳因商汤立都而得名,北周时即为亳州,是老子之故乡,曹操、华佗之故里,古代水运发达,商贾云集,会馆林立,曾为商埠,是我国古代四大药材基地之一。亳州一些老街依然保持明、清时代风格。文物古迹有商汤王陵、曹操家族墓群、华佗故居、文峰塔、明王台、花戏楼和古地道等。为第二批国家级历史文化名城。亳州市区人口 11

万(1991 年末)。特产"古井贡酒"为十大名酒之一。

（阮仪三）

渤海国上京龙泉府

唐代东北地区渤海国的都城。渤海国是唐时满族先世靺鞨人所建，属唐朝政府管辖，在今黑龙江省宁安县。城建于公元 755 年，分外城、内城、宫城三重。东西宽 4 400m，南北长 3 400m，四面共开 10 个城门。城市布局仿照唐长安的形制，宫城居中，中央大街将城分成左、右两半，宫城规模宏大，城内划分成整齐的坊里。城东是禁苑。城址残迹犹存，留有唐代石灯幢等珍贵文物。

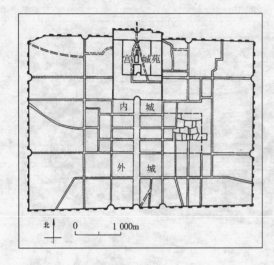

渤海国上京龙泉府城复原图

（阮仪三）

bu

不动产

见房地产(69 页)。

不动产市场

见房地产市场(69 页)。

不设防城市　open city

处于战争地区而正式宣布无军队驻守也无军事防卫设施的城市。此种城市在国际法的保护下可避免受到攻击。　　　　　　　　　　（赵炳时）

不系舟

见舫(69 页)。

补偿贸易　compensatory trade

一种在信贷基础上进行的贸易形式。其做法是贸易的甲方向乙方出口设备和技术，应付的价款乙方不支付现汇，而是用该设备和技术生产的产品来偿还，称为"直接补偿"；若用其他商品偿还，称为"间接补偿"。　　　　　　　　　　　　（谢文蕙）

布局紧凑度(松散度)　compactness of layout

各项城市建设用地面积之和与建成区或规划范围内的总用地面积之比。即：

$$城市布局紧凑度 = \frac{城市建设用地面积(km^2)}{建成区轮廓范围(规划范围)(km^2)} \times 100\%$$

城市建成区轮廓范围内，除各项城市建设用地外，往往还包括农业用地、山地、水域、矿山等弃置地等不属于城市建设的用地，当以上这些用地面积越大，紧凑度就越小而松散度就越大。紧凑度大可以节约用地、节省建设投资、有利于城市经营管理，因此，它是衡量城市布局是否经济合理的重要标志。例如，城市总体布局集中紧凑，可以缩短市政管线和道路长度，便利城市交通，减少居民上、下班的交通路程和时耗，有利生产，方便生活。一般来说，城市呈块状或带状布置则布局紧凑度高，呈星座状或串联状布局则紧凑度低，可称之为松散度高。松散度可用"1 - 紧凑度"算出。　　　　　　　　　　　　　　（高　霖）

布拉格(中世纪)　Prague (Middle Ages)

捷克中世纪波希米亚城邦首府。城市位于维斯杜拉河两岸。9 世纪后半叶开始于河的东岸高地修建维赛城堡，并于其下设贸易集市，后发展为设防城市，称为老城。14 世纪又于老城东南另建新城。当时河上已有 12 座桥梁。河的西岸高地于 9 世纪后期修筑了赫拉德坎尼城堡。内有宏伟的宫殿与教堂多座。城堡之下于 1257 年建有景色优美的小镇。于 1348 年建有中欧的第一座高等学府查理大学。当时布拉格被誉为"最富有的城市"和"石筑之城"、"百塔之城"。　　　　　　　　　　（沈玉麟）

布里奇曼(～1738 年)　Charles Bridgeman

英国风景造园家。18 世纪早期他参与和主持了许多庄园的建造，如切斯威克庄园、斯道维园等，他开始摒弃了绿色雕塑，拆去了原府邸花园与林园之间的围墙或栅栏，而用壕沟来作为花园的防卫性的边界。在道路和布局上仍习于采用规整的法国传统方式，成为英国自然风景园逐步代替规整式设计的代表人物。　　　　　　　　　（李铮生）

布鲁日(中世纪)　Bruges (Middle Ages)

始建于公元 7 世纪的法兰克王国名城。位于今比利时西北部，有运河通向距城市 10km 处的北海。8 世纪起即为北欧主要商港。14 世纪鼎盛时期城市人口 7 万人。城市路网为放射环状系统，以水网密布、桥梁众多著称。城市中心为建于 13 世纪的市场广场，与周围的市政厅广场、教堂广场等组成广场系统。古城主要建筑有市场及其附属的高耸入云的城市主要标志——钟塔；有市政厅以及圣母院、圣血教堂、博物馆、医院等。

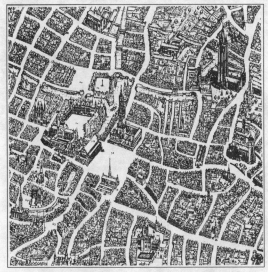

（沈玉麟）

布宜诺斯艾利斯（殖民时期） Buenos Aires (Colonial period)

今阿根廷首都、西班牙殖民统治时期大西洋岸的重要港口城市，也是当时南美的最大交通枢纽之一。市中心广场是殖民时期建设的。它的周围有市政厅、总督官邸、大教堂和国家银行。一条中央大道由此向西直达议会大厦。这条大道中途穿过共和国广场，一座方尖碑屹立在广场的中心。广场北面是商业区。城市北部为有产者住宅区，工人住宅区靠海港布置。　　　　　　　　　　（沈玉麟）

步行城市 walking city

1964 年赫隆提出的一种未来城市结构形态。

城市以各种模拟生物形态的金属巨型构筑物组成，装有望远镜形状的可步行的"腿"，可在气垫上从一地移动至他地。　　　　　　　　　　（沈玉麟）

步行林阴广场（街道） pedestrian mall

原指有遮阳树木供公众散步休憩的步行广场（街道）、现为城市商业区中供公众进行购物、游憩、交往、表演、喝茶、美食及节日欢庆的新型广场（街道）。通过精心设计的座椅、路灯、花坛、绿化、喷泉、雕塑、休息亭、指示牌和地面铺装，创造优美、独特的环境和景观，排除车辆交通的干扰。　　　　　　　　　　　　（邓述平）

步行商业街 pedestrian shopping mall

专供步行者使用的商业街。有新建的和利用旧街道改建的；有设在地上的，也有设在地下空间的。在美国步行方式可分 3 类：全步行街（full mall）——完全禁止车辆通行；准步行街（transit mall）——只准限定的公共交通通行；半步行街（semi mall）——允许少量特定的车辆在规定的时间内通过。合理组织城市交通、避开交通干道，附近设公交车站、停车场和运输道路，为使用者提供安全、舒适、方便的购物环境。　　　　　　　　　　　（白德懋）

步行商业区 pedestrian shopping precinct

专供步行者使用的商业区。在区里步行购物者不受车辆交通的干扰。车辆停在商业区的外围，购物者步行进入。虽然交通不如通行车辆的商业区直接，但为人们提供轻松、安全的购物环境，因而能为商业区吸引更多的顾客。例如上海的城隍庙和南京的夫子庙。要妥善组织好交通路线、车辆停放、货物运输、垃圾消纳和消防车通行等。（白德懋）

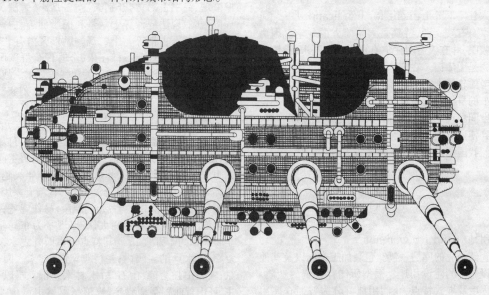

步行城市

步行系统 pedestrian system

城市中供行人步行来往的各种道路及其设施形成网络的总称。包括路边人行道、行人专用道、广场、高架人行道、人行过街桥、林阴散步道等等,组成系统,在人流集中的地区还可形成步行区,以保证安全。还可以与公交车站、停车场相连,方便交通。

(李德华)

部门化 departmentalism

部门所有的普遍化。即指包括一切公共财产、人员、人才、信息均实现了部门所有。以至某些政策的制定、发布、执行等,亦偏重照顾本部门利益,缺乏全局观念。与社会化的必然趋势背道而驰。既干扰了国民经济与社会发展实行综合计划和综合规划,又抑制了城市中心作用的发挥。   (梅保华)

C

cai

财产税 property tax

对纳税人所有的或属于其支配的动产或不动产所征收的税。有的按财产的全部价值征收。如遗产税;有的按财产价值增加部分征收,如财产增值税。

(谢文蕙)

can

参考群体 reference group

个体自觉用其规范指导自己的行动并作为判断事物依据的群体。比如,大多数人所信赖和称赞的先进集体或个体心目中所崇拜的模范人物所在群体。   (梅保华)

残疾人住宅 apartment for handicapped

供身有残疾者,特别是乘轮椅人的住宅。因为他们较眼、耳有疾者对住宅有更多特殊需求,设计特点首先是无障碍。在室内外、车库、门口、楼电梯等处要考虑轮椅上下和回旋空间;其次是根据人坐在轮椅上的身体尺度来设计厨房、卫生间、壁柜各种设备的空间和尺寸以及电灯开关,门把手的高度等等。要做到使用方便和安全,许多国家有详细规范、设计指南。我国制定有残疾人住宅设计规定。

(张守仪)

cang

仓储用地 land for warehouses

仓储企业的库房、堆场、包装加工车间以及其他附属设施等的建设用地。根据所储存物资的性质、危险程度及堆放特点,仓储用地可分为普通仓库用地、危险品仓库用地、堆场用地三类。   (蒋大卫)

仓储用地规划 planning of land use for warehouse

对城市中需要单独设置的短期或长期存在的各类生产、生活资料的仓库和堆场进行的专项规划。内容包括确定各类仓储的规模及其用地分布,还要考虑与城市工业、对外交通、城市道路、生活居住等用地的关系,是城市更好地组织生产与生活的有力措施。   (陶松龄)

苍岩山风景名胜区

在河北省井陉县南部的国家重点风景名胜区。面积约 180km²。开发历史悠久,自然风光与人文景观丰富。山上有福庆寺,据传始建于隋代,殿、阁、楼、台多掩翳于山麓古木之间。寺门峭壁对峙,飞架三孔石桥,上建桥楼殿。从两山下仰望青天,隙仅一线。山上有苍山书院、万仙堂、峰回轩、藏经楼、公主祠等建筑。还有岩关锁翠、风泉漱玉、阴崖石乳、峭壁嵌珠、尚书古碣、窍开别天、空谷鸟声、碧涧灵潭、虚阁藏幽、说法危台等十六景和虎影仙迹、白鹤泉、观日峰、孤石古柏等七十二观。风景区内有北魏至清代的千佛洞石窟寺,柿庄宋、金时代墓群壁画,杨庄古长城以及外围景点娘子关和韩信背水一战的白石岭古战场遗址。   (刘家麒)

沧浪亭

现存最古的江南园林。在苏州市城南三元坊一带。园名出自《孟子·离娄》"沧浪之水清兮,可以濯我缨;沧浪之水浊兮,可以濯我足"。北宋庆历年间(公元 1041～1048 年),诗人苏舜钦于五代末年吴越王近戚孙承祐池馆旧址上,筑沧浪亭。历代屡有兴废。南宋初年,曾为韩世忠之宅;元代园废,易作寺庵;明代复建沧浪亭;清康熙年间大修,以现亭为布局基础。全园面积约 1 万余 m²。其特点是借园外之水,环筑复廊,将水景纳入园内;一桥飞架园前,未入园先成景;入园山丘为障,山石嶙峋,林木苍郁。园以山为主,环山置曲廊亭榭堂宇,沧浪亭翼然山巅,左右小径盘回,箬竹丛生,整个景区颇具自然山林之意境。

因此园曾属僧寺,格局别具,疏朗开敞,以复廊漏窗,使园内外景色相借,互为渗透,为他园所未见。

（鲁晨海）

cao

草市　fodder market

乡村自然形成定期的买卖交换市场,即集市。

（阮仪三）

草堂记

园记。唐朝著名诗人白居易所著。著者晚年被贬江州（今江西九江）,约于宪宗十二年（817年）于庐山筑寓园,自作园记。名《草堂记》。生动描述草堂环境之胜。景物布局之精,四季景色之异,对景之妙,建筑与装修陈设之素雅,植物配置之相宜,简略勾勒,足够画家为蓝本。白居易,一代诗圣,寄情山水,溢于词间,其文隽秀朴实,可称园记范本。

（乐卫忠）

ceng

层次　procession

将建筑空间有机地加以组织、并划分成近景、中景和远景、使视觉景观更加深远、生动、美丽,富有空间感。

（郑光中）

层次分析法　analytic hierarchy process

将经验判断和严谨的数学方法结合对系统作综合分析与评价的一种科学方法。根据这方法,首先将复杂的系统进行分解,构造出树状层次模型。层次一般包括总目标层、子目标层、准则层、指标层和方案或措施层等。由于系统被分解后,各阶子系统在一个层次上所涉及的因素就有限,人们对这些相关因素便较容易地逐对进行两两对比,根据经验判断其相对优劣或重要程度并给以量值,获得判断矩阵。然后运用数学方法对人们的经验判断检验其逻辑上是否一致,并适时反馈要求修正。再后对某层次的诸因素与上层次的相关因素进行定量分析,逐步由下向上逐层次进行综合,最后求得各方案或措施的优劣定量值。

（陈秉钊）

层高　height of storey

多、高层建筑中,从下层地面到相邻上层地面间的高度。在平房中,为地面到屋面的高度。坡屋面建筑内为地面到顶棚的高度。单位为m。

（严　正）

层面　layer

在建筑构图中,采用多层次的手法,从而达到景观深远、空间生动而富于变化的效果。每个层次的

景观面就是一个层面,也就是两个景观面的分界面。

（郑光中）

cha

插花地　farm lot within built-up area

城市建成区范围内的非建设用地。一般指农田、菜地、小片林地及某些不适于建设的地段。与周围用地在功能上没有联系,呈零星穿插分布的状态,故称插花地。插花地降低了城市土地利用率,使城市布局不能紧凑合理,增加了道路及其他市政公用设施的投资。

（蒋大卫）

插入建筑　plug-in building

按插入技术可插入布置的新建筑。源于柏林大学校园总体设计竞赛中,法国建筑师 Josic, Candilis 和 Woods 提出的概念,即在校园中以恰当的间隔均匀地分布平行的通道,划分出若干可插入的地块,随着大学的发展可插入教学楼、礼堂、宿舍、实验室、图书馆或任何其他建筑。插入技术可运用于其他类似的情况中。

（黄富厢）

插入式城市　plug-in city

英国建筑师柯克于1964年提出的一种未来城市结构形态。可在已有交通设施和其他市政设施的网状构架上插入有似插座的房屋或构筑物。它们的寿命一般为40年,可以轮流地每20年在构架插座上由起重设备拔除一批和插上一批。城市里的房屋和各种设施可以周期性地进行更新。

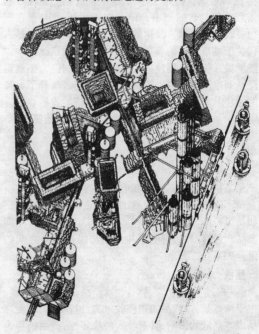

（沈玉麟）

茶庭 tea garden

为日本茶道服务的特色庭园。茶庭布局要按茶道的程序来布置露地门、步行小径、踏步石、石灯笼、洗水钵、水井等。环境要古雅恬静，用料要原始质朴，气氛要自然粗野，符合茶道"和、静、清、寂"的要求，盛行于16世纪后期日本桃山时代，现成为一种文化遗产和民俗加以保留。　　　　　（李铮生）

chai

拆迁 demolition and relocation

在国家建设项目和改建项目用地范围内，对旧建筑的拆除，和对旧建筑的使用人，所有人的重新安置过程。原住房需拆除重新安置住房的住户叫拆迁户。　　　　　　　　　　　　　　　（严　正）

拆迁比 ratio of demolition and relocation

旧区改建中，原地安置拆迁户所占用的住宅占建成的住宅总数之比。用百分数表示，有两种算法，一是用两个建筑面积之比，二是用两个套数之比。　　　　　　　　　　　　　　　　　（严　正）

拆迁费 demolition and relocation cost

安置征用土地上的居民和单位的费用。征用农业用地和旧市区改建都会发生拆迁费，拆迁费包括两部分，一是拆除旧建筑的费用；二是安置旧建筑内的居民和工作单位的费用。　　　（严　正）

柴荣 Chai Rong

即后周（公元955～959年）世宗。颁发改建东京（开封）的诏书，诏书中指出城市中存在问题、改建的原因、改建的规划及实施的办法，是古代关于城市建设的著名文件。在这次东京改建中加修罗城，使城市用地扩大四倍，疏浚河道，拓展道路，制定防火、卫生等城市管理措施，改善了城市的居住及交通条件，适应了城市经济的发展。　　　　　　　　　　　　　　　（董鉴泓）

chan

产品结构 product structure

不同等级、档次、用途的产品之间的组合关系。如初级产品、加工工业产品、高精尖产品之间，中间产品和最终产品之间，军用产品与民用产品之间的组合关系。　　　　　　　　　　（谢文蕙）

产品税 product tax

对工业产品和农、林、牧、水产品征收的一种税。主要特点是：以产品的销售收入为计税依据，不受产品成本高低的影响，具有收入的稳定性；产品销售为纳税环节，具有收入的及时性；征收的范围广、税源大，具有税收的广泛性。　　　　　（谢文蕙）

产销区划 production-marketing regionalization

一种面向生产、充分考虑交通运输因素影响的、依据社会劳动总耗费最小和"以销定产"的原则，对某种产品在各产地的合理销售范围与合理生产规模所进行的分区。适用于低值、笨重、产地集中而销售地又较分散的大宗产品，如煤炭、木材、食盐、食糖等产品。　　　　　　　　　　（胡序威　陈　田）

产业结构 industrial structure

各产业部门在国民经济或城市中的组合状况。把各个经济部门按其特点、性质、作用划分为不同的产业，主要有：三次或四次产业分类法。即划分为第一产业、第二产业、第三产业、第四产业；按劳动力、资金、技术的密集程度划分的方法，即分为劳动密集型产业、资金密集型产业、技术密集型产业。

（谢文蕙）

chang

昌迪加尔 Chandigarh

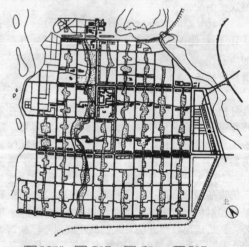

■■政府机构 ▨▨商业区 ▦▦绿地 □□居住区

印度东旁遮普邦首府，是从平地拔起的新城市。位于喜马拉雅山南麓的缓坡台地上，占地约40km²。按法国建筑师勒·柯布西耶（Le Corbusier）关于城市是一个有机整体的规划思想，并以人体为象征制定的城市布局结构方案修建，如行政中心—"大脑"、商业中心—"心脏"、大学区及工业区—"左、右手"、道路系统—"骨架"、绿地系统—呼吸系统"肺脏"等。1951年规划并开始建设。规划人口50万。采用方格网道路系统。在纵向平行道路之间，各设平行绿带贯穿全城。在绿带中组织完整的自行车与人行交通系统。城市有明确的分区，行政中心设于城市的顶部山麓处，居高临下，控制全城。商业中心位于城市纵横轴线的交叉处，处于城市的核心部位，与文化设施靠近。城东为独立的工业区。居住区由一系列面积约为 1km^2 的邻里单位构成。

（陈保荣）

昌南镇

见景德镇(124 页)。

长安客话

记述明代北京城市布局、宫室、建筑、名胜古迹等方面的著作。蒋一葵撰于明万历年间。除北京城外，也包括郊县一些地区。内容分皇都，郊西、畿辅、

关镇、边镇等杂记，共八卷，是一本研究北京城市建设历史地理的著作。

（董鉴泓）

长安(隋唐) Chang'an（the Sui and Tang Dynasty）

隋唐时按规划新建的都城。隋名大兴城，唐改为长安，位于今西安市。隋文帝杨坚开皇二年(公元582 年)命宇文恺制定规划，有计划建造，先修城墙、排水系统、道路、宫殿，划定坊里并逐步建成。城市平面呈长方形，东西长 9 721m，南北长 8 651m，人口规模达百万，是当时世界最大的城市。宫城居中偏北，其南为皇城，集中布置中央级官府，都城驻军，官办作坊及仓库。宫城、皇城东南西三面布置坊里，两

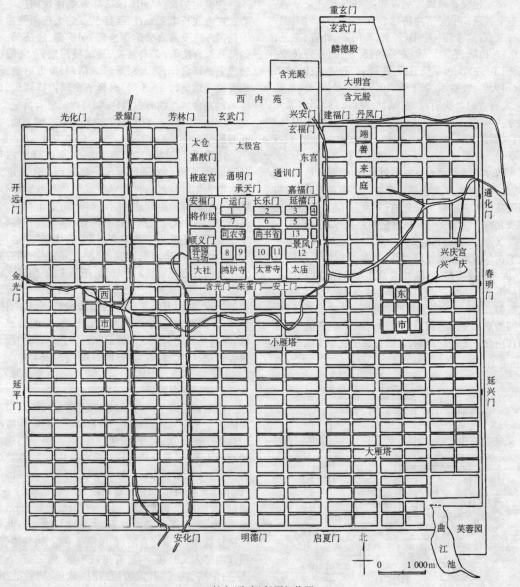

长安(隋唐)复原想像图

者以城墙严格分开。城市总体布局采用以朱雀大街为轴线的中轴对称布局,将宫殿、城门、干道、市、坊里形成一个整体。道路为方格形,由通向城门的干道,划分坊里的道路组成,坊里内另有道路系统,朱雀大街宽达 155m,城内设 108 个坊里,有坊墙坊门,并按日出日落定时启闭坊门。在朱雀大街两侧,东西主干道之南侧设东市、西市,市内井字形道路,密集布置店铺,并有河道与城外漕运的河道相通。唐初在城东北修建大明宫,唐玄宗时修建兴庆宫,城东南有皇家园林曲江池芙蓉苑,城北尚有大片禁苑。尚存的建筑有唐代的大雁塔、小雁塔,含元殿尚有遗迹。隋唐长安城的规划,对国内外都城建设有很大影响,如渤海国上京龙泉府、日本平城京、平安京均仿唐长安城形制。附图中:1.右卫、右监、门卫、中书、外省;2.门下、外省、左卫;3.东宫、内场、右春坊;4.左春坊;5.东宫、仆寺;6.左监、门卫、左武卫、左骁卫;7.右骁卫、右武卫;8.秘书省、司天监;9.右军、宗正寺;10.左军、太仆寺;11.礼部、大府寺;12.少府监、左藏、外藏库;13.都永监光禄寺。

(董鉴泓)

长安(西汉) Chang'an (the Western Han Dynasty)

西汉都城。在今西安市西北,南北朝时后秦,北齐、北周等朝也在此建都。汉初刘邦定都于此,起初利用秦代离宫扩建为长乐宫,不久又在其旁建未央宫及北宫。在未央与长乐宫之间建武库、粮仓、织室等。汉惠帝时(公元前 194~前 188)三次发动关中民工在冬闲时修筑城墙,汉武帝时又在城西修建章宫,因为先建宫殿,后筑城墙及北部临渭水,城市平面呈不规则方形,周长 325km,共有 12 个城门。已发掘的宣平门、霸城门为三个门洞,对着三条道路,中间为皇帝专用的御路。城内有 9 个集中的市,分布在南北主干道的两侧,宫殿在城中占很大面积,其

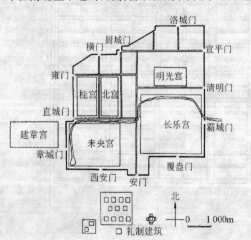

间布置一些居住的闾里,据记载共有 160 个闾里。城东北有制陶、冶铁及兵器等作坊。汉长安最盛时有户八万八百,人口二十四万六千,加上奴仆、驻军,当在三十万以上。城南有数组礼制建筑,为皇帝祭祀之用。汉长安城遗址 1961 年定为全国重点文物保护单位。

(董鉴泓)

长安志

关于唐代长安城的地方志。宋代宋敏求(1019~1079 年)撰。共二十卷,书中记述唐代长安城的沿革、分野、宫室、坊市、寺巷、古迹等,是研究长安城市建设史的重要著作。

(董鉴泓)

长春行政中心 The Civic Centre, Changchun

伪满定都长春后于 1932 年规划建设的统治中心。在南北长 1.2km、东西宽 50m 的大街两侧排列了伪国务院及其直属的军事部、司法部、经济部、交通部和综合法衙(最高法院、最高检察院)。北端中轴线上是新宫廷,仿北京紫禁城格局,前方后圆,但未实现。建筑物 3~5 层,融合了中国古典建筑、日本帝冠并合式与西方古典柱式,每幢又各有特色。

(杨照远 何学涌)

长春园

清乾隆十四年(1749 年)动工,至乾隆十六年(1751 年)建成。为圆明园的一座附园。此园以大片水面为主,以堤、岛将水划分成聚散有致、不同形状的水域。其地形处理、水面尺度、山水布局等,为诸园之上品。园北端单独建有一组欧洲式宫苑,其中主要有六幢欧洲文艺复兴后期"巴洛克"式建筑,若干"水法"喷泉池塘、欧式庭院和小品。布局方式完全按西方宫苑轴线对称布置,东西主轴、南北次轴三条。建筑处理采用大量精雕石工,上加中国传统琉璃瓦顶,并用五彩琉璃花砖镶砖镶壁;别具一格。此园,在圆明园总体上虽为局部点缀,但能自成一区,尤其是首先引用欧洲建筑和造园艺术,在中国皇家园林中,仅此独例。参见圆明园附图(264 页)。

(鲁晨海)

长江三峡风景名胜区

西起四川奉节的白帝城,东至湖北宜昌的南津关的国家重点风景名胜区。是瞿塘峡、巫峡、西陵峡的总称。长 190km。三峡河谷地形,系由造山运动使地壳上升、河流深切而成。两岸悬崖绝壁,江流逶迤湍急,风光雄奇伟丽。瞿塘峡雄奇险峻,巫峡幽深秀丽,西陵峡滩险水急。瞿塘峡有一陡峭峡门——夔门,有夔门天下雄之称。南岸有瞿塘碑壁、倒吊和尚、孟良梯、凤凰泉和青蛙石、大溪文化遗址。北岸有锁江铁柱、七道门岩溶洞、风箱峡悬棺、古栈道等。沿江两岸人文胜迹丰富,有鬼城丰都、张飞庙、石宝寨、白帝城、武侯祠、黄陵庙、屈原故里、昭君故里。以及赞颂三峡风光的题刻等。

(王早生)

长沙　Changsha

湖南省省会。位于该省东部,居湘江下游。战国时为楚国的重要都邑,秦置长沙郡,西汉改郡为国,唐为潭州治所,明、清为长沙府治。文物古迹有麓山寺、岳麓书院、马王堆西汉古墓等。长沙又是一个有革命传统的城市,辛亥革命领袖黄兴、蔡锷和毛泽东、蔡和森、何叔衡、徐特立等都曾在长沙从事革命活动,有中共湘区委员会旧址、湖南第一师范学校、船山学社、爱晚亭等。为第一批国家级历史文化名城。市区人口 113.4 万(1991 年末),工业以纺织、机械、食品为主。手工以"湘绣"和鸭绒被、瓷器著名,在京广铁路线上,旧为我国四大米市之一。

(阮仪三)

长物志

著名造园理论专著。明朝著名书画家、文学家文震亨所著。精造园,在苏州有香草垞、碧浪园。在南京有水嬉堂。全书共十二卷,按庐室、花木、水石、禽鱼、书画、几榻、器具、衣饰、舟车、位置、蔬果、香茗等次序论述。涉及学科广袤,分属于建筑、动物、植物、矿物、艺术、园艺、造园、历史等各个方面。其中室庐、几榻、器具属建筑艺术,花木、水石、禽鱼、位置、蔬果属园林艺术。花木、水石、位置三卷为全书精髓所在。

(乐卫忠)

常绿植物　evergreen plant

露地生长的冬季或旱季不落叶的植物,但它们的叶片并非永远不落,通常在春季新叶展开之后,老叶即凋落。有的叶片经数年后才凋落。在形象上终年披挂绿叶,比较稳定,园林中常希望有一定数量的常绿乔灌木作为基础。

(沈　洪)

常熟　Changshu

位于江苏省南部。商末称勾吴,西晋建海虞县,南朝梁时称常熟,自唐后为县治所在。古城布局独特,城内有琴川河,西北隅有虞山伸入。虞山上保存有明代城墙遗迹。城内街道基本保持明、清格局。文物古迹还有商代仲雍墓、春秋言子墓、南朝梁昭明太子读书台、宋代方塔、兴福寺等。为第二批国家级历史文化名城。常熟市区人口 18.5 万(1991 年末)。工业有纺织、服装、五金、皮革制品等。

(阮仪三)

常住人口　permanent resident population

固定居住在某地区的人口。我国一般以常住户口登记所在地的人口为准。　(赵洪才)

厂前区　administrative complex of a factory

一般指工厂的行政、生产、技术管理的中心,是厂内外联系的枢纽,通常位于工厂前部主要出入口方向,与城市干道和居住区有方便的联系。其内容组成,视工厂的规模、性质和经营管理方式而定;可集中设置行政建筑和生产技术管理建筑,以及一些全厂性文化福利建筑,如厂部办公楼、中心试验室、电子计算机控制中心、警卫室、职工食堂等。厂前区的布置要符合工厂总平面设计的要求。

(商志原)

厂址选择　site selection for factory

对建设某一类工厂最为经济、适宜的用地的选择。在城市总体规划指导下,根据自然条件、技术经济条件、建厂施工技术、城市建设等方面的要求,确定厂区位置和用地大小。厂址一经选定,不仅直接关系到该企业的基建投资、营运费用等经济效益,而且还影响所在地区的经济发展、城镇建设和环境质量。

(陶松龄)

场合　occasion

城市空间中某种活动出现的时刻及其情景。

(黄富厢)

场所感　sense of place

场所对人所形成的感受。场所是人、建筑、造景环境的综合体,是空间与活动的有机结合。造就一个场所取决于设计方案的丰富程度,它意味着对人的活动及其乐趣、意愿、需求和美学价值观的全面考虑。意味着空间、建筑与自然、土地形态与建筑形态之间多重关系的恰当汇合。当一个场所适应一切功能,一切功能各得其所时,场所感就产生了。

(黄富厢)

场所理论　place theory

由特定的人与特定的事所占有的具有特定意义的环境空间,以满足使用者需要的和理想的环境要求。这里环境空间不应狭义地理解为一种视觉艺术空间,而是一种与人的心理及感情有特定连结的综合的社会场所。当城市空间被赋予社会、历史、文化、人的活动等含义后才称为场所。　(邓述平)

畅春园

约建于清康熙二十九年(1690 年)。在丹陵沜明武清侯李伟的清华园旧址上修建。是一座特殊形制的离宫型皇家园林,与历代不同,即将前部的"外朝"和"内寝"的宫廷区与后部的园林结合成一体,成为朝宫园林。这是清代皇家园林转变的先声,以后清代各帝王所营宫苑均按此型制。雍正三年(1725 年)将此园作为皇太后的居所,略有扩建。后于咸丰十年与圆明园同遭英法联军焚毁。畅春园,是清代第一座规模宏大的皇家园林。　(鲁晨海)

chao

超车车道　overtaking lane

为供车辆安全超车需要而设置的车道。在允许

超车的路段上,加宽道路,增设供超车用的车道。单向有两条车道以上的道路,可以划定靠路中心线的车道作超车用。 (李峻利)

超高 superelevation

为克服车辆行驶在弯路处所产生的离心力,防止车辆向外侧滑溜或倾倒,将道路横断面向弧度内侧倾斜,其外侧道路外侧提升的高度。受车速和道路的曲率决定。 (李德华)

超级市场 supermarket

又称自选市场。一种采用开架售货方式的零售商业场所。它的特点是:商品的包装上标明商品的名称、用途、价格及特点,代替了售货员的职能,成为"无声的售货员";商品陈列于货架上,顾客可以自取自选,在商店的出口处计价、付款。一般出售日常食品和日用品,属中低档商品,方便顾客,薄利多销。 (谢文蕙)

潮州 Chaozhou

位于广东省东部,是著名的侨乡。古城始建于宋,现东门楼及部分城墙尚存。城内南门一带有很多明、清民居及祠宇,甲第巷等附近街巷保持了传统的地方风貌。文物古迹有广济桥、开元寺、葫芦山摩崖石刻、宋代瓷窑遗址、凤凰塔、文庙、韩文公(韩愈)祠、涵碧楼等。市区西南有桑浦山名胜古迹区。潮州的传统音乐、戏曲及手工艺木雕,菜肴等也著称于世。为第二批国家级历史文化名城。潮州市区人口32.6万(1991年末)。工业有皮革、塑料、五金、电子、陶瓷等。 (阮仪三)

che

车船使用税 vehicle/ship use tax

对行驶于国家公共道路的车辆,航行于国内河流、湖泊和领海,以及在港口进行经营业务的船舶,按车船种类大小,向拥有者实行定额征收的一种地方税。 (谢文蕙)

车道 Traffic lane

一纵列车辆行驶在道路上所需的路面。其宽度应满足车辆车身宽度加行驶时安全距离的要求。一般用标线或分隔器来划定,以保证行驶安全。根据不同的道路等级、设计车速及车辆种类,一条汽车车道的宽度可为 $3.0\sim4.0m$,一般为 $3.5m$。通常,可分为快车道、慢车道;超车车道;直行、左转、右转车道等。道路上各种车辆行驶的部分,一般也通称为车道。 (李峻利)

车辆折算系数 vehicle equivalent coefficient

各种机动车辆以载重汽车为标准进行折算的系数。为了统一计算道路某一断面在单位时间内通过

的汽车数量,将各种类型的车辆按一定系数折合成标准车辆。折合系数为:载重汽车(包括大卡车、重型汽车、胶轮拖拉机)为1;带挂车的载重汽车(包括公共汽车)为1.5;小汽车(包括吉普车、摩托车)为0.5。 (宗 林)

车速 speed

车辆行使的距离与通过这段距离所需时间的比值。根据行驶距离的长短,可分为:路段速度(又称行程速度)、瞬时速度(又称点速度);在公交营运中,又分为:技术速度、运送速度(又称旅行速度)、营运速度;在车辆设计中,又分为:构造速度、经济速度;在道路设计中,有设计速度;在交通运输轨线设备营运中,有容许速度。通常用 km/h 计。

(徐循初)

chen

沉床园

见下沉式花园(240页)。

沉垣

见隐垣(257页)。

陈达(1892~1975年) Chen Da

著名社会学家。别号通夫,浙江余杭县里河村人。1916年由清华学堂公派赴美留学,1923年毕业于哥伦比亚大学研究院,获博士学位。1928年任清华大学社会系教授兼主任。1937~1945年任西南联大社会系教授兼清华大学国情普查研究所所长。解放后,任中央财经学院劳经系教授、中国人民大学劳经专修科教授。1947~1949年任国际人口学会副会长。他是我国研究人口和劳工问题的权威。著有《人口问题》(1934年)、《中国劳工问题》(1929年)。他又是研究华侨问题的专家,曾任太平洋学会东南亚部负责人,著有《南洋华侨与闽粤社会》(1938年)。 (梅保华)

衬景

见配景(173页)。

cheng

成都 Chengdu

四川省省会,位于该省中部。战国时为蜀国都城,秦置蜀郡,三国蜀汉,十六国成汉,五代前蜀和后蜀均都于此,北宋李顺的大顺,张献忠的大西国也曾在此建都。历代为蜀郡、益州、益州路、成都府、川西道、成都路治所。明代初年因循旧城址重建城墙,呈规则形顺应锦江流向,为偏南北向。后建明蜀王府称皇城,为正南向,两城相套,交错方位。秦汉以后,一直为我国西南的政治、经济和文化的中心。名胜

古迹有杜甫草堂、武侯祠、王建墓、望江楼、青羊宫等。为第一批国家级历史文化名城。市区人口174.2万(1991年末)。成渝、宝成、成昆铁路交点,工业有冶金、机械、电子、纺织、化工等,手工艺以织锦等著名。 (阮仪三)

成套率 ratio of full units

一个地区、成套住宅面积与住宅总面积之比值。用百分数表示。成套住宅指能独立提供起居、睡眠做饭、厕浴等一整套功能空间的住宅。 (严 正)

成周 Chengzhou

西周时建造于王城附近的一个特殊警卫区。西周时都在丰京镐京,为加强对黄河下游,即原商朝的中心地区的统治,武王命周公营建洛邑(王城)与成周两城。成周在洛邑东州里,约在今白马寺,即汉魏洛阳城址一带。集中居住殷商"顽民",并派兵八师(每师2 500人)驻守监视。 (董鉴泓)

成组布局 locational pattern of grouping firms

将生产过程中原料、燃料、辅助材料及半成品有供应关系的企业或技术上有密切联系的企业或为共同组织和利用区域性公用工程(动力设施、运输设施、大型给排水、城镇生活服务设施等)的有关企业合理地集中于一定地段的布局模式。

(胡序威 陈 田)

承德 Chengde

位于河北省北部。清代帝王为避暑和团结蒙、藏上层王公贵族,于康熙四十二年(1703年)在承德始建避暑山庄,其后又相继修建了许多喇嘛庙,成为我国北方一处著名的古建筑和园林荟萃之地。现在除保存古长城外,还有避暑山庄(又称承德离宫或热河行宫)、外八庙等大量具有历史艺术价值的古建筑,为第一批国家级历史文化名城。承德市区人口25万(1991年末),工业以钢铁、机械、煤炭、纺织等。为附近农产品、山货药材、果品等集散中心。

(阮仪三)

承德避暑山庄外八庙风景名胜区

在河北省承德市的国家重点风景名胜区。面积2 394km²。由宫苑、庙宇、奇峰、河川组成,层次分明。第一层次以驰名中外的避暑山庄为中心;第二层次是十几组大型的藏汉庙宇;第二层次是庙宇周围的十余处奇峰异石;武烈河像玉带般回转于峰峦寺庙间。避暑山庄是精华,面积560万m²。由宫殿区、湖区、平原区、山区四部分组成。康熙、乾隆二帝共题名七十二景。风格朴素自然,田园风光与山庄秀色兼备。有一百余座寺庙,著名的有溥仁寺、溥善寺、普乐寺、安远庙、广缘寺、普佑寺、普宁寺、须弥福寿之庙、普陀宗乘之庙、殊像寺、广安寺、罗汉堂。奇峰异石有磬锤峰、蛤蟆

石、双塔山等。 (王早生)

承租人

见租户(283页)。

城 city wall, city

①围绕居民点建造的防御性构筑物。在古文字为以戈守土的意思,械、滅、城均同义,可见有木栅栏、壕沟、土筑等。由城墙、城门、墩台、橹楼、城壕等组成。早期城多土筑,自宋以后,火药用于攻守,城墙多用砖石包砌。

②泛指一个城市。 (董鉴泓)

城堡庭园 court in castle

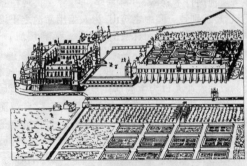

欧洲王公贵族在其城堡内或附近建造的娱乐性庭园。中世纪封闭式的城堡,花园都很小。而后期,除了种植实用的菜、果、药等的园圃以外,在果树下置以座椅,设有凉亭和棚架,成为聚集、社交和宴会的场所。另外为了满足骑马、射箭、击剑、打猎等需要,而在城堡边缘围以墙垣成为贵族们娱乐活动的地方。 (李铮生)

城池 city wall and moat

城墙和护城河的统称,也泛指城市、都邑。

(阮仪三)

城堞

见城垛(23页)。

城垛 battlements

又称城堞、雉堞、城雉、雉墙。城墙上砌筑用作防御的方形墙体,开有射孔。

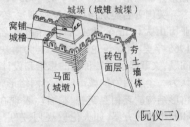

(阮仪三)

城关镇 county seat, county town

县政府所在地的镇。一般是县域内经济文化最发达的建制镇,是全县的行政、经济、文化中心。

(金大勤)

城壕 moat

城墙外防御用的河沟。有的因筑城取土而形成。 （阮仪三）

城南庄

又称斐度园。在唐东都洛阳城南集贤里（今洛阳南狮子桥一带），今已无存。唐宰相斐度（公元765～839年），于唐文宗朝留守东都时，结合住宅所营造的园林。规模很大，"筑山穿池，竹木丛萃，有风亭月榭、梯桥架阁，岛屿回环，极都城之胜概。"此园以池为中心，西岸筑山，池北建馆舍、筑开阔堂，池南有石板桥至池中岛屿，池东有晨光岛，池中则设水心亭等。池周竹木森翠，古柳垂岸，亭、台、榭、观植景而筑，玲珑别致。园中之筑山，为人工用凿池之土堆垒成山，为唐代城市园林造山手法。 （鲁晨海）

城市 city

具有一定人口规模的工业、交通运输业、商业聚集的以非农业人口为主的居民点，一般为一个地域的经济、政治和文化生活的中心。相对农村乡镇而言，集中是城市的本质特征。一般概念上的城市是指国家按行政建制设立的直辖市、市、镇等行政区域单位的总称。 （赵炳时）

城市边缘区 urban fringe

城市建成区外围在土地利用、社会和人口统计学特征方面处于城市和乡村之间的一种过渡带。农业、林业用地和居住及其他满足城市需要的机场、休疗养院、排污工程、运动场等在这里相混杂，是城市化近域推进的前沿，很容易变成城市建成区的一部分；也存在较多的潜在冲突，常通过综合土地利用规划把多种用地目的合理结合起来。城市边缘区相当于郊区的概念。多是郊区农业用地与城市工业、仓库、交通设施或居住用地相互混杂的地段。在国外也指在城市外围未经规划而形成的临时居住区，多是一般住房质量差，标准低劣，并缺乏配套公共设施的违章住宅建筑地带。按地域差异还可分为内缘区和外缘区。 （周一星 赵炳时）

城市并非树形 The City Is Not A Tree

美国著名建筑与城市规划理论家克里斯托弗·亚历山大（Christopher Alexander）的名作。发表于1965年美国《建筑论坛》杂志。为解决复杂的城市问题，文章提示了一种新的思维和设计思想方法，即认为一个有活力的城市应是半网络形，而不是树形。树形结构缺乏相互交叠、集合。表现在一些大城市和城市改建方案，如大伦敦规划、东京规划、昌迪加尔规划、巴西利亚规划等。半网络结构密布着互相交叠、模棱两可、多重性和生活丰富的特点。表现在自然城市如纽约曼哈顿、英国的密德尔斯博罗和剑桥学园城等。城市是生活的容器，如果采用树形结构，割断了城市生活流的相互交叠，城市将无活力。 （沈玉麟）

城市病 city disease

由于城市人口、工业、交通运输过度集中而造成的种种弊端。诸如：人流车流拥挤，交通堵塞；车祸频频，威胁安全；噪声超标，工业污染严重，环境恶化，城市生态失调；住房紧张，生活空间日益缩小；犯罪案件经常发生等公害，严重影响城市的协调运转。是现代城市的通病，一般情况下，城市越大越严重。但不同的社会发展阶段，不同国家的城市，其表现形式和形成原因有所不同。 （梅保华）

城市布局 urban layout

城市建成区各项用地的综合安排。合理安排居住、商业、文化、教育、娱乐、体育、医疗保健、产业、仓储、道路交通、市政设施、行政管理和公共绿地等。以保证城市经济与社会健康地发展。为公众创造美好的工作与生活环境。布局形式受历史发展现状、自然地理条件、经济发展等因素的制约。 （邓述平）

城市财政 urban public finance

国家财政和城市经济的组成部分。是城市政府凭借国家给予的有限权力，参与城市社会产品分配的特殊关系。包括两个方面：①国家财政的一部分，主要是解决中央财政与城市财政的分配关系；②城市经济的一个不可缺少的组成部分，主要是对城市财政的收入与支出进行调节和管理。 （谢文蕙）

城市财政收入 municipal revenue

由税款收入、财产收入、债务收入以及其他为城市建设、维护和管理而收取的费用而构成的城市经济来源。城市财政的主要职能之一，就是组织财政收入，其来源主要有：税款收入——凡是地处城市的企业单位，都应交纳税金；财产收入——城市所有的土地、房屋以及其他设施的租金与使用费；债务收入——主要有城市内部的公债，以及中央许可的对国外的举债；还有其他为城市建设、维护和管理而收取的费用。 （谢文蕙）

城市财政支出 municipal expenditure

市政中涉及政治、经济、科技、教育、卫生等方面的支出。主要有以下城市财政支出项目：城市公用事业、住房建设、商业和服务业、居民副食和燃料补贴、行政管理费、文教卫生等。 （谢文蕙）

城市场 urban field

一种含义广泛、地域广阔的城市地域概念。1965年由弗里德曼（J.Friedmann）和米勒（J.Miller）提出。它包括巨大的中心城市及周围社会经济联系密切的其他城镇，和包围着这些城镇的广大的开阔空间，如农田、森林、湖滨、海滩。该地域除了通勤、购物外,还囊括了城市居民周期性的户外娱乐活动场所,所以范围超过大都市区和通勤场。这是从美国现实出发,着眼于未来的一种理想城市空间形式。

（周一星）

城市成长 urban growth

城市的经济、规模、建设逐渐增长,发展的过程。默德尔(Myrdal)于1957年提出城市的成长遵循着"循环和累积的因果原则",即一旦某种力触发了城市的成长(如在城市中新建一工厂),由于各产业部门相互联系的性质,将促使其他有关部门成长,这些部门的成长又孕育着与它们有关部门的成长。接着又吸引新的产业部门进入城市,开始新的一轮循环,城市就在这种累积和循环的过程中逐渐成长起来。

（陶松龄）

城市道路管理 management on city roads

为保证城市道路的畅通而采取的各种措施。根据《市政工程设施管理条例》的规定,城市的主干道、次干道、区间道路及街道路,必须经常保持畅通。任何单位和个人,不准任意开挖或占用,更不准用作货物堆场或作业场地。凡在道路上新建或改建管线,埋设各种标志、杆件、搭设棚、亭、画廊、存车处等设施者,应报经市政工程管理部门同意,并由城市规划部门发照后,方准施工。铁路与道路平面交叉道口,应与城市道路接平。机动车和非机动车均应按规定不准在人行道行驶。铁轮车、履带车不准在有结构的路面上行驶。依法对城市道路进行严格管理,并加强维修养护,保持道路结构完好,路面畅通,以利城市交通,是城市道路管理的目的。

（陈为邦）

城市道路照明设施管理 management of street lightings

根据《市政工程设施管理条例》,对路灯及有关设施的管理。其内容主要有:严禁任何单位和个人损坏城市路灯灯具。严禁在公共照明线路上拉线、接灯或安装其他电器设备。凡因建设需要迁移路灯设施者应报经路灯管理部门批准。 （陈为邦）

城市等级体系 urban hierarchy

国家或区域城市体系中按不同重要性区分的城市等级结构关系。例如我国的城市可分成国家级、大区级、省区级、地区级等不同等级的中心,共同组成一个有分工、有联系、有层次的城市体系。每个城市在等级体系中的地位由该城市在国家或区域的社会经济生活中所承担的职能分工的等级、强度、影响范围和城市规模等因素决定。一般等级越高,城镇数量越少;等级越低,数量越多。 （周一星）

城市地理学 urban geography

城镇地域空间组织的地理研究。人文地理学和城市科学的主要分支学科之一。按研究的空间尺度可分为城市体系和城市内部结构两大主要领域。前者研究区域内城镇的空间组织;后者研究城镇内部的空间组织。古代的区域地理著作只包含对城市的地理描述。19世纪末20世纪初,欧洲地理学家用城市的自然位置来解释城市的形成和特点,使它成为一个独立的研究领域。20世纪30~40年代以德国克里斯塔勒(W.Christaller)的中心地理论和美国芝加哥学派的城市土地利用模式为代表的创造性成果奠定了学科的主要理论基础。第二次世界大战后,城市地理学被广泛应用于城市重建、城市规划、区域规划和城市商业区位选择,获得了迅速发展。近40年来,区位学派、行为学派、激进马克思主义学派等先后出现,使其理论和方法论不断更新和完善。主要研究内容有城市形成和发展的地理条件,城市化过程,城市规模分布、职能分类,城市间交互作用,城市经济区,城市内部的土地利用,社会、经济空间等问题。 （周一星）

城市电源 urban power supply

供给城市各种用户所需电能的发电厂或从区域电力系统接受电能的变电站。为了满足城市的用电需要,一般要建设发电厂,大城市还要建设从区域电力系统接受电能的变电站。对于具备条件从区域电力系统取得电能的中小城市,也可以在本地区不建设发电厂,而通过变电站从区域电力系统取得电能,以满足本地区的用电需要。电能是现代城市不可缺少的重要能源,所以必须保证城市电源具有高度的安全可靠性。 （武绪敏）

城市对外交通运输 inter-city transportation

以城市为基点的外向客、货运送。为城市存在与发展的重要条件和构成城市的重要要素。可通过铁路、公路、水道、航空及管道运输等各种运输方式联系城市与外部地区,促使城市内外的政治、经济、科技、文化交流,为发展生产与提高人民生活水平服务。其设施的布置很大程度上影响到城市工业、仓库、居住区的位置、城市用地发展方向,城市道路系统的组织,是城市总体规划布局的重要内容。

（宗 林）

城市发展 urban development

城市的形成以及由小到大、由低到高层次发展的历史过程。反映着人类社会、人类自身的发展历史。城市曾是神灵的家园,而最后城市本身成为培育和改造人类的主要场所。城市规划应以城市发展为依据,充分认识城市发展的规律、条件和发展方向,处理好城市发展与区域发展的关系。

（陶松龄）

城市发展史——起源、演变和前景 The City in

History：Its Origins, Its Transformation, and Its Prospects

美国著名城市理论、历史学家、城市社会学家刘易斯·芒福德(Lewis Mumford)的名著。1961 年由纽约哈库尔特、勃雷斯与耶伐诺维契出版公司发行。此书从城市的起源、演变和发展前景描述了人类社会五千年的城市发展史。翔实地剖析了史前、两河流域、古埃及、古希腊、古罗马城市文明；中世纪基督教城市文明；文艺复兴、巴洛克城市文明；近代工业文明与 20 世纪现代城市文明。从宏观和多视角的层面，将各个时期城市的政治、宗教、经济、社会、环境、生态、文化、艺术等历史性变革与城市的性质、规模、结构、形式和设施等的演变和发展结合起来，从而揭示这两方面的相互制约、相互联系和相互影响。书中深刻地揭示了资本主义政治、经济、社会、生态、文化等方面的缺陷以及城市的衰退与危机。描绘了城市与人类文明的未来前景，企图在革新资本主义国家的政治秩序、创立平衡的经济模式和发展生态文化的前提下，完善城市物质载体的区域网络结构体系，建立区域性城市，使城市本身成为改造人类、振兴文化的主要场所。　　　　　　　(沈玉麟)

城市发展战略　strategy of urban development

运用战略的思想、理论和方法来制定城市发展的长期性和根本性的谋划，属于软科学范畴。城市发展战略是由城市总体发展战略和城市经济、社会、建设、科技等一系列发展战略所组成。城市各个分项发展战略的内容应包括：战略的指导思想和方针；战略制定的依据；战略的任务和目标；战略实施的步骤和措施等。制定好城市发展战略的关键是城市领导者观念的现代化和战略决策的科学化与民主化。

(谢文蕙)

城市防洪　urban flood control

为保护城市的地产和生命财产免受洪水灾害而采取的工程及非工程措施。由于城市所在位置不同，受洪水的威胁各异；沿河流城市主要受河流洪水以及决堤、溃坝的威胁；地势低平的城市，除受河湖洪水威胁外，还受市区暴雨的涝害；位居海滨和河口的城市，受潮汐、风暴潮、地震海啸、河口洪水等威胁；依山傍水的城市，除河流洪水外，还受山洪、山体塌陷或泥石流等危害，因此对不同的城市采取不同的防洪措施是城市建设的重要组成部分。为确保城市的安全，城市建设选址，首先要避开洪水泛滥地区，要正确确定防洪标准和相应的防洪措施，充分考虑超标准洪水或其他原因造成的溃坝、堤防决口等非常事件的防洪措施，将损失减少到最少。　　　　　　　　　　(文立道)

城市防洪设施管理　management of flood-prevention facilities

城市防洪设施是确保城市国家财产和人民生命财产的重要设施，切实加强城市防洪设施的管理具有重要的意义。根据《市政工程设施管理条例》的规定，城市防洪设施的主管部门和有关单位都要积极维护河岸、堤坝、排洪道和泵站的完好。在防洪设施防护带内不准乱挖、乱填、搭盖和堆放物料，不准进行有损防洪设施的任何作业。在防洪设施的防护带内，禁止在非码头区装卸或堆放货物。　　(陈为邦)

城市房屋产权管理　administration of building ownership in cities

国家房管部门依法对房屋所有权及其合法变动情况的确认，以及为此目的而进行的管理。城市房屋产权管理的主要内容有：①办理城镇各类房屋的产权登记；②办理城镇房屋其他有关权利登记；③依法审查，确认房屋所有权；④核发房屋所有权证；⑤办理房屋所有权转移登记手续；⑥办理房屋现状变更登记手续；⑦进行日常的产籍资料管理。其中，产权登记是产权管理的核心。　　　　(陈为邦)

城市辐射力　radiation of a city

城市以其输出产业的竞争强度和发达的交通与通信设施，将其商品、技术、人才与信息向周围地区以及国外进行扩散的能力。城市的辐射力强，不仅能带动周围地区经济的发展，而且自身可获得较大范围的外部经济效益。　　　　　(谢文蕙)

城市复苏　urban revitalization

赋予社会功能衰退的旧城区以新的活力和繁荣。由于旧城住房拥挤、交通阻塞和环境污染使居民迁往郊外，造成中心区衰败而采取的对策。根据城市经济和社会的发展战略，改造生产、生活、居住与交通运输的实体环境，创造新的就业机会，使公众对城市改造采取支持的积极态度。

(邓述平)

城市复兴　urban rehabilitation

对城市或其局部地区，将衰落、破旧的地段，采取规划和建设措施以及政策导向，使之恢复生机，重新获得城市活力。　　　　　　(陶松龄)

城市腹地　hinterland

又称城市吸引范围。城市作为区域活动的焦点和中心，发挥其吸引和辐射作用的地域空间。有广义和狭义两种概念。广义的概念指城市影响力所能达到的范围，此范围可能极为广阔而难以度量。狭义的概念考虑到区域内若干城市并存，在距离衰减法则支配下，城市与城市之间存在一个城市影响力相对平衡的地带，此带一侧以某一城市的影响力占优势的地域称为城市直接腹地或直接吸引范围。常通过经验模式或实际调查加以确定。狭义概念更常用。　　　　　　　　　　　　(周一星)

城市改建　urban reconstruction, urban redevelopment

城市功能衰退,不能符合当前、今后的需要,或是恶化破旧的地区和环境,或由于更重要的项目建设,将某一地区进行重新建造,使其产生新的功能或环境的建设活动。内容有:用地调整、建造新的和改建原有的建筑和各项设施等;还包括一些社会的、经济的措施。须在城市总体规划指导下进行。

（陶松龄）

城市改善　urban upgrading

部分地改建,是以修缮建筑物、整治道路及公共设施为主,并以绿化、小品衬托,实质性地改善城市环境。　　　　　　　　　　　　　（陶松龄）

城市改造　urban redevelopment

结合原有的城市结构,符合和达到现代生活要求的建设活动。城市改造可以在城市交通再组织和原有城市特色的保留等主要方面进行工作。前者包括提供高速、有效的交通组织,为市民活动提供方便的交通和怡人的场所;后者是指城市中大规模改建过程中可考虑采取的办法;如把新发展项目安置于原有街道的后侧、城镇中心边缘的扩展,整个街区的重建、新建筑向地下、半地下发展。　（陶松龄）

城市更新　urban renewal

为防止和消除城市衰落所采取的计划和措施,通过土地用途的调整增加税收,改善建筑环境,增强城市活力,吸引投资和居民返回。对过于简陋的设施进行推倒重来的改建。注重维修保护有历史价值的建筑物和地段,以提高其品位和价值。美国的城市更新源于1930年的"公共住房计划"。正式始于1949年的"住房法",该法令的目的是:①拆除贫民窟,代之以合乎标准的住房;②刺激大规模的私人重建工程;③增加城市税收;④复兴中心城市;⑤制止白人向郊区的迁移。　　　　　　　（陶松龄）

城市公房管理　management of public-owned buildings in cities

对在城市规划区内的全民所有制的通用房屋所实行的管理。对城市公有通用房屋实行统一管理,是我国既定的方针,即由政府房产管理机关统一经营、统一维修、统一调剂分配,执行统一的规章制度和租金标准。根据国务院规定。统一管理的范围包括:城市公有住宅、中小学校舍和机关、事业单位、文化、卫生、商业、服务业的房屋以及企业厂区以外的通用房屋。由于历史的原因,由城市房管部门统一管理的城市公房,只占全部公房的一小部分。比如1980年全国城市公房约12亿 m^2,其中由城市房管部门统一管理的仅为2.5亿 m^2。积极扩大城市公房统一管理面,是城市房管工作的重要任务,它将有利于发挥现有房屋的作用,合理使用有限财力物力以加强房屋维修,也有利于各单位集中力量搞好自己的生产和工作。　　　　　　　　　（陈为邦）

城市公共交通管理　management on city public passenger transport

城市公共交通是指服务于城市广大人民群众的交通事业,主要包含公共汽车、电车(含无轨与有轨电车)、出租汽车、轮渡、地下铁道等服务方式。我国城市公交普遍紧缺,尤其是大城市公交尤为紧张。缓解城市公交紧张。主要应采取综合治理的方针,实行多家经营,统一管理。应以国营为主,发展集体和个体经营,调动社会上车辆(包括机关、企事业单位客车)投入节日和高峰营运。应大力扶植城市公交发展,调整不合理运价。要加强城市道路和公交场站建设。错开市内各单位上下班时间。合理规划住宅区与商业区位置以减少客流量。大城市客运应采取逐步发展轨道交通为主的方针。有条件的特大城市可逐步考虑建设地下铁道。要大力加强交通管理。大城市要停止对发展自行车的鼓励政策,并控制自行车和私人摩托车的发展。　　（陈为邦）

城市公共客运指标　index of public passenger transport

评价城市公共客运的标准。城市公共客运一般由定线定班次的公共汽车、长途汽车、无轨电车和地下铁道、市郊铁路、轻轨铁路及轮渡、客船、索道缆车与非定线客运交通——出租汽车等方式组成。城市公共客运的指标由客运需求量、设施供给能力、服务水平和经济效益四个分项指标组成。例如,需求指标应有:公交客运量及其在城市客运量中的比重、客运周转量;供给能力应有:车辆拥有率、客运拥有率、车辆完好率、车年运送量、客位年运送量、公交线路长度、密度、站距和线网覆盖面积率、线路输送能力;服务水平应有:运送速度、平均出行时间、满载率、正点率、换乘系数、非直线系数;经济效益指标主要有车辆运营成本、乘客运送成本和成本利润率等。

（陈景润）

城市公共绿地定额　public green space norm

城市中每个城市居民平均占有的公共园林绿地面积。它是反映城市居民游览休息用地水平和城市绿化环境质量的重要指标。国家规定,计入定额的公共绿地是指供群众游憩观赏的各种公园、动物园、植物园、纪念性园林以及小游园、街道广场的绿地(道路红线外可供群众游憩的绿地)。国家规定的城市公共绿地定额,近期每个城市居民 $3\sim5m^2$,远期每个城市居民 $7\sim11m^2$。计算公式:

$$公共绿地定额 = \frac{统计用地范围内公共绿地面积}{统计用地范围内城市总人口}(m^2/人)$$

（范念母）

城市公用设施 public utilities

为城市生产和居民生活服务的各种公共使用设施的总称。我国各城市政府公用部门所负责建设和经营管理的业务范围不同，一般是供水、供气、供热、公共交通。广义的公用事业包括公共交通运输(铁路、航空、水运、公路、管道等)、通信、动力供应、公共用水、卫生、灌溉、环境保护等各项设施。大多数国家均将这类企业由国家经营，美国等少数国家的公用事业多为私营但受政府节制。 （赵炳时）

城市供电系统 power supply system

城市电源和电力网的总称，提供现代城市能源的重要系统之一。城市电源由发电厂(火力发电、水力发电、核电和地热发电等)或由接受区域电力系统电能的变电站组成，其作用是向城市提供电能。城市电力网由不同电压等级的送电线路和变电站(所)组成，其作用是将电能输送给用户使用。为了安全可靠地向城市供电、大中城市的电源至少应有两个或两个以上，同时还应根据城市的布局和用户的重要程度，确定技术经济合理的电网联结方式。

（武绪敏）

城市供水工程暂行规定 Tentative Regulation on City Water Supply

1980 年 9 月 23 日，国家城建总局颁发的《城市供水工作暂行规定》，这是我国城市供水方面一部重要的法规。该规定对城市供水 10 个方面作了规定，这 10 个方面分别是：性质和任务；基本建设；城市水资源管理；生产管理，供水设施维护；计划用水和节约用水；做好供水服务工作；科学研究；机构设置和队伍建设；奖励和惩罚。规定指出："城市供水是生产建设和人民生活不可缺少的物质条件，是实现社会主义四个现代化的主要物质基础。"城市供水工作的基本任务是：认真贯彻为生产建设，为人民生活服务的方针，积极开源、节流，切实搞好建、修、管和产、供、销，全面完成计划，保证城市用水，适应四个现代化的需要。 （陈为邦）

城市供水水质管理工作的规定 Regulation on Water Quality Control

1981 年 6 月 2 日，国家城建总局颁发的《城市供水水质管理工作的规定》。城市供水的水质直接关系到广大人民身体健康和工业产品质量，切实确保供水水质是城市建设的一项重要任务，国家城建总局颁发此规定，正是为了使保证水质的工作法制化。该规定共分 8 个部分，即加强领导，健全机构；建立健全规章制度；严格执行水质标准；加强水源卫生防护；用好净水设备，合理投加药剂；提高和健全检测手段；重视管网的水质管理；提高水质管理人员的技术水平。 （陈为邦）

城市广场 city square

由建筑物、道路、场地及绿地构成的城市空间，是公众进行社会生活的场所。除供公众漫步、休憩、约会、集会、游行及节日庆典外，还有集散交通和组合、衬托建筑物的作用，集中体现了城市历史文化和景观艺术特征。按功能可分为建筑广场、交通广场、集会广场、商业广场、文化游憩广场及集市贸易广场等。按空间特征可分为封闭型广场和开敞型广场。城市广场历史悠久，功能显著，在城市中占重要的地位。 （邓述平）

城市规划 urban planning

城市空间布局和各项建设的综合部署。为了实现一定时期内城市的经济和社会发展目标，确定城市性质、规模和发展方向，合理利用城市土地的全面安排。它是建设城市和管理城市的基本依据，也是实现城市经济和社会发展目标的重要手段。城市规划是一门内容广博，实践性、政策性很强的学科。现代城市规划工作的含义是指一种连续的工作程序而不是为了某种城市终极理想状态的蓝图，要使城市在发展过程中的各个建设环节不断地得到协调和完善。 （陶松龄）

城市规划程序 urban planning procedure

编制城市规划所必要的工作内容和先后顺序，一般按资料收集、分析预测、确定目标、制定规划步骤进行，城市规划法规定城市规划分总体规划、详细规划两阶段，大、中城市在总体规划基础上尚可编制分区规划，总体规划编制前要求先制定规划纲要。根据规划管理和工程实施需要，又可分控制性详细规划和修建性详细规划。详细规划要在总体规划或分区规划的基础上进行，由于城市规划是一个动态的过程，不同规划层次存在相互联系、互为补充的情况。规划制定以后应由政府主管部门审批，以保证规划的实施。 （吴明伟）

城市规划定额指标暂行规定 Tentative Ordinance for City Planning Norms and Standards

1980 年 12 月原国家基本建设委员会颁发的《城市规划定额指标暂行规定》。该规定共 3 章 13 条。规定指出：为了编制城市规划，统一城市规划定额指标，特制定本规定(见第 1 条)，鉴于全国各地城市情况不同，定额指标规定了一定幅度，各地可根据实际情况选用(见第 4 条)。定额指标分总体规划定额指标和详细规划定额指标两部分。总体规划部分规定了城市人口规模划分、规划期人口计算、城市生活居住用地、城市公共建筑用地、城市道路广场用地、城市公共绿地等定额指标；详细规划部分规定了居住区定额指标和小区定额指标。该暂行规定的颁布实施，对我国城市规划的编制、修订和发展，起了

重要的作用。　　　　　　　　　　（陈为邦）

城市规划分级审批　hierarchical approval of city plan

《城市规划法》规定,我国城市规划实行分级审批。直辖市的城市总体规划,由直辖市人民政府报国务院审批。省和自治区人民政府所在地城市、城市人口在 100 万以上的城市及国务院指定的其他城市的总体规划,由省、自治区人民政府审查同意后,报国务院审批。上述城市以外的设市城市和县级人民政府所在地镇的总体规划,报省、自治区、直辖市人民政府审批,其中市管辖的县级人民政府所在地镇的总体规划,报市人民政府审批。上述规定以外的其他建制镇的总体规划,报县级人民政府审批。城市的分区规划和详细规划由所在城市人民政府审批。　　　　　　　　　　　　　　（陈为邦）

城市规划基础资料　basic information for urban planning

编制城市规划应当具备的资料。概括有以下几类:①城市自然条件资料(地形、地质、气象、水文、地震等);②城市技术经济资料(自然资源、城市人口、城市土地利用、工矿企事业单位、交通运输、仓储、科技状况等);③城市现有建筑物及公共、市政设施(各类建筑物、各类城市行政、经济、文化机构工程设施、人防设施、城市园林绿地等);④城市历史文化资料(历史沿革、文物古迹、近现代优秀建筑物、历次规划文件等);⑤城市环境资料(水、大气、废弃物、噪声、辐射等)。　　　　　　　　　　（吴明伟）

城市规划技术经济指标　technical economic index

在考虑社会、经济、环境效益的基础上,城市规划工作全过程中采用的,由国家、地方或各部门根据有效地发挥建设用地和资金的效益,达到人力物力和时间上最大的节约等原则而制定的有关各种指标的总称。城市规划不同的阶段,使用的指标也不同,例如:总体规划阶段常用人均城市用地指标;各种不同功能土地利用的人均用地指标和土地利用率等。详细规划阶段的居住区规划中常用:规划人口毛密度和净密度,建筑面积密度或容积率、建筑密度、公共设施千人指标、拆建比、每万平方米土地开发费及建筑单方投资等。由于城市规划是多种专业综合的学科和工作。因此,还包含各专业使用的规划指标,如交通道路规划中常用汽车拥有率、自行车拥有率、道路网密度、道路面积密度等;市政专业规划中常用的用水指标,用电负荷,电话拥有率等。

　　　　　　　　　　　　　　　　（高　霖）

城市规划建设管理　administration of city planning and construction

根据城市规划对城市规划区范围内所进行的各项建设所实施的管理。《城市规划法》第 29 条规定:"城市规划区内的各项建设必须符合城市规划,服从规划管理"。各项建设指:各类房屋的建设,以及房屋建筑附属或单独使用的各类构筑物的建设;城市道路、桥涵、地铁、广场、停车场及附属设施,对外公路、铁路、港口、机场及附属设施等的建设;给排水设施、水源地、污水处理设施,燃气、热力、电力、通信等设施的建设;抗震防震、防洪、人防工程,城市绿化美化工程及其工程建设。《城市规划法》第 32 条规定:"在城市规划区内新建、扩建和改建建筑物、构筑物、道路、管线和其他工程设施,必须持有关批准文件向城市规划行政主管部门提出申请,由城市规划行政主管部门根据城市规划提出的规划设计要求,核发建设工程规划许可证件。建设单位或者个人在取得建设工程规划许可证件和其他有关批准文件后,方可申请办理开工手续。"　　　　　（陈为邦）

城市规划决策　option of urban plans

为了达到城市规划既定目标,在确定的条件下,通过若干有价值方案的选择,包括为了实施规划所采取的技术经济措施,以期优化地达到目标,城市规划是驾驭整个城市建设和发展的基本依据和手段。优选的方案须经政府审批。　　　　（吴明伟）

城市规划区　urban planning area, city planning area

城市行政区域内,因城市建设和发展需要实行规划控制的区域。《中华人民共和国城市规划法》第 3 条规定:"城市规划区,是指城市市区、近郊区以及城市行政区域内因城市建设和发展需要实行规划控制的区域。城市规划区的具体范围,由城市人民政府在编制的城市总体规划中规定。"城市规划区是城市规划法约束的地域范围。一般包括城市市区、近郊区以及外围地区规划确定的飞机场、水源地、重要的交通设施、基础设施、风景旅游设施等用地,以及城乡结合地带需要进行统一规划管理的区域。城市规划区也是城市规划、建设、管理部门与有关部门职能分工的法律依据。　　（赵炳时　陈为邦）

城市规划条例　City Planning Regulations

1984 年 1 月 4 日,国务院颁发的《城市规划条例》,这是中华人民共和国成立以来,国家制定的在城市规划、建设和管理方面的第一部法规。条例共分七章55条,第 1 章总则,第 2 章城市规划的制定,第 3 章旧城区的改建,第 4 章城市土地使用的规划管理,第 5 章城市各项建设的规划管理,第 6 章处罚,第 7 章附则。该条例的颁布实施,对我国城市规划、建设与管理走上法制轨道,具有重大意义,发挥了重要作用。该条例由于《中华人民共和国城市规划法》的施行于 1990 年 4 月 1 日废止。

(陈为邦)

城市规划用地管理 land use administration

根据城市规划对城市规划区范围内土地利用所实施的管理。其基本内容是按照城市规划确定的不同地段的土地使用性质和用地布局,决定建设工程可以使用哪些土地,不可以使用哪些土地,在满足建设项目合理要求的前提下,统筹安排用地,达到珍惜用地、合理用地、实现规划的要求。《城市规划法》规定:"在城市规划区内进行建设需要申请用地的,必须持国家批准建设项目的有关文件,向城市规划行政主管部门申请定点,由城市规划行政主管部门核定其用地位置和界限,提供规划设计条件,核发建设用地规划许可证,建设单位或者个人在取得建设用地规划许可证后,方可向县级以上地方人民政府土地管理部门申请用地,经县级以上人民政府审查批准,由土地管理部门划拨土地。"城市规划区内的临时用地,由省自治区、直辖市人民政府制定管理办法。

(陈为邦)

城市规模 city size

又称城市人口规模。城市人口数量和用地面积。因城市用地随城市人口数量而变,所以通常指城市的人口数量。影响城市用地大小与布局;生活服务设施的组成与数量;道路系统、市政设施的组成;郊区规模等一系列问题。

(刘博敏)

城市规模等级 the order of urban size

按人口规模对城市进行的分类。因各国情况或各项研究的目的不同,分类的规模界线和等级多寡存在很大差异。但有几条规模界线作为惯例被经常使用。如 2 万人被联合国出版物作为区分城市与镇的界限,10 万人以上城市一般作为大城市,100 万人以上城市普遍作为特大城市。我国城市规划法中大城市是指市区和近郊区非农业人口 50 万以上的城市,中等城市是指市区和近郊区非农业人口 20 万以上、不满 50 万的城市,小城市是指市区和近郊区非农业人口不满 20 万的城市。习惯上把 100 万人口以上城市作为特大城市。

(周一星)

城市过密 over-concentration

城市人口和建设的密度超过应有的最高合理程度的现象。会带来居住拥挤、环境恶劣、交通不畅等不良状况。亦指在一地区内,过多城镇聚集分布的现象。

(陶松龄)

城市合理规模 optimum city size

又称最佳城市规模。城市发展所产生的效益高于所需成本的一种城市规模。某些分析表明,人口向大城市集中所付出的代价有时超过了它所带来的效益。由这些分析产生的信念导出了此理论概念,

但争论不断。不同学者从不同角度出发所建议的合理规模差距很大,从几万人到几百万人不等,还没有被普遍接受的尺度。共识存在于:新建城市规模太小或老城市规模发展太大都不经济;从城市体系角度看,一个国家或区域总由许多不同职能、不同规模的城市所组成;特定条件下的特定城市,有合理规模问题;这是一个相对意义上的概念。

(周一星)

城市核心 urban core

大城市地域结构中被城市边缘区包围的城市主体部分。它以高密度集聚的人口、建筑和社会经济活动为特征,相当于西方大都市区的中心城市部分和我国的旧城区。

(周一星)

城市化 urbanization

又称城镇化、都市化。非城镇地区变为城镇的一种复杂过程。这一过程主要表现为经济活动中农业比重逐渐下降,非农业比重逐渐上升;乡村人口向城镇迁移和转化,城镇的数量增加、规模扩大,城镇人口比重不断上升;随城市规模的扩大,城市结构模式发生先集中后分散的相应变化;城市生活方式在城镇强化的同时,向城镇以外扩散,导致乡村生活方式的淡化;城市的社会、经济、技术等变革向区域扩散,大大扩展了城市中心的控制力和影响,等等。不同学科从各自的研究重点出发,对城市化的理解常有所差异。自工业革命以后,城市化成为世界各国的普遍趋势,但各国并不总是采取同样的形式和速度发展,西方发达国家人口的 3/4 以上已生活在城镇地区,第三世界国家还不足 1/3。城市化过程既给人类带来社会、经济的进步和生活水平、生活质量的提高,也要为可能带来的贫民窟、交通拥挤、环境污染、侵占农田等付出代价。

(周一星)

城市化道路 the way of urbanization

符合国情的城市化方向、机制、速度、途径和方针政策的总和。近年来,中国的城市化道路成为国内外讨论的热点。中国也要顺应人类社会发展的总趋势,不断提高城市化的水平,这一方向性问题已经基本取得共识。由于 20 世纪六七十年代特殊的政治经济背景以及 20 世纪 80 年代改革开放的现实,中国城市化将长期面对着乡村剩余劳动力过多,乡村推力巨大和城镇生产效率较低、资金短缺、对乡村剩余劳动力的容纳量有限的尖锐矛盾。为此人们提出了小城镇论、城乡一体化论、中等城市论、大城市论、综合阶段论等不同的解决途径和城市发展战略重点。从城市化的动力机制看,又存在着依靠国家投资发展二、三产业的城市的"自上而下"式和依靠农民集体或个人发展乡镇企业和小城镇的"自下而上"式等两种主要形式,外资推动的力量也日显重要。讨论仍在继续,未有定论。但从原则上讲,中国特色的城市化道路应该既符合城市化的普遍规律,又适应中国的特定条件,采取综合性、多

渠道、多方位的对策而不应是单一的途径;持续、稳步与经济相协调的发展步调而不是大起大落;城乡经济共同繁荣,城乡人民共同富裕而不是通过农民破产来实现。 (周一星)

城市化地区 urbanized area

划定城市景观地域的一种地理统计单元,反映城市实体的地域概念。它由城市核心及其周围的密集居住区两部分组成,相当于中国的城市建成区。此概念始用于 1950 年美国人口普查,目的是较好区分较大城市附近的城镇人口和乡村人口。城市化地区的核心部分以前一直称为中心城市,1990 年起改称为城市化地区中心地方。有一系列具体的标准来确定每个城市化地区的范围,人口起码 5 万人以上。这一概念在其他西方国家中也流行,但是具体标准不尽相同。 (周一星)

城市化过程曲线 urbanization curve

概括一个国家或地区城镇人口在总人口中的比重随时间而提高的一般模型。20 世纪 70 年代由美国城市地理学家诺瑟姆(R.M.Northam)提出,该曲线呈稍被拉平的 S 型,把城市化过程分成三个阶段:城市化水平较低而且发展较慢的初期阶段;人口向城镇迅速集聚的中期加速阶段;进入高度城市化以后,城镇人口比重的增长又趋缓慢甚至停滞的后期阶段。三个阶段的划分标准和起讫时间,随各国条件不同而有不同。对人类未来的城市化过程尚未取得共识。

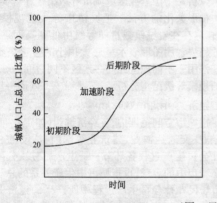

(周一星)

城市化水平 degree of urbanization

衡量城市化发展程度的数量指标。一般用国家或地区的城镇人口(或某一规模以上的城市的人口)占总人口的比重来表示。城市化过程涉及到经济、人口、地域空间、社会生活方式等多方面的深刻变化,应该用一种多因素的综合指标来衡量其发展水平。但在实践上,因囿于资料收集和难以在各国间取得可比,迄今为止,还没有一种被普遍接受的综合指标。 (周一星)

城市环境 urban environment

城市周围总的境况和城市内部人们工作、居住、生活、交通等环境。包括城市自然环境和人工环境。 (黄富厢)

城市基础设施 urban infrastructure

是城市赖以生存和发展的基本条件。是一个多因素多层次复杂的大系统,包括六个子系统:①给水排水系统(水源、给水、排水、污水、中水的设施);②能源供应系统(供电、供气、供热的设施);③道路交通设施(城市道路、公共交通、快速交通、对外交通的设施);④邮电通信系统(电信、邮政的设施);⑤园林环境设施(园林、公共绿地、环境卫生的设施);⑥防灾系统(防洪、市政工程、地沉控制、消防的设施)。城市基础设施是城市现代化的前提条件,是城市经济社会发展的承载体和支撑系统,是提高城市经济效益、社会效益、环境效益的决定因素。 (谢文蕙)

城市集聚区 Urban agglomeration

又称城市群。是近代城市空间组织的一种形态。随着城市化过程的进展,依托一定的地理环境条件,在一定地域范围内,集中了相当数量规模不同、既相对独立又联系密切的城市,共同组成一个相对完整的城市群体。迄今为止,国内外均未对城市集聚区作质和量的规定,英国的集合城市,美国的大都市统计区大都市带,德国的鲁尔,我国的长江三角洲、珠江三角洲、京津唐、辽中南等都被不同的学者作为例子引用过。联合国城市出版物一般用大都市区作为其统计概念。 (周一星)

城市集中供热 district heating

又称区域供热。城市或地区,利用集中热源,以蒸汽或热水为介质,通过供热管网向工业或民用用户供应生产和生活用热的一种供热方式。和小火炉或小锅炉房分散的热源供热比较,有很多优点。第一,提高能源利用效率,节约能源。分散的小型烧煤锅炉热效率一般只有 50% ～60%,集中供热采用的锅炉容量较大,燃料燃烧比较充分,有条件设置省煤器和空气预热器以减少热量损失,锅炉效率可提高 20%。如果实行热电厂集中供热,燃料节约量还可以增加;第二,减轻大气污染。集中供热煤耗少,减少了污染物总的排放量,同时,有条件采用高烟囱和高效率的烟气净化装置,从而减轻大气污染;第三,用集中供热代替大批分散小锅炉房,可以减少占地面积,还可以减少燃料,灰渣的运输量及其在运输过程中灰、煤散落对城市环境的影响;此外,由于集中供热方式容易实现机械化和自动化,实行科学管理,还可提高供热水平。在我国,能源构成将在相当长时期内以煤为主,因此,为了节约能源和保护环境,凡有条件的地方,都应积极实行城市集中供热。

(赵以忻)

城市集中供热系统 district heating system

由集中热源、供热管网和热用户三部分组成的供热系统。是现代化城市重要的基础设施之一。集中热源主要有热电厂、集中锅炉房、工业余热、地热和低温核能等几种。热电厂和集中锅炉房主要以煤、重油和天然气为燃料,有些国家也利用可燃烧的垃圾作燃料;工业余热是生产过程中排出的高温烟气、冷却水、高温溶渣等所带有的物理热,这部分热能在一定条件下可以回收利用,作为城市集中热源;蕴藏于地层下的地热水,也可以用于发展城市集中供热;低温核能是指在低参数下核裂变产生的能量,产生低温核能的反应堆只供热、不发电,而且充分考虑了安全措施,是为适应城市集中供热需要专门设计的一种热源,可以在距城市较近的地方建设。集中供热管网根据所输送的供热介质不同,分为热水管网和蒸汽管网;按照同向敷设管道数目不同,分为单管、双管和多管系统;按照用户是否直接耗用热网中的热水,分为开式和闭式系统。热水双管闭式系统由一条供水管和一条回水管组成,这是城市供热中应用较普遍的一种系统;开式系统,供、回水管中一部分热水将供给用户作生活热水使用。

(赵以忻)

城市建设维护税 urban construction mainte-nance tax

为加强城市建设维护而征收的一种地方税。是以交纳产品税、增值税、营业税的单位和个人为纳税义务人,以实际交纳的税额为计税依据,按规定的税率计算应纳税额。

(谢文蕙)

城市建设现状 existing condition of urban development

城市现有物质要素、社会要素、经济要素及其对城市建设与管理的影响因素。一般有人口、土地、资源情况,建筑物及各种设施水平,各经济部门状况,以及有关方针、政策、资金投入、物资供应、技术力量、思想意识等因素。

(吴明伟)

城市建设资金 funds for urban development

城市基础设施建设和维护的专项资金。随着城市经济的发展,我国城市建设资金的筹集渠道,已由单一走向多元、由少到多;来源从不稳定的专项"维护费"到以税收形式取得固定收入。一般来源有:①城市建设维护税;②公用事业附加;③中央和地方财政拨款;④国家预算内用于城市基础设施的基本建设投资;⑤城市机动财力;⑥地方政府收取的土地有偿使用费、配套费、市政设施使用费;⑦城市的各种集资;⑧国内和国外贷款;⑨城建部门的经营性收入;⑩城市公用企业的自有资金。 (谢文蕙)

城市节约用水管理规定 Regulation on Water Saving in Cities

1988年11月30日,国务院批准的《城市节约用水管理规定》。1988年12月20日,中华人民共和国建设部令第1号发布了《城市节约用水管理规定》,此规定1989年1月1日起施行。鉴于我国城市水资源日益紧缺,而城市工业用水和生活用水浪费严重,节约用水就成为一项十分紧迫的工作。此项法规的颁布执行,对缓解城市供水紧张,加强城市节水管理,保护与合理利用水资源,以利国民经济与社会发展,具有重要意义。规定共24条。规定明确"城市实行计划用水和节约用水"。"工业用水重复率低于40%(不包括热电厂用水)的城市,新建供水工程时,未经上一级城市建设行政主管部门的同意,不得新增工业用水量。""超计划用水必须缴纳超计划用水加价水费"等内容。 (陈为邦)

城市结构 urban structure

构成城市顺利运转的功能结构。体现人口分布、产业经贸安排、社会生活活动、对外交通、内部道路系统和城市中心位置。影响因素有城市大小、地理环境以及历史现状等;如小城市功能紧凑,形成单中心结构;大中城市可为多中心或增设副中心。

(邓述平)

城市金字塔 urban pyramid

分析一个国家或区域城市等级结构和规模结构的一种形象化的方法。把城镇按等级或规模划分后,普遍存在着城镇数量随等级由低到高而逐级减少的趋势。用图形表示呈底大顶小的金字塔状,故名。常用于不同地区或同一地区不同时间的城市体系的规模等级结构分析。 (周一星)

城市经济 urban economy

指城市空间范围内,各经济部门(如工业、商业、金融业、交通运输业、建筑业等部门)活动的总和。即社会再生产过程各环节——生产、交换、分配、消费在城市中的表现;也指城市中生产关系的总和,是城市居民在社会再生产过程中所产生的经济关系,即政治和思想意识等上层建筑借以建立起来的基础。城市经济是国民经济的重要组成部分,是城市产生和发展的基础,其内容和形式由于受多种因素的影响和制约,是不断发展变化的;其主要特征是密集性、多样性和开放性。 (谢文蕙)

城市经济调查 urban economic survey

为了认识城市发展规律,探讨城市发展战略,制定城市经济发展与布局规划的调查。内容一般有:城市经济地理位置与经济发展条件,城市经济职能与技术结构发展方向、速度、水平及效益,城市财政收支、居民收入、城市经济发展与人口、环境的关系等,调查要求客观、准确、动态与系统,也可对城市某一部门、某项问题进行专项调查。　　(丁景熹)

城市经济发展的层次性　hierarchy of urban economic development

城市经济是一个大系统,它是由若干层次的子系统所组成。由于城市经济各个子系统在时间和空间上的差异。其发展不断显示出层次性的特点。城市经济在时间上的层次性,主要是随着各种经济要素结合状态的时序性变化而出现的。例如,由于城市工业和人口的集聚,使城市的规模由小到大。城市经济在空间上的层次性,主要是由地域空间经济发展的不平衡性而形成的。例如,经济发展的梯度规律。使城市的发展在空间上出现层次性。我国地域空间广阔,城市经济发展的空间层次性特别明显。
　　(谢文蕙)

城市经济发展战略　strategy of urban economic development

城市发展战略的重要组成部分,是制定城市社会、建设、科技等发展战略的基础,是构成国民经济和地区经济发展战略的核心,是城市各项经济工作的纲领和指南。城市经济发展战略的制定,在指导思想上要遵循城市化和城市现代化的一般规律。根据城市内部和外部的优势与劣势,拟定合理的经济发展目标,要体现经济发展水平的提高,经济效益的增长,以及经济结构的优化。为此,必须拟定城市各阶段经济发展的重点和主导产业;制定城市经济发展的总量目标,如工农业生产总值、社会总产值、财政总收入、人均收入等。　　(谢文蕙)

城市经济功能

见城市经济职能(34 页)。

城市经济管理　urban economic administration

对城市的生产、流通、分配、消费等经济活动进行组织、指挥、协调和监督。城市的经济管理工作是由城市中各层次的职能部门分工进行的。
　　(谢文蕙)

城市经济结构　urban economic structure

城市经济大系统中各种经济成分、经济要素、经济组织的构成及其相互依存的关系。城市经济结构包括生产力结构和生产关系结构,主要有:所有制结构、产业结构、产品结构、技术结构、投资结构、经济组织结构、流通结构、积累和消费结构、价格结构等。
　　(谢文蕙)

城市经济区　urban economic region

以中心城市为核心、以城市直接腹地为主要依据而建立的一种经济活动地域组织形式。中心城市是具有相当规模,在政治、经济、文教科技、商业服务、交通运输、金融、信息等多个领域具有相对优势的综合性城市。通过以劳动地域分工为基础的合理而紧密的经济联系,发挥中心城市的吸引和辐射作用,协调和组织经济区内各部门和各地域的经济发展,达到区域经济持续、稳定、协调增长的目的。
　　(周一星)

城市经济网络　urban economy network

以经济中心城市为核心,与周围的城镇和农村在经济活动中密切联系而形成的经济联合体。经济网络突破地区、行业与行政隶属关系的约束,按经济效益、择优和专业化协作的原则,组成各种形式的经济联合体,从而促进商品的生产和流通。
　　(谢文蕙)

城市经济效益　urban economic benefit

经济效益是投入与产出、所费与所得的一种比较值。城市经济效益是指城市总投入与总产出的比较值,它是城市各部门各行业经济效益之总和,其综合指标就是国民收入。它是衡量城市经济发展及其在国民经济中地位和作用的重要指标。
　　(谢文蕙)

城市经济信息　urban economic information

有关城市经济活动的消息。在城市的生产、流通、分配、消费的各个领域中,时刻产生着各种经济情报,将它们及时、准确地传递。信息是继自然资源、劳动力、资本、技术之后的又一重要且日趋重要的资源,它是组织、协调、控制城市经济活动与提高城市运行效率的重要条件。经济信息收集、处理、传递的现代化,是促进城市经济发展的重要手段。
　　(谢文蕙)

城市经济学　urban economics

它是经济学科中研究城市形成、发展、协调运转和实现现代化过程中经济规律的应用性分支学科。它应用经济分析的原理。为城市的经济社会发展和规划建设提供科学的理论。起源于 20 世纪 20 年代。美国的学者首先研究城市的土地经济。第二次世界大战后随着城市化进程的加快,城市的经济社会问题日益复杂化,许多学者从经济学的角度系统地研究与城市经济有关的问题。在 20 世纪 60 年代,一些经济发达的国家已在大学中开设了城市经济学专业课,并出版了《城市经济学》专著。这标志着城市经济学已成为一门独立的新兴学科。20 世纪 70 年代以来,理论迅速发展,结合各国的经济体制,研究的内容有所侧重。我国城市经济学的建立从 20 世纪 80 年代起步,并迅速成长。已出版了几本《社会主义城市经济学》专著,在大学中开设了专业课,但从理论到立法尚未形成较完善的体系。1985 年在上海成立了中国城市经济学会,首任会长

汪道涵。 （谢文蕙）

城市经济职能 urban economic function

又称城市经济功能。是指城市经济活动的作用和能力。现代城市绝大多数具有多种职能，其中经济职能是各类城市普遍具有的基本作用和能力。城市是经济活动中心，主要表现在：是工业生产中心，是商品流通的市场，是金融中心，是经济信息的交汇处。城市经济能力的强弱，决定着城市辐射与吸引范围的大小。 （谢文蕙）

城市旧区改建 reconstruction of old district

对城市内长期发展演变中逐渐形成的城市居民集聚区所进行的改建活动。由于历史的原因，我国许多城市旧区布局混乱、房屋破旧、居住拥挤、城市基础设施紧缺、环境污染，同时又密集居住了大量人口、亟待改建。鉴于旧区改建不仅是住房改造，而且涉及工业调整，城市基础设施建设等多种因素，耗资巨大，因此国家确定了城市旧区改建应当遵循加强维护、合理利用、调整布局、逐步改善的原则。 （陈为邦）

城市开发费 urban construction cost

把自然状态的土地建成能进行城市活动用地的费用。主要包括大型市政设施费用。如主要道路、水、电、气、通信等基础设施建设费用。 （严 正）

城市空间构图 composition of urban spaces

对城市各种空间，用城市设计和建筑艺术的原则、方法加以组织和处理，使其具有预期的艺术环境和美学要求。 （郑光中）

城市空间模型 urban spatial model

根据影响城市空间布局有关因素的内在联系而构造的一种数学模型。在城市人口、就业、住房等发展规模确定后，将这些已知量输入模型进行求解以确定人口、就业、住房等在整个城市区域内最大可能的空间分布。其中得到较广泛应用的有引力模型、托巴芝（TOPAZ）模型和罗托（LUTO）模型等。 （陈秉钊）

城市空间组织 organization of urban spaces

由众多不同性质、规模、功能和形态空间所构成的城市空间，体现了当地的历史、文化、民族、习俗。通过有机的组织成为一个有序的、完整而和谐的整体。 （郑光中）

城市扩展 urban expansion

城市发展进程的一种状态。随着时间的推移，城市通常是不断在扩展的，但城市的空间扩展并非均衡地向前推进。城市的不同发展阶段，其扩展速度和特征不同，扩展的方向和形式也不一样，它们是随着经济发展的波动而变化，由于城市人口增加，城市的居住用地和生产用地也需扩大，将近郊农田征

用转为城市用地，远郊也因此变成近郊。 （陶松龄）

城市垃圾填埋 landfill of municipal refuse

利用坑洼地填埋城市垃圾。它是一种既可处置废弃物，又可覆土造地的环境保护措施。方法有卫生填埋、压缩垃圾填埋、破碎垃圾填埋等。 （朱祖希）

城市类型 category of cities

根据城市的特点和属性所划分的类别。如按城市结构和形态可分为集中型城市，群组型城市，以及团状、带状、星状、双城、团状组群、带状组群等不同类型城市。按地理位置和自然条件可分为热带城市、温带城市、寒带城市；平原城市、山地城市、沿海城市、内地城市。按性质职能可分为综合性中心城市，工业城市、矿业城市、交通枢纽城市、风景游览城市、休养疗养城市、国防城市。按规模和发展时期可分为特大城市、大城市、中等城市、小城市；老年城市、壮年城市、新兴城市。按行政建制可分为首都、省会、直辖市、地级市、县级市、县辖建制镇等。 （赵炳时）

城市历史沿革 course of city history

城市形成、发展、变化的过程。内容包括：形成原因，发展变化的条件，城址变迁，不同历史时期性质、规模、特点、作用等。 （吴明伟）

城市绿带 green belt

在城市周围或相邻城市之间以规划手段设置的隔离性的绿化用地，以防止城市的盲目发展。它可以是风景区、森林公园，也可以是牧场、农田。城市绿带是城市绿地系统的组成部分。它对提供郊外游憩场所、改善城市生态环境、保护水源和为城市提供农副产品等方面有积极作用。不少国家把在城市周围建设相应的绿带作为城市规划以至区域规划的组成部分。 （李铮生）

城市绿地规划

见绿地系统规划（152 页）。

城市绿地面积率 green space ratio

又称绿地率。城市绿地占城市建设用地的比例，以百分数表示。其计算公式是：

$$绿地率 = \frac{建成区内园林绿地总面积}{城市建成区总面积} \times 100(\%)$$

（刘家麒）

城市绿地系统 green space system

城市中由各种类型、各种规模的园林绿地组成的系统。用以改善城市生态环境，为城市居民提供游憩境域。城市绿地根据功能可分为：公共绿地、居住区绿地、专用绿地和郊区的风景游览绿地等。1892 年，美国风景建筑师 F·L·奥姆斯特德编制了

波士顿的城市绿地系统方案,把公园、滨河绿地、林阴道联结起来。随着城市规划理论的发展和人们对城市生态环境的注意,城市绿地系统已成为城市规划方案的有机组成部分,并愈来愈倾向于把郊区的森林、农田、牧场等统筹安排在城市绿地系统之中。

（金经元 魏士衡）

城市绿地指标 city green space norm

城市规划对城市绿地的数量要求达到的目标。主要有:城市绿地总面积、绿地占城市建设用地的比例、人均城市绿地面积、人均公共绿地面积等。

（刘家麒）

城市绿化覆盖率 urban green space coverage

城市用地统计范围内,园林植物的垂直投影面积之和占城市用地统计范围总面积的百分比。它是衡量环境质量的指标之一。在计算中凡是遇到乔木、灌木和地被植物的投影重叠的时候,其覆盖面积只计算一层。人工测量树冠投影的方法比较繁琐,利用现代航空遥感和卫星摄影技术,可以较准确地测算出绿化覆盖率。国家规定:城市绿化覆盖率近期应达到 30%,远期应达到 50%,计算公式:

$$绿化覆盖率 = \frac{统计用地范围内各类绿地覆盖面积的总和}{统计用地范围内总用地面积} \times 100(\%)$$

（范念母）

城市轮廓线 silhouette

城市天际线、街道轮廓线、广场轮廓线、建筑群轮廓线等一系列城市空间组成独特的总体轮廓线。建筑物、地形、绿化、水面、桥梁、工程构筑物等是其组成部分,其中建筑物因其所占的比重居突出的地位。

（郑光中）

城市蔓延 urban sprawl

城市空间从原来的建成区向四周无组织、无计划地不断盲目延展扩张。往往不顾后果,造成城市拥塞、窒息,效率低下。

（陶松龄）

城市煤气工作暂行条例 Tentative Regulation on City Gas Supply

1985 年 6 月 10 日,原城乡建设环境保护部颁发的《城市煤气工作暂行条例》。这是我国城市煤气事业方面的一项重要的部门规章。该条例指出:城市煤气是现代化城市人民生活和工业生产的一种主要能源。发展煤气可以节约能源,减轻城市污染,促进工业生产,提高人民生活水平,社会综合经济效益显著。各城市要把发展城市煤气事业作为城市建设的一项重要内容,认真组织实施,逐步实现城市煤气化。条例规定:发展城市煤气必须贯彻多种气源、多种途径、因地制宜、合理利用能源的发展方针,优先使用天然气。大力发展煤制气,积极回收工矿燃气,合理利用液化石油气,适当发展油制气。该条例共 5 部分 30 条,分别对城市煤气方针政策、基本建设、经营管理、科研设计、队伍建设作了规定。

（陈为邦）

城市美观 urban esthetics

运用艺术形象创造而产生的各具特色的城市风貌,给人的视觉以美的感受。是满足城市精神功能的具体体现。通过自然风光、山川湖泊的利用,建筑群、街道、广场、公园绿化的经营,人文景观的保护与再创造等综合创作手段来实现。而建筑群的处理是构成城市整体美观的第一要素。 （郑光中）

城市美化运动 city beautiful movement

通过改建措施改善城市面貌的活动。1893 年在美国芝加哥举办哥伦比亚博览会以后产生的一种建筑运动。针对美国城市建设存在的混乱情况,通过对城市的重新规划设计,创造城市的新面貌。方法是建造林阴大道和大尺度的建筑物,创造城市建筑空间的新秩序。 （邓述平）

城市美学 urban aesthetics

研究城市美的哲学。除城市空间组织、城市特色和城市整体美外,还包括:自然环境、历史文物环境、现状建筑艺术、园林风景景观、建筑小品与雕塑壁画等的美学要求。 （郑光中）

城市排水设施管理 management on sewerage

根据《市政工程设施管理条例》的规定,对城市排水设施应建立经常的管理、养护、维修和疏浚制度,以经常保持管道畅通,不得污染城市环境。任何单位和个人不准任意损坏排水设施。不得在排水管道上圈占用地或兴建建筑物或构筑物。不得向排水明沟、检查井、雨水口内倾倒垃圾、粪便、渣土等。企业、事业单位的雨水、污水需排入城市排水管网者,应向市政工程管理部门申请批准,按规定位置及技术要求接入管网。城市污水处理厂建成后,必须及时投入运转使用。随着城市经济体制改革的深入,近年来,许多城市已经实行城市排水设施有偿使用的制度,这对发展城市排水事业是一项重要的改革。 （陈为邦）

城市桥涵管理 management on city bridges and culverts

根据《市政工程设施管理条例》的规定,城市桥涵管理是对城市桥涵本身以及桥涵前后左右及上下各 30～60m 范围内的设施及构筑物的管理。在船、行人过桥,不准损伤桥梁设施。机动车不准在桥上试车、超车、停车。车辆过桥,必须遵守限载、限速规定。任何单位和个人不准在桥涵构筑物上和管辖范围内任意挖土取土,进行各种作业、堆放物料,装置任何设施。随着城市经济体制改革的深入,近几年来,我国不少城市已实行对机动车通过城市桥梁收取费用的制度,这是发展我国城市桥梁和加强市政建设的重大改革,已初见成效。　　　(陈为邦)

城市群　urban agglomeration

见城市集聚区(31页)。

城市燃气供应系统　city gas supply system

由气源、输配系统和用户三大部分组成的供气工程的总称。是现代化城市的重要基础设施之一。气源一般是指各种人工燃气的制气厂、天然气长输管线与城市燃气输配系统交接处的城市门站和液化石油气储配站。燃气输配系统是一系列燃气输送和分配设施的总称。当利用管道输送、分配燃气时,主要由不同压力的燃气管网、调压站、储配站等组成。当供应液化石油气时,可以用汽车从储配站将气瓶运到供应站,然后用户到供应站换气瓶,也可用汽车槽车将液化石油气从储配站运到位于小区内的气化站,气化后的液化石油气再通过管道送到各用户。输配管网由各种压力的管道组成,按照管道工作压力的级数分为单级和多级系统。用户部分主要是由入户管、煤气表和各种燃气灶具、燃气用具等组成。
　　　　　　　　　　　　　　　　(赵以忻)

城市燃气气源　city gas source

供应城市燃气的来源。有取自地层的天然气;自煤矿抽取的矿井气;以煤和石油为原料,经加工生成的煤制气和油制气;从油田采集或在石油炼制过程中产生的液化石油气;可燃的工业余气等。按其成因不同可分为人工燃气和天然气两大类。生产人工燃气的工厂称为制气厂。因原料不同有煤制气厂和油制气厂。在制气厂内除生产燃气的各种设备(因工艺不同有焦炉、气化炉、裂解炉等)外,还有一系列的燃气净化装置,只有去除燃气中的有害成分,符合一定质量要求的燃气才能作为城市燃气。此外,油田、煤矿、石油炼厂、产生可燃工业余气的工厂等均可作为城市的燃气气源。城市燃气的负荷具有随时间变化的特点,因此,燃气的生产、供应应能适应这个变化,应合理配置各种类型的装置,以达到既保证连续供气,又节省运行费用的目的。
　　　　　　　　　　　　　　　　(赵以忻)

城市人口　urban population

城市行政区域内的常住人口。统计上,大城市的人口可分为市区人口、郊区人口、市辖县人口;也可分为市行政区域内的城镇人口和农村人口;还可分为市行政区域内的非农业人口和农业人口。中小城市的人口也可根据各自的行政建制分成几类人口。城市规划中的城市人口通常是指居住在设市城市市区的人口。　　　　　　(赵洪才)

城市人口调查　urban population survey

对城市人口数量、分布、构成特点等情况的资料收集和分析工作。主要内容包括:全市总人口、总户数、性别构成、年龄构成、文化程度构成、职业构成、地区分布、流动人口状况、历年人口变动情况、生育状况、民族状况等。　　　　　　　(张文奇)

城市容量　capacity of a city

城市的自然条件,如土地、资源,以及社会条件,如经济、运输等因素对城市发展及其规模起限定作用的能力。是城市合理发展的限度。结合城市所在地域的特定环境,考虑自然资源、经济、社会、文化等因素的作用来确定其容量,促使城市各项功能正常发挥,土地、资源得到合理利用,各项设施符合现代社会相应的要求。　　　　　(陶松龄)

城市设计　urban design, Design of Cities

对城市环境形态所做的三维空间设计和意象性创作。将建筑物及其周围环境与人们在其中动态活动时的感受联系起来,按照人的心理和行为特点,为人们创造舒适、方便、优美和赏心悦目的物质空间环境。内容大到城市的整体环境,小到特定的空间布置:主要有:①新城建设和旧城改造的土地使用和建筑密度、高度等控制;②历史文化地段和历史性建筑的保护;③居住区中心、商业中心、文化中心、行政中心、街道广场、公园绿地内的物质环境设计;④建筑小品、照明设施、标志信号等工程设计,搞好城市设计必须综合体现社会、经济、文化、艺术和技术等诸方面的要求,体现自然环境与人工环境、历史传统与现代生活、空间与时间的结合。

美国城市设计名著《Design of Cities》的中文译名亦为《城市设计》,该书由 E.培根著,1967 年初版,1975 年修订,1982 年重印。是论述城市形态发展的专著。作者将城市历史实例与现代空间、运动、城市设计的原理相结合,阐明往昔城市设计历史背景、出色的作品、影响后继城市发展和决定城市形态的基本力量。提出同时运动诸系统是一种占主导地位的设计组织力,分析了罗马、伦敦、巴黎的运动系统。并将城市设计概念用于指导费城改建实例,阐明城市设计项目决策的过程和方法。该书于 1989 年由黄富厢、朱琪译成中文,中国建筑工业出版社出版。　　　(白德懋 黄富厢)

城市社会调查　social investigation

对城市社会领域的调查,但兼有经济性质的项目调查。内容一般有:①人口与劳动力,调查人口的数量、构成、性别、增长率、职业迁移与分布、婚姻与家庭;②教育、科研与文化水平;③行政、法律、司法、政党社团、宗教、治安保卫;④医疗保健与体育;⑤城市公用事业与生活服务业;⑥社会保障;⑦社会心理、行为、道德及社会问题。　　　(丁景熹)

城市社会学　urban sociology

以城市社会为对象的现代社会学分支学科。是19世纪中叶以后,在工业化和城市化迅速发展背景下逐步形成的。研究领域和内容是:城市社会的起源与发展、城市社会的结构与功能、城市区位生态分布与过程、城市生活方式与居民心理、城市社会管理、城市化等。总之,在一切具有城市特点的社会关系、社会现象、社会问题中,都有城市社会学的研究课题。早期欧洲的社会学家,如德国滕尼斯、齐美尔、韦伯、法国杜尔凯姆等,对城市的研究,都可以看作是城市社会学研究的开端。20世纪20年代和30年代,美国芝加哥大学以帕克为代表的社会学家们,对芝加哥城调查研究后编写成的《城市》和《都市社区》两书,为奠定城市社会学的理论基础,发挥了重要作用。1927年裴德福的《城市社会学读本》的出版,是城市社会学学科形成的标志。现在一般都公认,美国和芝加哥大学是城市社会学的发源地,帕克是主要创始人。　　　　　　　　　　（梅保华）

城市社区　city community

具有城市特点的社会生活共同体。其特点是:非农业人口集中、活动频繁,生活方式多样化,政治、经济、科技、文化发达,人际关系松散复杂。其范围可大可小:大到城市与其辐射范围内的农村相结合的社会机体;小到城市内部若干不同规模的区位社会机体。　　　　　　　　　　　　　（梅保华）

城市生态系统　urban ecosystem

以人为主体,城市本身及其环境为对象,研究生物和环境的关系及其形成的体系。是一种典型的社会—经济—自然复合生态系统。与一般的自然生态系统相比,有以下几个特点:①是以人为中心的实体,人类的经济活动对城市生态系统的发展、变化起着支配作用;②城市中以人为主体的消费者数量,远远超过生产者绿色植物的现存量。也就是说,生产者与消费者之间往往是一个不平衡的系统;③是一种开放系统,它不断地与外界进行物质、能量和信息的交换。而且,这种交换主要靠人类活动来协调,使之处于相对平衡,最大限度地满足城市生态环境的需要;④城市是一个具有综合功能的系统,它既应有美好的环境系统,又应有丰富、稳定的物质系统,还应有稳定的能源系统等等。　　　（朱祖希）

城市市容环境卫生管理条例　Regulation on City Appearance and Environmental Hygiene Control

1982年12月1日,原城乡建设环境保护部颁发的《城市市容环境卫生管理条例(试行)》。该条例共8章44条。各章分别为:总则,市容环境管理,清扫和保洁、废弃物的收运和处理,环境卫生设施,管理机构,奖励与惩罚,附则。条例规定城市市容环境卫生管理工作的任务是:"保证在城市建设和管理中,美化市容,妥善处理废弃物,防止环境污染,创造文明整洁的生活环境,保护人民健康,促进国家现代化建设的发展。"条例规定:"各城市都要把市容环境卫生事业的建设,纳入城市规划以及各级人民政府的经济和社会发展计划。"　　　　（陈为邦）

城市首位度　urban primacy

简称首位度。城镇体系中第一大城市的人口与第二大城市人口的比值。衡量城镇规模分布状况的一种简单指标。有人用"四城市指数"(即第一大城市人口与第二、三、四位城市人口之和的比值)或"城市首位比"(即第一大城市人口与全部城镇人口的比值)对首位度指标加以修正。

城市疏散　decentralization

一个地区内城市人口疏散的过程和状态。也是改变城市不断蔓延的措施之一。以有计划的疏导代替盲目的集结,把大城市拥挤的地区组合成若干集中单元,成为在活动上相互关联的有多功能、高效率的集中点,它们之间用保护性的绿地区分开来,这给分散的城市系统中每个社区的居民创建宜人的环境。　　　　　　　　　　　　　　（陶松龄）

城市衰退地区　depressed area

城市内经济停滞,失业率高,居民收入低,住房破旧,犯罪率高的地区。在美国多是少数人种聚居区,居民教育水平较低,工作技艺差并往往脱离社会的主流。　　　　　　　　　　　　　（赵炳时）

城市私有房屋管理条例　Regulation on Private Houses Administration in Cities

1983年12月7日,国务院发布的《城市私有房屋管理条例》。该条例共6章28条,各章分别为:总则、所有权登记、买卖、租赁、代管、附则。总则中规定:"国家依法保护公民城市私有房屋的所有权。任何单位或个人都不得侵占、毁坏城市私有房屋""城市私有房屋因国家建设需要征用拆迁时,建设单位应当给予房屋所有人合理的补偿,并按房屋所在地人民政府的规定对使用人予以妥善安置。"条例对城市私有房屋的所有权登记、买卖、租赁和代管作了具体的规定。　　　　　　　　　　　（陈为邦）

城市——它的发展、衰败与未来　The City：Its Growht, Its Decay, Its Future

美国杰出建筑师、城市规划家伊利尔·沙里宁(Eliel Saarinen)的名著。此书1943年由美国雷因霍尔德出版社出版。作者回顾了城市发展的历史,分析了当时衰败的一些因素,结合具体实例,提出了改进城市规划与设计应遵循的原则,即规划思想上的"有机分散"论和设计思想上的"城市设计论"。有机分散的目标是把大城市目前的那些整块拥挤的布局分散为若干集中单元,如郊区中心、卫星城镇以及社区单元等。城市设计的目标是要求在空间组合上处理好自由灵活、相互协调等构图要素,使城市设计成为反映时代与人民的真诚创造。此书重思想、重哲理,对社会、经济、立法等也进行了研讨,例如对如何建立良好的社会秩序、如何调整土地所有权、土地价格和制定新的法令等都作了科学的评述。

(沈玉麟)

城市体系　ulrban system

见城镇体系(42页)。

城市通风林带　forest belt for urban ventilation

按风流原理所建的给城市提供良好通风道的绿化林带。在夏季高温酷热的城市中,设置与夏季盛风方向平行的绿带,可将郊区、森林公园、自然风景区或开阔水体的清新、湿润、凉爽的空气引到市中心来,有改善城市小气候的效益。　　(李铮生)

城市通信设备　urban communication equipment

电信交换设备和传输设备的总称。电话交换机(包括移动电话和寻呼机)、电报的收、发、转报机、传真机、有线电话和无线电话的接转交换机以及相应配套的直流供电、查询监测、维修器械和用户终端等均称交换设备。传输设备一般分有线传输和无线传输两类。有线传输包括通信管道网、线路网、载波终端机、光端机及相应的增音、调频、遥控、监测、维修器械等配套设备。无线传输包括微波站、收发讯电台、卫星地面站的收、发、中转的机器仪表及相应的配套设备。　　(耿世彬)

城市通信系统　urban communication system

城市的话音通信和非话音通信按照各自的交换和传输手段组成的整体。市内电话、长途电话以及国际电话均属话音通信。数据检索通信、计算机联网通信、图文传真通信以及电报通信等均属非话音通信。城市的各种通信,通过有线和无线的传输手段及交换设备有机地连接在一起,就组成一个全程全网四通八达的完整的城市通信系统。(耿世彬)

城市土地管理　urban land administration

地方政府对城市土地所实施的规划管理、地产管理和地政管理。土地规划管理是以合理安排与调配城市规划区内各项建设用地,保证城市规划实施的管理活动,由城市规划行政主管部门负责实施;地产管理是指对城市地产开发、交易经营等有关活动的管理,由城市房地产行政主管部门负责实施;地政管理主要是对城市土地利用、征用等行政事务的管理,包含建设征地建设用地的划拨、土地权属变更登记等工作,由土地管理部门负责实施。以上三方面的管理关系密切,应在城市人民政府统一领导下协

调实施。　　　　　　　　　　　　(陈为邦)

城市土地使用　urban land use

城市土地利用及准备开发的状况,表明城市土地管辖范围、面积分布,及实行土地有偿使用以来的情况。　　　　　　　　　　　　(吴明伟)

城市土地使用平衡表

见城市用地平衡(40页)。

城市维护建设税暂行条例　Tentative Regulation on Urban Maintenance Construction Tax

1985年2月8日,国务院颁布的《中华人民共和国城市维护建设税暂行条例》。此条例的颁布施行,在我国正式确立了城市维护建设税。为我国城市维护建设资金开辟了法定渠道。条例规定:凡缴纳产品税、增值税、营业税的单位和个人,都是城市维护建设税的纳税义务人。城市维护建设税,以纳税人实际缴纳的产品税、增值税、营业税税额为计税依据。分别与产品税、增值税、营业税同时缴纳。城市维护建设税税率如下:纳税人所在地在市区的,税率为7%;纳税人所在地在县城、镇的,税率为5%;纳税人所在地不在市区、县城或镇的,税率为1%。城市维护建设税应当保证用于城市的公用事业和公共设施的维护建设。　　　　　　(陈为邦)

城市文化　The Culture of Cities

美国著名城市理论、历史学家、城市社会学家刘易斯·芒福德(Lewis Mumford)的名作。1938年由纽约的哈库尔特·勃雷斯出版社出版。该书的杰出贡献是揭示了城市发展与文明进步、文化更新换代的联系规律。全书共七章,内容为:中世纪与防御;宫廷、阅兵场和首都;无情的工业城镇;特大城市的兴衰;文明的区域性构架,区域发展政务问题等;新城市秩序的社会基础。文章生动地追述了城市和人类文明的过去,尤其对近代工业文明作了较详尽的剖析,揭示了18世纪末至20世纪30年代资本主义经济、社会和城市文明的屡陷危机,从而使作者对城市未来的振兴寄托于提高区域和生态意识;调整区域和生态发展政策;协调经济、社会、土地、立法等矛盾;建立新的秩序;使人类文明与城市文化掠过危险,走向希望。　　　　　　　　(沈玉麟)

城市问题　urban problems

有广义和狭义之分。广义是指具有城市特点的各种矛盾,包括积极的和消极的;狭义则专指城市弊病而言。国外学者偏重后者。社会主义社会的城市问题,与资本主义社会的城市问题有共性的一面,也有质的区别。应从广义去研究、认识和解决城市问题,如:人口、基础设施、生态环境、产业结构、发展生产和经济、住房、发展科技和教育、社会治安和社会风气、城市税收和财政等问题。解决城市问题是一

个既要总结成功经验,又需有治理弊端的长期过程。

(梅保华)

城市污水(废水)处理 treatment of municipal sewage

将生活污水、工业废水和径流污水等城市污水,由城市排水管网系统输送到污水处理厂进行处理。城市污水处理可分为三级:一级处理:应用物理处理方法,即用格栅、沉砂池、沉淀池等构筑物,去除污水中不溶解的污染物和寄生虫卵。二级处理:应用生物处理方法,即主要通过微生物的代谢作用进行物质转化的过程,将污水中各种复杂的有机物氧化降解为简单的物质。三级处理:应用生物化学法(硝化—反硝化)、碱化吹脱法或离子交换法除氮,用化学沉淀法除磷,用臭氧氧化法、活性炭法或超过滤法去除难降解的有机物;用反渗透法去除盐类,用氯化法消毒等单元过程的一种或几种组成的污水处理工艺。

(朱祖希)

城市物质要素 physical component

城市形成与发展所赖以不可缺少的组成部分。城市构成包括一定数量的物质要素:如工业、交通运输、仓储等生产性设施;居住建筑、公共建筑、园林绿化等生活性设施;以及为城市生产、生活服务的道路、给水、排水、防洪、供暖、供煤气、电力、电信等市政公用设施。由于这些物质要素的作用和特点不同,它们在城市中的布置方式和技术规范也有各自的要求。

(陶松龄)

城市吸引范围

见城市腹地(26页)。

城市吸引力 attraction of a city

城市的各方面实力对周围地区以及其他城市在经济活动中所产生的向心的集聚的能力。城市的经济繁荣,技术先进,交通发达,信息畅通,管理水平高,投资和贸易的环境好,则对国内外都会产生较大的吸引力。

(谢文蕙)

城市现状调查 survey of existing conditions

编制城市规划过程中对已有的与城市规划有关的各种情况,进行全面的或部分的收集、整理、分析,用以说明或解释城市规划中所考虑或涉及问题的过程。内容一般包括:自然资源、气象、水文、地质勘察、土地利用、人口、各产业部门经济、主要建筑物分布及结构、公共设施、市政公用设施、人防设施、城市环境、园林绿地、文物古迹、城市历史沿革以及其他经济、社会构成、市民意向等资料,方法可有现场考察、文献查考、开调查会、发放问卷以及口头采访等。

(吴明伟)

城市现状图 map of existing condition

按规划设计需要,在地形测量图上分别绘制城市现有各项用地的位置和范围;表明现有建筑物和工程构筑物状况;城市各项公共设施和市政设施等状况。

(刘博敏)

城市乡村化 ruralization of urban environment

在乡村城市化发展的同时,为了改善大城市,特别是百万人口以上特大城市中心区的生态环境,一些国家的市政当局和城市规划学者、经济学者、园林绿化学者,共同致力于使城市工业区、居住区的布局和园林绿地系统更好的结合起来,使大城市中心区也能有乡村的良好生态环境,称之为城市乡村化。最早提出城乡结合思想的是19世纪末英国E. 霍华德提出的"田园城市"设想。

(金大勤)

城市新区开发 development of new area

指按照城市总体规划的统一部署。在城市建成区以外的一定地段。实行集中成片、综合配套的开发建设活动。新区开发主要有以下类型:一是紧靠建成区外围开发居住区或具有工业与居住功能的综合区,目的在于疏散建成区过于集中的人口,调整城市用地结构和功能;二是经济技术开发区的建设,主要目的在于吸引外资和国外先进技术。

(陈为邦)

城市行政区 administrative area

由城市人民政府行使行政管辖的区域,以城市行政边界划定。城市行政区由国务院确定。城市行政区由市区和郊区组成,实行市领导县体制的市,城市行政区包含所领导的县的全部行政区。

(陈为邦)

城市形式 urban form

城市建成区的平面形状和物质实体构成的各类空间结构分布。由于历史、地理、经济等条件的影响,城市具有不同的形式,有块形、带形、星形、扇形、同心环形、多核心形等。针对旧城市出现的弊病,城市规划学者提出各种理论和对策。如霍华德的田园城市设想,勒·柯布西耶的光辉城设计,沙里宁的分片有机分散理论,马塔的沿交通干线发展带形城市方案。

(邓述平)

城市形态 city form, urban morphology, urban pattern

城市自身及其整个城市区域所呈现的地理空间结构状态。是城市政治、社会、经济、文化传统、自然环境的综合表征,也反映城市空间布局和建筑群体布局,以及城市功能变化的动态过程。反映在城镇居民点的分布、建筑群体布局和城镇空间处理上各自的特征。如封建社会的城镇以王宫或官衙为中心,与寺庙或教堂鼎立,高居于民居之上。资本主义社会的城市中心,耸立着高楼大厦,显示其经济实

力。对于研究城市的形成与发展,以及编制城市规划具有十分重要的作用。 (陶松龄 邓述平)

城市性质 designated function of a city

城市在国家或地区的政治、经济和社会发展中所处的地位和所起的作用。是由城市形成与发展的主导因素的特点所决定的。科学地确定城市性质是为城市建设发展指明方向,并为合理安排规划布局提供依据。城市性质并不是一成不变的。由于城市建设的发展或因客观条件的变化都会促使城市有所变化,从而影响城市性质。 (陶松龄)

城市意象 city image, The Image of City

通过人的视觉感官,对一个城市获得的共同感受与综合印象。构成空间意象的要素主要是通道、节点、边界、区域和地标。广义讲,还包含:①自然与人工景观的外构意象;②人文景观的内涵意象;③人的环境行为的活动意象。

《The Image of City》的中译名,现代城市设计经典名著。美国麻省理工学院荣誉教授 K·林奇著,1960 年出版,1985 年重印第 17 次。林奇作为城市感觉形式研究计划负责人,通过对洛杉矶、波士顿和新泽西城现场调查的大量资料和在文化、艺术、人类学、心理学方面所作的分析,建立了形象性这一新标准,阐述了它作为城市新建改建指导的潜在价值。该书从阐述环境形象构成规律入手,深入剖析上述 3 城市情况和市民心中的体验与形象,进而提出并论述构成城市意象的通道、边界、区域、节点和地标五要素及其相互关联,探讨了五要素的设计、城市形式、质量、形式的总体感觉以及城市设计程序等。学术界认为该书具有 C·西特《城市建筑艺术》同样重要的划时代意义,该书由项秉仁译成中文,发表于《建筑师》杂志。 (黄富厢 郑光中)

城市意象要素 elements of city image

构成人们心目中城市形象的要素。K. 林奇提出了 5 个要素:即通道、边界、区域、节点和地标。城市形态的构架性要素,也是人们对城市形态形象思维的基础。 (黄富厢)

城市用地 urban land

用于城市建设和城市发展所需要的土地,也是城市中现状与规划的各类用地的总称。据《城市用地分类与建设用地标准》(GBJ137—90,下简称《用地标准》)的规定,城市用地包括:居住用地、公共设施用地、工业用地、仓储用地、对外交通用地、道路广场用地、市政公用设施用地、绿地、特殊用地、水域及其他用地。在编制城市规划时,为使统计口径一致,《用地标准》还规定,在计算城市现状与规划的城市用地时,"统一以城市总体规划用地范围为界进行汇总统计"。 (蒋大卫)

城市用地分类 classification of land-use

根据城市用地的特点对城市用地进行划分归类。是城市规划和管理的基础性工作。世界上不少国家对城市用地分类都有一些统一的技术规定,作为城市规划、建设管理、计划统计、科学研究和土地管理等部门,在涉及城市用地统计分析时共同遵循的依据。我国于 1991 年颁布施行的《城市用地分类与建设用地标准》GBJ137—90,按土地使用的主要性质进行分类,规定城市用地分为 10 大类、46 中类、73 小类,其中 10 大类为:居住用地、公共设施用地、工业用地、仓储用地、对外交通用地、道路广场用地、市政公用设施用地、绿地、特殊用地、水域及其他用地。 (蒋大卫)

城市用地平衡 urban land use balance

统计城市现状的,或计算规划各阶段的城市各类用地面积,求得比例关系和人均占有量。用以分析城市用地的经济性、合理性。并可对性质相近、规模相当的城市作用地比较,我国已对城市规划人均建设用地,以及居住、工业、道路广场、绿地的规划人均用地和其占建设用地的比例制定了规范。城市用地平衡表是城市规划文件中必须包括的内容之一。 (吴明伟)

城市用地平衡表 urban land-use balance table

又称城市土地使用平衡表。见城市用地平衡(40 页)。 (吴明伟)

城市用地评定

见用地评定(259 页)。

城市用地指标 urban land-use index

城市每人平均占用建成区或规划范围内城市建设用地面积,以 m^2/人表示。在同等规模的城市之间,相近性质的城市之间,在省与省之间,其人均建设用地水平相差都比较大,有的达 2~3 倍。城市用地规模是多因素——包括城市性质、自然条件、经济发展水平等综合作用决定的,是城市在长期发展形成过程中多因素综合结果的反映。因此,国家的规划建设用地标准规定:城市规划人均建设用地指标,应根据现状人均城市建设用地水平来确定。为了防止确定用地指标的随意性,又规定了不同现状人均建设用地水平城市可采用指标级别,其次规定了规划人均建设用地比现状人均建设用地增加或减少的调整幅度。全国约有三分之二以上的城市,现状人均建设用地为 $60.1 \sim 120.0 m^2$,因此,在此用地幅度内共划分四个级别;规定的调整幅度控制在 $-15.0 \sim +25.0 m^2$/人范围内。 (高 霖)

城市园林绿地分类 category of urban parks and green space

根据《城市园林绿化管理暂行条例》的规定,城市园林绿地,包括以下 5 类:①公共绿地:指供群众游憩观赏的各种公园、动物园、植物园、陵园以及小游园、街道广场的绿地;②专用绿地:指工厂、机关、学校、医院、部队等单位和居住区内的绿地;③生产绿地:指为城市园林绿化提供苗木、花草、种子的苗圃、花圃、草圃等;④防护绿地:指城市中用于隔离、卫生、安全等防护目的的林带和绿地;⑤城市郊区风景名胜区。 (陈为邦)

城市园林绿地管理 urban parks and green space administration

根据《城市园林绿化管理暂行条例》的规定对城市园林绿地实施的管理职能。包括:城市园林绿地,不准任何单位及个人占用,已被占用的绿地,要限期退还;城市公共绿地必须保持树木花草繁茂,园容整洁美观,设施完好,并不断充实植物品种,提高园艺水平;为保证公共绿地有良好的秩序,确保游人及园林设施的安全,园林部门要建立健全各项管理办法和制度,并严格执行;城市的公共绿地、生产绿地、防护绿地、风景名胜区由城市园林部门经营管理,专用绿地和其他单位营造和管理的防护林带,由各单位自行管理,园林部门在业务上指导等。城市园林绿地关系全市人民的利益,要依靠和发动全市人民共同维护和管理。 (陈为邦)

城市园林绿地率及定额指标 urban green space norm

统计用地范围内各种园林绿地面积占统计用地范围总面积的百分比。国家规定:城市新建区的绿地用地,应不低于总用地面积的 30%;旧城改建区的绿地用地,应不低于总用地面积的 25%。城市园林绿地包括五类:①公共绿地:指供群众游憩观赏的各种公园、动物园、植物园、纪念性园林、小游园、街道广场的绿地(道路红线外可供群众游览、休息的绿地);②专用绿地:指机关、工厂、学校、医院、部队等单位和居住区内的绿地;③生产绿地:指为城市园林绿化提供苗木、花草、种子的苗圃、花圃、草圃等;④防护绿地:指城市中用于隔离、卫生、安全等防护目的的林带和绿地;⑤城市郊区风景名胜区。计算公式:

$$\text{城市园林绿地率} = \frac{\text{统计用地范围内园林绿地面积}}{\text{统计用地范围总用地面积}} \times 100(\%)$$

(范念母)

城市园林绿化管理暂行条例 Tentative Regulations of Urban Parks and Green Space Administration

1982 年 12 月 3 日,原城乡建设环境保护部颁发的《城市园林绿化管理暂行条例》。在颁发条例的通知中指出:搞好城市园林绿化,对于保持生态平衡,改善和美化城市人民生活环境,有着重要的作用。城市园林绿化水平的高低,也是反映文明程度的标志之一。通知要求全国各城市采取有力措施,认真执行条例规定,认真把城市园林绿化建设好管理好。条例共 7 章 31 条,第 1 章总则;第 2 章园林绿化的规划和建设;第 3 章园林绿地的管理;第 4 章园林植物的养护和管理;第 5 章机构设置与队伍建设;第 6 章奖励和处罚;第 7 章附则。 (陈为邦)

城市噪声 noise

城市中干扰人们休息、学习和工作的声音。即不需要的声音,以及振幅和频率杂乱、无规则的声振动。对于居民的干扰和危害严重,成为城市环境的一大公害。主要有交通噪声、工业噪声、建筑施工噪声、社会生活噪声等。其强度以声级表示,单位为分贝(dB),其大小随噪声源的特点、数量、分布和防护情况,以及时间和地点而异。 (朱祖希)

城市诊断 urban diagnosis

对城市存在的问题与困难,通过调查、分析、研究,找出问题与困难的性质、程度、产生的原因及其影响,作为采取合宜的规划措施和解决问题的对策。 (陶松龄)

城市职能 city function

一城市在国家或区域中所起的作用或所承担的分工。任何一个城市所存在的政治、经济、文化等领域的活动,一部分是为本城市的生产和生活服务的,叫非基本活动部分,另一部分是为城市以外服务的,具有区际意义,叫基本活动部分。城市职能分析着眼于城市基本活动部分,指的是城市和区域的关系、城市和城市的关系。一个城市的职能可能是单一的、专业性的,也可能是综合性的。 (周一星)

城市职能分类 classification of urban functions

按照城市职能的相似性和差异性特征对城市进行的分类。其实质是在城市体系的背景上,对各个城市进行现状职能的比较研究,明确各城市在全国或区域中的地位和作用。已经有很多城市地理学家为分类方法的进步作出过贡献,最早使用一般描述方法,20 世纪 40 年代盛行统计描述方法,20 世纪 50 年代多采用统计分析方法和城市经济基础研究方法,晚近发展了多变量分析法。一个好的分类方案要兼顾城市职能的专业化部门、职能强度和职能规模三个基本要素。 (周一星)

城市中心

见全市公共活动中心(185 页)。

城市综合开发 comprehensive urban development

根据城市建设规划,对城市的工业区、生活区、基础设施等,实行统一规划、统一设计、统一施工、统一投资、统一管理、统一分配。这种配套建设的综合开发,可以建成设施完善的工业区、居住区,节约投资、加快建设速度,并有助于实现建筑的商品化。

(谢文蕙)

城乡磁体 town-country magnet

英国社会活动家霍华德提出的一个有关建设田园城市的论证。在 1898 年出版的《明天——一条引向改革的和平道路》一书中绘有三种磁力的图解,揭示了城乡磁体的概念。指出建设理想的城市,应兼有城与乡二者的优点。城市的有利因素在于有获得职业岗位和享用各种市政设施的机会,不利条件为自然环境的恶化。乡村有极好的自然环境,但没有城市的物质设施与就业机遇,生活简朴而单调。他倡导的田园城市就是一种城乡磁体,兼有城与乡二者的优点,并使城市生活与乡村生活像磁体那样相互吸引、共同结合。 (沈玉麟)

城乡一体化 urban-rural economic integration

指城乡经济一体化。一些大中城市,为了使城市和郊区的经济相互促进,共同发展,有计划有步骤地使市区的大工业企业与郊区的乡镇企业结成联营,或委托加工产品零部件,既安排和使用了农村的剩余劳动力,促进了乡镇企业的迅速发展,又降低了大工业企业的成本,使产品提高了竞争力。

(金大勤)

城镇个人建造住宅管理办法 Regulation on Private-built Houses in Cities

1983 年 5 月 25 日,国务院批准了《城镇个人建造住宅管理办法》,由城乡建设环境保护部发布施行。该办法规定城镇个人建造住宅,包括自筹自建、民建公助、互助自建等形式。凡在城镇有正式户口、住房确有困难的居民或职工,都可以申请建造住宅;但夫妇一方户口在农村的,一般不得申请在城镇建造住宅。办法规定:城镇个人建造住宅,必须符合城市规划的要求,不得妨碍交通、消防、市容、环境卫生和毗邻建筑的采光、通风。城镇个人建造住宅的建筑面积由各省、自治区、直辖市人民政府确定,按城镇正式户口平均,每人建筑面积一般不得超过 20m²。 (陈为邦)

城镇供水水源 urban water supply resources

能满足城镇用水要求,具备水量充沛、水质优良、安全可靠等供水条件的水源地。一般分为地表水和地下水两大类。地表水主要为江河、湖泊、水库,是城镇供水的主要水源。江河水在地面上流动,与外界接触,易混进各种物质,包括泥沙、农田排水、工业废水和生活污水,使水质受到污染;湖泊、水库由于藻类及浮游生物繁殖过多,影响生产或生活用

水的直接使用。因此,地表水要经过一系列的处理,才能供给城镇使用。地下水一般是以地下含水层中的潜水、承压水和泉水作为城镇供水水源。地下水的水质较洁净,水温、水量稳定,是城镇供水的优良水源。

(曹型荣)

城镇化 urbanization

见城市化(30 页)。

城镇人口 urban population

居住在设市城市市区、建制镇的人口,还包括常住人口在 2 000 人以上,其中 50% 以上的人口是非农业人口的居民区和集镇的人口;常住人口不足 2 000 人,但其中 75% 以上为非农业人口的一些工矿区、铁路枢纽站、工商业中心等居民点的人口。

(赵洪才)

城镇体系 urban system

又称城市体系。组成一个区域或国家的一套不同职能与规模的相互依存的城市(镇)群体。20 世纪二三十年代开始就有人研究区域的城市群体,直到 20 世纪 60 年代美国地理学家贝利(B.J.L.Berry)把系统分析和一般系统论应用于中心地理论研究后,这个术语才正式被广泛接受。主要内容包括区域内不同职能城市的组合特征,不同等级规模城市的组合特征,各城市的分布、交互作用和吸引范围等,所指地域相对完整。它具有"系统"的一切特征,如等级性、动态性、开放性。关于城镇体系的组织、运作和变动的全面描述,需要大量资料。描述和分析的框架是存在的,但大多数的研究只集中于体系的一部分。其理论和方法论的应用方向是城镇体系规划。 (周一星)

城镇网络 urban network

在一定地域范围内,以中心城市为核心,由各级城镇通过线状交通线连结起来的一个开放、统一、有机的网状地域系统。作为结节点的不同规模和职能的城镇,以及沟通城镇的线状交通通信设施是两大组成要素,在其中不断地进行着物资、人员、资本、信息的流动和交互作用。它构成城镇体系的空间骨架。它的形成对于促进地区经济发展具有重要意义。 (史育龙 周一星)

城镇住宅面积标准 housing area standards of towns and cities

国家按照经济社会发展水平所制定的城镇住宅建设的面积标准,用以控制城镇住宅建设规模。党的十一届三中全会以来,全国城镇大规模兴建住宅,住房紧张状况有所缓和,但许多地区和部门擅自制定住宅标准,任意突破国家有关规定,为领导干部新建的住宅面积越来越大,标准越来越高,脱离国情,脱离群众。1983 年 12 月 15 日,国务院

发布了《关于严格控制城镇住宅标准的规定》,规定在近期内全国城镇和各工矿区住宅应以中小型户(1~2居室一套)为主,平均每套建筑面积应控制在50m² 以内。一类住宅,平均每套建筑面积42~45m²;二类住宅,平均每套建筑面积45~50m²,这两类住宅适用于一般职工。三类住宅,平均每套建筑面积60~70m²,适用于县、处级干部及相当于这一级的知识分子。四类住宅,平均每套建筑面积80~90m²,适用于厅、局、地委一级干部和相当于这一级的高级知识分子。以建一二类住宅为主。在住宅紧张的城市和单位,应暂缓建设三四类住宅。各地区、各部门、各单位都要严格执行国家统一标准,不得另行制定超过国家统一规定的住宅建筑面积标准。

(陈为邦)

城雉

见城垛(23页)。

城中城理论 new town in town

西方国家为缓解内城衰退而倡导的一种规划理论。在内城集中地段重建生活居住条件比较优越的"城中之城"以鼓励居民重返内城。例如1969年美国在纽约曼哈顿岛旁的东河上重建罗斯福岛,是建设"城中之城"的范例之一。来往于曼哈顿岛和罗斯福岛的交通采用了空中缆车,创造了一个不受车辆交通影响和不受污染的城市环境。岛的面积为0.595km²,有各种类型的新型住宅,良好的公园绿地、娱乐设施、商业服务设施和优美的环境景观,吸引了不同收入、不同种族的居民来此定居,以缓解内城衰退困境。

(沈玉麟)

乘距 riding distance

居民在一次出行中乘坐公共交通车辆的距离。乘距与居民乘车出行量是研究城市客运交通量的重要参数。

(徐循初)

澄心园

又称静明园。清康熙十九年(1680年)创建。在北京海淀区玉泉山麓。初为辽代玉泉山行宫遗址;金代章宗时建芙蓉殿行宫。元代,改建昭化寺;明英宗时添建上下华严寺,后废。清康熙十九年,增建大量园林建筑,名澄心园。至康熙三十一年,改称静明园。是为皇家避暑行宫。乾隆年间,将玉泉山及山麓河湖地段尽圈入宫墙园内,此为后世所称静明园。澄心园范围只在玉泉山南坡和玉泉湖、裂帛湖一带,即后来的静明园南山景区,此园以宫室区、湖区和山景区构成。宫室区在玉泉湖南岸,布局规整对称。玉泉湖中有三岛,是为沿袭传统的皇家园林"一池三岛"的格局。北侧为玉泉山主峰,园内各处皆可仰视。在湖区东、西、北为自然山景和田野景色交相辉映。此园楼阁亭馆等建筑,与泉壑、山岩、林木相交融。

(鲁晨海)

chi

池山 rockery in pool

与水池结合成景的假山。包括在水池中造假山和带有水池的假山。池可大可小,假山包括土山、土石山和石山。大池多为土石山,如金中都太液池中造琼华岛(今北海)。小池多为石山,如苏州环秀山庄之湖石山。我国古代皇家园林创立了"一池三山"(或一池五山)之制。用以象征海中神山仙境和借以平衡土方。池山的优越性在于山水相映成趣,动静交呈。

(孟兆祯)

持续发展 sustainable development

1987年世界环境与发展委员会发表的一份报告——《我们共同的未来》中首次明确地提出来的与传统发展的思想相对立的发展战略思想。认为,它是20世纪,更是21世纪,不论是发达国家,还是发展中国家共同的发展战略,而且也是整个人类永得生存与发展惟一可选择的途径。

持续发展的核心问题在于,人类在自身的发展中,既要满足当代人类生存与发展的需求,又不对后代人需求构成危害;既不凭借人类业已掌握的技术和投资,采取耗竭资源、破坏生态和污染环境的手段,又不允许一味追求今世的发展和消费,而剥夺了后世本应合理享有的同等的发展和消费的权利和机会。持续发展的思想实质是,一方面要求人类在生产时要尽可能地少投入、多产出;另一方面又要求人类在消费时尽可能地多利用、少排放。

(朱祖希)

尺度 scale

建筑与空间构图中建筑物与人的比较。包括建筑物及其局部的大小同它本身用途相适应的程度,以及其大小与周围环境特点相适应的程度。人的实际体量是衡量建筑物尺度最基本和最明显的标志。

(郑光中)

chong

冲突 conflict

个人间或群体间直接对抗的行为方式与过程。这种对抗往往基于利益、意见、态度的根本对立,并以打击和压倒对方为目的。是一种必然的社会现象。由于其性质不同,对社会发展有的起积极作用,有的起消极作用。

(梅保华)

冲突理论 conflict theory

研究社会矛盾冲突的理论。有的集中研究权力的产生、分配、作用等问题;有的着重研究社会生活中人与人、团体与团体、阶层与阶层、阶级与阶级等之间的冲突。主要代表人物有德国著名社会学家达伦多夫（Ralf Dahrendorf）和美国社会学家科泽尔（Lewis Coser）。　　　　　　　　　　（梅保华）

重复　repetition

完全相同的物体、图案、形象、空间或色彩，以一定规律和方法多次存在或出现，使观者形成视觉上的重复。　　　　　　　　　　　　　　（郑光中）

重庆　Chongqing

位于四川省长江与嘉陵江汇合处。为直辖市，水陆交通发达。战国为巴国国都，其后一直为西南地区重要城市。抗日战争时为中华民国陪都。文物古迹有巴蔓子墓、船棺、岩墓、汉阙等，近代革命史迹有曾家岩、红岩村八路军办事处旧址、新华日报社旧址及白公馆烈士纪念地等，还有南温泉、北温泉、缙云山等风景名胜。为第二批国家级历史文化名城。重庆市区人口228.8万（1991年末），成渝、川黔、襄渝三铁路交点，为西南地区经济、交通、文化中心。有钢铁、化学电力、煤炭、机械、纺织、食品等工业，有多所高等学校。　　　　　　　　　　（阮仪三）

重庆缙云山风景名胜区

在四川省重庆市的国家重点风景名胜区。由缙云山、北温泉、钓鱼城三个景区组成，面积57km²。缙云山山势峻秀，林木茂密，植被丰富，有小峨眉之称。山有九峰，分别是朝日、香炉、狮子、聚云、猿啸、莲花、宝塔、玉尖、夕照。玉尖峰挺拔峻峭，狮子峰壮观雄奇。北温泉在嘉陵江畔，前临峡江，后立峭壁，松林茂盛，翠竹深深，极幽静。有温泉、古寺、幽洞、岩壑等胜景。温泉日流量3 675t，可供千人游泳淋浴。温泉寺有关圣殿、接引殿、大佛殿、观音殿。钓鱼城在钓鱼山，仅3.8km²。山势突兀，十分险要。钓鱼城始建于公元1240年，两道城墙，八座城门，抗击元军达36年之久，具有军事考古价值。　　　　　　　　　　　　　　（王早生）

重新集中　re-centralization

城市更新的一种方式。以较大规模综合开发的方式进行，房屋的重建不再在小块土地上分别进行，而是在整个街区和街区群中展开。这样，就有机会建立较好的中心地段或居住社区。　　（陶松龄）

重新区划　rezoning

在美国指通过州的有关法案对现行区划案例作出修正，从而允许改变土地使用性质；亦指对区划法规允许的任何事项进行改动。如对既定区划许可使用予以改动、重新规定等。　　　　　　（黄富厢）

chou

臭氧层　ozone layer

地球上空30~65km高空中的一层由臭氧组成的高温遮盖物。保护着地球上的生存环境，使之免受太阳紫外线辐射的直接威胁。如果没有了它的保护，地面上的紫外线辐射就会达到使人致死的强度，地球上的生命就会像完全失去空气一样遭到毁灭。　　　　　　　　　　　　　　　　（朱祖希）

chu

出口加工区　export processing area

一些发展中国家为加速经济发展，有效地利用本地人力物力资源，在沿海港口工业城市开辟划定集中建设专门生产对外出口商品的加工工业地区。在此地段范围内，实行各项优惠政策，以吸收国内外投资。一般可在短期内取得明显的经济效益。　　　　　　　　　　　　　　　　　（赵炳时）

出口替代　export substitution

一种外向型工业化发展战略模式，即通过发展非传统的出口产品，如经加工后的初级产品、半制成品、制成品等，以代替传统的初级产品的出口。目的在于面向国外市场，鼓励出口，增加外汇收入。　　　　　　　　　　（胡序威　陈　田）

出入量调查　external-internal traffic survey

在城市用地外围的主要交通出入口上对出入境车辆的数量、种类、装载情况、起讫点、按不同的出入境时辰进行的调查。是交通量调查的一种。其调查资料是研究市际交通和中心城市与周围城镇经济联系的重要依据。　　　　　　　　（徐循初）

出生率　birth rate

又称总出生率或粗出生率。指一定时期内（通常为一年）出生的活婴儿数与同期平均人口数（或期中人口数）的比率。一般用千分数表示。它是人口统计中反映某一地区特定时点人口生育频度的相对指标之一，是分析和研究人口发展趋势的基础，也是确定人口再生产类型和制定有关政策的依据。

出生率的高低取决于各年龄妇女生育率和人口的性别年龄构成。出生率用公式表示如下：

$$出生率 = \frac{年出生人数（活婴儿数）}{年平均人口数（或期中人口数）} \times 1000(‰)$$

$$= \frac{年出生人数}{育龄妇女人数} \times \frac{育龄妇女人数}{年平均人口数}$$

$$= 一般生育率 \times 育龄妇女占总人口的比重$$

根据研究目的的不同，可分别计算不同人口及年龄类别的特殊生育率。　　　　　　　　（晏　群）

出售住房　houses for sale

住房所有者把住房的所有权，以售价为条件转移给他人的住房。　　　　　　　　　　（严　正）

出行　trip

居民为某种目的从一起点出发,经过有路名的城市道路或街巷、步行时间五分钟以上或出行距离在400m以上,交通方式可步行或使用交通工具,行进到迄点的单程活动。又称为目的出行。去一目的地然后返回的称往返出行。先后去若干目的地的称巡回出行或称多目标出行。　　　　　(徐循初)

出行分布　trip distribution

交通小区内或交通小区之间居民出行活动量的空间分布。　　　　　(徐循初)

出行目的地　destination

居民出行活动所需到达的地点。通常以工作、学习和购物等地点为主要出行目的地。
　　　　　(徐循初)

出行生成　trip generation

一定的地段范围内(常用交通小区)由起点出发的出行活动。与居民的年龄、性别、收入、社会经济条件和交通小区的土地使用状况有密切关系。
　　　　　(徐循初)

出行源　origin

居民出行活动的起始地点。通常以家为主要的出行起始点,也可以是其他地点。　(徐循初)

出租人

见房东(69页)。

出租住房　rental housing

住房所有者把一定时期的住房使用权,以租金为交换条件,转移给使用者的住房。分公有出租住房和私有出租住房两种,有一些合作社住房也以出租的形式出现,社员以租金为条件,取得住房的使用权。　　　　　(严　正)

chuan

船厅　boat-shaped hall

又称旱船。在陆地建造的模仿舟船形象的厅堂,不同于临水的"舫"。一般在船身平台上建前舱、后舱和舵楼,宛若陆地行舟。这种厅堂多见于缺乏水体的园林中,目的在于通过船的形象来激发游人对水景的联想。在皇家园林里面,往往用它来隐喻"民可以载舟、可以覆舟"的哲理,则又是别具一格的意境创造。　　　　　(周维权)

船位

见泊位(13页)。

chui

垂直流动　vertical mobility

人们在同一垂直分层结构层面中的不同阶层间地位的变动。也叫纵向流动。既包括个人地位的向上或向下的流动(如副教授升为教授、局长降为处长),也包括整个阶层社会地位的变化(如农民进城做工成为工人、中小资本家破产沦为无产者)。　(梅保华)

垂直绿化　vertical landscaping

又称攀缘绿化。运用攀缘植物沿墙面、围篱、廊柱或立架等基底伸延,形成垂直向的绿化。借助蔓延性、缠绕性、吸附性、悬垂性的各种植物,以少占地甚至不占地的方式达到较大的绿化效果,并有利墙体降温、美化环境,常用的植物有爬墙虎、常春藤、薜荔、丁香、紫藤等。　　　　　(李铮生)

chun

纯林　single species forest

由单一树种组成的树林。一般来说无论从生态角度或景观角度来看,纯林都不及混交林为优。但亦非绝对化的定论。　　　　　(沈　洪)

纯原料　pure material

经过加工后,其全部重量不折不扣地转移到成品之上的原料。　　　　　(胡序威　陈　田)

ci

祠庙园林　temple garden

附属于祭祀历代祖先,历史人物和天地山川等自然物的宗祠、坛庙的园林。型制多规整、气氛肃穆,植物、小品建筑常作严整式配置。少数祠庙园林结合自然,景色近似寺观园林。现存著名的有北京天坛、地坛、山东曲阜孔庙、山西太原晋祠、山东泰安岱庙等。　　　　　(鲁晨海　乐卫忠)

次干道

见次干路(45页)。

次干路　sub-arterial road

又称次干道。联系主干路之间的道路。配合主干路组成城市干路网,起联系各部分和集散交通的作用。一般不设立体交叉。合理间距通常为800～1 000m。次干路兼有服务功能,允许两侧布置吸引人流的公共建筑、并应设停车场。　(秦福生)

cong

从众行为　conformity, subordinate behaviour

原来并无主见,或在社会团体压力下,个人放弃了自己原来的意见,而采取了与大多数人一致的行为。即如俗话所说的"随大流"。　(梅保华)

丛春园

在河南省洛阳南郊、洛水之南。今已无存,惟见于《洛阳名园记》书载。北宋初年始建,为"门下侍郎安公"于尹氏苗圃旧址上,重新构筑。园以林木胜,采取行列规则布局。以高大乔木丛林为主,建筑景观甚少,仅"丛春"、"先春"二亭;并引洛水于园之岗丘下,架"天津桥",于森然翳然的乔木丛林中,自成一种自然幽邃郁郁的境地。为当时园林独特一例。

(鲁晨海)

cu

粗出生率

见出生率(44 页)。

粗结婚率

见结婚率(120 页)。

粗死亡率

见死亡率(212 页)。

簇群城市 cluster city

国际现代建筑协会第十小组(CIAM Team10)史密森等人设想的一种新的城市结构形态。其基本形态是以线型中心为骨干而向多方位多触角地蔓延扩展。被称为"干茎"的线型中心既为居民提供联系的通道,又设有为居民服务的各种设施。干茎的使用周期较住宅为长,但它也是随着时间的推移和活动的改变而不断更新。第十小组预言,由于汽车泛滥和受雅典宪章的束缚而消失的原先富有人情味的街道观念,在簇群城市中将重新出现,并在形态和空间容量上超越旧式街道。 (沈玉麟)

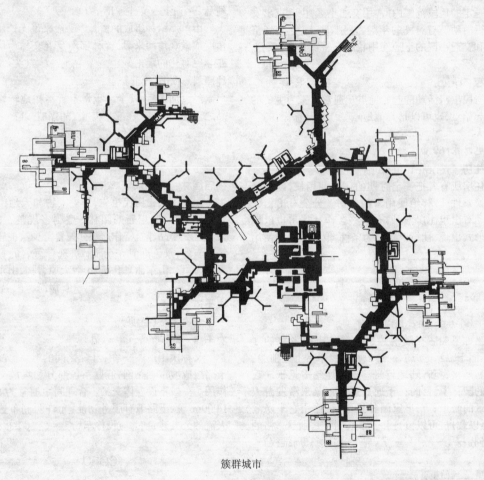

簇群城市

cun

村镇规划原则 Principles of Village and Rural Town Planning

20 世纪 80 年代初,由于我国农村经济体制改革的成功,农民收入增加,掀起了农民建房的热潮,经久不衰,以农民住房为中心村镇建设也蓬勃发展。为了指导村镇建设,提高村镇建设和规划的水平。1982 年 1 月 14 日,原国家建委和国家农委联合颁发了《村镇规划原则》。该原则共 15 章 70 条。第一章制定目的和适用范围;第 2 章村镇规划的任务和指导思想;第 3 章村镇规划的阶段和内容;第 4 章村镇规划的依据;第 5 章村镇的布点与规模;第 6 章村镇的用地选择及技术经济分析;第 7 章住宅建筑用地规划;第 8 章公共建筑的配置与用地规划;第 9 章生产建筑用地规划;第 10 章道路及交通运输用地规划;第 11 章绿化规划;第 12 章给水排水工程规划;第 13 章电力、电信工程规划;第 14 章能源规划;第 15 章村镇规划设计文件的内容、编制与审批。该原则强调了村镇规划要贯彻有利生产、方便生活的原则;要十分珍惜土地;要远近结合,以近为主等。

（陈为邦）

村镇建设管理 management of village and rural town construction

主要是指村镇的规划、设计、施工管理以及相关的建设用地管理。1985 年 10 月 29 日,原城乡建设环境保护部颁发了《村镇建设管理暂行规定》,以部门规章的方式,规范了我国村镇建设管理工作。该规定指出:全国村镇都要按照因地制宜,近远结合。有利生产,方便生活,合理布局,节约用地,配套建设,协调发展的原则制定规划。村镇规划一经批准,即作为指导和管理村镇建设的法定文件。村镇必须科学合理地安排各项用地,既要满足使用功能需要,又要充分提高土地利用率,严禁随意占用耕地。村镇居民使用宅基地和建设单位使用规划区范围内的土地,必须经建设主管部门核定建设项目的建址和用地范围,并办理用地手续。村镇建设项目的设计与施工,要坚持"百年大计,质量第一",遵守国家有关建筑设计和施工的政策、法令、规范、规程和标准等。这一规定的颁布实施,对指导我国村镇建设,加强村镇建设管理发挥了积极作用。　（陈为邦）

村镇建设规划 rural construction planning

对一个村、镇建设区范围内的各项建设(包括道路交通、给水排水、电力电信、住宅建筑、公共建筑、生产性建筑、绿化等等)作出的全面具体的统一安排。做到有利生产,方便生活,以取得良好的社会效益、经济效益和环境效益。由于村镇地处农村,村镇建设规划应充分结合当地的自然和经济文化特点,把广大村镇规划建设成为具有乡土特色的农村居民

点。村镇建设规划一般应在村镇总体规划完成后进行。

（金大勤）

村镇总体规划 rural general planning

在一个乡(镇)行政区划范围内,对全乡的山、水、田、林、路、村、镇的开发和建设作业全面合理的安排。全乡(镇)域范围内村镇的布局和每个村镇性质、规模、发展方向的研究确定,是村镇总体规划的重要内容。

村镇规划由村镇总体规划和村镇建设规划两部分组成。在一般情况下,应先做村镇的总体规划,然后在总体规划的指导下分别做每个村镇的建设规划,才能使村镇建设规划有较充分的科学依据。

（金大勤）

村庄 village

农村中农民聚居的地方。一般是自然形成的,也有因经济发展或建设需要搬迁而兴建的新村。村庄因其所处地位不同可分为中心村和基层村。

（金大勤）

村庄和集镇规划建设管理条例 Regulation on Planning and Construction Management of Villages and Rural Towns

1993 年 5 月 7 日,国务院第三次常务会议通过,自 1993 年 11 月 1 日起施行的《村庄和集镇规划建设管理条例》,是我国村镇建设方面第一部行政法规,对指导我国村镇建设健康发展,具有重要意义。条例共分七章四十八条。第一章总则;第二章村庄和集镇规划的制定;第三章村庄和集镇规划的实施;第四章村庄和集镇建设的设计、施工管理;第五章房屋、公共设施、村容镇貌和环境卫生管理;第六章罚则;第七章附则。　　　　（陈为邦）

CUO

错层 split level

把用同一楼层的不同部分,布置在不同标高上的设计手法。可以是一套住宅内部,起居室与卧室布置在不同标高上;也可以是一部楼梯服务的三四套住宅各自布置在不同标高上。公共建筑也常用错层手法。　　　　　　　　　　　　　　（严　正）

D

da

大道定理　turnpike theorem

研究区域经济增长优化途径的一种理论。20 世纪 50 年代末，由美国学者多夫曼、萨谬尔森、索洛等首先提出。该理论认为：由社会再生产系统的投入产品关系式惟一确定了经济增长的均衡增长路径——大道后，在该问题的任何不同目标函数条件下得到的最优解路径的大部分发展阶段都处于大道的某个领域内，即除了规划期的初始与终了的若干阶段之外，都可以用大道作为各种问题的最优路径的近似解，而与目标函数的选择基本无关。大道性质的存在，可以使不同出发点的研究殊途同归，取得一般性的共同结论；其次，能使长期规划预测问题的计算过程大大简化，都只需寻求经济增长路径的共性特征，就能得到一般性结果。

（胡序威　陈　田）

大地景观学　earthscape

把大地的自然景观和人文景观作为一个整体来研究的学科。环境学科的发展，人们在宏观上从生态、社会经济和审美三方面来评价自然和人文的景观资源。探讨如何最大限度地保全山川、土地、构成的自然景观，以及人为活动所产生的变化。大地的景观可因人的活动遭受破坏，也可使其更加美好，其中如何合理使用土地资源颇为重要。即需对其资源进行调查、分析、评价，制定保护或开发的原则。其内容具有区域性的含义，涉及水体水系，交通运输通道，矿区土地改造，城市组群布局，区域生态环境等多方面的内容，落实在景观方面则与风景名胜区、休养胜地、自然保护区游览部分等有关。

（李铮生）

大都市带　megalopolis

许多大都市区连成一体，在经济、社会、文化等各方面活动存在密切交互作用的极其巨大的城市地域。法国地理学家戈特曼（Jean Gottmann）1957 年首先用这一术语称呼美国东北部北起新罕布什尔州波士顿、南至弗吉尼亚州诺福克的长达 960km 的大西洋沿岸的巨大城市带，后来也用于美国大湖区、日本东海岸、英格兰、西北欧和中国长江三角洲等世界其他几个大城市密集地区。原词来自古希腊，意即"非常大的城市"。

（周一星）

大都市区　metropolitan area

反映城市功能的一种地理统计单元，西方常用的城市地域概念。它是以中心城市为核心以及和这个核心具有密切社会经济联系的邻接社区的组合。由中心城市所在的中心县和具有大都市特征的外围县两部分组成。这一概念始于 1910 年美国人口普查，1950 年改称为标准大都市区（SMA）。1960、1970、1980 年的人口普查又改称为标准大都市统计区（SMSA），具体划分指标有人口密度、非农业人口比重和外围县与中心县之间的通勤流等，细部不断有所变动。1984 年生效的新规定把单一的大都市区称为大都市统计区（MSA），把 100 万人口以上的由几个基本大都市统计区（PMSA）联结而成的大都市复合体称为结合大都市统计区（CMSA）。大都市统计区、基本大都市统计区和结合大都市统计区合称大都市区。类似的概念在西方发达国家普遍使用，但具体的名称和划分标准互不相同。

（周一星）

大都市统计区　Metropolitan Statistical Area

简称 MSA。1984 年生效的美国大都市区的新用名词。它的前身叫标准大都市统计区（Standard Metropolitan Statistical Area，简称 SMSA）。

（周一星）

大赫尔辛基规划（沙里宁）　Eliel Saarinen's Decentralization Pattern of Greater Helsinki

1918 年伊利尔·沙里宁根据有机分散学说制定的总体规划方案。该方案吸取了欧洲历史名城在规划结构上采用分散布局的优点，和借鉴当时盛行于

英美等国的建设近郊花园新村的经验,对赫尔辛基及其周围地区提出了有机分散的规划布局,并对城市交通系统的组织;居住与工作地区的调整;各集聚区与大自然的紧密结合以及在市郊建立一些半独立的郊区城镇均作了科学的安排。对控制城市的进一步扩张,以及把城市作为一个生命有机体使之健康发展,起到积极的作用。

(沈玉麟)

大洪山风景名胜区

在湖北省,地跨随州市和钟祥、京山两县的国家重点风景名胜区。面积约 330km²。主峰海拔一千多米。古树参天,峰峦叠翠。景区内有成片的楠木等数十种名贵树木和漫山的兰蕙、杜鹃等数百种奇花异草。有华中地区罕见的海拔 850m 的"鄂中瑶池"白龙池和落差一百多米的柳门口四叠飞瀑。区内保存有"屈家岭"、"冷坡垭"等新石器文化遗址,绿林军起义的古战场遗址、隋州曾侯乙墓编钟、明嘉靖皇帝之父陵墓以及第二次国内革命战争旧址等大量文物古迹。

(赵健溶)

大科学城

见新西伯利亚科学城(244 页)。

大理 Dali

位于云南省西部洱海之滨。西汉置叶榆县,唐代南诏及宋代大理国都城也在此,元、明、清置太和县,为大理路府治所。大理自西汉以来,就是我国与东南亚诸古国文化交流、通商贸易的重要门户。保存着体现云南与中原地区文化密切关系的重要文物古迹,有南诏太和城遗址、大理三塔、南诏德化碑等。为第一批国家级历史文化名城。大理市区人口13.9 万(1991 年末)。为滇西经济、文化和交通中心,工业有粮食加工、轻工、机械等,矿产有砂金、煤、铝等,并产大理石著名,有蝴蝶泉、温泉等风景名胜。

(阮仪三)

大理风景名胜区

在云南省大理白族自治州的国家重点风景名胜区。包括苍山洱海、鸡足山、石宝山三个景区。面积1 022km²。苍山挺拔壮丽,主峰海拔 4 112m,东麓陡崖深谷,飞瀑流泉,有青碧溪等十八溪。洱海因湖面似耳而得名。水面 250km²,水深 15m,湖光山色,景色绝佳。三塔寺雄奇秀丽,蝴蝶泉令人神往。鸡足山为佛教圣地,险峰绝壑,林木涌翠,泉、瀑、壁皆备。顶峰有绝顶四观。东观日出,西眺洱海,南瞰浮云,北望雪山。保存了祝圣寺、铜瓦寺、金顶寺、楞严寺等古建筑。石宝山以珍贵石窟和奇峰怪石著称。石窟开凿于南诏和大理国,除佛像外,还有南诏王、王妃与官吏造像。三月街是盛大的民族节日,一派升平景象。

(王早生)

大连规划 plan of Dalian

俄国及日本等帝国主义国家占领时期制定的城市规划。清政府于 1898 年,以 25 年为期将大连租于俄国。俄国的意图是为了实现其在东方寻求出海口的国策。1900 年制定规划,企图把旅顺口建成军港,大连建成国际性自由贸易商港,及拟建的中东南满铁路的出海口。规划以港口为重点,平面布局采用当时欧洲盛行的环形放射路形式。如尼古拉广场,为环形广场,周围有十条放射路,极似巴黎的明星广场。日俄战争后,1904 年大连为日本侵占,又制定了规划,向西扩展市区。整市区分为"军用地","日本人居住区","中国区"。后来于 1906 年将"军用地"开放,逐渐形成工业、仓库、住宅的混合区。1931 年日本占领整个东北后,大连迅速发展,设立了都市规划委员会,规划人口为 122 万,市区面积达416km²。

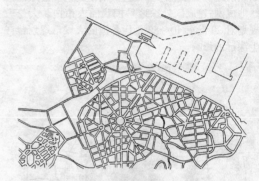

(1900 年)大连规划图

(董鉴泓)

大连海滨-旅顺口风景名胜区

在辽宁省辽东半岛南端,东临黄海,西濒渤海,由大连海滨和旅顺口两个景区组成的国家重点风景名胜区。由 45km 海滨公路连成一体,陆域及岛屿面积 105km²。大连海滨景区海岸线长达 30 余千米,水面浩瀚,岛屿、礁石矗立海面,气象万千。白云山庄莲花状地质构造地貌和由岩溶礁石构成的黑石礁如同"海上石林",为世所罕见。旅顺口是我国历史上重要的军港和要塞,地形雄险壮阔,古迹众多,有重点文物保护单位 47 处,其中有中日甲午战争、日俄战争以及日本侵华战争的各种工事、堡垒等遗迹多处,是进行爱国主义教育的课堂。旅顺口外礁岛棋布,口内峰峦叠翠,自然风光绮丽多彩。

(刘家麒)

大陆桥运输 continental bridge transport

借助于一国或多国联运和不同运输方式,横跨大陆和地峡,以沟通两个互不毗连的大洋或海域之间的运输形式。目的在于缩短运输距离,减少运输时间和节约运输总费用支出。例如,由日本通过海运到俄罗斯远东港口,再经西伯利亚大铁路等陆上交通,横跨亚欧大陆直达欧洲各国或沿海港口,再利用海运到大西洋沿岸各地,即为典型一例。

(胡序威 陈 田)

大伦敦规划 Greater London Plan

1944 年英国城市规划师阿伯克隆比主持编制的大伦敦地区规划。方案吸取了霍华德与格迪斯等先驱规划思想家关于以城市周围的地域作为规划范围的思想,以及体现了格迪斯于 20 世纪初提出的集合城市(Conurbation)的概念。大伦敦地区规划面积为 6 731km²,人口为 1 250 万人。从伦敦密集地区迁出工业,同时也迁出人口 1 033 000 人。在距伦敦中心半径约为 48km 的范围内,由内向外划分成四层地域圈,即内圈、近郊圈、绿带圈与外圈。规划结构为单中心同心圆封闭式系统,其交通组织采取 10 条放射路与 5 条同心环路直交的干道网。建成区内绿地成网,建成区外绿地呈楔状插入市内。大伦敦规划对 20 世纪 40~50 年代各国的大城市规划曾产生深远的影响。

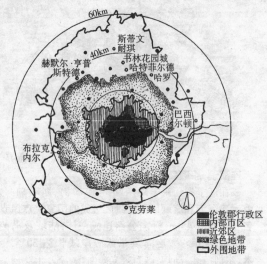

(沈玉麟)

大马士革(中世纪) Damascus(Middle Ages)

中世纪阿拉伯伊斯兰教国家名城,位于今叙利亚西南部。公元前 2000 年已形成聚落,古罗马时期曾修建输水道等大型城市工程,是中东地区仅存的经久不衰古城,被誉为东方明珠,7~8 世纪与 12 世纪伊斯兰帝国曾建都于此。城市平面为长方形。防御坚固,有 7 座城门。道路曲折成盘街,市场(巴扎)遍布市内主要地区。建有奥玛雅德大清真寺等宏伟建筑。13 世纪定为陪都,建有大型豪华宫殿。

(沈玉麟)

大内 palace city

即宫城或紫禁城,是帝王处理政务及与其后妃居住的地方。

(董鉴泓)

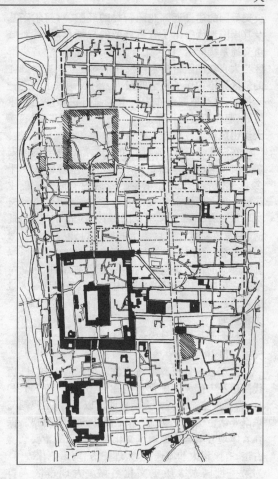

大马士革(中世纪)

大气污染 atmospheric pollution

大气中的污染物,或由它转化成的二次污染物的浓度达到了一定或者有害程度的现象。大气中的污染物主要来自石油、煤等矿物燃料的燃烧和工业生产。前者产生二氧化硫、氮氧化物、碳氢化合物和烟尘等;后者因所用原料和工艺不同,而排放出不同的有害气体和固体物质(粉尘),常见的有氟化物和各种金属及其化合物。农业和林业施放的农药飞散进入大气,也会成为大气污染物。而大气层核试验的放射性降落物和火山喷发的火山灰,会广泛地分布在大气层中,造成全球性的大气污染。大气中有害物质的浓度越高,污染就越严重,危害也就越大。而污染物在大气中的浓度,除取决于排放的总量外,还同排放源的高度、气象和地形等因素有关。

(朱祖希)

大青岛母市计划

日本帝国主义占领青岛后于 1941 年制定的母市计划。1937 年后日本帝国主义第二次占领青岛,将其建设计划列入:"北支产业开发计划"之中,并制定"青岛特别市地方计划",并于 1941 年制定"大青岛母市计划"。将胶州、即墨两县划入,管辖面积达 8 500km²,人口 180 万。计划中拟扩充大港,新建运煤港——黄岛,将"母市"向北沿胶州湾扩展至白沙河,市中心移至东镇,形成一长约 25km,宽约 4～9km 的带形城市,此计划由于抗战胜利而中止。

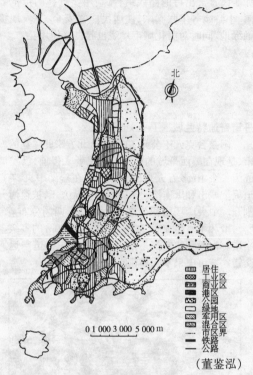

居住
工业区
商业区
海港区
公园
绿地
军用区
混合区
市区界
铁路
公路

0 1 000 3 000 5 000 m

(董鉴泓)

大庆规划(一五时期) plan of Daqing

20 世纪 60 年代制定的大庆油田总体规划。1964 年配合大庆油田的开发及建设,根据油田作业点比较分散的特点,制定了较分散的城镇体系规划。居民点分为油田管理中心城镇、工人镇、中心村、居民点几个等级,有不同的职能及规模,并以道路系统相联结。在建设方针上提出了:"城乡结合,工农结合,有利生产,方便生活"十六个字,这在当时对同类型的矿区建设规划有一定的意义。 (董鉴泓)

大上海都市建设计划图(日占时期)

日本占领上海期间制定的城市规划。日本占领上海不久,即着手进行上海规划,并于 1940 年由恒产株式会社,制定大上海都市建设计划图。规划中划出大片军事用地,扩建江湾及大场两机场,使成为日本在华最大空军基地。为了执行"工业日本,农业中国"的政策,扩大港口规模,在吴淞拟建挖入式大港,使上海成为掠夺中国原料及输入商品的大港口。此规划只实施了小部分建设,抗战胜利即中止。

(董鉴泓)

大同 Datong

位于山西省北部,战国时属赵,秦属雁门郡,汉设平城县,北魏初期的国都称作平城,唐为云中郡,辽、金两代陪都称西京达二百年。明为九边重镇之一称大同镇总兵驻地。大同的历史文物有云岗石窟、上下华严寺、善化寺、九龙壁和平城遗址、方山遗迹等。为第一批国家级历史文化名城。大同市区人口 80.4 万(1991 年末),是全国最大的煤炭工业基地之一。工业有煤炭、机械、化学、建材、皮革等。 (阮仪三)

大兴苑

隋代著名的宫苑之一,隋开皇元年(581 年)建。在长安宫城之北。为唐代禁苑前身。其规模、布局型制不详。 (鲁晨海)

大学城 campus town

集中设置高等学校和附属科学研究机构,以教学和科研活动为主要职能的城镇。欧美一些历史悠久的大学,由于逐渐扩展,往往形成围绕大学校园为中心的小城镇或市区。如英国的剑桥、牛津,美国的伯克利等。近代也有些大城市为了促进发展教育和科技,规划将一部分大学、科研机构从城内疏散出来,集中在一个新的市区或与市区有一定距离的地点建设新城。如日本的筑波,西班牙马德里大学城和我国北京的西北郊学院区。 (赵炳时)

大运量客运 mass transit

以列车组成载客量大的快速公共客运方式。一小时内可运送二万人以上,站距在一公里以上。站点往往汇集多条其他公共交通线路,对大运量客运走廊提供和疏散客流。 (徐循初)

大寨村规划 plan of DaZhai Village

山西省昔阳县大寨村在 1963 年遭受了特大洪水灾害。大部分房屋、窑洞被冲毁。大寨村民在困难面前不低头,发动群众,人人动手,自己烧砖采石,自己施工,重建家园。用了三年时间,依山就势,修建了 220 孔青石窑洞。530 间砖瓦房,以及托儿所、幼儿园、卫生院等生活福利设施,铺设了水管,装上了电灯,全村 83 户都住上了新房,建成了大寨新村。在 20 世纪 60～70 年代中期,大寨是毛泽东同志提倡的农业战线上的一面旗帜。 (金大勤)

大众行为 mass behaviour

在分散的人们中所产生的一种特别形式的集体行为。这些人们没有明确的角色地位与传统习惯,也没有直接互动,而思想、信仰、需要及行动却趋于一致。其表现形式有:时髦、时尚等。 (梅保华)

dai

代际流动 generational mobility

在社会分层结构中,不同世代人之间社会地位和职业的变动。如父辈务农，子辈为官，孙辈经商。这主要是由于社会生产力发展所决定的一种社会变迁现象。其流动的数量、速度、趋势，反映了社会发展的综合水平。 （梅保华）

代用成本
见机会成本(107页)。

岱庙
我国最大的宫殿式祀岳封禅祭庙。因祀"东岳泰山神"而得名。在山东省泰安城内，泰山南麓。据史载"秦既作时"、"汉亦起宫"。以后历代均有增建扩修。现存型制规模，为宋代扩建改成。以天贶殿主殿为中轴，前有配天门、仁安门；后为三座寝宫。主殿环廊回绕，钟鼓楼相对。右侧有唐槐院和道舍院，左为汉柏院和东御座。汉柏院，古柏森森，池水映绿。庙之四周，筑城墙，四隅起角楼，甚是庄严。庙院内多植松、柏、槐、银杏，形成古朴庄严肃穆的祭祀气氛，为典型的祠庙园林风格。其正门正阳门前为遥参亭，唐宋时为门；明代扩建。周匝墙垣，改成院落。最前方有古槐一株，旁临御龙池。从庙院内各处，均为遥见泰山，体现出祀拜山神的景意。 （鲁晨海）

带眷系数法 household size method
又称职工带眷系数法。通过职工人数及其带眷情况预测城市人口规模的一种方法。主要应用于预测计划建设项目比较落实的新建小城镇(工矿区或独立厂矿、企业的居住区)的人口规模。使用该方法时，根据规划期末规划范围内的职工总数，带眷职工数和带眷系数(即平均每个带眷职工的家庭人口数)的情况，按下式测算城镇规划人口规模：

规划年度人口规模＝规划年度带眷职工数×带眷系数＋规划年度单身职工人数

或规划年度人口规模＝(规划年度带眷职工数－$\frac{1}{2}$×规划年度双职工人数)×带眷系数＋规划年度单身职工人数

因本方法的待定系数较多，不宜作较长时期的人口预测。 （查 克）

带形城市 Lineal city
依托交通运输线沿其两侧成带状延伸发展的城市。也是城市发展布局中的一种理论模式。以交通干道为城市布局的脊椎，其两侧平行布置生活用地和生产用地使居住和工作接近交通运输方便城市继续发展，可向一端或两端延伸。西班牙工程师索里

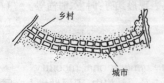
乡村
城市

亚·伊·马塔于 1882 年提出这种模式。斯大林格勒(现称伏尔加格勒)的规划为一实例。 （陶松龄）

带状绿地布局 layout of green space in belts
结合城市道路、河湖水系、旧城墙等布置绿地，形成纵横交织的绿地网。带状绿地多数是开敞的，和居民日常出行的路线结合，利用步行林阴带把公园、小游园等串联起来，使居民能够安全、方便地接触绿地，同时对美化城市景观也起良好作用。 （刘家麒）

dan

丹诺奇迪特兰城 Tenochtitlan
阿兹台克人于公元 1325 年从北方来此建立的城市，是现在墨西哥城的前身。殖民者入侵前，已发展成为一个 10 多万人口的大城。城在盐湖中央，有 3 道堤把城市和岸连接起来。城市形状方正，被运河分割开。中央广场面积为 275m×320m，四周分布着 3 所宫殿和 1 座高 30m、基底为 100m×100m 的多级金字塔。宫殿和住宅都是四合院式。市内街道与运河交错。城市中果木园和花园极多。

（沈玉麟）

丹霞山风景名胜区
在广东省仁化、曲江县境内的国家重点风景名

胜区。包括丹霞山、韶石山、大石山三个景区,面积约180km²。红色砂砾岩层形成的独特地貌,奇峰林立,丹崖赤壁,地理学中的"丹霞地貌"一词源出于此,山上多茂密的中亚热带常绿阔叶树林,红岩绿树,景色绚丽。锦江蜿蜒穿行于峰峦之间,岩穴古洞、流泉飞瀑甚多。远看三峰耸立,如出天表,由龙尾登山,宝珠峰峙其左,海螺峰居其中,长老峰倚其前,以海螺峰最为雄峻。区内还有岭南名刹别传寺、锦石岩庵堂及金龟岩、五仙岩、燕岩等多处寺庙古迹,还有舜帝南巡奏韶乐胜迹及丰富的摩崖石刻等人文景观。　　　　　　　　　　　(赵健溶)

单轨客运交通

见单轨铁路(车)(53页)。

单轨铁路(车)　monorail (railway)

又称单轨客运交通。由几节车厢组成跨骑或悬挂在架空的单轨上,用电力驱动的轨道客运系统。最早的悬挂式单轨客运交通系统,在联邦德国的乌珀塔尔市建于1898年,至今仍在安全营运。

(徐循初)

单核城市　nuclear city

又称单中心城市。只有一个中心的城市。环绕这个中心布局,属一元化的城市规划结构。行政的、经济的中心功能集中在一处。一般中、小城市都属此类。　　　　　　　　　　　　　(陶松龄)

单身宿舍

见集体宿舍(110页)。

单一职能城市　single function city

在国家或地区内政治、经济、文化等方面具有单项性职能的城市。如工业城市、矿业城市、商业城市、交通枢纽城市、港口城市、休养疗养城市、旅游城市、国防城市、科学城、大学城等。　　(赵炳时)

单元式住宅　multi-unit apartments

又称梯间式住宅。由几个以楼电梯为中心的标准段组成的住宅楼。标准段称为单元。楼、电梯的数目因层数和面积而异,应按防火安全疏散的规范设置,如果采用开敞的楼梯和短廊,从室外通向各户的称外廊单元式住宅;如果公共交通从室内通向各户的称内廊单元式住宅。一栋单元式住宅楼的设计,包括几种不同套型组成的中间单元和尽端单元,有时还有转角单元和特殊设计的插入体。用这几种单元拼接可组成不同套型比的,以及不同长短、形状的住宅楼型,以满足多样的规划要求。同时,每一种单元式住宅的结构型式,施工方法,开间进深层高的参数以及楼、电梯、厨房与卫生间的设计应是统一的。以利于快速、大规模的住宅设计和施工,多层单元式是我国城镇住宅建设中选用最多的类型。

(张守仪)

单约模型　singly constrained model

引力模型的一种。当起讫区出行发生量固定(居民数为定值),到达区的吸引到达量不固定时(如商业中心的顾客量)称为单约。　　　(陈秉钊)

弹室　neighbourhood administrative office

古时设在间里中,为里吏办公处,设于里门之左右塾(门侧之室)。据记载汉长安城内居住地区为间里,里四周有墙、有门,里内设弹室。　　(董鉴泓)

dao

导景　leading view

采用引导与暗示的方法,使游人循着一定的方向与途径能够发现景的所在的一种手法。如颐和园入口在园的东部,与主景万寿山的距离很远,通过在万寿山前设置了一条横贯东西的长廊,把人流引到主要景区。其他如道路、桥梁、踏步、墙垣等,通过处理,也可以起引导和暗示的作用。如"曲径通幽处,禅房花木深",就是运用导景的手法。　　(刘家麒)

倒金字塔现象　inverted population pyramid

又称反金字塔现象。由于老龄人口数量大于幼儿、少年人口,使人口百岁图形呈上部宽于下部的形状。这一现象反映了人口老龄化的趋向。

(张文奇)

道路广场用地　land for roads and squares

城市中道路、广场和社会停车场用地,不包括居住小区内的道路用地。我国颁布的《城市用地分类与建设用地标准》GBJ137—90规定:城市道路广场用地标准一般宜控制在每人7~15m²,道路广场用地占城市建设用地的比例为8%~15%。

(蒋大卫)

道路横断面　transverse-section of road

垂直于道路中线所作的断面。由车行道、人行道、分车带、绿带、电力电线杆柱或地下电力电信管道、给水管道、排水管道、煤气管道等部分组成。各组成部分的宽度及其相互之间的位置与高差,根据道路的等级和性质、红线宽度、交通资料、给排水与电力电信设施的要求等来确定。　　(李峻利)

道路红线　line of right-of-way

在平面图上划分城市道路用地和道路以外其他用地的分界控制线。常用红色线条表示,红线之间即道路用地范围(亦可称为道路的总宽度或路幅)。

(李峻利)

道路绿化　roadside planting

在城市道路用地上采取的植树、铺草、种花等措施。有改善环境、组织交通、美化市容的作用。以其功能和位置可分为人行道绿带、分车绿带、基础绿带

和广场绿化。种植要按具体要求处理。行道树是我国道路绿化的主体,宽阔的林阴道成为各类绿地联系的纽带。 （李铮生）

道路面积率 road area ratio

城市或一定的地区范围内,各级道路用地面积之和与城市或该地区总用地面积之比值。是城市规划核算土地利用和道路网规划设计经济合理性的重要指标之一。道路面积率的大小与城市性质规模、布局特点及交通运输的不同需要有关,取决于道路宽度和路网密度。我国城市道路面积率一般为20%～25%,而国外城市一般较高,有的高达30%～40%;我国的城市居住区规划设计规范规定,居住区道路面积率为8%～17%之间。 （高 霖）

道路容量

见通行能力(222页)。

道路网

见道路网系统(54页)。

道路网密度 road length ratio

道路网是城市的骨架,是组织城市内外交通的重要设施,依城市道路网轴线计算的道路长度与其服务的城市用地面积的比值,单位为 km/km^2,是评价城市或城市某一地区道路数量及结构特征的技术指标。我国城市道路一般按主干路、次干路、支路(或辅路)三级布置,大城市及特大城市交通需要时,可增设快速路系统,形成四级道路网。从提高道路通行能力,有利于城市土地利用,有利于布设公共交通线路出发,大城市、特大城市道路网密度宜保持在3.9～7.1km/km^2 之间;中小城市宜在 4.7～6.6km/km^2 之间。 （陈景润）

道路网系统 road network

又称道路系统或道路网。不同功能、等级的道路相互连通而组织成的网络、骨架,旨在使道路分工明确、主次协调、交通流畅。有各种形式的系统,如方格网,环形放射等。 （秦福生）

道路系统

见道路网系统(54页)。

道路系统规划 planning of road system

根据城市用地布局、城市交通运输系统和自然条件,对整个城市的道路进行综合统一的具体安排,确定道路的指标,将各级道路组织为一定的整体网络,以满足城市交通、环境卫生和消防、人防、市政设施安排的需要,把城市组织成一个有机联系的整体,并在此基础上制定主要道路断面、坐标、标高和交叉口、停车场的规划设计,是城市总体规划的重要组成部分。 （陶松龄）

道路用地 land for roads

为各种车辆及行人交通所专用的场地。道路为车辆和行人的流动提供安全、高效、经济和舒适的交通条件。道路用地中,主次干路通常要占三分之二,支路用地占三分之一左右。 （蒋大卫）

道路中线 centre line of road

道路路幅的中心线。其两侧的宽度一般相等,横断面布置通常对称。道路在平面上的位置是由中心线确定。中心线处的道路标高连续延长则构成道路纵断面。 （李峻利）

道路纵断面 longitudinal section of road

沿道路中线所作的竖向剖面。在此剖面图上表示原地面或原路面的标高线称为地面线或路面线,地面线或路面线上各点的标高称为地面标高或路面标高。沿道路中线所作的纵坡设计线称为纵断面设计线,设计线上各点标高称为设计标高。设计标高与地面标高或路面标高之差,即为该点的填挖高度(又称施工高度)。 （李峻利）

de

得房率 ratio of net gain

又称余房率。旧区改建中,安置完拆迁户所余住宅与建成住宅总数之比。一般用百分数表示。得房率与拆迁比之和等于1。 （严 正）

德方斯综合区 La Defence, Paris

巴黎西北部一处工作、商贸、居住一体的新型综合区。位于巴黎城市中轴线的延长线上。1965 年开始建设,规划可容纳居民 2 万人,工作人员 10 万人。约有 30 多幢高层办公楼和 5～10 层的公寓楼。低层商业建筑围着中心步行广场布置。广场下面是地铁干线及车站、停车场。人行与车行完全分开。作为副中心之一,对分散市中心经济与行政职能起了积极的作用。附图中 1. 学校;2. 办公楼;3. 展览馆;4. 会场。 （黄伟康）

德里(中世纪) Delhi (Middle Ages)

突厥人于公元 1206 年在北印度建立的苏丹德里新王朝的首都。此城始建于 11 世纪。后几经战火,城市布局有过几次改变。它有一条宽直的主要大街,从这条大街分出许多弯曲的街巷。城内有早期的宫殿、清真寺和市场(巴扎)和 13 世纪建成的高达 72.6m,直径为 14m 的库德勃塔。1638 年莫卧儿王朝在此奠都,筑有 9m 高的红砂石城墙,又建造了一座红色的宫堡和胡玛扬陵墓。17 世纪中叶城市又有发展,建立了杰弥、麦斯杰德清真寺等。

（沈玉麟）

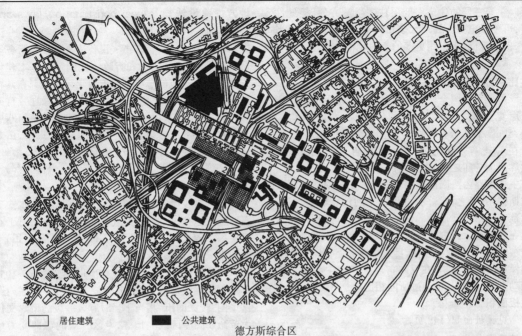

居住建筑   ■ 公共建筑   德方斯综合区

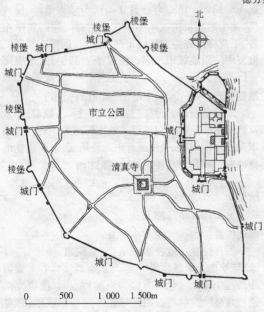

德里(中世纪)

deng

登堂入室

对高深学问的赞词。亦喻学业有程度高低的差别。借用在住宅设计方面,指入户先到堂屋(起居室),然后再进入卧室的平面安排,是一种普通的住宅平面布置方式。   (严 正)

等候空区 waiting zone

飞机到达机场前等待降落的空域。当到达的飞机时间间隔过近,超过机场降落设施应付能力时,为有秩序地降落,按飞机到达先后的次序,在指定的空域分层盘旋等待,即沿着环形航道围绕一个定位点飞行,并在分层之间保持一定的垂直距离,然后按照机场塔台指令,从最下层起先后依次降落。

(宗 林)

等时线 isochronal line

到达同一目的地、时距相等的各点连接而成的线。按照实地的路径和交通工具运送速度,根据不同时距可绘出一簇不相交也不重叠的等时线图,是反映和评价居民出行可达性的形象手段。当居民到达吸引点的出行时间过长,可以通过改善道路交通网络或采用更快的交通工具,扩大同一时距等时线的覆盖范围。   (徐循初)

di

低层高密度 low-rise high density

在1~2层低层建筑的建筑用地上取得高于该层数通常能达到的建筑密度。必须是在满足卫生、安全等规划要求的同时,通过建筑设计和规划布置的各种手段,从而取得较多的建筑面积和较大的经济效益。我国低层高密度一词常用于住宅建设规划设计中,由于层数过低,所谓高密度远远低于多层的高密度,所以在城市住宅建设中不普遍地采用。

(高 霖)

低层住宅 low-rise housing

一至三层的住宅。低层住宅生活方便,接地性好,可不设电梯。住户大多可以有独用的院子或平台,但密度低,需占用更多的土地及市政设施。

(张守仪)

底比斯城　Thebes

古埃及帝国全盛时期的都城。跨尼罗河。位于今卢克索镇。北距开罗 674km。古城面积约为 15.5km^2,相传极盛时期人口曾达 10 万人。主要部分在东岸,称东底比斯。有众多神庙,其中阿蒙雷为世界最大神庙之一,供奉国神。现存遗址显示,城市有主要道路由西南向东北直贯全城。河对岸的西底比斯称"死者之城"。有古代帝王的仪葬庙堂。帝、后墓室建于西部丘陵隐蔽的山谷内,而把丧葬庙堂建在谷地边缘。古底比斯城于公元前 661 年以后多次被毁,又受尼罗河浸淹,已成废墟。但神庙和陵墓中保存的大量文物,在反映古埃及日常生活及宗教活动方面,远非其他遗迹所能相比。　(陈保荣)

地板面积

见楼板面积(148 页)。

地被植物　ground cover

常指矮生的贴覆地面的,用以控制杂草并装饰地面的植物。如细叶麦冬、常春藤、虎耳草、鼠牙半枝莲等,常见的草坪植物也属此类,它还能耐适度的踩踏,但养护不如前者简易。　(沈 洪)

地标　land mark

一种标志性实体。有建筑物、山岭、塔、碑、雕塑等。它们从平凡的背景中突出出来,具有独一无二的品格。加强了城市、区域及某个节点的识别性,便于人们确定自己的方位。位置的高超和造型的独特、优美是其必要条件。　(白德懋)

地产税

见土地税(224 页)。

地方产业

见辅助产业(77 页)。

地方机场　local airfield

为地方航线服务的机场。航线以短途(<1 000km)为主,使用航程一般不超过 800km。

(宗 林)

地方建设规章　local construction regulations

指省、自治区、直辖市以及省、自治区人民政府所在地的市和经国务院批准的较大的市的人民政府,根据法律和行政法规制定的基本建设方面法律规范的总称。地方建设规章在其辖区内有效。比如 1985 年 10 月 26 日,北京市人民政府颁布实施的《北京市人民政府关于新建居住区公共设施配套建设的规定》,就是一项北京市的地方建设规章。

(陈为邦)

地方性建设法规　local construction laws and regulations

由省、自治区、直辖市人民代表大会及其常务委员会依据《宪法》、法律和行政法规制定的基本建设方面的法律规范的总称。地方性建设法规只在其辖区内有效。比如《北京市城市建设规划管理暂行办法》就是一项北京市的建设法规,它是经北京市八届人大常委会 8 次会议 1984 年 1 月 17 日批准,由北京市人民政府 1984 年 2 月 10 日公布施行的。

(陈为邦)

地方性原料　local material

只产自少数固定地方的工业原材料。如铁矿石、煤炭、原盐、石油、天然气等。这种原材料对工业区位影响较大。　(胡序威 陈 田)

地级市　prefecture-level city

行政地位相当于地区或自治州一级的市。1954 年颁布的宪法规定,直辖市和较大的市分为区、县,这里的"较大的市"相当于当时专区一级的市。文化大革命期间专区改为地区,专区一级的市即变为地区一级的市。1983 年 5 月 18 日,劳动人事部、民政部"关于地市机构改革中的几个主要问题的请示报告"正式将市分为地区级市和县级市,同年在国务院批复中使用地级市之名。除极个别的例外,地级市一级都设区。　(浦善新)

地籍管理　management of land register

地籍是土地管理部门对土地的种类、数量、质量及其使用情况的登记注册。地籍管理的主要内容是审查土地使用权,颁发国有土地使用证,以及建立地籍档案、办理产权、使用权的登记和变更等。

(谢文蕙)

地价

见土地价格(223 页)。

地理位置　geographic location

简称位置。地表某一事物(如国家、城市、港口等)与外在客观事物间(包括地表自然实体和人文条件)的空间关系(包括方位和距离)总和。按类型可分:①数量地理位置,用地球经纬度坐标表示;②自然地理位置,指与有关自然要素如山、川、湖、海等的相对空间关系;③政治地理位置,指周围地区及邻近国家的政治、军事和社会制度状况;④经济地理位置,指同经济区、资源产地、居民点、经济中心等的空间关系。按对应空间范畴的不同规模特点,经济地理位置又分为大位置、小位置、中心位置和边缘位置等。　(胡序威 陈 田)

地理信息系统　geographical information system(GIS)

又称资源与环境信息系统(REIS)。为某种应用目标而建立的、在计算机硬软设备支持下,按地理坐标或空间位置对有关空间数据进行预处理、输入、存储、查询检索、运算、分析、显示、更新和咨询应用的技术系统。主要服务于区域与城市规划、管理及科学决策咨询。按应用目标和内容,可分以下类型:以区域宏观综合分析为主的,如全球资源与环境信息系统、辽宁省国土信息系统;以某一专题为主体的,如全国人口信息系统、全国森林资源信息系统、城市地下管网信息系统;以实现某种工程设计为目标的,如二滩环境信息系统。目前 GIS 正朝着具有统一标准、多层次和分布式系统方向发展。

（胡序威　陈　田）

地区经济发展战略　regional economic development strategy

为地区中、长期或更长远的经济发展拟定应达到的目标、发展的重点和经历的阶段,以及为实现这一要求所应采取的总体部署和重大政策措施。战略目标包括经济、社会和生态环境等项指标;战略措施包括产业结构调整、资金筹集对策、技术进步和市场开拓等。　　　　　　　　　　（胡序威）

地区优势　regional superiority

指一个地区客观存在的对发展比较有利的自然资源、区位和社会经济条件,以及在这些条件基础上所形成的具有跨区意义的经济部门。是区域资源优势、产业优势和产品优势的综合反映。

（胡序威　陈　田）

地权

见土地所有权(224 页)。

地毯式植坛

见绣毯式植坛(247 页)。

地位　status

社会成员在社会关系体系中所处的与其社会角色相一致的位置。往往可以通过人们所"扮演"的社会角色来认定其社会地位。社会关系的多面性决定了社会地位的多样性。如政治地位、经济地位、学术地位、国际地位等。　　　　　　　　（梅保华）

地下城　underground city

在城市地下修建的较大规模的商业服务设施。一般位于大城市中心地区,与地下交通系统相连接,兼收商业和交通双重利益,具有可以充分利用地下空间、不受气候影响、节能、耐震、防空等优越性;但造价高昂,工程技术复杂,如日本大阪、加拿大蒙特利尔、法国巴黎均有相当规模的地下街道网和商业中心,俗称之为地下城。　　　　　（赵炳时）

地下建筑　underground structure

建造在地下或水底以下的工程建筑物。包括各种工业、交通、民用和军用的地下工程。从广义上理解,尚应计入各种用途的地下构筑物,如房屋和桥梁的基础,矿山井巷、输水、输油和煤气管线,电缆线,以及其他一些公用和服务性的地下设施。地下建筑物有三种不同的分类:一、按使用功能分类可分为:①工业建筑;②民用建筑;③交通运输建筑;④水工建筑;⑤矿山建筑;⑥军事建筑;⑦公用和服务性建筑。二、按地质条件和建造方式分类可分为:①岩石中的地下建筑;②土层中的地下建筑。三、按习惯称谓分类:当地下建筑独立地修建在地层内,在其地面直接上方不再有其他地面建筑物时,称为单建式地下建筑;各种地面建筑物的地下室部分,称为附建式地下建筑。在中国还习惯于按军事术语进行地下建筑分类。　　　　　　　　　　（高　霖）

地下铁道　subway

线路和车站设于地下的一种高速、大运量、行车间隔定时的电动有轨列车客运系统。其动力通过列车前进方向左侧的第三轨供电。地下车站内需有完备的通风和照明设备、线路自动闭塞信号装置以及综合换乘设施。部分线路可设于地面上。

（徐循初）

地形设计　topographic adjustment

对场地进行地形与排水方式的设计。内容包括:①设计场地坡度,其坡度大小与场地功能及地面构造有关。场地平整的最小设计坡度应保证雨水径流,一般为 0.5%,不可小于 0.3%,否则,要采用管道排水。地面最大坡度以不致产生冲刷为限,一般不大于 5%,草地可控制在 7%之内;②选定高点,确定每一地块的排水趋势。一般有三种情况:高点在一角;高点在一侧;高点在中央。在选定时尽量避免中间低,四角高,以利地面水自然排除,如改造地形土方工程量太大,则应设管道排水。　　（管元馨）

地域差异　areal differentiation

不同区域内在的自然、经济、社会、历史等诸方面差别的综合反映。可分三种类型:①区域自然差,反映了区域间的地理、自然及历史基础的差异;②区域位势差,反映区域间经济发展水平的现状综合差异;③区域趋势差,反映区域间经济发展趋势的差异。　　　　　　　　　　（胡序威　陈　田）

地域分工　areal division of labour

又称劳动地域分工。指本着地际支援与协作,充分发挥各地区自然资源、开发条件和社会经济基础的相对比较优势而因地制宜地建立具有高度专业化的社会物质生产部门的区域经济组织形式。

（胡序威　陈　田）

地域生产综合体　territorial production complex

是由以代表地区经济特点的专业化生产部门为

中心,与其协作配套的辅助性生产部门以及满足地区生产、生活需要的自给性生产部门有机结合所组成的社会化大生产的一种地域组织形式。是社会劳动地域分工高度发达的产物。特点是:①拥有依托当地优势而建立起来的具有全国或跨区意义的专业化部门;②综合体内的各部门按比例协调发展;③拥有统一规划建设的、可共同使用的基础设施。

(胡序威　陈　田)

地震烈度　seismic intensity

地震对地表及工程建筑物影响的强弱程度。是在没有仪器记录的情况下,凭地震时人们的感觉或地震发生后工程建筑物的破坏程度、地表变化状况而定的一种宏观尺度。一次地震发生后,根据建筑物破坏的程度和地表面变化的状况,评定距震中不同地区的地震烈度,绘出等烈度线,作为该次地震破坏程度的描述。因此,地震烈度主要是说明已经发生的地震影响的程度。一个地区的烈度,不仅与这次地震释放的能量(即震级)、震源深度、距震中的远近有关,还与地震波传播途径中的工程地质条件和工程建筑物的特性有关。地震烈度随不同地层而异,如在覆盖土层浅的山区衰减快,而覆盖土层厚的平原衰减慢。烈度还用于地震区划,表示在某区域内一定期限内可能发生的最大烈度。对新建工程来说,工程设计采用的烈度则是一种设计指标。据此进行结构的抗震计算和采取不同的抗震措施。

(高　霖)

地政管理　land administration

城市管理的职能部门,对土地所有权和使用权的管理。包括:贯彻国家有关土地的政策和法令;统一规划土地的使用功能和性质;土地的开发和经营管理,以及处理土地使用纠纷等。　(谢文蕙)

地租　ground rent

土地所有者依靠土地所有权而取得的收入。在不同的社会制度下,由于土地所有制的性质不同,地租的性质、内容和形式也不相同,体现着不同的生产关系。封建地租是封建土地所有者占有农民的全部剩余劳动或剩余产品的经济关系。资本主义地租是租地的资本家交给土地所有者的超过平均利润的那部分剩余价值,体现着租地资本家和土地所有者共同剥削雇佣工人的关系。在社会主义制度下,城市土地为国家所有,农村土地为集体所有,地租是土地所有权在经济上的体现。

(谢文蕙)

帝国广场　Imperial Forum, Rome

罗马城中心的政治性和纪念性广场,用来显示帝王的业绩。建于罗马帝国时期(公元前27年～公元476年),位于共和广场的西北。由奥古斯都广场和图拉真广场等多个广场组成,其轴线彼此垂直相交,用柱廊把广场空间联系起来。其中图拉真广场面积为160m×75m,轴线对称,两侧的敞廊和面向广场的神庙形成封闭空间。在广场主轴线上竖立着凯撒的骑马铜像。

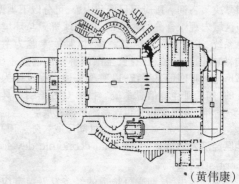

(黄伟康)

帝京景物略

明朝刘侗、于奕正合撰,成书于明崇祯八年(1635年)。详载明朝北京城郊景物,凡园林、寺观、陵墓、祠宇、名胜古迹,以及草木虫鱼,搜罗殆遍,记载翔实。但京都内苑与四坛诸陵,则未涉及。全书共八卷。按城北内外、城东内外、城南内外、城内、西城外、西山上、西山下、畿辅名迹等次序叙述。在描写的次第、详略、位置方面独具匠心。　(乐卫忠)

第二产业　secondary industry

又称二次产业。以制造业为主,包括采矿业、建筑业、自来水、电力、蒸汽、煤气等,即广义的工业。

(谢文蕙)

第三产业　tertiary industry

又称三次产业。是服务性行业的统称。它主要包括商业、交通运输、邮电、公用事业、金融保险业、国家政府部门及劳务部门。可分为四个层次:第一层次为流通部门,如交通、通信、运输、商业、饮食等;第二层次是为生产和生活服务的部门,如金融、房地产、旅游等;第三层次是为提高科学文化水平和居民素质服务的部门;第四层次是为社会公共需要服务的部门。

(谢文蕙)

第四产业　quaternary industry

是从第三产业中分化出来的知识密集部门的统称。20世纪50年代以来,由于新技术革命产生的一些新兴产业,如电子计算机软件、电脑服务、咨询服务、光学纤维、激光、生物工程等部门,以及高度电子化与自动化的部门,国际上有些学者把这些部门称为第四产业。其特点是:把科学认识上的变革与物质生产中的变革有机地结合起来;科学变成了直接的社会生产力,成为加快生产发展的决定因素;在生产的各个过程和环节,实现生产与管理的自动化;知识在生产中起着越来越大的作用。　(谢文蕙)

第四种国家的出路

中国社会学家吴景超代表作之一。1937年商务印书馆出版。作者认为中国属于人口密度高,在农业中谋生的人口比例大的第四种国家;要提高中国人民的生活水平,必须充分利用国内资源,改良生产技术,实行公平分配,节制人口,由此提出了努力发展城市工业,救济农村,拯救中国的道路。

(梅保华)

第一产业 primary industry

又称一次产业。以种植业为主,包括林业、渔业和牧业。即广义的农业。 (谢文蕙)

dian

点石 standing stone

少量置石的别称。亦可为置石中的"单点"。这种山石具有较好的个体美,用以掇山恐有埋没之嫌。故以单点形式发挥其个体美的装饰效果。多用于廊间、窗前、园路尽头或转折点。 (孟兆祯)

点式住宅 point block apartments

一个单元的多层住宅楼。点式住宅采光通风好,但外墙多。适用于零星或丘陵地形,或用于大量条形住宅的组群中起丰富体型环境的作用。

(张守仪)

电车 trolleybus, tram

由外界输电触线供直流电、行驶于路面或轨路上的电动公共客运车辆。有无轨电车和有轨电车。无轨电车用车顶两根集电杆使电流形成回路,行走部分用橡胶轮胎。有轨电车用车顶一根集电弓集电,通过车厢、钢轮至钢轨,形成电流回路。

(徐循初)

电话拥有率 telephone penetration rate

城市人口每百人拥有电话机的数量或有电话号码的电话正机的数量。国际电讯电话咨询公司,简称CCITT,通常公布的世界各国和主要城市的电话拥有率、即是每百人拥有电话机的数量,包括电话正机、副机和机关、企事业单位内部装有小型交换设备的电话分机。国内通常使用的是电话局号拥有率,也称普及率,即城市每百人拥有的电话号码的电话正机数量。 (耿世彬)

diao

吊城 suspension city

前苏联建筑师格·波·波利索夫斯基提出的一种吊挂在空中的未来城市规划设想。可在城市用地上装置几百米高的垂直井筒,彼此间用空间网络联系起来。这类井筒和网络占有城市的全部面积,可以

悬吊街道、房屋、花园和运动场地。城市也可以成为多层悬吊的。也有人建议在两山之间的峡谷建造悬吊挂复网城市。在两座山头上拉起超高强钢筋网,然后把各种轻质泡沫塑料楼房、玻璃钢楼房等,一个个悬挂在网上。

(沈玉麟)

吊脚 on stilts, on pilotis

建筑底层部分坐落在地基上,部分坐落在用柱子架空的梁上,以适应地形的方法。这是坡地建筑的一种处理手法。 (严　正)

钓鱼城

南宋时的军事城堡。在今四川合川县东,涪江在其南,嘉陵江经其北,渠江在其东,形势十分险要。南宋淳祐三年(公元1243年)余玠为抵御蒙古军在此筑城,并将合川州治及石照县治迁此。城墙分内外二重,沿江凭险修筑,高7～10m不等,全长8km,全为石筑,城内总面积3.6km²。南宋军曾坚守此城抗御蒙古军达36年,并在此击毙了蒙古大汗蒙哥。城于元初被拆毁,现尚存城门遗址及城墙残垣。

(董鉴泓)

调查表法 questionnaire

又称问卷法。研究者将所要调查的内容和问题,编排成一种统一的表格形式(即问卷)来征询受试者对事物反应的方法。通常是一种控制式的测量,用一些变项来了解另一些变项,其结果可能是相关的,也可能是因果的关系。问卷设计须做到控制问卷变项,建立问卷中问题的顺序,阐述问卷资料的保密度和确定问卷发放数量及回收率。

(刘博敏)

调查会法 fact-finding meeting

研究人员召集有关代表人物的座谈会来了解所需信息。具有具体生动特点,适合主题明确的典型调查。召开座谈会收集资料时必须注意;参加会的人员要有代表性;参加人数不宜太多;所调查的问题在与会人员之间不必互相保密。 (刘博敏)

掉层 building on stepped terraces of story-heights

根据地形,将建筑基底作成阶梯状,使其阶差等于一个楼层高度或数层高度,从而使上部各层的楼

面处于同一标高上的办法。这是在住宅纵向与等高线平行时坡地建屋的一种处理手法。　　（严　正）

die

跌落 building on stepped terraces

多单元住宅楼,各单元依次布置在不同标高上的设计手法。这是坡地住宅设计的一种方法,即住宅纵向与等高线垂直或斜交时,各单元之间在高度方向顺坡势错落成阶梯状,以适应地形。

（严　正）

ding

丁 adult male

古代能任赋役的成年男子,年龄的规定各代不尽相同,一般为十八至二十岁。有时家中男人称丁,女人称口。　　（董鉴泓）

定量分析 quantitative analysis

运用某些数学方法,对经济活动中的诸因素,通过费用和效益的计算,得出具体的数量界限,从而使经济决策科学化。　　（谢文蕙）

定性分析 qualitative analysis

对经济活动中各有关因素,特别是某些不能量化的因素,根据经验进行综合分析,或多方案比较,做出评价,对决策能较快地提供参考意见。

（谢文蕙）

dong

东方园林 Oriental garden

以中国古典园林为代表的再现自然山水式园林,并包括受中国影响的日本,朝鲜等东亚地区的园林。东方园林是东方文化艺术的组成部分,追求自然,讲究诗情画意,把人工美与自然美融合一体。在世界园林体系中占有重要地位。　　（李铮生）

东京 2000 年规划(丹下健三) Tokyo plan 2000 by Kenzo Tange

1960 年丹下健三根据"新陈代谢"规划理论对东京提出的 2000 年规划设想。把东京从封闭型的中心放射系统转换为开放型的线型发展的城市。规划方案是向海上发展,形成海上城市。将政府机构、公共设施和生活居住区设在东京湾海底深度只有50～80m 的地方,形成一个新的都市轴,把东京湾两岸连接起来。都市轴由两条间距约 2 000m 的平行超高速道路组成。都市轴中央,设置中央机关、技术情报中心、交通控制中心、商业服务中心以及文化娱

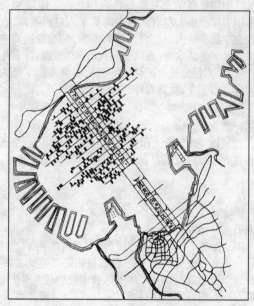

乐设施。都市轴的两侧,布置生活单元。随着城市的扩大,都市轴可不断地向前延伸。

（沈玉麟）

东京梦华录

记述北宋都城东京(开封)城市、街道、名胜、民俗等方面的书。孟元老著,成书于南宋绍兴十七年(公元 1147 年)。内容描述东京在崇宁至宣和年间(公元 1102～1125 年)的情况。全书共十卷,是研究开封城市历史的重要著作。　　（董鉴泓）

东市 East Market

隋唐长安城中两个市之一,隋称都会市,布置在南北主干道朱雀大道东侧,东西主干道之南。面积约 900m×900m,市内有纵横街道各二条,成井字形。中央部分为市署及平局,市内按同类性质的行业集中布置,称行,共有 220 行,有的店铺与作坊在一起。汉长安城也有东市。　　（董鉴泓）

东周王城

东周时期周王朝都城。在今洛阳市区西郊,南临洛河,西跨涧河,呈不规则形。城墙厚约 10m,北墙城址保存较完整,全长 2 890m,城外有深约 5m 的壕沟。东西城墙址时断时续,南城墙址东部尚未探清。城西南角可能有长 1 140m,宽 890m 的小城。城门及干道均未探明,城址中部有大量纹饰瓦件发现,为主要居住区,小城可能为宫殿区,城内尚有粮仓,窖穴遗址。　　（董鉴泓）

动观 in-motion viewing

又称动态观赏。在游览路线上不断移动变化视点来观赏园林风景。观赏者所看到的是多个视点构成的连续变化的画面,产生"步移景异"的感受。景

观感受量和移动的速度成反比,步行观赏就比"走马观花"的印象深刻。 (刘家麒)

动态分析 dynamic analysis

利用复利计算方法,将不同时期内资金的流入与流出,换算成同一时点的价值,为不同方案经济效果的比较提供可比性。此方法的特点是考虑时间因素对资金、利息的影响,能反映出某个时间经济变化的情况。 (谢文蕙)

动态观赏

见动观(60页)。

动态模型 dynamic model

在模型中反映了在时间或空间上的动态变化特征的一种模型。如一张图,它反映了客观对象的某些特征信息,但它是静态的。若能变换不同角度来反映对象,则在空间上是动态的,这在计算机技术支持下已能很方便地实现。又如人口的预测,以往常用复利公式来推算,复利率是不变的,这就属静态的,若将影响人口增长的某些变量随时间的变化相应有所变化,那就是时间上动态的或准动态的。 (陈秉钊)

动物园 zoological garden,zoo

饲养野生动物供展览、观赏、普及科学知识或兼有科学研究的专类园。常设置在大城市的近郊。现代动物园的规模、动物的品种和数量、饲养条件及各种相应设施都在改进。有的罗揽各地珍禽异兽,有的重视动物的生态环境,有的注意展览效果。其布局或按动物分类,或按地理分布或按生态习性,等等。布置形式从"笼舍"向"自然化"发展。 (李铮生)

洞窗

见空窗(135页)。

洞室 grotto

在山坡地或台地园的高差处,从挡土墙开挖进去,或自然形成的凹洞。主要有两种外形,一种是用柱式、拱券之类的建筑技法,另一种是模仿山崖、追求天然真趣,有钟乳石等,这些洞室常成为储放植物的场所,也有放置雕像,供奉神像的,做得很精致,称洞龛。 (章敬三)

du

都城 capital city

又称国都。一国之首都。国家最高统治者及国家最高政权机构所在的城市。如北京为明、清两代和现代中国的都城。 (阮仪三)

都会

见都市(61页)。

都市 metropolis

又称都会。本义指一个国家或地区的首要城市或商业上占重要地位的城市。"metropolis"在希腊语中含"母城"之意,意领导诸小城市的中心城市。现泛指特大城市,其主要特征是城市人口众多,交通发达,商业、金融等经济活动在全国占有重要地位。 (赵炳时)

都市化 urbanization

见城市化(30页)。

都市生活是一种生活方式 Urbanism As a Way of Life

美国社会学家沃思 1938 年发表的著名论文。该文是他多年系统研究包括芝加哥学派在内的城市社会学各派观点的理论总结。作者认为,人口众多、居住密集和异质性是城市社会基本生态特点,决定了居民的心理和生活方式。由此认为城市将是销蚀传统观念的腐蚀剂。因此作者提出了加强城市规划的控制,以建立良好的城市环境,防止城市解体。论文的发表进一步推动了城市社会学的发展,受到广泛重视。但也有一定的局限性。 (梅保华)

独户住宅

见独立式住宅(61页)。

独乐园

北宋著名史学家司马光(公元 1019～1086 年)的宅园。初建于宋熙宁六年(公元 1073 年)。旧址在河南洛阳南狮子桥一带,占地约 133 万 m^2。园名取自《孟子》"独乐乐不如众乐乐";司马光以此寓自谦,已所乐者为"薄陋鄙野,世之所弃也"。园以沼池为中心,周围环置建筑、景物。布局大致为:池南设"读书堂",此为园内主体建筑;堂前有"弄水轩"并"虎爪泉";池北为"种竹斋";池东为药圃。池中置"竹岛",并置钓鱼庵。此外,尚有"见山台"、"浇花亭"等建筑。 (鲁晨海)

独乐园记

园记。宋司马光著。宋熙宁六年(1073 年),著者营建独乐园于洛阳城,自作园记,细致描述园林布局、景色特色与园居情趣。是忠实记录述宋朝名园的重要文献。 (乐卫忠)

独立式住宅 detached house

又称独户住宅。一套住宅为一独立建筑,周围不与其他房屋相毗连的低层住宅。有独用院子和直接通向街道的户门。因四面临空故朝向通风好,环境安静,私密性强,生活方便,但用地和市政设施都不经济。也有一栋独立房屋上下层分别作两套住宅供两户使用的。上下层平面基本相同,每套各有私用院子和出入口。这种型式也可称独立式住宅。 (张守仪)

独门独户 single occupancy

一套住宅住一户居民。这种说法特别针对公寓式住宅中,一户独住一套住宅,区别于数户合住。

（严 正）

赌城 gambling town

一种赌博合法化,以赌博设施收入为主要经济来源的旅游城市。如摩纳哥的蒙特卡洛滨海游览胜地,自1856年即大量兴建赌场、高级旅馆、游乐与服务设施,以吸引全世界富豪来此寻欢作乐,是最著名的赌城。美国的拉斯韦加斯、大西洋城,法国的尼斯也是新兴的赌城。

（赵炳时）

杜尔凯姆 E. Durkheim(1858～1917年)

亦有译为涂尔干。法国著名社会学家,结构功能主义学派创始人。1887年任波尔多大学社会学教授,1896年创办并主编《社会学年鉴》。1902年任巴黎大学教育学和社会学系主任。他认为,社会学是一门以"社会事实"作为对象的独立学科。他既从正面研究资本主义社会团结和分工的问题,也从反面研究资本主义社会的危机表现(如自杀)。他认为城市分工复杂,相互依存,形成不可分割的整体,这种"有机联合"较之农村的自给自足、互不依存的"机械联合"是一个进步。他对城市社会持基本肯定的看法。主要著作有《社会分工论》(1893年)、《论自杀》(1897年)、《教育和社会学》(1922年)。

（梅保华）

杜甫草堂

唐代诗人杜甫故居。宋元丰年间(1078～1086年)在旧址重建茅屋,立祠宇。位于四川成都市西郊浣花溪畔。明弘治十三年(1500年)及清嘉庆十六年(1811年)两次修建,基本奠定后来的草堂规模。全园面积约20万 m^2,种植梅楠,翠竹千竿;林木葱郁,泉流澄清。庭中溪流小桥相错,更添无限诗情画意。主要建筑有大庙、诗史堂、柴门、工部祠等,布局紧凑,相互呼应,材质简素,别具一格。为祠庙园林著名实例。 （鲁晨海）

杜克西亚迪斯 Constantine A. Doxiadis

希腊杰出的人类环境生态学家。20世纪30至50年代初在希腊国家建设部门担任希腊重建工作的技术领导职务。1958年创办"雅典技术组织",1963年倡导成立"雅典人类环境生态中心"(Ekistics Center)。对人类居住开发问题进行了大规模的基础研究,其机构遍及世界30多个国家,完成的主要任务有巴基斯坦新首都伊斯兰堡规划、有雅典旧城改建、有华盛顿市区更新计划、有美国五大湖地域区域规划等。主要著作有《人类环境生态学:人类居住科学导论》和《普世城:明日的城市》等书。此两书从人类环境生态和城市化的进程,认为城市形态的演变将按下列程序演进:即大城市(metropolis)—动态大城市(dynametropolis)—大都市带(megalopolis)—动态城市系统(dynamometropolis)—普世城(universal city或ecumenopolis)。 （沈玉麟）

度假村 holiday resort

市郊或风景名胜区域内规划建造具有村庄形式的食、宿、娱乐的现代化综合设施。有专供国际旅游者使用的,也有供国内外旅游者共同使用的,一般设有旅馆、餐厅、室内外游乐设施(视当地具体条件而异,如滨海的有海滨浴场,平原地区有游泳池,森林山区有狩猎设施等)。 （金大勤）

渡口城市规划 urban planning of Dukou

1970～1978年间制定的西南地区冶金工业城市渡口的总体规划。渡口地区蕴藏有丰富的钒钛磁铁矿。1964年编制了渡口市的《攀枝花工业区总体规划》,1970～1973年间进行两次修改。1978年修订了渡口市城市总体规划,人口控制在50万人。规划根据河谷台地地形及资源较分散的情况,分为八个相对独立的片区,金沙江南北各四个,以铁路、公路及跨金沙江桥联系起来。其中炳草岗为全市行政文化中心,另外有两个片设有副中心。渡口规划的制定及实施,密切配合西南区冶金工业基地的建设,加强了边远地区的工业实力。

| ▨ 工业用地 | ▩ 居住用地 | —— 道路 |
| ■ 仓库用地 | ▦ 绿地 | +++ 铁路 |

渡口城市总体规划示意图(局部)

（董鉴泓）

duan

断裂点理论 breaking point concept

相邻两城市间吸引零售顾客的分流点。康弗斯(P.D.Converse)1949年把赖利(W.J.Reilly)的零售引力法则进行简单推导后提出了求取断裂点的公式:

$$B = \frac{d}{1 + \sqrt{\dfrac{P_1}{P_2}}}$$

d 为两城市间的距离, P_1、P_2 分别为两相邻城市中较大的和较小的城市的人口数, B 为断裂点到较小城市的距离。此式常被作为一种理论方法用来推算城市的吸引范围。实质上是重力模型的变形。

(周一星)

dui

堆场用地 storage area

储存方式以露天堆放为主的仓库建设用地。如堆放木材、砂石、煤炭的场地等。 (蒋大卫)

对比 contrast

使相邻建筑在大小、高低、长短、横竖、虚实、明暗以及形体的简与繁、色彩的冷与暖等方面产生悬殊差别,以达到多样而生动谐调的效果,从而避免单调和呆板的感觉。 (郑光中)

对称 symmetry

将几何形状或体积相同的物体按一定规律相对排列。可分:①镜面对称:基于几何形两半相互反照的均衡。其主轴线往往指明运动的主要流向;②轴对称:在建筑物(群)中围绕相应的对称轴旋转图形的方法取得。广泛应用于圆形建筑图案之中;③螺旋对称:螺旋式空间运动的结果,如螺旋梯、圆柱等。

(郑光中)

对景 end vista

在园林中与观赏点方向相对的景物。两处景物也可以互为对景。可分为严格对景与错落对景两种:严格对景如颐和园谐趣园中饮绿亭与涵远堂正面相对,方向一致,轴线位于一条直线上;错落对景如颐和园佛香阁建筑群与昆明湖湖心岛上的涵虚堂,主轴方向一致,但不在一条直线上。有时,两处景物的方向也不一定严格正面相向,允许有一定的偏斜。 (刘家麒)

对外交通用地 land for outward transport facilities

城市对外联系的铁路、公路、管道运输设施、港口、机场及其附属设施的建设用地。对外交通设施具有技术装备复杂,占地较大、运营自成系统,对城市布局影响较大等特点,其主要站场又是城市的门户和枢纽,在城市规划中需要妥善安排。

(蒋大卫)

对外交通用地规划 planning of land use for external transport

城市及其对外客、货运输包括各项附属设施所需用地的综合布置。城市对外交通运输包括航空、铁路、公路、水道以及管道运输等方式,各种运输方式具有各自的特点和用地要求。通过规划协调它们之间的关系,充分发挥综合运输的能力。

(陶松龄)

对植 planting in pair

两株同一种树木作相互呼应的栽植方式。常用于建筑物和道路的入口处,作引导之用。

(沈 洪)

dun

敦煌 Dunhuang

见河西四郡(96 页)。

duo

多层高密度 multi-storey high density

在建筑平均层数为多层的建筑用地上取得高于该层数正常规定的住宅建筑密度。必须是在满足卫生、安全等规划要求的同时,通过建筑设计和规划布置的各种手段,如:加大建筑进深、降低层高、利用地下空间、采取退台形式减少遮挡、增设东南向房屋等,从而达到高于该层数正常规定的建筑面积密度,在同一块用地上得到更多的建筑面积,取得更大的经济效益。在我国多层高密度一词通常用于居住区、小区规划设计中,多层主要指 4~6 层的住宅。 (高 霖)

多层住宅 multi-storey housing

四至六层的住宅,按照我国 GBJ96—86《住宅建筑设计规范》,在楼梯和电梯一节中,还注明如住宅中间层有直通室外地面的出入口,其层数由该层起计算;又如顶层为两层一套的跃层住宅,其跃层部分不入计层数等等。多层住宅比较适应我国当前技术经济条件和地少人多的现实情况,可以达到一定的高密度。六层高度一般尚能为住户所接受,是 1949 年以来我国城镇中新建的主要住宅类型。国际上没有公认的住宅层数分类或定义。有些国家三层以上即需设计电梯,但多层常采用液压传动的升降梯,因之其高度也限于四层到六层或七层。 (张守仪)

多核心模式 multiple-nuclei model

具有多个各具特色的活动中心的城市地域结构的一种理论模式。1945 年由美国芝加哥大学的哈里斯(C.D.Harris)和乌尔曼(E.L.Ullman)提出。他们认为现代城市的地域结构要比同心圆和扇形结构复杂得多。由于城市核心的分化和职能地域的分异,加之历史习俗的影响和局部地区的特殊性,使城市产生多极核心的地域结构。在这里许许多多核心

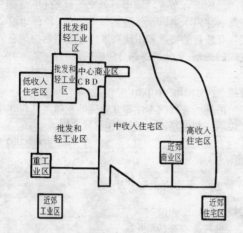

周围各自形成社区。他们提出了如下九种社区:中央商务区、批发商业和轻工业区、低级住宅区、中级住宅区、高级住宅区、重工业区、外围商务区、郊外住宅和郊外工业区。适宜于大城市和特大城市。

（史育龙　周一星）

多伦多市中心　Toronto City Centre

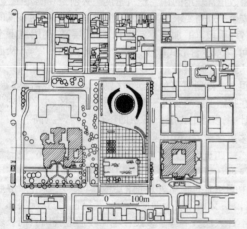

城市南部市政厅所在地。主体建筑——市政厅由两幢圆弧形建筑相对而建,分别为20层和27层,中心围抱着蘑菇状会议大厅。前部广场上有一矩形水池和喷泉,上跨着3条雕塑性大拱券,与主体建筑的弧线相呼应。广场上经常举行音乐会和各种演出,成为市民交往和游憩的场所。东侧保留了罗马式的老市政厅。

（黄伟康）

多摩新城　Tama New Town

日本东京都的卧城。位于东京都中心西南30～40km、横滨市中心西北约25km的丘陵地带。建设范围东西长14km、南北宽2～4km。规划用地302km²,人口41万。为实现从单一集中型城市结构改为多中心型结构的目标,确定新城为东京实现二极结构城市的新的一极。1965年规划,1966年开始建设。新城依地形为多中心组团式带形结构,由电气铁路及公路干线将组团串联,并与外部地区,特别是东京联系。新城由23个邻里单位组成,每个面积约为1km²。在邻里单位及新城中心内部,为保证安全,使人、车交通分开。在几座铁路车站附近设组团中心。公共设施分级为:新城中心—组团中心—邻里单位中心。

（陈保荣）

多年生植物　perennial plant

从种子发芽到开花结实到死亡,要经过二个以上无霜的生长期的植物。在园林植物中常为乔木、灌木和球根花卉等。但在分类中当与乔木、灌木、球根类并列时,则常指多年生草本植物。

（沈　洪）

多肉植物　succulent plant

茎叶肥厚具肉质多水的植物。园林中常见者大多原产热带、亚热带干旱地区,在较冷地区又属温室植物。由于它们喜阳、耐干、怕湿、怕冷的特点,养护粗放,常作室内装饰之用。

（沈　洪）

多样化指数　index of multiplicity

反映国家、地区或城市综合发展程度的测度指标。分两类:①原始多样化指数与综合发展程度成反比。计算公式为:

$$x_1 = \sum_{j=1}^{n} \left(\sum_{i=1}^{j} y_i \right)$$

式中 x_1 为原始多样化指数,y_i 为第 i 个工业部门的产值比重,且 $y_i > y_{i+1}$,$\sum_{j=1}^{n} y_i = 100\%$,$n$ 为部门数。②精确多样化指数与综合发展程度成正比。计算公式为:$x_2 = (x_1 - x_0)/(x_{max} - x_0)$,式中 x_2 为精确多样化指数,x_0 为全国或全地区的原始多样化指数,$x_{max} = 100 \times n$。　　　（胡序威　陈　田）

多中心城市　polynucleated city

具有多个各具特定功能商务活动中心的大型城市。

（赵炳时）

掇山　stone hill arrangement

为中国园林特有造石山技艺的专称。指以天然山石为材料,遵循师法自然山水和概括、提炼、夸张的理法掇石为山的园林专项工程。为凝诗入画的中国园林艺术和石工、泥瓦工相结合的工艺。一般是先定造石山的目的,结合用地的条件经相石、采石、运石,再按山石结体的主要形式安、连、接、挎、斗、卡、拼、挑、悬、垂、集零为整,掇成以表现自然石山和水景为主的景观。掇山的组合单元有峰、峦、顶、岭、壁、岩、沟、谷、壑、洞等。约在宋代开始出现专门从事掇山的匠师。以吴兴最为著名,当时称为山匠或花园子。现存掇山作品以清代戈裕良所作苏州环秀山庄的太湖石山最为著称。掇山以室外为主,也有室内掇山,称内室山。

（孟兆祯）

E

e

俄罗斯园林　Russian garden

俄罗斯的园林经历了中世纪寺院庭园和贵族庄园的阶段,彼得大帝时期,深受意大利文艺复兴和法国古典园林的影响,并采用勒诺特式的格局建造了彼得宫苑,主建筑前有宏伟的广场,笔直的轴线、宽阔的林阴道、整形的绿化、喷泉群和水池。这种规则式的布局不仅风行于当时,且一直影响到现代的城市绿地。俄国十月革命后很重视城市绿地,如1935年制定的莫斯科绿地系统规划至今仍为现代大城市绿地规划的范例,它把公园与文化教育、体育娱乐、儿童游戏等活动结合起来形成文化休息公园。另制定了一系列的指标定额以保证城市环境效益,受到赞赏。　　　　　　　　　　　　　(李铮生)

峨眉山风景名胜区

在四川省峨眉山市的国家重点风景名胜区。面积300多km²。峰峦秀丽如疏淡长眉。为平畴突起的断块山。东部低山,势如锦屏,中部群峰如笋,西部山势巍峨,素有峨眉天下秀之誉,是我国四大佛教名山之一,主峰金顶海拔3 099m。登金顶可观云海、日出、佛光、圣灯。从山麓到山顶有60km石级路径,沿途步移景异。峨眉十景是:金顶祥光、灵岩叠翠、圣寺晚钟、象池夜月、白水秋风、双桥清音、洪椿晚雨、九老仙府、大坪霁雪、萝峰晴云。四季景观纷呈。春天山花似海,锦绣灿烂;夏天流水潺潺,清凉悠幽;秋天万紫千红,层林尽染;冬天雪海茂松,冰阁瑶峰。还有猕猴与游人嬉闹,别有趣味。有报国寺、伏虎寺、万年寺等寺庙。　　　　　(王早生)

en

恩温　Raymond Unwin

英国城市规划师,霍华德田园城市理论的追随者。1912年著《拥挤无益》,1922年著名作《卫星城市的建设》,首次提出卫星城市的完整概念,即卫星城市系在大城市附近,并在生产、经济和文化生活等方面受中心城市的吸引而发展起来的城市或工人镇。它往往是城市集聚区或城市群的外围组成部分。1905～1909年主持伦敦西北的汉普斯特德田园式城郊的规划建设工作,1927年主持大伦敦区域委员会的规划工作,建议用一圈绿带把现有的建成区圈住,把多余的人口和就业岗位疏散到一连串卫星城镇中去。1930年英国第三个田园城市威顿肖维的建设以及20世纪30年代美国雷德伯恩大街坊与森纳赛田园城的建设,都深受恩温的影响。

　　　　　　　　　　　　　　　　(沈玉麟)

er

儿童公园　children's park

专供儿童、少年游戏和开展各类活动的公园。现代城市中已普遍设置了这种专类公园(或在综合公园中设有儿童活动区),以适应对儿童培养的重视。国内设有供不同年龄儿童、少年活动所需的设施和场地、丰富的科学文化、体育娱乐的内容,有益于儿童身心健康,并寓教育于嬉戏娱乐之中。按条件设置体育活动区、游戏娱乐区、科普教育区、科研实验园地等。有的还有专门的儿童铁路、"探险者"的道路等活动内容。其环境设计和设施均应符合儿童的生理、心理的特点。　　　　　　(李铮生)

儿童游戏场　children's playground

专供儿童嬉戏和娱乐的室外场地。已成为有些国家城市绿地的基本组成部分。在居住地区按一定服务范围分布,常设有沙地、滑梯、攀架等适合儿童尺度、深受儿童喜爱的设施。　　　　　(李铮生)

二次产业

见第二产业(58页)。

二次污染物　secondary pollutant

又称继发性污染物。由污染源直接排入环境的,其物理和化学性状未发生变化的污染物,称之为一次污染物(primary pollutant)。而当其在物理、化学因素或在生物的作用下发生变化,或与环境中的其他物质反应所形成的物理、化学性状与一次污染物不同的新污染物即为二次污染物,二次污染物对环境和人体健康的危害,通常比一次污染物严重。例如引起水俣病的甲基汞比汞或汞的无机化合物,对人体的危害要大得多,光化学氧化剂对人体也有较大危害。　　　　　　　　　　　　(朱祖希)

二类工业用地　industrial land,class Ⅱ

对居住和公共设施环境有一定干扰和污染的工业用地。一般应设在位于城市主导风向下风向的独立工业街坊内。如食品、医药、纺织等工业。

（蒋大卫）

二类居住用地 residential land, class Ⅱ

市政公用设施齐全、布局完整、环境质量较好，以多、中、高层住宅为主的居住用地。在规划与管理中，通常要求严格保护其环境和建筑布局，不得随意拆建、改建，不得在用地内设置工业、仓储等项目，同时适当控制其建筑密度与容积率。 （蒋大卫）

F

fa

发电厂 power plant, power station

将不同种类的能源转换成电能的工厂。一般分为水力发电厂、火力发电厂和原子能发电厂三大类。水力发电厂是将水的位能转换成电能的工厂。火力发电厂是将燃料的热能，如煤炭、燃料油和天然气中的热能转换为电能的工厂。原子能发电厂是将原子核裂变反应中的热能转换为电能的工厂。上述三类电厂，各具优缺点，不同城市应根据本地区的资源和其他条件，选择其合理的电源建设方案。

（武绪敏）

发展极理论

见增长极理论(267页)。

发展轴线 development axis

重要线状基础设施(如铁路、干线公路、主要航道)所经过，附近拥有许多较好的城市区位点、资源及经济基础等条件，因而现有城市和新生城市发展具有较大的潜力和远景的地带。地域范围一般包括轴线两侧 50km 左右的带状区域，并多与区域中、长期社会经济发展和生产力布局的主要集聚地带保持一致。如南京—上海的沪宁城镇发展轴线，济南—青岛的胶济城镇发展轴线。 （胡序威 陈 田）

罚则 penalty clause

对违反各项法律、规章规定条款所作的惩罚规定。 （黄富厢）

法定规划 statutory plan

城市规划部门根据《城市规划法》等有关文件编制的城市总体或局部地段以及专项建设的规划文件、图纸。经过当地或上级立法机关审查批准，它具有法律效力，可以通过法律手段保证实施。

（陶松龄）

法国园林 French garden

一般指文艺复兴以来的法国园林。中世纪后园林逐步由狭小封闭的城堡中解脱出来，16 世纪受意大利文艺复兴影响，至 17 世纪下半叶形成了古典风格的特色，对欧洲产生了重要影响。法王路易十四显赫一时，促进了古典园林的形成和发展。受唯理主义的影响，园林布局中有明确的中轴线，严谨对称，几何构图，也符合君王炫耀其权势的意欲；广阔的平原，浓密的森林，多河湖的自然景色成为造园的借鉴，追求气魄、豪华的时尚，对园林功能提出了新要求，这些因素就构成了法国古典园林的基本格局：宫殿或府邸居于统率地位的高台上，笔直的林阴大道，规则的花坛、树畦、宽阔的水面，组成几何形的主轴线，轴线两侧林园中有直线小径组成的网络，其交会处设有雕像、柱廊、盆饰、喷泉等作对景，形成有规律的人工美。其代表为勒·诺特所作的孚·勒·维贡府邸花园和凡尔赛范园，曾为欧洲的王公贵族所羡慕模仿。 （李铮生）

法兰斯泰尔 Phalanstere

傅立叶倡议的一种空想社会主义基层组织。是将 400 个家庭(1 620 人)集中居住在一座大建筑中组织公共生活，以实现他的改革理想。这种理想体现在 1829 年他著述的《工业与社会的新世界》书中。主张由 1 500～2 000 人组成公社，废除家庭小生产，以社会大生产替代，消除剥削制度和提倡财产公有。

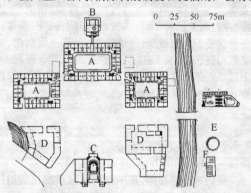

A. 主要家庭建筑

B. 托儿所

C. 学校和剧院

D. 次要建筑(饭店、娱乐场所等)

E. 公共浴室和游泳馆

F. 煤气设施

1871年戈定把傅立叶的理想变成现实,在盖斯进行了建设。当时这个千家村名噪一时,但不能适应19世纪技术和社会发展的需要。　　　(沈玉麟)

fan

蕃坊　foreigners' settlement

唐末至宋元时期,泉州、广州等城市的外族人集中居住地。此时,海上丝绸之路畅通,大批西亚、北非、南亚商人来华经商,其中以阿拉伯人最多,集中在广州、泉州等地,为尊重他们的生活习惯及便于管理,曾在其集中居住地设蕃坊。泉州在最盛时外国人达数万人,集中居住在城南一带,设蕃坊,并有坊长,建有外国人使用的教堂及学校。蕃坊并无明确界限,也无任何特权,泉州目前尚存的建于宋代的伊斯兰教建筑清净寺即在当时的蕃坊内。　　　(董鉴泓)

凡尔赛苑园　Versailles

凡尔赛宫的重要组成部分。为法王路易十四嘱造园家勒·诺特所建。园面积达6.7km²,历经多次修建,持续30年(1661～1690年),是世界上最大的皇家园林,也是法国重要的文化遗产。主体布局有明显的轴线,由宫殿平台、那通娜植坛区、皇上林阴道、阿波罗水池和十字形水渠组成的中轴,长达3km,显示了宏伟的气魄。开挖沼泽形成的河渠,既供划船游乐,又扩大了纵深空间;浓阴夹道的绿毯路是贵显遛马驾车炫耀的场所;整形的花坛、树畦构成了美丽的几何图案;精美的雕塑显示了高超的艺术

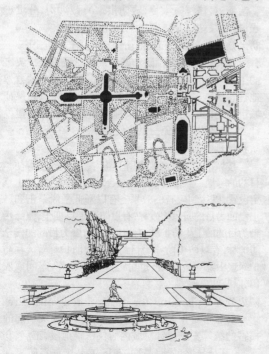

和丰富的内涵,众多的喷泉和水池增添了美丽的景色。该园在总体布局上,具体构思上;在水体、道路、绿化、雕塑等处理上反映了当时法王绝对君权的意图,也满足了帝王显贵们集会娱乐豪华极乐生活的要求,而被许多王公所羡慕仿效。　　　(李铮生)

反磁力吸引体系　counter-magnetic system

把区域规划和城市规划结合起来,克服大城市所特有的向心力,以分散大城市人口为目标的规划方法和理论。早在1898年,英国霍华德已经提出大城市人口过分集中是因为它有吸引人口的"磁性"。为了控制大城市的过分发展,他提出了田园城市的理想图解方案。第一次世界大战前后开始的卫星城理论和新城运动是田园城市理论的自然延伸。但大量实践发现,大城市人口的过分集中根源在于全国或大范围区域的发展不平衡,并不是大城市内部的矛盾所引起,单靠城市规划本身的这些手段难以达到目标。因此人们转向把区域内的居民点看作一个互相联系的整体,通过区域规划,在更大范围内规划建设新的发展中心,起反磁力作用,来抵消原有大城市对人口的向心力。这种规划方法已逐渐上升为理论被人们接受。　　　(周一星)

反金字塔现象

见倒金字塔现象(53页)。

梵蒂冈台阶院　Belvedere Court, Vatican

尤利亚二世任罗马教皇时(公元1503～1513年),把他所收集的许多雕像集中在他布道的教廷里,形成一个大台阶院。院子长306m,周围二三层的叠柱式的房子,由于院子两端地势高差很大,而在院子当中设了一个大台阶,将院子分为三段,第二阶与最高台阶之间有一三层高的半圆形龛,龛前的台阶用来布道、演讲和演戏用,院子下端为半圆形剧场。用大台阶来划分一个大院子而形成特色。

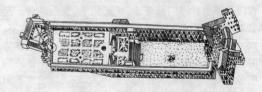

(李铮生)

fang

方案评价　evaluation of planning schemes

为了达到城市规划既定目标,在确定的条件下,对制定的具体规划方案或某一规划项目的对策,作出经济性、科学性和可行性的分析判断。

(吴明伟)

方格网道路系统 grid road system

又称棋盘式道路系统。城市干道纵横交织,基本平行,构成近于方形街区的城市道路系统形式。棋盘式道路有利于交通流的调节。施工方便,街坊较整齐,有利于建筑布置。是中国古代城市的主要道路系统形式。 (薛 平)

方塔园

因园内有宋代方塔一座而名。在上海市松江县城东南隅。1984 年,在宋兴教圣寺旧址上,重整寺址成园。园内除宋熙宁至元祐年间(1068~1094 年)所建九级方形砖木结构方塔和一座宋石桥外,还迁建有明代照壁、清代殿堂和明楠木厅各一座。园西廊具明代建筑风格、廊壁嵌 董其昌行草字碑。尽头是水榭,过桥为草亭。翠竹成林,竹径回曲;过竹径为大草坪,对面是大东门。门侧为大型竹亭,名何陋轩,形式别致。从大东门右,有一条石砌堑道直至园中部,以方塔为对景。此园采用现代造园手法,结合古遗迹胜景,将古今之景糅合一体,为建国以来造园佳作。获中国建筑学会建筑创作奖。设计者为著名的建筑家冯纪忠教授。 (鲁晨海)

坊 city block

①或称坊里。中国古代城市居民聚居的单位,隋以后称坊。也指建于街巷口标明地名或某种纪念、表彰用的门框式建筑的坊,也称牌坊。隋唐长安城中有 108 个坊,每个坊四周为城市道路,有坊墙坊门,定期启闭,只许三品以上官吏在坊墙开门,晚唐时管制渐松弛。宋《平江府图》中街巷口建坊,上书坊名。元大都有六十个坊,并无坊墙坊门。

②店铺、工场又称坊。 (董鉴泓)

芳林苑

又称华林园。我国著名的帝王苑囿之一。旧址在河南洛阳城内东北隅。魏文帝黄初五年(224 年),在汉代原芳林园旧址重建,凿天渊池、筑九华台。至景初元年(237 年),魏明帝再次修建,增筑大量宫室,广植林木花卉,并起景阳山,在苑之西北。齐王曹芳时,为避讳,改名华林。以后略有添建,但基本保持魏明帝时规模和布局。此苑规模不大,以天渊池和景阳山为主要景区。大致可分为三个部分:东南部天渊池景区、中部宫室区和西北部景阳山景区。从园外谷水穿流,连带全园各区。沿谷水,有"九谷八溪"数景点,清潭石径、曲池飞瀑,为山野胜景。 (鲁晨海)

防风防沙林带 windbreak

在有风沙危害的城市边缘的迎风面设置防护林带。林带的走向应和盛风方向相互垂直。林带一般由 3~5 层组合而成,每层宽度不小于 10m,层与层之间的距离为 300~600m。为提高防护效果,一般外层林带宜采用透风结构,中层宜采用半透风结构,靠近城市的内层宜采用不透风结构。

(金经元 魏士衡)

防洪标准 flood control standard

依据防护对象的规模和重要性、历史洪水灾害及对政治、经济影响的大小等因素的分析而制定的城市防御洪水规划的重要标准。以重现期"年"或频率"%"表示。通常分为设计标准和校核标准,设计标准表示当发生设计洪水流量时,防洪工程可以正常运行,防护对象如城镇、厂矿、农田等,可以安全排水;校核标准是在洪水流量大于一定的设计洪水流量时,防洪工程不会发生决堤、垮坝、倒闸和河道漫溢等问题,一般规模较小或不太重要的工程可不采用。1978 年水电部颁发的《水利水电工程水利动能设计规范》中规定的防洪标准如下表:

保护对象			防洪标准	
城 镇	工业区	农田面积 (万亩)	重现期 (年)	频率 (%)
特别重要城市	特别重要工矿区	>500	>100	1
重要城市	重要工矿区	100~500	50~100	2~1
中等城市	中等工矿区	30~100	20~50	5~2
一般城市	一般工矿区	<30	10~20	10~5

(文立道)

防洪工程 flood-control works

为防止或减轻洪水泛滥等灾害而兴建的水利工程。可分为以蓄为主和以排为主两类,以蓄为主的防洪工程主要有水土保持、调洪水库和滞洪区等,是防治洪水的根本措施。以排为主的防洪工程主要有整治河道、修筑防洪堤(或防洪墙)、截洪沟、分洪工程、排水泵站以及防潮堤、防潮闸等。 (文立道)

防洪规划 planning of urban flood control

统筹安排各种预防和减轻洪水对城市造成灾害的工程或非工程措施的专项规划。根据城市的自然地理、社会、经济状况,按照综合利用水资源和保证城市安全的原则,制定防洪标准和近远期防洪建设计划,使城市用地免受洪水侵袭。 (陶松龄)

防护绿地 green barrier

按城市功能分区要求用于隔离、卫生、安全等防护目的的绿地。其位置、宽度、组合结构等均应按技术规定设置,以达到应有的效果。有以降低强风袭击和砂土侵蚀为目的防风防砂林,有以防止工厂烟尘,气味污染为目的的卫生防护林,有以防火、防爆为目的的安全防护林,有以防尘防噪为目的的道路防护林等。在防护绿地中除了绿化外,也可设置一些仓库、车间或农田,以节约土地。 (李铮生)

防火规划 planning for protection against fire

对城市防止火灾的生成及减少由于火灾引起的损害的统筹安排。针对城内居住密集地段,工厂、仓库,尤其是易燃、危险品库,在区域上作重点防御和严格控制,配备相应消防设施,建筑物应提高防火设计标准,道路上要考虑消防车通行和人员、货物的疏散,在用地布局上要作综合部署。 （陶松龄）

防震工程 antiseismic engineering

在地震区中考虑了地震力（主要适用于地震烈度6～10度地区）的作用而设计的工程。它能经受一定程度的地震作用而不被破坏。防震工程设计应尽量符合下列要求：①选择对防震有利的场地和地基；②合理规划,避免地震时发生次生灾害（如火灾、爆炸等）；③选择技术上先进、经济上合理的防震结构方案,务使建筑物体型简单、重量轻、刚度对称和均匀分布,避免平面、立面上突然变化和不规则形状；④保证结构的整体性,并使结构和连接部分有一定的延性；⑤减轻建筑物的自重,降低其重心位置；⑥不做或少做地震时易倒、易脱落的装饰物,对女儿墙、挑檐等应采取加固措施；⑦在设计中提出保证施工质量的要求。 （高 霖）

防震灾规划 planning of earthquake hazard control

城市为预防和减轻地震灾害以及由地震引起的次生灾害而制订的专项规划。要考虑合理安排城市用地,增强工程设施的抗震能力,城市应有多条出入通道和疏散避难场地,多种通信手段,城市供排水、供电力、电信系统要建成环状网络并有备用设施,在布局上要控制合理的建筑密度,增加公共绿地,将灾害可能带来的损失减轻到最低程度。 （陶松龄）

房产税 building property tax

由房产产权所有人交纳,依照房产原值一次扣除10%～30%后的余值计算应缴纳的税额。

（谢文蕙）

房地产 real estate

又称不动产。土地和地上永久性建筑,构筑物所体现的财产。 （严 正）

房地产市场 real estate market

又称不动产市场。经营不可移动或移动后会损失经济价值的物体,如土地、房屋及其他构筑物的市场。法律一般规定不动产所有权转移时要进行登记和纳税。房地产业在进行土地的开发和再开发,在房屋的建造、维修、出租、出售等经营活动中,主要是通过市场的竞争和调节而达到权属关系的所有、使用、处置等变更的目的时,就会形成房地产市场。

（谢文蕙）

房东 landlord lessor

又称出租人。出租房屋者。是从事房屋租赁经营活动的房屋的所有者。即把房屋的使用权通过租赁契约的形式转让给他人。 （严 正）

房屋使用现状 building use situation

现有建筑的使用性质和产权归属状况。

（吴明伟）

房屋现状 building conditions

现有建筑物的性质类型,结构质量,形体特征和密度分布等状况。 （吴明伟）

房屋质量评定 evaluation of building quality

城市建筑结构完好程度,使用耐久程度的分析、判断。一般按使用年限,结构形式或综合两者进行分类、分级。这是建筑物进行改扩建的不可缺少的基础资料,也是建筑群体更新改造的依据。

（吴明伟）

房租 rent

使用他人房屋所支付的代价。房租一般按地段、房屋质量、使用面积和服务项目等按月支付。也有按周、按年、按房间数支付的,房租与房价有一定比例关系,房价高,房租相应也高。计算房租的基本因素有：折旧、利息、维修费、管理费、房地产税等。

（严 正）

房租限价 limit of rents

政府对出租住房租金的限制价。在市场经济国家,房租常随供需关系剧烈波动,有时上涨幅度很大,影响居民生活稳定,因此政府对房租上升幅度或限价做一些规定以促进社会稳定。 （严 正）

舫 boat,stone boat

①小船。

②又叫"不系舟"。在园林中水池的岸边用石砌筑平台,上建楼房三面临水、一面接岸以模仿舟船的一种园林建筑。船身平台上的房屋一般都呈前舱、后舱和舵楼的形式,宛若停靠在岸边的一艘永不启航的船。我国的江南水乡,河道纵横,多有舟楫往来之景观,因而舫这种别致的建筑形象便在江南园林中广泛运用,作为水乡风貌的象征。它既是园景的重要点缀,也是观赏水景的绝好场所。苏州拙政园内的"香洲"是一座典型的舫,北方皇家园林为了模拟江南水乡的情调,也有在水边建舫的。例如颐和园内著名的"石舫",汉白玉石的船身一侧有飞轮、后部有尾舵,则是模仿小火轮的形象。 （周维权）

放牧地规划 pastoral land planning

放牧有自由放牧和划区轮牧两种。划区轮牧是根据草场的生产能力和牲畜的放牧特点,先将草场划分为若干季节牧场,再将季节牧场划分为放牧地段,然后将放牧地段划分为若干放牧小区,让畜群在季节牧场地段内按小区顺序轮牧。

畜群放牧地段的面积,可按下列公式计算：

$$放牧地段面积=\frac{牧畜头数\times放牧天数\times每头牧畜每天的食草量}{单位面积草场产草量\times利用率}$$

（金大勤）

放射状绿地布局 radial layout of green space

由多数带状或楔状绿地从市区内部向外围呈放射状布置的布局形式。多是结合道路、地形或水系布置,可以把城市内外的环状或方格网状绿地联结在一起,弥补其布局不足之处。 (刘家麒)

放射走廊型城市形态 radial corridor

沿若干发展轴呈放射状扩展的城市形态。建设高速公路,促进城市沿轴向发展,可集中力量建设,发挥交通设施的效能,获得较高的建设效益,充实、完善轴间留出的大片农田、森林、绿地,有利于城市生态环境。 (陶松龄)

fei

飞地 administrative enclave

在一县、市、省甚至国家行政区域内,归属其他县、市、省或国家所管辖拥有的一定范围的土地。即属于某一行政区管辖,但不与本区毗连的土地;或某国的一块土地,在另一国国土之中者。我国有些飞地多是由于历史原因、资源分布或人口疏散等需要,在行政区以外,但属本行政区管辖并与之有政治、经济等方面密切联系的土地。 (赵炳时)

飞地型城市化 urbanization by enclave

从城市建成区扩展方式考察城市化的一种类型。出现城市新区在职能上与城市建成区密切联系、空间上却不连接的城市发展过程。产生城市飞地的原因十分复杂。有合理的原因,如:城市受地形、水体的自然限制或新区与城市有目的的隔离;也有不合理的原因,如规划指导上的失误,比如规划城市规模定得太大,城市结构规划得太散。随着城市的发展,飞地可能经过孤立、并存、包围等几个阶段的演变,与城市建成区合为一体。 (周一星)

非法占建 illegal house, squatter

又称违章建房。违反《土地管理法》、《城市规划法》或《城镇个人建房管理条例》,所拟定的规定而建造房屋。 (严 正)

非劳动人口 non-working population

不从事社会劳动的人口。城市中一般指扣除劳动人口以外的人口,包括未成年人和老年人、从事家务劳动和丧失劳动能力以及其他不能从事社会劳动的人口。 (刘仁根)

非农业人口 non-agricultural population

常年从事非农业生产的劳动人口及其所扶养的人口。据我国有关规定,非农业劳动人口包括:①各类专业技术人员;②国家机关、党群组织、企业单位负责人;③办事人员和有关人员;④商业工作人员;⑤服务性工作人员;⑥生产工人、运输工人和有关人员;⑦不便分类的其他劳动者。 (赵洪才)

非生产性建设 non-productive construction

直接用于满足人民物质和文化生活福利需要的建设。包括:住宅建设、文教卫生建设、科学实验研究建设、公用和生活服务事业建设、行政和机关团体用房的建设。城市在组织投资和建设时应兼顾生产性和非生产性建设,二者应协调发展。 (谢文蕙)

非正式群体 informal group

人们根据自己的志趣、爱好,以及某种需要自发形成的群体。群体对成员的地位、角色、权利、义务没有正式的明确规定,也无很强的约束力;群体可以是暂时的,也可以是长久的;成员关系可以是亲密的,也可以是不亲密的。如旅游参观团、绘画小组、朋友聚会等。 (梅保华)

废弃物

见固体废物(88页)。

废水利用 wastewater reuse

又称污水利用。将经使用并受到不同程度污染的废水,经处理后,使其满足不同性质用水的水质要求,重新回用于不同方面。废水利用的方式有:厂内(或单位内)利用、厂际利用和城市利用等。厂内(或单位内)利用是指将工厂(或单位)的废水经处理后,在本厂(或本单位)使用;厂际利用是指某厂的废水经处理后,供其他厂使用;城市利用是指城市污水经处理后利用,经深度处理的城市污水一般可作工业低质用水、农业灌溉用水,以及浇洒绿地、冲洗道路、冲洗汽车、冲洗厕所、消防等城市杂用水。

(罗廷栋)

费城(殖民时期) Philadelphia (colonial period)

1683年按地方总督珮恩的规划意图建成的英帝国殖民城市。它位于美国东部,选址符合防洪、水源、地形、植被与通航要求。东西濒临两条河流,其东的德拉瓦河的河港码头是当时美国最早的港埠之一。城市平面为长方形,东西3.2km、南北1.6km。道路骨架采用棋盘方格形系统,中央十字形大道各宽33m,次要东西向道路共8条,南北向道路20条。中央方形广场面积4万 m^2 ,与之成四个对角方向的各有一个面积为3.2万 m^2 的方形广场。中央广场周围设市政府、会议厅、市场与学校。 (沈玉麟)

费城中心区改建 Philadelphia City Centre

运用城市设计改造中心区环境的一个突出实例。美国著名建筑师埃德蒙·培根作出了卓越的贡献。中心区以东西向的市场大街(Market Street)为主轴线,与南北向的百老汇大街(Broadway Street)相交,在交叉点上建有下沉式广场和市政厅。改建方案基本保留了原有的格局,对原有街道加以整治和美化。商业中心集中紧凑。地面与地下空间结

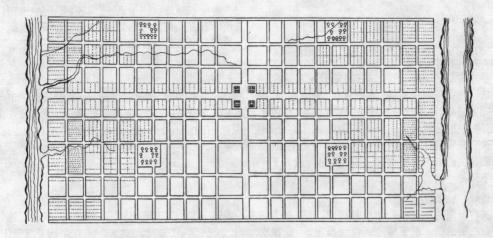

费城(殖民时期)

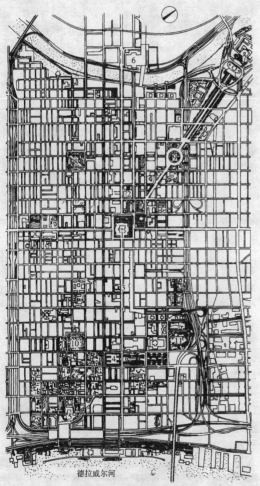

费城中心区改建

合,形成了完整的地上地下交通系统。建筑物的高
度规定不得超过市政厅塔顶上雕像的基座。附图

中:1.市政府;2.宾州中心;3.市场广场;4.独立步行
街;5.协会大厦;6.停车场;7.博物馆;8.列顿大楼广
场;9.洛根广场;10.华盛顿广场;11.法兰克林广场。

(黄伟康)

费拉锐特理想城市　Filarette Ideal City

　　意大利文艺复兴时期建筑师费拉锐特提出的
一种城市模式。他师承古罗马维特鲁威,于 15 世
纪中叶著有《理想的城市》一书,认为应该有理想
的国家、理想的人、理想的城市,对城市的选址和
有利于防御的城市结构模式进行了探讨。公元
1464 年他作了一个理想城市方案,街道从城市中
心向外辐射,形成有利于防御的多边形星形平面。
其后欧洲各国规划设计的一些边陲防御城市中有不
少受他的影响。

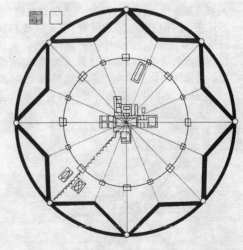

(沈玉麟)

fen

分景 separated scenery

运用障景和分隔，把园林空间划分成多个空间的手法。能获得园中有园、景中有景、岛中有岛、湖中有湖的境界，使园景虚实渗透，含蓄有致，景色丰富，空间多变，避免一览无余。一般说，大园宜分，小园宜聚。皇家园林如北京颐和园、承德避暑山庄，私园面积较大的如苏州拙政园、留园等，都分成若干个大小不同的空间。　　　　　　　　　（刘家麒）

分期偿还 amortization

又称分期付款。在一个长时间内，分多次支付一件商品的价格。由于房地产价值昂贵，因此在房地产交易中经常使用分期付款的办法。一般分期偿还要支付利息。　　　　　　　　　　　（严　正）

分期付款

见分期偿还(72页)。

分区规划 district planning

城市总体规划深化的工作步骤。在城市总体规划的基础上，对城市一定范围内的土地利用、人口分布和市政工程及公用设施，建筑容量的控制指标等方面作了进一步的规划安排，是编制详细规划和规划管理的依据，也是对完善城市总体规划的反馈。

（陶松龄）

分散集团型城市形态 scattered groups pattern

呈松散、组团式的城市形态。中心城市的规模限制在规划的合宜范围内，而把城市新发展的部分以组团形式分散地布置在城市周围地区中。格劳埃顿(E. Gloeden)提出分散形态模式，组成以 1 公里为半径的城市基本单元，各自具有相当大的独立性，组团互不连接，之间以农业用地隔开，有交通线相联系。恩维因(R. Unwin)主张中心扩散体系，将一切不必设在城内的功能从城市中疏散出去，形成围绕中心城的城镇体系。北京城市总体规模自 1958 以来，一直坚持分散集团式布局形态。有利于城市合理发展和生态环境。　　　　　　　　（陶松龄）

分散(疏散)城市 decentralized city

一般指建设用地，或建成区，并不集中成片的城市。其方式有呈分散集团，放射、散布或蛙跃布局。须有良好交通条件相联系。亦指由若干规模不等的城镇组成的一个城市。　　　　　　（陶松龄）

分室标准 legal age to solely occupy a room

异性、非配偶的家庭成员，在成长到一定年龄，需要分室居住，这个年龄标准就叫分室标准。例如，上海市在 1983 年确定的分室标准为 16 岁，北京市在 1984 年定的分室标准为 12 岁。　　　（严　正）

feng

丰镐

周朝早期的都城之一。丰在今西安西南沣水西岸，镐在沣水东岸，即长安县丰曲西北，今尚有丰镐村。附近有西周遗址及墓葬群，尚未进行探查。城址范围，是否有城墙，均难肯定。遗址中有瓦片，说明当时宫室已用瓦顶，较商代进步。1961 年定为全国重点文物保护单位。　　　　　　（董鉴泓）

风景 scenery

可供观赏的风光景色，特别是指天然的山岳、平原、河川、林木等的美丽景致。自古以来，人类就热爱自然的美学，从中吸取营养，充实精神，丰富文化，并转化成为创造物质的力量。现代科学更把风景视作为一种资源，认为它对于人们的精神生活，环境生态和社会发展都有积极的价值。

（李铮生）

风景分析评价学派 paradigms of landscapes analysis and assessment

由不同的风景分析评价理论和方法所形成的各种学术派别。风景分析评价理论是风景园林理论界的核心内容。迄今为止，已初步形成了公认的专家学派、心理学派、认知学派和经验学派四大学派以及景观环境科学和风景文化艺术两大阵营。各个学派、阵营都各自发展了一套理论方法。

（刘滨谊）

风景建筑学 landscape architecture

又称风景园林学、景观建筑学、景园学。研究合理运用自然因素、人文因素来创建优美的生态和健全的人类生活境域的学科。着重探讨在城市环境中引入自然因素所产生的积极影响和作用，以期达到人工与自然协调融合的发展关系。自古以来，人们即已运用植物、水、土、石、动物等自然素材与营造建筑等人工设施来满足其游憩、观赏、娱乐的要求，建造了宫苑、宅园、庭园等园林;19 世纪后，开展了城市公园及各类绿地的建设以适应大众游憩、美化生活、改善环境的需要;20 世纪后期以来更向改善城市生态环境方面发展。它涉及到天文地理、社会历史、植物生态、工程技术、文化艺术等多方面学科。在内容上包括了园林各项因素的具体处理(如植物种植、叠山理水、建筑营造等),各种公园绿地的规划设计(如公园、附属绿地、森林公园等),并扩展到城市绿地系统、自然公园、旅游胜地、风景名胜区以至区域性的河湖水系、自然保护区等的大地景观规划。在工作上应渗入到单体设计、详细规划、城市规划以及区域规划各阶段的领域。创始人为奥姆斯特德(Olmsted)。 (李铮生)

风景旷奥度 Landscape Kuang-ao ranking

一种评价衡量人类风景感受的基本标准。风景分为旷奥的想法最早见于唐代文学家柳宗元的《永州龙兴寺东丘记》,文学家将山水游赏感受分为旷与奥两类:"游之适,大率有二:旷如也,奥如也,如斯而已……"。这是风景旷奥概念的雏形。1979 年,同济大学冯纪忠教授,首次提出以旷奥作为规划组织风景游赏空间序列的设想。定义风景旷奥度是以风景客体为物质基础,而从风景感受出发的多层次风景评价。 (刘滨谊)

风景名胜区 place of scenic beauty and historic interest;scenic area

具有观赏、文化或科学价值,自然景物、人文景物比较集中,环境优美,具有一定规模和游览条件,经县级以上人民政府审定命名、划定范围,供人游览、观赏、休息和进行科学文化活动的地域。我国地域辽阔,历史悠久,风景名胜遍布全国。它们不仅是大好山河的精华,而且渗透着历史文化的影响,从不同的侧面体现了中华民族的悠久历史和灿烂文化。保护、开发建设和管理好风景名胜区,对于维护我国生态环境、国土风貌和自然、文化资源,宣传社会主义建设成就,进行爱国主义教育,建设社会主义物质文明和精神文明,满足人民物质、文化生活水平提高的需要,具有深远的意义。 (刘家麒)

风景名胜区等级 grade of scenic areas

为了发挥各级政府和各部门的积极性,共同保护和开发建设好风景名胜区,方便群众游览活动,中国对风景名胜区采取分级管理的办法。按其景物的观赏、文化、科学价值和环境质量、规模大小、游览条件等,划分为三级:具有一定观赏、文化或科学价值,环境优美,规模较小,设施简单,以接待本地区游人为主的定为市(县)级;具有较重要观赏、文化或科学价值,景观有地方代表性,有一定规模和设施条件,在省内外有影响的定为省级;具有重要的观赏、文化或科学价值,景观独特,国内外著名,规模较大的定为国家重点风景名胜区。 (刘家麒)

风景名胜区管理暂行条例 Tentative Regula-tions of Scenic Area Administration

1985 年 6 月 7 日,国务院发布的《风景名胜区管理暂行条例》,该条例共 16 条。该条例规定:"凡具有观赏、文化或科学价值,自然景物、人文景物比较集中,环境优美,具有一定规模和范围,可供人们游览、休息或进行科学、文化活动的地区,应当划为风景名胜区"。风景名胜区分为三级,即市、县级风景名胜区,省级风景名胜区和国家重点风景名胜区。条例规定要搞好风景名胜区的规划和保护。"风景名胜区的土地,任何单位和个人都不得侵占。风景名胜区内的一切景物和自然环境,必须严格保护,不得破坏或随意改变。在风景名胜区及其外围保护地带内的各项建设,都应当与景观相协调,不得建设破坏景观、污染环境、妨碍游览的设施"。 (陈为邦)

风景名胜区规划 planning of scenic areas

切实保护、合理开发建设和科学管理风景名胜区的综合部署。经批准的规划是风景名胜区保护、建设和管理工作的依据。风景名胜区规划由城乡建设部门或风景区管理机构会同文物、环保、旅游、农林、水利、电力、交通、邮电、商业、服务、土地等有关部门组织编制。规划编制原则主要有:① 认真贯彻国家有关保护和开发利用风景名胜资源的方针政策,保护自然文化遗产,维护生态平衡,充分发挥风景名胜区的环境效益、社会效益和经济效益。② 充分认识资源的特点和价值,突出本风景名胜区的特性和自然环境的主导作用。切忌大搞"人工化"造景。③ 深入调查研究,搞清风景名胜资源的历史和现状,坚持因地制宜、实事求是解决规划问题,协调各项事业在区内的关系。规划实行分级审批。

规划内容包括:确定风景名胜区性质;划定风景名胜区范围及其外围保护地带;划分景区和其他功能区;确定保护和开发利用风景名胜资源的措施;确定游览接待容量和游览活动的组织管理措施;统筹安排公用、服务及其他设施;估算投资和效益;其他需要规划的事项等。规划应在所属人民政府领导下,由主管部门会同文物、环保、旅游、土地、农林、水利、电力、交通、邮电、商业、服务等有关部门组织编制。也可委托有资格的规划、设计、科研单位或大专院校承担。编制规划首先要做好对风景名胜资源的多学科综合考察,收集完整的基础资料,做出分析和评价。编制过程中要广泛征求有关部门、专家和人民群众的意见,进行多方案比较和论证。规划成果经主管部门审查后,报审定该风景名胜区的人民政府审批,并报上级主管部门备案,即成为风景名胜区保护、建设和管理工作的依据。 (刘家麒 陈为邦)

风景名胜区规模 size of scenic area

以用地面积来表示的风景名胜区的范围。中国国家重点风景名胜区中,小型的面积在 100km² 以下,如扬州瘦西湖 6.35km²、承德避暑山庄外八庙 29.86km²、杭州西湖 60km²、衡山 85km² 等;中型的面积 100~300km²,如大连海滨风景区 105km²、华山 148.4km²、泰山 242km²、昆明滇池 300km² 等;大型的面积 300~600km²,如庐山 302km²、青岛崂山 446km²、四川黄龙风景区 600km² 等;特大型面积 600~1 000km²,如浙江楠溪江 625km²、九寨沟 720km² 等;超大型的面积在 1 000km² 以上,如大理风景名胜区 1 022.52km²、桂林漓江 2 064km²、贡嘎山 10 000km² 等。　　　　　　　　(刘家麒)

风景名胜区性质　character of scenic area

在风景名胜区总体规划文件中表达风景特征、风景区的功能和级别的一段简练的定性叙述。常用"特征、功能、级别"三段式文字结构来表述。是依据经过全面深入调查分析后得出的风景名胜区有代表性的景观特征和游赏特点、发展方向与目标,在全国或地区风景名胜区体系中的地位和作用来确定的。如云南路南石林风景名胜区的性质定为:"以峰林型岩溶地貌为主要特色,兼有溶洞、湖泊、瀑布等自然景观并具有浓厚地方民族风情的国家重点风景名胜区。"　　　　　　　　　　　　　(刘家麒)

风景名胜资源　landscape resources

简称风景资源。具有观赏、文化或科学价值,可以开发供人游览观赏、休息和进行科学文化活动的自然景物、人文景物和它们所处环境以及风土人情等。　　　　　　　　　　　　　(刘家麒)

风景名胜资源保护　landscape resources protection

在开发、利用、管理风景名胜资源过程中,不使资源及其环境受到损害,是风景名胜区各项工作的前提。风景名胜资源是不可再生的自然和历史文化资源,一旦遭到破坏就无法恢复。为了能够世世代代永续利用,保护工作是风景名胜区管理机构的首要任务。保护工作主要解决的问题是:查清需要保护的资源;明确保护对象及其控制目标;制定风景区内的保护区划和划定风景区外围保护地带;确定不同级别的保护原则和措施;实施保护的财力、人力、物力和科学技术保证;建立健全保护的政策、法规和管理机构;提高群众的保护意识等。　(刘家麒)

风景名胜资源开发　landscape resources development

对未被利用的风景名胜资源进行建设,使之能被人利用。风景名胜资源的开发要立足于保护,首先要进行资源调查和评价,编制科学合理的规划,规定合适的环境容量,防止超容量开发造成对资源的破坏。并要突出风景名胜区特性和自然环境的主导作用,不搞人工化造景,开发的内容主要是开辟游览路线,修建与环境协调的休憩和服务设施,以及给排水、供电、通信等基础设施。在游人集中的游览区和自然环境保留地内,不能兴建旅馆、招待所、休疗养机构、管理机构、生活区以及其他大型工程设施。
　　　　　　　　　　　　　　　　(刘家麒)

风景名胜资源评价　evaluation of landscape resources

对风景名胜资源的观赏、文化或科学价值的高低进行评定,是我国各级政府批准建立风景名胜区、划定范围和确定级别的依据。主要根据景物的观赏、文化和科学价值及其分布和环境规模;自然环境质量;开发利用条件三方面综合评定,以前两项为主要依据。评价应在多学科综合调查或考察的基础上进行,可以用定性和定量相结合的方法,在同类型、同层次之间进行评比。　　　　　(刘家麒)

风景区

风景名胜区的简称。见风景名胜区。
　　　　　　　　　　　　　　　　(刘家麒)

风景区保护区划　zoning for landscape protection

按照风景区内保护对象的价值和重要性,划定不同的保护范围和采取不同的保护措施。一般可区划为四个层次:首先在珍贵景物周围和重要景点上,除必须的保护和附属设施外,不得增建其他工程设施;其次在游人集中的游览区内,不得建设宾馆、招待所以及休养、疗养机构;再次风景名胜区的土地,任何单位和个人都不得侵占,区内的一切景物和自然环境,必须严格保护,不得破坏或随意改变;最后在风景区及其外围保护地带内的各项建设,都应当与景观相协调,不得建设破坏景观、污染环境、妨碍游览的设施。　　　　　　　　(刘家麒)

风景区类型　category of scenic areas

风景名胜区按其主要景观特征划分归类。是确定风景名胜区性质的重要依据。我国尚未有法定的风景区分类,在国家重点风景名胜区中属山岳风景类型的如黄山、泰山等;峡谷风景类型的如长江三峡;岩溶风景型如桂林漓江;火山风景型如五大连池;江河风景型如富春江、鸭绿江;湖泊风景型如太湖、杭州西湖;瀑布风景型如黄果树、黄河壶口;海岛风景型如普陀山;海滨风景型如北戴河、胶东半岛;热带雨林风景型如西双版纳;历史古迹风景型如长城、十三陵、承德避暑山庄等。　　(刘家麒)

风景区容量　capacity of scenic area

风景区容纳游人数量的标准。可分为:环境质量容量,即大气、水体、噪声等在游人作用下,能保持规定的环境质量标准和恢复自净能力时可容纳的游人数量;合理游人容量,即在有利于保护风景资源的同时,使游人得到最佳游览效果的游人数量;安全临界容量,即在游览高峰时保证游人安全的控制游人数量。容量可根据风景区游览面积的大小和游览活动的动态平衡来测定,并须和当地的用地条件、淡水资源、能源物资供应、卡口地段通过能力等校核。风景区内的服务设施规模按合理游人容量设置,可以保持经营规模,避免浪费。　　　　　(刘家麒)

风景式园林

见自然式园林(281 页)。

风景信息转译　transfer and interpretation of landscape information

根据风景主、客体信息之间及其主客体信息内部之间的一定关系由某一类具有时空分布的风景信息推测计算出另一类风景信息的过程。其原理基于风景分析和信息理论,以及遥感等现代技术。风景信息包含两部分:一是组成风景客体的诸要素,如山川、水体、植被等;二是构成风景主体的诸要素,如游人及其关于风景的感受。诸要素都携带着具有一定时间和空间分布的风景信息。如,根据航空摄影照片中的地形地貌信息,可通过目视解译,转译出有关风景景色特性、规模等信息。规模较大的实际风景资源普查评估等一类的转译工作,目前已借助于航空航天遥感和计算机图像处理技术使之投入了实用。　　　　　(刘滨谊)

风景游览区　excursion area

风景名胜区中开放游览区域的总称。是风景区的主要组成部分,景点、景物比较集中,有一定的休息和服务设施的地区。又可划分为若干个景观主题、各有特色的景区和独立景点;景区下可包含若干个景点。　　　　　(刘家麒)

风景园林学

见风景建筑学(72 页)。

风景资源

见风景名胜资源(74 页)。

风玫瑰图　wind rose

表明一个地区,在一定时间内(常用年、季、月三种),各个方位(一般用 8 个或 16 个方位表示)风向频率的气候统计图,因呈花形,故称风向玫瑰图。如表示内容为各方位的风速,则为风速玫瑰图。合称风玫瑰图。　　　　　(芮经纬)

风致园林　landscape garden

以观赏自然风景为主的园林。城市规划中应将其附近有山水之胜、林木之幽、人文之胜的特色地区划为园林绿地加以保护并供人们享用。特别要重视和发挥其自然美的特色,如杭州云楼的翠绿竹林,苏州邓尉的香雪梅林,北京香山的秋色红叶,成为具有特色的风致园林。　　　　　(李铮生)

封闭空间　enclosed space

用建筑物、构筑物或岩石树木等自然物体围合成封闭状的限定空间,多成规则形态,也有较自由、丰富多变的空间组合。锡耶那的坎波广场(Piazza del Campo. Siena)是一个著名的实例。　　　　　(郑光中)

蜂腰　wasp-waist

城市道路网络中,某些地段由于受到天然地形或人工构筑物的限制,使联系该地段两端用地之间的道路网受到束集、或道路条数减少,形成蜂腰状,故称。道路网蜂腰地段是交通集中之处,车速和通行能力受很大阻碍,常成为疏解道路交通的难点。　　　　　(徐循初)

fo

佛拉拉　Ferrara

意大利文艺复兴时期伊斯特家族的领地首府。16 世纪在原中世纪城市的基础上,在波河沿岸进行了扩建。规划富有弹性,城市骨架亦颇为先进。开拓了道路、广场,建造了豪华的宫殿、府邸和城市建筑群,并改善了城墙的防御设施。城市的主要道路都和一些重要的景观视点对应。　　　　　(沈玉麟)

佛罗伦萨(中世纪)　Florence (Middle Ages)

意大利著名的中世纪城市、文艺复兴运动的发祥地。位于意大利中部,东南距罗马 230km。中世纪时战胜封建主较早地建立了城市共和国,是比较发达的经济中心。公元 14～16 世纪,商业、金融、学术、尤其是艺术达到突出的水平。城市最初在阿诺河一边发展,长方形平面,路网较规则。公元 1172 年及 1284 年相继两次扩大城址,建新城墙,使用地先后扩大至 0.97km² 和 4.80km²。至 14 世纪城市人口达 9 万人,市区跨过阿诺河,成为自由式布局。市中心西格诺利亚广场(Plazza Della Signoria)又称凡奇奥广场(Plazza Vecchio),是意大利最著名的广场之一,是象征城市共和国独立的市民广场。广场上建于 13 世纪,带有 94m 高塔楼的碉堡式市政厅是城市的标志。其侧翼的兰齐敞廊(Loggia dei Lanzi)建于 14 世纪,为市民举行各种活动的多用途场所。广场呈 L 形,用喷泉、雕像、券廊等作为向不同空间的过渡或对景。16 世纪后半叶,又从阿诺河边开始修建了连通市中心广场的乌菲齐(Uffizi)大街,两侧为严格对称设有骑楼的联排式多层房屋,进一步丰富了广场构图,并加强了市中心广场与阿诺河之间的空间联系。　　　　　(陈保荣)

佛拉拉

fu

孚·勒·维贡府邸花园　Vaux-le-Vicomte

　　法国著名造园家勒·诺特为法王的财政大臣福开设计建造(1656～1660年)的花园。为了显示

豪华,追求享受,创造伟大场面和丰富的景色,从宅邸眺望全园的要求,采用广阔开畅的布局。园分成几级台地,有一条长约1 000m、宽200m的中轴线贯穿,沿轴线有绣花式花坛、水晶栏栅的喷泉、大型雕塑和水剧场等景色,有开阔的园地供盛大宴会、观看演戏和放焰火,草地、花坛、水池都呈几何形,在布局上和风格上创造了当时法国园林的新面貌。

(李铮生)

扶贫区

　　见贫困地区(174页)。

服务半径　service radius

　　城市中各项公共服务设施所在地至其所服务范围最远点的直线距离。是用以衡量服务网点的分布和选点是否适当的一种标准。确定合理的服务半径要考虑以下几个因素:公共服务设施本身的功能、规模及其服务对象、使用频率和城市交通的方便程度等。

(周杰民)

服务区　service area

　　风景名胜区中商业服务设施较为集中而完善的区域。其地点的选择应离主要景点和游览区有一定距离,可以和旅游接待点、住宿地点结合。内容可为供应餐饮、旅游纪念品、旅游用品、邮电通信、医疗卫

生及其他服务项目等。除了为旅游者服务外,有的项目也为当地居民服务。　　　　　　　　(刘家麒)

服务人口　service population

城市中主要为本市居民服务的各部门人员。具体包括为本市居民服务的工业、手工业职工;市属建筑业(包括房屋维修业)职工;市属党政机关、人民团体职工;市属商业系统、服务行业、公用事业机构的职工;市属教育、文化、艺术和医疗机构工作的职工。服务人口的数量,与为一定数量的居民服务的上述各种服务机构和公共设施的规模有关。

(刘仁根)

浮动价格　floating price

计划价格的一种。指对某种商品在制定价格时,给予一定的浮动幅度,允许其价格在此幅度内上下浮动。由基价和幅度两部分组成。一般还规定最高限价与最低限价。　　　　　　　　(谢文蕙)

符号象征　symbol

以功能和形象表达某种意义的东西。符号本身是一种传播信息的象征性形象。建筑的形体造型、空间构成表达了使用功能、美感、情感和社会性等信息。　　　　　　　　(郑光中)

福州　Fuzhou

福建省省会。位于该省的东部,闽江下游。秦代设闽中郡,后一直为福建的政治中心,宋末、明末两次作为临时首都。福州在汉代即有海外贸易,宋代为全国造船业中心,近代是"五口通商"口岸之一。城中三山鼎立、两塔对峙、一水横流的格局雄伟秀美,在三坊七巷地段保存着明、清民居和街坊旧貌,文物古迹有宋华林寺大殿、崇福寺、开元寺、南禅寺、乌塔、白塔、戚公祠等,近郊鼓山有涌泉寺及历代摩崖石刻,还有王审知墓、林则徐祠堂和墓、林祥谦墓等。为第二批国家级历史文化名城。福州市区人口89.1万(1991年末)。来福铁路终点。工业有机械、化学、电子、造纸等。手工艺脱胎漆器、木雕、石雕等著名。　　　　　　　　(阮仪三)

俯视　downward view

视点在高处,景物在视点下方,观赏者必须低头,观赏景物时视线中轴向下和地平线相交的观赏方式。观赏时垂直于地面的线条产生透视向下消失,景物越低,显得越小。所以登泰山有"一览众山小"的效果,有令人胸襟开阔或惊险的感觉。

(刘家麒)

辅助产业　supplementary industry

又称地方产业或遍在产业。指每个城市都存在的产业。如为本城市服务的食品工业、建筑业、商业、服务业等。遍在产业在城市中处于从属地位,故称为辅助产业。　　　　　　　　(谢文蕙)

辅助面积　service floor area

住宅中厨房、卫生间、过道等非居室面积之和。是相对居住面积而言的。辅助面积加居住面积之和等于使用面积。在现代住宅设计中,已逐渐取消这一概念。因为厨房、卫生间等功能空间无论在设计中还是使用中,变得越来越重要,有"住宅心脏"之称。　　　　　　　　(严　正)

父系家庭　patriachal family

以父方为嗣系绵延的主要传递者并掌管全家财产和婚姻大权的家庭。父为祖宗代表和一家之主。子女从父姓,一切必须从父命,违者受罚。除太古时期外,中国古代家庭皆为父系家庭,以至影响至今。

(梅保华)

负空间　negative space

又称消极空间。环绕实体四周而形成的外向的空间。如通常所说的楼前、楼后空间。负空间具有消极性和扩散性,消极性意味着它是非人工意图自然生成的。由于没有实体的围合和明显的空间界定,它给人感觉是虚无的空间。　　(张守仪)

附属绿地

见专用绿地(279页)。

复合户住宅　composed house hold dwelling

又称两代居。老人与已婚子女家庭在一起,空间上有分有合的住宅。社会发展带来家庭结构的变化,传统的大家庭正向核心家庭发展,各代人由于生活模式不同及其他种种原因常希望分开,但老人与子女间也需要互相照顾,复合户住宅就是为了满足住户这双重需要而产生的新住宅类型,它符合我国尊老爱幼的传统美德,是探索老人住宅问题的新尝试。复合户住宅分邻居型和同住型两类。邻居型由功能完全独立且相邻的两套住宅组成。内部有门相通。同住型由两套功能不完全独立的住宅组成,有共用部分。比如各有卧室、厨房和卫生间,共同起居室,可一门出入也可两门出入。　　(张守仪)

复廊　double gallery

又称里外廊。在空廊的中间加筑一道墙,把廊内的空间划分为两条过道的园廊。跨度较一般的园廊大一些。中间的墙上开各种各样的漏窗,从廊的一边可以透过漏窗看到另一边的景色。复廊通常建置在来往交通需要分流的地段或者廊两边景物各不相同的地方,以便于观景时不互相干涉而两边之景又能够彼此沟通。如苏州沧浪亭沿河的一段复廊,既分隔了园内外的空间,又能够把园内的山景与园外的水景互相引借而沟通起来。　　(周维权)

副食品生产基地规划　foodstuff production base planning

为大中城市居民提供副食品的郊区生产基地的

规划。包括蔬菜生产基地规划、畜产品生产基地规划、果园规划等。　　　　　　　　　　（金大勤）

副中心 subcenter

在现有城市商务中心以外的全市性综合商务地区。有的是由于需要自发形成，有一些现代大都会为了合理地缓解原有中央商务区负担过重的功能，另辟第二个或几个新的大型商务中心。如巴黎的德方斯、东京的新宿。都是按整体规划设计，集中投资开发，在较短时期形成。　　　　　　　（赵炳时）

傅立叶 Francis Marie Charles Fourler(1772~1837 年)

法国 19 世纪社会改革家、空想社会主义者。生于商人之家，未受过完备教育，当过学徒与店员。法国大革命后投身于社会改革，著有《工业与社会的新世界》等书。他构思的理想社会，是以法朗吉为单位，由 1 500~2 000 人组成公社，废除家庭小生产，以社会大生产替代，通过组织公共生活，以减少家务劳动。他把 400 个家庭集中在一座巨大的建筑中，组成一个基层组织，名为"法兰斯泰尔"，并在其周围留有 7~8km² 的耕地供基层成员轮流参加农业劳动。傅立叶的追随者在欧美各地所建造的法朗吉，有 25 个之多，但都归于失败。　　（沈玉麟）

富春江-新安江风景名胜区

在浙江省富阳、桐庐、建德、淳安县的国家重点风景名胜区。面积 1 123km²。浩淼的江湖，幽深的峡谷，天然的溶洞，青翠的岛屿，粉墙、青瓦、修竹、桑园构成的江南水乡，景色优雅秀丽。鹳山古树参天，江边巨石刻着苏东坡"登云钓月"题字。瑶琳仙境是一个钟乳石景观迷人的溶洞。桐君山兀立江边，现有宋代的七级石塔。桐江绿水悠悠，山谷青翠，有严子陵钓台和陆羽命名的天下第十九泉。建德县的葫芦瀑布，水从高山石壁上一个葫芦状窟窿中喷射而出。淳安县的新安江水库，岛屿密布，港汊纵横。拦江大坝泄洪时白浪排空，吼声如雷，雨雾升腾。

（王早生）

G

ga

嘎涅工业城市 Tony Garnier Industrial City

19 世纪末法国青年建筑师嘎涅从大工业的发展需要出发，提出的"工业城市"规划模式，1901 年展出了他的"工业城市"规划方案。人口为 35 000人，对大工业发展所引起的功能分区，作了合理的安排。城市交通是先进的，设快速干道和供飞机发动的试验场地。规划具有灵活性，给城市各功能要素留有发展余地，并运用1900年左右世界上最先进的

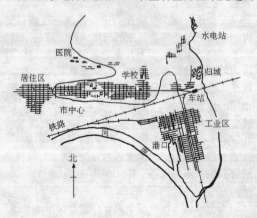

钢筋混凝土结构来完成市政、交通工程和房屋设计。

（沈玉麟）

gai

钙土植物 calciphile

需生长在钙质土壤上的植物。如在酸性土壤上则生长明显不良，或甚至不能生长，园林植物中此类植物不多，但如柏木、朴树、黄连木、杜仲、花椒等则偏喜钙质土壤。　　　　　　　　　（沈　洪）

gan

感受 experience

设计者以整个身心作为亲历其境者，介入所需设计的空间，使空间意识，从智力到体能，成为占据意识和感觉全部范围的感受。　　　（黄富厢）

感应度系数 reaction coefficient

反映一个产业对国民经济其他产业依赖程度的测度指标。公式为：

$$INF_j^2 = n\sum_{i=1}^{n} a_{ij} \Big/ \sum_{i=1}^{n}\sum_{j=1}^{n} a_{ij}$$

式中 a_{ij} 为投入产出表中的完全消耗系数。

（胡序威　陈　田）

干线机场　trunkline airport

为国内航空主干线服务的机场。航线以长途（＞2 000km）为主，使用航程可超过 3 200km。

（宗　林）

gang

港池　basin

船舶靠、离码头、装卸货物使用的水域。要求船舶停靠安全、货物装卸便利。有顺岸式、突堤式和挖入式等类型。其布置应不妨碍船舶航行和水流通畅。其宽度决定于停靠船舶的类型、数量、停靠方式以及船舶进出和调头的需要。其长度应便于船舶出入和有利于港池两侧的交通联系。　（宗　林）

港池式码头

见挖入式港池（225 页）。

港口　harbour

通航水域沿岸，具有一定条件和设备，供船舶安全出入、锚泊停靠、客货装卸集散的场所。也有编解船队，为船舶补给、修理、避风的功能。其生产作业包括航行、装卸、储运和疏运四个系统，通过水域的航道、港池、锚地等和陆域的码头、仓库堆场、装卸设备和道路等设施来完成。按所在位置，有海港、河港等。按用途，有商港、渔港、避风港等。　　（宗　林）

港口城市　port city

位于江河、湖泊、海洋等水域沿岸，拥有港口设施，水运交通发达并具有水陆交通枢纽职能的城镇。按其地理位置、功能特点、规模和影响范围，可分为海港、河港、河口港、综合港、专业港、国际港、地方港等各种港口城市。　　　　　　（赵炳时）

港口腹地　hinterland

港口对于陆上货物运输吸引的范围。通过此港的货运量的运输费用低廉是港口吸引范围的重要因素。另外还与港口的空间距离、疏运条件、港口设施、服务质量及所在城市的商业机能有关。港口腹地大小对港口发展规模有很大影响。　（宗　林）

港口工业　harbour industry

利用岸线资源发展起来的工业。包括：①以水运为主要运输方式的工业，如石油化工厂、钢铁厂等；②生产流程或工艺需要利用一定条件的水域（包括与之相适应的水深与海滩）的工业，如修造船厂、海上石油勘探基地、航修站、筑港工程的施工单位、海上救捞基地，盐场等；③生产用水大量利用海水的工业，如海洋化工厂、海滨发电厂等；④为港口服务的工业，如港口设备机械厂、渔具厂等；⑤生产原料主要利用海洋资源的工业，如玻璃厂、水产品加工厂、碱厂等；⑥原料主要依靠港口输入或产品大半通过港口出口的加工工业以及利用外资和我国劳力的沿海经济特区工业。　　　　　　（宗　林）

港口集疏运

见港口疏运（79 页）。

港口陆域　land area of port

供旅客上下船、货物装卸、货物堆存和转载的港区陆地。要求有适当的高程、岸线长度和纵深，包括有仓库、堆场、铁路、道路、码头和装卸设备以及后勤服务设施。　　　　　　　　　（宗　林）

港口疏运　harbour cargo transfer

又称港口集疏运。与港口背后地区的交通运输。通过各种运输方式将腹地的货物集中到港口；将进口的货物疏散到腹地。港口疏运能力的大小是影响港口吞吐能力的重要因素。　（宗　林）

港口水域　water area

供船舶航行、运转、锚泊和停靠装卸的港口组成部分。包括港内外航道、锚地、港池和船舶回转池（调头区）等。要求有适当的面积和水深，水流和缓，水面平静。　　　　　　　　　（宗　林）

港口用地　land for harbour facilities

海港和河港陆域部分的建设用地，由码头作业区、辅助生产区及客货运站等组成。城市规划中要处理好港口岸线的分配，港口与工业、港口与陆路运输、港口与居住区之间的关系以及港口的环境保护问题等。　　　　　　　　　（蒋大卫）

港湾站　harbour station

为有大量货物装卸作业的河、海港口服务的铁路车站。主要办理列车的到发、分解、选编车组及向港区车场或码头、库场取送车辆等作业。它的位置应接近所服务的港区。　　　　　（宗　林）

港址选择　selection of harbour site

确定港口地理位置的工作。港口规划的重要步骤，港口设计的先决条件。须根据拟建港口类型与发展规模，着重考虑：腹地的工农业资源、生产和运输量、疏运方式与能力、城镇依托等经济地理条件；地质、地貌、水文、气象等自然条件；工程技术、施工基地、建筑材料、水、电、路等建设条件。通过上述综合分析后确定。区域范围内港口地理位置确定后，还要进一步在城市范围内具体选定建港的地点。

（宗　林）

gao

高层高密度　high-rise high density

在建筑平均层数为高层的建筑用地上取得高于

该层数正常规定的住宅建筑密度。必须是在满足卫生、安全等规划要求的同时，通过建筑设计和规划布置的各种手段，如：加大建筑进深、降低层高、利用地下空间、采取退台形式减少遮挡、增设东西向房屋等，从而达到高于该层数正常规定的建筑面积密度，在同一块用地上得到更多的建筑面积，取得更大的经济效益。我国高层高密度一词通常用于居住区、小区规划设计中，高层主要指 10 层和 10 层以上的住宅。　　　　　　　　　　　　　　（高　霖）

高层住宅　high-rise housing

十层以上的住宅。高层住宅没有国际公认的定义或层数分类，但都须设置电梯。按照我国 GBJ96—86《住宅建筑设计规范》，中高层住宅七至九层，高层住宅十至三十层。在楼电梯设置、防火、抗震等方面各有不同的要求。

高、多层的经济效益应就土地、市政、建筑造价与维修，管理费用综合分析，不同密度地区不能一概而论。大量调查表明，高层住宅远离地面，有碍居民健康，特别是儿童户外活动减少，不利身心的健康成长。此外，高层住宅的住户间邻里交往不方便，且维持费用高。除了新加坡、香港等人口特别密集的地方外，许多国家高层住宅的建造比例呈下降趋势。　（张守仪）

高昌城

高昌王国都城。在今吐鲁番东约 25km，胜金口前二堡与三堡之间。汉初在此设戍已校尉，进行屯垦，称高昌垒。自晋及魏设太守统治，北凉曾定为国都，北魏至唐为高昌王国都城。城分外城、内城及宫城三部分。外城略作正方形，长宽约 1 500m，内城在中部，西南两面城垣现犹保存。宫城遗址在城北部，成长方形。宫城北墙即外城北城垣。城内殿基甚多。外城东南有大寺及一部分"坊"保存尚好。城内南部有建筑遗址，有陶瓮可能为酿造作坊，西北尚有一铸造铜器作坊。遗址 1961 年定为全国重点文物保护单位。

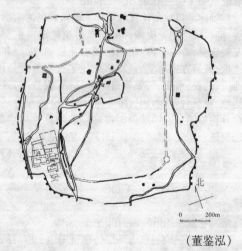

北

0　　　200m

（董鉴泓）

高度限制　height limit

常指沿路建筑许可建造的最大高度（H），以米或层数计。其数值常正比于道路宽度与建筑后退之和。可按下式计算：

$$H = K(W + S)$$

K 为系数。日本非居住区为 1.25，居住区为 1.5，上海为 1.5，香港为 4。W 为路宽(m)。S 为建筑后退(m)。　　　　　　　　　　　　　（黄富厢）

高尔基文化休息公园　Gorky Cultural Park

位于莫斯科的西角，是莫斯科市最主要的文化休息公园。1929 年创建时为 $3km^2$，20 世纪 50 年代规划扩建为包括了整个列宁山和莫斯科河部分地段面积达 $10km^2$ 的中央文化休息公园。按其地形位置划分为大花坛区，建有宏伟的娱乐宫，成为群众集会、娱乐的中心，建有广阔的林阴大道，设有各类名家的雕像；尼斯库克花园区，保存原有历史风貌，作为安静的休养地带；列宁山区有植物园和动物化石陈列公园；路士尼克区则建立专门供青年活动的地区，有运动场和青年宫等建筑。在植物种植和分布上亦按分区的特点进行。　　　　　　　　　　　（李铮生）

高峰小时交通量　peak hour traffic volume

一天内道路上客运或货运交通最繁忙的一个小时中的交通量。是设计道路的重要依据。通常客运取早上或下午上、下班高峰时间，货运取上午机动车高峰时间，也有客货运高峰时间重叠的。

（徐循初）

高龄化

见人口老龄化(188 页)。

高速公路　expressway

专供汽车高速行驶的公路。限行非机动车、低速车辆（一般规定 50km/h 以下）和可能形成危险和妨碍交通的车辆，上路的最高车速也予限定（一般规定 120km/h）。对向车道之间设分隔带；与其他道路全部采取立体交叉，车辆只能从指定的出入口进出；采用较高的线型标准和设置完善的交通安全与服务设施。　　　　　　　　　　　　　　（宗　林）

高压架空线走廊　high tension corridor

在城市范围内安排的高压架空电力线路专用通道。从而使高压架空电力线路与附近的建筑物或其他物体保持必要的安全距离。高压架空线走廊的宽度一般可按下式计算：

$$L = L_导 + 2L_延$$

式中：L——高压架空线走廊宽度；

$L_导$——高压架空线杆塔上两根边导线之间的距离；

$L_延$——高压架空线杆塔上两根边导线分别向外侧延伸的距离，不同电压的高压架空线其边导线应向外侧延伸的距离如下：

电　压	$L_延$
35～110kV	10m
154～330kV	15m
500kV	20m

（武绪敏）

高藏寺新城　Kosoji New Town

　　日本位于名古屋市东北约20km处的新城。由日本高山英华等人按"簇群城市"理论（见"簇群城市"）规划。1966年开始建设，20年后建成。规划用地702km²，人口81 000人。城市位于丘陵地带。两个巨大的住宅组团沿城市主要交通干线分别向一侧蔓延开去。团内成片安排公寓式及独立式住宅，并相应配置各级学校及公园绿地。在组团的结合部干道的一侧设集中的新城中心。在一个组团的北部设有服务性工业区、仓库、变电所等为本城服务。

（陈保荣）

ge

戈裕良　Ge Yuliang

　　江苏著名造园家，清嘉庆道光年间人。造园作品极多，苏州环秀山庄、榭园，扬州小盘谷，南京五松园、五亩园，常州西圃，常熟燕园，如皋文园、绿净园，仪征朴园等，均出于其手。尤善叠山，其法胜于诸家。环秀山庄假山、小盘谷假山，皆属湖石假山精品。

（乐卫忠）

哥本哈根指状发展方案　Copenhagen finger pattern development plan

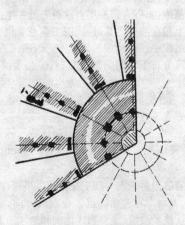

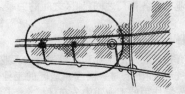

　　1947年哥本哈根为改建畸形发展的大城市、整治区域与城市环境而提出的一种城市规划结构改造和发展方案。这个方案使大城市空间布局和功能组织从块状结构发展到带状系统，从分级的单中心结构过渡到灵活的多中心系统，即城市发展呈指状向外延伸。

（沈玉麟）

格迪斯　Patrick Geddes（1854～1932年）

　　英国生物学家、城市科学与区域规划的理论先驱之一。生于苏格兰，从师于赫胥黎攻读生物学，后在伦敦大学、孟买大学等校任教，作过英国、塞浦路斯和印度的一些城镇的规划设计。著有传世名作《进化中的城市》（1915年出版）等书。在学术思想上深受法国社会学家勒普莱的影响，最早注意到工业革命和城市化对人类社会的影响，进行了人类生态学的研究，综合哲学、社会学和生物学的观点，揭示了城市在发展中所展示的生物学与社会学方面的复杂关系，从而把城市视为一个活的有机体。他是区域规划和城市科学的倡导者，首次提出以人文地理学作为规划基础，指出城市和区域都是决定地点、工作和人之间以及教育、美学与政治活动之间各种复杂的相互作用的基本结构，强调把自然地区作为规划的基本框架。这些思想对其后美国田纳西流域规划和大伦敦规划都有重要影响。

（沈玉麟）

隔声屏障　noise barrier

　　在声源和接受者之间用以降低直达声传播的设施。主要用于室外，以此来降低严重的交通噪声污染。有的以树木（乔木或灌木等）构成绿篱或绿色屏障；也有用各种材料筑成隔声墙（壁）。一般来说，低于地面的道路和绿化带组合的方式是降低噪声有效的手段。

（朱祖希）

个别点区划　spot zoning

　　为单一地块所作不同于毗邻地块使用的区划，实质上是一般区划地区中的例外；理由不当将违背区划的公正原则，因而通常只是对原先某一用途区内个别点（地块）的区划要求作一些修订，而其他地块保持不动。

（黄富厢）

个人出行调查　personal trip survey

　　又称居民出行调查。对城市居民一天中全部交通活动的调查。内容包括出行的次数、目的、方式、距离、时耗，以及出行时辰和起讫点等。目的为掌握居民的出行活动规律和特征，以及全面交通实况。是城市交通规划的重要基础资料之一。

（徐循初）

个人自建房

　　见自建住房(281页)。

gen

艮岳

又称华阳宫。在河南省开封市景龙江南侧,今已无存。是我国历史上著名的宫苑之一。宋徽宗政和七年(1117年)兴建,宣和四年(1122年)竣工,历时五六年,工程浩大。初名万岁山,因地处宫城东北隅,是为艮位,易名艮岳。占地约50万 m²。其布局:苑西为华阳宫,入宫门,西为"西庄"、"药寮",是农作物和药用植物为主的景区;再西,万松岭。东部是艮岳,上有五亭。艮岳与万松岭间,南北走向为濯龙峡。南部为寿山,列嶂如屏,有瀑布下雁池。中部则是惟一的平地,凿有"大方沼"。东出研池,西流凤池。苑中叠石之异石,皆取自南方各地;而筑山则以土为肉,以石为骨,构成的大型人工山体。此以人工山水创作为题,移写自然山水的诗情画意,一改秦汉以来各代宫苑所遵循的"一池三山"的格局,为中国造园史上宫苑发展的一大转折。　　　(鲁晨海)

艮岳记

园林专记,南宋张滨(字清源)著,是《会稽续志》、《云谷杂记》两记综合书名。记录艮岳营建过程,采办浙中珍异花木竹石,即"花石纲"事实和毁园原由。书中引用御制《艮岳记》和《华阳宫记》,对艮岳的布局、建筑、叠石、水池水系、花木,以及诸园林胜景,均有细致描述。尤其对叠石、石峰的记述更为详尽。　　　(乐卫忠)

gong

工厂绿地　landscaping in factory

工厂区内以减轻污染,改善生产环境,为职工提供休憩的绿地。有利于提高生产效益和产品质量。在工厂总体布局中应有相应的绿地面积、绿化种植和设施。其绿地指标、绿化方式及树种选择需根据工厂的类型、用地规模、危害程度等具体情况来处理。　　　(李铮生)

工程地质条件　engineering geology features

指土壤性质、承载力、地震烈度、冲沟、滑坡、岩溶、矿藏分布等及其特点,达到符合城市工程建设需要的程度。　　　(吴明伟)

工商所得税　industrial and commercial income tax

对从事工商业生产和经营活动的非全民所有制的经济单位、个人和不上缴利润的国营企业,根据其所得额征收的一种税。所得额是指"净利润额",即在一定经营期间的收入总额扣除成本、费用、加或减其他损益后的余额。是国家参与企业利润分配的主要形式之一。　　　(谢文蕙)

工商统一税　industry and commerce tax

对在我国境内从事商品生产、销售以及商业、劳务活动的外国企业和中外合资企业,统一征收的工业、商业税。是货物税、商品流通税、营业税和印花税合并简化而成。　　　(谢文蕙)

工业布局　allocation of industry

又称工业配置。工业在地域上的动态分布及工业生产的地域组织。即在系统分析工业生产地域分布现状与历史变化的特点与问题的基础上,预测其未来布局态势和工业建设的具体地域安排,制定不同时期不同地区工业发展的有关政策与措施。研究内容包括:①影响工业布局的因素,包括自然资源与自然条件、社会经济条件和技术条件等的综合分析;②一定地域的工业部门结构,包括部门内部的行业结构与部门间的结构;③各工业部门的布局特点及企业最优区位的选择;④不同层次的工业体系与工业地域组织的形成过程、结构特点与发展规律。

　　　(胡序威　陈　田)

工业城市　industrial city

主要由于工业的设置和发展而形成的职能性质较单一的城镇。其标志是:工业职工、工业用地、工业产值利税分别在全市人口、用地、经济结构中占有很大比重。一般可分为综合性工业城镇或不同工业门类的专业性工业城镇。　　　(赵炳时)

工业地域组合　territorial combination of industry

各工业部门和工业企业在不同类型、不同层次的地域范围内,以合理利用自然资源及在生产、技术和经济上相互协作为基础,运用工业专业化、联合或集聚等组织手段而建成的具有密切内部联系的工业地域。可分若干不同的组织类型:①按等级层次分5级:工业地带、工业地区、工业枢纽、工业区和工业点;②按组合性质分为各类工业地域综合体;③按作用大小分为工业中心和工业基地。

　　　(胡序威　陈　田)

工业发展规划　industrial development planning

政府部门对未来时期工业生产发展所作的部署和安排,规划内容包括确定工业发展方向、目标、速度、重点、技术政策、主要构成比例和地区工业布局,以及工业内部各部门之间、地区之间的关系。

　　　(陶松龄)

工业基地　industrial base

具有相当发达的工业和比较完整的工业生产体系,并在技术经济上对一国或一地区的工业发展起基础或先导作用的工业集中分布区域。范围大至一个省区,如辽宁省;小至一个工业中心或城市,如上海市。一般以一个或若干个大型骨干企业为基础逐步发展起来。按部门结构特点可分为综合性工业基地和专业性工业基地。　　　　　　（胡序威　陈　田）

工业配置

见工业布局(82页)。

工业区规划　planning of industrial district

是城市规划设计工作中的专项规划之一。根据城市总体规划的要求,对城市工业的发展目标、规模和分布提出设想,合理配置市政公用、交通运输设施,配套工业及各项服务设施,综合考虑工业发展、环境保护、交通运输与生活居住的关系,使相互间有良好的协作与配合。　　　　　　（陶松龄）

工业污染　industrial pollution

在工业生产活动中,所产生的废水、废气、废渣,对环境造成的污染的总称,工业污染一般有水污染、大气污染和噪声污染等。　　　　（罗廷栋）

工业小区　industrial quarter

前苏联在20世纪60年代以来采用的一种工业区规划方式。在工业小区内合理紧凑的布置几个至几十个生产性质相同或相近的工厂,组成一个工厂群,共同使用统一布置的服务设施、交通设施和市政工程设施,为生产创造有利的协作条件。为职工提供完善的公共服务设施。这种规划方式改变了过去各厂强调独立,各搞一套公共设施,重复建设的浪费现象。　　　　　　　　　　（商志原）

工业用地　land for industrial use

工矿企业的生产车间、库房、堆场及其附属设施等的建设用地,包括专用的铁路、码头、道路及其他附属设施的用地,不包括露天矿区的用地。我国颁布的《城市用地分类与建设用地标准》(GBJ137—90)规定:工业用地的标准一般宜控制在每人10～25m²,工业用地占城市建设用地的比例为15%～25%,并按工业对城市环境的干扰、污染程度,把工业用地分为三类。　　　　　　（蒋大卫）

工业园　industrial park

一种工业用地的开发形式。它对开发用地规定了一系列技术标准,以合理利用土地和创造较好的生产环境。如规定建筑控制高度、容积率、绿地占地比例等。工业园的内容多为轻工业、服务性工业、轻型机械制造工业、电子工业等污染较轻或没有污染的高科技工业。工业园有纯工业性的,也有综合性的,包括住宅、商店、学校、诊疗所等。　（商志原）

工业园地　industrial park

见工业园(83页)。

工业站　industrial station

为某一地区(工业区)的工业企业或主要为某一大型工业企业服务的铁路专用线接轨站。主要办理工业企业的列车到发、编解、车辆取送、车辆修理、机车整备等作业,有的还办理厂矿与铁路的车辆交接作业。其位置应尽量接近所服务的工业企业地区。　　　　　　　　　　　　　　　　　　（宗　林）

工业中心　industrial centre

工业集中配置,并能在产品生产交换、技术传播、工业协作与工业组织等多方面对周围地区起先导作用的布局点。规模大小取决于工业发展规模。一般以国民生产总值、工业总产值、产业职工人数、工业产品产量、技术装备等多指标来衡量。依据其影响范围的大小,可分为全国性、大区性和地方性的工业中心;依据其结构性质,又可分为综合性和部门的工业中心。　　　　　　　（胡序威　陈　田）

公共服务设施定额指标　public facility index

在城乡规划中,以平均每千人占用公共服务设施的建筑与用地面积为核算单位的定额指标体系。单位为m²/千人。亦称千人指标。我国国家及地方有关部门制定的居住区配套公共设施定额指标均采用千人指标。　　　　　　　　　（吴　晟）

公共关系　public relation

从静态看,是普遍存在于社会组织间以及社会组织与个人间的客观的关系状态。从动态看,是内求团结、外求发展的经营管理活动。通过活动以求达到本组织机构的各项措施与活动符合公众需求,取得他们的信任与合作,并共同受益。　　　（梅保华）

公共建筑定额指标

见公共服务设施定额指标(83页)。

公共建筑绿化　landscaping around public building

公共建筑用地内的树木、花草以及水池等绿化设施,以创造更好的公众活动环境,强化公共建筑的艺术效果,美化市容,提供休息场所。其布局与种植应与建筑物的性质和形体相协调。　　（李铮生）

公共建筑体系　system of public buildings

城市中为社会服务的行政、经济、文化、教育、科研、卫生、体育、商业服务业、文化娱乐等各类公共建筑,以其规模等级、服务范围和建筑布局之间的相互联系、相互制约而组成为一个整体。　　（周杰民）

公共交通　public transportation

又称公共客运。城市中供公众乘用的各种营业性客运方式的总称。有的沿固定线路行驶、固定站点上下乘客、并按规定时刻运行。如:公共汽车、无轨电车、有轨电车、地下铁道等。有的无固定线路或时间,如:出租汽车、小巴等。水上有客运轮渡。

　　　　　　　　　　　　　　　　（徐循初）

公共交通规划　public transportation planning

根据城市规模、用地总体规划,预测城市公共交通总客运量、客运周转量、及其时辰分布和空间分布,选择客运交通方式、确定公共交通方式构成、车种和车数,统筹安排公共交通线路网形式、走向和密度,合理布置客运换乘枢纽、站点和车场设施用地等。 (徐循初)

公共客运
见公共交通(83页)。

公共客运规划　planning of public transport
对城市公共客运方式的选择,确定各类公共客运方式的数量、路线及其所需的各种修理、加油、起讫点等站场设施的综合安排,是保证城市功能正常运行的重要措施之一,也是城市总体规划中的一个重要组成部分。 (陶松龄)

公共绿地　public green space
向公众开放、有一定游憩设施的绿地。包括公园和街头绿地。公园可分为综合性公园(市级、区级、居住区级),专业性公园(动物园、植物园、儿童公园、纪念性公园、古典园林等)和花园。街头绿地是指沿道路、河湖、海岸和城墙等布置,设有一定游憩设施或起装饰性作用的绿地。 (蒋大卫)

公共绿地指标　standards of public green space
见城市园林绿地率及定额指标(41页)。

公共汽车　public bus
有固定的线路和车站、供公众乘用的汽车。可根据燃料、车型、行驶线路长度和活动范围、营运组织方式的不同,给予不同的名称。 (徐循初)

公共设施规划　planning of public facilities
对为城市功能活动服务的各种公共服务设施进行全面考虑和统筹安排。这些公共设施包括:行政管理、商业贸易、邮电信息、文教娱乐、体育卫生、公共服务等。它们有各自的服务对象和规模范围,通常按照分类、分级的要求进行合理分布,既是反映城市物质和文化生活的水平,也是烘托城市建筑空间面貌的基础。 (陶松龄)

公共设施用地　land for public facilities
旧称公共建筑用地。城市中为社会服务的行政、经济、文化、教育、卫生、体育以及科研设计等各项公共设施的建设用地,包括:行政办公用地、金融贸易用地、商业服务业用地、文化娱乐用地、体育用地、医疗卫生用地、教育科研设计用地及其他公共设施用地。公共设施按其服务范围,可分为市级、区级和居住区级;在规划与管理中,对城市在规划期内所需的主要公共设施用地,要作出合理的安排。 (蒋大卫)

公共停车场用地
见社会停车场库用地(198页)。

公害　public nuisance
由于人类活动而引起的环境污染和破坏,以致对公众的健康、安全、生命及财产等造成的危害。此词最早出现在日本1896年的《河川法》中,原是与"公益"相对的用语,指河流侵蚀、妨碍航行等危害。后来,在日本1967年《公害对策基本法》中对"公害"作了定义。《中华人民共和国宪法》第二十六条规定"国家保护和改善生活环境和生态环境,防治污染和其他公害。" (朱祖希)

公路等级　classification of highways
根据交通量及其使用任务、性质对公路划分的等级。我国《公路工程技术标准》规定五个等级:高速公路——一般能适应的年平均昼夜汽车交通量为25 000辆以上;一级公路——一般能适应的年平均昼夜汽车交通量5 000~25 000辆;二级公路——一般能适应按各种车辆折合成载重汽车的年平均昼夜交通量为2 000~5 000辆;三级公路——一般能适应按各种车辆折合成载重汽车的年平均昼夜交通量为2 000辆以下;四级公路——一般能适应按各种车辆折合成载重汽车的年平均昼夜交通量为200辆以下。 (宗 林)

公路技术标准　technical standards
保证各级公路达到其相应等级应具有的效能和安全而定的各种技术性限定条件。内容有行车速度、最小平曲线半径、最大纵坡、最小竖曲线半径、路基宽度、路面宽度、路面等级、停车视距、会车视距、最小转弯半径以及桥、隧净空尺寸等。 (宗 林)

公路用地　land for highway
普通公路、高速公路、公路站场及各种线路的建设用地。城市规划中既要避免过境公路穿越城市,又要使公路与城市道路网络沟通,联系方便。 (蒋大卫)

公墓　cemetery
区别于个别坟墓,集中安葬遗体或骨灰盒的墓地。一般选择在自然景色美丽或绿化环境优美的地方,供人祭扫和凭吊。有特殊纪念意义的人物则设有相应独立的陵园或墓园。除一些供纪念、凭吊的设施外,常形成林木苍郁、环境幽静的园地。大面积的墓地可成为城市绿地系统中的组成部分。 (李铮生)

公司城　company town
指由一个公司企业独家建设经营,以向本单位职工及眷属提供生活居住条件为主要职能的小城镇。早期以工人村的形式出现在西欧工业化国家。现代的公司城多建有相对完善的社区组织和服务设施,环境质量较高,但城市缺乏完整的经济基础和社会结构,生存与发展的条件基本上为公司所控制。

在中国,一些由大中工矿企业兴建的独立型职工生活居住区也可属于公司城的范畴。　　　　（毛其智）

公司债券　company bond

实行股份制的公司为增加资本所发行的债券。公司债券的持有人,可按期取得事先规定的利息,到期取回本金。　　　　　　　　　　　（谢文蕙）

公有住房　public housing

产权为代表公共利益机构所有的住房。我国全民所有制单位的住房,以及由房管局代表地方政府管理的住房,都是公有住房。在外国,代表公共利益的有议会、地方政府和某些特别机构。这些议会、政府和机构所有的住房被称为公有住房。公有住房是相对于私房和集体所有住房而言的。　　（严　正）

公寓　apartment building

设施齐全,且有管理的住宅楼。公寓多为高层或多层住宅。早期公寓大都供出租用,近二三十年以来公寓的所有制也向住户拥有的方向发展,有住户共有公寓和合作公寓两种形式。公寓建筑包括三个主要部分,即私用面积,公用面积和管理服务面积。私用面积是多个公寓套房,每个套房通常和独户住宅一样由配套的厨房、卫生间等空间与几个居住空间组成,套房面积大小、房间数目和质量标准有很大不同,称为不同的套型,一个套房大都占一层,大的套型可占二层,称双层套,国外公寓中还有设三层套的。公共面积包括门厅,走廊、楼电梯等公共交通面积和停车场,有的还包括其他公用设施如洗衣房,住户用大件储藏室和文娱设施等,管理服务面积指办公室、值班室、储藏间、机械设备空间,有时还有维修间。　　　　　　　　　　　　（张守仪）

公园　public park

供公众、游憩、观赏和文娱活动的园林,对城市面貌、市民闲暇活动、生态环境有积极作用,并有防灾避难的效用,是城市公共绿地的主要组成部分。17世纪末,英国资产阶级革命后,将一些皇家贵族的园林向公众开放,出现了公园(public park)之词。19世纪中,开始设计和建造了专供公众游览的近代公园,如美国纽约中央公园,1868年在上海外滩建立了我国第一个公园,辛亥革命后在城市中陆续出现了一些公园,1949年后,公园建设纳入城市建设的组成部分,各城市均有相应的公园设置。我国城市公园分有综合公园,有市、区、居住区级,专类公园如儿童公园、纪念性公园、文化公园、体育公园、动物园、植物园、花园等。按其位置、性质、规模来考虑其布局。使植物、水体、山石和建筑等按科学和技术与美学原则结合起来,要重视植物生态和造景的效果。　　　　　　　　　　　　　　　　　（李铮生）

公园运动　Park Movement

19世纪初工业的迅猛发展,造成了大城市绿色的匮乏,1848年美国造园师唐宁为了满足公众对绿地休憩的需要提出了建立大众均可进入享用的公共公园(public park)的看法,以区别于当时私人或贵族所专用的庭园。不仅可为广大民众提供消除疲劳、寻求慰藉,接触自然的环境,并给大城市引进了绿色天地,发挥其使用价值,得到广泛的拥护和支持。在19世纪下半叶形成了一股社会浪潮,称为公园运动。纽约的“中央公园”,波士顿的“富兰克林公园”,芝加哥的“哥伦比亚博览会”等大城市的公园均由此而形成。　　　　　　　　　　　　　　（李铮生）

公债　government bond

又称国家公债或国债。以政府名义,采用信用方式吸收资金的一种方式。分为国内公债和国外公债,前者简称“内债”,后者简称“外债”。内债是政府在国内举措的债,常以公债券或国库券的方式募集,债权人多为本国公民。外债是政府在国外市场发行或向国外取得的借款,其债权人多为外国政府或个人。　　　　　　　　　　　　　　　（谢文蕙）

公众　public

分散、无定形、无互动的具有不同社会意义的广大范围的人群。如到商店购货的顾客、去剧场观剧的观众、在车站候车的乘客等。　　（梅保华）

公众参与　public participation

又称用户(user)参与、居民(resident)参与、市民(citizen)参与、社区(community)参与等。居民参加居住环境的设计过程。有时也包括决策过程与施工过程居民参与。继居民需求调研后兴起的又一建筑运动。为了更好地作好规划设计,自20世纪六七十年代以来,许多国家在居民参与方面进行了大量探索与实践。从城市规划到单体设计,不同阶段有不同的参与者,参与深度和参与方式也多种多样。在城市规划大范围中,主要是参与讨论规划目标和法案的制定,而在一套住宅内部布置时,住户或在多方案中选择,或者自己设计直到自己施工。居民参与运动的产生与发展,已为英、美、荷、日等国家政府所肯定,它对建筑师职责与建设全过程的改革有重大影响。1977年国际建协会议文件《马丘比丘宪章》指出:“人们必须参与设计的全过程,要使用户成为建筑师工作整体中的一部分。”有些地方还将居民参与提到民主、人权的高度。　　　　（张守仪）

公众花园　public park

古希腊有很多公共活动的场所,在公元前四百年雅典市民首先在阿哥拉镇的公共广场附近植树绿化,形成了公众花园,在希腊各公共广场广泛展开,成为户外活动的重要场地,而称谓之。

（李铮生）

功利性组织 utilitarian organization

以报酬作为控制成员主要手段的社会组织。这种组织与每个人的社会职业直接关联，并有明确的追求目标。如工厂、商店及其他业务机构。功利组织的发展状况对人们的生活水平，以至国家的繁荣发展，都具有重要意义。　　　　　　（梅保华）

功能标准区划 performance standard zoning

一种仅限定使用后影响环境的骚扰和污染最低标准而不具体规定区划地区使用性质的区划方法。常用于工业用地区划。　　　　　　　（黄富厢）

功能分区 functional zoning

城市的空间和用地按物质要素类属和不同的功能要求进行分区布置。城市功能区的划分并不意味着机械地、绝对地划分城市用地，尤其是 20 世纪 70 年代以来国外的一些新城规划建设中努力创造综合性、多功能的环境，提出不要过分严格的功能分区，以免损害城市各组成部分的有机联系。（陶松龄）

供水工程

见给水系统（110 页）。

供应设施用地 land for public utilities

供水、供电、供燃气、供热等工程设施的用地。如水厂、变电站所、高压输电线走廊、储气站、大型锅炉房等所需的用地。在城市规划中，习惯将电厂、煤气厂用地归入工业用地。　　　　　　（蒋大卫）

宫城 imperial palace, forbidden city

都城中帝王朝、寝围以城墙的宫殿所在地，一般多在大城之内，亦称大内，如北京的紫禁城即宫城。　　　　　　　　　　　　　　　（阮仪三）

宫后苑

见故宫御花园（88 页）。

拱桥 arch bridge, rainbow bridge

桥体为拱券结构的桥。中空的圆拱券可以通行舟船，与水中倒影上下辉映，形象十分生动活泼。整座桥梁曲线圆润宛若长虹卧波，故有时又叫做"虹桥"。桥身只有一个拱券的为单孔桥，三个拱券的为三孔桥，这是园林中最常见的，如果桥身跨越较大的水面，则券可在三孔以上。由于其形象活泼、造型优美又富于动态感，多建在园内比较开阔的地段作为水景的主要点缀。在个别情况下，甚至以它作为中心而构成一景，如北京颐和园著名的玉带桥。　　　　　　　　　　　　　　　（周维权）

共筹资金

见集资（110 页）。

共和广场 Republican Forum, Rome

罗马城中心广场群之一，形成于公元前 504 年～公元前 27 年，是城市社会、政治和经济活动的中心，周围建筑较零乱，在形式上也不甚协调。每组建筑群都比以前的规模更大，体现了政治军事权力的增长。这些建筑群组成了古罗马的城市空间。其中罗曼努姆广场（Forum Romanum）平面呈梯形，全部用大理石建成，完全开敞。　　　　　　（黄伟康）

共同沟

见综合管道（282 页）。

贡嘎山风景名胜区

在四川省甘孜藏族自治州境内的国家重点风景名胜区。以贡嘎山为中心，包括泸定县海螺沟、九龙县伍须海和康定县木格错，面积 10 000 余平方千米。贡嘎山海拔 7 500 多米，主峰周围 6 000m 以上的高峰 45 座，现代冰川 159 条。海螺沟内有我国最高最大的冰瀑布及冰川弧、冰川断层、冰川消融等景观。九龙伍须海和康定木格错以高山湖泊、原始森林、草原、瀑布、温泉为景观特色。高原植物野生动物种类丰富。贡嘎山是红军长征经过的地方，有泸定铁索桥等许多革命史迹、遗址。　　（赵健溶）

gou

构图重心 focus of landscape composition

园林空间构图的主要部分，往往是主景的部位。这部位不一定处在全园的地理几何中心，而是在山水景观的最佳处、观赏视线的集中点，游览路线必经的枢纽或主要建筑的轴线。对这部位要着力经营，使主景突出，成为统帅或控制全园景观的中心。　　　　　　　　　　　　　　　（刘家麒）

构造模型 structural model

根据特定的用途和目的，科学地对客观事物进行抽象和简化，提取反映其本质的相关特征，反映到模型中，以便有效并经济地再现客观事物或用于模拟、试验，更好地向决策人提供信息。根据不同目的将产生不同的模型，如反映地形特征的地形模型（俗称沙盘）、反映建筑群的空间关系的城市建筑实体模型、反映事物内部某些特征因素间的数量关系的数学模型，表达事物运动及反馈过程的某些特性的计算机仿真模型以及表达事物内各部分间逻辑关系的图表等。　　　　　　　　　　　　（陈秉钊）

购物街

见商业街(195 页)。

购物中心　shopping centre

由建筑群组成的封闭型购物区。为便利居民购物,集中布置了百货公司、食品商场、饮食店以及各种专业、零售商店,内部用步行街联系,外围可布置停车场。 　　　　　　　　　　　　　(邓述平)

gu

估价

见评估(177 页)。

姑苏城

见苏州(213 页)。

孤植　specimen

空旷地上孤立布置的单株树木,既表现其姿态的美,也标志该空间的景色特征。单株的布置还可以作为甲乙两块林地树种急剧变化时的过渡和联系,即在甲乙林地中分别配置若干株对方林地树种的单株。 　　　　　　　　　　　(沈　洪)

古埃及庭园　ancient Egyptian garden

埃及气候干热,自古重视树木种植和水的利用。三千年前即有庭园的记载。贵族大宅均围抱庭园而建,庭园内树木成行列,果树成畦块,植以棕榈柳枣、无花果、葡萄等;中央有水池,可供灌溉,并养鱼禽,种睡莲、芦苇等。设有凉亭。早期多为实用性树木园,葡萄园和蔬菜园。而至公元前 12 世纪,开始建造为贵显享受审美和宗教意义的庭园。自布局和种植受当时数学等的影响均呈规则式直线构图。此种格局长期影响北非和中亚地区。

　　　　　　　　　　　　　(李铮生)

古罗马宅园　ancient Roman garden

古罗马受希腊文化影响,其宅园仿古希腊柱廊园。园内用花木、喷泉和祭坛作规则而美观的布置,柱廊的地面用石块拼成图案,设有小桌椅等。人型的园内尚有鱼池、河渠、园亭、躺椅等并附有果园及菜园。建造在郊外坡地的山庄,则将坡地辟成不同高程的台地,各层台地分别布置建筑、雕塑、喷泉、水池等,用栏杆、台阶、挡土墙使台地相连,形成建筑与

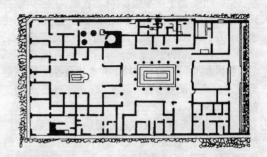

园林的组合。 　　　　　　　　　　　(李铮生)

古树名木　historic tree

古树指树龄在百年以上的大树;名木指树种稀有、名贵或具有历史价值和纪念意义的树木。其中树龄在三百年以上和特别珍贵稀有或具有重要历史价值和纪念意义的古树名木定为一级。古树名木是国家的财富,要像文物那样进行保护管理,严禁砍伐、移植,严防人为和自然的损害。 　　　(刘家麒)

古陶

见平遥(176 页)。

古希腊庭园　ancient Greek garden

古希腊是欧洲文明的摇篮,公元前五世纪,贵族住宅均有柱廊围绕的中庭,设有喷泉、雕塑、瓶饰等,并喜栽芳香植物,形成一种柱廊园形式。在一些神庙、竞技场、市场的附近则结合自然地形有大片绿地,成为公共集聚和休息的场所,设有柱廊、凉亭和座椅等,此种配置对欧洲公园有影响。

　　　　　　　　　　　　　(李铮生)

股份公司　stock company

按照一定章程和法定程序集资合营的一种企业的组织形式。通过发行股票,把分散的资本集中起来而构成企业的总资本。股票持有人名义上都是公司的股东,股东大会是公司的权力机构。随着我国经济体制的改革,开始建立了公有制联合的股份公司、劳动者集资的股份公司,以及与侨资、外资合资经营的股份公司。 　　　　　　　　(谢文蕙)

股票　share certificate stock

股份公司发给股东作为已投资入股的证书和发放股息的凭证。可作为买卖对象或抵押品的有价证券。按是否记名,分为“记名股票”和“不记名股票”,前者必须经过一定的手续才能转让其所有权,后者则可以自由转让。 　　　　　　　　　(谢文蕙)

鼓浪屿－万石山风景名胜区

在福建省厦门岛南部的国家重点风景名胜区。面积230 多平方千米,有“海上花园”之称。鼓浪屿面对大海,周围被大陆、半岛、列岛所环抱,形势壮阔。岛上岗峦起伏,露天岩多呈球块状,日光岩、英雄山等巨石堆

垒,势如涌出。岛上四季如春,林木苍翠,亭台楼阁,掩映错落。有郑成功水操台故址、郑成功纪念馆等历史遗迹。万石山景区位于厦门市区南部,巨大孤石遍布,奇岩怪石构成独特地貌景观。万石湖畔,有热带、亚热带观赏树木四千余种,五老峰下有唐代南普陀寺,营造精致,为闽南佛地之一。 (赵健溶)

鼓励 incentives,bonus

区划规定开发者或建造者提供公益设施,如广场、旷地或公共通道等等,或开发有利于城市发展的规定项目,可以经特准得到较高容积率、或按特殊设计方案实施的优惠。 (黄富厢)

鼓楼 drum tower

古代城市中设有报时钟、鼓的楼阁。系当时城市管理的一项制度。往往在中心附近。唐代城市中设街鼓,晨暮击鼓,以指示坊门启闭。击钟报警以防火及防卫。在一些寺院中也有钟鼓楼。现存的鼓楼、钟楼以北京及西安的保存较好。侗族的村寨中也建有鼓楼,塔式多层,为祭祀活动之用。 (董鉴泓)

固体废物 solid wastes

简称废弃物。被人们丢弃的固体物质和泥状物质,包括从废水、废气中分离出来的固体颗粒物。包括工业固体废物、矿业固体废物、城市固体垃圾和废水处理渣等。只是相对于某一过程或在某一方面没有使用价值。所以,某一过程的废弃物,往往又会成为另一过程的原料。 (朱祖希)

故宫御花园

旧称宫后苑。建于明永乐年间,园东西共130m,南北宽90m,占地约117万m²。南为坤宁门;东南、西南设"琼苑东门"和"琼苑西门",可通东西六宫;北为顺贞门,是宫墙北并列的三座琉璃门,其外是神武门。园景大致分三路:中为五间重檐的钦安殿、天一门等亭台楼阁,依地形而设,寓变化于严整中;殿后左右为太湖石叠砌的假山——"堆秀山",上筑御景亭,是重阳节帝后登临处;殿后右方,为延晖阁,与御景亭相对峙。其间树木竹林相间,各座建筑分布有致。园内二十多座大小建筑物,结构精巧多样,间有古柏山石、花池盆景和五色石子御道。清幽秀丽而又不失帝王宫殿气魄,是一处以建筑为主体的花园。 (鲁晨海)

顾客中心组织 client centered organization

以协助个人排除困难、解决问题为目的社会组织。如医院、各种福利机构。 (梅保华)

guan

关联性

见文脉(231页)。

关西科学城 Kansai science city

位于日本中部京都、大阪、神户之间的"近畿地区"的日本第二代科学城。距京都、大阪各30km,神户港45km,国际机场60km。地区丘陵起伏、森林密布、河网纵横、环境优美,有雄厚的经济实力、发达的交通系统及完整的城市体系。1978年提出建设一个集约文化、学术、尖端科研功能的新城市。1983年进一步提出建设一个具有浓厚文化气息的、有优美自然环境和生态平衡的面向21世纪的实验型样板城市。1985年动工,开发土地25km²。其中科研机构用地约占40%,规划人口12万人。城市按组团式发展,呈分子型多中心结构。9个组团互相分离并各有分工。组团间为保留绿地,便于分期发展,共同构成城市网络。其中第三组团位置居中,功能最多,规模最大,为城市的中心。各组团相应组织低层高密度的居住空间,便于居民接近自然,科学城正在建设之中。 (陈保荣)

关厢 settlement near city gate

接近城门及其附近的居民聚居地段。 (阮仪三)

观光 sightseeing

到外地或外国参观游览。源出日语,在日语中的含义和旅游相同。 (刘家麒)

观光公害 tourist nuisance

同旅游污染,源出日语。 (刘家麒)

观赏点 viewing point

又称视点。观赏园林风景时,游人所在的位置。静态观赏点固定不动;动态观赏时,观赏点沿观赏路线移动。 (刘家麒)

观赏视距

见视距(205页)。

观赏植物 ornamental plant

专指供观赏的植物。如观叶、观花、观果、观姿、闻香、赏奇的各种植物。现常归并于园林植物中。 (沈洪)

管道运输用地 land for piped transmission

运输煤炭、石油和天然气等管道设施的地面建设用地。 (蒋大卫)

管理机构体制 institutional mechanism

区划或规划管理实施的组织机构和运行方式。如关于部门设置、职责权限、申请与批准的规定以及程序、监督与查勘、奖励与惩罚、投诉与仲裁的运行方式等。 (黄富厢)

管网综合

见管线工程综合(88页)。

管线工程综合 pipeline coordination

又称管网综合。它是搜集城市规划区内各项管线工程的规划设计资料、现状资料,加以综合分析研究,从城市的当前建设及发展的要求出发,进行统一安排,较全面地提出符合城市建设总体规划的市政管网规划,协调并解决各项管线工程之间在空间安排上和建造时间上存在的规划设计矛盾。在城市规划的不同工作阶段,对管线工程综合有不同的要求,一般可分为规划综合和设计综合两个工作阶段。规划综合相当于总体规划阶段,它是以各项管线工程的规划资料为基础进行总体布置并编制综合规划图,解决干线在系统布置上的问题,确定干线的走向。设计综合相当于详细规划工作阶段,它是在几项主要管线工程初步设计的基础上进行综合,不仅确定各项管线工程的平面位置,而且还确定其规划控制高程,解决不同管线在交叉处的矛盾,并将它们综合绘制在规划图上。　　　　　　　　(唐炳华)

guang

光化学烟雾　photochemical smog

大气中来自汽车尾气和石油、煤燃烧后排出的氮氧化物和碳氢化合物第一次污染物,在太阳光(紫外线)作用下,所产生的一种具有刺激性的浅蓝色烟雾。其中包括臭氧、过氧酰基硝酸酯(PAN)和醛类等多种复杂的化合物。这种污染物最早发现在20世纪40年代初美国洛杉矶,所以又称洛杉矶型烟雾。其对人体最突出的危害是刺激眼睛和上呼吸道黏膜,引起眼睛红肿和喉炎。　　　　　　　　(朱祖希)

广场用地　land for squares

由建筑物、道路或绿化地带围合而形成的空间。可分交通广场与游憩集会广场两类。交通广场主要设在对外交通站场及大型公共建筑物前,以集散人流、车流,保证交通畅通;游憩集会广场一般设在城市市中心或区中心,供居民进行集会、游行、游憩等公共活动使用。　　　　　　　　(蒋大卫)

广告管理　sign and advertisement control

对城市环境中广告、告示、标牌以及霓虹灯的管理。应以市容管理规章为依据。对历史建筑、里程碑建筑及其背景环境中以及涉及城市轮廓线、重要景观等处的广告管理应从严掌握。　　(黄富厢)

广亩城市　Broadacre City

美国建筑师赖特于1932年提出的一种城市规划模式。20世纪30年代初期他著述了《正在消灭中的城市》和《宽阔的田地》二书,主张取消大城市而建立一种新的、完全分散的、低密度的半农田式社团——广亩城市。每个住户周围都有一英亩土地(4 047m²),足够生产粮食蔬菜。居住区之间以超级公路相连,沿着这些公路,妥善安置路旁的公共服务

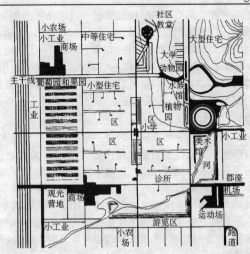

设施、加油站等,使其分布在为整个地区服务的商业服务中心范围之内。　　　　　　　　(沈玉麟)

广群芳谱

清朝河南道监察御史刘灏奉康熙皇帝旨意编著的农业植物学专集。全名《御制佩文斋广群芳谱》。成书于康熙四十七年(1708年)。群芳谱原本大抵托兴众芳,寄情花木,今则将桑麻茶花果木竹卉药谱皆搜罗群编,依类增补,原本的天谱岁谱,今改岁谱为天时,又“记四时长养之理,万汇荣枯之候”,以尊岁令。全书共一百卷,按天时谱、穀谱、桑麻谱、蔬谱、茶谱、花谱、果谱、木谱、竹谱、卉谱、药谱次序叙述。主要谱目引有考证,配以赋咏,重视文采,自成特色。　　　　　　　　(乐卫忠)

广州　Guangzhou

广东省省会。位于该省中部,秦为南海郡,西汉时为南越王国都,三国吴置广州,五代十国为南汉都城,以后为广州、广州路、府治所。广州一直是我国对外交通贸易的港口城市,东汉末年和两晋时期,开始与南洋诸国贸易往来,唐置市舶使,是我国最大的商业城市和海外通商口岸之一。广州又是近代革命的策源地,有三元里平英团旧址、黄花岗七十二烈士墓、黄埔军校旧址、广州公社旧址等。名胜古迹有怀圣寺光塔、光孝塔、南海神庙、六榕寺花塔、镇海楼等。为第一批国家级历史文化名城。广州市区人口295万(1991年末)。京广、广九、广三铁路交点。为华南最大城市,工业有钢铁、化学、石油化工、汽车、橡胶、建材等。手工艺以牙雕、玉雕、广绣等著名。　　　　　　　　(阮仪三)

gui

规划结构　planning structure

城市或局部地区的道路骨架、功能分区、住宅组

团形式和空间布局的结构性安排。以居住区为例一般按三级来组织,一级:居住区级(约50万 m² 用地,3万至5万人);二级:居住小区级(十几万 m² 用地,7千至1.5万人);三级:住宅组团级(二三万 m² 用地,1千至3千人)。也可以再细分成院落或里弄,再组织以道路、公共建筑等设施。 (严 正)

规划人口规模 planning population size

规划中确定的未来某时点一定区域内的居住人口总量。一般以规划期末年度的人口总量为代表。城市规划人口规模是指城市总体规划确定的某规划年度居住在城市地域范围内的人口总量。确定城市规划人口规模是城市总体规划的一项十分重要的工作。它主要根据城市和区域社会经济发展的目标和速度、城市的性质、现状的基础和条件等因素综合研究后确定。

城市人口规模是确定城市用地范围,确定城市的各种公共服务设施和各项基础设施的数量、规模、等级和标准的主要依据之一,并对城市的布局结构有着一定的影响。 (查 克)

规模经济 Economy of scale

在一定的范围内,随着企业生产规模扩大,单位产品能耗、成本降低,进而引起收益增加,即长期运营费用曲线呈下降趋势的现象。可分两类:一是工厂规模经济,即通过设备大型化、专业化,形成大批量生产,以实现产品标准化、专业化、通用化,提高产品质量,降低单位产品成本和设备投资;二是企业规模经济,即通过若干工厂水平和垂直联合组成的经营实体可节省销售费用和大量管理与工程技术人员,调节资金余缺,扩大新产品研制与开发,增强市场竞争力。 (胡序威 陈 田)

规模经济效益 economic benefit of scale

由于企业或城市在达到一定规模后而产生的经济效益。在社会化大生产中,大企业便于应用先进的技术、设备和管理,节约物化劳动和活劳动,从而降低成本。这种效益并非一般递增关系,而是在一定限度内,企业生产规模越大,经济效益越高。城市规模在一定范围内,能够提高基础设施和公共服务设施的利用率,降低城市建设和运行的费用。因而大中城市的经济效益一般要比小城镇高。

(谢文蕙)

规则式园林 formal garden

又称整形式园林、几何型园林。要求严整、对称,追求几何图案美的园林。其特征为:地形由平地、台地、台阶组成;水体外形为几何形的水池、水渠、喷泉、壁泉等;主要建筑物布置在中轴线上,建筑群强调对称或均衡布置,以建筑主轴和次轴控制全局;道路多为直线、几何形网格或环状放射路,广场为几何规整形;植物种植多用行列对称,对树木修剪整形,做成绿篱、绿墙、绿门等,花卉多用图案式毛毡花坛或花坛群;园林景物常用瓶饰、雕像作装点。这种形式适合表现庄严、雄伟、整齐的要求,建造和维护费用较高。 (刘家麒)

硅谷 Silicon Valley

美国加州由旧金山以南从帕洛·奥托(Palo Alto)向圣何塞(San Jose)方向延伸的城市化地带。因地处谷地又为美国高技术电子工业的心脏而得名。地带长48km,宽16km。集中了几千家主要为电子及部分生物技术的工业企业;与企业生产、科研

美国加利福尼亚州硅谷位置

密切结合的高等院校及一些小市镇。地带依托由著名的斯坦福大学于1951年创建的斯坦福研究园沿两条快速路由西北向东南延伸。除位于地带西北端帕洛奥托镇的斯坦福研究园外,所有迁入者皆可按各自的意图设计和组织各自的环境。职工按不同层次分别相对集中居住在不同的地区。硅谷为大型自发形成的高技术工业园区。 (陈保荣)

轨 track

①车子两轮之间横向的距离。古代轨有定制,周制,两轮之间为古尺八尺。《考工记·匠人》中记周王城中"经涂九轨",即指南北干道为九辆车轨的宽度。②近代,轨指路轨,如铁路的钢轨,轨道等。

(董鉴泓)

癸辛杂识

散文式杂记,宋朝周密著。作于杭州癸辛街,因以为名。有前集一卷,后集一卷,续集二卷,别集二

卷,共六卷,记载宋元之间遗闻轶事。前集成书于元朝至元二十四年(1287年),是宋朝野史的主要文献,以记述吴兴园圃与宋汴京艮岳而称著。别集上册记述汴京杂事。是书对中国假山叠石及假山工匠的论述,具有重要史料价值。　　　　　　(乐卫忠)

桂离宫　Katsura Rikyu(Palace)

桂离宫平面图

为日本江户时期智仁亲王所建,位于京都桂川边的日本代表性庭园。面积6万 m²,西面是植樱花的岚山,四周有茂密的竹林,中央是一池湖水,湖中有五个大小不一的岛,主要宫殿位于中央部位,沿湖有四座茶室,各自有其茶庭。从中央宫殿向两侧引出散布道,将茶庭、亭轩等连接起来。园中有16座桥,23座石灯笼,8个洗手钵,其造型各异。树木采用大面积群植,整个山坡种植云片柏、松、杉等,形成浑厚幽深的气氛。

　　　　　　　　　　　　(李铮生)

桂林　Guilin

位于广西壮族自治区北部,秦时在此开凿了著名的水利工程——灵渠。汉置始安县,唐为桂州治所,明、清为桂林府治。漓江流经市中,山奇水秀,奇峰罗列,江水清澈,素有"桂林山水甲天下"之称,不少名人留下题诗题记。风景名胜有独秀峰、叠彩山、七星岩、月牙山、芦笛岩等。为第一批国家级历史文化名城。桂林市区人口37.2万(1991年末)。湘桂铁路经此,工业有机械、纺织、化学、水泥等,历史上是广西政治、文化中心和军事重镇。　　(阮仪三)

桂林漓江风景名胜区

包括桂林市、阳朔县和临桂、灵川、兴安、永福、龙胜等县一部分的国家重点风景名胜区。总面积2 064km²。"江作青罗带,山如碧玉簪"描绘出典型的岩溶峰林地貌。山峰平地崛起,或孤峰兀立,或峰丛连座,或峰林簇拥,姿态各异。老人山、象鼻山、骆驼山、骑马山、芙蓉山、叠彩山、斗鸡山、画山、书僮山、月亮山,形肖神似。漓江及其支流桃花江、遇龙河、金宝河、黄沙河,回环于石山峰林之间。桂林有山皆洞,无洞不奇。著名者有芦笛岩、七星岩、莲花岩、乳洞岩等。文物古迹有建于公元前223~公元前214年的兴安灵渠,有建于秦汉的兴安古严关,有建于明朝的靖江王陵、普贤塔、花桥。摩崖石刻和造像不计其数,美不胜收。　　　　　　　　(王早生)

桂平西山风景名胜区

在广西壮族自治区桂平县境内的国家重点风景名胜区。以西山为中心,包括金田村、金田营盘、浔州古城、白石洞天、大滕峡、罗丛岩、紫荆山、大平山原始森林等,总面积约2 000km²。以"石奇、树秀、泉甘、茶香"著名。山上古树参天,峰峦嵯峨,石径曲幽,绿阴遍地。有较为完整的广西佛教建筑、庙宇,如李公祠、洗石庵、龙华寺、乳泉亭、飞阁等建筑物,还有历代文人墨客赞赏西山诗词对联四千余首。周围有太平天国革命遗址金田村等历史文化遗存。

　　　　　　　　　　　　(赵健溶)

guo

国道　national highway

国家级公路干道。全国公路网系统的主要组成部分,包括国际性公路和联系国内各主要行政、经济和文化中心城市的公路。　　　　　(宗　林)

国定公园　national park

日本自然公园的一种。是优美的自然风景地区,由有关的都、道、府、县提出报告,报自然公园审议会审议,经厚生省大臣批准,指定一定的区域,由都、道、府、县来管理的,称为国定公园。

　　　　　　　　　　　　(刘家麒)

国都

见都城(61页)。

国防城市　defence city

以军事边防为主要目的设置且职能性质较单一的城镇。一般位于国家边境地带或沿海,规模不大但驻军及军事设施较为集中。　　(赵炳时)

国际航线机场　international airport

为国际航空运输服务的机场。航程以中程与远程为主,机场的技术标准和设施应符合国际民航组织(ICAO)的要求,还须设出入境、移民、海关和检疫等机构与设施。　　　　　　(宗　林)

国家公园　national park

是在保护自然生态的前提下,在环境容量允许的范围内,有控制有管理地向群众开放,供旅游、娱乐、进行科学研究和科学普及的区域。最早由美国建立。1872年美国国会通过了设立国家公园的法案,建立黄石国家公园。1916年美国一项法令规定:"要把国家公园内的天然风景、自然变迁遗迹、野生动物和历史古迹,按原有环境,世世代代保护下去"。美国有完整的国家公园系统,包括以自然景观为主的国家公园,以人文景观为主的国家历史公园,还有国家游乐区、国家纪念地、国家纪念物、国家禁猎地、国家海滨区、国家战场公园、国家墓地等。欧、美洲各国及日本等受其影响,也建立了自己的国家公园。1962、1972 年先后召开过二次国家公园国际会议。全世界已有 100 多个国家建立了约 1 200 个国家公园。我国的国家重点风景名胜区即具有国家公园的性质。　　　　　　　　　　　　（刘家麒）

国家公债

见公债(85 页)。

国家森林　national forest

美国农林部林务局管理的国有林地。其功能是综合利用和维持最大限度的生产,发展木材资源、野生动物、饲料和与森林有关的物产,利用森林环境和水源提供户外游乐。　　　　　　　　　　（刘家麒）

国家重点风景名胜区　national key scenic area

经国家批准的具有重要的观赏、文化或科学价值,景观独特,国内外著名,规模较大的风景名胜区。1982 年 11 月 8 日,国务院批准了我国第一批国家重点风景名胜区,并要求各地区,各部门切实做好风景名胜区的保护和管理工作。第一批国家重点风景名胜区共 44 处,其中有八达岭——十三陵、承德避暑山庄外八庙、五台山、太湖、南京钟山、杭州西湖、九华山、普陀山、庐山、井冈山、泰山、洛阳龙门、桂林漓江、峨眉山、长江三峡、黄果树、路南石林、华山、天山天池等。1988 年 8 月 1 日,国务院又批准第二批国家重点风景名胜区共 40 处。84 处国家重点风景名胜区总面积达 3.9 万 km²。　　　（陈为邦）

国库券　exchequer bond

国家发行的一种公债券,主要用于政府财政收支、保证重点建设的需要。定期偿还并支付利息,可按规定贴现或在批准的城市上市。　　　（谢文蕙）

国立公园　national park

日本自然公园的一种。日本《自然公园法》规定:"足以代表我国(日本)风景的杰出自然风景地区,由厚生省大臣听取自然公园审议会的意见,指定一定的区域,并加以管理。"的称为国立公园。

　　　　　　　　　　　　（刘家麒）

国民生产总值　gross national product (GNP)

一国或一个地区在一定时期(通常一年)内所生产的最终产品和劳务的市场价值的总和。通常由国民经济各物质生产部门的净产值、固定资产折旧、非物质生产部门的纯收入三部分组成。这一指标主要用来研究经济发展水平、增长速度、各种比例关系以及人民生活水平等问题。　　　　　　　（谢文蕙）

国民收入　national income

社会总产值的一部分。从价值形态看,是一定时期内物质生产部门新创造的价值,即各物质生产部门净产值之和,反映该时期物质生产部门所消耗的全部活劳动。从实物形态看,是社会总产品中扣除用于补偿已消耗掉的生产资料以后,余下来的那部分可用于扩大再生产和消费的生产资料和消费资料。国民收入是国民经济的重要综合指标,可以反映一定时期国家或一个地区的经济实力。

　　　　　　　　　　　　（谢文蕙）

国土　territory

主权国家管辖下的领土、领海和领空的政治地域。领土包括主权国家的陆域及其地下层;领海包括因其地理位置特点、经济发展和国防需要而自行确定的与其海岸或内水相邻接的一定范围的海域;领空包括领土和领海范围内的全部上空。

　　　　　　　　　　（胡序威　陈　田）

国土整治　territorial management

按照客观的自然规律和经济规律,有针对性地对国土资源进行开发、利用、治理、保护以及为此目的而进行的国土规划、立法和管理。基本内容包括:①对国土资源进行大规模综合考察;②开展国土规划,特别是对重点地区编制开发整治规划;③加强国土立法和国土管理;④保护自然资源和环境。

　　　　　　　　　　（胡序威　陈　田）

国营农场　state-run farm

国家投资经营的农业生产单位。我国目前有2 000 多个国营农场。近十年来,国营农场的生产和建设事业有了很大发展,许多农场的场部所在地已按规划建成了具有一定规模的小城镇,人口一般在2 000～5 000 人之间,较大的国营农场场部,如江西共青垦殖场场部"共青城",人口已超过万人。

　　　　　　　　　　　　（金大勤）

国有地　state-owned land

《中华人民共和国土地管理法》规定属于国家所有的土地。"城市市区的土地属于全民所有即国家所有"。"农村和城市郊区的土地。除法律规定属于国家所有的以外,属于集体所有;宅基地和自留地、自留山,属于集体所有。"　　　　（金大勤）

国有经济　national economy

生产资料为国家所有的经济形式。在我国社会主义国有经济在性质上属于全民所有制经济。国有经济的经营方式已日趋多元化,根据企业所有权与经营权分离的原则,国家一般不经营企业,实行多种形式的承包经营责任制。这是社会化大生产的必然趋势,有利于发展社会主义商品经济,并促进国有资产的增值。　　　　　　　　　　（谢文蕙）

国债

见公债(85 页)。

果园规划　orchard planning

在一定地段内,对果树树种和品种加以合理布置,并确定道路、林带和辅助性建筑物位置的专业规划。果园规划的主要任务,是使园内土地得到合理

利用,促进果树的发育生长,合理组织生产,提高劳动生产率。 　　　　　　　　　　　(金大勤)

过度城市化 over-urbanization

　　过量的乡村人口向城市迁移超越国家经济发展承受能力的现象。主要发生在某些发展中国家。这一术语常在比较发展中国家和西方发达国家的城市化时使用。据认为某些发展中国家的城市化水平比发达国家在相似工业化水平时要高得多。从而认为相对于经济发展水平,前者有太多的城镇人口,导致城市中产生过高的失业率,出现贫困、贫民窟、犯罪、社会动乱等问题。另一种意见却认为,不能用 20 世纪的发展中国家和 19 世纪的西欧国家简单类比,某些统计分析表明,这是由于农业系统效率的提高要求人口城市化,而资金密集型的工业化不能充分吸收农业释放的劳动力所造成的。 　(周一星)

过户 assignment of title

　　更换房屋承租人姓名。一般发生在承租人外迁或死亡时,承租人未去世而申请过户者。必须符合有关规定,具备法律手续。 　　　　　(严 正)

过街楼 stories over passage

　　跨越道路的楼房。一般跨越次要道路。主要作用是连接道路两旁的建筑,提高土地利用率。过街楼还可用作长度超过 80m 的周边式住宅的防火通道。 　　　　　　　　　　　(开 彦)

过境交通 through traffic

　　不以该城镇为始发地或目的地而利用城镇道路通过的客、货运输车流。与城镇内部的联系极少,应尽量避免进入城区干扰城镇生活,可在城镇边缘为其安排好通道以及短暂停留所需的设施。

　　　　　　　　　　　　　　　(宗 林)

H

ha

哈德良山庄 Villa Hadrian, ancient Rome

　　罗马帝国皇帝哈德良(公元 117~138 年)在罗马东郊梯沃里建造的别墅。规模宏大,面积 18km²,由一系列的馆阁庭园组成,用于施政中心,除御用起居建筑外,还有剧场、浴室和健身房等。通过步道、柱廊、渠道、修剪植物、精美雕刻等依山就势地连接起来,构成宏大的山庄。

图例:
- 居住用地 　铁路
- 工业
- 城市及区中心 　P 小学
- 绿地及农业用地 　S 中学
- 　　　　　　　H 医院

北

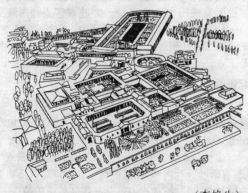

(李铮生)

哈罗 Harlow

　　英国第一代新城。位于伦敦东北 37km 以独立自足为目标的卫星城。1947 年开始规划,用地 25.9km²。最初规划人口规模为 6 万人。后改为 8 万人。城市有独立的自行车及步行道路系统。利用地形将城市分为四个由邻里单位组成的居住区,居住净密度为 125~175 人/万 m²。市中心为岛式布置。兼为周围地区服务,周围为车行道及停车场。有两个独立的工业区。楔形绿地依地形伸至城市中心,并成为居住区的隔离带。哈罗城的规划与建设曾引起世界各国的关注。实践证明,由于规模过小,人口密度过

低,难以组织人们所向往的城市生活,就业岗位的单调,也影响城市的吸引力。　　　　(陈保荣)

hai

海底城市　Submarine city

一种建立于海底的未来城市设想。日本于 20 世纪 70 年代初提出建立海底城市的设想。其方案之一是由许多圆柱体城市单元组成一个城市整体。每个圆柱体城市单元与其他单元的连接采用自动步行装置以及运输交通轨。突出海面的仅是供直升飞机升降与轮船泊岸的大平台以及少数高级住宅,其他均位于海平面以下。1983 年日本还制定了一个建设"巨大的海上信息城"的研究计划,是坐落在水深 100m 的海底,以一万座桥墩以支撑一座海面以下 100m 和海面以上 100m、5km 见方的海底城市。
　　　　(沈玉麟)

海上城市　floating city

一种漂浮于海上的未来城市设想。20 世纪 70 年代初美国建筑师富勒设计的海上城市,有 20 层高,可漂浮于 6～9m 深的港湾或海边,与陆上有桥连通。这是一个四面体,成上小下大的锥形。城市人口可容 15 000～30 000 人,以 3～6 个邻里单位组成,并可设置无害轻工业厂房。富勒的另一个设想方案是一个四面锥体,可容 100 万人口,可在海上浮游,可停泊与锚驻于海上任何地方。　　(沈玉麟)

海水浴场　bathing beach

利用海水和沙滩供群众作游泳、日光浴等休憩活动的场地。多在天然海岸,包括陆域和海域两部分。陆域部分最好有纵深 30m 以上的沙滩,作为日光浴场和布置附属设施;水域宽度一般 100～200m,要求水质清洁,透明度不低于 50cm,海底坡度最佳为 1/60～1/30,海底质沙粒最佳粒径中值为 0.3～0.4mm。良好的海水浴场是很好的旅游资源,往往能成为风景区或休疗养胜地。
　　　　(刘家麒)

海棠门　crabapple-shaped door opening

园墙上开设的长方形门洞。门框为磨砖对缝拼镶,四角做成海棠瓣的线脚,不安装门扇。这种门的形象较窄而修长,在中国园林里面一般设在分隔园林空间的院墙上作为次要的交通孔道,或者用作为小庭院、侧院、天井的出入口。如果衬以少许山石花木之点缀也能形成"框景"。　　(周维权)

han

邯郸(赵)　Handan(the Zhao Dynasty)

战国时赵国都城。在今河北邯郸市。自赵敬侯于公元前 386 年迁都邯郸,至公元前 222 年秦灭赵,共在此建都 164 年。宫城与大城不相连,宫城由三个小城组成,南面东西两城并列,北面尚附一城。故城内现存夯土台甚多。长宽在 50m 以上的有十座,最大一台长宽为 260m 以上,是主要的宫殿遗址。1970 年又发掘出紧邻上述三城尚有一缺西北角的大城,东西宽 3 200m,南北长 4 800m,城内有制铁、制陶等作坊遗址,是居民区及手工业区。1961 年定为全国重点文物保护单位。

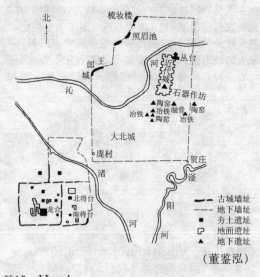
　　　　(董鉴泓)

韩城　Hancheng

位于陕西省东部。西周时为韩侯封地,春秋称韩源,秦、汉为夏阳县,隋代称韩城县。旧城内保存有传统风貌的街道和民居,还有文庙、城隍庙等古建筑群,城郊有旧石器洞穴遗址、战国魏长城、司马迁墓和祠、汉墓群、法王庙、普照寺、金代砖塔等。为第二批国家级历史文化名城。韩城市区人口 8.4 万(1991 年末)。侯西铁路斜贯境内,森林资源丰富、矿产有煤、铁、铜等。有采矿、电力、钢铁、农机、化肥等工业。
　　　　(阮仪三)

寒碧山庄

见留园(147 页)。

寒温带针叶林　needle-leaved forest at frigid-temperate

生长在寒温带的针叶树组成的森林。其景观特征:有落叶针叶树和常绿针叶树的乔木层,林下有灌木层和草本层,树种比温带落叶阔叶林更单纯。
　　　　(沈　洪)

旱船　dry boat

同船厅(45 页)。

hang

行列式布局　layout in rows

住宅规划布置时的一种方式。即将住宅互相平行排列,我国各地多以南北向前后布置为宜。优点:可以避免东西向住宅,为每个住宅单元创造良好朝向。缺点:形式单调,千篇一律。　　　(严　正)

行植　planting in row

又称列植。即按直线或几何线型栽植的方式。常用于道路、广场作规则式的布置。不等株距的行植常可作为规则向自然过渡的形式。密植成墙垣状的行植又称绿篱。　　　　　　　　(沈　洪)

杭州　Hangzhou

浙江省省会,位于该省北部钱塘江畔,古称钱塘,又称武林。秦置钱塘县,隋为杭州治所,五代时是吴越国都,南宋时以此为行都,元、明、清为路、府、省治所。隋代开凿大运河以杭州为终点,杭州的商业、手工业、文化十分发达,并成为重要的贸易港口。这里湖山秀丽,风景幽美,是著名的旅游城市。西湖风光旖旎并有众多的文物古迹和名胜,有宋故城遗址、灵隐寺、岳庙、六和塔、飞来峰与造像、西泠印社等。为第一批国家级历史文化名城。杭州市区人口111.2万(1991年末),工业有冶金、化学、橡胶、电子、机械等,以产丝绸、茶叶著名。　　(阮仪三)

航道　channel

水域中天然或人工开挖供船舶行驶的水道。要求航行安全和维护费用低。人工航道的深度与宽度取决于航行船舶的尺度与吨位。海港的进港航道方位要力求与风、流、浪的合力方向平行,避免横跨航道的水流。我国内河航道按通航的代表船型的尺度与吨位划分等级,分别规定了在枯水期航道最小的水深、底宽、桥梁净空等尺度。　　(宗　林)

航空港　air port

有固定航线营运供旅客、货物运输使用的航空运输机场及其服务设施的总称。由飞行区与服务区两大部分组成。按航线营运的范围有国内支线、国内干线、国际航线等类型;又可按机场跑道和设施划分使用等级。由于飞机起飞、降落的净空限制要求及对周围环境的干扰,其位置不宜靠近市区;但应与市区有便捷的地面交通联系。有一些大型航空港发展成为航空港城镇。　　　　　(宗　林)

航线　flight line

联系各港口水上或空中规定的航行路线。沿线须有保障航行安全的设施和措施。空中航线指组织飞机安全航行的空中走廊。按我国规定,空中航线宽度为8~20km;高度层的划分为:6 000m以下,每隔600m为一层;6 000m以上每隔1 200m为一层。两机场之间的航线要根据沿线地区的气象资料、空间障碍物等情况划定。飞机必须在地面设置的地标及导航设备的引导下,在一定宽度、高度层的航线中飞行。　　　　　　　　　　(宗　林)

航站区

见机场服务区(107页)。

hao

好山园

即清代颐和园前身。明代弘治年间(1488年~1505年)修建。原为金代完颜亮"金山行宫"旧址,至明弘治七年(1494年)助圣夫人罗氏在瓮山(今万寿山)建圆静寺后,皇室又建此园。　　(鲁晨海)

he

合乘　car pool,vanpool

一种由数人约定在上班、上学或娱乐时,合乘一辆非营业性、由合乘人驾驶的私人汽车的措施。以减少道路交通量、汽油消耗和空气污染。合乘的汽车在道路上往往有优先行驶权。有的城市还给以专用车道。　　　　　　　　　　(徐循初)

合肥旧城改造规划

合肥市的旧城改造规划在国内很有影响,其特色是周密调查研究,实事求是。合肥原是一个只有5万人口的破旧城市,解放后多次制定及修订规划,并认真执行,至1986年已发展成为一个有60多万人口以工业科研为主的大城市。城市总体布局是三翼风车形,从三个方向保持绿地及农田楔形插入城

合肥城市总体规划示意图(1979)

市,又沿原来的城墙及护城河、建成环状绿带,形成较好的城市环境。旧区改造与新区建设密切配合,对旧城采取认真对待,逐步改造的方针,而不是推倒重来。20世纪50年代保留了原来的商业街,而在其南拆迁阻力较小的地带,平行老街新建宽敞的长江路,以后在同春巷、柳木巷等地,也发动居民参与,进行少花钱办实事的改造调整规划。1984年又在七桂塘、城隍庙地区进行改建规划,并制定一些切实可行的政策,使这些规划很快实现并保留城市传统风貌。为此国家建委在此召开全国旧城改造的经验交流会,肯定及推广合肥的经验。　　　(董鉴泓)

合住　shared occupancy

一套住宅由两个或两个以上住户共同使用,合住是在住宅短缺时的一种应急办法。　　　(严　正)

合资企业　joint venture

由我方和外商共同投资,外商一般提供资金、生产技术、设备等。我方提供土地、建筑物、原料和劳动力等,在我国建设生产项目。根据我国的法律规定。项目建成后双方共同经营,按双方投资比例共同分享利润和担负风险,若干年后固定资产为我国所有。　　　(谢文蕙)

合作建造住房　cooperative housing

一组人为解决自己的住房问题组织起来。在国家、集体的帮助下,自己出资建造的住宅。这个组织通常叫住房合作社。合作建造的住房的产权形成一般为合作社集体所有或带一定条件的私有。

　　　(严　正)

合作经营企业　cooperative enterprise

指由我方提供土地、劳力等,外商提供资金、设备、技术、材料等,共同合作兴办的企事业。外商提供的资金、设备、材料不是以投资者作为投资股份与我方合作,建成后不与我方共同经营管理,不共同承担风险。而是根据双方商定的条件按合同规定分取收益,合作期满即宣告合作经营结束。期满后外商提供的设备原则上归我方所有。

　　　(谢文蕙)

何园

又称寄啸山庄。在江苏扬州市花园巷。清光绪年间（1875～1908年）,为何芷舠在双槐园旧址上扩建。园分东、西部分。东部以楠木船厅、湖石假山及阁楼等组成。西部以水池为中心;池北为蝴蝶厅,池西为湖石假山,植白皮松,有山径至楼厅;楼旁以复廊联通全园,环绕池周,可瞰园景;池东筑方亭,以桥相接。东、西两部分则以游廊相连。此园以厅堂为主,以水池为中心,复道廊与假山下交通、园景环水、水石建筑相映成趣等特点,为此时期代表作品。

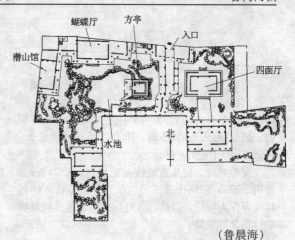

（鲁晨海）

河西四郡

指甘肃河西走廊的武威、张掖、酒泉、敦煌。汉武帝时为打击北方匈奴的骚扰,派兵打通至西域的商路,并设立武威、张掖、酒泉、敦煌四郡及一系列防御设施。这四个城市是丝绸之路上的重要商贸中心。武威、张掖、敦煌为第二批国家级历史文化名城。　　　(董鉴泓)

核查线　screenline

在城市交通调查的用地范围内、纵横方向分隔用地为几个大区的线,用以校核各交通小区统计的交通出行量。它常是对交通起天然或人工障碍作用的分隔线,如:山脉、河流、铁路等,用以计算越过它时不超过一次,以免重复记录。　　　(徐循初)

核心边缘论　core-periphery theory

解释区域空间演变模式的理论。由美国地理学家丁·弗里德曼于1966年提出。该理论认为:任何区域都是由一个或若干个核心区域和边缘区域组成。核心地区是由一个城市或城市集群及其周围地区所组成,边缘区的界限则由核心与外围的关系来确定。区域经济发展在空间上的表现一般经历4个阶段:①工业化前阶段。地区之间彼此孤立,不成系统。②工业化初期阶段。边缘区的资源、人力、资金等向核心流动,核心不断向边缘扩张,核心与边缘发展不平衡。③工业化成熟阶段。核心迅速发展,并对边缘起着支配和控制的作用。新的较小规模的核心出现,使原有边缘地区逐渐并入几个核心地区之中。④后工业化阶段。边缘地区产生的次中心逐步发展,与原有中心相当规模,达到相互平衡,整个地区变成一个功能上相互依赖的城市体系,开始有关联地平衡发展。　　　(胡序威　陈　田)

核心家庭　nuclear family

又称基础家庭。由一对夫妇及未婚子女组成的家庭。是通过演变而形成各类家庭的核心或基础。人的一生,通常分属两个核心家庭,即由生养自己的父母组成的家庭及由本人合法婚姻建立的家庭。

（梅保华）

hei

黑城（西夏） Heicheng（the Western Xia Dynasty）

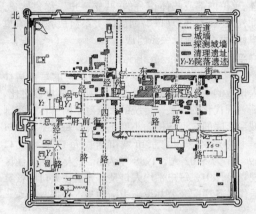

西夏时的重要城市。位于今内蒙古阿拉善旗，西临额齐拉河，在当时西夏国境内东西交通线上，是当时镇燕军所在地。城址略呈方形，南北长424m，东西长346m，城墙砖砌，高约9m，东西墙各开一门，有方形瓮城。城中部偏西北为一大寺庙，西北角楼建有西藏噶当式喇嘛塔。城内除数处喇嘛寺外多为空地，可能为一般居民所住的帐篷区。

（董鉴泓）

heng

恒山风景名胜区

在山西省浑源县的国家重点风景名胜区。在四千多年前被舜帝封为北岳，为五岳之一。恒山为石灰岩质断层山，山势雄伟，奇峰壁立。主峰天峰岭海拔2 049m，与翠屏峰对峙，巍然如阙，沟深谷邃，山势陡峭，天险绝塞。恒山主庙为恒宗殿，供奉北岳大帝全身塑像。悬空寺为奇景之首。始建于北魏，徐霞客称其为"天下巨观"。整组建筑上载危岩，下临深谷，楼阁悬空，结构惊险，一条登天小路弯曲向上，足下透风，令人胆战心惊。方寸之地，有殿阁四十座，佛像七八十尊，与山岩浑然一体。三教殿供奉释迦牟尼、老子、孔子，和睦共处。还有舍身崖、苦甜井、飞石窟、果老岭、悬根古松、会仙府、穆桂英点将台等景点。

（王早生）

衡山风景名胜区

在湖南省衡阳市境内的国家重点风景名胜区。面积85km²。衡山为我国五岳之南岳。山体主要由花岗岩构成，山势雄伟，群峰族拥，有大小山峰72峰，以祝融、天柱、芙蓉、紫盖、石廪、五峰为最著。主峰祝融峰海拔1 290m。现存南岳庙、祝圣寺、福严寺、南台寺、上封寺等寺庙多处。祝融峰之高，藏经殿之秀，方广寺之深，水帘洞之奇为南岳"四绝"。衡山林木繁茂，终年翠绿，奇花异草，四时郁香，素有"南岳独秀"之称。历代帝王和文人墨客来此巡狩、祭祀、聚会、讲学，留有许多古迹和大量诗词、题咏、摩崖石刻。

（赵健溶）

hong

红灯区 redlight district

城市中妓院及色情场所集中的地段。

（赵炳时）

红枫湖风景名胜区

在贵州省清镇、平坝县境内的国家重点风景名胜区。湖水面积57km²。湖中岛屿100多个，以岩溶地貌和湖光山色为特色，是贵州高原上最大的人工湖。湖区分为北湖、中湖、南湖和后湖。北湖碧波万顷，中湖水狭山奇，南湖山重水复，后湖群峰环水。南湖将军湾溶洞群中的将军洞，长达600多米，有3个洞中湖，白而透明的各种钟乳石倒映水面，似水晶宫殿，形成山里有湖、湖里有岛、岛上有洞、洞中有湖、洞湖相通的奇特景色。

（赵健溶）

红宫

见阿尔罕伯拉宫（1页）。

宏观城市经济学 macrocosmic urban economics

强调从国民经济、区域经济与城市经济的联系中，研究各个城市的经济职能和发展方向。这一理论在平衡和协调国民经济中各部门、各地区之间的关系具有积极作用。主要代表作有前苏联伊里英著的《城市经济学》。

（谢文蕙）

宏观调控 Macro-control

对国民经济或一个地区、一个城市的经济运行所进行的调节和控制。包括：调控社会总需求与总供给；调控积累和消费的比例；调控财力、物力、人力的流向；调控生产力布局和产业结构；调控市场价格等。宏观调控是使国民经济或城市经济协调地运行和发展的重要经济手段。

（谢文蕙）

宏观效益分析 macroeconomic efficiency analysis

是从国家和长远的利益出发，研究经济活动效果的方法，如对经济政策实施效果的分析。它主要是分析某项经济活动所付出的代价与所获得的经济效益在总体上对国家的得失比较。

（谢文蕙）

hou

后联系数

见影响力系数(258页)。

hu

呼和浩特　Huhehaote

内蒙古自治区的首府位于内蒙古自治区中部,大青山以南。"呼和浩特"蒙语意为"青色的城",自古就是北方少数民族与汉族经济文化交往地。现老城称"归化"为明代所建,清初在其东北建新城称"绥远"。后合并称归绥。名胜古迹有金刚宝座塔、清真大寺、将军署旧址、昭君墓、万部华严经塔、清公主府,以及大召、席力图召、乌素图召等喇嘛寺庙。为第二批国家级历史文化名城。呼和浩特市区人口66万(1991年末)。工业有毛纺、机械、钢铁、化学、畜产加工、乳品等,是我国重要毛纺工业中心之一。

（阮仪三）

胡同　lane, alley

中国北方一些城镇中巷道的称呼。该名称在元大都中首先使用。《正字通·行部》:"衚衕,街也。今京师巷道名衚衕,或省作胡同"。参见巷(242页)

（董鉴泓）

湖山便览

名胜专记。清朝翟同(字灏瀚)著。始刊于乾隆乙酉(1765年),记述杭州西湖与近郊山川名胜,共十二卷,按地域分述:卷一纪盛,卷二、三孤山路,卷四至六北山路,卷七至十南山路,卷十一江干路,卷十二吴山路,另附有西湖十景插图。　（乐卫忠）

湖园

唐代著名的私家园林。为唐朝宰相裴度在洛阳集贤里(今河南洛阳南郊狮子桥一带)的宅园。旧址无存,仅见于《洛阳名园记》。园大约建于唐文宗时(公元827~840年)。宋时,又添新筑。此园以兼具六胜而名,即:宏大、幽邃、人力、苍古、水泉、登眺。园以湖为主景区,辅以林木幽邃的山景。湖景区,水面宽阔,采用传统的水中筑岛屿、建亭堂的手法,主要建筑有百花洲、四并堂等。　（鲁晨海）

互动　interaction

个人之间、群体之间,以及个人与群体之间交互作用的过程。这种交互作用通过语言、文字、图像、行动等媒介产生一定的影响。是社会横向关系的动态体现。是社会生活、社会行为的基础。

（梅保华）

互利性组织　mutual benefit organization

能为组织及其成员提供整体利益,并能激发成员情绪的社会组织。如工会。　　　（梅保华）

户　household

又称住户。以某种关系共同居住在一处的一组人。《中华人民共和国户口登记条例》规定:同主管人共同居住一处的立为一户,以主管人为户主。单身居住的自立一户,以本人为户主,居住在机关、团体、单位内部或集体宿舍的,共立一户。称集体户。此外,还有家庭户(以婚姻血缘关系组成)和非家庭户(不由婚姻血缘关系组成)。　　（严　正）

户平均人口　average household size

一定地域范围内,不同户型结构的每户居住人口数的平均值。即居住总人口数与总户数之比。随着现代化的发展,传统的大家庭不断解体,我国城乡家庭的户型结构向小型化发展,每户平均人口呈下降趋势。如北京市城市居民每户平均人口1960年为5.02人,1988年为3.22人。在居住区规划设计中,每户平均人口是计算居住人口以核算居住区各项配套公共设施指标的基本依据。

（吴　晟）

户数密度　density of household (flat)

又称套密度,一定地域范围内,单位用地上的住宅所容纳的居住户数或单位用地上所容纳的住宅的套数,单位为户/万 m² 或套/万 m²。它与人口密度指标相对应,是居住区规划技术经济指标的组成部分。居住区户数密度(套密度)按其不同的用地基数,可分为毛密度和净密度。毛密度为单位居住用地内所容纳的居住户数(或住宅套数);净密度为单位住宅用地内所容纳的居住户数(或住宅套数)。即:

$$毛密度 = \frac{居住户数(或住宅套数)}{居住用地}$$

$$净密度 = \frac{居住户数(或住宅套数)}{住宅用地}$$

（吴　晟）

户型　type of household

按户人口特征对住户进行的分类。按人口数量分有一口户、两口户、四口户等;按人际分有一代户、两代户等;按婚姻家庭关系分有核心户,主干户,联合户以及非家庭户等类型。　　（张守仪）

hua

花镜

另名《园林花镜》,是一本专论观赏植物,并涉及果树栽培与养禽鸟法的专著,为园艺方面的早期文献。著者,陈淏子,另署西湖花隐翁,生于明万历四十年（1612 年），卒于清康熙年间（169？年）。全书共六卷，并附录一卷。卷一花历新裁，卷二课花十八法，卷三花木类考，卷四花果类考，卷五藤蔓类考，卷六花草类考，附录养禽鸟法。入选植物计三百余种，课花十八法属最精彩篇卷，为著者毕生经验的总结。

（乐卫忠）

花畦　flower bed

见树畦（207 页）。

花山风景名胜区

在广西壮族自治区宁明、龙洲县境内的国家重点风景名胜区。以古代壮族的大量山崖壁画为主要特色，分布于 2 800 多平方千米范围之内，大壁画有 64 处，最集中的是花山和棉江两处。宁明花山高约 250m，形似鹰嘴，峭壁临江，钟乳凝结。崖壁画面巨大，高约 40m，长约 200m，有各种人、物图像 3 100 余幅，人像最大高达 3m，最小只有 30cm，并有各种鸟兽和圆形图案，赤红色单线条勾勒，线条粗犷，形象生动，是研究壮族历史文化的珍贵史料。景区内峰峦耸秀，碧水萦回，风光秀丽，有酒壶山、白鹤山、神仙板、宝剑山、紫霞洞、响水瀑等景点，自然景观和其他人文景观丰富。　　　　　　　（赵健溶）

花园　flower garden

以观赏树木、花卉和草地为主体，兼配有少量设施的园林。它可以美化环境、供人观花赏景，进行休息和户外活动。面积常不大，却栽有多种花卉，用花坛、花台、花缘和花丛等方式来显示丰富的色彩和姿态。并以常绿植物、草坪或地被植物加以衬托。如以某一种或某一类观赏植物为主体的花园称为专类花园，如牡丹园、月季园、杜鹃园、兰圃等。　（李铮生）

花园城市　garden city

一般指环境优美，花木繁盛，景色如花园的城市。亦有用来称西方城市郊区某些低密度的居住区。也有将霍华德的田园城市称为花园城市的。　（李德华）

花园路　parkway

一种穿过公园或景色优美地段、控制行车速度的道路，亦指沿路缘种植带状花草植物的步行道。

（李铮生）

华清宫

唐代著名的帝王离宫。在陕西省临潼县骊山北麓。唐贞观十八年（644 年），由将作少将阎立德监造"汤泉宫"。咸亨二年（671 年）改名"温泉宫"。天宝六年（747 年）改华清宫。宫内温泉多处，以华清池闻名于世。规模宏大，环山列宫室，筑罗城。今宫室园林已倾塌废弃，仅存华清池周围一部分。宫城范围，以括骊山一山而缭墙周匝。四面辟门。其中著名的殿宇有：御汤九龙殿，七圣殿、重明阁、长生殿、老君殿、观风楼、望京楼等。宫室周回、泉池遍布、高柳临池。崖谷四处遍植松柏，泉壑幽异，涧水瀑布垂延。冷泉池中植莲花，又宫内有梨园等。宫室虽以规则严整布置，但园林皆以自然山水景境为本。　　　　　　　（鲁晨海）

华沙重建规划　Warsaw reconstruction plan

1945 年波兰对被战争破坏几乎成废墟的华沙制定的战后重建规划。规划的主要内容是对这个传统文化古城的建设工作基本上按战前原样重建，并使它成为一个开放的、先进的、绿树成阴的现代化城市。为优化城市环境，限制城区工业发展，扩大广场和绿地面积。新辟一条自北而南穿城而过的绿化走廊和扩展维斯杜拉河岸的绿色地带，修复重要历史性建筑，以及在中心区增添了一些重要的科学文化设施。

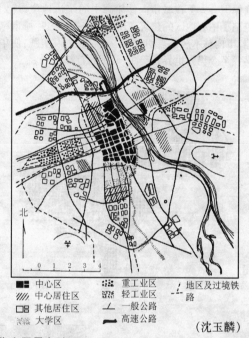

■■ 中心区	⋰ 重工业区	┴┴ 地区及过境铁路
⫽⫽ 中心居住区	⋰ 轻工业区	
□▣ 其他居住区	┴ 一般公路	
⋰ 大学区	━ 高速公路	

（沈玉麟）

华山风景名胜区

在陕西省华阴市的国家重点风景名胜区。面积 148.4km²。《水经注》载："远而望之若华状"，故名华山。华山是花岗岩体构成的断块山，以雄伟、挺拔、峻秀、奇险著称。有五座山峰，东峰朝阳峰，西峰莲花峰，南峰落雁峰，北峰云台峰，中峰玉女峰，均壁立千仞，悬绝异常。南峰最高，相对高度 1 800m。登山之路不长，但极险。千尺幢、百尺峡、老君犁沟、擦耳崖、上天梯、苍龙岭，是悬崖峭壁上开凿的凌空险道。鹞子翻身、长空栈道，更慑人魂魄。华山为道教名山。山上古建筑有引凤亭、下棋亭、金锁关、聚仙坪等，依山就势，巧为构筑。山下有二组古建筑群：西岳庙、玉泉院、仙姑观。　　（王早生）

华盛顿规划（朗方）　Le Enfant's Washington plan

美国于 1791 年聘请美国工程师、建筑师朗方（Le Enfant）为其新选定的位于波托马克河畔的首都进行规划。他选择了位于两河交会处地势高爽、用水方便的地方作为城市用地。预计人口80万。规划体现了"三权分立"的思想,把国会大厦放在城市最高处,成为全城的焦点。总统府与最高法院也各自安排到重要位置。从国会和白宫两点放射出多条道路,通向众多的广场、纪念碑、纪念馆等重要场所,并构成放射与方格网相结合的道路系统。从国会大厦开始向西延伸的林阴大道两旁原规划为使馆区,后建造一系列博物馆,整个地区像一座大花园。朗方认为,首都的功能应以政治和行政管理为主,城市中应有许多名人的纪念堂和纪念碑,这一构想在以后的城市建设中得到继承。为保持城市的整体性,确保国会大厦在城市立体轮廓中的统治地位,规划控制了中心地区的建筑高度。并安排了大片城市绿地,市内林木葱郁。朗方的华盛顿规划及实践,使华盛顿至今仍为世界最美丽、壮观的首都之一。

(陈保荣)

华盛顿新城(美国) new towns in Washington, D.C.

位于美国首都华盛顿郊外于1961年开始兴建的哥伦比亚与雷斯顿两个新城。哥伦比亚新城距华盛顿市中心48km,面积约53km²,规划人口11万人。新城结构模式是以8~9个村子组成,每个村子人口约10 000~15 000人,由3~4个邻里单位组成,每个邻里单位居住800~1 200户。新城中心为周围地区25万人服务。城市绿化面积占总用地的23%。有许多景观地区,吸引外来游客。新城工业安排在城市边缘四个工业园区内。雷斯顿新城位于华盛顿以南29km,城市风景优美,面积约29km²,规划人口为75 000~80 000人。一条快速公路将全城分为南北两部分。北部3个居民村,南部2个居民村。全城专辟40km长的人行步道连同自行车道在内共60km,巧妙地与沿途风景结合。新城中心的建筑风貌与湖光水色浑然一体。

(沈玉麟)

华盛顿中心林阴道 The Central Mall, Washington, D.C.

美国首都气势宏伟、环境优美的城市主轴线。全长3.5km。东端以国会大厦为主体。西端以林肯纪念堂为对景。与南北轴线相交处耸立着华盛顿纪念碑,它以简洁的方尖柱造型,明亮的碑体,绝对的高度,控制着整个空间。纪念碑与纪念堂之间有长方形倒影池,加强了空间艺术效果。沿林阴道两侧建有国家博物馆、艺术馆及航天技术展览馆等大型公共建筑。

(黄伟康)

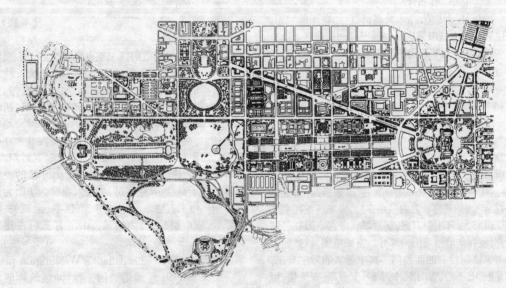

华盛顿中心林阴道

huai

淮安 Huai'an

位于江苏省北部。秦、汉设县,隋、唐至清历为州、郡治,元、明以来,漕运、商业发达,为运河要邑。城池始建于晋,元、明增筑,三城联立,至今格局未变,尚保留有部分城墙遗迹。文物古迹有文通塔、镇淮楼、青莲岗古文化遗址、韩侯祠、漂母祠、梁红玉祠、关天培祠、吴承恩故居、周恩来故居及纪念馆等。为第二批国家级历史文化名城。淮安市区人口13.2万(1991 年末)。工业有电子、农机、食品等。

(阮仪三)

huan

环境 environment

围绕着人群的空间,以及其中可以直接或间接影响人类生活和发展的各种自然要素和社会要素的总和,亦即是人类生存的空间。《中华人民共和国环境保护法》所称的是指:"影响人类生存和发展的各种天然的和经过人工改造的自然因素的总体,包括大气、水、土地、矿藏、森林、草原、野生动物、野生植物、水生生物、名胜古迹、风景游览区、温泉、疗养区、自然保护区、生活居住区等"。按环境要素的属性,可分为自然环境和社会环境。 (朱祖希)

环境保护 environmental protection

指人们采取行政的、法律的、经济的、科学技术等多方面的措施,合理地利用自然资源,防止环境污染和破坏,以维护生态平衡,保障人类的生存、繁衍和人类社会正常的生产、生活和发展。其根本任务,就是要协调人与环境的关系,即正确处理好发展(包括人口增长、经济发展和社会发展)与环境之间的关系。环境保护是我的一项基本国策,其方针是:全面规划,合理布局,综合利用,化害为利,依靠群众,大家动手,保护环境,造福人民。在城市规划时就要确定其环境保护的目标和内容,使环境保护与城市经济、社会发展相协调。《中华人民共和国城市规划法》第十四条就规定:"编制城市规划应当注意保护和改善城市生态环境,防止污染和其他公害,加强城市绿化建设和市容环境卫生建设,保护历史文化遗产,城市传统风貌,地方特色和自然景观"。

(朱祖希)

环境保护法 Environmental Protection Law

1989 年 12 月 26 日中华人民共和国第七届全国人大常委会第 11 次会议通过了《中华人民共和国环境保护法》。该法共 6 章 47 条。第 1 章总则,第 2章环境监督管理,第 3 章保护和改善环境,第 4 章防治环境污染和其他公害,第 5 章法律责任,第 6 章附则。1979 年 9 月 13 日第五届全国人大常委会第 11次会议上原则通过了《中华人民共和国环境保护法(试行)》。试行 10 年后,国家正式制订颁布了《环境保护法》。该法属国家保护和改善环境的基本法。该法与城乡建设关系密切,比如该法规定:"城乡建设应当结合当地自然环境的特点,保护植被、水域和自然景观,加强城市园林、绿地和风景名胜区的建设"、"制定城市规划,应当确定保护和改善环境的目标和任务"、"建设项目中防治污染的设施,必须与主体工程同时设计、同时施工、同时投产使用"等。

(陈为邦)

环境刺激 environmental stimulation

因人口稠密带来的不正常现象如噪声、污染、拥挤等等对人生理上和心理上产生的刺激。

(张守仪)

环境感知 environmental perception

人对眼前环境的直接体验。包括视、听、嗅、触和皮肤诸感官对环境的感受以及人接受并获得环境信息的心理过程两方面。它是人对环境的知觉从感知、认识到态度三个连续心理过程的第一个。感知的理论知识和研究方法,特别是关于视觉感知的许多研究有助于建筑师更深入全面地理解使用者对所看到的环境表象的真实感受,它常被运用于环境设计中。 (张守仪)

环境规划 environmental planning, environmental program

为了保护和改善环境质量,协调生态环境和经济发展、人口增长的关系,根据既定的环境目标所编制的规划。是控制环境与管理的重要依据。对一定时期内的环境保护目标和措施在时间、空间上所作出的具体安排。是环境管理的重要依据,其目的旨在发展经济的同时,保护环境,维护生态平衡。它是国民经济和社会发展规划的一个组成部分。也是国土规划和城市总体规划的一个组成部分,如城市污染控制规划、工业污染控制规划、水域污染控制规划、交通污染控制规划等等,便是几种环境规划的重要形式。主要内容有:作出经济建设对环境影响的评价,注意协调经济增长与环境质量的关系,实行使两者相互促进的政策;是确定环境质量,判断环境对人的影响,提醒人们及时改善环境状况;规定环境道德的观念和准则,要求人们从长远的、全局的利益对待资源和环境,维护生态平衡。

(陶松龄 朱祖希)

环境监测 environment monitoring

间断或连续地测定环境中污染物的浓度,观察、分析污染物变化过程和对环境影响、危害的过程。一般采用人工或半自动采样,用实验室化学分析方法进行定期、定点测定。由于污染源的强度、自然环境因素、排放污染物特性等原因不同,环境污染的影响、危害及其范围也就不同。污染的范围有局部性的、区域性的,甚至全球性的;污染的影响有短期、急性的,也有长期的、慢性的或是潜在性。因此,要在一定范围内设置若干监测点,组成监测网络。环境监测数据能否真实地反映环境状况的变化,是环境监测工作的关键,也是环境保护工作的基础。

(朱祖希)

环境控制成本 environment control cost

由于环境控制活动而放弃的选择对象的价值。即在工程建设中,因采取了环境污染控制措施,影响工期和增加造价而引起的成本增加。一般只要社会所得到的追加效益大于所引起的追加成本,资源和环境状况得到很大改善,则其支出即为合理的。

(胡序威 陈 田)

环境认识 environmental cognition

人对环境信息加以储存,理解和重新组织的过程。它是人对环境的知觉从感知、认识到态度三个连续心理过程的第二个。环境认知能帮助人理解空间关系;告诉人如何到达去过的地方;人对所处的熟悉环境会产生个人认同感;而与人共享的环境标志与共有的记忆则是人际间沟通的重要因素。环境认知研究着重于人在环境感知后如何在头脑中组织形成环境的表象;如何识别环境与理解环境;不同的人如何对物质环境赋予不同的意义等等。其中如"城市的表象"、"可识别性"、"认知地图"、"认知距离"等研究是城市规划学、建筑学与环境心理学密切结合的有现实意义的重要成果。 (张守仪)

环境容量 environmental capacity

在人类生存和生态系统不致受到威胁或破坏的前提下,某一环境所能容纳的污染物的最大负荷量。一个特定的环境(如一个自然区域、一个城市、一个水体等)对污染物的容量是有限的。其容量的大小与环境空间的大小、各环境要素的特性、污染物本身的物理和化学性质有关。环境空间越大,环境对污染物的净化能力就越大,环境容量也就越大。而对某种污染物来说,它的物理和化学性质越不稳定、环境对它的容量也就越大。环境容量包括绝对容量和年容量两个方面。 (朱祖希)

环境设计 environmental design

从保护和改善人类生活环境出发,为居民区、工业区、商业区、旅游区等的建筑群和构筑物、道路和绿地等布局提出设计方案。从建筑学的角度来看,是指建筑(包括单体建筑和建筑群)布局要与环境意

境相协调或者是增强环境的气氛。所以,不仅要考虑单体建筑的平面布局和立面布置,而且还要考虑其空间、风景和建筑(包括建筑群)三者之间的互相协调。 (朱祖希)

环境态度 environmental attitude

人对实质环境喜欢不喜欢,满意不满意的心理感受。是人对环境的知觉从感知、认识到态度三个连续心理过程的最后一个。环境态度研究内容有主观上对居住环境的满意程度、对环境景观的爱好程度以及客观上对环境质量的评价等。环境态度研究通常是与环境评价结合在一起的,即要制定出心理感受的尺度和指标以进行定量的解析。这种指标称为"知觉环境质量指标"(perceived environmental quality indices)简称 PEQI。心理统计分析是一项专门的学科,方法很多。在建筑环境调研中常用的如"语意学解析方法"(semantic differential method)简称 SD 法,就是用不同尺度的正、反形容词来描述对象并给以分值以便统计。最简单的例子如很喜欢、喜欢、无所谓、不喜欢、很不喜欢等五级。

(张守仪)

环境卫生设施用地 land for public sanitation

为保持城市环境卫生需要建设的排水、污水处理和垃圾处理等工程设施的建设用地。包括雨水、污水泵站、排渍站、污水处理厂、粪便垃圾的收集、转运、堆放、处理等设施的用地。 (蒋大卫)

环境污染 environmental pollution

由于人们的生产活动,使环境组成成分和存在状态发生变化。原有的平衡受到干扰,环境质量下降而有害于人类及其他生物正常生存和发展的现象。环境污染的产生有一个从量变到质变的过程。而当某种造成污染的物质,其浓度或总量超过环境自净的能力时,就会产生危害。环境污染按环境要素可分为大气污染、水体污染和土壤污染等,按污染物的性质可分为生物污染、化学污染和物理污染;按污染物的形态可分为废气污染、废水污染和固体废弃物污染,以及噪声污染、辐射污染等等;按污染产生的原因可分为生产污染和生活污染,生产污染又可分为工业污染、农业污染、交通污染;按污染物的分布范围,又可分为全球性污染、区域性污染和局部性污染等。 (朱祖希)

环境效应 environmental effect

由自然过程或人类活动造成的环境污染和破坏,并引起环境系统结构和功能变化的现象。按其促成因素可分为自然环境效应和人为环境效应;按其变化性质可分为环境生物效应、环境化学效应和环境物理效应。 (朱祖希)

环境影响评价 environmental impact assessment

又称环境影响分析。在一项工程动工兴建以前，对其选址、设计、施工等方案和建成投产后对环境可能带来的影响，进行预测、分析和评价，并提出防治措施。《中华人民共和国环境保护法》规定，"在进行新建、改建和扩建工程时，必须提出对环境影响的报告书。"还规定"在老城市改造和新城市建设中，应当根据气象、地理、水文、生态等条件，对工业区、居民区、公用设施、绿地地带等作出环境影响评价，全面规划，合理布局，防治污染和其他公害，有计划地建成为现代化的清洁城市。"1981 年 5 月，国务院有关部门颁发的《基本建设项目环境管理办法》及附件《大中型基本建设项目影响报告书提要》还对基本建设项目环境影响评价的范围、内容、程序、法律责任等，作了具体规定。　　　　　（朱祖希）

环境噪声标准　criteria for ambient noise

环境质量标准的一种，它包括不同地区的户外噪声标准和不同使用要求的室内噪声标准。其目的在于控制噪声对人的影响。中国提出的环境噪声容许范围如下表：

人 的 活 动	最高值(dB)	理想值(dB)
体力劳动(保护听力)	90	70
脑力劳动(保证语言清晰度)	60	40
睡眠	50	30

中国城市区域环境噪声标准(1981 年)单位:dB

适用区域	等效声级(A)*	
	白天	夜间
特殊住宅区	45	35
居民文教区	50	40
一类混合区	55	45
商业中心区、二类混合区	60	50
工业集中区	65	55
交通干线两侧	70	55·

* :某一段时间内的 A 声级，即噪声能量的平均值，也称平均声级。

非住宅的各种房间噪声标准　　单位:dB	
房 间 种 类	室内容许噪声级
播放室、录音室	25～30
教室、大会堂、音乐厅、话剧院	35～45
图书馆、电影院、医院、会议室、小办公室、审判厅	40～45
银行、餐厅、体育馆	45～55
车站候车厅、机场候机厅	55～65

（朱祖希）

环境质量指数　environmental quality index (EQI)

在环境质量研究中，依据某种环境标准，用某种计算方法，评价环境质量的数值。它是环境参数和环境质量标准的复合值。由于环境是由多种要素所组成。因此，环境质量指数按类型可分为单一指数、单要素指数和综合指数三类。

（朱祖希）

环路　ring road

城市或城市中某一地区，在其周围布设的能环绕连通的道路。目的是为防止穿越交通对这范围的干扰和产生的交通压力。也能使环路两侧附近产生的交通能沿环路绕越通向目的地，不必穿过拥挤的中心地区。形式可以是接近圆形的，也可以是其他，如在方格道路系统中确定符合要求的若干道路组成。有的城市在旧中心区周围设立环路，防止拥挤，使有可能设中心步行区。特大城市可有若干层次环路，如内环路、外环路等。　　　　（李德华）

环涂　go-round road

《考工记·匠人》记述的围绕王城城墙的道路，宽度为七轨。　　　　　　　　　　　（董鉴泓）

环形城市　ring city, doughnut-form city

似环状的城市空间结构形态。城市中心部位为公共绿地、旷地或低密度用地，其外围周边布置其他功能区。城市再发展可建外环，在环与环之间以绿地区分。这种空间布局结构有利于形成中小城镇，分散大城市的负担。　（陶松龄）

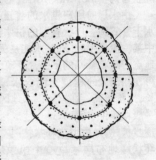

环形放射系统　ring and radial road system

城市干道由城市中心或中心地区向外辐射，并沿城市的周边建设同心圆式环路，两者结合形成的道路系统形式。辐射干线是联系中心（或中心区域）和外围地区的走廊，环路主要担负横向交通联系，分解过境交通。现较多为世界各国一些特大城市所采用，以解决日益复杂的交通问题。

（薛　平）

环形交叉　round about

又称转盘式交叉。车辆绕路口中间的环岛单向行驶的交叉形式。利用设于交叉口中央的中心岛作为分隔、导向的交通设施，形成一个单向行驶的环行交通系统，所有的横穿交通流都被交织运行所代替。环形交叉一般不用色灯控制，车辆在交叉口可以连

续行驶,但占地面积大,直行和左转车辆绕行的距离长。　　　　　　　　　　　　　　　　(李峻利)

环秀山庄

在苏州市景德路的苏州名园。五代时为金谷园旧址。明代为宰相申时行住宅;至清代道光年间,归汪氏,名耕荫义庄。后又更今名。园面积较小,以叠山为主,池水为辅。南有堂,西有补秋山房、半潭秋水等亭阁建筑,各自成景。假山占地仅 333m^2,系乾隆时叠山名家戈裕良所构筑。以主峰和几个次峰构成整个轮廓。山体以太湖石构,其涡洞、皱纹、石缝、相接自然,可远观近赏。山径盘曲,有峭壁、洞壑、涧谷、危崖、悬崖、石室等境界,皆成妙构。附图中:1.问泉亭;2.补秋山房;3.半潭秋水一房山。

(鲁晨海)

环状管网 loop network

由水厂向用户供水的管道系统中,呈环状的供水干管管网。环状管网的供水可靠性较高,当管网中某一段发生故障时,水能从另外的管线流至用水地点。环状管网的水经常流动,不致使水质变坏,还可在相当大的程度上削弱水锤的危害。但管线较长,造价较高。在重要供水地区都应采用环状供水。一般城镇供水管网,最初建成树枝状管网,经过发展逐步扩建,最后形成环状管网。　　　(曹型荣)

环状绿地布局 layout of green space in ring-form

绿地沿城市环路、旧城墙或环城河湖水系呈同心圆布置的布局形式。是带状绿地布局的一种。起源于霍华德的田园城市思想。可随着城市的扩展,逐步发展绿地,有利于改善城市小气候和市容景观,但各个环带之间,往往还有绿化的空白地带。

(刘家麒)

换乘枢纽 transfer centre

供乘用各种交通方式或线路的乘客集中、转换交通工具或线路的地方。一般设置在道路以外的用地上,附近往往有商业中心、办公大楼和公共停车场。　　　　　　　　　　　　　　　(徐循初)

huang

荒地 waste land

城市中的荒废土地和瓦砾废墟。也可指城外的荒原、未开垦的土地,以及一切曾经开发建设但已废弃无用的地段。　　　　　　　　　　(赵炳时)

皇家园林 imperial garden

以隶属关系区分,属皇帝和皇室所有的园林。古籍里称之为苑囿,宫苑或御苑,常选址于京都近郊或近畿的自然山川地域。规模宏大,型制较规整,大都附有供皇帝处理朝政用的宫室和皇室居住生活用的离宫别院。明清时期的皇家园林,多常模仿南方名胜或著名私家园林。现存著名的有北京颐和园、承德避暑山庄、巴黎凡尔赛宫等。

(鲁晨海　乐卫忠)

黄果树风景名胜区

在贵州省镇宁和关岭两个布依族苗族自治县交界的白水河上的国家重点风景名胜区。黄果树瀑布宽81m,落差67m,瀑脚冲蚀而成的犀牛潭深17m。最大流量超过 1 000m^3/s。水流汹涌,水雾迷漫,浪花高数 10m。阳光照耀,彩虹绚丽。瀑布后的崖壁内,以迭瓦式檐穴和尖棱式角洞为骨架,由水钙华、藻类形成长百米的水帘洞,人行其间,情趣盎然。此外,有瀑顶宽 105m 的陡塘坡瀑布,滩面长 350m 的螺丝滩瀑布,落差 130m 的滴水滩瀑布,形态优雅的银链坠潭瀑布。天星桥景区奇峰壁立,曲径通幽,石笋密集,地面与水中石林相映成趣。有红岩碑等多处古岩画,以及关索庙、天龙庙、跑马泉等名胜与风情朴实的石头建筑村寨。

(王早生)

黄河壶口瀑布风景名胜区

在山西省吉县和陕西省宜川县之间的国家重点风景名胜区。面积约 100km^2。黄河流经吉县城西南 25km 处,两岸夹山,500 余米宽的河流收成 30 余米宽的一束,将河底石冲刷成一巨沟。滚滚黄水从20 余米高的石崖飞泻直下,如万马奔腾,惊涛怒吼,声震数里,波浪翻滚,形似巨壶沸腾,故名。阳光折射,彩虹随波涛飞舞,景色奇丽。有雷首雨穴、百丈龙槽、彩桥通天等奇观。区内人文景观有明代码头、同治长城、四铭碑亭、龙门飞渡和结构造型奇特的宋建元重修的坤柔圣母殿,以及传说中唐太宗李世民带兵经过的挂甲山等。

(刘家麒)

黄龙寺—九寨沟风景名胜区

在四川省松潘县、南坪县的国家重点风景名胜区。面积 1 420km^2。分为黄龙寺、九寨沟两个景区。黄龙寺景区由黄龙沟、雪山梁、涪江源三部分组成。黄龙寺以露天岩溶景观和五彩池的奇特著称。沟内层峦叠嶂,松涛似海,瀑布层叠,彩池相连,似一条透迤而下的长龙。还有雪山、云海、草甸、藏寨等高原风光。九寨沟因沟内有九个藏族村寨而得名。山水淳朴自然,原始幽深,林木繁茂。水质清洌,晶莹剔透,深数十米亦可见底。九寨沟景区由树正、诺日朗、剑诺、长海、扎如五部分组成。诺日朗瀑布高20m、宽200m。珍珠滩瀑布如玉珠泻地。长海长7.5km里。其他景点有万景滩、犀牛海、天鹅海、五彩池、玉花海、镜海等。

(王早生)

黄浦公园　The Huangpu Park

俗称外滩公园。上海市最早的公园。在上海市外滩外白渡桥南堍,黄浦江与苏州河交汇处。原为冲积淤滩。清同治七年八月(1868年)由英人建为公园,但禁止中国人入内。为外国殖民者欺压中国人民之见证。1928年7月1日,始向华人开放。解放后,由政府多次整修,建亭廊、造假山,植树木,面貌一新。面积约2公顷。正门有大假山作屏。又植广玉兰、悬铃木、雪松、柏树等,绿树成阴,东临江水,背负外滩建筑群。在北部建有上海市人民英雄纪念塔。

(鲁晨海)

黄山风景名胜区

在安徽省黄山市的国家重点风景名胜区。面积154km^2。为峰林状花岗岩构成的山岳风景区。传说轩辕黄帝曾在此修炼而于唐天宝六年称黄山。以奇松、怪石、云海、温泉著称。独特的峰林地貌,变幻的烟云霞晖,徐霞客叹为"生平奇览"。1990年被联合国教科文组织列为世界自然与文化遗产。主峰莲花峰海拔1 864m。分为温泉、玉屏、北海、云谷、松谷、钓桥六个景区。奇峰怪石不计其数:有梦笔生花、笔架峰、始信峰、飞来石、十八罗汉朝南海、猴子观海、猪八戒吃西瓜、蓬莱三岛等。奇松有迎客松、送客松、望客松、蒲团松等,数以万计。溪、泉、瀑、潭中有九龙瀑、人字瀑、桃花溪、天池、翡翠谷彩池等胜景。

(王早生)

hui

回归　regression

概率统计学中的一个概念,即回到数学期望值。是事物发展的一个客观规律的反映。如1889年英国生物学家高尔登(F.Galton)对遗传学的研究中发现人的平均身高存在着回归的规律:身材高大的父母,其子女身高比父母低矮,而父母矮小的子女身高平均比父母高,即人的身高变化要回归到整体平均值上。一般地说事物的发展运动在局部某一区间看有起有伏地变化,但从总体看,这种起伏则在数学期望值上下波动。当然数学期望值本身是变化的。

(陈秉钊)

回廊　winding gallery

做成一圈环路,通常围绕着一幢建筑物或庭院而建的园廊。它的作用在于创设一处相对独立的空间,游人沿着回廊漫步,若在平地上可以从不同的位置、不同的方向、不同的角度观赏这个空间内部的建筑物或庭院山石花木之景。若在山地,还可以观赏外围之景,如颐和园万寿山佛香阁四周的一圈回廊,居高临下成为向外观赏开阔的湖山景观的绝佳场所。

(周维权)

汇水面积　catchment area

又称集水面积。相对于大流域来说,指汇集降水范围较小的面积。常以万平方米或平方公里计。为城市及农田排水工程的设计流量的基本依据。其面积的确定,除主要根据地形外,还要考虑管网、渠系的布置形式特征对其影响。

(文立道)

会宁府

见金上京(121页)。

会让站　passing station

在单线铁路上办理列车通过、会让、越行业务为主的车站。设于铁路线的中间分界点位置,一般相距约8~12km。规模小、数量多,广泛分布于铁路沿线,主要为铁路调整行车服务,不办理或很少办理客、货运输业务。

(宗　林)

会通苑

见西苑(238页)。

hun

混合式布局　composite layout

即既采用平行排列的行列式方法,又采用周边布置的办法的一种住宅规划布置方式。住宅按既采用条式,也采用点式,根据地形等需要混合布置,混合式布局可以提高密度节约用地,又可以创造活泼多样的空间。

(严　正)

混合式园林　composite design

即自然式园林和规则式园林两种形式在同一园中混合使用。在实际中绝对的自然式或规则式是少见的。一般在园林的主要入口、广场和主要建筑物前,多采用规则式;在较大面积的供游览、休息的部分采用自然式。这样可以集两种形式的长处而避免其缺点。

(刘家麒)

混交林　mixed forest

由两种或两种以上树种组成的树林。一般情况下它比纯林更能合理利用环境因子,能改善树木的生长条件和抵抗不良的环境变化。人工混交林以混交的方式可分为带状混交、块状混交和点状混交。

(沈　洪)

huo

货物流通中心 commodity circulation centre

　　集运输、仓储与批发于一处的货物流通业务专用综合地区。由卡车枢纽站、批发市场、仓库和服务设施组成。主要功能是集散货物、就近储存、加工、包装、组织展销、批发等。能减少市区的交通流量，节省交通、仓库用地面积，提高运输效率与商业、工业企业的经济效益。　　　　　　　（宗　林）

霍克新城 Hook New Town

　　英国1956年提出的新城规划方案。虽未实施，但却集中体现了英国第二代新城的规划思想。与第一代新城相比，它更加重视私人小汽车的增长，将步行与车行全然分离，并形成分级明确的道路系统；放弃邻里单位的规划手法，提高居住人口密度，使大多数居民至市中心在步行距离之内，力图增强城市生活气息，提高城市的凝聚力。　　　（陈保荣）

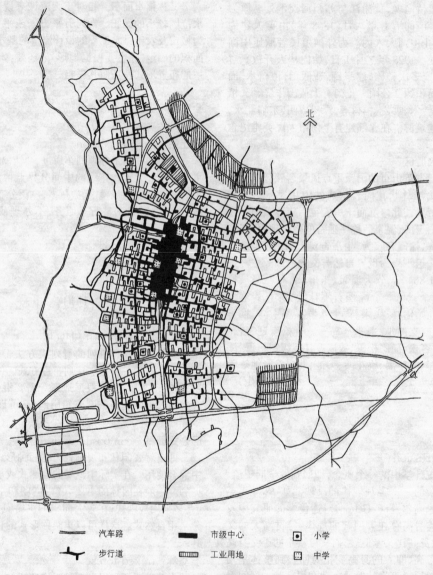

| 汽车路 | 市级中心 | 小学 |
| 步行道 | 工业用地 | 中学 |

霍克新城规划平面图

J

ji

机场飞行区 flight zone

供起飞、降落和调动作业等飞机活动所及的机场地面部分。布置有跑道、滑行道、停机坪、机库等设施。 （宗 林）

机场服务区 service area

又称航站区。机场地面工作设施的场地。包括两部分：①为旅客、货物、邮件运输服务的部门和机场管理机构，如航站楼、停机坪、停车场、边防站、海关以及生活服务部门等；②为飞机飞行和保养服务的设施，如指挥塔台、通信台站，以及飞机的技术保养、给排水、能源和消防等设施。 （宗 林）

机场净空限制 flight clearance

为了保证飞行安全而对机场周围净空条件作出的规定。由若干假想的净空障碍物限制面（如端净空面、内水平面、过渡面、锥形面等）组成。机场周围的物体高度不得超出限制面。限制面的尺寸和坡度根据机场级别有不同。 （宗 林）

机场容量 airport capacity

机场的通行能力。在一个规定时间间隔内的飞机运行架次数。即在一小时或一年内机场容许飞机起飞、降落的最高架次数。它与机场跑道的条数、布置形式和飞行类别（目视飞行或仪表飞行）直接相关。通信导航设备的先进性和完善程度以及调度能力和地面设施的保证程度也有很大影响。

（宗 林）

机场用地 land for air transport

供飞机起降、乘客上下及货物装卸运输的专用场地，由飞行区及航站区（又称服务区）组成。飞行区包括升降带、滑行道、停机坪，航站区包括技术服务区（指导飞行、通信联络、信号标志、技术保养维修等）和行政服务区。机场用地不包括净空控制范围。机场占地较大，飞机起降给城市带来噪音干扰，并要求与城市之间有便捷的交通联系。 （蒋大卫）

机车走行线 engine road, engine line

供铁路机车行驶的专用线路。在区段站为了便于机车出入机务段，或在旅客站到发线之间，为便于机车调动，往往设有该线。 （宗 林）

机会成本 opportunity cost

又称代用成本。一种隐藏或含蓄的、可能发生的成本。是为了完成某项工程而放弃了完成其他工程所造成的费用。 （胡序威 陈 田）

机械监视 mechanical surveiliance

利用先进技术装置，对环境起到盲监视作用。比如安装内部联络线路和报警系统，在电梯内及公共走道等处设置闭路电视摄像，供安全人员监视使用等。 （张守仪）

鸡公山风景名胜区

在河南省信阳市南的国家重点风景名胜区。为低山丘陵风景区，面积 $27km^2$，是 20 世纪初发展起来的避暑胜地。峰峦苍翠秀丽，最高海拔 811m，报晓峰海拔 784m，形似引颈啼鸣的雄鸡，两侧灵华山和长岭宛如雄鸡的两翼，故名。地处我国南北植物过渡带，雨量充沛，气候宜人，植物繁茂，有 1 200 多种植物、云海、日出、飞瀑、流泉，四季景色变化动人，主要景点有报晓峰、灵华山、青龙潭、将军石等，还有大量山庄别墅和山村民居。每当雨后初晴，红霞掩映，苍松翠柏，奇峰幽谷，点缀着色彩斑斓的楼台别墅，显得分外妖娆。 （赵健溶）

积极空间

见正空间(269 页)。

积极型城市化 positive urbanization

从城市化进程的结果来考察城市化的一种类型。与经济发展同步、协调的城市化过程。其标志是城市的数量和规模发展适度、城市化的速度和质量同步上升，城市化和经济发展互相促进。相对于消极型城市化。 （周一星）

基本大都市统计区 Primary Metropolitan Statistical Area

简称ＰＭＳＡ。美国结合大都市统计区(CMSA)的组成部分。它的前身是组成标准结合统计区(SCSA)的标准大都市统计区(SMSA)。 （周一星）

基本建设程序 procedure of capital construction

基本建设项目从酝酿、规划、设计、施工到建成投产所经历的全过程中，各项工作开展的科学顺序。它反映了建设活动的客观规律和内在联系。坚持基建程序，是搞好基本建设的重要保证，所有建设项目，均应严格按基建程序办事。基建程序一般分为 8 个阶段：①提出项目建议书；②进行勘测、试验和各种建设方案的可行性研究(含选址研究);③编制设计任务书,对建设项目进行决策(含按照城市规划确定项目在城市的位置);④初步设计并提出总概算;⑤初步设计和总概算经审查批准后列入国家年度基本建设计划;⑥做好施工前的各项准备工作,提出施工组织设计;⑦组织施工,并根据工程进度,做好生产准备;⑧基建项目按批准的设计内容建完,经投料试车验收合格后正式投产或交付使用。　　　　　　(陈为邦)

基本人口　basic population, primary population

城市中其劳动性质主要是为本城市以外服务的工厂、企业、机关、学校和科学研究等部门人员所构成的人口。通常由下列人员组成:①产品主要供销外地的工矿企业职工;②非市属建筑业(不包括房屋维修业)的职工;③对外交通运输部门的职工;④高等学校和中等专科学校中的师生员工;⑤非市属文化、艺术、科学研究机构和勘察设计机构的职工;⑥非市属的行政、公共、经济机关、群众团体的职工;⑦非市属休、疗养机构的职工。基本人口的数量是影响城市人口规模的一个决定因素。　　(刘仁根)

基层村　basic-level village

又称自然村。农村中历史自然形式的村落。由于我国各地的地形地貌及经济条件的差异很大,基层村的规模也有很大差别,小的仅 2～3 户,大的可达数千户。　　　　　　　　　　(金大勤)

基础产业　basic inaustry, export-based industry

又称输出产业或散在产业。把城市以外的需要作为对象,生产输出商品和劳务的产业。是城市成长的动因和持续成长的动力,如矿业、冶金工业等。不均衡地分散在某些城市。　　　　(谢文蕙)

基础结构

见基础设施(108 页)。

基础设施　infrastructure

又称基础结构。一般指为城市各项活动提供服务或运行条件的实体设施,如道路、给排水管道、电力与通信线路等。20 世纪 40 年代,基础设施的概念引入西方经济学理论,作为国民经济和社会发展的基本要素,泛指由国家或公益部门建设经营,为社会生活和生产提供基本服务的非盈利性行业和设施。广义的基础设施包括能源动力、交通运输、邮电通信、市政公用等方面的技术性基础设施;和大众住宅、商业服务、文化教育、体育卫生、娱乐休息等方面的社会性基础设施。按照不同的经济空间范围,也可分为城市基础设施、地区或区域性基础设施,以及整个国民经济的基础设施。　　　　(赵炳时)

基础栽植　foundation planting

此种方式最初起源于多雨潮湿地区架空于地面

的建筑,因其下部空虚,用植物弥补,故有此称。现常称建筑墙裙处的栽植为基础栽植。　　(沈　洪)

基地　land parcel lot

由一个地产主所有、统一使用、连成一片、经市政当局标识确认、包括法规规定院落和空地等要求的一块城市土地。以称"地块"为宜。　　(黄富厢)

基辅(中世纪)　Kiev

10～13 世纪俄国封建政权的据点和商业中心。城市是由要塞、内城与城厢地带构成。后者居住着商人与手工业者,并设有市场。基辅繁荣时期有 8 个市场和将近 400 个教堂,拥有数万人口。14～15 世纪俄国战胜蒙古的入侵,古城基辅得到较大发展。

0　100 200 300m

(沈玉麟)

吉拉台里广场　Ghiradelli Square, San Francisco

旧金山利用一组老建筑改建成的公共购物中心。美国著名风景建筑师劳伦斯·哈普休成功的设计使其成为该市一个旅游吸引点。建筑物保持了红砖墙外观,内部也保留着木结构特色,但室内空间布置及装修则全部更新,以适应现代化要求。外部空间分成两个相连的广场,建筑用回廊相连,用踏步、栏杆、座椅、路灯及花卉树木丰富了空间形象。

(黄伟康)

吉普尼　jeepney

用中型吉普车改装成的、客货兼容的营业车辆。可乘坐多人。有固定或不固定线路和行车时刻。第二次世界大战后源始。并盛行于菲律宾。马尼拉的吉普尼,车上装有各种饰物,色彩缤纷,别具风格,成为城市一景。　　　　　　　　　　(徐循初)

吉特尼　jitney

一种有固定或不固定线路、时间灵活的小型公共汽车。始行于美国,后传至其他国家。是一种经济、方便的公共客运工具。　　　　　(徐循初)

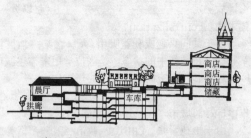

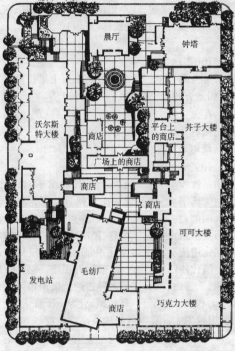

吉拉台里广场

级差地租　differential ground rent

由于土地地块所在位置的不同、土地的肥沃程度不同，以及在同一地块上各个连续投资的劳动生产力的不同等自然、经济、技术条件的差别而形成有差异的超额利润。由前两种条件产生的超额利润，称为级差地租I；由后一种条件产生的超额利润，称为级差地租II。在社会主义条件下，自然存在形成土地级差地租的条件，故应征收级差地租。　　　　（谢文蕙）

极化效应　polarization effects

区际发展的不平衡性因市场力作用而逐步增强并趋于两极分化的现象。由赫希曼（A. O. Hirschman）于1958年在其所著《经济发展战略》中首次提出。他认为：一旦某个区域因某种契机而得到发展，就能更进一步吸引劳动力和资本，提高生产率，争取到更多出口机会；相反，条件较差、起步晚的区域，将进一步丧失劳动力和资本，依赖更多进口。在一定的时段内区际间这种差距随经济技术发展亦会越拉越大。　　　　（胡序威　陈　田）

集合城市　conurbation

由原先分隔开的若干个城市聚落通过各自的延伸发展而建成区相互连接在一起的城市聚合体。英国生物学家、社会学家和城市规划学家格迪斯（Patrick Geddes, 1854~1932年）在1915年用这个名词来称呼工业革命后迅速城市化过程中形成的一种没有中心、没有组织、没有一定形式的城市团块，以区别于历史上的城市。这一术语主要局限于英国应用。英国的几个大的集合城市在1961年的英国人口普查中作为大都市的一种统计单元得到承认。不过，现在已被大都市区和大都市劳动区（metropolitan labour area）等地域概念所替代。　　　　（周一星）

集聚经济效益　economic benefit of agglomeration

由于经济要素的集中而产生的效益。是现代城市基本特征之一。由于人口、生产和流通、科技和社会活动的高度密集，使城市中各部门、各企业之间，便于专业化分工与协作。互相提供原料与市场，交流技术与信息；并且使生产与消费紧密联系，满足居民对商品多样化的需求，从而加速城市经济活动的效率，形成了集聚经济所带来的高效益。　　　　（谢文蕙）

集聚指向　agglomerate orientation

某些工业的布局为取得外部经济效益、良好的外部协作环境及灵活多变的市场信息而趋向于大中城市的现象。如多数轻纺、日用化工消费品、高技术产品等附加价值高、运费成本低、品种变化快的加工业。　　　　（胡序威　陈　田）

集市

见草市（17页），市集（204页）。

集市贸易价格　country fair trade price

农村集市和城市农贸市场上买卖双方协商议定的价格。是自由价格，属于非计划价格，是我国价格体系中的一个组成部分。主要受供求规律的支配，但要受计划价格和市场管理的约束。　　（谢文蕙）

集疏运方式

见疏运方式（207页）。

集疏运能力

见疏运能力（207页）。

集水面积

见汇水面积（105页）。

集体经济　collective economy

社会主义集体所有制经济的简称。以社会主义集体所有制为基础的经济形式。中国的农村经过农业生产互助组、初级农业生产合作社和高级农业生产合作社这三种形式，最终转变为社会主义集体经济。手工业者、城镇的小商贩和社会闲散劳动力组成的各种合作经济,也属社会主义集体经济。集体经济是我国社会主义公有制经济的基本形式之一。

（谢文蕙）

集体宿舍　dormitory

又称单身宿舍。供学生或单身职工居住的建筑。一般男、女分设,隶属于企业、机关或学校。传统做法是数人合用一间居室,另设公用盥洗室和厕浴间,条件较好的有公用会客室、活动室,有专人管理。随着环境心理学的研究和社会发展,布局趋向短廊单元式以减少不必要的人际接触。条件许可时还可数间居室共用一小起居室和卫生间。实验证明,在同样面积标准下,居住者不感到拥挤嘈杂,合用的起居室比公用大会客厅利用率高。

（张守仪）

集体所有住房　collective housing

为一个集体全体成员所共同所有的住房。在我国目前阶段有两类:①集体所有企业单位自筹资金建的住宅;②住房合作社所有的住宅。居住在集体所有住宅内的居民要遵守集体公约。　（严　正）

集体行为　collective behaviour

趋向比较一致的群众行为。是在人们之间行为相互作用的影响下,在没有明确目标和计划,不受社会规范约束的情况下形成的。不是个别行为的总和,而是在集体心理支配下的人们的共同行为,带有冲动和轻信的特点。　（梅保华）

集镇　market town

一般指农村中设有定期或不定期的贸易集市的小镇。亦泛指农村小镇,而不论其有无集市。

（金大勤）

集中　concentration

由于利益吸引和条件优越,某一地区内呈现出的人口不断增多的趋势。是区位学用来描述城市区位过程和特定空间动态关系的概念之一。

（梅保华）

集中锅炉房　district boiler room

城市集中供热的主要热源之一。大型集中锅炉房也称区域锅炉房。集中锅炉房应装置大容量、高效率的锅炉,以达到比分散小锅炉房节约燃料、减少污染、节省人力、提高供热质量等目的。集中锅炉房可用煤、重油、天然气和垃圾等作为燃料。根据用途不同,集中锅炉房可分为工业和民用两类。工业锅炉房常采用蒸汽锅炉。民用锅炉房多用热水锅炉。集中锅炉房可以单独向某些地区供热,形成独立的集中供热系统,也可以作为尖峰热源与热电厂联合运行。集中锅炉房的合理规模,主要取决于热负荷数量和分布、投资运行费用、产品售价(煤价、电价、热价等)、周围环境要求等因素,需要经过技术经济论证后确定。

（赵以忻）

集中化　centralization

由于共同兴趣或利益吸引,人口在某一地区内某一点上特殊集中的状态。是区位学用来描述城市区位过程和特定空间动态关系的概念之一。

（梅保华）

集中(浓缩)城市　concentrative city

由于土地紧张,或由历史、政治、经济、习俗等原因,居民密集地聚居,建设用地紧凑、集中成片、密度高的城市。参见分散(疏散)城市(72页)。

（陶松龄）

集资　fund raising

又称共筹资金。从两个或两个以上渠道筹集资金,例如地方政府、企业和个人集资建房。

（严　正）

几何型园林　geometric design

见规则式园林(90页)。

济南　Jinan

山东省省会。位于该省中部,黄河下游南岸。战国时为历下城,自晋以来历为州、府、郡治所。市区有大明湖、趵突泉、黑虎泉、珍珠泉、五龙潭四大泉群。历史上泉水串流于小巷、民居之间,构成泉城风貌。文化遗迹有城子崖文化遗址,孝堂山汉代郭氏石祠。隋代四门塔、唐代龙虎塔、九顶塔、灵岩寺、宋代塑像、千佛山、黄石崖等名胜古迹。济南市区人口151.2万(1991年末)。有机械、化学、石油化工、钢铁、纺织等工业。有科研机构及高等学校。

（阮仪三）

给水系统　water supply system

又称供水工程,上水道工程或自来水工程。为了经济合理和安全可靠地供应人们生活、生产、环境卫生和消防用水,并满足他们对水量、水质和水压的要求而建起的工程设施。由①取水工程:在水源和取水地点建造的取水构筑物;②净水工程:建筑一系列水处理构筑物;③输水工程:敷设的输水管道;④配水工程:在用户地区配置的配水管网以及建造泵站、水塔和水池等四大工程组成完整的给水系统。

（曹型荣）

计成(1582～　　)　Jicheng

明末著名造园家,字无否,号否道人,江苏吴江县人,生于明万历十年(1582年),卒年不详。少年时即以绘画知名。最喜爱关仝和荆浩的笔意。漫游燕京及两湖等地。中年返回江苏,择居于镇江。善运用山石巧合地叠成假山,俨然佳山,叠山技巧播闻于远近。明朝天启年间(1623～1624年),应邀在常州为江西布政吴玄营造私园。名吴氏园,占地面积仅3 335m²,却有江南胜景之致。之后,又在江苏仪征为中书汪士衡兴造寤园(1632年);在南京为阮大铖修建石巢园;在扬州为郑元勋改建影园等。计成在自己实践经验基础上,整理吴氏园、汪氏园所作的图式文稿,于明崇祯七年(1634年)著成《园冶》一书,此书被誉为世界造园学的最早名著之一。　　　　　　　　　　　　　(乐卫忠)

计程车　taxi

有司机驾驶的、按行驶里程计费租用的营业汽车。也有以时间计价的,通常称出租汽车。　　(徐循初)

计划单列市　plan centrally governed city

我国被赋予相当省一级经济管理权限的城市。1983年以后,经国务院批准沈阳、大连、哈尔滨、宁波、厦门、青岛、武汉、广州、重庆、西安、南京、深圳、长春、成都实行计划单列。在不改变省辖市行政隶属关系的情况下,这些城市的经济和社会发展计划不再经由所在省下达,而是在国家计划中单独立户,其主要计划直接上报国家计委和国务院有关部门。　　(赵炳时)

计划调节　planned adjustment

通过国家或城市的经济计划管理部门,研究制定国家或城市的经济发展计划,并进行监督、检查、修订等工作。其中,有关全局的重要计划,由上级用行政办法对下级下达指令性计划;属于参考性的计划,则下达指导性的计划,运用经济手段贯彻执行。

(谢文蕙)

计划价格　planned price

国家根据价值规律的客观要求,按照有关政策制定的价格。它包括:工业品出厂价格、农产品收购价格、批发价格、零售价格等。我国的计划价格分别由中央主管部门和各省、市、自治区按中央的价格政策来制定、调整和管理。　　(谢文蕙)

计算阴影面积　shadow area criteria

某些城市区划管理中控制沿路建筑高度的一项计算规定。即沿路建筑以一定高度角(如香港为76°,上海为56.3°)垂直道路投射在建筑线外道路及建筑后退范围上的计算面积。该地块设计建筑按同一高度角所投射的实际阴影面积应小于计算阴影面积。

$$A \leqslant L(W+S) = 计算阴影面积$$

式中 A 为地块设计建筑所投影的实际阴影面积;W 为道路红线宽度;S 为沿路建筑后退红线距离;L 为基地长度。计算阴影法使建筑师在区划管理下有更大的创作灵活性。　　(黄富厢)

技术结构　technology structure

各产业部门、生产企业所采用的生产手段中自动化、半自动化、机械化、半机械化以及手工操作等各种不同技术装备水平的构成和比例关系。一般大中城市和大型骨干企业的技术结构比小城镇和乡镇企业的层次与水平较高。　　(谢文蕙)

技术经济论证　techno-economic appraisal

在当代技术条件下,从宏观和微观角度对一定范围的生产布局经济效果的综合评价。主要任务是通过比较分析各种生产布局方案的整体与局部、近期与远期经济效果,在满足规定条件的前提下,选择效果最优的布局方案。按评价对象可分三层次:①基层生产单位的区位方案论证,如厂址选择。②企业成组布局论证,如综合性工业基地类型、结构与发展方向论证。③大地区生产布局的论证,如区域经济发展方向与主导部门选择。一般采用多方案比较、定性与定量分析结合的方法。

(胡序威　陈田)

技术密集型产业　technology intensive industry

在生产的有机构成中技术先进、机械化、自动化程度较高的产业,如电子工业。特点是靠先进的技术装备来提高产品的质量和数量。　　(谢文蕙)

技术市场　tecnnology market

技术成果交易的场所。它的形成取决于科学技术知识和知识形态的产品具有商品属性。我国技术市场的主要形式有:软件市场——即通过学术交流、咨询服务等广泛交流信息的市场;硬件市场——即通过科技成果展览会、交流会为供需双方提供技术交易的场所。技术市场是科研与生产的媒介,使科研成果迅速转化为生产力,既推动生产,又促进科学研究。　　(谢文蕙)

季相　seasonal aspect

园林和风景区中植物四季不同的外貌。如发芽、吐叶、开花、落叶等。好的栽植设计常使季相均衡丰富,避免偏荣偏枯。如无锡梅园把梅花和桂花搭配在一起,梅花春季开花,夏季枝叶繁茂;桂花秋季开花,香气馥郁,冬季树叶常青不落。

(刘家麒)

寄畅园

在江苏无锡市西郊惠山东麓的江南名园。元朝时,原为僧寮;明正德年间为尚书秦金扩建成园,名凤谷行寓。后易今名。园东部以水廊为主,池形南北狭长,名锦汇漪;东岸有长廊,间以方亭,名知鱼槛。池北有堂,可眺

嘉树堂
北
七星桥
含贞斋
秉礼堂　入口　双孝祠

望锡山巅龙光塔影倒映池中,西部以假山树木为主,北侧以黄石叠成涧峡,泉声回荡,名八音涧。全园体现山林野趣、清幽古朴的风貌。深为乾隆弘历赏爱,遂在北京颐和园内,以寄畅园为蓝本建造了谐趣园。

(鲁晨海)

寄啸山庄

见何园(96 页)。

jia

家庭 family

在一定的婚姻关系、血缘关系以及收养关系基础上组合成的社会生活基本单位。是社会结构的细胞,一种初级社会群体。婚姻是产生家庭的前提,家庭是缔结婚姻的结果。一般来说,家庭具有生产功能、人口再生产、抚育后代、赡养老人的功能、满足正常性生活的功能、消费功能、休息和娱乐功能。家庭的功能、性质、形式、结构以及与其联系的道德观念等,都随着社会生产方式的变革而变更。

(梅保华)

家庭功能 family function

家庭在社会生活中应起的作用。在不同社会发展阶段和不同制度的国家中,家庭功能不同。一般有以下功能:生产功能、消费功能、人口再生产功能、满足成员生理及心理需要的功能。 (梅保华)

家庭人口构成 formation of family

家庭成员的关系、性别、数量的组合。包括代际或辈分、性别、婚姻关系、人口数量几个方面,例如标准独生子女家庭的人口构成是:父母与一个子女的两代三口家庭。 (严 正)

夹城 double wall

筑在隋唐长安城东城墙的双重城墙。唐开元十四年(公元 726 年)扩建兴庆宫时,由大明宫至兴庆宫筑夹城,开元二十年(公元 732 年)又向南延伸,通到曲江池芙蓉园。专供皇帝使用,"人主自由潜行往返,由外窥之而不能见也"。 (董鉴泓)

假山 artificial hill

指一切的人工造山。就造山材料不同可分为土山、石山、土山戴石和石山戴土。就施工工艺不同而分为版筑山、掇山、剔山、凿山和塑山。人工造山起源于兴修水利和与洪水斗争。所谓九州,最早为疏导洪水的弃土堆。逐渐发展为以造景为主要功能的假山。假山可作为主景,如北京北海的琼华岛。可作为屏障和背景,如北京的景山。亦可用以范围和组织空间。如障景和分隔空间的假山。假山最根本的理法是"有真为假,做假成真。"即以真山为创作的源泉和依据,经过寓情于景和概括、提炼、夸张的

艺术加工而取得源于自然、高于自然的艺术效果。假山是中国园林最灵活和最具体的传统手法之一。我国著名的假山有苏州的环秀山庄、苏州的耦园、北京的静心斋、上海豫园和杭州的文澜阁等。

(孟兆祯)

价格构成 price component

又称价格结构。形成价格的各个要素在价格中的组成情况。一般包括生产成本、流通费用、税金和利润等因素。 (谢文蕙)

价格结构

见价格构成(112 页)。

假日住宅 vacation house

供周末及节假日居住的建筑。多位于风景旅游区。西方过去的假日住宅通常是构造简易的小屋或帐篷,为户外游乐后住宿,新趋势是向精心设计、设施完善发展,要达到一定的居住舒适水平,房主不用时可向游客出租。 (张守仪)

jian

间接城市化

见职能型城市化(271 页)。

监测植物 pollutant monitoring plant

对某种污染物质特别敏感,而极易出现危害症状的植物,当遭受轻度污染时,即可根据症状发出警告,及时处理污染源。如苔藓和地衣对 SO_2、唐菖蒲对 HF、秋海棠对 NO_2 均有敏感反应。

(沈 洪)

建成区 built-up area

城市行政区范围内经过征用土地和实际建设起来的非农业生产建设地段。城市行政区范围以内地面建筑物、构筑物以及地下工程管线等基础设施已经成片连接的地区。也是土地从农业生产或荒地转变为城市建设的用地。位于市区以外的飞机场、水源地、重要交通和风景旅游设施等独立地段、也属建成区。随着城市的发展,建成区的面积逐年有所变化。它包括城区集中连片的部分和分散在近郊区与城市有着密切联系,具有基本完善的市政公用设施的城市建设用地(如机场、铁路编组站、污水处理厂、通信电台等)。建成区范围一般是指建成区外轮廓线所能包含的地区,也就是城市实际建设用地所达到的境界范围。因此,它是一个闭合的完整区域。一城多镇分散布局的城市,其建成区范围则可能由几个相应的闭合区域组成。建成区是城市建设在地域分布上的客观反映,标志着城市不同发展时期现状建设用地规模和外部形态。

(赵炳时 陈为邦)

建康　Jiankang

　　三国时东吴，南北朝时东晋、宋、齐、梁、陈诸朝的都城。东汉建安十七年(公元 212 年)，孙权改秣陵县为建业，并建都于此。晋太康元年(公元 280 年)改名建邺，建兴元年(公元 313 年)因避司马邺讳，改名建康。位置在今南京市。东吴都城在玄武湖之南，周长 10km，南北长东西略短，宫城偏北。东晋及南朝仍沿用东吴旧城，宫城在东晋成和年间重建，称建康宫，又名台城。宫墙有三重，周长 4km，无外廓。城西南有西州城、石头城，东有东府城。梁时城市很繁荣，人口达 28 万户。主要商市在南部秦淮河一带，南朝佛教极盛，城内有佛寺 500 多座，整个城市因配合地形呈不规则形，但宫城部分则方正规则。建康作为都城达 300 多年，商业繁盛，人文荟萃，是南方政治、经济、文化的中心。隋文帝灭陈后，曾下令将建康宫城夷为平地。　　　　(董鉴泓)

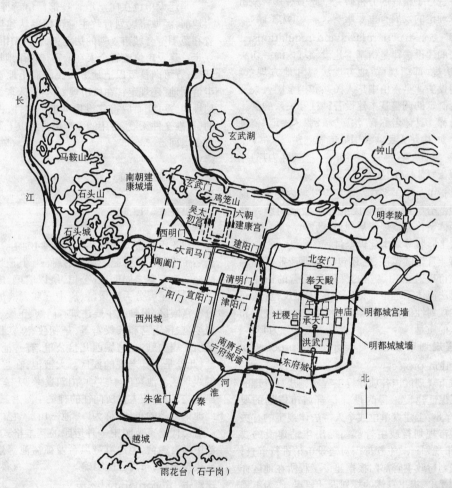

南京历代城址变迁图

建设部门规章　departmental construction ordinance

　　是指国务院有关部和委员会根据法律和行政法规在本部门权限内制定的基本建设领域的法律规范总称。包括①建设主管部门单独制定的；②建设主管部门与有关部门共同制定的；③有关部门制定的。比如 1983 年城乡建设环境保护部颁布的《关于建筑安装工程招标投标试行办法》和《关于建筑工程质量监督条例》，1985 年城乡建设环境保护部颁布的《城市抗震防灾规划编制工作暂行规定》；1983 年城乡建设环境保护部与国家标准局共同颁布的《建筑工程质量监督条例(试行)》等。　　　　(陈为邦)

建设城市的艺术　The Art of Building Cities

　　奥地利建筑师卡米罗·西特(Camillo Sitte)的名著。1889 年出版于维也纳，1945 年的英译本由美国雷因霍尔德出版公司发行。此书对当时欧美各国城市设计的成败得失作了全面的总结,批评了刻板的网格式规划和仰仗于丁字尺和三角板的"图纸美学"。提出建筑师必须着力于城市外部空间的研究,注意人的尺度和视觉艺术效果。作者研究的范围偏重于城市广场,对欧洲古代,特别是中世纪城市广场的环境整体效应,广场的大小、比例、尺度、造型、空间层次、围合关系、连续关系、广场上建筑物、雕像、喷泉、水井的位置以及广场与广场之间的连续时空关系等都进行了精辟的分析研究。此书对其后城市设计艺术理论的发展有重要影响。 (沈玉麟)

建设法律 construction laws and regulations

广义的建设法律是指基本建设领域内的一切法律、行政法规、部门规章、地方性法规和地方规章。狭义的建设法律是指由中华人民共和国全国人大及其常委会制定的调整基本建设各种社会关系的法律规范的总称。具体名称有"法"、"条例"、"决定"、"决议"等,比如《中华人民共和国城市规划法》。

(陈为邦)

建设法律体系 legislative system

通常指由一个国家在基本建设领域内的全部现行法律规范分类组合而形成的有机联系的统一整体。这一体系将完整规范从规划、勘察、测量、设计、施工至竣工验收等基本建设全过程的行为。根据我国建设事业管辖的范围,它还包含房地产业管理和经营及城市市政公用事业的管理和经营的法律规范。建设法律体系也指尚未制定的法律规范,从而成为一种规划性的体系方案,以利加快立法进度和保证立法的质量。 (陈为邦)

建设工程规划审批程序 approval process of construction project

对城市规划区内各项建设工程实施规划管理的顺序。以保证建设工程的设计符合城市规划的要求,其程序是:①建设单位或个人持法律规定的有关文件向城市规划行政主管部门提出申请建设的要求;②城市规划行政主管部门对建设申请进行审查;③城市规划行政主管部门根据建设工程所在地区详细规划的要求,提出具体的规划设计要点,作为工程设计的重要依据;④城市规划行政主管部门审定申请建设工程的初步设计方案。 (陈为邦)

建设工程规划许可证件 planning permit for construction project

是有关建设工程符合城市规划要求的法律凭证。该证的作用:一是确认有关建设活动的合法地位,保证有关建设单位和个人的合法权益;二是作为建设活动进行过程中接受监督检查时的法定依据。作为处罚违法建设活动的法律依据;三是作为城市规划建设的历史资料与档案材料。 (陈为邦)

建设行政法规 administrative construction law

中华人民共和国国务院根据《宪法》和法律制定的基本建设领域的法律规范的总称。具体名称有"条例"、"决定"、"规定""办法"等。其内容要比法律具体、详细。比如《城市节约用水管理规定》、《建设工程勘察设计合同条例》、《建筑安装工程承包合同条例》等。 (陈为邦)

建设用地规划许可证 planning permit for land

是建设单位在向土地管理部门申请征用、划拨土地前,经城市规划行政主管部门确认建设项目位置和范围符合城市规划的法定凭证。《城市规划法》规定:"建设单位或者个人在取得建设用地规划许可证后,方可向县级以上地方人民政府土地管理部门申请用地"还规定:"在城市规划区内,未取得建设用地规划许可证而取得建设用地批准文件,占用土地的,批准文件无效,占用的土地由县级以上人民政府责令退回。" (陈为邦)

建业

见建康(113页)。

建邺

见建康(113页)。

建章宫

建于汉武帝太初元年(公元前104年),是我国著名帝王苑囿上林苑中最大的离宫。其遗址在长安故城之西。宫之周回15公里,绕以墙垣,成一座独立宫城。主要分为宫殿区、唐中庭和太液池三个部分。宫殿区,沿轴线主要建筑有门阙、正殿、骀荡宫、驳娑宫、枍诣宫和天梁宫等,是朝政、燕宴和生活的场所。唐中庭,在宫城西几拾公里,有一池,称唐中池;此处是圈养老虎的囿区。太液池,在宫北部,为游娱景区。池宽广十多顷,内筑蓬莱、方壶、瀛洲三座岛屿,以象征人世所向往的神话中海上三座仙山。此池中置岛的布局,称为"一池三山"。它由此成为以后历代皇家苑园中一种造园的基本格式。另外,池中尚有渐台,池边有避风台及孤树池等景物。宫苑规模宏伟,布局分区明确。 (鲁晨海)

建制市 incorporated city

按照有关规定设有市权力机构和政府、具有法定边界的行政地方。在我国,市的建置和区域划分由国务院批准。我国的建制市可分为直辖市、地级市和县级市三种级别。1955年公布我国解放后的第一个设市标准,1963年有所调整,现行的设市标准是1986年公布实施的,1993年又有调整:对不同人口密度的县晋升为县级市提出了不同的标准。1992年底我国有建制市514个,其中直辖市3个,地级市191个,县级市323个。 (周一星)

建制镇 qualified town

我国城市型居民点的最低一级,大都是农村中一定区划内的行政、经济、文化中心。1984 年 11 月,国务院规定的新的设镇标准主要是:①凡是县级地方国家机关所在地,均应设置镇的建制;②总人口在 2 万人以下的乡,乡政府驻地非农业人口超过 2 千人的,可以建镇;总人口在 2 万人以上的乡,乡政府驻地非农业人口占全乡人口 10% 以上的,也可建镇;③少数民族地区,人口稀少的边远地区,山区和小型工矿区、小港口、风景旅游区、边境口岸等地,非农业人口虽不足 2 千人,如确有必要,也可设置镇的建制。从 1984 年开始实行镇管村的体制。

(金大勤 周一星)

建筑覆盖率

见建筑密度(115 页)。

建筑后退 setback

路旁基地建筑自道路红线后退的距离,是基地内建筑,包括基础、地下室或上部挑出部分不可逾越的界线。在此范围内除服务性管线、建筑出入口通道、围墙外,只允许有绿化,并据以确定统一的宽度。国外有的城市为保持原有商业街历史风貌,在此线与保留建筑线之间允许设置骑楼或商业拱廊。

(黄富厢)

建筑基地 building site

经区划许可或其他手续批准进行建筑的地块。亦泛指拟建和在建的任何地块。 (黄富厢)

建筑密度 building coverage

又称建筑覆盖率。一定用地范围内所有建筑基底占地面积之和与用地总面积之比,一般以百分数表示。反映用地范围内的建筑物密集程度和空地率状况,是决定环境质量的主要控制指标之一,一般在工厂、仓库、科研院校、旅馆、写字楼及其他企事业单位等大院规划中采用;在居住区通常采用住宅建筑密度或居住建筑密度。 (吴 晟)

建筑面积 gross floor area

建筑物外墙皮内的所有面积。数量上为楼板面积和结构面积之和。 (严 正)

建筑面积密度 floor area ratio

又称容积率。单位土地面积上所建造或允许建造的建筑物建筑面积的总和,或在一定用地范围内所有建筑物的建筑总面积与用地面积之比。用以反映土地利用的效率和经济性,以及使用的拥挤程度,亦用来在建设管理中按土地使用性质控制其土地使用的强度。单位为平方米/万平方米(m^2/万 m^2),亦有用建筑总面积除以 10 000m^2 所得的商来表示。

(李德华)

建筑税 construction tax

对使用国家预算外资金、地方机动财力、银行贷款和企业、事业单位各种自有资金和其他自筹资金进行的基本建设投资、技术改造项目中的建筑工程投资以及按规定不纳入国家固定资产投资计划的建筑工程,应由地方政府、机关团体、部队、企业、事业单位,以及个体工商户缴纳。 (谢文蕙)

建筑线 building line

按建筑管理规章规定地块内,沿道路一侧或与相邻地块之间建筑不可逾越的界线。 (黄富厢)

剑门蜀道风景名胜区

在四川省绵阳市蜿蜒连绵的秦岭、巴山、岷山之间的国家重点风景名胜区。以二千年的古蜀道为纽带,以壁立千仞、穿地之险的剑门关为代表,自陕入川,由广元经剑阁、梓潼至绵阳。漫漫古道,风光峻丽,名胜众多,一幅巴山蜀水的长卷。"蜀道难,难于上青天。"古栈道是悬崖峭壁上人工开凿的凌空通道,气势险要,现仅存遗迹。著名的石窟群千佛崖石洞层叠,密如蜂层,长 320m,现存造像七千余尊。剑门关位于大剑山,山峰绝险。直刺青天。剑门关至剑阁县城,一路古柏夹道,称翠云廊,窦圌山耸立如圌。山上有云岩寺。寺后屹立三峰,其间以铁索相连,称圌山飞桥。还有三国古战场、武则天庙、李白故居等名胜。 (王早生)

jiang

江户城 Edozyo

日本室町时期至江户时期的城下町。位于关东平原的南端,江户湾的北隅。城市始建于 1457 年,由太田道灌所筑。当时的江户城由子城、中城、外城三部分组成。后由德川家康对此进行了大规模的改筑。1868 年,明治天皇由京都迁来此,该城也一度被称为东京城,作为皇宫沿用至今。江户城大致分为内廓与外廓,内廓再进一步分为本城和西城。本城部分由本丸、二丸、三丸组成,面积约为 31 万 m^2。本丸是江户城的中心,上建有本丸御殿,由表、中奥、大奥三部分组成。明治维新后,皇宫设在西丸,1873 年被大火烧毁,1888 年在原地建成了明治新宫。 (洪再生)

江陵

又称荆州。位于湖北省中部,江汉平原的西部。春秋战国时曾为楚都城,秦置南郡,汉置江陵,唐为江陵府,明、清为荆州府治所。江陵水陆交通方便为历代兵家必争之地,该地物产丰富,经济发达,是长江中游重要商业城市。文物古迹有楚纪南故城遗址、八岭山古墓群、明代城垣,以及元妙观、太辉观等古建筑。为第一批国家级历史文化名城。江陵属沙市市市辖,工业有电力、化学、机械等。 (阮仪三)

江南园林

分布于江浙地区的私家园林。大多集中在苏州、杭州、扬州一带。造景师法自然;筑山多用太湖石和黄石;理水以一池映带山石,曲折延绵、流溪萦回。庭院几许,互有因借衬景;曲廊转折、漏窗透障有致。园与宅相连,多偏宅一隅,自成一境。造园主要手法有:借景、透景、障景、对景、引景等。著名实例有:苏州拙政园、南京瞻园、杭州郭庄园、常熟燕园等。　　　　　　　　　　　　　　　　(鲁晨海)

江南园林志

中国园林专著。著名建筑专家童寯教授所著。著者遍访江南园林,1937 年春成稿,至 1963 年,重作增补校核,始由中国建筑工业出版社出版。第二版增收《随园考》一文。本书文字部分共五篇,一造园,二假山,三沿革,四现状,五杂识。图片部分包括版画、国画、照片、平面图等共 340 余帧。著者以论带评,深刻论述中国传统造园技术和艺术,重点介绍中国江南苏扬沪宁杭嘉一带著名园林的布局、沿革、演变和当时现状。书中述及的部分园林现已残破或废圮,尤具历史价值。　　　　　　　(乐卫忠)

江苏常熟碧溪镇规划　Planning of Bixi town, Changshu,Jiangsu province

碧溪镇位于长江南岸。距常熟市 18km,是乡政府所在地。过去交通闭塞,房屋破旧,全镇只有长不过 200m 的小街。党的十一届三中全会以后,经济发展很快。1983 年起,乡政府按照建设规划,对全镇的工业区、商业区、文化区、住宅区进行了有计划的改造和建设。在 5 年多时间里,兴建住宅、厂房、商店、学校,达 11.5 万 m²,建成了一条长 1 400m 的柏油马路,铺设下水道,砌筑石驳岸,建造文化中心,成为江南有名的新型文明乡镇。　　　　(金大勤)

江苏江阴华西村规划

江苏省江阴县华西村,原有 243 户,1015 人。1964 年,原华西大队制定了“农业学大寨”的 15 年规划。为了适应建设大面积稳产高产田的需要,将原来分散的 12 个自然村,集中建成一个新村。新村

的房屋建设,先由社会自筹资金,自备材料,大队统一规划,统一组织施工的。住宅产权为社员个人所有。村中除住宅外,还有学校、幼儿园、托儿所、医务室、商店等生活福利设施。20 世纪 80 年代有了更快的发展,成为全国有名的富裕村。　　　　(金大勤)

降雨强度　rainfall intensity

单位时间内的降雨量。通常以 mm 为雨量单位,取 5、10、15、20、30、45、60、90、120(min)或 1、12、24(h)为时间单位。我国气象部门规定日降雨量在 10mm 以内的称小雨,10～25mm 的称中雨,25～50mm 的称大雨,50～100mm 的称暴雨,100～200mm 的称大暴雨,200mm 以上的称特大暴雨。暴雨常可造成灾害,是水利、道路、城镇、工矿企业防洪排水工程等设计依据之一。　　　　　　(文立道)

jiao

交叉口　junction,intersection

两条或两条以上道路的交会处。是车辆、行人交通汇集、转向和疏散的必经之处。按相交道路的条数可分为三岔、四岔和多岔。按交叉的方式分有平面交叉和立体交叉。为保证交通安全和通畅,交叉口常设有信号灯等交通控制设施和其他交通管理设施。正确地设计道路交叉口,合理地组织和管理交叉口交通,是提高通行能力和保障交通安全所必不可少的。　　　　　　　　　　(李峻利)

交叉口间距　distance between junctions

两个相邻道路交叉口中心点之间的距离。其长短与城市规模、历史有关,且影响城市交通的效率。间距过大,交通联系不便;间距过小,车辆行驶的速度无法提高。从公共交通客运网的规划要求、城市用地的经济合理性和对街道通行能力的影响等方面综合考虑,国内实践认为,大、中城市干道之间的适当距离为 700～1 100m。　　　　　　(李峻利)

交河城

又称雅尔湖故城。唐代遗留的古城址,在今吐

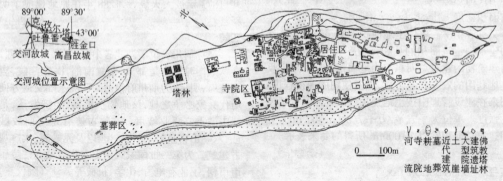

交河城平面图

鲁番西 10km,位于两条河床之间狭长的高地上。在唐代为鞠氏王朝的交河郡,元时并入吐鲁番县。原为丝绸之路必经之地。从北面越过全城最大一座佛寺后便是城内主要大街,宽约 10m,长约 350m,两侧为高原土墙。大街两旁被街巷划分为一块块"坊",走进小巷方有居住院落门户。高大庙宇均在城市中部,形式多不一致,有一佛塔形建筑。城外两条河流均已干涸,城市废弃与此有关。遗址在西南部尚存断续的城垣。1961 年定为全国重点文物保护单位。

(董鉴泓)

交汇 merging

两条分开的车道上的车流,合并到一条车道上行驶的过程。 (徐循初)

交通产生 trip production

一定的地段范围内,人、车或客、货交通生成原因和产生流动状况的总称。 (徐循初)

交通调查 traffic survey

对城市各种车辆数、道路上的交通量、车速、车辆出行、车辆油耗、车辆停放、道路通行能力、交通事故、交通公害、居民出行、物流等进行的调查和分析。旨在掌握道路上的交通现状,明确存在交通问题的原因和性质,寻求解决的办法;也可以分析交通变化的规律,确定相应的参数,为制定交通预测模型提供基础资料。交通调查是交通规划、道路设计、交通管理和交通研究的基础工作。 (徐循初)

交通方式划分 modal split

在交通规划中,运用数理统计和计算模型,确定居民出行使用各种交通方式的人次数的比例,通常以百分比表示。一般在公共交通和私人交通两类之间进行,然后在这两类内再划分各种交通工具所占的比例。考虑的因素有:交通政策、城市规模、居民收入、乘用各种交通工具的时耗比、乘车费用比以及交通服务水平的高低。 (徐循初)

交通分配 traffic assignment

在城市交通规划中,将空间分布的出行量转换成交通量,分配到交通网络的路径上的过程。可按不同的出行方式、出行目的、出行时辰计算出行量,根据交通时间和路径上的交通负荷建立数学模型和计算机完成分配,目的使路径上的负荷程度大致接近平衡。 (徐循初)

交通公园 traffic-simulating park

以宣传交通知识为主的专类公园。现代交通问题复杂,要发挥交通的效率并减少交通事故,进行交通教育颇为重要。特别是对儿童。因此常在公园中设置儿童交通公园,有各种交通的模拟和标志,让少年儿童自幼就能够获得多方面的交通知识。如哈尔滨儿童公园,有一条小火车由儿童自己管理。"寓教育于娱乐"。 (李铮生)

交通管理 traffic management

为保证交通运输安全正常运行而进行的管理工作,包括交通安全管理、交通系统运行效能的管理、运输营运管理等。 (徐循初)

交通规则 traffic regulation

根据交通安全、畅通、低公害和节能的要求,对道路上的车辆和行人在装载、通行、停放以及随之而产生的各种行为而采取的一系列禁止、限制和必须遵守的规定。 (徐循初)

交通号志 traffic signal and sign

以醒目的文字、符号、色彩、灯光或音响信号,对道路交通进行导向、指示、警告或限制的道路附属设施。给道路交通参与者以确切的情报信号,使交通达到安全、畅通、低公害和节能的目的。一般设置在道路上方或路侧。 (徐循初)

交通量 traffic volume

又称交通流量。单位时间内通过道路某一横断面的车辆或行人数。通常车辆以辆/h 或辆/d 计,行人以人/h 计。是道路横断面和交叉口规划设计和组织交通的基础资料。可分为年平均日交通量,平均日交通量,高峰小时交通量等。 (徐循初)

交通量预测 traffic volume forecast

可分为近期和远期的交通量预测。近期可运用数理统计方法,对以往调查的交通量进行数据处理,根据其发展规律和趋势,推算而得。远期可运用交通预测模型,对未来城市居民的出行活动作全面的分析研究,根据土地使用情况和道路交通网络规划,通过居民出行生成、出行分布、交通方式划分、交通量分配等步骤的反复迭代,求得远期规划道路网上的交通量。 (徐循初)

交通流量

见交通量(117 页)。

交通密度 traffic density

单位长度车道上分布的行驶车辆数。通常以辆/km 计。交通密度稀,表明交通量少;交通密度过密,车辆相互干扰,车速下降,交通不畅。

(徐循初)

交通渠化 channelization

车辆在道路路段和交叉口范围内,按照规定的车道行驶的状态。因车辆在道路上行驶好像水在渠道中流动,故名。一般用道路交通标志、路面交通标线和交通岛来实现。 (徐循初)

交通设施用地 land for transport facilities

城市公共客运交通和货运交通等设施的建设用地。包括公共汽车、出租汽车、有轨电车、无轨电车、轻轨铁道和地下铁道(地面部分)的停车场、保养场、车辆段和首末站的用地;货运车队、车场、交通指挥中心、教练场、加油站和汽车维修站的用地,以及客货轮渡陆上部分的用地等。 (蒋大卫)

交通事故 traffic accident

车辆和行人在进行过程中,由于违反交通规则或疏忽大意所引起的人员伤亡或物资损毁事件。事故的次数、伤亡人数是衡量交通安全的重要指标。根据情节轻重和损失大小分为:重大事故、大事故、一般事故和轻微事故。 (徐循初)

交通枢纽 transportation junction

又称运输枢纽。一种或多种运输方式交通干线的交叉与衔接处,共同为办理旅客与货物的发送、到达、中转所需的运输设施综合体。由同种运输方式二条以上干线组成的枢纽为单一交通枢纽,如铁路枢纽、水运枢纽等;由两种以上运输方式的干线组成为综合交通枢纽。它由各种运输方式的线路、设备与建筑组成。它们的布局决定了不同运输方式间联运换装地点的分布。因而对于大宗客、货流的运输径路、运输效率有决定性的影响,对城市的形成和发展有很大作用,是城市整体的有机组成部分。也是国家综合交通运输体系的重要组成部分和协调运营、组合联合运输的结合部。 (宗 林)

交通枢纽城市 transport junction city

以交通运输为主要职能的城镇。一般均是地处在一个地区四通八达的交通要道位置,对外交通用地占城市用地比重较大的城市。可分为铁路枢纽城市、水运枢纽城市、公路枢纽城市和综合性水陆联运枢纽城市。 (赵炳时)

交通性道路 traffic road

以交通运输为主要功能,主要性质为车辆通行或专供车辆通行的道路。交通多持续,客运、货运流量大。大多联系主要集散点。全市性干道、过境道路、环路、出境公路等都属这一类。两旁应少设或不设行人流众多的建筑,以保安全畅通。 (李德华)

交通延误 traffic delay

车辆在通过道路交叉口的过程中,受到信号灯阻碍和交通饱和的耽搁而产生的时间延误。由正常相位延误、随机延误和交通过饱和延误三部分组成。当交通饱和度远小于1时,正常相位延误是稳定的,交通延误率不高;当饱和度超过0.9以后,随机延误时间就迅速增加;当交通过饱和时,则延误更严重。确定交通延误时间的长短,是信号灯配时设计中的一项重要尺度。 (徐循初)

交通预测 traffic prognosis

根据城市土地使用情况、社会经济发展水平,以及居民生活习惯等,对未来客、货运输的发展趋势、交通方式的构成、道路的交通量等进行定性和定量的预先推测。 (徐循初)

交织 weaving

不同车道上同向行驶的车辆为相互交换车道而并入同一车道前进再分离至另外不同车道行驶的过程。 (徐循初)

郊 suburb

城外周围地区,古制分近郊、远郊,距城50里为近郊,50~100里为远郊,或泛指整个城外地区。《尔雅》中载:"邑外为之郊,郊外为之牧,牧外为之野,野外为之林"。 (董鉴泓)

郊迁 suburbanization

又称郊区化。大城市人口和各项职能活动从具有向心的特性转向郊区迁移的进程和状态。汽车和公路的发展,加上各级地方政府采取税收等政治经济措施,这些因素诱导社会产生新的价值观念,使人们纷纷追求郊区的生活环境,使郊区逐步形成一个具有多项市区功能的地域综合体。 (陶松龄)

郊区 suburb

城市行政辖区内,城市的周边地区,或建成区、城区的外围地带。大城市一般拥有近郊区和远郊区。前者指紧靠城区外围,以蔬菜、副食品生产为主,也布置有城市一些工厂企业、对外交通设施、仓库设施和绿地等;后者指近郊区以外,远离城区但属市界以内的地带,以粮食、经济作物生产为主,也有的安排工业点和小城镇。 (赵炳时)

郊区规划 suburb planning

对城市行政界限内,已建的或规划的市区用地外围的地区进行统筹安排,合理分布各项用地和设施。内容要考虑几下几方面:确定郊区的规模和界限,安排适宜在郊区建设的城市设施和工程项目,郊区绿地和休疗养用地,城市必需的副食品基地,结合郊区城镇的发展进行乡镇工业规划,以及居民点、道路网规划。 (陶松龄)

郊区化

见郊迁(118页)。

胶东半岛海滨风景名胜区

国家重点风景名胜区。在山东省胶东半岛东北部,包括陆地烟台蓬莱和威海成山头两个片区及海上长山岛、黑山岛、庙岛、刘公岛等岛屿。海湾岬角曲折多姿,地形起伏,林木繁茂,海蚀地貌如天然群雕,人文景观丰富多彩。蓬莱素以"海市蜃楼"驰名中外,著名的蓬莱水城是国内保存完好的古代海军基地。水城西北丹崖山巅的蓬莱阁,面海凌空,气势雄伟,是神话里"八仙过海"的地方。长山岛有"海上仙岛"之称。威海刘公岛是我国著名海上重镇,北洋水师曾在此建立基地。成山头是我国东部"天涯海角",地势险要,秦始皇两次登临,留有众多古迹。

(赵健溶)

焦点　focus

风景区和园林中观赏视线集中的地方,有较强的表现力。静态观赏时,常在轴线端点或几条轴线的交叉点;动态观赏时,常在动势集中的地点。如水面、广场、庭院等环拱空间,其周围的景物往往具有向心的动势,这些动势线的集中点便成为焦点。

(刘家麒)

角色　role

与人们的社会地位、身份相一致的一整套权利、义务的规范和行为模式。是人们对具有特定身份的人的行为期望。城市社会的复杂性,决定了城市人在一定时间和空间中"扮演"的社会角色的多样性和更替的频繁性。　　　　　　　　　(梅保华)

教育附加税　surtax for education

为加快发展地方教育事业,扩大地方教育经费的资金来源,对已缴纳产品税、增值税、营业税的单位和个人。附加征收的税。它是按上述三项税实际交纳的税额为计征依据。　　　　　　(谢文蕙)

教育科研设计用地　land for educational and science institutions

高等院校、中等专业学校、成人与业余学校、特殊学校、各种科学研究和勘测设计等机构的建设用地。按照我国有关规定:中学、小学和幼托机构用地,作为住宅配套设施,归入居住用地,不列入本项用地。　　　　　　　　　　　　(蒋大卫)

jie

阶段规划　stage plan

根据城市总体规划并以不同时期的社会经济计划为依据所制定的分期、分阶段的建设规划,以期达到总体规划的目标,其作用在于指导城市不同发展阶段中城市建设与管理,保证城市总体规划的分期实施。　　　　　　　　　　　　(陶松龄)

阶台式住宅　stepped terrace dwellings

上层住宅后退,利用下层住宅的屋顶作室外活动和绿化的私用平台,房屋呈阶台形的住宅。阶台式住宅始见于山地,依山就势而成,20 世纪 60 年代后,为满足楼上住户室外生活的需要,开始在平地上建阶台式住宅,有单向阶台和双向阶台之别,后者因其形状又称山式住宅或金字塔式住宅。此外,还有一种后阶台式住宅,即只在住宅背阴面的上层后退作阶台,目的是为了缩小与后面房屋的日照间距以节省土地,20 世纪 70 年代以来在我国多层住宅小区中有所发展。　　　　　　　　(张守仪)

接待点　reception point

又称旅游接待点。旅游主管部门指定接待外国旅游者的服务点。包括指定的宾馆、旅馆、餐厅和购物商店等。　　　　　　　　　　　(刘家麒)

街　street

城市的大道。联系城镇各主要功能区,承担城镇的主要客货交通运输。中国战国以后的里坊制城市,坊间道路称街,坊内道路称巷,街中又以通城门的为主干道。　　　　　　　　　　　(薛　平)

街道小品　street furniture

街道、广场上供人们使用的各项设置。分功能性和观赏性两大类。前者有座椅、候车棚、路灯、电话亭、垃圾箱、时钟和地面铺装等;后者有花坛、喷泉、雕塑等。对方便群众使用,美化街道环境,加强街道、广场的识别性起积极的作用。　(白德懋)

街坊　block, neighbourhood

城市中由街道包围的建筑用地基本结构单元。一般概念上指居住街坊,即规模、面积较小的供生活居住使用的地段。以街坊作为城市居住区规划的结构形式由来已久,在古代希腊、罗马和中国的城市中都有先例。前苏联 20 世纪 40～50 年代建造的居住区,大量采用街坊布置的形式,对中国建国初期的城市规划建设有较大影响。居住建筑在街坊内的布置方式,主要有周边式、行列式、混合式等形式。另外,按字意"街坊"也可解释为邻居。　　　　(赵炳时)

街景　street-scape

城镇中街巷景观与面貌。由街道两侧的建筑物、绿化、市政与交通设施、建筑小品、广告、装饰以及地面铺装等共同组成,建筑物的不同功能要求及立面造型、人车交通流量、街区特性、地形地貌等因素直接影响街景,形成其各自的独特个性。

(郑光中)

街区　neighborhood

又称邻里。指欧美一种非行政式法定的社会单位。由市镇小片地区内住得较近的居民组成。他们在一定程度上有共同的文化、社会或经济利益,并共享一些地方设施、机构和活动场所,如图书馆、学校和教堂等。在城市规划概念上,街区或邻里是居住区结构中的一种基本单元地段。1929 年美国建筑师 C. A. 佩里提出"邻里单位"(neighborhood unit)规划概念,主张扩大原来较小的住宅街坊,而以城市干道所包围的区域作为规划的单元,在此地段中布置住宅建筑以及居民日常生活需要的学校、商店、绿地、运动场等各项公共服务配套设施,使人们有一个舒适、方便、安静、优美、安全的居住环境。

(赵炳时)

街头采访法　interview on street

研究者或派出访问员在城市公共场所直接向被访者提问,并当场记录答案的调查方法。可用调查提纲或问卷开列的问题进行结构式访问,也可以提几个笼统的问题让被访者回答的非结构式访问。特点是面对面访问、回收率高、减少对复杂问题的解释,但费用较高。效果的关键之一是访问者必须是中性媒介。 (刘博敏)

节点 node

又称结点。过往人流集合的场所。凡交通往返必经之地、多条道路交汇之处,区域中公共建筑密集的中心点和具有特殊意义的焦点,如广场、道路交叉口、车站、渡口、桥头等均可成为节点。因此具有交接点和集中点双重性质。 (白德懋)

节结园 knot garden

一种用绿色植物构成围合型节结式图案的花坛。流行于中世纪后期,特别在英国。有开结和闭结两种式样,开结采用黄杨、海棠草等植物修剪成线条状,有规则和变化的几何形图案,也有表现鸟兽等图式。在其间隙处,填以多种颜色的土壤;闭结,则在植物组成的线形图案中种上单色的花卉,如同彩带。 (章敬三)

结点

见节点(120页)。

结构功能理论 theory of structure and function

美国著名社会学家帕森斯(Talcott Parsons 1902~1979年)于20世纪40年代后创立的关于社会结构和功能的理论。并由此形成了社会学中的结构功能学派。该理论认为,人类社会有如人体,是由许多相互依赖的部分(器官)组成的有机系统整体,并发生一定的功能作用。要了解一定的社会结构,就要揭示这个结构在社会中发挥的功能。社会还具有自我调节的机制。该理论的中心是维系社会的稳定、整合和均衡。20世纪60年代后西方社会学界对该理论提出了一些批评。 (梅保华)

结构规划 structure planning

为城市及其周围地区或需要开发地区的社会、经济和物质环境的发展以城市的结构为主要对象的规划和政策的制定。英国最早采用结构规划,将原来的开发规划分为两个相对独立的阶段:即结构规划和局部规划,前者着重于政策制定和社会、经济等因素和城市规模等非物质、要素性问题的关系以及非空间问题,是后者的依据;后者着重于结构性空间组织,建设地块上各项工程建设的相互关系,是前者的具体化。 (陶松龄)

结构面积 structure area

建筑中墙、柱等结构构件所占据的面积之和。结构面积的多少与建筑的使用效率关系紧密。通常用结构面积系数表示(结构面积/建筑面积)。 (张守仪)

结合大都市统计区 Consolidated Metropolitan Statistical Area

简称CMSA。美国100万人口以上的有若干个基本大都市统计区(PMSA)所组成的大都市复合体。它的前身叫标准结合统计区(Standard Consolidated Statistical Area,简称SCSA)。 (周一星)

结婚率 marriage rate

又称总结婚率、粗结婚率。指在一定时期内(通常为一年)登记结婚的人数(包括初婚和再婚)与同期平均人口数(或期中人口数)之比。通常用千分数表示。它表示每千人中本期结婚人数的比例,是反映人口结婚频度的指标。结婚率用公式表示如下:

$$结婚率 = \frac{年内结婚人数}{年平均人口数(或期中人口数)} \times 1000(‰)$$

根据研究目的的不同,反映结婚状况的指标还可分为可婚年龄结婚率、标准化结婚率、分年龄结婚率等专项指标。 (晏群)

结节地域 nodal region

在功能上连结一个或数个结节点的地区。其构造分为结节点与吸引区。结节点是对人口流动和能量物质交换具有聚焦性的特殊地段。通常范围很小、集散功能很大的一片繁华街区,并以商业和服务部门为核心。每个结节点按其有效半径服务于一个或大或小的区域——吸引区。在结节地域内部,结节点与吸引区构造与组织较为均衡,由这些结节点引发出数条交通线联结着一定地域。仅凭一项具体职能活动来联系,称单一性节结地域,如电话通信吸引范围;借助多项职能活动来联系,称复合性结节地域,如城镇体系网络等。 (胡序威 陈田)

介入 involvement

创作一个丰富的设计,设计者要超越大脑的思维活动和理解,进入感觉领域,使感觉和情绪介入运动、空间和建筑,通过体能响应体现在设计过程中。形体和环境空间也存在着介入的关系。二者之间有着一定的界面或境界线。当这个界面或境界线无限增加时,形体对环境空间介入程度也就变得越来越大了,形成了包容或包罗万象。介入的概念有较大的外延。 (黄富厢)

界 boundary

一种非路径的线形单元,用来划分与确定某种范围。常常(并不全是)作为两种区域的界限,借以封闭具有不同含义的不同区域。 (郑光中)

界定空间 defined space

被一定的建筑群及其附属装置所限定的空间。其容量应与建筑形式所产生的精神和艺术面貌相融合,使城市空间具有丰富感和变化感。

（郑光中）

界线网络　boundary networks

地理上许多要素的分布常只有一定的区域界线,这种界线所构成的体系称界线网络。

（陈秉钊）

借景　borrowed view

有意识地把园外有审美价值的景物组织到园林中,用来扩展视野,丰富园景。是中国传统造园的重要手段。(明)计成在其所著《园冶》中说:"借者:园虽别内外,得景则无拘远近,晴峦耸秀,绀宇凌空,极目所至,俗则屏之,嘉则收之,不分町疃,尽为烟景"。借的方法有远借、邻借(近借)、仰借、俯借、应时而借等。可借远山、流水、林木、建筑等景物,还可借青天、行云、清风、明月、夕阳、红荷、莺歌;秋借丹枫、桂花、虫鸣;冬借梅花、瑞雪、昏鸦等。还可以借助声音来增强借景的感染力,如古寺钟声、林间樵歌、弹琴竹里、雨打荷叶、风送松涛等。借景不仅是视觉和听觉的感受,更重要的是通过物理的感受,触发心理的情感而产生意境,这就是"因借无由,触情俱是"。著名的范例如北京颐和园远借西山,近借玉泉山塔;苏州拙政园西邻补园(今已并入拙政园)的两宜亭邻借拙政园中部景物,一亭收览两园景色。

（刘家麒）

jin

金佛山风景名胜区

在四川省南川县境内的国家重点风景名胜区。面积约 260km²。金佛山古称九递山,素为巴蜀四大名山胜景之一,古称"南方第一屏障",以原始奇特的自然山峦、林壑为特色。植物群落随地势高差呈垂直带分布。实心竹和奇特的方竹漫山遍野。岗岭崖壁、沟涧洞石景观丰富。瀑、溪、泉众多。有著名的"三泉映辉"形成同一断面有三眼不同温度的热泉水的奇景。还有一日三涨的潮水泉和常年恒量的一碗水泉等。特定自然条件还形成气象景观,如金佛晚霞、白云朝晖等。　　　　　　　　　（赵健溶）

金陵玄观志

专记。著者与初版年月不详,1937 年国学图书馆出版影印版,并有插图。共二辑,十三卷,记录南京冶城山朝天宫、石城山灵应观、狮子山庐龙观、洞神宫、清源观、仙鹤观、长寿山朝真观、方山洞玄观、玉虚观、吉山祠山庙、移忠观、佑圣观、神乐观等十三座主要道观的沿革、建筑、庭园和宗教活动等情况。

（乐卫忠）

金融贸易用地　land for business and finance

城市中金融、保险、贸易、咨询和商社等机构的

建设用地。如银行、信用社、证券交易所、保险公司、国内外贸易公司、商社,以及外国驻本市的金融和保险机构等用地。　　　　　　　　　　　（蒋大卫）

金融市场　banking market

一切货币资金进行融通活动的场所。金融市场上的各种交易,是通过银行和证券交易所的媒介而进行。分为国内、国际、短期、长期等类别。

（谢文蕙）

金上京

又称会宁府。金代五个都城中较早的一个,在今黑龙江阿城市南 2 公里的阿什河旁。平面呈长方形,东西 2 300m,南北 3 300m,四面各一门,均不相对。门外有瓮城。城内中部有一横墙,北部西北角有宫殿区,城南部地区按记载尚有其他宫殿佛寺及孔庙等。据《大金国志》载:"规模曾仿汴京,然十之二三而已。"遗址 1982 年定为全国重点文物保护单位。　　　　　　　　　　　　　　　（董鉴泓）

金石滩风景名胜区

在辽宁省大连市金州区的国家重点风景名胜区。海陆面积约 110km²,由山、海、滩、礁组成。有完整多样的沉积岩,典型发育的沉积构造,丰富多彩的生物化石,体现了我国北方罕见的震旦系、寒武系地质景观。绵延 20 余公里的海岸线。浓缩了古生代距今约 5～7 亿年的地质历史,是一个天然地质博物馆,受到国内外地质学界高度评价。区内有蚀崖、溶沟、石牙、溶洞等,多种奇特海蚀造型地貌。可供观赏游览,进行地质科普、科研活动。还有大型海水浴场和垂钓场,是度假休息的胜地。

（刘家麒）

金中都

金代五座都城之一。在今北京西南部。金天德三年(公元 1151 年)就辽代南京城址扩建,定名中都大兴府。布局仿北宋东京。三重城墙,外城每面开三门,宫城在内城中部略偏南。宫门为应天门,正对御路,路两侧各建"千步廊"250 间。中轴线上布置一系列宫殿及城门,全城划分 64 坊。中都城布局对元大都城有一定影响。　　　　　　　（董鉴泓）

紧凑度　compaction index

区域形状特征的一种测度量。相同投影面积的空间由于平面形状不同,反映其空间分布的紧凑程度也不同。最紧凑的平面形状是圆形,紧凑度为 1,最不紧凑的平面是趋近一条直线的面,其紧凑度接近于零。设区域面积为 A,其区域平面的最小外接圆的面积为 D,紧凑度 $CI - A/D$。　　（陈秉钊）

近景

见前景(179 页)。

近期建设规划　planning for short term development

城市 3～5 年内的建设目标、主要工程建设项目及其实施的综合部署。针对城市近期需要解决的突出问题，根据城市总体规划的建设蓝图，对城市近期内发展布局和主要市政工程建设项目作出全面安排和投资估算，为城市管理、详细规划设计乃至单项工程设计提供依据。　　　　　　　（陶松龄）

进近净空区　approach height zone

航线与机场跑道之间机场外缘的空域。因飞机逐渐接近地面，对这部分空域内的净空有严格要求，地面的建筑物高度受到限制。　　　（宗　林）

进口替代　import substitution

一种内向型工业化发展战略模式。即以发展本国工业制成品的生产代替原来需要，从国外进口的产品，以节省外汇支出，保护国内市场。

（胡序威　陈　田）

进深　depth of building

板式建筑两条长外墙之间的距离。计算进深时从墙外皮算到另一墙的外皮，单位以米计。

（严　正）

晋祠

在山西省太原市西南 12.5km 的晋水源头处，背负悬瓮山，前望晋水的中国著名的祠庙园林。古称唐叔虞祠，因祭祀周武王次子叔虞而立名。始建

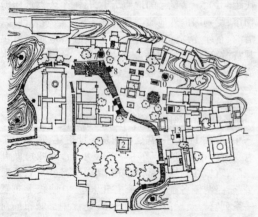

于春秋，为今唐叔虞祠址。祠以圣母殿一组建筑为中心，布局灵活，与环境浑然一体。祠内有难老、善利二泉，智伯渠萦游串穿全祠，泉水清冽，绿萍四季常青。尤圣母殿前鱼沼飞梁，就泉源而筑池，上设四架飞梁，为仅见孤例。另有周柏、唐柏，郁郁苍苍，更显祠色苍古，与泉并称三绝，入口前庭，植古银杏与碧泉相映，景色尤胜。晋祠利用自然水源，巧妙经营，将水与建筑联成一体，为中国古典园林中祠庙园林的代表作品。附图中：1.大门；2.水镜台；3.献殿；4.圣母殿；5.水瓮楼；6.难老泉亭；7.不系舟亭；8.真趣亭；9.善利泉亭；10.松水亭；11.流碧榭；12.贞观

宝翰亭；13.东岳祠献亭；14.闸亭；15.八角亭。

（鲁晨海）

禁猎禁伐区　protection area against hunting and tree cutting

国外禁止猎杀野生动物、禁止砍伐林木的自然保护区。主要目的是保护动、植物资源。有单独的禁猎区、禁伐区和禁猎禁伐区之分。　（刘家麒）

jing

京城古迹考

记述清初北京城的名胜，古迹，寺庙，建筑的书。康熙乾隆年间人厉宗万撰。系作者对北京当时一些名胜、建筑亲身调查后写成，是一本研究北京城市及建筑的重要史料。　　　　　　　（董鉴泓）

经济发展规划　strategy of economic development

地区或国家在较长历史时期内经济社会发展的总目标和总任务，是编制城市总体规划必不可少的依据之一。根据各地区不同的自然、社会、经济条件，因地制宜地确定各地区经济发展的重点部门与行业，建立地区经济的合理结构，广泛开展地区之间的经济分工与协作，以提高整个国民经济的效果。

（陶松龄）

经济腹地

见经济吸引范围(124 页)。

经济杠杆

见经济手段(123 页)。

经济基础理论　economic base theory

关于城市和区域发展机制的一种理论。该理论把城市经济活动划分成满足外部需求的基本部分和满足城市本身需要的非基本部分，认为城市区域人口和经济的兴衰是由基本部分的变动来控制的，城市基本经济活动的增加通过乘数效应导致城市的发展。它已被广泛应用于城市和区域经济的分析和规划。该理论概念简明，但正确区分基本和非基本部分极为困难，常用区位商法或最小需要量法间接求取。主要局限性是不考虑产业部门间的联系。

（周一星）

经济技术开发区　economic technical development district

为引进国外资本和先进技术，开发新产品，发展技术、知识密集型产业而在开放城市中划定的有计划、有步骤兴办的一种新兴经济区域。可以因地制宜地实行经济特区的某些特殊政策。其特点是：①建设好有利于吸引外商投资的环境，开展多种形式的对外经济合作，引进先进技术，吸收组织社会化大

生产管理经验,培养干部,训练人才;②给予一定的对外自主权。与一般出口加工区不同的是,凡技术水平比较一般的项目,不能建在开发区内享受国家规定的优惠待遇。　　　　　　　（胡序威　陈　田）

经济空间　economic space

经济控制论系统的所有变量及其变化状况和变化范围的总和。由状态向量空间、输入向量空间和输出向量空间的和集构成。由罗马尼亚学者曼内斯库提出,也是经济控制论动态结构的存在方式之一。
　　　　　　　　　　　　　　（胡序威　陈　田）

经济空间论

见区位理论(183页)。

经济控制　economic control

对经济行为的控制。即通过调节经济系统的输入使其输出只是在一定范围内变化或只取某些预期数值(如果输出量是离散的)。一般实行集中控制和分散控制相结合的分级控制原则。控制方式分若干种:按关联结构分简单控制和分级控制;按信息反馈分硬性控制和反馈控制;按问题类型分自动控制和最优控制。　　　　　　　　（胡序威　陈　田）

经济联合体　economic combination

在平等互利的基础上,各种相互关联的经济实体,自愿组织起来的一种经济组织形式。有的以主导企业为骨干,以名优产品为"龙头",通过零部件扩散、外协或商标转让进行联合;有的是加工企业和能源、材料供应企业联合;以及科研、设计与生产企业之间的联合。经济联合体的建立,可以使地区、城市、企业之间扬长避短,各发挥优势,并打破部门、地区所有制的界限,从而促进社会化大生产的发展。
　　　　　　　　　　　　　　　　　　（谢文蕙）

经济模型　economic model

又称经济数学模型。指描述经济结构和经济过程的数学表达式,如方程式、函数式等。它是一种分析方法和工具,是根据现实经济现象,将其中各种错综复杂的现象抽象为若干变量,并根据其中的经济与数学关系而建立数学模型。其作用在于模拟或表现某一实在的经济系统的内在规律。以便尽可能全面地揭示其中各组成部分之间的数量依存关系,并进行一定程度的预测。经济模型可以从不同角度分类:有动态和静态模型;有宏观和微观模型;有连续和离散模型;有随机的和确定的模型。
　　　　　　　　　　　　　　　　　　（谢文蕙）

经济区划　economic regionalization

根据社会劳动地域分工的特点对全国领土进行战略性划分,提出经济区的网络系统。旨在揭示各地区专业化发展方向和经济结构特征,以及彼此分工协作的关系,为国民经济在全国各地区因地制宜地合理发展,编制地区国民经济发展规划,实行地区经济布局宏观调控与制定相应的区域政策提供科学依据。　　　　　　　　　　　（胡序威　陈　田）

经济时间　economic time

完成某一经济活动所需要的时间或两个经济过程之间的时间间隔。包含了各种经济过程的同步关系和前后顺序关系,体现了经济活动的节奏性和持续性。计算单位是相对的,一般按时、日、周、旬、月、季度、年度等离散变量的单位来计算,由罗马尼亚学者曼内斯库提出,为经济控制论系统动态结构的存在方式之一。　　　　　　（胡序威　陈　田）

经济实体　economic entity

独立从事生产或经营活动,自负盈亏,有自我改造和发展能力,拥有一定的资金,并具有法人地位的经济组织。　　　　　　　　　　　　（谢文蕙）

经济手段　economic means

又称经济杠杆。指商品、货币、价格、成本、工资、利润、利息、税收、奖金、罚款等一系列的价值工具,以及经济合同、经济责任制等办法。是经济管理的重要手段。其特点是遵守物质利益原则,不具有行政命令的强制性。　　　　　　（谢文蕙）

经济数学模型

见经济模型(123页)。　　　　　　　（谢文蕙）

经济特区　special economic zone

国家为对外开放,以减免关税和提供劳动力、市场等优惠条件,鼓励外商投资,引进先进技术和科学管理方法,促进国内经济技术发展而制定的实行特殊政策并适当隔离的经济管理区域。特点是:建设资金以外资为主,经济结构以"三资"企业为主,产品以外销为主,实行工贸结合,相应发展旅游、房地产、金融、饮食服务等第三产业。如深圳市、珠海市。迄今,我国已划定5个经济特区:深圳、珠海、厦门、汕头和海南岛。　　　　　　（胡序威　陈　田）

经济特区市　special economic zone city

我国对外经济活动中实行特殊政策和灵活措施的城市。1980年8月五届人大常委会决定在深圳、珠海、汕头和厦门设置经济特区,在此4个经济特区市中:①利用外资,形成多种经济成分并存的综合体;②在社会主义计划经济指导下,以市场调节为主;③对外资客商在税收、土地、外汇结算、出入境管理等方面给予优惠方便;④有较多的经济活动自主权。　　　　　　　　　　　　　　（赵炳时）

经济体制改革市　economic structure reform city

我国进行经济体制综合改革试点的城市为及时总结以城市为中心组织管理经济的经验,1984年国务院决定在这些城市经济领域的生产、流通、交换、分配等方面进行综合配套改革试验。主要是①扩大城市的经济管理权限;②调整城市的财政体制,增加城市留成比例;③下放一些部属、省属工商业大企业;④实行市领导县的体制等改革措施。截至 1987 年,经国务院批准的试点城市共 8 个,即沙市、常州、重庆、武汉、沈阳、南京、大连和青岛。经各省、自治区批准的试点城市有石家庄等 64 个城市。

　　　　　　　　　　　　　　　　　　(赵炳时)

经济吸引范围　economic attraction area

　　又称经济腹地。指经济中心通过人流、物流、金融流、技术流和信息流的综合向心作用所及的地域范围。其大小决定于经济中心实力和辐射力的强弱。不同层次的区域中心具有不同的经济吸引范围,并构成一系列不同等级的地域系统。一般而言,距离经济中心越近,向心引力越大;反之,则距离经济中心越远,向心引力越弱,并可能因相邻经济中心向心引力的增强而成为该中心的吸引范围。

　　　　　　　　　　　　　　　(胡序威　陈　田)

经济效果　economic benefit

　　经济活动中劳动消耗费用与劳动成果之间的对比。主要有投资经济效果、技术经济效果、管理措施经济效果等方面。其表达式为:

$$经济效果 = 劳动成果 - 劳动消耗$$

　或

$$经济效果 = \frac{劳动成果}{劳动消耗}$$

　　　　　　　　　　　　　　　　　　(谢文蕙)

经济效率　economic efficiency

　　用时间来衡量经济活动的效果。它是用单位时间内所完成的某种经济成果的数量和质量来表示。单位时间内完成的经济成果越多,经济效率就越高;反之,经济效率就越低。　　　(谢文蕙)

经济协作区　economic cooperation region

　　中国特有的一种为组织跨行政区经济横向协作与联合的地域经济组织形式。其目的是搞活市场与流通,扩大协作区内的物资、资金、技术、人才和信息的交流,促进各种生产要素的合理配置和区域经济的共同繁荣。20 世纪 50～60 年代,为加强计划指导,协调省(区)间经济联系,全国曾划分为:东北、华北、华东、中南、西北和西南等六大协作区。20 世纪 80 年代以来,本着互利互补、自发、自愿的原则,全国又先后出现了若干类型的协作区。如跨省区组建的上海经济区;沿重要交通干线和发展轴组建的长江沿岸、环渤海等大跨度的经济协作带;省区间毗邻接壤地区组建的淮海经济区;省区内组建的如桂西南经济技术协作区,以及建立在流域开发基础上的如黄河上游经济区、长江三峡经济区等。　　　(胡序威)

经济影响地域　economic effect area

一个受城市经济社会辐射和吸引的地域,有直接和间接之分。其大小通常由它所处的地理位置、自然条件、经济社会发展水平和交通网络所决定。一般可用货流、客流、金融流、技术流、劳务流表示。

　　　　　　　　　　　　　　　(胡序威　陈　田)

经济中心城市　economic center city

　　生产力的一种重要的空间存在形式,社会经济活动——生产、交换、分配、消费比较集中的地方。是随着商品经济的发展和物资的集散而形成的。不同规模的城市都是强度不等的经济中心。按其吸引力和辐射力之大小,可划分为全国、省、地区和县四个等级。经济中心城市一般应具有工业生产、商业贸易、金融、科技、信息、交通等多种职能。　　(谢文蕙)

经涂　longitudinal road

　　《考工记·匠人》记述的王城中南北向的道路(东西向的道路称纬涂)。宽度为九轨,合周尺七十二尺。也有人认为是三条并列的各宽三轨的道路。该书中有记载,"国中九经九纬,经涂九轨"。

　　　　　　　　　　　　　　　　　　(董鉴泓)

荆州　Jingzhou

　　见江陵(115 页)。

井冈山风景名胜区

　　在江西省井冈山市的国家重点风景名胜区。包括茨坪、龙潭、黄洋界、主峰、笔架山、湘州、桐岭 7 个连片的景区和仙口 1 个独立景区以及江南、朱砂冲、地母宫、八墩桥 4 个独立景点,面积 $213.5km^2$。井冈山属南岭北支,罗霄山脉中段,为中国革命第一个农村根据地。有毛泽东、朱德、彭德怀、陈毅等无产阶级革命家和工农红军革命斗争的遗迹多处。山体以石灰岩、砂页岩为主。分为山峦、溪泉、瀑布、气象、岩洞、动植物及高山田园等景观类型。群峰层叠,巍峨绵亘,林木茂密,溪流澄碧,有"不尽险处鸟惊绝"的雄姿伟貌。　　　　　(赵健溶)

景德镇　Jingdezhen

　　我国著名瓷都。原名新平,因位于昌江之南,公元 7 世纪时改名为昌南镇。唐置浮梁县,宋改称景德镇。冶陶始于汉代,唐代瓷业发展很快,成为出口瓷器的主要产地。公元 11 世纪即宋景德年间,皇帝派人设官窑烧瓷,瓷器上写"景德年制",镇遂以景德名于世。城区沿昌江东岸带形发展。明初至清末为全盛时期,人口达数十万,工商人口占大多数,窑址遍布全城,与居民区混杂。它是封建社会时期,以手工业发展起来的城市,与一般州县城市布局有很大不同。为第一批国家级历史文化名城。现存古窑址数十处,其中湖田窑最为完整。1981 年定为全国重点文物保护单位。　　　　　　　　　　(董鉴泓)

景点　scenic spot

由若干个比较集中的景物和一定的空间场地构成，是风景区中供游览的基本单元。如杭州西湖风景名胜区中的"平湖秋月"、"断桥残雪"、"柳浪闻莺"等。　　　　　　　　　　　　　　　　（刘家麒）

景观　landscape

从单一视点所见地域宽广的风景，包括天然和人工景色。又指具有相同特征的地貌，如森林景观、草原景观等。　　　　　　　　　　　　（黄富厢）

景观建筑学

见风景建筑学(72 页)。

景观生态学　landscape ecology

研究一定地理区域内各种生态系统之间的关系、结构及其空间分布与时间演化的科学。景观生态学把人类活动作为景观形成和演变的重要因素，故而有人把它理解为一门研究人类与所处环境之间相互作用关系的科学，其重点在于研究人类活动对环境的改造，景观的演变以及随之产生的一系列区域生态学问题。因此，景观生态学的研究领域很广，应用性较强。如在欧美诸国，区域规划和土地利用的研究，生境保护的研究，环境负荷力检测的研究以及风景景观工程规划设计等，都被纳入了应用景观生态学的范畴。　　　　　　　　　　（刘滨谊）

景观通廊　view corridor

在城市或风景区环境塑造中，通过建筑或绿化控制，使某一重要的景观与某一特定地点或地段保持直接的、通透的视觉联系，形成观景视觉渠道，以展示良好的景观效果。　　　　　　　　（黄富厢）

景观型城市化　direct urbanization

又称直接城市化。田园村舍转变为城市性用地的过程。地域景观的变化是城市化最直观的外在表现。与职能型城市化相对。　　　　　　（周一星）

景观主题　the motif of landscape

园林中通过景观所表现的中心思想。如古典园林中的帝皇宫苑以其豪华壮丽表现统治天下的权势；文人宅园以淡雅表现其清高；现代园林中的公园以多种多样的活动内容和宜人的尺度表现其群众性；儿童公园以鲜明生动的形象表现出对下一代的关怀；烈士陵园以庄严肃穆的景观表现对烈士的崇敬等。　　　　　　　　　　　　　　（刘家麒）

景区　scenic zone

风景名胜区总体规划中对开放游览部分的一种区划。把具有共同景观特征和游赏功能的地区划为一个景区，各景区之间有不同的景观特征和游赏功能。每个景区包含若干景点和独立的景物。如承德避暑山庄可分为宫殿区、湖区、平原区和山区等。　（刘家麒）

景物　scenic object

构成园林或风景区中景观的最小观赏单元。可能是一株树木、一丛名花、一块山石、一个水景、一幢建筑物或一座雕塑等。　　　　　　　　（刘家麒）

景园学

见风景建筑学(72 页)。

净高　net storey height

室内地面到楼板底面或吊顶底面之间的空间高度，室内有密梁时净高为地面到梁底的空间高度。单位为 m。　　　　　　　　　　　　　　（严　正）

净水工程　water treatment works

净化不清洁或有污染的原水，使之符合用户用水标准的工程设施。通常需要建设净水厂。地表水的净化，主要是去除水中的泥沙和悬浮杂质。净水工艺过程主要是在原水中投加混凝药剂，使原水与混凝剂经过混合池、反应池，进行充分混合反应，悬浮杂质在混凝药剂作用下形成容易沉淀的絮体，经沉淀池除去大部分絮体，再进入滤池，将剩余的悬浮杂质去除。经过滤处理的原水，再经消毒处理后，才进入配水管网。地下水一般无悬浮杂质，只进行消毒处理即可供使用。但是当地下水中氟、铁、锰、砷或其他溶解性物质的含量超过饮用水卫生标准时，必须采取相应的去除措施，才能进入配水管网。如以苦咸水为饮用水，必须进行淡化、除盐处理。如果原水受到较严重污染，以上常规处理不能满足生活饮用水卫生标准时，就要采取活性炭吸附，臭氧氧化等深度处理。　　　　　　　　　　　（曹型荣）

径流系数　runoff coefficient

降雨沿地面流入雨水管渠或河道某一断面的径流量与相应的降雨量的比值。是计算管渠或河道设计洪流量的重要参数之一。影响径流系数的主要因素是汇水面积内的地面结构情况，地面坡度、降雨历时、降雨强度等。一般是根据实测降雨和流量资料分析确定，无资料地区可凭经验选定，亦可按《室外排水设计规范》建议的单项地面径流系数（见下表）按面积加权平均计算。大面积的地面铺装，将极大的加大径流系数并导致设计流量的增加，不但增加排水工程投资，同时也减少对地下水的补给，这对水资源不足地区影响尤甚，因此，在城市建设中，应尽量增加绿地面积和滞蓄雨水设施。

径流系数值

地面种类	径流系数
各种屋面、混凝土和沥青路面	0.90
沥青表面处理的碎石路面	0.60
级配碎石路面	0.45
干砌砖石和碎石路面	0.40
非铺砌土地面	0.30
公园或绿地	0.15

（文立道）

竞争 competition

社会成员间、社会群体间,为了获取不易得到的共同目标而展开的争夺。是社会互动和社会促进的一种方式。是广泛存在于政治经济文化以及日常生活中的一种社会现象。社会主义社会的竞争与资本主义社会的竞争在目的、性质、范围和手段等方面都有所区别。 (梅保华)

静观 in-position viewing

又称静态观赏。在固定的视点观赏园林风景。观赏者可以停息下来。对景物进行细致的观赏品评。景观的感受量和时间成正比。观赏者所看到的画面构图是静止的,如同观赏一幅风景画。除了观赏主要方向、主要景色外,还可以从一个视点环视周围景色,取得所观赏景物及其环境的总的印象。 (刘家麒)

静明园

见澄心园(43页)。

静态分析 static analysis

在经济活动中计算经济效果时,对资金的流动不考虑时间因素和利息。这种方法计算简便,在众多方案进行初步比较时可使用,但不能准确地反映各个时期中投资的实际效果。 (谢文蕙)

静态观赏

见静观(126页)。

静宜园

原为历朝行宫所在。清乾隆十年(1745年),在康熙帝所建香山行宫的基础上,进行了大规模的营建。于林隙崖间,增置殿台亭阁,修建宫山朝房;更加筑周回数公里长的外垣,形成规模宏丽的皇家苑园,于北京西山东麓。面积约16km²。山势陡峭,清泉潺潺。园中共有二十八景,皆以建筑组合而成。咸丰十年(1860年)遭英法联军焚毁。 (鲁晨海)

镜泊湖风景名胜区

在黑龙江省宁安县的国家重点风景名胜区。面积1214km²。镜泊湖为火山熔岩堵塞牡丹江形成的我国最大的堰塞湖。湖面90km²,长45km,水深40m。分为镜泊山庄、湖区、火山口森林、小北湖和渤海国上京龙泉府遗址五个景区。湖区为主要景区。白石砬子、大孤山、小孤山、道士山、老鹳砬子、珍珠门和城墙砬子依次可见。火山口森林又称地下森林,参天大树生长在火山口内壁,真乃奇观。吊水楼瀑布落差20m,跌入百米深潭中,水雾弥漫,如狮吼雷鸣。唐王朝册封的渤海国上京龙泉府,以长安城为模式,仅存遗址。 (王早生)

jiu

九边重镇 nine frontier military towns

明代北方长城沿线军事设防的总称。为防御中国北方游牧部族的侵扰,东起鸭绿江,西至嘉峪关,重修长城,亦称边墙、北边,设镇统兵守御。明代在长城沿线,先后在九个重要城市,设镇驻兵,为地区的军事统帅机构。九边重镇是:辽东(今辽宁北镇)、宣府(今宣化)、大同(今大同)、延绥(今榆林)、宁夏(今银川)、甘肃(今张掖)、蓟州(今河北迁西)、太原(今太原)、固原(今固原)。 (阮仪三)

九华山风景名胜区

在安徽省青阳县的国家重点风景名胜区。面积120km²。是我国四大佛教名山之一。九华山风景秀丽。有江南之山莫秀于九华,九华之胜实衍于五溪之说。五溪是龙溪、澜溪、漂溪、双溪、曹溪,为入山之北大门。人立于五溪桥上,但见横岭侧峰,五水并流,景致幽雅。过六泉口上山,一面是奇峰怪石,一面是飞瀑流水。过通天桥,豁然开朗。还有东崖石舫、闵园、凤凰古松、天台晓日、莲峰云海、平岗积雪等景点。苍松、翠竹、岩洞、怪石、飞瀑、流溪、田园、山庄、奇丽多姿。古刹林立,香烟缭绕,"九华一千寺,撒在云雾中。"保存有化城寺、祇园寺、旃檀林、上禅堂、肉身殿、百岁宫、甘露寺、天台寺等五十多座寺庙。 (王早生)

酒泉 Jiuquan

见河西四郡(96页)。

旧城区 old district

城市中最先形成的建成区域或地段。如北京旧城区是包括明清北京城墙内现划分为东城、西城、崇文、宣武四区,二环路内的范围。 (赵炳时)

旧金山码头中心 Embarcadero Centre, San Francisco

办公、旅宿和购物的多功能联合体。占地3.5万m²,由4幢高层办公楼、1幢20层的凯悦·丽晶旅馆和用作购物中心的3层基座组成。总建筑面积约25万m²。基座顶部有跨越街道的天桥相连。基座里设有商店、餐馆等商业服务设施,为附近的办公楼和旅馆服务。中心的室内外设有精美的公共绿地和活动空间。 (黄伟康)

旧区保存 preservation of historic area

旧城中具有很大历史文化意义和景观特色的地段和街区,规划中要求对其整体环境与局部状况的绝对保护。片区内所有建筑与环境结构必须保持原样。在必要情况下只允许作些修缮和修复,但不应降低原有的历史文化价值。 (刘博敏)

旧区保护 protection of historic area

旧城中具有历史文化意义和景观特色地段和街区,在改造中使其风貌在总体上不受损害的一项决策和措施。受保护的片、区内,在满足既定的规划要求下,允许有重点地进行环境改造,如危房的拆建,开辟必要的消防通道,完善城市基础设施等。

（刘博敏）

旧区保全　conservation of historic area

旧城中具有较大历史文化意义和景观特色地段和街区,在改造中要求整体环境保持原貌的一项决策和措施。旧城改造中只能作一些旨在保护和完善环境的修建措施,原则上不允许变动建筑的外部形象及街道、空间、水系、植物与环境结构。

（刘博敏）

就业结构　employment structure

劳动力在各个部门的分配比例及其变化。如在农业、工业、商业、服务业、文教卫生、科学研究等部门的就业数量与素质的情况。产业结构、技术结构、投资结构对就业结构的变化有显著的影响。

（谢文蕙）

就业率　employment rate

城镇人口中就业人口占失业人口(或待业人口)加就业人口之和的比率。其计算公式为:

$$就业率 = \frac{就业人口}{失业人口(或待业人口) + 就业人口} \times 100(\%)$$

（张文奇）

就业人口　employed population

在一定年龄界限内从事社会劳动并取得劳动报酬或经常收入的人口。在我国,就业人口包括全民所有制职工、集体所有制职工、个体所有制职工、个体劳动者和其他不论有无固定性职业的就业人员。各国对就业人员的年龄界限和参加多少劳动日数方可视为就业人口的具体规定各有不同。

（刘仁根）

ju

居民参与

见公众参与(85 页)。

居民出行调查

见个人出行调查(81 页)。

居民点　settlement

又称聚落。一般指人类的各种形式集聚定居地。各种居民点都是社会生产发展的产物,既是人们在此生活居住的地点,又是从事生产和其他活动的场所。现代的居民点,由于工业、交通、科技、文教、商业、服务、信息、旅游等职能的高度发展,吸引聚集了大量人口,因而形成各种不同规模、不同性质、不同结构和形态的都会群、大都市、城市、集镇、村落等各式各样的居民点,构成了比过去远为复杂的居民点体系。

（赵炳时）

居民需求　resident needs

居民对居住环境的需求。随着建设方式的演变,设计人与使用者的关系发生了很大变化。到第二次世界大战后大规模建房时,建筑师已不像传统的自建小住宅时那样,直接与住房户见面,而只是面对业主提出的任务书,并遵循种种规范和指标来进行设计。设计人与使用者隔离,因而造成居民对新房的严重不满。20 世纪 50 年代初首先是社会学家发出呼吁,要用社会学的方法来调查居民真正需要的是什么,到 20 世纪六七十年代居民需求调研在西方建筑界已形成高潮,其内容包括居民对已建住房的反应,居民意愿,居民行为模式研究以及如何按照调研结果反馈修订任务书等。居民需求调研吸引了社会工作者、心理学家、建筑师以及青年学生的积极投入,推动了跨学科的合作与调研方法的科学化和系统化。它对传统的重艺术不重生活的建筑思想是一大触动。需求调研也适用于其他类型建筑和规划中,泛称用户需求(user needs)调研。　（张守仪）

居者有其屋　home ownership programme

居民通过自建,合作建房,购买等手段,取得住宅的所有权。强调居住者有自己的住所。这是许多国家推行的一项社会政策。美国政府用购房款不计所得税的办法支持居民购房,香港地区房屋委员会制定一系列"居者有其屋计划"来推动居民拥有自己的住宅。新加坡政府用"公积金"的办法积极推行"居者有其屋"政策。孙中山先生在 1919 年完成的"建国方略"中,制定了"居屋"计划,发展居屋工业。我国实行"改革、开放"政策后,也把"住房商品化"和"居者有其屋"作为重要住房政策,鼓励居民买房,以便实现一户有一套经济实惠住宅的目标。

（严　正）

居住标准　housing criteria

又称住房标准。政府对居民住房水平所做的规定。不同国家、地区和对不同居民,规定可以不一样。主要规定有对住房套数的限制,对住房面积的限制和对住房装修水平、设施的限定等。可以是对最高水平的限制,也可以是对最低水平的要求。我国现按一套住宅的建筑面积和装修水平确定居住标准。

（严　正）

居住环境　living environment

人类居住所在地及其周围一切物质的和人文的多种事物与现象的组合。物质环境包括自然环境与建筑环境,人文环境包括社会结构及文化背景等,居住环境问题应视为由多因素助互关联的一项系统工程。建筑师工作对象虽然只是其中的建筑环境,但从前期的任务策划,直到具体的规划设计,都要有整体观念,综合考虑,才能创造出符合居民需要,并有良好社会效益的优美环境。

（张守仪）

居住建筑密度 coverage of residential building

又称居住建筑覆盖率。居住区内居住建筑基底占地面积之和与居住用地面积之比,一般以百分比表示。反映居住建筑密集程度和空地状况,是分析、评价居住区环境质量的主要指标。主要取决于建筑物层数、房屋间距、建筑平面形式及其布置方式以及居住区空间环境要求。居住建筑密度通常指毛密度。即:

$$居住建筑密度 = \frac{住宅基底占地面积 + 配套公共设施(建筑)基底占地面积}{居住用地总面积}$$

(吴 晟)

居住建筑面积密度 density of residential floor area

居住区内单位用地上所容纳的居住建筑总面积,计算单位为 $m^2/万\ m^2$ 或万 $m^2/万\ m^2$,反映居住区土地利用效率和居住区开发建设的经济效益,是居住区规划主要技术经济指标之一。居住建筑系指住宅建筑和居住区配套公共设施(建筑)的总称,居住建筑面积密度通常仅指以居住用地为基数的毛密度。即:

$$居住建筑面积密度 = \frac{居住建筑总面积}{居住用地总面积}$$
$$= \frac{住宅总面积 + 配套公共设施(建筑)总面积}{居住用地总面积}$$

(吴 晟)

居住密度 accommodation density

居住区人口毛密度或住宅建筑面积毛密度的统称,是反映居住区容量和土地利用效率与经济性的综合指标。常用基地单位面积内可容纳的住房的套数来表示。 (严 正)

居住面积 living floor area

住宅中居室的净面积。不包括卫生间、厨房、阳台、过道等辅助面积。居住面积除卧室面积外,也包括起居室或大厅的面积。居住面积尤其是人均居住面积这项指标,在一户一间房的住宅发展时期,对衡量居住水平起过重要作用,在一户一套房的小康时期逐渐为使用面积所代替。 (严 正)

居住面积定额 living space norm

由政府或有关部门制定,每个居民平均占用居住面积标准的控制指标,作为城乡规划和住宅建筑设计的依据,单位为 $m^2/人$。居住面积系指住宅中卧室和起居室的净面积,厨房、浴室、厕所、过厅、壁柜等使用面积不计在内。居住面积定额反映一定时期内国家与地区的经济发展水平和城乡人民的生活水平。 (吴 晟)

居住区 residential district

城市大规模的生活居住用地,占地 30 万 m^2 至 100 万 m^2,居住 3 万至 5 万人。常分级组成,如由小区,组团、街坊、院落等组成。区内设有中学、医院、百货商场等较大型生活服务设施。一般泛指城市中居民聚居,住房和公共服务设施集中的地区。

(严 正)

居住区道路 residential district road

居住区内的骨干道路。比城市干道小,一般红线宽度在 24m 左右。人行道与车行道分离。机动车道与非机动车道不分离。应避免居住区道路成为过境道路。 (严 正)

居住区规划 residential district planning

对居住区的用地结构、住宅群体布置、道路交通、生活服务设施、各地绿地和游憩场地、市政公用设施和工程管网系统进行综合安排。目的为创建一个实用、经济、舒适、优美的居住环境。

(陶松龄)

居住区绿地指标 green space index of residential area

分布在居住区中,为居民日常生活利用的绿地所制定的规划目标。居住区的结构分为居住区、居住小区、居住组团以及单位生活区和各种类型成片或零星的居住用地。根据中华人民共和国国家标准《城市用地分类与规划建设用地标准》,居住区级的绿地列入城市绿地,不单独制定指标。居住小区和居住组团的绿地列入居住用地,其中供游憩用的绿地指标为每居民 $1 \sim 2m^2$。 (刘家麒)

居住区绿化 green space in residential area

在居住区用地上植树、栽花、种草,或进行山水、地形的建设活动,以创造安静清洁和优美的居住生活环境。对居民户外活动,美化环境,改善小气候及防护防灾等有直接的效用。主要包括①居住区及居住小区的公园;②住屋间的绿化及庭院绿化;③居住小区内专用绿地及道路绿化。常制定相应的面积指标和覆盖率,以保证居住区的绿化环境质量。

(李铮生)

居住区中心 residential centre

居住区级公共服务设施的集中地。是居民购物、进行社交、文娱等各种活动的地段。一般有影剧院、百货商场、居住区级公园或绿地以及银行、邮局、饭店等设施。过去,居住区中心一般安排在区的几何中心附近。近来,有朝主要交通出入口方向移动的趋势。 (严 正)

居住权 right of occupancy

又称住房权。一个社会的所有成员获取基本居住条件的权利。在文明社会,住房是人们生存的基本物质条件,像生存权、工作权一样,居住权是人类

基本的权利之一。　　　　　　　　（严　正）

居住条件　living condition

住房和居住有关设施的状况,例如人均或户均住房面积,合理分室情况、房屋质量和自来水、下水道、电、煤气、暖气等设施的提供状况。范围再大一点包括居住环境质量,例如绿化面积、空气污染、水质污染、垃圾污染等状况。　　　　　（严　正）

居住小区　residential sub-district, housing estate

城市中等规模的生活居住用地。一般占地10万~30万 m^2,居住约7千至1.5万人,可由住宅组团、街道、院落或里弄组成。内设有小学、幼儿园、粮、燃料供应站等日常生活服务设施。　　（严　正）

居住用地　land for residential use

用于城市住宅及其配套设施的建设用地,由住宅用地,以及居住小区级(包括小区级以下)公共服务设施用地,道路用地和绿地组成,是城市用地的重要组成部分。其中,公共服务设施是指托儿所、幼儿园、小学、中学、粮店、副食店、百货店、服务站、储蓄所、邮政所、居委会等直接为居民服务的项目,也称居住小区公共设施项目。中国颁布的《城市用地分类与建设用地标准》(GBJ137—90)规定:居住用地一般宜控制在每人 $18~22m^2$,居住用地占城市建设用地的比例为20%~32%,并根据建筑层数、布局、市政公用设施水平和环境质量等综合因素,把居住用地分为四类。　　　　　　　　（蒋大卫）

居住用地指标　residential land-use index

平均每个居民的居住用地面积。根据中华人民共和国国家标准《城市用地分类与规划建设用地标准》,"居住用地"在详细规划和分区规划中,用作用地分类时,它不含居住区级的公共设施、道路和绿化用地,可视为居住小区用地,居住用地指标可视为居住小区用地指标。而在总体规划中,居住用地含居住区级的公共设施、道路和绿化用地,可视为居住区用地,居住用地指标即居住区用地指标。各城市的居住用地指标可根据当地土地资源和国家规定的指标制定。由居住面积定额,住宅平面系数,住宅建筑密度和住宅平均层数和住宅用地占居住用地的比例等因素,制约每人的居住用地面积。

(一)总体规划中可表示为:

$$A = \frac{a}{D \times S \times K \times Y \times Z}$$

式中 A 为居住用地面积(m^2 /人); a 为居住面积定额; D 为建筑密度(%); S 为平均层数; K 为平面系数(%); Y 为住宅用地占居住用地的比例(40%~60%); Z 为宽容度,即实际居住用地占总体规划居住用地的比例。

(二)居住区规划中,在没有居住面积定额时可表示为:

$$A = \frac{1}{P}$$

式中 P 为居住区人口毛密度。　　（芮经纬）

居住综合楼　housing complex

又称商住楼。以住宅为主并设置其他多种使用功能空间组成的建筑。多种功能空间有办公室,商店、文化娱乐用房及车库等,与居住部分并无一定联系。居住综合楼多位于繁华地带。　　（张守仪）

聚集　aggregation

某一确定地域中和某一特定时间内,人口基础的增长。区位学用来描述城市区位过程和特定空间动态关系的概念之一。　　　　　（梅保华）

聚居学　human settlement

又称人类聚居学或人居环境学。从社会、经济、文化、地理等各个角度综合考察和研究人类居住环境的一门新兴学科。是希腊城市规划大师多克西亚迪斯(C. A. Doxiadis)所创立的,道氏原把它定名为 ekistics,这是古希腊字组成的新词,蕴含住房、人类定居之意,英文译为 Human settlement。第二次世界大战后,道氏通过对各种城市规划理论与实践中问题的反思,在20世纪50年代即提出了人居环境的概念。他认为人类聚居是一种社会现象。人居环境包括自然界、人、社会、建筑与联系网络五个基本元素,受到多方面的影响,因此只能从所有的角度,用系统的观点进行综合研究才能探索其内在实质,寻找解决问题的途径。学科应以人类生活幸福为出发点和终极目标,不应见物不见人。他突破了聚居地以乡村和城市划分的框框,提出了从小到大,即从个人、居室、家……直到城市、全球城市的十五个等级四个层次的人居环境基本组织结构,主张建设中应以多种尺度并存为基本方针。道氏强调动态发展的观点,指出时间与其他三维空间一起,共同限定了特定时间内聚居的功能和概念,从而也限定了人们在该时间内解决城市问题所需要采取的特定方法。道氏1955年创办"Ekistics"刊物,1965年发起成立了"世界聚居学学会",在国际建筑界产生了巨大反响。新兴的聚居学在发展中正逐渐形成一个较完整的思想体系和一套系统的分析方法。1976年在温哥华召开了以人居环境为主题的联合国建筑会议,不同于过去单纯就环境或人口某一方面探讨,而走向了综合的道路,被认为具有划时代意义。　　　　　　　　（张守仪）

聚落

见居民点(127页)。

jue

决策理论　decision theory

对若干个准备行动的方案以科学方法进行选

择,以期优化地达到目标的理论。决策包括确定目标、评价的条件和标准、评价、选择达到目标的方案,对各方案实施的可能结果和效能须详加考核,提出令人满意的准则。　　　　　　　　　　(陶松龄)

绝对地租　absolute ground rent

土地所有者凭借对土地所有权的垄断而占有的超额利润,是地租的一种基本形式。在土地所有权垄断的条件下,不论土地使用条件的优劣,对任何土地占用都必须向土地所有者缴纳地租,故称为绝对地租。在社会主义条件下,城市土地归国家所有,并实行土地所有权和使用权分离,因此仍然存在绝对地租。　　　　　　　　　　　　　　(谢文蕙)

蕨类植物　fern

又称羊齿植物。不具种子,而以孢子繁殖,孢子常长于叶片的背面,大多为草本多年生植物,喜温暖阴湿的环境。园林中多属观叶类植物,常用于室内装饰。　　　　　　　　　　　　　　　(沈　洪)

jun

军市　fort market

秦汉时始有,为军队屯边驻扎处专设的买卖场所。　　　　　　　　　　　　　　　　(阮仪三)

君士坦丁堡(中世纪)　Constantinople (Middle Ages)

公元 395 年东罗马建立的拜占廷帝国首都。当

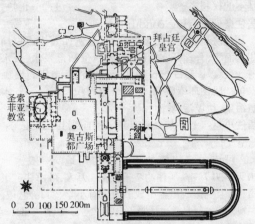

时工商业繁荣,是"沟通东西方的金桥"。城市坐落在马尔马拉海西岸、黄金角的一个海拔 100m 的丘陵上,居高临下。港口沿博斯普鲁斯海峡伸长。城市周围有水陆防御工事,城墙高耸,碉堡林立,防御区筑于高丘之上。市中心颇为壮观,由王宫、圣索菲亚教堂、奥古斯都广场及竞技场组成,有中央大道连贯 6 个广场。　　　　　　　　　　　　(沈玉麟)

均质地域　homogenous area

以某项职能为主要指标,其他职能或为这一主要职能服务,或被这一主要职能排斥的功能呈离散、均匀分布的连续地区。即地域在职能演变分化过程中表现出的一种保持同质、排斥异质的特性。如居住区、商业区、工业区等。　　　(胡序威　陈　田)

K

ka

喀什　Kashi

位于新疆维吾尔自治区西部。古称疏勒、喀什噶尔,汉为疏勒属国都城,自汉至清均为历代中央政府管辖,是古代"丝绸之路"的重镇。文物古迹有艾提尕尔清真寺、阿巴克和卓陵墓、经教学院、艾日斯拉罕陵墓、斯坎德尔陵墓、玉素甫、哈斯、哈吉甫麻扎及佛教石窟三仙洞等。喀什是维吾尔族聚居地,街道、民居、集市以及音乐、舞蹈、手工艺品都有浓郁的民族和地方特色。为第二批国家级历史文化名城。喀什市区人口 17.9 万(1991 年底)。为南疆的经济、交通中心和南疆西部农畜产品集散地,有农机、纺织、化学、制毯、水泥、电力等工业。　　(阮仪三)

喀什噶尔　Kashiga'er

见喀什(130 页)。

卡尔斯鲁(18 世纪)　Karlsruhe

18 世纪德意志君权专制时期的名城。此城始

建于 1715 年。城市中心为王宫。路网为放射环形，32
条以王宫为中心的放射路，全对着王宫的尖顶。其中
23 条放射路均位于王宫的花园绿地之中，仅 9 条为城
市街道，以显示王权的威慑力量。　　　　　（沈玉麟）

卡洪城　Kahun

　　古埃及十二王朝时期为开发法尤姆绿洲和建造
金字塔于公元前 2000 多年在塔下按规划在极短时
期内建造的城市。城市平面呈 380m×260m 的长方
形，有砖砌围墙，城内又用厚厚的死墙划分为东、西
两区。西区为奴隶居住区，在 260m×105m 范围内
拥挤着 250 个用棕榈枝、芦苇和黏土建造的棚屋。
一条南北向宽约 8～9m 的道路贯穿此区，通向南城
门。东区被一条东西向大路划为分南、北二部分，道
路宽阔，有石条铺砌路面。路北为贵族区，用地面积
与西区相似，却只有十几个大庄园，西端有一组用墙
围着的建筑群，可能为显贵的住所。路南零散地布
置着商人、手工业者、小官吏等中等阶层的住宅。东
区内有市集、神庙，东南角有一大型坟墓。城市结构
及内部防御性围墙的划分，反映了居民的社会构成
及明显的阶级差别。

卡洪城平面示意图

（陈保荣）

卡卡松（中世纪）　Carcassonne（Middle Ages）

　　13 世纪法国中世纪城市，位于北方大城都鲁司
入海的水陆交叉点。初为小村，后来先后建设了教
堂、府邸及城墙。13 世纪后再建城墙一道，有城楼
60 座，入口有塔楼、垛墙、旱桥等防御设施。城市平

面近椭圆形，道路系统为蛛网状的放射环形系统，有
利于防御。　　　　　　　　　　　　　　（沈玉麟）

kai

开敞空间　open space

　　通常指被建筑群所限定的空间向某一面定向开
放，以便充分利用外部的景物创造活泼环境。并与
外部空间紧密联系。如在城市节点设计中，将有关
联的建筑物群集在开阔地周围，形成中心开敞空间；
在园林设计中，将独立建筑物放在开敞的自然景物
之中，或用敞廊或敞轩等围合绿地、水面。

　　　　　　　　　　　　　　　　　　（郑光中）

开发区　development area

　　为促进经济的更快发展，由政府划定实行优先
鼓励工业建设特殊政策的地区。亦称开发优先区。
在国外，通常是指正在出现生产衰退和失业增加的城
市地区。在中国则一般指在城市建成区外另辟新的
鼓励投资并给予各种优惠政策的地区。

　　　　　　　　　　　　　　　　　　（赵炳时）

开封　Kaifeng

　　位于河南中部，古称汴梁，公元前 369 年，战国
时魏在此始建都城，五代梁、晋、汉、周、北宋、金均在
此建都。元为南京路治所，明、清为开封府治所。北

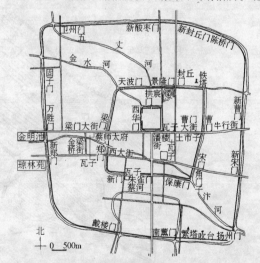

北宋开封复原想像图

宋时称东京是全国最为壮丽繁华的城市。文物古迹
有祐国寺塔（铁塔）、龙亭、相国寺、禹王台、繁塔和北
宋东京城遗址等。为第一批国家级历史文化名城。
城区人口 71.4 万（1991 年末），工业以化学、机械、
纺织为主。手工发达以"汴绣"、"汴绸"著名，特产
"开封西瓜"、"黄河鲤鱼"。　　　　　　　（阮仪三）

开封（北宋）　Kaifeng（the Northen Song Dynasty）

五代时后梁、后晋、后汉、后周及北宋的都城。曾名东京开封府。城跨汴河，唐时称汴州。战国时曾是魏都大梁，也曾称汴梁。在今河南开封。隋代开辟大运河、疏通汴河，该城位于汴河与黄河交接处，商业繁盛，也是南方粮食的转运点。唐德宗建中二年(公元781年)节度使李勉修建汴州城，将州衙改为子城。五代时在此建都，城市发展很快，人口激增。后周世宗柴荣于显德二年(公元955年)颁发改建城市诏书，扩大城市用地，在城外加修罗城，用地扩大四倍又疏浚河道，拓展道路。北宋统一全国后仍在此建都，城市进一步繁荣，人口最多时超过120万。城市布局为三套方城，宫城居中形制，宫城即在唐代汴州子城基础上扩建，周长9里18步。第二重为里城，周长20里50步，宋代曾多次扩建重修，有门10个，均有瓮城。第三重即罗城，周长40里，水旱城门20个。城市平面不甚规整，但从宣德门经朱雀门至南薰门形成一条轴线。道路网基本为方格形，以通向城门的路为干道。商店沿街布置，形成繁华市景。全城分为8厢121坊。城内有瓦子。五条河流贯穿城市，商运及供水均方便。由于黄河泛滥，城市被淹多次，经勘察原宋代城市址，在今开封城地面7m之下。开封城是我国古代城市中因区位优越，经济发达的大城市。

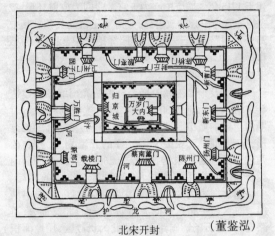

北宋开封 (董鉴泓)

开封府

见开封(北宋)(131页)。

kan

堪培拉规划(格里芬) Canberra master plan by Griffen

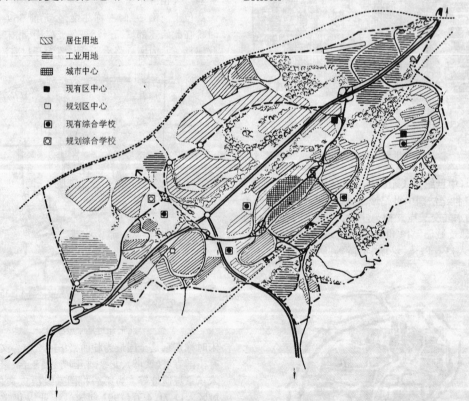

居住用地
工业用地
城市中心
现有区中心
规划区中心
现有综合学校
规划综合学校

坎伯诺尔德市平面图

　　1911 年澳大利亚首都规划国际竞赛方案获胜者格里芬的规划方案。规划人口 25 000 人,用地面积约 30km²。规划指导思想是利用丘陵地形把自然风貌同城市景观融为一体,使堪培拉既成为全国的政治中心,又具有城市生活的魅力。城市造形宛如一个不规则的露天剧场,周围山脉作为城市的背景,市内小丘作为主体建筑的基地或作为对景的焦点。西部建了一个人工湖,将城市分隔成南北两部分。南城以政府机构为主,北城以生活居住为主。一条条道路向四周伸展,同一层层街道交织成蛛网状。由于城市布局合理,能适应其后的发展与规划调整。

（沈玉麟）

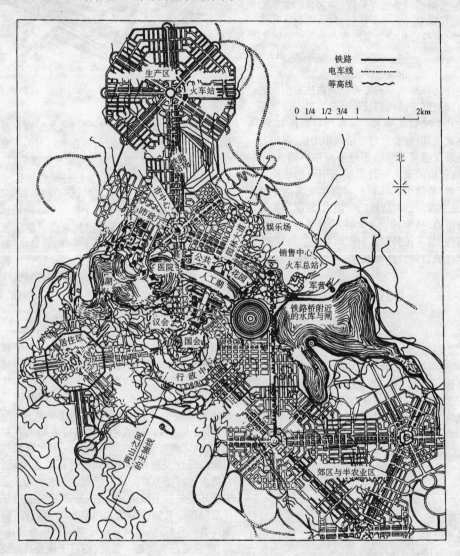

堪培拉规划(格里芬)

坎伯诺尔德　Cumbernauld

　　英国第二代新城。苏格兰格拉斯哥的卫星城,位于其东北 23lm 的丘陵地带。1956 年开始规划,用地面积1680ha。人口 5 万人。1973 年将用地扩大到3152ha,人口相应增加。城市布局紧凑,与第一代新城相比,有较高的人口密度。市中心布置在用地中间山顶上,铁路与主要干道分别从两侧谷地中穿过。住宅环绕布置在周围坡地上,与市中心保持尽可能短的距离。充分考虑小汽车的发展。全城车、人分流,有完整的步行道路系统,从中心区放射出来,通过住宅区到达开阔绿地。小学、教堂、商店等布置在人行道旁住宅群附近,便于居民使用。

（陈保荣）

kang

抗污植物 anti-pollutant plant

能耐各种污染物质的植物。有的植物只能抗某一种污染物,有的能抗多种污染物,如女贞的吸氟能力、夹竹桃能在汞蒸气条件下生长良好,在有害污染源附近绿化时应选择相应的抗污树种。

（沈 洪）

抗震规范 antiseismic regulation

城市为预防和减轻地震灾害以及由地震引起的次生灾害而研究制定的规划设计及建筑工程设计都必须遵守的若干准则或要求。基本内容概括如下:①严格控制城市规模;②合理安排城市用地:城市各种功能的建设安排要与城市用地条件相协调,地上的建筑物、构筑物的重力特性同城市用地的地质条件要结合考虑,是防御和减轻地震直接灾害的主要对策;③增强工程设施的防震防灾能力:根据国家有关规定提高道路、桥梁、供水、供电、通信等各项工程设施的防震性能;④控制建筑密度和增辟公共绿地;⑤制定各类建筑抗震设计规范等。 （高 霖）

kao

考文垂 Coventry

英国工业城市,曾以纺织业驰名于世。位于伦敦西北 90 英里。第二次世界大战中严重被毁,市中心被夷为平地,战后在废墟中重建。将大部分市中心划为步行区,汽车只能在步行区外围通过,设有大量停车场,使中心区内步行与车行严格分开。

（陈保荣）

ke

科技城

见科学城(134 页)。

科萨巴德城 Khorsabad

古代亚述城市,位于今伊拉克北部尼尼微附近。建于公元前 721～前 705 年。城市近于方形,面积约 2.89km²。四个城角朝着东西南北四个正方位。宫殿建在北城墙的中段,一半凸出城墙外面,一半在城内。宫殿地段包括其中的星象台都建在一个高 18m,每边各长 300m 的方形土台上。台上筑有高大的宫墙和宫门。宫城外又有皇城。筑有贵族与官员的宅邸。城市既注意到防御外敌,又注意防备城内起义。

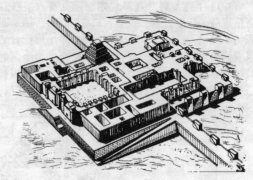

（陈保荣）

科学城 science town

又称科技城。具有以科学研究发展新兴科技产业为主要职能的城镇。近代一些大城市为了充分发挥其物质技术基础、信息和人才集中的优势,以有效地推动科技发展,将相当数量的科研机构包括一些高等学校、设计部门、实验工厂、信息服务设施等,集中设置在一个市区或新建一个职能单一的城镇。如日本的筑波、前苏联的新西伯利亚。一些国家在大学和科研机构附近集中发展半导体、计算机、新型材料、生物工程等新兴技术产业,如美国的"硅谷"、英国的剑桥科技城,也是一种类型的科技城镇。

（赵炳时）

可防卫空间 Defensible Space

书名,美国奥斯卡·纽曼著(Oscar Newman),1972 年初版。纽曼统计分析了纽约 15 万户住宅的犯罪率与层数及发案地点的关系,又比较研究了几个规模、密度、位置、居民构成等条件基本一样而犯罪率差别很大的小区,结果发现犯罪率与建筑的体型环境有很大关系。高层建筑中犯罪率明显高于低层;凡是人人可以进入而又无人监管的地方如电梯间、公共走廊等处发案率就高等。因此纽曼认为有可能以设计良好的建筑环境,对犯罪起防范作用。并提出了可防卫空间这一新概念。他还列举了创造安全环境的几个因素,明确指出领域性应是住宅设计新的理论基础。必须加强空间的领域性,领域之间应有明显标志,纽曼将小区空间划分为公共、半公共、半私密与私密四个领域,相当于从公共街道进入小区中心,再通过组团中心或楼内公共电梯门厅到达住宅,每一空间都要有人使用和关心。此外,还要考虑自然监视与机械监视。 （张守仪）

可识别性 identity

也译作自明性。建筑或其他环境要素所具有的一种可以使其自身从周围环境中被区分出来,并能表明其内容、特征、特性和价值的性质。这个含义的前半部为易辨性,后半部为易明性。 （黄富厢）

克拉科夫(中世纪) Cracow (Middle Ages)

位于华沙南 257km 维斯杜拉河畔的中世纪波兰王国首都。此城始建于公元 700 年，平面为沿河湾布局的不规则形，路网基本按方格形布置。12 世纪建都时于城内东部小丘上建有古堡一座。古堡内有安置国王棺木的哥特式教堂。市内著名古建筑有市政厅、圣玛丽教堂、其他 10 余座教堂以及建于 14 世纪的波兰最古老的茄格隆大学等。

（沈玉麟）

客车整备场　passenger-car yard

业务内容同客运技术作业站，但与客运站设在一起。　　　　　　　　　　　　　（宗　林）

客运技术作业站　passenger-car service yard

为始发终到旅客列车服务，办理列车停放、清洗检修、装备、供应等业务的专门线路和设备。是客运站不可缺少而又联系密切的铁路设备。由于占地较大，对环境有一定影响，一般与客运站分开单独布置于相距不远的城市边缘位置。　　　　（宗　林）

ken

肯特（1685～1748 年）　William Kent

英国著名造园师，自然风景园的初创者。他在切斯威克府邸花园设计（1734 年）中已摒弃了几何型花坛、绿色雕塑、整形水池和昂贵的喷泉，以后在改建斯道苑园时又以圆滑弧形的路代替了直线的大道，以尽量表现自然风致。按照这种思想改建了许多规整式的园子。　　　　　　　（李铮生）

kong

空窗　window opening

又叫洞窗。墙上仅开窗洞、不安装花格和窗扇的窗。其形状有方形、六角、扇面、方胜、套环、梅花、海棠、桃形等，一般连续安设在园内的廊墙或院墙上，游人可以观赏隔墙的景物尤如一幅幅"框景"画面，更增益移步换景的游赏情趣。如果安设在厅堂的侧墙上，与墙外小院内的山石花木相对，从室内观之则无异小品册页的动态画幅，即所谓"尺幅窗"、"无心画"，尤为楚楚动人。　　　　　（周维权）

空地率　ratio of vacant lot

在一定用地范围内，各项建筑物基底占地以外的用地面积与用地总面积之比，以百分数表示，是反映用地的空旷程度和空间环境状况的技术指标。一般与建筑密度（或建筑覆盖率）成反比。　　　（吴　晟）

空房率　vacancy rate

住宅的市场存量中，无人居住的住宅占住宅总数的比例。一般用百分数表示。西方发达国家有空房率统计，约在 3%～7%左右。　　　（严　正）

空间城市　space city

1970 年弗里德曼提出的一种未来城市规划设想。城市是可以活动安装式的，所在环境也可以是临时租赁性的，可以适时转移至另一环境，可以尽量不改变定居点的原来自然生态面貌。可在大地上构筑起一个柱间距为 60m 的空间结构网络，在这个网络上可被装上活动安装式的各种房屋，可建立各种生活与工作环境。

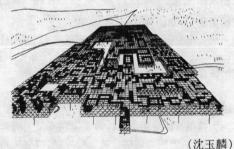

（沈玉麟）

空间处理　articulation of space

对空间进行建筑、植物、色彩、光影、工程等方面的加工与处理，以达到意识形态、美学观赏和功能使用方面的目的。空间的类型与形式取决于周围环境的条件，建筑物地点的选择，建筑群的目的以及所需的品质。　　　　　　　　　　（郑光中）

空间对比　contrast of spaces

具有明显差异的两个以上相毗邻的空间，在相互比较中突出各自特色的设计手法。如不同空间在大小、明暗、高低、软硬、色彩、质地、形状等方面的对比，给人以特殊的、强烈的精神感受。　（郑光中）

空间分布测度　space distribution measure

在一定地域范围内，对某些物质要素的空间分布进行定量的描述。例如城市中公共建筑的分布、道路网络的安排等，虽以图纸来表达其分布状况很直观，但对其内在较蕴含的空间分布特征还得靠统计量等一些定量指标来描述才更具有准确性、可比性、深刻性。如空间形态用紧凑度、点分布用高散度等。　　　　　　　　　　　（陈秉钊）

空间互感模型

见引力模型（257 页）。

空间交互作用 spatial interaction

用来反映城市或区域间相互依存关系的术语。美国地理学家乌尔曼(E.L.Ullman)在1954年最早提出这个概念时,是基于两区域间的商品流存在着以下三个基础:①相对于区域特点而言的互补性;②相对于商品特点而言的可移动性;③有更近供给源或市场源存在的介入机会(也叫中间机会)。后来,此概念推广到城市或区域间的移民流、旅客流、资本流、信息流,甚至思想意识的扩散。用于定量分析的模型主要来自重力模型或它的推广形式。 (周一星)

空间科学

见区域科学(184页)。

空间联系理论 linkage theory

将城市建筑群体组合视为一系列的城市外部空间的连续。人在街巷中作线性行进时,城市景观出现了连续的画面,形成网络。为此,建筑要作为群体中相互关联的部分加以考察和处理,创造出有序的空间结构。 (白德懋)

空间甬道 shaft space

从一个空间通向另一个空间的过渡性联系通道。 (郑光中)

空闲住房

见剩余住房(201页)。

空域 air space

飞机飞行的空间范围。为了提供安全间隔和有秩序的航行,由地面助航系统帮助导航,将空域划分为航线、航站区和机场三个部分:①机场以及紧挨机场(距8km左右)的空域,归机场塔台指挥;②机场塔台管辖边界到距机场40~80km范围的空域,归航站区(站调)指挥;③沿航线空域,分别由各地理区域的空中交通管制中心(区调)指挥。 (宗 林)

空中街道 street in the air, deck in the air

将高层住宅楼群在空中连在一起的室外长廊或平台。空中街道一词及其手法兴起于20世纪60年代后期,它是总结了第二次世界大战后居民对大量新建高层住宅的严重不满而产生的一种新的建筑处理方式,主要为鼓励邻里交往,加强社区意识。基本概念是将传统的街道作用与社区感觉搬到空中去。居民可以在长廊上停留、交谈、俯视地面场地上的活动而又没有机动车的干扰。此外,空中街道作为地面上公共道路与传统入口间的过渡空间,还丰富了领域层次。 (张守仪)

kou

口 a person

指人口,一人为一口。《管子·海王》:"十口之家十人食盐"。家庭中不分男女老少总称家庭人口,城市总人数称城市人口。 (董鉴泓)

ku

枯山水 kare-sansui, dry landscape

日本庭园的一种格局。14世纪后期日本禅宗思想流行,在无色世界的影响下在禅僧的寺院中出现了枯山水庭院。园内以砂石作为材料,不种植物,以石象征山岳、岛屿,沙砾象征溪河湖海,构成宇宙山水的艺术概括。如大仙院方丈庭,宽仅5~6m,以一组"瀑布"的石组为主体,象征峰峦起伏的山景,山下有"溪",用白砂耙出波纹如同溪水流淌。龙安寺石庭全部复以白砂,如同海洋,并点以五组置石犹如大海中的岛屿,概括含蓄,将禅僧的哲理和抽象的形体结合起来,产生一种特殊的形式和效果。 (李铮生)

kuai

块状绿地布局 layout of green space in patches

以块状的公园、绿地在城市中散点分布的布局形式。容易做到均匀分布,便利居民使用;也有利于利用零星地块,见缝插针,开辟中小型绿地,增加绿地面积,改善城市环境和面貌。多适用于旧城改建地区。 (刘家麒)

快速干道 expressway

主干路中流量大、设计车速高的一种。是城市主干路系统的一个组成部分。应控制交叉口数量并考虑采用立体交叉。沿线公共设施或其他建筑须另有服务性道路通过一定的出入口与快速干路连接。在过路行人特别集中的地点必须设置人行天桥或人行地道。 (秦福生)

kuang

旷地 open space

城市内未经建设而保持自然状态的用地。城市规划上,为了保证环境质量和景观需要,在生活居住区或其他地区中保留一定的不得建造的空旷地段,或用作没有设施以供人们游憩漫步活动的树林、草地,通称旷地或绿地。有时,旷地也可指任何在一定范围用地上没有建筑物的地方,例如人行道、停车场、住宅庭院和池塘等。 (赵炳时)

矿产资源组合 spatial combination of mineral resources

某一地区各类矿产的空间结合状况。根据资源种类、空间分布形式与工业综合利用的关系,可分以下三种组合类型:①同一矿床伴生多种元素构成的共生资源组合,如铅锌矿伴生铜及多种贵金属、稀有金属、非金属矿;②同一矿区共生不同矿床构成的资源组合,如煤田与油页岩构成的资源组合;③同一地区产出多种资源的组合,如煤、铁、耐火材料及熔剂矿物的资源组合。

(胡序威　陈　田)

矿业城市　mining city

由于矿产资源的开发而兴起,以采矿和在此基础上发展加工工业为主要职能的城镇。主要特征是:①工矿业生产在城市经济中占主要地位;②城市人口结构需要大量强壮劳动力,基本人口多,男性多;③工矿生产点的分布决定城镇布局形态。

(赵炳时)

框景　framed view

在园林创作中把要观赏的景物用门、窗洞、框架等,或由乔木树冠抱合而成的空洞围合起来,如同镶嵌在画框中的风景画,清代画家李渔曾经设计一种湖舫,在密闭的船舱中,左右开两个扇面窗。坐在舱内,两岸湖光山色,寺观浮屠,云烟竹树,往来游人,连人带马尽入扇面之中,俨然天然图画。又在家中创尺幅窗和无心画,利用窗框作画框,透过窗洞观赏屋后的假山,如同一幅山水画。框景的创作,可以把不需要观赏的景物屏除在画框以外,使视线更加集中在需要观赏的景物上,主题更为突出,把自然美升华为艺术美。

(刘家麒)

kun

昆明　Kunming

云南省省会。位于该省滇池盆地东北部,公元前三世纪,楚将庄𫏋进据滇池地区,建立滇王国。汉为谷昌县地,唐为益宁县,元置昆明县,为中庆路治所,明、清为云南府治所。这里居住着汉、彝、回、苗、白、傣等民族,是我国西南边疆重镇。近代蔡锷领导的反对袁世凯称帝的“护国运动”和“一二·一”爱国民主运动,都在这里发生。名胜古迹有滇池、翠湖、圆通山、金殿、大观楼、黑龙潭、筇竹寺等。为第一批国家级历史文化名城。昆明市区人口116万(1991年末),成昆、贵昆、昆河铁路及滇缅、昆洛等公路交点。工业有冶金、机械、电力、电子、化学、建材、纺织等,有植物、动物、天文等科研机构及高等学校。气候温和有“春城”之称。

(阮仪三)

昆明滇池风景名胜区

在云南省昆明市西南的国家重点风景名胜区。滇池为滇中高原的断层陷落湖,水面海拔1 800多米,面积约300km²。池周围有大观楼、西山、海埂、西园、曹溪寺以及城西北筇竹寺等名山胜景。大观楼南临滇池,建于清代,因楼前门柱上有乾隆间所撰180字长联而闻名于世。西山为滇中名山,有“睡美人”之誉。山上林木苍翠,有元代华亭、太华西佛寺建筑群、三清阁等古建筑。池东岸片区为滇文化发祥地,有呈贡龙潭山旧石器时代遗址、石寨山新石器时代遗址、天子庙战国“滇墓”、晋战古镇等。

(赵健溶)

kuo

扩展家庭　extended family

又称亲族家庭(consanguineous family)。在核心家庭基础上演化而来的直系双偶家庭。有多种形式:或父母与已婚子女同居的家庭;或鳏夫或寡妇与其已婚子女组成的家庭;或已婚的兄弟或姐妹及其子女与未婚的兄弟或姐妹组成的家庭。

(梅保华)

L

la

拉萨　Lasa

西藏自治区首府。位于该自治区雅鲁藏布江支流拉萨河北岸。从公元七世纪吐蕃王朝赞普松赞干布在此建都起,拉萨一直为西藏地区的政治、经济和文化中心。文物古迹十分丰富,有规模宏伟的布达拉宫、罗布林卡、大昭寺、小昭寺、哲蚌寺、色拉寺等重要古建筑,以及唐蕃会盟碑等。为第一批国家级历史文化名城。拉萨市区人口11万(1991年末)。有电力、水泥、皮革、机电等工业。川藏、青藏、拉东、拉樟公路在此交会。全年无雾,有“日光城”之称。

(阮仪三)

lai

莱普敦(1752～1818年) Humphry Repton

英国著名造园家。曾深受勃朗的影响,却对自然风景园采取灵活的态度,认为园林布置应按具体情况来设计,如接近建筑的部位就以规整为宜,他很重视风景构图,但园林设计要考虑视点、视野的变化所产生的不同效果,他写了几本书并有二百多个作品,其影响颇大。　　　　　　　　　(李铮生)

莱奇沃思 Letchworth

英国第一座按规划建造的"田园城"。位于伦敦以北56km。由E·霍华德集资于1903年按"田园城市"规划思想兴建。规划用地约1876万 m²,人口约33 000人。至1981年该城有机械、印刷、出版、服装和童车制造等工业,人口31 835人。

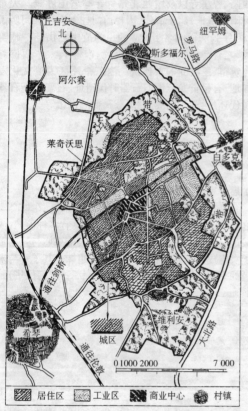

（陈保荣）

莱茵—鲁尔区域规划 Rhine-Ruhr regional planning

德国的一个著名的多中心城市集聚区的区域规划。容有8个大城市区域和20座主要城市、延伸在北莱茵—威斯特法伦州的5个行政区内。区域面积长116km、宽67km,有1 000万人口。各主要城市人口规模均不大,如埃森、杜塞尔多夫与多特蒙德均60万人口,科隆80万人口,波恩和其他城市人口更少。区域内城镇鳞次栉比,相距仅几公里至几十公里。这个地区是德国最大的工业中心。自20世纪50年代开始,鲁尔煤管区开发协会着手进行区域规划,使过去布局混乱的大工业中心,发展成为一个具有良好的绿化、环境清新、街道整洁的城市集聚区。

（沈玉麟）

lan

兰斯塔德 Randstad, Holland

荷兰的多核心城市集聚区。该国国土狭小,人口密集。20世纪60年代西部南、北荷兰及乌德勒支三省人口密度达900人/km²,虽人口密集但无百万人口以上的特大城市。由于历史原因,众多城镇和滨海旅游胜地在西部地区发展。最重要的三个大城市为:由于具有良好的水运条件成为世界著名港口,并发展了工业的鹿特丹;除具有优越水运条件外还具有旅游和文化中心功能的阿姆斯特丹;政府机关所在地海牙。这些城镇共同构成一个形成马蹄状的城市地带,中心地区保留了面积约为1 600km²的开敞绿地及农田。从而形成"绿心城市带"(Greenheart Metropolis)或兰斯塔德即"环形城市地带"。政府制定了特殊政策,确定城市带向外围放射的发展轴,以保持绿心的长期存在。

（陈保荣）

兰州城市规划(一五时期)

1954～1974年制定的兰州市总体规划。"一五"时兰州列入重点规划建设城市,为配合炼油厂、石化厂等重点项目的建设,于1954年编制了城市总体规划。规划配合兰州地区河谷地形,开辟西固工业区、七里河新区、安宁新区,形成沿黄河两岸长40km的带状城市。通过组织有关部门,联合选择厂址,对工业、居住、道路、公用设施作出统一安排。道路系统功能明确,根据兰州气候干旱的条件,安排沿河绿化带及皋兰山,北塔山等大片绿化。由于按规划建设,使一个解放前只有16km²、17.2万人的城市,至1984年发展为城区面积达146.26km²,人口达92.5万的大城市,成为西北重要的工业、经济、文化中心城市。

（董鉴泓）

栏杆　balustrade

园林里面的楼、台、亭、榭、廊、梯、台阶等的边沿处以及花圃、池塘等的周围所安设的围护构件。它具有防护功能,同时也起装饰作用,作用材料通常为木、石、砖、混凝土,个别的也有金属、竹篱等。栏杆的高度取决于人体和使用场所,一般为800～900mm,俾能保证游人安全而又便于凭栏观赏园景。在特定的情况下,也可以适当降低高度以取得与周围环境相谐调的合宜尺度、提供游人坐憩之用,如平桥和亭、廊的坐凳栏杆以及靠背栏杆(美人靠)等。栏杆的形式有镂空和实体两大类。漏空栏杆由立柱、横杆、扶手构成,有的加设各种花饰部件。实体栏杆由栏板和扶手构成,栏板也有局部漏空的。中国园林的栏杆形象极为丰富,它不仅是园林建筑的装修,还把它作为点缀园景的一种重要的小品手段。

(周维权)

蓝田山庄

见辋川别业(226页)。

缆车　funicular(railway)

由固定动力站牵引沿山坡铺设的轨道运行的客运或货运工具。通常由两节车厢组成,一上一下成对运行。

(徐循初)

lang

廊桥　bridge with gallery

在桥上加建廊子的平桥或拱桥。桥上的廊子一般单独建置,也有与两岸的建筑物或游廊连接的,如苏州拙政园的"小飞虹"。廊桥作为园内游览路线的一部分,相当于跨水的游廊,同时也是点缀水面景色、增加水景层次和进深的一种手段。桥上廊子临水的两侧安装坐凳栏杆或靠背栏杆,可以容纳更多的游人驻足坐憩,观赏远近水景。

(周维权)

琅琊山风景名胜区

国家重点风景名胜区。在安徽省滁州市西,包括琅琊山、城西湖、姑山湖、三古四大景区,面积115km²。有摩陀岭、凤凰山、大半山、小半山、琅琊山等主要山峰。以茂林、幽洞、碧湖、流泉为景观特色。山中有唐建琅琊寺、宋建醉翁亭等古建筑群。醉翁亭为我国四大名亭之一,它和丰乐亭都因镌有欧阳修文、苏东坡字而著名。三古景区(古关隘、古驿道、古战场)、卜家墩古遗址留有大量古迹和文物。此外有唐吴道子画观音像、唐李幼卿等摩崖石刻,唐、宋以来摩崖、碑刻有数百处。

(赵健溶)

朗脱别墅　Villa Lante, Bagnaia, Italy

16世纪意大利的名园之一,保留至今。建于1564年,它有广大的林园,其主体部分有四层台地。最底层是前庭,有规整精美的绿化、中心水池、喷泉和雕像。第二层两边为对称的楼堂,中间轴线穿而不挡,第三层为主园部分,有长条水池和一半圆形的三级溢流池,池后壁有河神像和守望楼,穿过链式瀑布到最上层,其端头是凉廊相围的水源洞穴。轴线对称,层次明确,台地园的代表。

(李铮生)

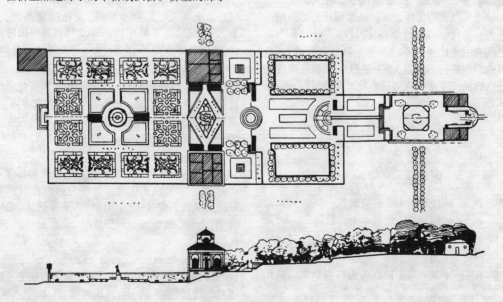

朗脱别墅

阆中 Langzhong

位于四川省北部,是古代巴蜀军事重镇,汉为巴郡,宋以后称此名,历代多为州、郡、府治所。古城内有许多会馆等古建筑,还保留着主要街区传统风貌保存较好,汉、唐时为天文研究中心之一。现存唐代观星台遗址,古迹有张飞庙、桓侯祠、巴巴寺、观音寺、白塔等,城东大佛山有唐代摩崖大佛及石刻题记。为第二批国家级历史文化名城。阆中市区人口7.1万(1991年末)。工业有机械、化肥、水泥、丝绸、食品等。以产"保宁醋"及丝绸著名。 (阮仪三)

lao

劳动地域分工

见地域分工(57页)。

劳动力指向 labour orientation

某些工业的布局为降低工资成本比例而趋向于廉价劳动力丰富地区的现象。如服装、玩具、家具、皮革及手工编制品等加工业需要较多的劳动力,且产品成本中工资成本所占比重较大。因此,目前这类工业有从发达的高工资水平地区向发展中的低工资水平地区转移趋势。 (胡序威 陈田)

劳动密集型产业 labor intensive industry

产品成本中活劳动消耗所占比例较大的产业。如建筑业、纺织工业。特点是劳动力的投入较高,工人较多,而资金占用的数量较少。 (谢文蕙)

劳动平衡法 labour equilibrium method

城市人口预测方法之一。是根据社会必须按一定比例分配社会劳动的原理,将城市人口划分为相互之间有一定比例关系的三类人口,即:基本人口、服务人口和被抚养人口,并主要根据基本人口占城镇总人口的比重推算规划期末城市人口规模。计算公式如下:

$$P_n = \frac{P_{bn}}{K_b}$$

或:

$$P_n = \frac{P_{bn}}{1 - (K_s + K_d)}$$

式中 P_n ——规划期末人口规模;

P_{bn} ——规划期末的基本人口数;

K_b ——规划期末的基本人口占总人口的比重;

K_s ——规划期末的服务人口占总人口的比重;

K_d ——规划期末的被抚养人口占总人口的比重。

在预测中,首先需要确定规划期末基本人口的总数,其次是确定规划期末的基本人口占总人口的比重。该方法在我国城市规划中曾得到广泛运用,是城市人口预测的主要方法之一。 (查克)

劳动人口 working population, labour population

从事社会劳动的人口。在我国现阶段,城市中一般以16~60岁的男性人口和16~55岁的女性人口为劳动年龄人口。在劳动年龄人口中,扣除上学、从事家务劳动和丧失劳动能力的人口,加上不足或超过劳动年龄、但实际参加社会劳动并取得劳动报酬的人口,就是实际的劳动人口。但不含现役军人、在劳动年龄人口内的在押犯人和因病残而丧失劳动能力的人口。 (刘仁根)

劳务市场 labor market

用人单位和劳动者之间互相选择,实现劳动力流动的场所。是组织社会化大生产的客观要求和商品经济发展的必然产物。我国劳务市场尚处在萌芽状态,主要有两种:①分散的无组织的市场,即劳动者与用人单位直接联系,通过协商实现劳动力流动;②集中有组织的市场,即通过人才交流中心、人才开发银行、劳动服务公司等组织中介,实现劳动力的交流。 (谢文蕙)

老虎灶 hot water supplier

街坊内的热水、开水供应站。这一名称多在南方,特别是苏南地方使用。 (严正)

老龄化城市 ageing city

人口年龄结构呈现出向老年型结构变化趋势的城市。老年人年龄起点标准,发达国家多定为65岁,老龄问题世界大会1982年文件以及我国皆定为60岁。 (梅保华)

老龄化社会 ageing society

人口年龄结构呈现出向老年型结构变化趋势的社会。老年人年龄起点的标准,发达国家多定为65岁;老龄问题世界大会1982年文件以及我国皆定为60岁。 (梅保华)

老年学 gerontology

专门研究人类进入老年期后的生理和心理等方面问题的学科,也是由老年医学为起点发展起来的一门新学科。包括:老年生物学、老年医学、老年社会学、老年心理学等。约形成于20世纪40~50年代。 (梅保华)

老人住宅 apartments for elderly

为身边无子女亲属的老年人居住的住宅。随着年龄的增长,老人从子女长离家、退休、收入减少、配偶死亡到视、听、行走困难、体力衰退,寂寞日增,独立生活能力下降,直到完全需人照料,这期间要经过几个阶段。老人住宅设计就是要创造适合他们各阶段身心需求的物质居住环境,使他们可以尽可能地自己生活。分两大类:一是供独立生活的老人居住的,在社区内提供全套服务。另一类是供老人集体居住的,除每户有一套小型住宅外,还要有公用的餐厅、活动室、医务室等。即在公寓内提供家务清洁,膳食以及医护服务。第二次世界大战后人口老龄化发展迅速,一些发达国家十分重视老人问题,有大量老人住宅的研究与实践,并制定了有关设计规范。我国在 20 世纪 80 年代末期,已开始老人住宅建设。

　　　　　　　　　　　　　　　　(张守仪)

le

乐游园

又称乐游原。汉宣帝神爵二年(公元前 60 年)春兴建,在咸宁南八里,杜陵西北,今已无存。为汉之宫苑之一。其地处高丘,四顾眺望远广。苑中建"乐游庙"等建筑;种植苜蓿草、玫瑰树等。

　　　　　　　　　　　　　　　　(鲁晨海)

乐游原

见乐游园(141 页)。

勒·阿弗尔　Le Havre

法国沿英吉利海峡的主要港口城市。面积 15km²。法国在 20 世纪 40 年代,战后城市重建中,基本上按规划意图实现的惟一城市。战前居民 15.6 万人,市中心部分在二次大战中全部被毁,8 万人无家可归。奥·贝瑞(Auguste Perret)负责城市重建工作,规划受戛涅(T.Garnier)"工业城市"理论的影响,最大限度地采用当地在建筑与交通运输方面的新成就。城市总体规划、道路、街坊以及房屋设计都纳入统一的 6.24m×6.24m 模数网之中进行。为建筑、道路、管网工程的广泛工业化设计和施工创造了条件。预制构件在城市建设中第一次被大量应用,所有这些,为迅速缓解战后严重的房荒作出贡献。

　　　　　　　　　　　　　　　　(陈保荣)

勒·诺特(1613～1700 年)　Andre Le Notre

法国古典园林的代表人物。他是园艺师的儿子,年轻时初学绘画,再改建筑,后致力于园林。近五十年的时间为法国贵显营造了近百所花园。1657年即以乎·勒·维贡府邸花园而成名,在凡尔赛苑园的修建中更显其才华,受到法王路易十四的宠爱,而有"王之园帅,园帅之王"之称誉。其造园采用几何形的布局,有明显的轴线,直线型的道路广场,整形的树畦、花坛、水池,把法国的自然条件与当时显贵的生活需要结合得很好。其造园手法和风格曾风靡欧洲,影响深远。

　　　　　　　　　　　　　　　　(李铮生)

li

离散度　dispersion measure

点状空间分布分散或密集程度的测度。包括对中项中心的离散度、对任意指定的中心的离散度、各点之间的离散度等,不同的离散度各有不同的统计和计算方法。

　　　　　　　　　　　　　　　　(陈秉钊)

离土不离乡　depart from agriculture but not from native land

农民进入乡镇企业从事工业生产而仍居住在农村的行为概括。在农村乡镇企业中工作的工人。绝大多数是集镇附近村庄中原先从事种植业或养殖业的农民。他们进入乡镇企业后,仍在附近村庄中居住(江南农村,集镇与周围村庄的距离很近,一般在2km左右)。因此,乡镇企业在较长时期内不需要解决他们的宿舍、住宅等问题,减轻了乡镇企业和集镇的近期建设费用。这种做法,20 世纪 70 年代后期在江南一带较普遍,被称作"离土不离乡,进厂不进城"。

　　　　　　　　　　　　　　　　(金大勤)

离心型城市化　centrifugal urbanization

城市从内向外离心扩散的发展过程。从与城市中心的空间关系来考察城市化的一种类型。社会中的富裕阶层,需要宽敞用地的大型企业、自来水厂、可能产生灾害和污染的工厂、需要安静环境的特种医院、大学、负有特殊使命的兵营、监狱、火葬场等在城市向心发展的过程中与城市中心的矛盾日益突出,就需要避开城市中心向城市外围移动扩散。它加速城市外围地域变质,市区扩大。与向心型城市化相对。郊区化和逆城市化就属于离心城市化。

　　　　　　　　　　　　　　　　(周一星)

蠡园

江南名园之一,在江苏无锡市西南五里湖畔。建于公元 1927 年。三面临湖,以水饰景。入园前部有石砌叠筑堑道,曲折萦回;北部为假山,洞壑峰岗,盘旋迂回;中部、西部湖池相连、亭、廊、堤均依水而筑,更有茂林修竹。沿湖路堤、柳绿桃红,五里湖光水色,远山朦胧之影,明晰历目。1956 年,筑千步长廊,与建于 1930 年的渔庄相连。今将两处总称蠡园,总面积达 5.8 万 m²。　　　　　　(鲁晨海)

李渔(1611～1679 年)　Liyu

明末清初戏曲作家,兼工造园,字笠鸿,一字滴凡,号湖上笠翁,浙江兰溪人,出生富有,明朝考取秀才,清朝不应试做官,家道衰落,遂从事著述,并开芥子园书铺,刻售图书。又组织家庭剧团,周游北京及晋、陕、甘、闽、粤、鄂、赣、苏诸省,著有剧本多部,又有杂著《闲情偶寄》和诗文集《笠翁一家言》。编著之余,自营园居,南京有伊园,晚年有芥子园、层园。另在北京为郑亲王构惠园,为贾汉复构弓弦胡同半亩园。李渔的造园理论和造园实践适应小型园林,着眼于"巧",是其特点。　　　　　　　　(乐卫忠)

里　neighbourhood

又称闾里、坊。中国古代城市居民聚居的单位,隋以前称里。平面是方形或长方形,围以墙,墙上开门。汉长安城中有 160 个里,北魏洛阳有 323 个里。
　　　　　　　　　　　　　　　(董鉴泓)

里弄住宅　neighbourhood houses

19 世纪末开始在上海、天津、广州等城市租界中出现的低层高密度联排式住宅。当时是由于人口激增,房地产商为了出租牟利而成片经营修建的。里弄式住宅有新、旧两种。旧式里弄住宅(亦称石库门住宅)出现早,是将我国传统院落式民房加层毗连而成,基本保留原有布局,能适应当时的生活,如上海由三合院演变而成的三间两厢联立式住宅,旧式里弄住宅一般结构简陋,无卫生设备。新式里弄住宅主要建于 20 世纪二三十年代,每户面宽减小,平面接近外国的联立式住宅,有大起居间和餐厅,后面作厨房,楼上为卧室,有卫生设备,适于中、高收入家庭居住,立面常作为西班牙式,英国式等,成片的里弄式住宅多以"里"或"坊"命名,住宅作行列式布置,有总弄通向街道,支弄通到每户住宅的前后院门。
　　　　　　　　　　　　　　　(张守仪)

里外廊

见复廊(77 页)。

里沃里大街　Rue de Rivoli,Paris

拿破仑帝国时期改建的巴黎一条大街。位于卢浮宫北侧,建于 1811 年。沿街房屋高 5 层,底层为高级礼品商店,前面有连续的柱廊,供人行使用。建筑风格统一,街景整齐和谐,与对面的卢浮宫及皇家园林配合得体。　　　　　　　　(黄伟康)

理想城市　ideal city

古罗马建筑师维特鲁威及以后的文艺复兴时期斯卡莫齐等人提出的各种城市规划模式。
　　　　　　　　　　　　　　　(沈玉麟)

历代帝京记

又称《历代帝王宅京记》,记述古代都城的著作。清顾炎武(1613~1682 年)著,共二十卷,汇记历代都城史实,上起伏羲,下至元代,内容包括建都所在、城市历史沿革、布局、宫殿等,是一部研究中国古代城市历史及历史地理的重要著作。　　(董鉴泓)

历代帝王宅京记

见历代帝京记(142 页)。

历史地段保护　conservation of historic sites

对城市中具有历史价值,传统文化内涵和民族地方特色的地段进行全面保护。北京的锣鼓巷四合院保护区和上海外滩一条街是典型的例子。贯彻以保护整体风貌为主的方针,采取保护、维修、整治和有控制地进行必要的改造更新相结合的原则。保护地段内不许任意插入新建筑物。有价值的历史地段,现已明确为"历史文化保护区",作为历史文化明城保护内容中的一个重要层次。　　(白德懋)

历史文化名城　historic cultural city

被公认为具有悠久历史、文化传统和特有风貌的城镇。一般是长期形成为一个国家、民族或地区的政治、经济或文化中心,在地面或地下保存着大量珍贵的历史古迹、名胜、文物建筑或成片的历史地段。为了继承光辉文化遗产,进行爱国主义教育、建设社会主义精神文明和扩大国际影响,1982 年、1986 年以及 1993 年我国国务院分批公布了北京等99 座城市为中国历史文化名城。

1982 年中国政府公布了首批 24 个国家级历史文化名城,有:北京、承德、大同、南京、泉州、景德镇、曲阜、洛阳、开封、苏州、扬州、杭州、绍兴、江陵、长沙、广州、桂林、成都、遵义、昆明、大理、拉萨、西安、延安。

1986 年公布了第二批 38 个国家级历史文化名城,有:天津、保定、平遥、呼和浩特、沈阳、上海、镇江、常熟、徐州、淮安、宁波、歙县、寿县、亳州、福州、漳州、南昌、济南、安阳、南阳、商丘(县)、武汉、襄樊、潮州、重庆、阆中、宜宾、自贡、镇远、丽江、日喀则、韩城、榆林、武威、张掖、敦煌、银川、喀什。

1993 年公布了第三批 37 个国家级历史文化名城,有:正定、邯郸、新绛、代县、祁县、哈尔滨、吉林、集安、衢州、临海、长汀、赣州、青岛、聊城、邹城、临淄、郑州、浚县、随州、钟祥、岳阳、肇庆、佛山、梅州、海康、柳州、琼山、乐山、都江堰、泸州、建水、巍山、江孜、咸阳、汉中、天水、同仁。

除这些国家级历史文化名城外,各省(自治区、直辖市)公布了省级历史文化名城共 82 个(截至1992 年)。确定这些历史文化名城的条件是:具有重大历史价值和革命意义的城市,并保存有较为丰富和完好的文物古迹;其次是城市的现状格局和面貌应保存着历史特色,并有一定代表城市传统风貌的街区;第三文物古迹主要分布在城市市区或郊区,保护和合理使用这些历史文化遗产对该城市的性质、布局、建设方针有重要影响。

　　　　　　　　　　　(赵炳时　阮仪三)

历史文化名城保护　conservation of historic cultural cities

对于具有历史价值、传统文化内涵的城市制定的保护措施及政策。我国国务院 1982 年决定要求各级人民政府加强领导已确定为历史文化名城的城市保护和管理工作,规定在这些城市的总体规划中包括土地利用、工业布点、建筑风格等都必须以保护其传统文化为主要目标。　　　　　(赵炳时)

历史性建筑保存 preservation of historic monuments

保存有历史价值的建筑物,保持其原貌,不让其损坏。项目经主管部门鉴定公布,分国家级、省市级和区县级。对象有城镇中标志性或纪念性建筑;具有文化传统意义的建筑;地方色彩浓厚的建筑;以及历史上技术和艺术有成就的建筑等。修缮时要体现"整旧如旧"的原则。　　　　　(白德懋)

立交

见立体交叉(143页)。

立体交叉 grade separation

简称立交。道路与道路或道路与铁路在不同平面上的交叉。将原来互相冲突的车流分别在不同高程的道路或铁路上通过,以保证快速和安全。基本形式有上下各层道路之间或互不连通的分离式立交,以及上下各层道路之间用匝道或其他方式互相连通的互通式立交。基本组成有立交桥、引道、坡道或匝道。　　　　　(李峻利)

丽江 Lijiang

位于云南省西北部,是纳西族聚居地。战国时属秦国蜀郡,南北朝时纳西族先民羌人迁此,南宋时建城,元至清为纳西族土司府所在地。后为丽江府治。老城区保存传统格局与风貌,具有浓郁地方特色。古迹有土司府邸、明代五凤楼、大宝积宫琉璃殿、玉峰寺、普济寺。还有纳西族古代象形文字"东巴经"、纳西古乐等。附近有玉龙雪山、长江第一湾、虎跳峡等风景名胜。为第二批国家级历史文化名城。丽江工业有农机、造纸、化工等。矿藏有铜、铁、铝、钨、汞等,产当归、鹿茸、虫草等药材。
　　　　　(阮仪三)

丽江玉龙雪山风景名胜区

在云南省丽江、宁蒗、中甸三县境内,由四个景区组成的国家重点风景名胜区。总面积770多平方千米。玉龙雪山有终年积雪的雪峰13座,南端主峰扇子陡,海拔5 500多米。位于玉龙雪山与哈巴雪山之间的虎跳峡,峡谷迂回约20km,江面最窄处仅30m。江滩至两岸峰顶高差约3 900m。为世界最深峡谷。长江第一湾,历来兵家必争之地,以山峦、奇岩、溶洞为特色。泸沽湖景区内深林幽湖与少数民族古风民俗融为一体。丽江古城民居独具风格,在我国建筑史上占有重要地位。区内纳西族千余年前创造的东巴文、纳西古乐、白砂壁画等有较高历史文化价值。　　　　　(赵健溶)

利改税 profit submission changed to taxation

将国营企业上缴利润,改为按国家规定的税种及税率缴纳税金。税后利润完全为企业自己支配,财务自理,独立核算,自负盈亏。逐步把国家与国营企业之间的分配关系通过税收形式固定下来,是我国在解决中央与地方各级与各企业之间分配关系上的重大改革。实行利改税,有利于保证财政收入的稳定增长;有利于促进企业改善经营管理,提高经济效益;有利于充分发挥税收的经济杠杆的作用。
　　　　　(谢文蕙)

利他行为 altruism

不期望他人报答的自觉自愿的助人行为。有两种形式:无任何前提的助人行为,即"我为人人";报答性助人行为,即因为"人人为我",所以"我为人人"。又可分为两种情境下的利他行为:即紧急情境下的利他行为和非紧急情境下的利他行为。
　　　　　(梅保华)

lian

连续感 sense of continuity

沿着大量人流或参与者实际运动的路线在空间中运动时产生的持续的和谐感受。商业街的使用功能,立面处理和骑楼步廊布置,快速道路的绿化、照明设计、序列空间的活动安排等,都需要连续感。
　　　　　(黄富厢)

连续空间 continuous space

由两个以上的封闭空间或半封闭空间按一定序列联系在一起,使人们可按预定的通道,从一个空间到达另一空间。其中包含空间各层次的渐次划分,如从私密性生活过渡到公共生活的有机结合;各层次的渗透与融合,以扩大人对环境的认同感。
　　　　　(郑光中)

联立式住宅

见联排式住宅(143页)。

联络线 junction line

铁路枢纽中,连接铁路与铁路、铁路与车站、车站与车站的线路。是铁路枢纽中主要设备之一,其目的是保证各线路及各车站间有便捷的通路,并尽可能不变更运行方向,以使枢纽在运行上有较大的机动性。　　　　　(宗　林)

联排式住宅 town houses, row houses

又称联立式住宅。三套以上住宅并联,相邻两套共用一道分户山墙的住宅,一般为一至三层,上下均属一户。联排式住宅前后临空,每套有两个朝向和穿堂风,有各自的前(后)院和出入口,还有的联排住宅是由带内院的多套住宅联接而成的。仍保留内院的特点。　　　　　(张守仪)

廉租房　low rent housing, low income housing
　　一种低标准、低租金的政府公房。这种叫法始于香港。香港政府修建了大量廉租屋租给低收入的居民居住，只收取相当市场价格二分之一到三分之一的租金，以降低香港劳动力成本，增强香港在世界市场上的竞争能力，促进其经济发展和社会稳定。
（严　正）

liang

良好的城市形体　A Good City Form
　　美国著名城市理论家凯文·林奇（Kevin Lynch）的城市规划理论科学专著。1981年麻省理工学院出版社发行。此书着眼于研究人类与城市形体结构的关系，提出了一种新的研究城市形体结构的基本理论。他通过深入研究城市历史，总结城市发展的客观规律，把城市形体结构从理论上归结为三大类：①宇宙模式或礼仪中心。②机械城市类。③有机城市类。在这三种基本类型的评述中，阐明了怎样判别城市的优劣。并从探讨城市规模、城市发展模式和城市保护等议题，以科学分析的方法，从生态性能、感知性能、适宜性能、可及性性能、控制性能及效能与合理性几个方面，总结提出了良好的城市形体规划准则。此书的出版在西方城市规划理论界影响很大。
（范　为）

凉州　Liangzhou
　　见河西四郡（96页）。
两代居
　　见复合户住宅（77页）。
两京城坊考
　　记述唐代长安与洛阳城市坊里的书。清徐松著。书中根据一些文献，对唐西都（西京）长安，东都（东京）洛阳的城市、坊里、市肆等进行考证研究，是一本研究长安与洛阳城市史的重要著作。
（董鉴泓）

量保度
　　见自然资源保证程度（282页）。

liao

辽上京
　　辽代都城之一，又称临潢府。在今内蒙林东县南1km，建于天显元年（公元926年）。分南北二城，北城为皇城，略呈方形，南北长2000m，东西宽2200m。城内正中偏北利用一天然高地修整成500m见方台地，其上为宫殿区。皇城之南另有一城，宽与皇城近；南北长约1400m。按《辽志》载："南城谓之汉城，南为横街，外有楼对峙，下列市井。"南城实为工奴聚居地，大多为俘房的汉人。遗址1961年定为全国重点文物保护单位。
（董鉴泓）

疗养村　spa
　　在风景气候条件优越或有医疗作用的矿泉附近规划建造的综合性疗养设施。一般包括休疗养用房、餐厅、理疗、腊疗及矿泉浴等设施。
（金大勤）

lie

列车密度
　　见行车密度（245页）。
列植
　　见行植（95页）。
烈士公园　martyr memorial park
　　为纪念革命烈士并表彰他们的业绩，在其埋葬遗骨、衣冠或特选的地方建立陵墓、墓碑，并附有较大面积的园林。可纳入城市公共绿地系统中，按其纪念性质和等级而布置相应的纪念物和设施。如墓、碑、坊、柱、雕塑、广场、纪念馆等。以满足缅怀纪念活动和达到精神感染的目的，并考虑大众游览休息之需。如南京雨花台、广州烈士陵园等。
（李铮生）

lin

邻里
　　见街区（119页）。
邻里单位　neighbourhood unit
　　城市规划中布置生活居住地的一种结构形式。由于小街坊的规划结构不能适应汽车交通的发展，致使居住环境质量下降，交通安全无保障。1929年，美国人佩利首先提出了邻里单位的概念，他主张以城市干道包围的区域作为居住区基本单位。其中布置住宅及日常需要的各种公共设施，以保证居民有一个方便、安全、舒适、优美的居住环境，并有助于在心理上产生"乡土观念"，形成"邻里意识"。邻里单位的规模以小学的合理规模来控制。
（张守仪）

林冠线　canopy silhouette
　　树林垂直方向最高处的轮廓线。通常在以天空为背景时，轮廓线的优美程度是设计中应注意的要素之一。
（沈　洪）
林朋步行街　Lijnban
　　荷兰在战后重建工作中，于1952年在鹿特丹市中心建设的商业步行街。街宽18m与12m，由两排平行、每段长约100m的二三层商店组成，筑有横跨街道的遮棚。这些遮棚与沿商店橱窗上面的顶盖连成整体,使步行街的顶部组成网络状的背阴通道。街道内设有小商亭、草坪、树木、花坛、喷泉、雕像、座椅、灯具、标志牌等。建筑造形富有亲切舒适感。

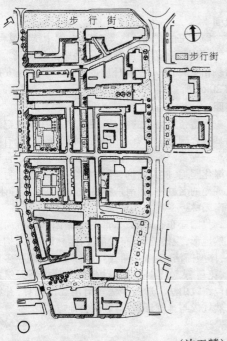

（沈玉麟）

林相 forest aspect

　　森林的林冠结构、生长状况和林木品质综合反映的外形。按林冠结构的层次,可分为单层林和复层林;生长旺盛和林木品质较高的称为"林相优良"。反之,称为"林相不良"。 　　　（刘家麒）

林阴道 boulevard

　　沿街道或滨海、河、湖岸,或沿城墙(环城绿带)成带状分布,宽度在 8m 以上,有一定休憩设施,对美化街景起良好作用的公共绿地。是城市公共绿地的一种类型。其上有一条或数条散步道,布置有座椅等各种小品。规模大的亦有若干车道,往往成为城市的主景道路。亦多有沿江沿湖布置为游憩道路的。 　　　（刘家麒　李铮生）

林缘线 forest fringe, forest edge

　　树林边缘水平状态的轮廓线。由于林缘光照条件变化较大,植物种类一般较林内为多,景观也较丰富,自然式的林缘线常呈曲线形。 　（沈洪）

临安(南宋) Lin'an (the Southern Song Dynasty)

　　南宋都城。在今杭州。大运河修通后杭州一直为繁华的商业都会。金兵攻占东京(开封),宋王朝迁都于此,杭州改名临安,城市发展很快,人口超过百万。南宋建都后对原有吴越时城垣增修,共设十三座城门。宫城在城南凤凰山东,原为吴越时府州所在的子城。周围 5km。宫殿规模比北宋时小。城市供应靠大运河,仓库集中北门外。全城分为 68 坊。城市滨临西湖,风景优美。市内河道很多,城市平面是不规则形,商市形制与北宋东京同,有夜市、瓦子、勾栏,居民多自东京迁来,生活习俗也与东京相近。

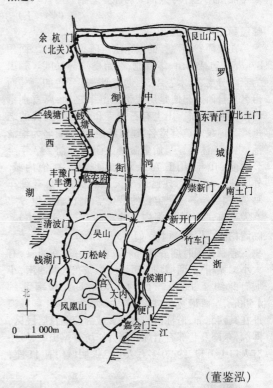

（董鉴泓）

临潢府

　　见辽上京(144 页)。

临街面 frontage

　　一块土地或建筑直接面临街道的一面。行人可以直接从临街面进入建筑。 　　　（严　正）

临时建设 temporary construction

　　必须限期拆除的结构简易、临时性的建筑物、构建物、道路、管线及其他设施。批准临时建设的使用期限,一般均不超过 2 年。临时建设对城市规划实施影响很大,城市规划行政主管部门必须对城市规划区内的临时建设严格管理。具体管理办法由省、自治区、直辖市人民政府制定。

　　　（陈为邦）

临时用地 temporary-use land

　　由于建设工程施工、堆料或其他原因即需要临时使用并由城市规划行政主管部门限期收回的土地。批准临时用地的使用期限,一般均不超过二年。任何单

位在城市规划区内需要临时使用土地,都必须征得城市规划行政主管部门的同意。　　　　　（陈为邦）

临时住房　temporary housing

只宜短时间居住的房屋。可能是因结构不坚固,基础设施缺乏或是非住宅类房屋而不宜居民长期居住。可能是居民为临时的用途自己盖起来的,也可能是政府或单位为周转拆迁居民而建起来的,还可能借用仓库等其他类房屋作为临时居住之用。
　　　　　　　　　　　　　　　　（严　正）

临潼骊山风景名胜区

在陕西省临潼县的国家重点风景名胜区。面积87km²。包括骊山、华清池、秦始皇陵等景区。骊山为秦岭分支,林木苍翠,因远望似一匹青色的骊马而得名。自西周起便是历代帝王游幸之地,离宫别墅遍布,多已毁损。山上有石瓮寺和供奉女娲氏的老母殿。温泉水负有盛名,建有汤池,唐朝更名为华清池,供帝王沐浴。秦始皇陵修建于公元前247年至公元前210年,用工70余万人。规模巨大,有内城、外城,叹为观止。现已出土大批珍贵文物,有铜车马、青铜兵器等。最宝贵的是兵马俑,已成为世界第八大奇迹,吸引众多海内外游人。　　（王早生）

临淄(齐)　Linzi (the Qi Dynasty)

春秋战国时期齐国都城。在今山东临淄县,有大小二城相套,两城均为矩形。小城在大城西南,小城南北约2 200m,东西约1 400m。大城南北约4 500m,东西最宽处4 400m。小城为宫城,宫殿遗址在其西北部,俗称桓公台。大城为商业及居民区,即廓,东部及北部有冶炼及制骨作坊。据史载,城中有人口七万户,约30多万人。已探明城门有11座,道路10多条,最宽的南北干道约30m。1961年定为全国重点文物保护单位。　　　　（董鉴泓）

ling

灵囿

周文王的宫囿。广袤35km。囿中筑有灵台,高二丈,周围一百步。凿有灵沼,池中游鱼跳跃。台与沼映相生辉,显示淳和朴质的境地。址在长安西南约20km所。　　　　　　　　　　（鲁晨海）

陵园　mausoleum

原指帝王诸侯的墓地,现已包括有特殊纪念人物墓葬之园地。也有专门安放对革命和建设有贡献的烈士陵园。通常具有良好的山水环境,并有较大的绿化园地,供人瞻仰,怀念和祭扫,并常成为一游览观光的名胜地,如南京中山陵园。　（李铮生）

岭南园林

我国广东省中部、东部的私家园林。布局多就自然地形,规模较小,布置活泼;园林建筑多,构筑纤巧,体型简洁,装修华丽;雕刻精细绚丽,题材多用山水、花鸟、人物等。造山以内构骨架,外镶天然石材的包镶筑山法。造园手法多借用江南园林,并结合自然气候与地理环境,巧妙融会地方文化。
　　　　　　　　　　　　　　　　（鲁晨海）

领域层次　hierarchy of territory

各建筑空间按其公私程度不同的领域属性而顺序组成的系列。例如从公共、半公共、半秘密直到私密的空间领域层次。　　　　　　　（张守仪）

领域性　territoriality

领域的拥有、使用和控制的属性。本词来源于生物学中动物占有一定范围空间并防御外敌入侵的领域行为。20世纪60年代后随着环境行为科学发展,领域性一词用于城市规划和建筑学中,其内涵得到很大深化,领域性有多种划分方式,主要按公私程度划分的如1965年最早由舍格·切玛耶夫(Serge Chermayeff)与克利斯朵、亚历山大(Christopher Alexander)在《公共与私密》(Community and Privacy)一书中提出的,将城市空间分为城市公共、城市半公共、团体公共、团体私密、家庭私密与个人私密六个领域。另一种划分法是依据使用者控制,使用的程度以及使用时间的长短等情况分为主要领域、次级领域与公共领域三种。主要领域为使用者长期拥有、控制、与他人领域界限清楚,并且是使用时间长,成为日常生活中心的所在,如住宅、卧室;次级领域拥有者使用时间不连续,无中心性与排他性,有时有他人进入,如办公楼;公共领域则是开放的,只要遵守规则,每人都可自由进出,使用者经常变换,如公园。　　　　　　　　　　（张守仪）

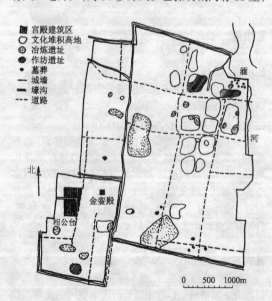

图例:
■ 宫殿建筑区
○ 文化堆积高地
● 冶炼遗址
◐ 作坊遗址
• 墓葬
—— 城墙
— 壕沟
---- 道路

北

金銮殿
桓公台

0　500　1000m

liu

刘秉忠　Liu Bingzhong

元代城市规划家(公元 1216～1274 年)。字仲晦,原名侃,邢州(今河北邢台)人。中统元年(1260年)忽必烈即大汗位,命刘制定各种典章制度。至元元年(1264 年)受命在金中都东北规划新都,他善于"采祖宗旧典,参以古制之宜于今者",使大都城继承中期封建社会营国制度传统,并加以革新,成为世界著名的都城规划。 　　　　　　(董鉴泓)

刘侗(约 1593～1636 年)　Liu Tong

明朝散文家,字同人,号格庵,湖北麻城人。明崇祯七年(1634 年)中进士,派为吴县知县,未上任即卒。崇祯年间于奕正合著两部描述明朝京都北京和留都南京的纪闻录——《帝京景物略》和《南京景物略》。《帝京景物略》记述北京风物,有较高资料价值。《南京景物略》已失传。　　(乐卫忠)

留园

又称寒碧山庄。苏州四大名园之一。在江苏苏州阊门外。明嘉靖年间太仆徐时泰建,时为东园。清嘉庆三年(1797 年),刘恕得之并重加修葺。光绪时,再修且有所增扩,取刘园谐音,易称留园。园约2 万 m^2,分东、西、中、北四部分。东北部是由大量建筑组成的深重庭院。其中冠云峰石系北宋徽宗时花石纲遗物,为江南最大湖石。中部,为旧东园址。以池沼为中心,西北以土石为山,引以山廊;东、南曲溪、明瑟二楼临水而设。西部,堆土成岗,为全园最高处可眺虎丘、天平诸胜。建筑空间处理精湛,入园即以曲折长廊和庭院,隐抑园景,达到视觉心理收抑效果,随之空间明暗、大小、开合,高低参差对比,形成节奏变化园景层次丰富的视觉感受。附图中:1.石木交柯;2.绿阴;3.明瑟楼;4.涵碧山房;5.闻木樨香轩;6.远翠阁;7.可亭;8.濠濮亭;9.曲溪楼;10.西楼;11.清风池馆;12.汲占得缑处;13.五峰仙馆;14.石林小屋;15.揖峰轩;16.还我读书处;17.林泉耆硕之馆;18.亻云龛;19.冠云楼;20.冠云楼;21.冠云峰;22.冠云台;23.佳晴喜雨快雪之亭;24.又一村;25.至乐亭;26.舒啸亭;27.活泼泼地;28.花房。

　　　　　　(鲁晨海)

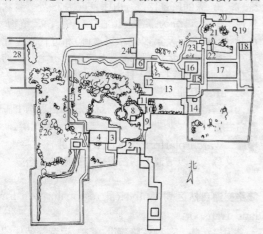

北

流杯亭　flowing cup pavilion

室内的地面上用石刻成"流杯渠"的亭。这是中国古典园林所特有的一种建筑物。古代的文人墨客于风和日丽的春天在郊外聚会,列坐于弯弯曲曲的溪水边,把酌满酒的"觞"(一种漆器酒杯)飘浮在水面使之顺流而下,觞停在谁坐的岸边谁就饮完杯中之酒,这种行乐的方式叫做"曲水流觞"。流杯亭的建置就是把曲水流觞的场景缩移模拟于室内,目的在于表现文人的风雅。以人工水源的石刻流杯渠模仿天然溪流曲水的形象,实际上仅具象征的意义,并无使用的价值。　　　　　(周维权)

流动人口　floating population

在本市无固定户口的人口,一般包括暂住人口和非暂住人口。前者指临时工、季节工,以及借调、支援人员等;后者指前来开会、参观、工作出差、游览以及路过而短时间停留的人员。　　(赵洪才)

流域规划　river basin planning

以江河流域综合治理开发为目标的战略布局。可分为两类:一类以江河本身的治理开发为主,多偏重于干、支流梯级开发和水库群的布置,以及防洪、发电、灌溉、航运等枢纽建筑物的配置;另一类以流域的水利开发为目标,多偏重各种水资源的利用,水资源的平衡以及农林牧和水土保持等规划措施。一般以一个完整的自然集水区为规划范围,干支流同时或分别进行规划。　　(胡序威　陈　田)

琉璃厂　Liuli Chang,Beijing

北京旧城内保持传统风貌的一条文化街。辽代称海王村,元、明时代开设琉璃窑厂,故得名。清代逐渐形成以经营古书、字画和文化用品为主的集市。20 世纪 70 年代重建后的步行街长约 500m,宽 8～12m。建筑以 2 层为主,高低错落,有突有退。54 家店铺恢复了原来经营内容,铺面体现了晚清北方居民店堂风格。　　　　　　(白德懋)

long

龙安寺石庭　Ryoan-ji Stone Garden

日本枯山水庭园的佳作。位于京都龙安寺庭园内,为一方丈的南庭,面积 330 m^2,全部铺以白砂,耙成水纹象征大海,放置 15 块石,分为五组,似岛屿。将禅僧的哲理与抽象的形体构成一种精神的境界,为室町时期禅宗庭园的代表。

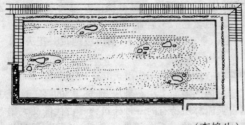

(李铮生)

龙宫风景名胜区

在贵州省安顺县境内的国家重点风景名胜区。面积24km²，因洞内瑰丽堂皇，气象万千，有如神话中的水晶宫殿，故名龙宫。区内以壮观瑰丽的水溶洞、洞穴瀑布和旱溶洞独特的岩溶洞貌为特色，有地下暗河全长15km，穿越大小山峰20多座，串连90余个洞穴，并有田园山寨、山野峰峦、嶙峋石林及丰富多彩的民族风情作衬托。龙宫以其"灵秀自天成，鬼斧神工开洞府；清奇绝尘世。瑶池琼玉见人间"的典型岩溶地貌奇观而享誉中外。 (赵健溶)

龙虎山风景名胜区

在江西省贵溪、余江两县境内的国家重点风景名胜区。面积约200km²。龙虎山属武夷山余脉，具有典型丹霞地貌特征。风光旖旎，山色秀丽，奇峰竞出，丹崖碧水，有龙虎山、排衙石、张家石、尘湖山、五湖等160多处景点。芦溪水贯通景区，联结各主要景点，既可泛舟赏景，亦可徒步游赏。龙虎山人文景观丰富，是道教正一派发源地。原有龙虎观坐落在山岩中，为道教正一派重要宫观，现剩残垣。现有著名道观大上清宫等古建筑。仙水岩至飞马祖岩长达十里的山崖洞穴里，有春秋战国时期古越族崖墓群。龙虎山东部的象山有南宋大理学家陆九渊的"象山书院"等。 (赵健溶)

龙墙 dragon wall

檐部或压顶做成龙的形状的墙。包括龙首、龙身和龙尾，好像一条翔龙盘曲在墙顶上，这种墙的形象比较特殊，与园林的自然情调也不甚谐调。因而除个别情况外，一般园林里是不常见的。 (周维权)

lou

楼板面积 net floor area

又称地板面积。指除墙、柱等结构构件所占据的面积之外的所有建筑面积。对住宅设计而言，楼板面积比使用面积更大，还包括各楼梯、公共过道等公共交通面积。 (张守仪)

楼廊

见双廊(208页)。

楼橹

见橹楼(148页)。

楼山 rockery contacting with storied building

与楼房结为一体的假山称为楼山。如北京乾隆花园中的房山石假山。下洞上台，蹬道引上并以天桥与楼相接。楼山特色是高峻入云。为防止过于逼近建筑，宜远才妙。 (孟兆祯)

漏窗 grill, leakage window

在墙上窗洞内安装漏空花格的窗，又叫做花窗。窗洞的形状多样，花格一般用薄砖或瓦片拼镶成各种几何形的纹样，也有以铁丝作骨架、用灰泥塑造花鸟山水的。透过窗上的漏空花格，可以窥见隔墙的景物，予人以扑朔迷离的感受，起到扩大墙内空间、沟通墙外空间的作用。漏窗在墙上连续安设，又成为引人注目的园林装饰，阳光透过，花纹图案倍觉明澈，尤为生动活泼。 (周维权)

lu

庐山草堂

在江西省庐山香炉峰下，为唐代著名诗人白居易的隐庐。建于唐元和十一年(公元816年)，即诗人被贬江州司马的翌年秋。庄园很小，草堂只"三间两柱，二室四墉"；就自然之势而筑。背负层崖，前濒方池，环池山竹野卉；堂东三尺瀑布，落石渠，绕于舍下。此外，还开拓了药圃、茶园等。其建筑均以素材而构，不加任何涂饰，朴实自然。此对后世写意山水园具有一定的影响。 (鲁晨海)

庐山风景名胜区

在江西省九江市南部的国家重点风景名胜区。东濒鄱阳湖，北临长江，是以平地拔起的地垒式断块山为主体的山岳风景名胜区，面积302km²。具有雄、奇、险、秀的风景特色。山体景点达25处。景物景观171个，可分为瀑泉、山石、气象、人文、植物、江湖、地质(溶洞及第四纪冰川遗迹)和近代别墅建筑八大类。主峰大汉阳峰海拔1 474m。五老峰东的三叠泉，水分三级挂落于铁壁峰前，落差120m，蔚为壮观。山上有仙人洞、三宝树、龙首岩、含鄱口等景点，山下有晋代东林寺、宋代的观音桥和白鹿洞书院等名胜古迹。 (赵健溶)

橹楼 watch platform over city wall

又称楼橹。城墙上防御瞭望用的附筑高台。 (阮仪三)

陆路交通自然区划 physical regionalization for land transport

为揭示陆上各种道路建设、养护、运营等条件的地域差异和因地制宜地制定有关交通技术政策与分区技术标准而进行的自然条件类型组合区划。一般认为,大地构造、水热状况、地表形态、地表水和地下水、土质和现代地质作用等5组自然因素对道路基础的稳定性、运营的可靠性、线路的平直性、工程量的节约性、筑路材料的便利性和供水的方便性等技术经济方面有重要影响。区划中亦主要以此为主导自然因素进行分区。　　　　　　（胡序威　陈　田）

陆生植物　terrestrial plant

生长于陆地的植物。园林植物大多属此。它又可分为旱生植物、中生植物与湿生植物。前者能忍受较长期干旱或严重缺水的环境,如仙人掌。后者能生长于很湿润的空气和土壤的环境中,如柳、池杉、鸭跖草等。在园林植物中这两类比例很小。中生植物则介于二者之间,在园林植物中最为常见。

（沈　洪）

路幅　road width

道路红线之间的宽度。包括车行道、人行道、绿带等的宽度,在此宽度内不准设置有碍交通的设施。

（李峻利）

路拱　crown, camber

道路横断面上路面做成中央高两侧低,具有一定坡度的拱起形状。其作用是利于路面横向排水。路面两侧的坡度称为路拱横坡,一般采用1.5%～4.0%,随路面面层类型而异。高级路面的横坡小,低级路面的横坡大。基本形式有抛物线型、屋顶线型和折线型。　　　　　　　　　　（李峻利）

路南石林风景名胜区

在云南省路南彝族自治县境内的国家重点风景名胜区。面积约44km²。在二亿八千万年前,这里是一片汪洋,沉积形成石灰岩。上升为陆地后水溶蚀形成裂隙,发育成为石峰林立的奇特地形。峰石分为三类:剑峰状、蘑菇状、塔状。形态各异,有的峻拔如墙,有的矗立如林,有的抱拥如门。深狭沟谷如蜿蜒迴廊,还有晶莹的湖池,迷宫般的地下溶洞。著名石峰有:凤凰梳翅,犀牛望月,双鸟渡食,灵芝,象踞石台,阿诗玛等,惟妙惟肖。大叠水瀑布高90余米,水花飞溅,声似雷鸣。居住在石林的撒尼族人民,流传许多以石林为题材的民间传说,优美动人的阿诗玛长诗为其代表作。　　　　　　（王早生）

lü

闾里　neighbourhood

里是聚居的地方,闾为里之门。泛指城市中居住地段。周代始见其名,隋时改称坊。（阮仪三）

旅游　tour, travel

旅行游览。是现代人们生活中的重要活动,可以放松身心,恢复精力,增加知识,促进人民之间的友谊和经济文化交流,也是一项重要的经济行业。按地域可分为国内旅游和国外旅游;按性质可分为观光旅游、度假旅游、休疗养旅游、体育旅游、文化科普旅游、宗教旅游等。　　　　　　　　（刘家麒）

旅游城市　tourist town

具有富于特色的风景名胜等自然或人文旅游资源,以提供旅游服务为主要职能的城镇。主要特征有:①城市市区内或附近旅游资源丰富,对外交通体系发达方便;②旅游服务设施完善,旅游经济在城市中占有很重要地位;③服务人口和流动人口比重大。

（赵炳时）

旅游高峰　peak time

旅游人数最多的时间。可分为高峰时、高峰日、高峰月、高峰季等。　　　　　　　　　　（刘家麒）

旅游环境容量　environmental capacity of tourism

又称旅游生态容量。一个旅游点或旅游区内动植物及其生态环境不产生永久性危害前提下,其环境空间所能接纳的游客最大数量。

（胡序威　陈　田）

旅游接待点

见接待点(119页)。

旅游经济容量　economic capacity of tourism

为区域交通、通信、卫生及其他生活服务设施和食品、旅游商品等综合保障供应能力所能承受的旅游业发展的最大规模。旅游业发展能促进地方经济繁荣,也受到地方经济发展水平的制约。如果盲目扩大,超出区域经济承受力,便会造成地区经济生活紊乱,亦给旅游业自身发展带来不良后果。

（胡序威　陈　田）

旅游空间容量　spatial capacity of tourism

旅游资源依存的有效环境空间能够容纳的游客数量。分为合理容量和极限容量。前者以游客不产生拥挤感或游览活动能够正常进行情况下的容量;后者指在保证游览安全情况下的容量。测度指标可分为总容量、单位面积容量、日容量和小时容量。

（胡序威　陈　田）

旅游密度　tourist density

反映旅游业对某一地区社会经济生活的影响程度或在社会经济生活中的地位的一项测度指标。分三方面:①旅游人口密度,指某　时期旅游者数量与接待人口数量之比;②旅游空间密度,指一定时间内游客数与接待地空间面积之比;③旅游经济密度,指旅游者数量与接待地国民生产总值之比。用于旅游区分类研究及检验旅游业发展与区域资源、社会经

济承载力的适应状况。　　（胡序威　陈　田）

旅游区划　tourism regionalization

根据旅游地域分工原则,按照旅游资源的地域分异性及区域社会、经济、交通、行政等条件的组合和内部联系程度,概括地对不同等级的旅游区加以划分。其目的在于揭示旅游资源的地域分布规律,旅游配套设施和行政管理的地域分工和联系,以便于合理组织不同区域的旅游活动,确定旅游区性质、发展方向以及相关的开发、保护措施。　　　　　　　（胡序威）

旅游人次　visitor trip

旅游者到风景名胜区旅览的次数统计。是风景名胜区容量计算的指标之一,也是风景区建设和管理的依据。可按标定时间统计或按日、月、季、年统计。
（刘家麒）

旅游设施　tourist facility

为开展旅游而提供的设备、建筑等。狭义的指旅馆、车队及其附属设施;广义的包括餐饮、购物、娱乐、体育、休疗养、医疗卫生、邮电通信、保卫以及供水、排水、供电、供热、燃气、消防、道路交通、园林绿化等基础设施。　　　　　　　　　　（刘家麒）

旅游社会容量　social capacity of tourism

又称旅游心理容量或旅游行为容量。指旅游地居民对旅游者数量和行为最大的容忍上限。由于旅游者与接待地居民常在种族、文化、经济、宗教、生活习俗等方面存在差异,当游客数量过多时便会对当地居民产生一种心理压力。还可能因为物价不断上涨,使居民对旅游业发展由初始的欣喜心态变为冷淡、不满,甚至出现对抗情绪。　　　　　　（胡序威　陈　田）

旅游生态容量

见旅游环境容量(149 页)。

旅游污染　pollution from tourism

旅游活动中附带产生对物质环境和人民精神的有害现象。物质方面如对风景区景物的损坏,废弃物、污水、噪声对风景区空气、水体和土壤的污染等;精神方面如国外旅游者带入的资产阶级不良生活方式以及传染疾病的危害等。是发展旅游事业中需要注意防止的。　　　　　　　　　　（刘家麒）

旅游心理容量

见旅游社会容量(150 页)。

旅游行为容量

见旅游社会容量(150 页)。

履园丛话

杂记。清朝楳华溪居士著,共二十四卷,六辑,按旧闻、阅古、考索、水学、景贤、耆旧、臆论、谭诗、碑帖、收藏、书画、艺能、科第、详异、鬼神、精怪、报应、古迹、陵墓、园林、笑柄、梦幻、杂记等次第记述。其中不少卷章谈及园林建筑古迹画艺,叙述甚详,颇有

文采。　　　　　　　　　　　　（乐卫忠）

绿带　green belt

为防止城市盲目扩展或与近邻城市连成一片,在城市四周或相邻城镇之间划定的非城市建设地带。其内容可以是风景区、林地、牧场或农田。1898 年,E.霍华德在《明日的田园城市》中提出控制城市规模、用乡村地带包围城市的设想,并以澳大利亚城市南阿德莱德作为先例;1938 年,英国制定《绿带法》,成为首先确立绿带法定地位的国家。城市中也有用绿带来分割不同用途的地区。　　　　　　　（金经元　魏士衡）

绿带城　Greenbelt cities

1933 年建于美国马里兰州、俄亥俄州、威斯康星州和新泽西州的四个绿带城的总称。1929 年美国发生经济危机后,1933 年为了用住宅建设刺激经济不景气而进行建设的。它们的建设规模都很小。例如马里兰绿带城面积为 $1km^2$,有住宅 1 000 套。所有绿带城的道路结构都参照雷德朋(Radburn)体系的特点进行修建,即人车分行;绿地、住宅与步行道有机地配置在一起,步行道布置成曲线;住宅成组配置,形成口袋形,通往一组住宅的车行道是尽端式的。

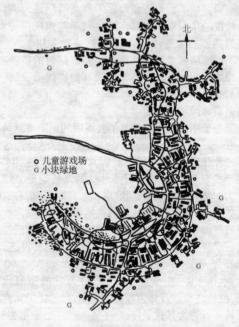

○ 儿童游戏场
G 小块绿地

马里兰绿带城

（沈玉麟）

绿地　green space

种植树木、草皮、花卉,用以改善城市环境、为居民提供游憩场所的用地。包括公共绿地和生产防护绿地等。我国颁布的《城市用地分类与建设用地标准》(GBJ137—90)规定:绿地标准为每人不少于

$9m^2$,其中公共绿地每人不少于 $7m^2$,绿地占城市建设用地的比例为 $8\% \sim 15\%$。有时也包括城市中的居住区绿地、专用绿地和郊区的风景区、林地等。也有认为可以包括牧场和农田等未经建设的土地。国外一般与旷地同义。　　　　　　　　　　　(蒋大卫)

绿地保水功能　water conservation of green space

　　绿地中树木的枝叶能防止暴雨直接冲击土壤,草地覆盖地表阻挡流水冲刷,植物根系能紧固土壤,保持水分,防止水土流失的功能。当雨水降在绿地时,有 $15\% \sim 40\%$ 的水量被树冠截留或蒸发,$5\% \sim 10\%$ 渗入土壤,保持在土中,一部分经植物吸收再蒸发到空气中(参见绿地调节功能 151 页),其余的经过土壤、岩层的过滤,成地下径流缓慢流向低处或涌出成泉、池、溪涧。这种作用对保护自然景观,防止城市中的丘陵坡地冲刷、水道淤浅以及泥石流等有极为重要的意义。　　　　　　　　　(刘家麒)

绿地布局　layout of green space

　　各种绿地在城市平面位置的全面安排。需要考虑满足全市居民方便地游览休息,城市生活和生产活动安全,工业生产环境防护和城市景观的要求。布局原则是供居民游憩的公共绿地均匀分布,为保护环境的防护绿地根据需要并结合地形、风向、道路和河湖水系的走向来布置,首先从功能上形成城市绿地系统。布局形式主要有块状绿地布局、带状绿地布局、楔状绿地布局、环状绿地布局、放射状绿地布局和混合布局等。　　　　　　　　　(刘家麒)

绿地点线面结合　green space in point, belt and patch

　　①在全市绿地系统中,以普遍绿化为基础,居住区、工业区和医院、办公、旅馆等大型公共建筑的绿化是面;街道绿地和行道树是线;公园、小游园等是点。

　　②在供群众游览休息的公共绿地中,大型的公园、动物园、风景区等是面;步行林阴道、滨河绿带、环城绿带等是线;小型的街头绿地、小游园、广场绿地等是点。

　　绿地点线面结合可使绿地均匀分布,有利于改善城市环境,方便群众利用。　　　　　　　(刘家麒)

绿地调节功能　regulating function of green space

　　绿地具有的调节气温和空气湿度的作用。绿地里的植物能吸收太阳辐射热,降低气温。夏季绿地内的气温较非绿地低 $3 \sim 5℃$,较建筑密集地区甚至可低 $10℃$ 左右;冬季绿地内的树木能降低风速,提高最低温度。绿地中树木花草叶面的蒸腾作用蒸发大量水分,夏季每万 m^2 油松林蒸腾量为 $43.6 \sim 50.2t/d$,加拿大杨

林的蒸腾量为 $57.2t/d$。绿地内的相对湿度比非绿地高 $10\% \sim 20\%$。绿地的调节功能为人们生产、生活创造了凉爽、舒适的气候环境。　　　　　　(刘家麒)

绿地防灾功能　mitigation of hazard

　　在发生地震、火灾时,绿地作为避难场所的功能。许多绿化植物枝叶中含有大量水分,火灾时可以阻止火势蔓延;一般地震情况下,树木不会倒伏,人在绿地中比较安全。1923 年 1 月,日本关东地区发生大地震,同时引起大火灾,城市公园成为人们的避难场所。1976 年 7 月,北京受唐山地震波及,15 处公园绿地总面积 400 多万 m^2,容纳了 20 多万居民避难。　　　　　　　　　　　(刘家麒)

绿地服务半径　service radius of green space

　　又称吸引距离。指使用者到达绿地的距离。是衡量绿地在城市中分布是否均匀的标准。以绿地入口为圆心,以这个距离为半径所划出的范围为服务(吸引)范围,由于受街道走向的影响,这个范围不一定呈圆形。服务半径与绿地的级别、规模有关。联合国一个材料提出:住宅组团游园到住宅的最大距离应为 0.3km,小区游园为 0.8km,居住区公园为 1.6km,城市公园为 3.2km。郊区公园为 6.5km。　　　　　　　　　(刘家麒)

绿地净化功能　purifying function of green space

　　绿地减少空气、土壤和水体中污染物质的作用。绿地中的植物能吸收空气中一部分二氧化硫、氯、氟化氢、氨以及汞、铅蒸气;枝、叶、树皮能吸滞空气中的粉尘和飘尘(参见 29436 绿地纳尘功能);许多植物如松、桉、樟、悬铃木、橙类等能分泌杀菌素,杀死空气中的细菌;植物的根系能吸收分解土壤和水中的污染物质,根系分泌物具有杀菌能力,芦苇、水葱、凤眼莲等水生植物可用于污水的生物净化处理。　　　　　(刘家麒)

绿地率

　　见城市绿地面积率(34 页)。

绿地纳尘功能　dust collecting function of green space

　　绿地对减少降尘量和空中飘尘量所具有的明显作用。绿地中树木枝叶可减低风速,使空气中大粒尘下降;植物枝叶表面不平,有的有茸毛或分泌黏性的油脂、浆液,空气中的尘埃经过绿地时,附着于叶面及枝干的凹处。草坪也有很强的减少地表扬尘的作用。蒙尘的植物经雨水冲洗,又能恢复其纳尘能力。纳尘能力与绿地中植物的栽植密度、高度、总的叶片面积、叶片大小、着生角度、表面粗糙程度等有关。我国一般工业区空气飘尘浓度,绿化区比非绿化区减少 $10\% \sim 15\%$。　　　　　(刘家麒)

绿地通风功能　ventilating function of green space

　　绿地具有的促使新鲜空气向城市建筑地区流动的功能。城市建筑地区受太阳辐射热成为气温较高

地区,即城市热岛,热空气比重轻形成上升气流;绿地的气温比建筑地区低(参见绿地调节功能151页),凉爽新鲜的空气向城市建筑地区移动补充,产生气流,可以造成小地区性的微风,改善通风条件和环境小气候。　　　　　　　　　　　(刘家麒)

绿地系统规划　planning of green space system

充分运用城市中的植物、建筑、山石、水体等园林物质要素,以科学、技术、艺术和经济规律为指导,发挥其综合功能,因地制宜地选择各类城市园林绿地的位置、规模,进行合理规划布局,形成有机的城市绿地系统,创造舒适、优美的环境。　(陶松龄)

绿地消声功能　noise abatement of green space

绿地具有的降低噪声的功能。声波的能量投射到树叶上被反射到各个方向,造成树叶微震使声能消耗而减弱。噪声的减弱与绿地的宽度、位置、树木的种类、高度和配置方式有密切关系。散植树木无显著的减噪作用,宽6~15m的林带降噪效果显著,宽度越大,隔声效果越好。防声林的位置应尽量靠近声源,距离在6~15m之间为好。树木配置应以乔木、灌木和草地相结合,乔木树种高10m以上,枝叶密集,分枝点低的效果更好。　　(刘家麒)

绿地小气候　green space microclimate

绿地及其影响范围内小地区的气候。由于绿地调节功能(见151页)的作用,绿地及其附近地区夏季气温比建筑地区低,冬季气温较高;绿地的相对湿度较高。面积大于5万m^2的绿地,小气候的特征明显,有改善环境的作用。零散树木和小面积的绿地则没有这种作用。　　　　　　　　(刘家麒)

绿地游赏功能　recreation function of green space

绿地有为城市居民提供户外游憩场所的作用,又可美化城市。绿地中的树丛、草坪、林间空地、道路广场、园林建筑和设施,为不同年龄的人提供了文娱、体育、儿童游戏和安静休息的条件。可使体力劳动者消除疲劳,恢复体力;脑力劳动者调剂精神,提高工作效率;培养儿童勇敢活泼的素质,有益于健康成长;对老人可增进生机,延年益寿。绿地又是进行文化宣传,科普教育的场所,使游人在娱乐中受到潜移默化的陶冶。绿地中的树木花草可以美化环境,烘托建筑,遮挡有碍观瞻的景物,使城市面貌生动活泼,更加统一和谐。　　　　　　　(刘家麒)

绿地制氧功能　oxygen-producing function of green space

植物通过光合作用吸收二氧化碳,放出氧气。1万m^2阔叶林在生长季节每天可吸收1 000kg二氧化碳,放出750kg氧气;生长良好的草坪,每万m^2每小时可吸收15kg二氧化碳。而每人每小时呼出二氧化碳约38g。一般城市如果每人平均有10m^2树林或25m^2草坪,可使空气中氧气和二氧化碳的比例趋向平衡,保持空气新鲜。　　　(刘家麒)

绿化　greening

栽种绿色植物(包括乔灌木、花卉、草地等)覆盖地域空间的活动和效果。绿化有利于净化空气、调节气候、美化环境、减轻污染和自然灾害,以及提供工业原料和其他林副产品等多种效益,是改善环境、健全生态的有力措施。绿色环境是人类赖以生存的摇篮,也是现代文明的标志和象征,植树造林,绿化祖国,维护生态平衡已成为我国的一项基本国策。　　(李铮生)

绿化覆盖率　greenary coverage

城市中各种绿地的绿化覆盖面积与城市建成区总面积的比例,以百分数表示。目前不作为城市绿地规划的指标,仅是城市建设统计的一个项目,其计算公式是:

$$绿化覆盖率 = \frac{城市建成区内园林绿地绿化覆盖面积 + 道路绿化覆盖面积 + 屋顶绿化覆盖面积 + 零散树木覆盖面积}{城市建成区总面积} \times 100(\%)$$

(刘家麒)

绿化设计

见种植设计(274页)。

绿廊　pergola

①古希腊的一种宅园。见柱廊园。②以攀缘植物装饰的花架、廊柱或廊架。　　　(章敬三)

绿篱　hedge, green barrier

用植物密植成行以代替篱垣的栽植形式。分规则式和自然式两类。前者修剪成建筑式样,常见于规则式园林中,后者不加修剪,或将枝条编结成篱后任其生长。常用的绿篱植物如黄杨、珊瑚树、小叶女贞、构桔和柏类植物等。参见行植(95页)。　　(沈 洪)

绿色雕塑　green sculpture

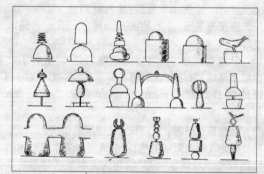

将木本植物(多属常绿植物)修剪成各种形状,如几何形体,或似建筑、人物和动物等作为装饰物美化装点环境。　　　　　　　　　　(章敬三)

绿视率　green ratio in visual field

在一定范围内所见绿色植物占有的比率。一般认为其值愈高愈有益人体健康,以能保持 25% ～ 30% 的绿视率为宜。　　　　　　　　　(沈　洪)

绿文化　green culture

把绿化物质环境和绿化价值观念视作为人类社会发展的一种文化现象。它与其他文化系统有着相互作用的关系。绿化的含义和形式也随着历史的发展,地域环境的不同,文化背景的差异而有差别,并随着社会经济文化的发展而变化。如法国凡尔赛苑园是帝王路易十四集权思想的产物,苏州园林反映了明清中国士大夫的情趣,纽约中央公园是 19 世纪公园运动的代表,而现代城市公共绿地的人均指标和自然公园所占国土面积的比率则常成为衡量一个城市或一个国家科学文化和社会文明程度的标志之一。　　　　　　　　　　　　　(李铮生)

lun

伦敦规划(1666 年)　London reconstruction plan

1666 年伦敦大火后建筑师克里斯托弗·伦提出的重建规划。它鲜明地反映了英国资产阶级革命后城市规划的新观念。道路依据功能将城市各主要目标联系起来。一条中央大道连接三个广场,对城市起控制作用。椭圆形的市中心广场,有 10 条道路与之交会。广场正中是皇家交易所,广场周围有邮局、税务署、保险公司及造币厂等。中心广场有笔直的大道通向泰晤士河岸的船埠。船埠有半圆形广场,引出 4 条放射形道路直接联系大半个城市。这种市中心、船埠及其交通的功能布局,反映了资本主义城市重视经济职能的新的特征。

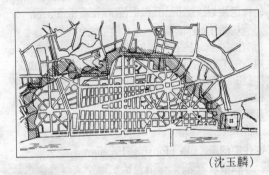

(沈玉麟)

伦康新城　Runcorn New Town

居住区　　　　区中心
工业区　　　　中学
需特别控制的工业区　　小学
混合区　　　　快速路
　　　　　　　铁路
　　　　　　　公共汽车线路

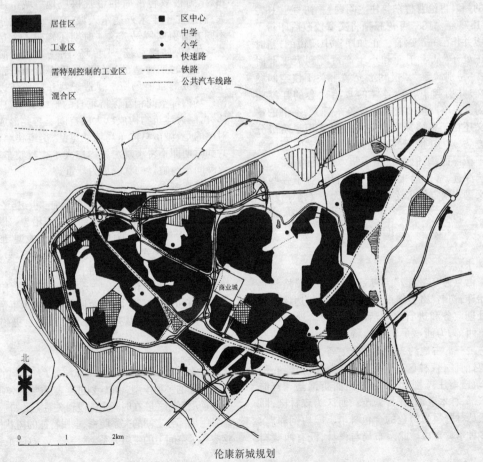

商业城

北

0　　1　　2km

伦康新城规划

英国小城镇,利物浦的卫星城,两城相距 22km。1964 年开始规划,用地 29.3km²,规划人口约 10 万。20 世纪 60 年代,英国新城建设开始重视公共交通的发展。伦康新城规划为这一时期的一个典型。城市东西长 7.2km,南北宽 4.8km,规划结构与起伏地形相结合,"∞"形公共交通专用线将十几个住宅区串联起来,住宅距公共汽车路不超过 0.4km。居住区级商店、学校等都集中在公共汽车线两侧。市级购物中心在两个公共交通环的相切处,公共汽车路有支线通往工业区。 (陈保荣)

轮作区规划　planning of crop-rotation area

按照计划种植作物的生物学特性和对后茬作物的影响,在一定地块上实行合理轮换种植的一项专业规划。轮作能调节和改善土壤肥力、减轻农作物病虫害,抑制田间杂草的滋生。编制轮作区规划可使作物布局相对稳定,有利于农牧结合、多种经营、合理使用农机具和劳力。按主要作物的组成,可分为饲料轮作区、大田轮作区和蔬菜轮作区。 (金大勤)

论住宅问题　On Housing Problems

恩格斯的著作,全书包括三篇论文:《普鲁东是如何解决住宅问题的》、《资产阶级是如何解决住宅问题的》和《再论普鲁东与住宅问题》。初写于 1872 年至 1873 年。1887 年恩格斯将文章校改后印行了第二版并作了一篇序言。正如序言中所说的,当时德国正处于"从手工业和小生产过渡到大工业时期,住宅特别缺乏","报刊上充满了关于住宅问题的论文,并引起了各种各样的救治社会的江湖骗术。"为此恩格斯撰文批驳了普鲁东等人,本书的重要意义还在于恩格斯在论文中最早采用了阶级分析的方法,对 19 世纪的社会现实与住宅问题的产生作了精辟的阐述,并指出了根本解决的途径,本书影响深远,常为后来学者们所引用,对于一些社会主义国家制定住房政策,影响甚大。 (张守仪)

luo

罗布林卡

藏语意为"宝贝园"。1755 年七世达赖格桑嘉措时始建,初名"格桑颇章"。后成为历代达赖喇嘛夏季处理政务和进行宗教活动的地方。地处西藏拉萨市西郊,为西藏最富民族特色的,最精美的著名园林之一。占地约 36 万 m²,分三个主要部分:宫殿区、宫前区、森林区。宫殿区,处中部,为核心部分;建筑造型庄严别致,亭台池榭曲折清幽。宫前区在东部,林木葱郁、花卉繁茂。西区为森林区,即以自然丛林野趣为特色的金色林卡。园内饲养鹿、豹等多种珍禽奇兽。此园布局与设计,既有西藏高原气候,地理环境和民族文化的特点,又吸取了汉族园林的传统手法,以建筑、山石、水面、林木组景,创造出独特的景境。如湖心宫,即以传统的"一池三山"的格局布置。罗布林卡,反映了藏、汉文化的交流融合的结晶。 (鲁晨海)

罗城　outer city wall

①城外所筑的外城,一般为最外一圈城墙所包围的地区。如后周柴世宗在汴州城外筑罗城;《方舆纪要》:"唐时高骈帅西州,在成都大城之外筑罗城"。

②地名,在四川省中部。 (阮仪三)

罗马(古代)　Rome

古罗马帝国首都,欧洲最古老的城市之一。位于意大利半岛中部,台伯河下游的平原上。相传建城于公元前 753 年。共和时期(公元前 510 年～公元前 30 年)古城城址由七个山丘组成,公元前 4 世纪筑城墙。市中心建设具有光辉成就,闻名于世的共和广场是城市社会、政治和经济活动中心,有明确的公共活动性质。至帝国时期(公元前 30 年～公元 476 年)城市进一步发展。公元三世纪时,城市人口超过 100 万。在距罗马 18km 台伯河口的俄斯提亚及其附近港湾建防御城墙,内保留农田,作为被敌包围时的粮食供应地。城市用水量大,需从几十千米外送水入城,有十一条输水道从不同方面引向罗马。这一时期还修建了大量大型公共建筑,如跑马场、斗兽场、剧场、浴场、演讲厅等。帝国时期建造的广场在性质上成为皇帝炫耀个人权威的重要场所。建造于共和广场旁边的帝国广场内部空间相互保持垂直的轴线关系,庄严宏伟,由巨大建筑物构成巨大的空间。与此形成强烈对比的是,城市总体布局依然零乱,街道狭窄,远在共和时期即不得不规定城内白天不得行驶车辆,以致晚间车声喧嚣的状况更为严重。 (陈保荣)

罗马营寨城

古罗马时期的军事城市。公元前 3 世纪至公元前 1 世纪,罗马人几乎征服了全部地中海沿岸。以公元前 275 年占领的派拉斯(Pyrrhus)营地为原型,形成古罗马营寨城的模式。城市平面为正方形,有城墙。中间十字交叉道路通向方城的东西南北四门。在道路交叉处建神庙,城市不利用地形,一般由军队将用地铲平,在极短时期内建造而成,反映了罗马大军事帝国的特征。著名的营寨城有阿奥斯达(Aosta),提姆加德(Timgad)等。 (陈保荣)

逻辑模型　logic model

主要用以表达客观事物内部各有关环节间的逻辑关系特征的一种模型。如计划进度表反映了各项工作之间前后互相关联在时间上的逻辑关系。又如一个系统各组成部分之间的关系疏密、隶属特征的树状框图,这表达了空间上的逻辑关系。 (陈秉钊)

洛克菲勒中心(纽约) Rockefeller Centre, New York City

曼哈顿中心区著名的高层商业办公楼建筑群。建于 1931~1940 年,占地 8.9 万 m^2。主体建筑是 70 层的 RCA 大楼,还有 36 层的时代与生活大楼、41 层的国际大厦。是高层板状建筑的先例。建筑群中设有一处下沉式广场,供公众休憩与交往。广场内正面有一座动态的金色雕像,富有表现力,引人注目。广场南面有带形公园绿地和喷水池。在高楼林立中创造出舒适宜人的环境。

(白德懋)

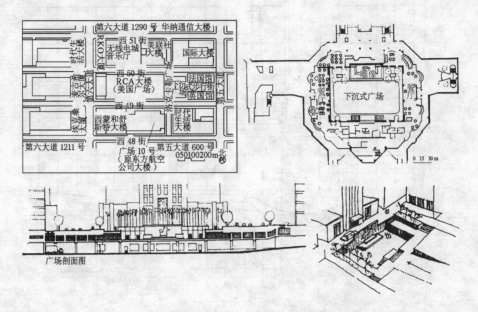

广场剖面图

洛阳 Luoyang

位于河南省西部,这里自古以来就是我国东西交通要冲。早在五千年前,今伊、洛两水之岸为夏朝活动中心地域。公元前 11 世纪周公东营洛邑,始建城。自公元前 770 年周平王东迁洛邑以来,历东汉、魏、西晋、北魏、隋、唐、后梁和后唐先后九个王朝在此建都,历时近千年。宋为西京、元、明、清为河南府治。文物古迹有龙门石窟、白马寺、关林、二里头遗址、尸乡沟商城遗址、东周故城遗址、汉魏洛阳故城遗址、隋唐洛阳故城遗址以及大量的古墓葬等。为第一批国家级历史文化名城。城区人口 77.5 万(1991 年末)。工业以拖拉机、矿山机械、纺织、玻璃等。陇海、焦枝两铁路在此交会。并以盛产牡丹著名。

(阮仪三)

洛阳(北魏) Luoyang (the Northern Wei Dynasty)

南北朝时北魏孝文帝建的都城。在今洛阳白马寺东。始建于公元 493 年,以后陆续兴建坊和宫殿。城市布局为宫城居中,面积很大(1 398ⅲ×660m),占全城面积的十分之一。正对宫门为铜驼街,是城市主要中轴线,西侧有坛庙官署东侧有太庙、学府等。城市范围东西 10km,南北 75km,跨洛水,洛北有 300 坊,洛南有 20 坊,总计 320 个坊里,坊有坊墙,管理严格,城南设四夷里和四通市,为安置外国客商的住地和进行商业贸易的地段。道路成方格形,城池规模宏大,对后世有较大影响。汉魏洛阳遗址 1966 年定为全国重点文物保护单位。

(董鉴泓)

洛阳城市规划(一五时期)

1954~1956 年制定的洛阳市总体规划。洛阳

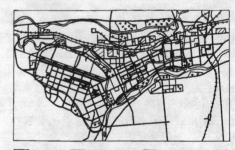

▦ 工业用地　▭ 公共建筑用地　▨ 绿化用地　+++ 铁路
▨ 仓库用地　□ 生活居住用地　╬ 道路

是"一五"时期重点规划建设的城市之一,这次规划配合已确定的几个国家重点建设项目的选址,在涧西区建设新区,形成东西长 19km,南北平均宽 3km 的带状布局。在市区铁路一侧布置拖拉机厂、轴承

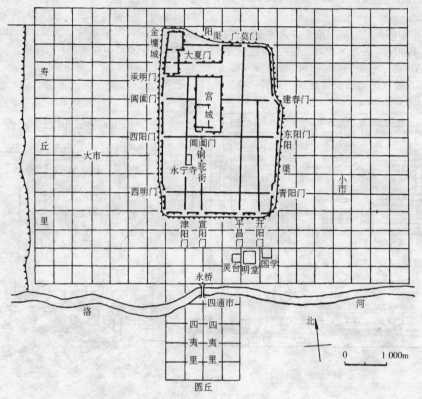

汉魏洛阳复原示意图

厂等几个大厂,便于货运。沿工业区设绿化防护带,居住区与工业区长边相接,便于工人就近上下班。对城市工业、居住、基础设施均进行了综合的统一规划。选址让开了周王城遗址,保护了历史文化遗址。从以后建设的实践检验,说明这次总体规划是合理的。

（董鉴泓）

洛阳伽蓝记

记述北魏洛阳城市、佛寺、园林风物的著作。北魏抚军司马杨衒之撰。共五卷。主要记载北魏洛阳的佛寺,也有关于城市、街市、园林山池、古迹及外国风土人情的记载,是研究北魏洛阳城市历史文化的重要著作。

（董鉴泓）

洛阳龙门风景名胜区

在河南省洛阳市南的国家重点风景名胜区。面积 9km²。龙门是我国三大石窟艺术宝库之一。龙门山系熊耳山之分支,由西向东到龙门突然断裂,分成东西两山,巍然对峙,伊水中流,形成一座天然石阙,称为"伊阙"。伊水西岸山势陡峭,自北魏始开凿佛教石刻,现有窟龛 2 100 多个,佛像 10 万余尊,碑刻题记 3 600 多块,佛塔 40 多座。龙门历代石窟有北魏古阳洞、宾阳中洞、莲花洞、石窟寺和路洞等,北齐药方洞,唐潜溪寺、奉先寺、万佛洞、极南洞、大万五佛洞、看经寺和敬善寺半成品的摩崖三佛等。洛阳为九朝故都,龙门自古为帝王游幸,文人荟萃之地,附近还有关林、白居易墓等古迹。

（赵健溶）

洛阳名园记

园林专记。宋朝李格非(字文叔,山东济南章丘人)著,成书于宋绍兴二年(1095 年)。是著者亲历的洛阳名园十几处的记录,依次为富郑公园、董氏西园、董氏东园、环溪、刘氏园、丛春园、天王院花园子、归仁园、苗师园、赵韩王园、李氏仁丰园、松岛、文潞公东园、紫金台张氏园、水北胡氏园、大宇寺园、独乐园、湖园、吕文穆园。都是隋唐以后洛阳衰落所幸存者。"洛阳之盛衰者,天下治乱之候也","园圃之废兴,洛阳盛衰之候也"。其文因微见著,被认为是名言。

（乐卫忠）

洛阳（隋唐） Luoyan（the Sui and Tang Dynasty）

隋唐时东都。隋炀帝大业元年(公元 605 年)命宇文恺主持规划建造,称东都或东京。武则天改国号周,曾改东都为神都,在此建都 15 年。城市平面呈方形,东墙长 7 321m,南墙长 7 290m,西墙长 6 776m,北墙长 6 138m。洛河穿城而过。宫城皇城在西北角,宫殿正对定鼎门大街,经过洛河,并与伊阙

唐洛阳东都坊里复原示意图

相对,形成中轴线,但全城并非对称布局。城北区有28个坊,一个北市,城南有81个坊,有南市及西市。

坊、市形制与长安城同。道路网为方格形,路宽比长安城的小,定鼎门大街宽120m,在洛河沿岸一些坊也有商市。

（董鉴泓）

落叶植物　deciduous plant

露地生长的在冬季或旱季落叶的植物。寒、温地带的阔叶乔灌木到秋冬时均落叶,留下枝干,形成不同的形象和色泽,产生明显的季节景象变化。

（沈　洪）

雒阳（东汉）Luoyang（the Eastern Han Dynasty）

东汉(公元25～220年)首都,遗址在今洛阳城白马寺东。城市规模据文献记载:"南北九里七十步,东西六里十步",成长方形,开有12门。宫殿分南北两处,初建南宫,后建北宫。道路成方格形布局,共24条,城内除宫殿和闾里外,还有几座皇家苑囿,如芳林苑等,城外也有多座园林,其中罩圭灵昆苑最大,周围约55km。东汉末年,遭受战争破坏,宫殿均被烧毁。汉魏洛阳城遗址1966年定为全国重点文物单位。

（阮仪三）

M

ma

马面　salient

城墙上外突的砌体,用以组织防御的侧射火力,因其长条形似马之长脸,故名。

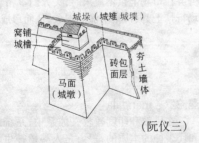

（阮仪三）

马丘比丘宪章　Charter of Machu Picchu

1977年12月,一些国家的建筑师、规划师、专家、学者在秘鲁首都利马集会,以雅典宪章为出发点,讨论了20世纪30年代以来城市规划和城市设计方面出现的新问题及有关的理论和观点,并在马丘比丘古文化遗址签署了带有宣言性质的宪章,故名。《宪章》指出,近几十年、特别是第二次世界大战以来,世界科学技术的进步,极大地影响着城市生活以及相应的城市规划和建筑。城市人口爆炸性的增加和对自然资源的滥加开发,使环境污染达到空前的程度,并具有潜在的灾难性后果。因此认为,对《雅典宪章》的某些思想和观点应该加以修正和发展。《宪章》对以下11个方面进行了系统的论述并提出建设性意见:城市与区域;城市增长;分区概念;住房问题;城市运输;城市土地使用;自然资源与环境污染;文物和历史遗产的保存和保护;工业技术;设计和实施;城市和建筑设计。《宪章》是继《雅典宪章》之后,对当代城市、城市规划及有关理论、方法问题进行的进一步总结,所提出的一些卓越的思想和观点,对各国的城市规划和建设具有重大的影响。

（陈保荣）

马塔带形城市　Sorya Y Mata Linear City

1882年西班牙工程师索里亚·伊·马塔提出的一种城市规划模式。在马德里出版的《进步》杂志上,马塔发表了他的带形城市设想,使城市沿一条高速度、高运量的轴线向前发展。城市发展依赖交通运输线成带状延伸,可将原有城镇联系起来,组成城市的网络,不仅使城市居民容易接近自然,又能将城市先进设施带到乡间。他于 1882 年在马德里外围建设了一个长 58km 的马蹄形带形城市。

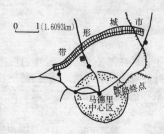

（沈玉麟）

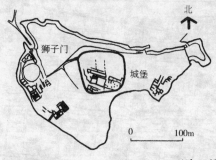

（沈玉麟）

马寅初(1882～1982 年)　Ma Yinchu

中国著名经济学家、教育家、人口学家。1914 年获哥伦比亚大学经济学和哲学博士。1916 年回国后至解放前，先后在不少大学任教。1951 年任北京大学校长。还被选为中央人民政府委员和全国人民代表大会常务委员会委员。一生中在学术上和对国家建设最大的贡献就是提出了以"节制生育、提高人口质量"为中心的"新人口论"和"综合平衡"的经济理论。虽因此招致了极不公平的待遇。但为了国家前途和社会主义事业，在痛苦和委屈中，仍坚持真理，直至最后彻底平反。历史证明，"新人口论"是完全正确的。著作甚丰，主要有：《新人口论》(1979 年)、《联系中国实际谈谈综合平衡和按比例发展规律》(1956 年)等。　　　　　　　　　（梅保华）

mai

买方市场　buyers' market

市场上买主起支配作用的状况。当某种商品或劳务在市场上供过于求时，卖主之间竞争激烈，使买主有可能压低价格。择优选购，从而形成买方市场。

（谢文蕙）

买房定金　earnest money

买方按售价的一部分支付给卖方，确定买房交易的钱。如果买方事后取消买房合同，卖方不退回定金。如果卖方事后单方取消合同，买方有权起诉，由法律强迫卖方执行合同或按法律赔偿。买方支付了买房定金并未拿到房子，所以定金与买房首次付款不同。　　　　　　　　　　　　　　（严　正）

迈西尼　Mycenae

公元前 2000 年后半叶古希腊爱琴文化的中心。城市的主要建设是城市核心的卫城。卫城内有建在山岗高处平台上的宫殿以及贵族住宅、仓库、陵墓等。卫城四周有大型石块砌成的城墙，其中有个著名的城门，叫狮子门。

麦积山风景名胜区

在甘肃省天水市的国家重点风景名胜区。面积 215km²，包括麦积山、仙人崖、石门三个景区。麦积山在僧帽山、罗汉岩、香积山、三扇岩、独角峰等山峰环抱中突起，因形如麦垛而得名。麦积石窟为我国四大石窟之一。现存洞窟 194 处，泥塑像、石雕像 7 200 余尊，壁画 1 300 多平方米。北魏时期的"秀骨清逸"，隋唐以来的"丰满圆润"。开凿于数十米高的峭壁上，以凌空栈道相连，真乃鬼斧神工。仙人崖景区由三崖、六寺、五莲山组成。即东崖、西崖、南崖、花莲寺、铁莲寺、水莲寺、木莲寺、石莲寺、灵应寺；五莲山即五座山峰。石门景区有牧马滩，系先秦牧马发祥地，草甸如茵，还有寺观等古迹。　（王早生）

麦肯齐　Roderick D. Mckenzie(1917～1981 年)

英国政治社会学家。伦敦经济政治学院社会学教授(1964 年)。主要著作有：《石雕的神像：英国城市工人阶级中的保守主义者》(Angels in Marble: Working Class Conservatives in Urban England 1968 年)。　　　　　　　　　　　　　　（梅保华）

卖方市场　sellers' market

市场上卖主起支配作用的状况。当某种商品或劳务在市场上供不应求时，买方们争相购买，出现市场行情上升、价格上涨的现象，从而形成卖方市场。

（谢文蕙）

man

曼陀罗　mandala

在佛教和印度教教义体系中，系统地表现宇宙和代表神的本质的符号，是人类精神生活力求终极完满和整合的外化表现。曼陀罗的符号形式为一个含有正方形的圆。其中涵纳了五个几何母题，即中心、圆形、方形、三角形和十字形，以此来概括宇宙和人的各个侧面和角度。中心是实现整合的聚焦点；圆是象征人类生命的起源、灵魂完满和宇宙的最高整合；方是代表人类个体本身；三角形是提示人类对现实存在的超越欲望，以达到一个更高层次的整合；

十字形是人类用以象征其成为人的特有的境况。教义还规定了数的整合意象,例如在方形平面中,可分割为 4,9,16,25 一直到 1 024 等 32 种图形,其中以 64 和 81 为最常用。古印度以这种曼陀罗建筑语言,创造出历史上光辉灿烂的建筑与城市文化。

(沈玉麟)

mang

芒福德   Lewis Mumford(1895~   )

美国著名城市规划理论家、历史学家。生于纽约长岛,就读于纽约市立学院与哥伦比亚大学。早期受格迪斯启蒙思想的影响,对纽约与其周围区域从社会学、生态学角度进行了系统的深入的研究,其规划思想为其后 20 世纪 30 年代的田纳西流域规划与建立绿带城奠定了理论基础。他的名作极多,有1938 年出版的《城市文化》与 1961 年出版的《城市发展史:起源、演变与前景》等。其突出贡献在于揭示城市发展与文明进步、文化更新换代的联系规律。学术上的影响已深入到哲学、历史、社会、文化诸领域。20 世纪五六十年代他曾在美国宾州大学加州大学等校任教。他一生中曾获得十余次重要研究奖和学术创作奖。

(沈玉麟)

mei

美观控制   aesthetic control

又称美学控制。美国有根据法令及判例法制定的市容管理规章,对城郊地区违反公认美学标准的构筑物以及历史建筑保护区内不适当的建筑物加以控制。美国一般美学控制由社区协会执行,若干大城市则将其列入美学环境影响评价程序加以控制。

(黄富厢)

美国城市公园   American public park

美国城市中供公众游憩的园林绿地。城市公园直接由市政府管辖。美国早期的庭园带有移民民族的特色,有英国的自然风景园,法国、意大利规则式庭园,也有西班牙式、日本式的。而城市公园主要是在英国风景园的基础上结合自身的条件而发展形成的。19 世纪初受到欧洲公园运动的影响,在城市建设中一开始就划出一定的地块作为公园用地。美国造园家唐宁在从事首都华盛顿的环境绿化,奥姆斯德在纽约中央公园和波士顿绿地系统规划中均为城市公园的发展提供了范例。通常公园有平缓起伏的地形,自然的水体,大片的草坪和稀疏的林地,曲线缓和的散步道,少量建筑,有的设有野餐区、运动场、游艺场和儿童游戏场等设施。

(李铮生)

美国大峡谷国家公园   Grand Canyon National Park

位于美国亚利桑那州西北部的著名的国家公园。面积 4 931km^2,建立于 1919 年。是由于地壳运动以及科罗拉多河的冲刷,形成深 1 600m,宽16km、长 400 多千米的巨大峡谷。整个公园被科罗拉多河分隔为南区、北区和谷区三部分。南区是游人集中的游览区,主要有"美德岬"、"瞭望塔"等观景点。站在峡谷边缘凭栏下望,垂直的峭壁令人眩目。特别是傍晚时分,夕阳映照在峡谷边缘,呈现火红色,更为雄奇壮观。南缘至谷底深1 600m,谷底是干热的沙漠,湍急的科罗拉多河在谷中流过。两侧峭壁显露层层不同的岩石,可供地质科学考察。谷底到边缘不同高度上生长的生物差异很大,谷底生物与墨西哥沙漠生物相似,北缘森林中气候寒冷,生长的是近北极生物。

(刘家麒)

美国黄石国家公园   Yellowstone National Park

世界上最早建立的国家公园,建立于 1872 年,位于怀俄明州西北部,向蒙大拿州、爱达荷州交界的洛基山区,面积 8 983km^2。以众多的温泉、喷泉、喷气孔、热池所形成的景观为特色。较大的温泉、喷泉有 3000 多处,泉水中的矽酸把岩石染成黄色,以此得名。最著名的景观是"老忠实"喷泉,是个间歇泉,每隔一小时左右喷射一次,每次持续四五分钟,喷射高度达 40~50m,景象极为壮观。公园北部有黄石河,形成长 24km、深 400m、宽约 500m 的黄石峡谷,两岸岩层色彩多变,呈橙黄色到橘红色。有美国最大的高山湖黄石湖。瀑布甚多,最高的瀑布落差94m。公园中森林茂盛,草地上百花争艳。众多的野生动物自由生活,有美洲野牛、黑熊、麋鹿、水獭、羚羊、天鹅等,构成的生动的自然景观。

(刘家麒)

美学控制

见美观控制(159 页)。

men

门槛理论   threshold analysis

对城市发展由于受到一些因素的限制而存在的极限,亦即是城市发展的临界,进行的分析、研究及其原理和方法。目的是通过对这些自然的、社会的环境条件、基础设施等建设条件以及结构性因素等对于城市规模的影响研究,寻求最经济、合理的途径克服各因素带给的限制。

(李德华)

meng

梦窗疏石(1275～1351年)　Musokokushi Soseki

又称梦窗国师。日本的著名造园家。镰仓时代的一个禅僧。设计的西芳寺庭园和天龙寺庭园对日本的园林设计有重要影响。其创作特点是有广大的水池,池岸曲折多变。发展了石组的技法和瀑布口的构造,又有残山剩水的风格,也是枯山水庭园的先驱。　　　　　　　　　　　　　　　　(李铮生)

梦粱录

记述南宋都城临安(今杭州)城市、建筑、民俗、名胜、物产等的书。吴自枚作于南宋末年,对南宋时期,主要是淳祐至咸淳之间(公元1241～1274年)临安城的情况描述甚详,部分内容为作者耳闻目睹的第一手材料,是研究杭州城市历史的重要著作。　　　　　　　　　　　　　　　　(董鉴泓)

梦溪笔谈

笔记体文集类典籍,内容广博,尤以大量篇幅论述中国古代,特别是北宋时期自然科学的光辉成就,在中国科学史上据有重要位置,并受到国际学者高度重视。北宋著名政治家和科学家沈括(1031～1095年)著。共二十六卷,又补《补笔谈》三卷、《续笔谈》一卷,合共三十卷,计609篇。其中很多卷章所述涉及土建园林类,尤为宝贵的在于本书记载有不少逸亡的或失传的资料。如中国古代著名工匠北宋喻皓所著《木经》,早已逸亡,本书是记载有关《木经》内容的惟一文献。　　　　　　　　　　　　　　　　(乐卫忠)

mi

迷阵(迷宫)　maze, labyrinth

用阻挡视线的绿篱或墙垣,构成曲折迂回的狭路,使游人迷离的游乐设施。初见于罗马文人国,以修剪的绿篱划隔成回纹路型,游人循路而行,难以找到迷阵的中心或出口,作为游园的戏乐。据称它源于古希腊的米诺斯王宫,因宫有千门百室,曲折相通,称为迷宫。北京圆明园的"万花阵"用高1.5m的砖墙形成小径,组成迷阵。　　　　(章敬三)

米利都　Miletus

安纳托利亚西都的古希腊城市。在现土耳其塞克市南。公元前442年在战争中被毁后,由被誉为"城市规划之父"的希波丹姆主持,按他创立的模式重建。城市三面临海,周围筑城墙,棋盘式道路系统,两条主要垂直大街从城市中心通过。中心开敞式空间呈"L"形,有多个设有敞廊的广场。城市中心位于港湾附近,设置宗教、商业及其他公共建筑。城市分为南北两部分。北部街坊较小,南部较大,最大仅30m×52m。城市布局满足了港口运输及商业贸易要求。公元6世纪因港口淤塞,城市趋于衰落。

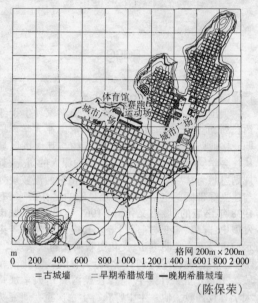

格网200m×200m
m 0　200　400　600　800　1 000　1 200　1 400　1 600　1 800　2 000
＝古城墙　┅早期希腊城墙　━晚期希腊城墙
　　　　　　　　　　　　　　　　(陈保荣)

米万钟　Mi Wanzhong

字仲诏,明万历间文学家、画家,兼精造园。资性廉洁,与宦党不合,而以文章翰墨驰名。著书甚多,擅长山水画,平生尤爱石,又称"友石先生"。万历二十五年(1597年)居北京,自营"湛园",又筑积水潭畔"漫园"和海淀"勺园"。今园皆湮没,有"勺园图录考"一文传世。　　　　　　　　　(乐卫忠)

密尔顿·凯恩斯　Milton keynes

英国第三代新城。位于伦敦与伯明翰之间,距伦敦约80km,距伯明翰约100km。1967年开始规划,用地887km²,规划人口25万人。土地使用与交通规划相结合,尽可能使交通负荷均匀分布,城市无严格的功能分区,在工厂不再污染的前提下,分散布置就业岗位,主要路口采取平交,有发达的公共交通系统。棋盘式道路网将城市用地划分为一系列大约1km²的环境区,每区约有居民5 000人。区级活动中心布置在环境区四个边的中点,与公共汽车站及地下人行道相结合,住宅距相应四个中心的距离,各家不大于500m,增加了居民对活动中心使用的选择机会。市级中心用地约2km²,除设有市政厅、法院、图书馆、文体设施等外,有占地12万m²的巨型现代化购物中心,其规模及设施水平居欧洲之冠。城市强调保持田园风光,新城建设与原有村落、农场、水面相映成趣,具有独特风格。　　　　　(陈保荣)

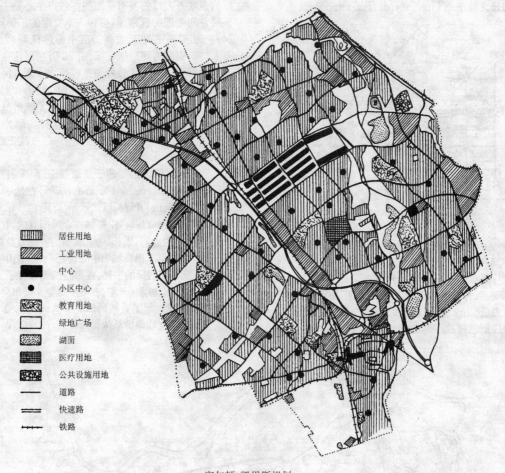

密尔顿·凯恩斯规划

mian

面宽　width of frontage

建筑物所占主朝向的宽度。在住宅设计中平均每套住宅面宽是板式住宅的一项经济指标，即标准层中，南向宽度除以本层套数，当平均每套面积确定之后，平均每套面宽越小，占地越少。减少面宽有节约用地的效果。　　　　　　　　　　（严　正）

miao

苗圃　nursery

培育苗木的园地。是城市绿化的生产基地。有以培植乔、灌木为主的苗圃，也有培育花卉或草坪植被的花圃、草圃。设有培育所需的土地和设施。各城市应建有一定面积的苗圃以满足城市绿化基本苗木的供应。　　　　　　　　　　（李铮生）

ming

名胜古典公园　classic(public)garden

有历史文化意义和较高艺术价值的，在国内外享有一定声誉的园林。将这类园林加以保存并供游憩观赏，有的还把一些文物古迹加以汇集陈列，以弘扬民族文化，寓教育于游览观赏之中。要尊重其原有风格，并防止过度使用。如北京颐和园、北海、苏州拙政园等。　　　　　　　　　　（李铮生）

明德门

随唐长安城南城墙正门。正对城市主要干道朱雀大街，与皇城正门朱雀门遥遥相对，遗址经发掘，共有五个门洞，经考证城门上有重檐城楼。

（董鉴泓）

明日之城市　The City of Tomorrow

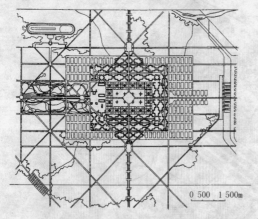

0　500　1 500m

　　法国建筑师勒·柯布西耶（Le Corbusier）于 1922 年在巴黎发表的名著。此书一反空想社会主义与霍华德以来的城市分散主义思想，面对大城市的现实，并不反对建设大城市，主张利用现代化的技术力量，用全新的规划和建筑方式改造城市。书中的规划思想被称为"城市集中主义"，体现在一张假想的 300 万人口的城市平面图。城市中心是一个用多层空间处理的铁路、航空和汽车交通的汇集点，有24 座 60 层高的摩天大楼。市中心地区可容纳 40 万人口。周围为环形居住带，有 60 万居民住在多层连续的板式住宅内。最外围是容纳 200 万居民的花园住宅，平面是现代化的几何形构图，矩形和对角线的道路交织在一起。规划的中心思想是疏解城市中心用地、提高密度、改善交通、提供绿地、阳光和空气。

　　　　　　　　　　　　　　　　（沈玉麟）

明中都

　　古都名。明朝初年建于安徽临濠（今凤阳）。明太祖朱元璋于洪武二年（公元 1369 年）在他的祖籍家乡营建中都，以为国都，洪武八年（公元 1375 年）以劳费而停建，但规模已具。中都城在今凤阳县内，有里外三道城，最里为大内，周长 3km，有四门。中为皇城，周 68km，外为中都城，以皇城为中心，包围了一些山峰，周约 26km，全城有明显的中轴，在御路两侧布置了太庙、太社稷、功臣庙、城隍庙、左、右千步廊等。其布局手法对明北京的规划起了直接的影响。遗址在 1982 年被定为全国重点文物保护单位。　　　（阮仪三）

明中都

mo

模糊评定 fuzzy evaluation

应用模糊数学的方法对组成要素具有模糊量的系统进行综合评定的一种方法。客观事物所构成的要素往往不是简单的二位逻辑,即是或非(0 或 1),相反常常是似是而非的模糊现象。模糊数学把二值逻辑转移到连续逻辑上,把绝对的"是"与"非"变为在适当限阈上相对划分是与非,引进了隶属度的概念。以数学的严密性对具有模糊特征的系统作综合评定。　　　　　　　　　　　　　(陈秉钊)

模数 module

建筑设计中一种扩大的长度单位。可用做多种模数基准数值的称基本模数。基本模数的倍数称扩大模数。我国现行模数协调标准规定采用国际模数制,以 100mm 为基本模数(M)。常用扩大模数有"三模"(3M)、"六模"(6M)、"九模"(9M)等。在建筑设计中推行模数制,可加快工业化和标准化的进程。　　　　　　　　　　　　　　　(严 正)

模型 model

对客观事物的本质、主要特征的描述、模仿和抽象,用于某种特定用途的目的,以方便的形式向人们提供必要的信息。由于复杂的对象,或因其大或因其复杂,人们往往无法对它直接进行各种试验分析,这就要利用模型来代替真实的对象,以便可以在人可控制的环境中进行各种试验与研究。由于研究的对象和目的不同,模型的种类就很多,大致可分为两大类:一类是实物模型,如研究城市某地段的建筑空间关系,则可制作 1/500～1/2 000 比例的实物模型,这模型对各个单体建筑本身的细部就有所简化;当要研究建筑单体本身造型时,比例可能就要放大到 1/200～1/50;若要研究某细部构造,比例还要放大。比例越大,表达的对象范围越局部。另一类是非实物模型,通常包括有数学模型、逻辑模型、计算机模拟模型等。同样它们都是为某一特定研究对象目的,而以较抽象的方式反映对象内部某些本质特征。由于模型有特定的目的,所以只要求将有关特征反映到模型中,不要求将对象全部特征都要反映,不是越逼真越好;否则将造成人力、物力、时间等的浪费。　　　　　　　　　　　　　(陈秉钊)

摩尔 Thomas More(1478～1535 年)

英国早期空想社会主义理论乌托邦的缔造者。生于伦敦,出身贵族,曾任国会议员、枢密顾问官与大法官。早在青年时代就陶醉于柏拉图的理想社会思想,研究柏拉图的共和国。1516 年发表了他的《乌托邦》著作。乌托邦的意思是乌有之乡、理想之国。他描述的乌托邦中有 54 个城市。城与城之间最远一天可到达,市民轮流下乡参加农业劳动,产品按需向仓库提取,设公共食堂、公共医院,废弃财产私有观念。他的思想对其后傅立叶与欧文的空想社会主义思想有重要影响。　　　　　(沈玉麟)

摩亨约·达罗城 Mohenjo Daro

印度河上的古城。遗址在今巴基斯坦信德省,离印度河右岸 5km,南距卡拉奇 320km。"摩亨约·达罗"一词意为"死者的遗丘"。1922 年经考古发掘证实是公元前 2350～前 1750 年间哈拉帕文化的居住地。此城周长 5 千多米,平面为方形,约 1km 见方。有 3 条南北大道与 2 条东西大道,分划如棋盘。城市主要干道与建筑物均按当地主要风向取正南北向。与古印度其他文化遗迹相似,摩亨约·达罗分成两群。西侧稍高是"卫城"。东侧是较广而低的原市街地。古城城墙是砖砌的,高 13.1m。

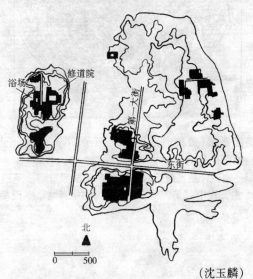

（沈玉麟）

摩岩石刻 inscription on cliff

刻在风景名胜区天然岩石上的题字。是中国风景名胜区有历史文化内涵的特色之一。优秀的摩岩石刻融文学艺术和书法艺术于一炉,可增加游览内容和点出风景意境。著名的如泰山经石峪的《金刚经》石刻和山顶的"五岳独尊"石刻。　　(刘家麒)

莫斯科红场 The Red Square, Moscow

前苏联首都城市中心的主要广场。平面为长方形,长 382m,宽 130m,总面积 4.96 万 m^2。重大节日的纪念活动都在此举行。列宁墓以古老的克里姆林宫墙作为背景,在建筑体量与色彩上都取得了和谐的整体效果。它又用作检阅台,使这个古老广场有了新的内容。　　　　　　　　　(黄伟康)

莫斯科(中世纪) Moscow (Middle Ages)

俄罗斯中世纪莫斯科公国的首府。从 10 世纪开始已成为封建政权的据点和繁荣的商业中心。城市由要塞、内城与城厢地带构成。城市规划结构是围绕着城市中心的克里姆林宫向外放射,形成放射环形规划系统。14 世纪时,建设主要集中在克里姆林宫的重建和扩建,木墙换成了雄伟的带雉堞的砖石墙,并建造了许多高塔。15 世纪建造了乌斯平教堂和多棱宫,是新政权的象征,体现了俄罗斯民族的独立和国家的复兴。在莫斯科河边、克里姆林宫的对面建造了一个巨大的公园。16 世纪建造了瓦西里布拉仁教堂,是伊凡四世为攻破蒙古人最后的根据地喀山而建造的。这个建筑是象征民族解放与国家繁荣的建筑纪念碑。

（沈玉麟）

墨西哥城（殖民时期） Mexico City（colonial period）

西班牙殖民统治时期的墨西哥国家首都。是殖民主义在中部美洲的政治和军事中心。城市平面简单,为方格形路网。在城市中心地带,去掉几个街坊,腾出空地建成城市中心广场。广场上有教堂、市政厅和殖民当局的官邸。除中心地区有宽阔的道路和宏伟的广场,其他地区房屋层数低,建设松散,无规划秩序。

（沈玉麟）

mu

母城 mother city, metropolis

卫星城镇所围绕的中心大城市。由于卫星城在行政管理、经济、文化以及生活上同其所依托的大城市有较密切的联系,形同母子关系,故名。希腊语"metropolis"即指领导诸小城邦的中心母城之意。19 世纪末英国人霍华德在提出"田园城市"设想中使用了母城和卫星城概念。 （赵炳时）

慕尼黑旧城保护规划 Preservation planning of historic Munich

为恢复二次大战中几乎被毁的德国文化名城慕尼黑而制定的旧城保护规划。旧城有 800 多年历史。20 世纪五六十年代进行了重建工作,恢复了历史古城的结构格局,并修复了重要的古建筑遗存。1963 年的城市发展规划,着重指出:"老城的富于特色的结构格局应继续得到保护"。20 世纪 70 年代初、旧城中心十字形商业步行街的建成是慕尼黑旧城保护规划的又一卓越成就。行人可在这十字街上观赏多处历史性中心广场和一座座不同历史风格的古教堂、市政厅和王宫、府邸。于 1978 年获联邦德国旧城保护金奖。 （沈玉麟）

N

nan

南昌 Nanchang

江西省省会。位于该省北部,赣江下游,水陆交通发达。汉代在此设豫章郡治,隋为洪州治,唐、五代至明、清一直是江西省的首府。1927 年 8 月 1 日,周恩来、朱德等在此组织了南昌起义,开创了中国共产党领导的武装起义和创建了人民军队。现存的革命遗址和文物古迹有"八一南昌起义"总指挥部旧址和纪念馆、纪念塔、革命烈士纪念堂,方志敏烈士墓及青云谱、百花洲等。为第二批国家级历史文化名城。南昌市区人口 110.5 万(1991 年末),是江西省省会。向九、浙赣两铁路在境内交会。工业有钢铁、电子、机械、汽车、纺织、造纸等。 （阮仪三）

南海

见三海(192 页)。

南京 Nanjing

江苏省省会。位于该省西南部长江南岸,形势险要,素有虎踞龙蟠之称。是江苏省省会。战国时设金陵邑,秦置秣陵县,东汉置邺县。自三国吴开始,东晋、南朝、五代南唐均建都于此。明初在此建都,迁都北京后改称南京,并为应天府,清为江宁府。太平天国和中华民国也建都于此。革命文物和历史古迹有:太平天国天王府、孙中山临时大总统办公处、中山陵、梅园新村、明代南京城墙、明孝陵、明故宫遗迹、南朝陵墓石刻、栖霞寺及玄武湖、莫愁湖等。为第一批国家级历史文化名城。京沪、宁皖赣铁路交点。工业有化学、钢铁、汽车、机械、水泥等,有重要的科研机构和高等学校。　　　　　(阮仪三)

南京路　Nanjing Road, Shanghai

一般指全国闻名、历史悠久的上海一条商业街。东起外滩,西止静安寺,全长约4km。清道光二十八年(公元1848年)划吴淞江南岸为英租界后开辟。逐渐延长扩建发展为租界中区最繁华的街道。大型百货商店、食品商店、各种专业特色商店、各地风味餐馆、高级旅馆、影院、舞厅等鳞次栉比,热闹非凡。到20世纪90年代初又增建了上海商城等许多大型公共建筑。　　　　　　　　　(邓述平)

南京钟山风景名胜区

在江苏省南京市的国家重点风景名胜区。山水核心是钟山和玄武湖,山、水、城浑然一体,雄伟壮丽,气势磅礴。中山陵是孙中山先生陵墓,由鼎台、石碑墓道、陵门、碑亭、祭堂、墓室组成,供游人瞻仰。明孝陵是朱元璋陵墓,规模宏大。部分建筑被毁,现存遗址和神道、石人石兽,肃穆威武。灵谷寺中的灵谷塔高66m,八角九层,塔内外壁上刻有题字。现存南京古城墙长33.4km,墙基用条石砌成,异常坚固。有太平天国义军活动遗迹。名胜古迹还有紫金山、梅花山、梁洲、览胜楼、鸡鸣寺、孙权墓、中山植物园等。　　(王早生)

南宋平江府城图碑

简称平江图。刻在石碑上的宋代苏州城市地图,刻于宋绍定二年(公元1229年),碑高279cm,宽138cm。图上载有内外二重城垣及水陆五门,坊表65座,桥梁314座,还有公署、军寨、学校、楼台、亭馆、园第、寺观、河湖、山陵、古迹等,标出题榜者有610余处。碑现存苏州文庙,与天文图、地理图、帝王绍运图等四碑俱为国家级文物。　　(阮仪三)

南通近代规划

近代发展的工商城市南通在1895～1925年进行的城市规划。南通历史上是一座州府城市,清朝末年张謇在南通兴办民族实业,开工业,办农垦,建学校,开道路,创办社会福利事业,使南通在城市性质和面貌发生巨大变化。张謇聘请了外国工程技术人员对南通进行了规划和改建,在旧城西7km的唐

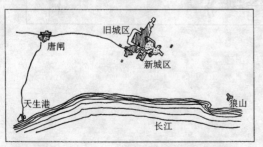

闸建立工业区;在长江边设天生港码头区,使整个城市呈三足鼎立集团式布局。在旧城附近开辟新区,布置商业和文化教育设施,利用城濠水面开辟了公园绿地。南通城市规划和建设在中国近代城市建设史上有重要的地位。　　　　　　　　(阮仪三)

南锡城(绝对君权时期)　Nancy

法国绝对君权时期洛林公爵的首府所在地。18世纪进行了重要的建设活动,于新旧区交接处修建了宽阔的大道,以及与大道垂直的开闭结合、形状各异的三个中心广场群,其空间和境界变化很丰富,又很完整统一。　　　　　　　　　(沈玉麟)

南锡中心广场　Placc Stanislas, Nancy

居南锡市中心突出地位的广场。18世纪中叶建成的广场群由三部分组成。南端的路易十五广场与北端长圆形的王室广场由一条狭长的跑马广场连接,总长约450m,每个广场是一个独立的闭合空间,周围建筑各有特色。但互相串联在一个轴线上,形成了完美的空间序列。　　　　　　　(黄伟康)

南阳　Nanyang

位于河南省西南部。古称宛,战国为楚重邑,东汉称陪京,后历为府治。文物古迹有战国时宛城遗址、汉冶铁遗址、汉代画像石刻,还有玄妙观、武侯祠、张仲景墓、张衡墓等。为第二批国家级历史文化名城。南阳市区人口25.1万(1991年末)。工业有丝绸、食品、机械、酒精等,焦枝铁路经过境内。　　(阮仪三)

楠溪江风景名胜区

在浙江省永嘉县境内的国家重点风景名胜区。面积约625km²。楠溪江系瓯江下游最大的支流。干流全长145km。江流蜿蜒曲折,两岸绿林葱郁。呈典型河谷地貌景观。风景区沿江分为小楠溪至大若岩、古庙溪至太平岩、花坦溪至水岩、孤山溪至狮子岩、鹤成溪至石桅岩、张溪至四海山六个景区。景区内奇岩林立,石桅岩一峰拔起,三面环溪,相对高差三百多米。有"百丈瀑"、"含羞瀑"、"莲花瀑"、"梯瀑"等五十多处瀑布。有台湾水青冈、银杏、华西枫杨等多种国家重点保护珍贵树种。大若岩山麓江滨村寨保存有宋代以来亭台楼阁、庙观祠殿牌楼等古建筑。　　　　　　　　　　　　(赵健溶)

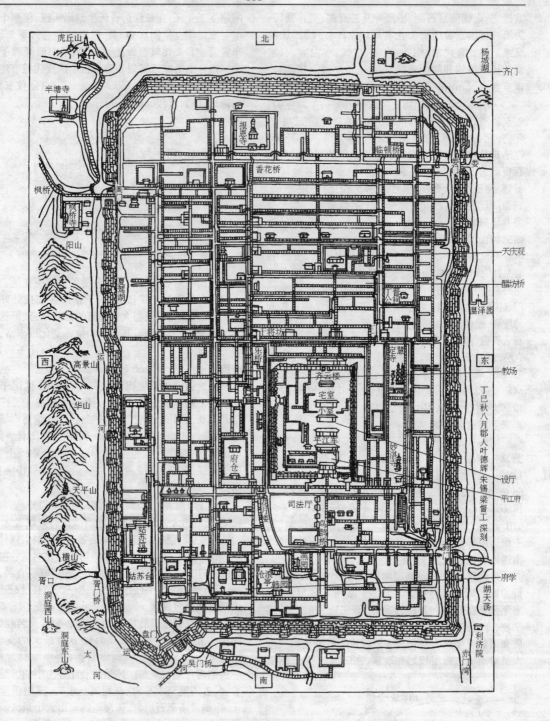

南宋平江府城图碑

nao

闹市区　downtown

一般指城镇的商业活动中心,是商业、服务业、文娱设施集中,行人和车流汇聚的热闹地段。

(赵炳时)

nei

内城区　inner city

城市中心地段或接近中心的地区。如旧北京城的内城区,指包括现东城、西城两区部分的明清北京"内城"范围。

(赵炳时)

内廊式住宅　central corridor apartments

通廊位于中间,两侧布置住户的多层或高层住宅楼。其公用的楼梯、电梯和走廊利用率高,房屋进深大,用地经济,保温好,但各户都是单面朝向,户内无穿堂风,且内廊较暗,户间干扰也大。一般用于寒冷地区小套型住宅。

(张守仪)

内群体　in-group

又称我群体。我和我们所属的群体。成员可以经由群体获得利益,以群体具有亲切、安全、认同、热爱等情感。成员间有密切的利害关系和较强的同类意识。

(梅保华)

内引外联　exert attraction inwardly and link outwardly

一种发展城市经济的方式。利用城市自身的经济实力,广泛的经济联系,方便的运输条件,以及商情、咨询、劳务、储藏等多种服务的能力,一方面把城市的经济活动范围向国内的其他地区扩散其吸引力,形成多方位的经济联合;另一方面将城市的经济吸引力打进国际市场,吸引国外的资金和技术,开展合资或合作经营,从而促进城市经济的迅速发展。

(谢文蕙)

内诸司　court administrative offices

北宋东京(开封)城内,中央行政管理机构或专管宫廷用品的机构,集中布置在大内中。

(董鉴泓)

ni

尼考莱大街　Nicollet Mall, Minneapolis

美国明尼阿波利斯一条颇有影响的步行商业街。由旧街道改造,总长约1.1km。道路中央为一条宽8m的曲线形车道,供专为该街服务的公交车使用。由于线型弯曲,限制了车速,也使空间尺度多变。街上设有各种设计精美的建筑小品。为适应寒冷地区需要,另有封闭的高架步行通道连接第二层商店。设计的成功吸引着大量顾客,使商店营业额增长。

(黄伟康)

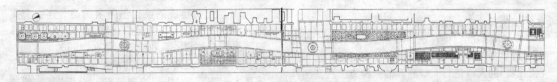

尼考莱大街

逆城市化　counter-urbanization

城市化后期大城市的人口和就业岗位向大都市外围的小城镇、非大都市区或远方较小的都市区迁移的一种分散化过程。20世纪70年代早期美国一些人口最多的大都市区（特别是其中的中心县）出现人口净迁出的现象,后来在英国等发达国家也发现类似的分散过程。据认为原因有：生活在大城市的开支增加；私人交通工具的普及,人们有能力而且也更愿意住在环境质量更好的小城市；资本主义工业在经济危机时期,要向非大都市区寻找更廉价的劳动力。逆城市化不意味着国家城市化水平的下降,只导致城市发展的新的区域再分配。事实上,逆城市化正在鼓励城市化更广泛地传播。

(周一星)

逆郊迁　counter suburbanization

针对逆城市化和郊迁现象日益严重而带来城市或其中心地区衰退而提出的复兴城市或中心地区的对策。包括优化都市设施布局,以降低服务成本,刺激城市就业,控制郊区发展,用优惠条件吸引人口回城。

(陶松龄)

逆温层　inversion layer

由于气象、地形及城市建设等原因,使接近地面的大气产生了温度随高度的增加而升高的逆温现象。当其面积扩大并阻碍该地区空气的垂直对流运动时便形成了逆温层。其厚度因气象因子或地理条件而有所不同。是造成大气污染重要的气象因素。

(朱祖希)

nian

年度规划 Annual construction plan

根据城市近、远期规划和城市年度财政计划,城市规划主管部门权衡城市建设项目的轻重缓急,确定该年度的城市住宅、市政工程和各项服务设施的具体建设项目,以指导年度的城市建设。

(陶松龄)

年龄构成 age composition,age structure

又称年龄结构。按照一定的标准将人口分成若干个年龄组,以及各年龄组人口数在总人口中所占的比重。由于分组的标准不同,年龄构成的表现形式也有不同。 (赵洪才)

年龄结构

见年龄构成(168 页)。

年龄金字塔图

见人口百岁图(187 页)。

年龄组 age group

根据一定的标准把一个人口总体按年龄分成若干组。最基本的年龄分组是把一定时点的人口按当时每人的周岁年龄分成一岁一组。在城市规划中,一般将人口分成 6 个年龄组:托儿年龄组,0~3 岁;幼儿年龄组,4~6 岁;小学年龄组,7~12 岁;中学年龄组,13~18 岁;成年组,女 19~55 岁,男 19~60 岁;老年组,女 55 岁以上,男 60 岁以上。

(赵洪才)

年龄组生存法 cohort-survival method

又称年龄(组)推移法、年龄(组)移算法。根据某一时点分年龄组人口推算次一年(或几年)长一岁(或几岁)的人口进行人口测算的一种方法。在测算时,需将预测年度的人口分为零岁和零岁以上两个部分分别进行计算,零岁以上人口的计算是以某时点的分年龄组人口数为依据,根据年龄别死亡率(或存活率)分别计算出次一年相应高一岁的各年龄组人口,再以推算出的各年龄组人口数为依据,推算出再次一年的各年龄组人口,以此类推,直至预测年度为止。各预测年度的零岁人口根据年龄别妇女生育率和预测年度的分年龄组育龄妇女数,推算出当年出生的婴儿数,各年龄组育龄妇女出生的存活婴儿数之和即为当年的零岁人口总数。由于不同性别间的死亡率有较大差别,计算时一般将男女分别计算,新生婴儿的男女人数按出生婴儿的性别比进行计算。计算时可以根据当时的计划生育政策对年龄别妇女生育率进行适当的调整。该方法计算比较繁琐,但由于计算精度较高,能够提供比较详细的规划年度人口构成和年龄构成状况。由于计算机的辅助,该法已经成为较常用的人口预测方法。在城市规划工作中较多地运用于人口自然增长的预测。

(查 克)

年龄(组)推移法

见年龄组生存法(168 页)。

年龄(组)移算法

见年龄组生存法(168 页)。

年曲麦

见日喀则(191 页)。

niao

鸟祸 bird hazard

飞鸟与飞机冲突给航空带来的祸害。由于飞鸟撞击飞机或被吸入飞机发动机造成故障引起,重者能导致飞机失事,机毁人亡。大多数鸟撞飞机事件发生在邻近机场高度 500m 以下的低空空域中。机场选址应避开适宜鸟群活动的生态环境。驱鸟措施有:音响恐吓、高频振荡驱逐、放养天敌鹰类等。

(宗 林)

鸟瞰 birds-eye view

从高处俯视所见的视景。 (黄富厢)

nie

涅瓦大街 Neva Boulevard,Petersburg

18 世纪初建成的彼得堡著名街道。连接海军部大楼与亚历山大—涅瓦修道院,总长约2.8km,体现了纵向街景和一系列横向街景在空间艺术上的联结。主要对景是高达 68m 的海军部塔楼,它控制了涅瓦大街东部约 2km 的建筑群。沿街剧院、博物馆、教堂等重要建筑前均设有广场,它们的体积和细部得到了充分的表现。 (黄伟康)

ning

宁波 Ningbo

位于浙江省东部。秦时设鄞县,自唐以后历为州、路、府治,并为重要港口,近代为"五口通商"口岸之一,商业繁荣。宋代已有涉外机构,海外贸易发达。文物古迹有保国寺、天童寺、阿育王寺、天封塔,我国现存最早的藏书楼天一阁,以及清代大型民居等。为第二批国家级历史文化名城。宁波市区人口56.1 万(1991 年末)。萧甬铁路终点,工业有机械、化学、纺织、食品、造纸等,镇海区建有石化总厂及大型海港。 (阮仪三)

宁寿宫花园

　　见乾隆花园(179 页)。

凝聚　compression

　　古典时期罗马的城市设计结构的形式特征。它是由庞大的纪念碑式建筑按规则的几何形设计一幢挨着一幢,由它们相互之间体量的纯粹惯性联系着,形体尺度发展之庞大,足以对整个形态的广度赋予质感。虽不存在与整个空间成比例的基本设计要素,却聚集着和谐的因素,并以其相似的主题而产生统一的效果。　　　　　　　　　　(黄富厢)

niu

纽伦堡(中世纪)　Nuremberg (Middle Ages)

　　始建于公元 1040 年的德国中世纪名城。最早的居民点位于山丘和河流之间,有堡垒和市场。公元 12 世纪城市发展到河的另一岸。北部堡垒下有教堂及市场,与南部新区教堂遥遥相对。后扩建新区并加建全部城堡。此城二次大战中被毁,战后恢复了部分古城面貌。　　　　　　　　　　(沈玉麟)

纽伦堡(中世纪)

纽约城市总图(1811 年)　New York master plan, 1811

　　美国近代典型的方格形布局的城市总图。1811 年的纽约城市总体规划和当时其他美国城市一样,由地产商和律师委托测量工程师对城市作机械的方格形道路划分。东西 12 条大街,南北 155 条大街,市内惟一空地是一块军事检阅用地,1858 年开始才在此建中央公园。这个方格形城市东西长 20km,南北长 5km。总图按 1900 年达到 250 万人口规模进行规划。虽其后发展比总图预计的更快,1900 年已达 343.7 万人口,但 1811 年制定总图时对人口与城市规模的增长已有一定的预见性。　　　(沈玉麟)

纽约中央公园　Central Park, New York City

　　位于纽约曼哈顿区的中央部位,占地3.35km²。1857 年由美国造园家奥姆斯特与美国建筑师孚克斯合作方案在竞争中得标。将原为一片沼泽洼地建成为高楼大厦路格所围成的一块绿洲。该公园注意对自然的保存、利用和提高,采用自然布局,成为市民摆

脱都市尘嚣、享受自然景色、身心自由舒展的地方。该设计在公园四周配置浓密的栽植带,减少噪音和遮避不良景观;园内道路把人行与车行分开,并减少交叉,外部穿越交通由底部横过公园,园内的步道、凉亭、桥等皆精心设计,并引入不少植物和鸟禽等动物。百余年前的远见,至今受到赞赏。　　　　　(李铮生)

nong

农村人口　rural population

　　居住在农村或城市郊区,主要从事种植业、养殖业、林业、农产品初加工的人口。我国在改革开放的十年内,农村原先从事种植业、养殖业、林业、农产品初加工的人口中,有将近一亿人进入了乡镇企业从事工

业生产,但由于国家政策的限制。乡镇企业中的大多数职工仍是农村户口。在统计中仍作为农村人口。

(金大勤)

农村人民公社规划 people's commune in rural area

按照中共中央的有关决议精神开展的农村人民公社规划。1958 年 8 月,中共中央《关于在农村建立人民公社问题的决议》,要求在农村成立"工农商学兵合一的、乡社合一的、集体化程度更高的人民公社",并要求公社社员"组织军事化,行动战斗化,生活集体化"。在这个精神指导下编制的大量人民公社居民点规划,由于指标过高,规模过大,要求过急、超出了当时农村财力物力可能提供的条件,绝大多数规划方案成了脱离实际的"畅想曲"。由于过分强调"生活集体化",设计建造了一批没有每户独用厨房和厕所的住宅,给农民群众的日常生活和家人团聚造成极大的不便。这种脱离群众的做法,到 1962年才逐步得到纠正。

(金大勤)

农村文化中心 rural cultural center

为农村一定区域(一般是一个乡或几个乡)内居民服务的文化、教育、体育中心。近年来规划设计的农村文化中心,一般包括影剧院、图书馆(或图书阅览室)、棋艺室、电视录像放映室等,有的还设有室内或室外灯光球场。

(金大勤)

农村住宅 rural house, homestead

又称农民住宅。在农村中除供农民生活起居用房外,一般还有农副业生产用房、机具存放用房,并大都有供生产生活用的宅院的住宅。我国幅员辽阔,民族众多,各地农民住宅往往反映了当地的民族文化和地方特色,新设计的农民住宅也力求把传统和创新很好地给合起来。

(金大勤)

农民住宅

见农村住宅(170 页)。

农业发展规划 agricultural development planning

地域农业生产的综合安排。是区域规划的重要内容之一。根据地域农业生产的条件、特点和发展方向,因地制宜地利用自然资源,制定农林牧副渔和各种农作物的合理布局,建立商品性生产基地,实行农业生产地域专门化以及农业技术改革等方面的综合研究。

(陶松龄)

农业区划 agricultural regionalization

根据农业生产的地域差异,按照区内相似性和区际差异性,概括地对大小不同的农业区加以划分的一种方法。这种农业分区大及全国,小到一个地区一个县,是因地制宜指导和规划农业生产的有效手段。内容包括:农业自然条件区划;农业部门区划;农业技术改造区划;综合农业区划。农业区划分标志归结为均质性和异质性两种。前者是泛指农业生产条件和特点大体相同的单元;后者是指诸如以大城市消费市场为核心的农业地带等。划分指标也可分为比较单一的主导指标和综合的多指标。主导指标又有以农业生态条件为主的和以农业本身特征为主的区别,也有以专业化和集约化程度指标来区分的。多指标区分,则是选取反映农业生产状况的多个指标,再运用多变量数学分析方法来解决综合标志与指标问题。

(胡序威　陈　田)

农业人口 agricultural population

常年从事农业生产(包括农、林、牧、渔)的劳动人口及其所抚养的人口。据我国有关人口普查的规定,农业劳动人口包括:①农、林、牧、渔生产大队负责人;②农业劳动者;③林业劳动者;④牧业劳动者;⑤渔业劳动者;⑥狩猎劳动者;⑦农业机械操作人员;⑧其他农林牧渔劳动者。村以下不直接从事农业生产的各种人员,如民办教师、村卫生员、乡不在编人员等都作为农业人口,而乡以上各单位的在编人员,乡办工业、服务业中常年不从事农业生产的人员,则应为非农业人口。

(赵洪才)

农转非人口 agro turned to non-agro population

原来从事农业劳动的农村人口转化为非农村人口。也即城镇人口。为了控制城镇人口的盲目增长,政府规定了农村户口可以申请转移为城镇人口的条件。由县、市户籍管理部门具体办理审批手续。

(金大勤)

弄 alleyway

即小巷、胡同。一般南方称巷为弄,北方则为胡同。清代凡里中之道路均称为弄。

(薛　平)

nuo

诺林根(中世纪) Noerdlingen (Middle Ages)

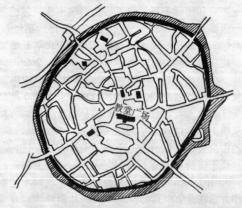

欧洲中世纪的历史名城,在今德国巴伐利亚州西北部的依格河畔,距慕尼黑 120km。此城始建于

公元 9 世纪,1217 年成为德意志独立的自由城市。古城至今仍保存完好,有 14～16 世纪建造的城墙,14 世纪留下的市政厅,1427～1505 年建设的哥特式圣乔治教堂,以及许多 16～17 世纪的住宅。城市平面以教堂广场为核心,向外呈放射形发展。道路系统为不规则的蛛网形。城市空间是封闭式的,建筑组群绚丽多姿。　　　　　　　　　　(沈玉麟)

O

ou

欧斯曼巴黎改建规划　Haussmann's transformation of Paris

1853～1870 年间拿破仑三世执政时,塞纳区行政长官欧斯曼为巴黎制定的改建规划。其改建既有功能要求,又有改造市容、装点帝都和镇压革命者进行街垒反抗的政治目的。毁除狭窄街巷、拓宽大道、疏导交通的目的是为了有利于发挥火器的作用以镇压起义者。宏伟浩大的工程体现在修建通过市中心的大十字形干道和两圈环形路,以及完成了市中心改建的庞大任务,形成了从卢佛尔宫、宫前广场、协和广场至雄师凯旋门 3.5km 漫长的城市中轴线建筑群艺术布局。对城市各主要街道的路宽与房高也都规定了一定的比例,屋顶坡度也有定制。全市各区都修筑了大面积公园绿地和进行了大规模的市政建设。当时 19 世纪的巴黎曾被誉为世界上最美丽最近代化的城市。欧斯曼的巴黎改建对其后各国的城市建设有重要影响。　　　　　　　　(沈玉麟)

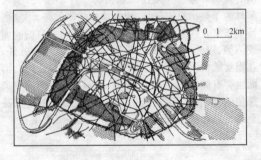

　　　　　　　　　　　　　0　1　2km

欧文　Robert Owen(1771～1858 年)

英国 19 世纪社会改革家、空想社会主义者。1771 年生于苏格兰,是一个推行人道主义的工业企业家。他企图建立一个生产资料归工人所有并且没有剥削的社会,提出改革社会组织,把农业、手工业和工厂制度结合起来,利用科学技术,创造新的财富。未来社会将按公社组成,其人数为 500～2 000 人,土地划为国有,并分给各个公社,实行部分的共产主义。1817 年根据他的社会理想,提出了一个"新协和村"的示意方案。1825 年为实践自己的理想,带了 900 人到达美国的印第安纳州,买下 120km^2 土地建设新协和村,实行城乡结合、工农结合、财产公有、平均分配的试点,认为建设这种性质的共产村可揭开改造世界的序幕。至 1828 年他的试验彻底失败了。　　　　　　　　(沈玉麟)

欧洲园林　European garden

以法国古典园林为代表的规整式园林。自古希腊、古罗马至意大利台地园一脉相承,成为一个体系,在世界园林中占有重要地位。追求理性的形式美、人工美。普遍采用规整式的道路布局,几何型的花坛、水池、整形的种植等,常点缀以雕塑和装饰。　　(李铮生)

P

pa

爬山廊　climbing gallery

建置在坡地或山地上的园廊。它随着山势或坡势而蜿蜒起伏,既是解决山地交通的一种手段,也以其宛若游龙的形象而成为园景的点缀。它的屋顶一般均顺应山势或坡势呈纵向的弯曲,如果在坡势较陡的情况下,也有作成水平的逐层叠落好像阶梯一样,则叫做叠落廊。　　　　　　　　(周维权)

帕尔玛·诺伐　Palma Nuova

文艺复兴时期意大利威尼斯王国的建筑师费拉锐特按"理想城市"的理论模式规划建设的城市。此

城建于 1593 年,是为防御而设的边境城市。中心为六角形广场,辐射道路用三组环路联结。在城市中心点设棱堡状的防御性构筑物。　　(沈玉麟)

帕金森定律　Parkinson's law

英国历史学家帕金森(C.H.Parkinson)1957 年提出的关于人员增加与工作效率关系的定律。该定律显示,领导者宁愿增加部属,不愿增加竞争对手;而部属越多,工作推诿,效率反而降低。因此机构臃肿,人浮于事是不治之症,必然最终导致组织走向灭亡。　　(梅保华)

帕克　Robert Ezra Park(1804~1944 年)

美国著名社会学家。芝加哥学派主要代表人物之一,人类生态学和城市社会学创始人之一。毕业于密执安大学,后在德国海德尔堡大学获哲学博士。1913~1933 年,任芝加哥大学社会学系教授。1916 年发表著名论文《建议对城市环境中人类行为进行调查》,指导该系调研工作走上正轨。他不仅善于实地调查,还提出人类生态学的理论,为城市社会学建立做出贡献。他的主要著作还有:《人类行为原理》(1915 年)、《社会学原理大纲》(1939 年)、《人类社区、城市和人类生态学》(1952 年)。　　(梅保华)

帕森斯　Talcott Parsons(1902~1979 年)

美国著名社会学家,结构功能主义与社会行动论学派创始人之一。1924 年毕业于阿姆斯特丹学院。1927 年获哲学博士。回美后,任哈佛大学社会学系教授,一直从事社会学的教学与研究工作。1949 年任美国社会学学会主席。他的社会学观点经历了从社会行动理论向结构功能主义和社会系统论的发展过程。主要著作有:《社会行动的结构》(1937 年)、《关于行动的一般理论》(1951 年)、《社会系统论》(1951 年)、《现代社会结构与进程》(1960 年)。　　(梅保华)

pai

排水系统　sewerage system

汇集、输送和排放污水或雨水的成套工程设施。视目的不同,分为农田排水、城镇排水等系统。农田排水系统由临时性的田间沟和固定的农沟、斗沟、支沟、干沟及其上的构筑物组成。城镇排水系统按雨、污水(含工业废水)排除方式,又可分为分流制和合流制排水系统。其系统由收集建筑物、厂房内外污水、雨水管道和雨水口以及城市的支、干、主干管和检查井、排水口和必要的泵站等组成。分流制中的污水系统和合流制排水系统还包括污水处理厂。合流制比分流制虽然较经济,但对保护环境卫生及防止水体污染,不如分流制排水系统。　　(罗廷栋)

牌坊　memorial archway

在单排立柱上仅安装额枋而没有斗栱屋顶的建筑物,它的性质与"牌楼"相同但形象要简单一些。其规模的大小取决于立柱的多寡,如一间二柱、三间四柱等。牌坊一般建置在大型园林的重要建筑群的前面、重要桥梁的两端、园路的要冲等部位,其作用与牌楼一样,但由于形象简单,因而规格较牌楼低一等次。

　　(周维权)

牌楼　pailou,decorated archway

在单排的立柱上安装额枋、斗栱、屋顶等构件的建筑物。通常以"楼"(屋顶)的多寡来表示其规模的大小,如一间二柱三楼、三间四柱七楼、三间四柱九楼等。立柱的上端高出于屋顶的,叫做"冲天牌楼"。大多数为木构建筑,也有石造的石牌楼、砖砌琉璃饰面的琉璃牌楼。牌楼在私家园林中并不多见,皇家园林为了突出皇家气派,建置就比较多一些,形象也特别丰富。一般建在园内重要建筑群的入口的前面或两侧,以此来强调该建筑群的较高的规格。此外,在重要的桥梁的两端、园路的主要处、园林正门的前面也都有牌楼的建置。北京颐和园万寿山南坡中央部位的"众香界"琉璃牌楼,以其华丽璀璨的形象甚至成为园林的一景。　　(周维权)

pan

潘光旦(1899~1967 年)　Pan Guangdan

著名优生学家、社会学家。上海市宝山县人。1922 年毕业于清华大学。1922~1926 年赴美留学,先后在哥伦比亚大学等处主修生物学并从事人类学与优生学研究,获学士学位。1926 年回国后,先后在复旦、清华等多所高校任教授及院长、系主任等职务,讲授心理学、优生学、遗传学、家庭问题等课程。他专长于优生学、遗传学,这方面的专著甚丰。他认为先天遗传对个人智力与成才起决定作用,因此提出根据优生原理实行区别生育率的主张。　　(梅保华)

攀缘植物　vine

又称藤本植物。其枝细长,一般不能直立,需攀附于其他树木或物体上的植物。园林中常用以装饰花架、廊柱、墙面。如爬墙虎、凌雷、常春藤等。

(沈 洪)

攀缘绿化

见垂直绿化(45页)。

盘龙城

商代城址。位于湖北黄陂县叶店。城建在小丘陵上,平面近方形,东西约 260m,南北约 290m。城外围有壕沟,宽约 14m。城内东北高地上有宫殿建筑群基址。根据建筑遗迹对照文献,其形制应为夯土台基、茅草、四坡顶、两重檐。　(董鉴泓)

pang

庞贝城　Pompeii

0 50 100 150m

古罗马城市。位于今意大利那不勒斯市东南维苏威火山脚下。公元 79 年因维苏威火山爆发而被火山灰所淹没。当时人口约 25 000 人,为手工业和商业发达的海港及休养城市。16 世纪时发现遗址,18 世纪时正式进行发掘,至今已大都发掘完毕。城市筑于面积约 63 万 m^2 的椭圆形台地上,东西长 1 200m,南北宽 700m,有长约 3km 的城墙围绕,共八座城门,一些主要街道、广场及大型公共建筑轴线指向维苏威火山主峰。有完整的供水系统,街巷路面为巨石镶砌。城市西端有中心广场,呈长方形,四周有庙宇、市场、会堂、行政机关等。北端轴线上的朱庇特神庙,以维苏威火山主峰为背景。广场地面低于街道,车辆不得入内。城市东端有古罗马最早的石砌角斗场,可容 15 000 观众。住宅及商店为 1～2 层,房屋围绕天井,有的有柱廊,外观较封闭,但位于主要街道边上的住宅。二层居室有阳台,底层设有商店、作坊等。　(陈保荣)

pei

陪都　probational capital

国都之外另设的都城。如东汉的国都在洛阳,定长安为西都。唐代国都在长安,定洛阳为东都。近代中华民国首都南京,抗战时定重庆为陪都。

(阮仪三)

陪都计划　probational capital planning

抗日战争胜利后为重庆制定的规划。抗战开始,重庆被定为陪都,迁来大量人口及工业,市区由 1933 年的 93.5km^2,到 1940 年扩展到 300km^2。1945 年 8 月抗日战争胜利,国民党政府迁回南京,重庆的繁荣一落千丈,为安定人心,重新定重庆为"永久陪都",同时编制了"陪都十年计划"。道路系统配合山城地形,为自由的方格形,交叉口采用环岛式。在中心地带建几条穿山隧道,在江边设计高架桥。住宅区分为高等、普通及平民三种。计划还布置了 12 个卫星市镇,18 个预备卫星市镇,并拟订了规划示意图。　(董鉴泓)

佩利　Clarence Perry

美国建筑师、邻里单位理论的倡导者。1929 年在编制纽约区域规划方案时针对纽约等大城市人口密集、房屋拥挤、居住环境恶劣和交通事故严重等现实,发展了邻里单位思想,以此作为组成居住区的"细胞"。这不仅是一种创新的设计概念,而且成为一种社会工程。它将帮助居民对所在社区和地方产生一种乡土观念。　(沈玉麟)

配景　supporting view

又称衬景。园林中起陪衬主景作用的景物。与主景配合,二者相得益彰又形成艺术的统一整体,使主景更加突出。如杭州花港观鱼在主景金鱼池和牡丹园周围配置大量花木,有樱花、海棠、玉兰、梅花、紫薇、碧桃、山茶、紫藤等,以烘托主景。　(刘家麒)

配套费　cost on accessory facilities

居住区里必须设置的公益性设施项目的建造费用。例如居委会用房、自行车棚、卫生站等的建设费用。　(严 正)

pen

盆景　miniature gardening, potted landscape

盆中的风景。即在盆中以整形植物或山石为主体,间或配以小型的草、石、水、桥、亭等所组成的一个缩小的风景,可用于庭园或室内装饰。它起源于我国,对植物多取自然式整形,并强调风景的诗情画意。现已流传世界各国,流派纷呈。　(沈 洪)

盆景园　garden displaying potted landscape

采用园林形式展示盆景的专类园。盆景艺术源于中国,唐朝已有盆景之观赏。盆景园将原来供私人和少数人赏玩的盆景向公众开放。有独立设置的,也有附属于公园中的"园中园"。有将各类盆景放在厅、馆、廊、榭内的,也有置于室外墙、洞、架、石上的。融会于园林和建筑之中,形成一种特色的中国园林布局。　(李铮生)

盆饰 basin

多用大理石雕凿成花盆(或花瓶式),用于园林装饰的物件。流行于意大利和法国的规则式园林中,常置于栏杆、台阶或扶壁处,形成一种特有的风格,也有以单件个体装点园林之一隅。多为空盆(空瓶),也有种植植物的。 (章敬三)

peng

棚户 shacks

居住在简陋住房里居民的泛称。这些简陋房屋多数是居民自己搭建起来的。缺少基础设施,缺少规划设计,环境十分恶劣。棚户聚居的地区叫棚户区,多形成在解放前,棚户区是旧城改建的重点地区。 (严 正)

蓬莱水城

又名备倭城。明初建造的位于蓬莱城北面的海防城堡。水城周围约1km,城高117m。城上有灯台及炮台,万历二十四年土城加砖砌,由水闸引海水入城,名小海,为泊船所。此一建城形制在国内仅有。1981年定为全国重点文物保护单位。

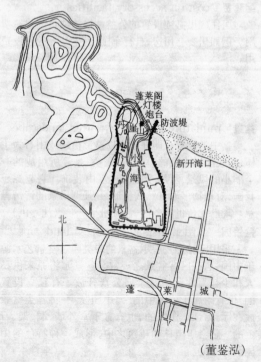

(董鉴泓)

pian

偏差行为 deviant behaviour

违背社会共同认定的行为标准的行为。也即不符合社会规范的行为。制度性质不同的社会或不同的历史时期,社会制度对行为的期望不同,行为标准不同,偏差行为的内涵也不同。 (梅保华)

pin

贫困城市 distressed city

经济停滞、失业严重、犯罪率高、公共服务设施缺乏的城市或市区。在美国经正式宣布为"贫困"的城市,可获得政府的专门补贴经费,亦称受资助城市。 (赵炳时)

贫困地区 poverty region

又称扶贫区。指尚未完全解决基本温饱,并缺乏自我发展能力的地区。1985年国家曾将所有按全县农业人口平均纯收入低于150元的县、革命老根据地和少数民族地区人均纯收入在200元以下(个别按300元以下)的县划入贫困地区,享受特殊的扶贫政策。这些地区大多自然条件恶劣(如干旱缺水、洪涝灾害、土壤瘠薄、盐碱化等)、交通不便、产业结构单一、生产方式陈旧、人口素质低。目前,我国有一、二级贫困县243个,主要分布在秦巴山区、武陵山区、乌蒙山区、大别山区、横断山区、太行山区、吕梁山区、桂西北山区、九万大山区、努鲁儿虎山区、西海固地区、定西地区、西藏地区、闽西南和闽东北革命根据地、陕北革命根据地、井冈山和赣南革命根据地、沂蒙山革命根据地等十八个地区。

(胡序威 陈 田)

贫民窟 slum

城市中住房破旧的贫困居住区。特点是人口高度稠密,居民收入低,缺乏管理,环境脏乱,犯罪率高。世界上最著名的贫民窟位于纽约曼哈顿北部的哈莱姆区(Harlem),在10km²地区内居住着约70万黑人和其他少数民族,人多房破,形成社会问题严重的恶性循环。 (赵炳时)

ping

平安京 Heankyo

日本历史上建都时间最长的都城。从公元794年成为都城一直持续到1869年奠都东京。它位于爱岩、葛野两郡(现京都市)。都城南北约为5.3km,东西约为4.5km。平面布局上以唐长安城为样本,

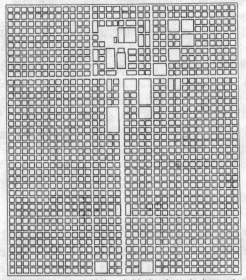

并融入一些日本的特色:中轴线、南北向布置、宫城与都城分离等与长安城类似,但南北方向较长安城长,规模较长安城小。平安京的条坊制与平城京大体相同,中轴线上是辐宽84m的朱雀大道,连接着平安京的罗城门和宫城的入口朱雀门。宫城在中轴线北端,东西约1.1km,南北约1.4km,周围筑垣。平安京的右京因处低湿地带,所以衰落很早,惟有左京日益发达。都城的主要大路共有20条,以此为基准,纵横有无数的小道。京城由左右的京职管辖,内部分为条、坊、保、町。   (洪再生)

平城京 Hezyokyo

公元710~784年营建于今奈良的日本条坊制古代都城的代表之一。位于今奈良盆地的北端,居水陆交通要地。平城京东西宽约4.2km,南北长约4.7km。整个矩形用地中央建有一80m宽的朱雀大道,由此将都城划分为左、右两京,左、右两京被南北

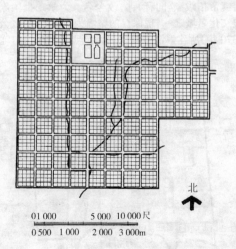

北

01 000   5 000 10 000尺

0 500   1 000   2 000 3 000m

走向的九条大路(称为条)及东西走向的四条大路(称为坊)分割为坊。坊进一步16等分为坪。一坪方40丈(约120m)。当时平城京人口据推定为17万人。都城中央的北部建有平城宫,中心部分设有方形内里,为天皇皇宫。这一都城规划,以唐代都城为规范又略加改良,因此比唐长安城及洛阳城更为规整。   (洪再生)

平衡 balance

衡器两端产生的力矩相等。指一个整体的各部分在质量或程度上均等或大致均等。从建筑艺术看,指以某一基线为准,两侧物体,图案或空间对于基线在视觉上取得均等的效果。   (郑光中)

平江城坊考

记述宋代苏州城市建设的专著。王謇(公元1888~1969年)著。该书对《平江图》作了全面研究,对照实地,稽查旧志,引证古籍,对图上所标列的地址名称、方位、沿革等,逐一加以考订。书分四卷及附录,对研究苏州城市历史具有重要文献价值。   (阮仪三)

平江府

南宋(公元1127~1279年)时的苏州城。苏州城历史悠久,春秋战国时为吴国都城,迄今已有2500余年,城市格局未有大的改变。城市呈长方形,东西宽3km,南北长4km多,共开五个城门。城墙外有宽阔的护城河。城门都有水门。道路为方格形,城内河渠密布,与街巷平行,前街后河成水陆双棋盘格局。府衙所在的子城,在城中央偏南,筑有衙城墙。城中分为许多坊,但不建城墙坊门。平江府商业发达,有以手工业集中的街巷,还有贸易交流的市集。寺观众多,有百余处,有的建有佛塔如北寺塔、双塔、瑞光塔等均保存至今。保存在苏州市博物馆内的"宋平江府图"碑是我国最早地图。   (阮仪三)

平江图

见南宋平江府城图碑(165页)。

平交

见平面交叉(176页)。

平均日交通量 average daily traffic(ADT)

在观测期内通过道路横断面的双向车辆总数除以观测天数所得的平均值。通常以辆/日计。   (徐循初)

平均寿命 life expectancy

又称平均预期寿命。通常指人们从出生时(即0岁时)算起的平均预期寿命。即任何一组人口中每人从出生到死亡可以存活年数的平均值,为该组人口的平均预期寿命。在生命表中,用某年龄组未来生存人年累计数除以该年龄组的尚存人数,即可得到该年龄组人口的平均寿命。平均寿命是一个富

有积极含义、从正面综合反映死亡率高低的指标,对研究人口寿命变化有重要意义。　　　(晏　群)

平均预期寿命

见平均寿命(175页)。

平面交叉　level crossing

简称平交。两条或两条以上道路在同一平面上的交叉。其几何形状可分为三岔、四岔、多岔及环形交叉。平面交叉口的交通安全和通行能力,在很大程度上取决于交叉口的交通组织和管理。

(李峻利)

平面系数　efficiency ratio

住宅平面设计中,衡量某种平面利用效率的指标。用百分数表示。有四种:①居住面积系数,即住宅的居住面积与建筑面积之百分比;②使用面积系数,即使用面积与建筑面积之百分比;③结构面积系数(简称结构系数),即结构面积与建筑面积之百分比;④交通面积系数,即公共交通面积与建筑面积之百分比。　　　(严　正)

平桥　flat bridge

以平板桥面支撑在桥墩上的桥。有单跨的,有多跨的,视水面的宽窄而定。其形象呈水平的延展,比较接近水面,显示一种亲切的尺度感,常用于中、小型园林或庭园中。桥面一般不设栏杆或仅设低矮的简单栏杆,桥墩为料石砌筑,也有用山石堆叠的则更能谐调于周围的自然环境,表现质朴之美。如果平桥架在需要通航的河道上,当中的一跨安装木板桥面,可以随时拉起以利舟船通行。　　　(周维权)

平曲线　horizontal curve

道路平面线形上的曲线部分,包括圆曲线与缓和曲线。由于地形、地质或其他条件的限制,道路必须曲折通过,为使车辆能平顺、安全地改变行驶方向,在两条直线间必须设置平曲线予以缓和。

(李峻利)

平泉山居草木记

园记。唐李德裕(字文饶)著。著者于唐宝历元年(825年)创建平泉庄于洛阳城外15km处,自作园记。德裕初营"平泉"。远方友人多以异物奉之。本书主要记录园内来自各地近七十种花木的名称和来历,附记从名山大川所得的奇石,保存了重要史料。平泉庄为唐朝名园,据有关记载,该园周围5km,内有楼馆台榭亭,有泉有潭,有奇花异石,并驯养乌猿,景色佳丽,典型地代表唐朝山居别业的特色。

(乐卫忠)

平泉庄

在河南洛阳城外15km伊阙南。又名平泉别墅。唐文宗朝(公元827~841年)宰相李德裕宅园。规模宏大,周回数公里,园中凿池沼,引泉水,溪流萦回;莳四方奇花异木,植松列石,建台榭屋宇等百余所。园中山水,仿巴峡、洞庭、十二峰九派而构,体量

甚大,为模拟自然山水的造景手法。　　　(鲁晨海)

平山堂

位于江苏省扬州市北郊蜀岗中峰山腰。北宋庆历八年(公元1048年)著名文学家欧阳修守扬州任时所筑。因坐堂内,南望江南,诸远山正与堂栏相平,故取名平山堂。历代均有毁建,现存堂屋都为清同治年间重建。平山堂布局简单,主要建筑有平山堂、真赏楼、浴春堂等三座,东西筑墙成院。堂前台下老桂百余株,台上古梅四五株。西垣外为园林,清乾隆辛末(公元1751年)于塔院西廊并旧址,始修平山堂御苑,俗称"西园"。内有泉一,勒石名"天下第五泉"。

(鲁晨海)

平视　normal sight,level view

人眼视线的中轴与地平线平行而伸向前方。平视观赏风景和园林景物给人以平静、深远、安宁的感觉。观赏者头部不必上下俯仰,不易疲劳。园林或风景区中平视景观宜选择在视线开阔,可以延伸较远的地方,如水面、草坪、远山等。　　　(刘家麒)

平台街道　elevated walkway

架空的人行道。分两种:一种在居住区内用连廊把几栋住宅联起来,廊子顶面就成为架空的道路,居民可先上平台街道,再从二层进入楼内;另一种在商业区,用连廊把沿街商店联起来,廊子顶面就成为架空人行道。顾客可以从平台街道直接进入商店的二楼。

(严　正)

平庭　hira-niwa,flat garden

又称坪庭,日本庭园的一种格局。地势平缓,规模较小,一般不筑土山,仅置石组,常有一弯清水流淌,几丛修剪的植株,配以园路,简洁明朗。按主要敷材的不同而有石庭、砂庭、芝庭、苔庭等。

(李铮生)

平遥　Pingyao

位于山西省中部,史称古陶,北魏设平陶县,因避魏帝拓跋焘(同音)讳,改今名。为第二批国家历史文化名城之一,现保存的城墙为明洪武三年(公元1370年)所建。清中叶以后,为全国票号业的中心。

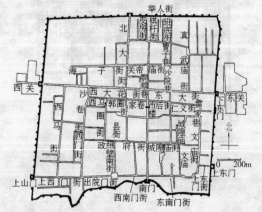

城内有许多票号店堂和店主的住宅。巷整齐,住宅讲究,装修精良。城内外保存有多处古建筑,如北汉的镇国寺、藏有元代彩塑的双林寺、宋代的慈相寺、鹿台塔、金代的大成殿、明清的清虚观、市楼等。平遥县城未遭受重大破坏,又较少新的建设活动,因而较为完整地保持明清时期城市的格局和风貌,在全国范围内实属罕例。　　　　　　　　　　(阮仪三)

评估　appraisal

又称估价。衡量人或事物的价值。衡量房地产的价值称房地产评估。房地产评估的方法很多,如:比较法,即把要评估的房地产与类似已知价格的房地产相比较;成本法,即分析建造成本来评价。又是银行对贷款项目定期就技术、管理体制、经济和财务四方面所作的全面的、系统的检查。　　　　(严　正)

坪庭

见平庭(176 页)。

瓶颈　bottle-neck

由于受到建筑物、天然障碍的限制或经济等原因,道路横断面受到收缩的局部路段,如铁路道口、桥梁等处,像瓶子颈部的形状,故称。由于路面突然变窄,成为交通卡口,车速低,通行能力下降。当交通流入量大于瓶颈的流出量时,还会出现交通拥塞现象。　　　　　　　　　　　　(徐循初)

瓶颈产业　bottle neck industry

在地区产业结构中,因其自身发展明显滞后于其他相关产业部门并进而影响与制约整个地区经济发展速度、规模和效益提高的产业部门。例如某些时期曾经严重短缺并影响经济稳步发展的能源和交通运输部门。　　　　　　(胡序威　陈　田)

瓶饰　vase

见盆饰(174 页)。

pu

匍匐植物　creeping plant

植株低矮、枝条贴地面生长的植物。如匍地柏等。此类植物也可作地被植物用。　　　　(沈　洪)

浦勒·马尔克斯(1909～)　Roberto Burle Marx

巴西风景园林界的巨擘。出生于巴西,多年在德国受教育。是一个新派画家。对巴西植物颇有研究。把造园与立体画结合起来,从抽象绘画构图发展为用植物组成庭园构图。他善于用不同浓淡的植物,各种色彩的花卉,特别是巴西丰富的热带植物资源,组成色彩艳丽、线条明朗的构图效果,具有现代气息。许多作品是与现代建筑学派相联系的,如里约热内卢教育部大厦以及巴西利亚的一些设计,其风格对拉丁美洲 20 世纪的园林有重大影响,在现代

园林设计中占有一定地位。　　　　(李铮生)

普南城　Prienc

古希腊城市,位于小亚细亚半岛西岸,濒临爱琴海。公元前四世纪时按希波丹姆规划模式重建。城市建于向一面倾斜的坡地上,有城墙依山势蜿蜒修筑。就建筑区而言,面积很小,约为 300m×600m,但坡度很大,从最高处的德米特神庙至最低处的竞技场、体育馆,高差约为 100m,中间为市区。格网式道路系统,其中与等高线垂直的南北向道路为台阶式步行街。市中心广场处于显著位置,为商业、政治活动中心。北面为长 125m 的祭祀用敞廊,其他三面敞廊的后部有店铺及庙宇。广场上有雕塑群。在广场以西,东西向干道边有市场。街坊面积小,一般每街坊可容 4～5 座住房。

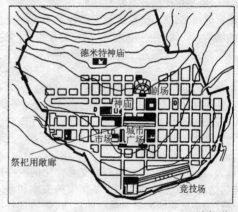

(陈保荣)

普通仓库用地　land for common warehouses

储存物理、化学性能比较稳定,对城市环境基本无污染的一般货物的仓库用地。如储存百货、五金、日杂用品、花纱布、医药器材、一般性工业成品及无污染与危险的化工原料等物资的仓库。

(蒋大卫)

普陀山风景名胜区

在浙江省普陀县的国家重点风景名胜区。面积 42km²。普陀山梵语意释为“美丽的小白花”。是我国四大佛教名山之一。“以山而兼海之胜,当推普陀。”它既有山岛的层峦叠翠,又有海面的雄浑变幻,形成山海奇观。岛上怪石林立,松柏苍翠,幽洞曲折,甘泉清洌,海天一色,蔚为壮观。千步沙、百步沙为良好的海滨浴场。有梵音洞、潮音洞、莲池、佛顶山、二龟听法石和磐陀石。大片野生水仙花芬芳郁烈。普陀山佛教色彩浓郁。建有“不肯去观音院”。有普济禅寺、法雨禅寺、慧济禅寺和多宝塔、杨枝观音碑、五祖碑等文物。又誉为“海天佛国”、“南国圣境”,令人向往。　　　　　　　　(王早生)

Q

qi

戚里 habitat for the nobles

曹魏邺城中专为皇亲贵族居住的坊里。位于邺城的东北部。 (董鉴泓)

期货市场 futures market

按照一定规则买卖代表一定数量商品的期货合同的场所,是现代的商品交易场所。商品经济发达的国家或地区,商品交易所绝大多数是买卖期货合同的场所。我国的一些大城市,适应商品生产、交换的需要,已经建立起各种行业的期货市场。

(谢文蕙)

齐美尔 George Simmel(1858~1918年)

德国著名社会学家和哲学家,形式社会学创导者。1885年被聘为柏林大学讲师,1914年任斯特拉斯堡大学哲学教授。他在很多知识领域都有广泛研究,但学术活动主要是在历史哲学和社会学领域。他认为,社会是由人们之间心的交互作用的网络所构成,这就是社会的本质。交互作用的类型和形式应是社会学主要研究的对象。他认为,生活在环境复杂、节奏快、精神刺激强的城市中的人们,精神负担远比农村居民重,精神异常和犯罪行为也高于农村。主要著作有:《论社会分化》(1890年)、《社会学:对社会交往形式的研究》(1908年)、《社会学基本问题》(1917年)。 (梅保华)

骑楼 colonnade

沿街跨于人行道上空的柱式建筑。常见于多雨之南方,一般与沿街商业建筑结合在一起,其作用:①可为行人遮风避雨;②可提高土地利用率。

(严 正)

棋盘式道路系统

见方格网道路系统(68页)。

企业集团 group of enterprises

若干企业在自主平等的基础上联合起来的、以合作经营体制或股份经营体制为特征的企业组合形态。如联合公司或跨国公司。是社会化大生产的有效组织形式。 (胡序威 陈 田)

起讫点交通 O-D traffic

各交通区起讫点之间相互发出和吸入的交通。因起讫点的英文单词为"origin和destination"取其第一个字母,简称O-D交通。城市中居民出行、公交客流、物流和车辆出行等各种活动都有无数的出发起点,到达讫点和所经过的路径。为便于分析其间交通流动的空间分布特征,常采用简化的方法,将城市用地分为若干个交通区,并设定每个交通区只有一个交通重心,称为起点(即发点)或讫点(即吸点)。本区到外区的客、货、车、人流交通均由该点发出;外区到本区的各种交通也由该讫点吸入。研究起讫点交通是改善现有的和规划相应的道路系统和公交路线网的重要依据。 (徐循初)

绮春园

见万春园(226页)。

汽车拥有率 car ownership ratio

城市、地区或国家,在用的汽车数量与常住人口数量的比值,单位为辆/千人。依用途不同,汽车可分为货运汽车、客运汽车和公共汽车、小轿车等类型,对不同类型的车辆应分别计算其拥有率。第二次世界大战以后,美国、法国、英国、联邦德国、日本等国在经济发展和建设高速公路的刺激下,汽车拥有率迅速增长。 (陈景润)

汽车专用道路 exclusive auto road

只供汽车行驶的道路。不允许其他车辆或动物上路。由于行驶的车辆统一,干扰减少,能提高通行能力。按不同的行车速度要求或汽车类型限定,可有高速公路、公共汽车专用道路等。 (宗 林)

qian

千步廊

明北京城在承天门(即今天安门)前一个丁字形封闭的建筑群两侧的廊庑。在承天门至大明门(即今中华门)之间有一条宽广平直的石板御路,两侧为整齐的廊庑,称千步廊。明南京城的宫门前也有类似的建筑群,亦称千步廊。明中都宫门前洪武街两侧也有左右千步廊。 (董鉴泓)

千里新城 Senri New Town

日本大阪市的卧城,距大阪市中心北部15km。1961年开始建设,1970年基本完工。占地面积116km^2,规划人口15万。新城位于丘陵地带,有良好的自然环境,并靠近大阪国际机场及新大阪车站,有极方便的对外交通条件。住宅用地占全部用地的43.9%,有较多的公园绿地。新城由七条城市干道划分为三个地区、12个面积各为60~100万 m^2 的邻里单位。3~5个邻里单位组成一个地区,有区中

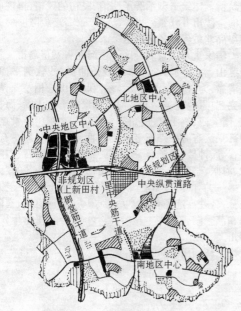

图例：
- 公园
- 服务设施中心
- 绿地、绿道
- 地区中心、近邻住区中心
- 教育设施
- 医院

心。公共建筑分级为：新城中心—地区中心—邻里单位中心。住宅类型丰富，依地形布置，高、多、低层住宅相对集中成片，其中高、多层住宅布置的在中心附近，并有较高的密度。千里新城是日本把城市整体作为一个综合系统加以规划和设计的范例。

(陈保荣)

千人指标　thousand-inhabitant index

见公共服务设施定额指标(83页)。

千山风景名胜区

在辽宁省鞍山市的国家重点风景名胜区。面积72km²。最高峰仙人台海拔708m。有峰峦999座，数近千，称千山。高处俯瞰，峰峦叠翠，如千朵莲花怒放。以万千峰壑、苍松巨石、古刹名寺、松涛林海、飞瀑流泉为胜。千山分北沟、中沟、南沟、西沟四部分，北沟景观较为丰富。有夹扁石、八步紧、天上天、振衣岗、卧虎峰等奇景。冰洞为奇观之一，严寒时洞内喷出热气，酷暑时洞口结冰。第四纪冰川活动为千山平添佳迹——漂砾，如无根石、太极石、聚仙台、法水常流等巨石。千山佛道俱兴，有祖越寺、龙泉寺、大安寺、中会寺、香岩寺和八观、九宫、十二庵。

(王早生)

牵出线　shunting line

设在调车场一端或两端，并与到发场连结，专供列车解体、编组、转线等调车活动使用的铁道线路。

(宗　林)

前景　front view

又称近景。距离观赏者最近的景物。只能看到景物的局部，不能看到整体，通常只起到把视线引导向中景的作用，或作为框景的框架，增加景色的层次。在园林和风景区中游览者可以游动观赏，景物与观赏者的距离只是相对的而不是固定的。

(刘家麒)

钱伯斯(1723～1796年)　William Chambers

建筑师、园艺师。曾两度访问中国，写了《中国园林的艺术布局》和《东方造园泛论》，对中国园林倍加赞赏，他反对古典主义园林，也批评自然风景园，而认为景色如画的中国园林则是英国长期追求而没有达到的，他主张在英国园林中引入中国情调的建筑小品可增添情趣，形成图画式园林。他主持的丘园设计中(1757～1763年)，模仿中国园林手法挖了池，叠了山，造了亭，建了塔，特别是中国塔在欧洲引起轰动，引起了一股中国园林热。王公贵族、富商巨贾，纷纷仿制中国的亭、阁、榭、桥及假山等，成为英国图画式园林区别于自然风景园的重要标志。并被称为"英华庭园"。

(李铮生)

钱塘

见杭州(95页)。

乾隆花园

又称宁寿宫花园。清乾隆四十一年(1776年)建。园南北共160m，东西宽37m，占地5920m²。是清高宗弘历为供其卸位后养老休憩，兴建太上皇宁寿宫的同时，近旁营筑的花园。园分五个部分，其有古化轩、楔赏亭、养性殿、佛堂等十多处著名建筑。各部分分布错落有致，建筑与山石花木交融；曲折游廊和逶迤的山石回转于殿堂亭轩之间，颇具清幽意境。为故宫著名园林之一。

(鲁晨海)

嵌入建筑　fit-in building

在历史形成的建筑群体环境中的一个地块上嵌入的一个或一组建筑。按区划或控制性详细规划的容量、高度、密度、建筑后退等一般规定的基础上，根据城市保护的原则进行城市设计，取得建筑的群体谐调和连续感。

(黄富厢)

qiang

强制性组织　coercive organization

成员是在强力控制下进行活动的社会组织。这种组织的成员只能被动地、无选择地进入组织。如监狱、集中营等。有些组织虽不使用强力，但却在无形的社会传统或社会舆论压力下，成员必须无条件地加入的社会组织，也属强制性组织，如学校、军队。

(梅保华)

qiao

桥亭　pavilion on bridge

建在桥上的亭子。游人可以在亭内驻足休息，观赏河湖的水景。亭与桥相结合的形象多姿多态，又成为园林水景的重要点缀。我国江南地区河道纵横，多有在跨河的桥上建亭以备过往行人休息的。因此，桥亭在江南古典园林中也十分普遍。如扬州的"五亭桥"，桥上建五个亭子与水中倒影上下辉映，形象非常生动别致，成为瘦西湖上著名的一景。北京的皇家园林内为了再现江南水乡景观也有建置桥亭的。颐和园昆明湖上的西堤六桥之中，就有五座呈桥亭的形式。 (周维权)

qin

亲和性 proximity

靠近的若干物体看起来有组成一个整体的倾向性。视觉感知理论用语。物体间距离越近，这种倾向性越强。物质的质量，如色彩、大小、质感等越相似，那么相互结成一体的联系就越稳固。"格式塔"(Gestalt)心理学关于视觉感知的理论已经在建筑中被广泛引用。它的一个基本要点是，必须把人对环境的视觉感知作为一个整体来研究，并且提出了能使人在感知过程中将离散的形象集合成整体模型的四个组织法则。即亲和性，连续性、相似性和封闭性。 (张守仪)

亲近学 proxemics

研究人们交往时，相互间空间尺度的行为科学新领域。亲近学是1966年爱德华·赫尔(Edward. T. Hall)在《隐蔽的尺度》(Hidden Dimension)一书中创造的新词。同时他还申明书中是把人的空间使用方式看作一种特定的深层次的文化现象来分析的。赫尔对德国、英国、法国以及日本和阿拉伯国家中有关领域性，个人空间、人际距离等行为现象作了大量深入的观察，并且从文化传统、民族习俗与社会阶层的角度进行分析比较，提出了有关的理论。 (张守仪)

侵犯行为 offensive behaviour

伤害他人身心健康的行为。可分为敌意性侵犯，即：以给他人造成痛苦和不幸为直接目的的行为；工具性侵犯，即：为了达到其他目的而伤害他人身心健康的行为。 (梅保华)

秦淮河—夫子庙 The Qinhuai River and The Confucius Temple, Nanjing

体现南京古城传统民俗风情和市井文化的旅游风光点和城市商业娱乐中心。秦淮河在六朝时代河身宽阔。淮青桥至镇淮桥地段是统治阶层王公贵族聚居的地方，乌衣巷、朱雀桥、桃叶渡极负盛名。明初设教坊司，成为歌妓集中、富豪享乐的场所。北岸夫子庙原为县学文庙，宋景佑元年(公元1304年)建府学，后三次被毁，现存建筑重建于清同治8年(公元1869年)，明代以后成为商业娱乐闹市。整治后滨河环境美化，重建传统桥、亭、舫、建成庙寺一体的建筑群。建筑造型承袭了明清、民初的风格，再现历史的金陵市井气氛。 (邓述平)

秦皇岛北戴河风景名胜区

国家重点风景名胜区。在河北省秦皇岛市。背倚燕山，濒临渤海。海岸线漫长曲折，沙软潮平，海水清澈，为天然海水浴场。东西联峰山松柏苍翠，峰石突兀，景色优美。北戴河东部景区有金山嘴、海神庙、南天门、鸽子窝、鹰角亭、大东门、小东门等景点。中部景区有海中礁石老虎石。西部景区有莲花石、观音寺、钟楼、桃源洞、福饮泉、如来寺、对语石、韦陀像、海眼、骆驼石等景点。在山海关区有著名的"天下第一关"山海关城墙。有长城东部海上起点"老龙头"。名胜古迹还有孟姜女庙、望夫石、三道关、玄阳洞和燕塞湖。 (王早生)

琴川

见梧桐园(234页)。

qing

青城

见琼林苑(181页)。

青城山—都江堰风景名胜区

在四川省都江堰市的国家重点风景名胜区。青城山以树木葱茏，层峦叠翠，状若城郭而得名。石阶曲径，幽深静远，蔽空绿树，满目浓荫，一派青城天下幽的怡人意境。为道教发源地，称"第五洞天"。全山原有道观70余座，现存38处遗迹。著名的有连福宫、天师洞、三岛石、祖师殿、朝阳洞、上清宫。有天然图画、金鞭岩、石笋峰、丈人峰等景点。可观日出、云海、圣灯。都江堰是两千二百多年前的宏伟水利工程，造福一方。玉垒山建崇德庙，供奉蜀郡守李冰父子。又名二王庙。河中挖出李冰石刻像，2.9m高，4吨重，造于东汉。有安澜索桥、斗犀台、伏龙观、玉叠关等景点。 (王早生)

青岛规划 Qingdao planning

德帝国主义1897年强占胶州湾后，于1900年制定的青岛市城市规划图。其意图是把青岛建成侵略中国的据点及贸易港口。规划配合地形有明确的功能分区，将大港建在胶州湾的内侧，铁路在港区与市区间穿过，以尽端式客站接近市中心区，行政及商业、居住区沿山坡朝南面向大海。道路结合地形为不规则方格形。应用一些欧洲的城市设计手法，将主要建筑如总督府，教堂等建在高处，并成为道路的对景。胶济路及大港建成后，城市发展很快，又于1910年编制"城乡扩张规划"，规划范围增长4倍。日本帝国主义侵占青岛后，在沧口、四方一带建设日资工厂。1922年收回主权，由于环境优美，气候良好，吸引不少官僚、资本家在太平路、八关路一带建造大批别墅。

0 100 500 1 000m

——为1910年以前的规划

大港

小港

德帝国主义占据时期制定的青岛市规划图(1910 年)

（董鉴泓）

青岛崂山风景名胜区

在山东省青岛市的国家重点风景名胜区。包括崂山、市南海滨、石老人礁岩、薛家石沙滩 4 个景区，总面积 479.9km²。崂山为我国近海名山，海水毗连，雄奇秀美。主峰崂顶海拔 1 133m，山上奇峰异石，清泉回流，可观海上云气岚光、壮丽日出等。还有道家宫观、名人诗文刻石等多处名胜古迹。青岛市南海滨景区岬角曲折、丘陵起伏，海岸线长 18km，沿海有观象山、观海山、信号山、鱼山、太平山 5 个登高眺望点和栈桥公园、鲁迅公园、中山公园、天后宫、八大关疗养区、湛山寺、革命烈士纪念堂等古迹名胜，有面积宽阔、沙细坡缓的天然海水浴场，隔海有薛家岛、竹岔岛、琅琊台等景区。 （赵健溶）

青苗费 crop-loss compensation

征用农地，对地上农作物价值的经济补偿。

（严 正）

青年公寓

见青年户住宅(181 页)。

青年户住宅 young couples' apartments

又称青年公寓、鸳鸯楼。供青年夫妇居住的住宅楼。一般由配有厨房、厕所的一室一厅套型组成，可满足青年夫妇婚后数年的需要。楼内常附设一些管理和服务空间，用于公用电话，收发信报、牛奶、存车、洗衣及储藏等。有条件的还有日间托儿所和各种文娱活动室，高层青年户住宅楼前应设有人照看的儿童游戏场，保证儿童室外活动的方便与安全。

（张守仪）

轻轨铁道（车） light rail transit

一种由有轨电车发展成的，一般在地面或高架的路基上、用标准轨距的铁路、以若干轻型车厢组成的电动快速列车客运系统。能承担中等运量，其动力一般由架空触线供电。 （徐循初）

清华园

明代武清侯李伟的别业。在北京海淀区御沟上流，今北京大学西校门对面。为畅春园前身。规模较大，周回数公里。园中以池水为主，筑长堤，植垂柳。另有两所别院。池西北筑山，有水阁。此外尚有楼亭多处。园中禽鱼花木尤为繁盛，花木以芙蕖为最。 （鲁晨海）

清明上河图

表现宋代开封城市面貌的画卷。宋张择端作图。描绘宋代清明时节京城开封汴河两岸的景物，形象地反映了当时的城市建筑和社会生活，图高近尺，长二丈，现藏北京故宫博物院，是一份研究宋代开封城市生活的重要材料。 （阮仪三）

清漪园

颐和园前身。清乾隆十五年(1750 年)，高宗弘历在圆静寺旧址建大报恩延寿寺，十六年(1751 年)将瓮山改名万寿山，并将疏浚后的西湖改称昆明湖。工程历时 15 年，于乾隆二十九年(1764 年)完工。全园统称清漪园。文昌阁至西宫门筑有围墙，其东、西、南三面，以昆明湖水为屏嶂，园内修建亭台楼阁、桥廊斋榭多处建筑。咸丰十年(1860 年)遭英法联军焚毁，仅存铜亭、智慧海、多宝琉璃塔。

（鲁晨海）

清源山风景名胜区

在福建省泉州市北郊的国家重点风景名胜区。包括清源山、九日山、灵山圣墓和西北洋四大景区，面积 50 多平方千米。清源山是闽中戴云山余脉，峰峦起伏，石壁参差，望州亭巨石、罗汉峰等象形岩石遍布全山。山上泉、洞、潭、瀑约有 135 处，水景丰富。山有三峰，中峰有清源洞、蜕岩、紫泽宫诸胜，左峰有瑞像岩、碧霄岩、龟岩、赐恩岩诸胜，右峰有南台岩、弥陀岩、老君岩诸胜。自唐至今，为闽南游览胜地，有"闽海蓬莱第一山"之誉，山上文物及历代名人题刻甚多，宋代老君造像是国内现存最大道教石雕像，伊斯兰教的灵山圣墓被誉为"世界第三麦加圣地"。 （赵健溶）

qiong

琼林苑

俗称青城。宋代著名宫苑之一。宋乾德二年(964 年)始建，为饮宴进士处所。在汴梁(今开封)城西郑门外。太平兴国元年(976 年)，在其北开凿水池，名金明池，是其附园。苑中东南部华觜冈，为政和年间修筑,上有横观层楼。此外,还有梅亭,牡丹亭等建筑,多不胜数。此苑锦石缠道,宝砌池塘,松柏森列,柳锁虹桥,花萦风舸。其详细型制布局不明。 （鲁晨海）

qiu

秋霞圃

在上海嘉定县嘉定镇东大街。建于明代正德、嘉靖年间(1506～1566年)。为尚书龚弘的宅园,故亦称龚氏园。清雍正四年(1726年),改为城隍庙后园,作祭神宴乐之所。后屡遭兴废。园中建筑多为清同治元年(1862年)所建。以水池居中心,南为以土带石的假山,林木葱郁;北部黄石假山,洞壑峭壁若自然。池北三隐堂;池南亭轩隐现于山石花墙之际。曲岸石矶,别具一格。主要种植,以喻意园名,即红枫如霞,木犀之香,银杏之色,老榆之枯喻秋色。 （鲁晨海）

秋园杂佩

杂记。明朝陈贞慧(字定生)所著,全书一卷十六篇,主要记述香木橼、书砚、鹦鹉啄金盅、时大彬壶、湘管、五色石子、折叠扇、邱山胡桃杜鹃、永定海棠等文房四宝,陈设清玩,园艺小品诸物。 （乐卫忠）

球根植物 bulb

指地下部分的根、茎肥大成球形或块状的植物。其肥大的根、茎通常作繁殖的"种子"之用。包括球茎(如唐菖蒲)、有皮鳞茎(如水仙)、无皮鳞茎(如百合)、根茎(如鸢尾)、块根(如大丽花)、块茎(如白头翁)。 （沈 洪）

qu

区段站 depot station

又称机车基地站。位于铁路线上牵引区段分界点处的车站。是运行列车更换机车的地方,故配有为机车服务的机务段。区段站分布距离与牵引方式有关,蒸汽机车牵引一般相距约150km;内燃机车或电气机车牵引相距600～800km。 （宗 林）

区划 zoning

美国城市所采用的一种法令,是将城市界限内土地划分成用途区及地块,规定其使用性质、强度(包括密度、高度,在地块上的位置等限制)的一种立法措施。其实施目的在于保证城市土地的合理使用,按城市规划目标高效有序发展,使每座建筑有足够的阳光、空气和其他卫生条件,鼓励开发商提供公益设施,建筑师遵循城市设计准则并发挥创造个性。区划是城市规划实施的手段,是规划全过程的组成

部分和阶段之一。美国、加拿大部分城市实行区划管理,我国香港、台湾也实行区划。 （黄富厢）

区划法规 zoning ordinance

区划管理实施的法律依据文献,由法规文本和区划图(Zoning map,又称区划图则)组成。各城市法规文本不尽相同,但基本内容包括总则,用途区划分,各用途区的使用性质及相容性,使用强度,基地界限尺度,其他管理要求,术语定义等。区划图则包括地块准确位置、边界、规划用途、区划分类代码及审批,实施,修订日期。 （黄富厢）

区划市区 zoning district

由规划部门按区划规定而确定不同性质的区域。一般指在城市市区内有特定用途的地段或地块。如工业区、商业区、文教区、居住区等等。这种区不具有行政职能。在美国,区划作为一种城市法规,对每个市区的土地都规定具体的允许用途。其目的在于控制及引导房地产的使用和开发。规定中对土地和建筑物的使用性质、建筑物的高度和体积、建筑物的占地面积比例和容积率,以及某一地区的人口密度等作出限制。 （赵炳时）

区划授权 zoning by right

美国城市地产业主有权按区划法令规定用途,包括附带用途,使用其建筑和土地,无须地方区划当局特别批准。 （黄富厢）

区划调整 zoning adjustment

区划规章或用途区界线的变更。由于地区发展情况变化。有必要进行区划调整。一般有三种形式:重新研究区划法规依据因素,针对已发生的问题,对整个法规进行修订;根据实施地区的问题,对法规条款或图则作局部调整;根据地块面积增减,对区划图作局部变更。 （黄富厢）

区划修正 zoning amendment

同区划调整,通常由市议会作出,但区划境界的变化,一般由州议会加以限制,以防滥用权力。 （黄富厢）

区划许可 zoning permit

又称区划许可证。按现行区划法令对土地所有者或开发授权者颁发的土地使用或建筑许可凭证。 （黄富厢）

区划许可证

见区划许可(182页)。

区情分析 analysis of regional conditions

有广义和狭义之分。广义的着重分析该区的生产力与生产关系,经济基础与上层建筑,政治与经济的基本情况和它们之间相适应的程度,并概括出该区的自然、地理、历史、民族等自然的、经济的和社会的多种要素所构成的社会综合体的基本特征、存在

问题及发展趋势;狭义的侧重于分析该区的生产力诸要素贮存状况、配置结构及其发展水平,具体包括自然资源、人力资源、经济技术基础、产业结构、资金条件以及区域经济的组织和管理水平等在内的区域经济综合体的基本特征、存在问题及发展潜力。

（胡序威　陈　田）

区位经济论

见区位理论(183页)。

区位理论　location theory

又称区位经济论或经济空间论。关于经济活动空间位置选择规律的理论。亦即探讨区位因素对经济活动布局的影响过程和经济活动最优区位选择的各种原则。具有微观与宏观两方面内容。微观区位论是关于具体生产部门或经济设施分布地点的优化选择;宏观区位论是关于一国总体生产布局或一地区综合布局的方案优化。区位论思想源于17～18世纪,系统研究首推德国人 W·罗舍尔(W. Roscher)。19世纪以后,德国人杜能(J. H. Thünen)创立了农业区位论,韦伯(A. Weber)创立了工业区位论,使区位论研究更加系统化。后人中以美国学者胡佛(Z. M. Hoover)和德国学者廖什(A. lösch)贡献较大。胡佛修正了运输成本与运距成正比的结论;廖什则提出了最大利润原则及动态"市场圈"的需求圆锥体的理论。20世纪50～60年代,随着行为科学和计量方法的引入,区位理论研究加强了对"内部的区位因素"(如事务合作、个人感应与偏好、心理文化素质与行为)的关注以及通过计量方法探讨区位因素的相互依存关系。随着大量区域规划实践工作的开展,使区位论研究开始朝着时空动态分析、动态模拟和中长期趋势预测方向发展。

（胡序威　陈　田）

区域　region, district

①具有政治、自然、经济等各种不同意义的全球或国土的一部分地域范围。例如行政区、自然区、经济区等。

②城市中一种面的概念。范围大到城区、商业区、工业区,小到一个居住小区。通常受通道的控制。当人们在其内部或从外部观察时能感受到它自身的特性。　　　　　　　　　　　（白德懋）

区域持续发展　regional sustainable development

不同尺度区域在较长一段时期内(如10年、20年、50年)经济和社会同人口、资源、生态环境之间保持和谐、高效、优化、有序的发展。亦即在确保其经济和社会获得稳定增长、满足当代人的需求的同时,谋求人口增长得到有效控制,自然资源得到合理开发利用,生态环境保持良性循环,并不对后代人满足其需求能力构成危害的发展。

（胡序威　陈　田）

区域供热

见城市集中供热(31页)。

区域规划　regional planning

为实现一定地区范围的开发和建设目标而进行的总体部署。是介于经济区划和城市规划之间的一个中间环节。主要任务是:因地制宜地发展区域经济,有效地利用资源,合理配置生产力和城镇居民点,使各项建设在地域分布上综合协调,提高社会经济效益,保持良好的生态环境,顺利地进行地区开发和建设。分区际规划、区内规划二种。前者着重解决区域之间的发展不平衡和区际分工协作问题;后者包括区域内社会经济发展、国土开发利用和建设布局。按规划区域的不同特点,又可分为城市地区、工矿地区、农业地区、风景旅游地区、流域综合开发地区等多种类型。　　　　　　（胡序威　陈　田）

区域合作　regional cooperation

除国际性的区域合作外,国内的区域合作主要指在国家计划指导下,本着互利、扬长补短、合理分工、共同提高的原则,经过有关地区充分协商而建立起来的横向经济联系的一种形式。一般不受地域范围大小和地区经济发展水平高低的制约,具有多层次、多方面和形式多样的特点。主要协作形式有:省(区)际间的合作,如上海经济区;省(区)毗邻地区的合作,如中原(晋冀鲁豫)协作区;省(区)内的合作,如辽中城市联合体;城市间的合作,如长江沿岸中心城市经济协调会。　　　　　　　（胡序威　陈　田）

区域基础设施　regional infrastructure

指分布于城市之间、区域之间的,用于保证国家或地区社会经济活动正常进行的大中型能源、水源、交通、通信及绿化等供应保障系统。具体包括:区域交通网(如铁路、公路及航运干线及港站设施)、区域给排水系统(如大中型灌排干渠、水库、防洪工程及调水工程设施)、区域电力网系统(如大中型水电站、火电站、变电站、高压输电线路等)、区域电信网(如电信程控交换中心,微波载波线路、光纤通信设施等)和以水土保持、环境整治为主的区域绿化系统。

（胡序威　陈　田）

区域经济一体化　regional economic integration

建立在区域差异和地区优势基础上的、代表经济主体利益的地区政府之间为实现某种共同目标、运用政策手段而实现的一种具有较高层次的跨地区或跨国度的经济发展联盟组织。按一体化的地域范围可分跨国一体化(如欧洲经济共同体)和国内跨地区一体化(如德国鲁尔区协作联合会);按一体化的内容可分行为一体化(如"欧佩克"石油输出国组织)和目标一体化(如美国田纳西河流域的开发整治规划)。　　　　　　　　　　　（胡序威　陈　田）

区域开发 regional development

在一定区域范围内进行，以经济发展和建设布局为中心的总体部署。主要内容：①结合地区具体条件和国家发展的需要，确定区域发展的战略目标，包括总体目标及社会、经济、生态目标；②确定区域发展的主导产业和优势产业，并使其他产业的发展及基础设施的建设与其密切配合，促使区域产业结构的优化；③搞好开发建设项目的空间布局，优化区域空间结构；④确定区域空间开发建设的程序、步骤、投资来源和相应措施。 (胡序威 陈 田)

区域科学 regional science

又称空间科学。是以系统论观点揭示区域自然、社会、经济等综合要素及其组合所形成地域分异规律的科学。20 世纪 50 年代由美国经济学家艾萨德(W. Isard)创建。主要研究内容：①人类活动与地理环境的关系；②区域差异；③地域社会经济综合体。其中区域差异是本学科研究的核心问题。研究目标是，从区域发展理论→最佳区位选择→区域发展战略→区域发展模式，最终提出区域发展对策。作为一门新兴边缘科学，它与地理学、经济学、社会学、环境学、规划学和系统工程学等主要学科关于区域研究的内容均有交叉。 (胡序威 陈 田)

区域利益 regional interest

有广义和狭义之分。广义的指区域在国家政治、经济、文化等诸方面的发展中，由自己的贡献和地位所确定的各方面总体权益；狭义的指区域在国家经济发展中，由自己的贡献所确定的经济利益。区际分工中所指的多是后一种含义，体现的是区域的综合、长远的利益关系。不仅与国家利益和其他地区利益相一致，而且是以国家利益和其他地区利益的实现为重要条件。与地方主义在经济上的表现有着本质的区别。 (胡序威 陈 田)

区中心 district center

次于全市性而属于分区级的城市活动中心。是城市各分区的居民从事各种政治、经济、社会、文化活动较集中的地段。一般位于全区适中地方，由一些广场、街道或街区组成。有的具有综合功能，有的单一性质和商业办公中心、文娱设施中心或群众集会场地。规模较小的分区中心可能只是零售商业网点较集中的一段街道，或只是公共建筑前的一片绿地。 (赵炳时)

曲阜 Qufu

位于山东省中部偏南。商代为奄国，西周初周公封于鲁，曲阜作为鲁国都城，经两周历时八百余年。秦置鲁县，汉为鲁国都，隋改曲阜，历代均为县治。春秋末年，孔子曾在这里聚徒讲学，修《春秋》，创立了儒学派。名胜古迹有鲁国故城遗址、孔子故宅、孔庙、孔府、孔林、周公庙、颜庙、九龙山鲁王墓等。为第一批国家级历史文化名城。城区人口 9.1万(1991 年末)。 (阮仪三)

曲廊 zigzag gallery

平面呈曲折形式的园廊。有规整的曲尺形，也有比较自由的折带形，因就于地势或交通的需要而随宜曲折变化，形象生动活泼。曲廊往往围合成一些不规则的空间，增加了园景的深度。人行其中，颇有扑朔迷离之趣。苏州拙政园内的"柳阴曲路"便是一例。随墙的曲廊则在一定的距离上故意拐一个弯而留出小天井，点缀少许山石花木，衬以白粉墙垣，顿成小品景观，尤为楚楚动人。 (周维权)

曲桥 zigzag bridge

平面呈曲折形状的平桥。每一跨一折，一般折成随宜的钝角，也有的折成直角，视跨越水面的大小而成三折、五折、九折，九折及以上的又叫做"九曲桥"，用"九"极言其多。这种桥蜿蜒水面之上，既富于形象的动态和韵律感，又能够延长人们的游览行程和时间，在曲折中变换人们的视线方向，从而更增益步移景异的观赏效果。因此，在中国园林里面普遍运用，尤其常见于中、小型的园林中。

(周维权)

曲水园

又称一文园。在上海青浦县青浦镇东北隅、大盈浦畔。清乾隆十年(1745 年)建。旧为城隍庙神苑，故又名灵园。南部为厅堂祠室等建筑、花墙深院、古木交柯。中部为池，池中植荷，临池设亭轩桥梁；北面为假山，山上设三层阁，可眺佘山、天马山等松郡九峰，并称之"九峰一览"。此外，园中尚有三十六景。 (鲁晨海)

屈普的划区方案 Tripp's precinct scheme

苏格兰交通警察助理总监屈普根据组织社区的思想而创建的一种新的系统来代替那种造成车辆拥挤、加剧交通事故、功能混杂而与地方道路有过多交叉点的城市主要道路网。新的系统采取道路分级、

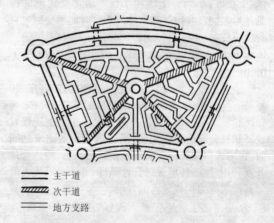

——— 主干道
///// 次干道
——— 地方支路

主次干道与地方支路明显地分开,并且避免沿干道建设房屋。这种高容量、高速度的干道决定了城市的大街坊形式。屈普的主张被那时正在编制伦敦战后重建规划的建筑师们所采用。战后英国考文垂中心区的重建也体现了划区的原则。　　　(沈玉麟)

取水工程　water inlet works

　　将天然水源(江、河、湖泊、地下水)或人工水源(水库)的水引入输水管道或渠道的构筑物。取地下水主要是钻凿水井,用水泵将水抽入输水管(或渠)中;当地下水露出地面时,可修建泉室引水;如地下水埋深较浅,可修建渗渠引水。地表水的取水构筑物形式较多,在河流取水的构筑物,有岸边式、河床式、活动式等;在湖泊、水库取水的构筑物常常是在水库不同的水位分别设进水口,以便在不同水位时都能取用最合适的水。在确定地表水取水构筑物的位置时,应考虑原水的水质、水量、冰冻、航运等干扰因素对取水的影响。　　　(曹型荣)

quan

全景　panorama

　　景观连续不断的全方位视景。　　　(黄富厢)

全市公共活动中心　civic centre

　　又称城市中心。城市中供市民集中进行公共活动的地方。可以是一个广场,一条街道或一片地区。城市中心的功能主要有:政治、行政性的,商业、经济性的,文化娱乐性的等等。在一个城市中,这些不同性质的功能可以相互结合,形成一个集中的多功能的复合中心;也可以按不同功能分别设置行政中心,商业中心或文化娱乐中心。　　　(周杰民)

权威　authority

　　在社会组织和社会群体中,能够使人信从的、非暴力形式的控制力量。德国社会学家韦伯把权威分为三类:传统权威、个人魅力权威、法理权威。

　　　(梅保华)

泉州　Quanzhou(Zaiton)

　　俗称鲤鱼城。宋元时代的重要贸易港口城市。唐代建衙城和罗城。城随地形沿晋江修建,成不规则形,城周10km,有七门,沿城墙遍植刺桐,故别名"刺桐城"。唐以后海上丝绸之路畅通,宋元时来此通商贸易的外国商人达数万人,居住在城南一带,设有"藩坊"。是古代中西方经济文化交流的重要城市。元末发生战乱,城市受到破坏,后因港口淤塞,明清时实行海禁,日渐衰落,明末后大量居民出洋,使泉州成为重要侨乡。今尚存伊斯兰教的清净寺(宋代),还有波罗门、摩尼教寺院等遗迹,还有大量阿拉伯人墓葬及石刻。定为第一批国家级历史文

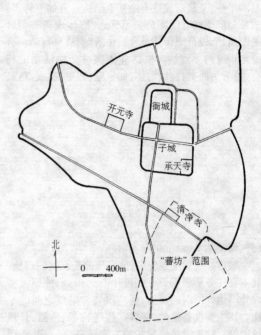

宋元时代泉州城复原想像图

泉州城图(1948年)

化名城。城区人口19万(1991年末),工业有制糖、化工、纺织、食品、电子、塑料等。手工艺以石雕、木偶、刺绣著名。　　　(董鉴泓)

qun

群体　group

　　人们通过直接的社会联系和心理沟通而结成的共同活动的集体。既是人们社会生活与社会活动的

基本单位,又是组成社会的基本结构。有如下特点:成员与群体间有明确的关系标志、群体成员有明确的归属感、成员间保持经常交往活动、成员行动具有一定程度的一致性。根据群体成员交往活动的特点,可分为两类:初级群体,如家庭、邻里;次级群体,

如工厂、机关、学校等社会组织。 （梅保华）

群众 crowd

人们形成的暂时性群体。这个群体具有共同利益或共同兴趣、比较密集,且相互间的互动频繁。

（梅保华）

R

ran

燃气储配站 gasholder station

城市燃气输配系统中,储存和分配燃气的设施。其主要任务是根据燃气调度中心的指令,使燃气输配管网达到所需的压力,保持供气与需气之间的平衡。其主要设备是燃气储罐、压送机、调压器、计量仪表等。储气罐是储配站的主要设备之一,其作用是解决燃气生产和使用之间的不平衡。但一般只用来平衡城市用气的日不均匀性和小时不均匀性。储气罐也可起混合器的作用,将不同组分的燃气在其中掺混,保证燃气成分的稳定,储气罐按工作压力不同,可分为低压储气罐(压力 1～5kPa)和高压储气罐(压力为 400～800kPa)。燃气储配站的站址一般均在市区的边缘,并应符合城市总体规划、防火、防爆、环境保护等方面的要求。 （赵以忻）

燃气调压站 gas-pressure regulating station

城市燃气输配系统中起调节和稳定管网压力作用的设施。由燃气调压器、过滤器、检测仪表、控制装置、安全装置、管道及阀门等组成。按进出口管道压力不同,可分为高中压调压站、高低压调压站和中低压调压站等。按服务对象不同,可分为供应一定范围的区域调压站和供应某一栋建筑或工业企业的用户调压站。燃气调压站的站址应满足防火、防爆要求,与建筑物之间要有一定距离。燃气调压站可以设置在露天、地上的单独构筑物内,也可设在地下室或设在屋顶平台上,但要采取必要的措施。

（赵以忻）

re

热带雨林 tropical rainforest

生长在热带终年湿润地区的常绿森林群落。其景观特征:植物种类多。乔木至少有三层,上层乔木高 30～40m,常有板状根,老茎生花,叶尖滴水现象。

同时蕨类、苔藓、地衣等植物常附生于树木上,藤本植物也特别多。 （沈 洪）

热岛 thermal island

在城市所在地区,由于人口稠密、工业集中,造成温度高于周围农村的现象。城区年平均温度比郊区高 0.6～1.3℃,中心区域温度最高,随着离市中心距离的增加,温度不断下降,至城市郊区,温度则和周围农村相近。热岛现象可以造成局部地区的气象异常。如城市大气温度较高,空气上升,郊区的冷空气随之往城市补充,形成城乡之间的对流,在夜间尤为明显;同时,还会造成城市上空云量和降水量的增加。 （朱祖希）

热电厂 heat and power plant

联合生产电能和热能的发电厂。它是在只发电,不供热的凝汽式电厂基础上发展起来的。同凝汽式电厂的主要区别是汽轮机的构造不同,热电厂装有专用的供热汽轮机组,保证热能和电能联合生产。凝汽式汽轮机组冷凝器的冷源损失很大,约为 40%～60%,因此,凝汽式电厂的发电热效率一般不超过 40%,适当提高汽轮机排汽压力或采用开孔抽汽的方式,利用作过功的蒸汽向发电周围的用户供热,就可使汽轮机的冷源损失全部或部分得到有效利用,从而使热电合供系统的综合热效率显著提高,达到 80% 左右。目前常用的供热汽轮机组主要有两种类型:①背压式机组;②抽汽凝汽式机组;其他类型的供热汽轮机组,都是以上述两种机组为基础组成的,如抽汽背压式机组,凝汽机组低真空运行等。 （赵以忻）

热河行宫

见避暑山庄(10 页)。

热力站 district heating substation

在城市集中供热系统中,供热管网与热用户的连接点(也称热力点)。集中供热管网的用户支管在此终止,热用户的内部供热系统从这里开始。热力站的作用是根据供热管网运行情况和用户的使用要求,以不同的连接方式,将供热管网输送的供热介质

（蒸汽或热水）加以调节、转换,向用户内部供热系统分配,以满足各类用户的需要,同时,对供热量、供热介质的温度、压力、流量等参数进行计量和检测。根据服务对象不同,可分为只供一个用户的单独热力站和供应若干用户的公共热力站;按照连接用户性质不同,分为民用热力站和工业热力站,按照热介质不同,分为热水热力站和蒸汽热力站。在城市集中供热中,公共的民用热力站应用比较普遍。

（赵以忻）

ren

人防工程 civil air defence works

人民防空工程的简称。为防御空袭要求而修建的地下或半埋于地下的民用建筑物。从第二次世界大战前后起,一些国家都各自陆续构筑了许多不同类型、用途和规模的民防设施,如:人员掩蔽部、指挥所和通信枢纽、救护站和地下医院、各类物资仓库以及地下疏散干道和连通道等。有些国家的城市,还将人防工程和城市地下铁道、大楼地下室及地下停车库等建设工程相结合,组成一个完整的防护整体。人防工程应满足防核武器、防化学武器和防细菌武器的三防要求;有些还要求兼防常规武器(炮弹、炸弹)的直接命中的破坏。在有设防要求的城镇。人防工程要根据战时的城镇人口规划、人防工程数量,将工事布置在居民点附近,使在空袭情况下,能尽快进入地下隐蔽。人防工程在加强平时维修保养的同时,要做到平战结合,以战为主,并兼顾平时使用。

（高 霖）

人工环境 artificial environment

城市中人造或人工培育的外部环境。包括人造地形、水域、绿化、旷地空间和建筑空间等。

（黄富厢）

人际关系 interpersonal relation

人与人之间通过交往在认识、情感基础上形成的一种心理倾向及与其相应的行为模式。与生产关系、政治关系、伦理关系等同属社会关系结构中的不同层次。具有微观、直接、注重心理联系的特点。

（梅保华）

人居环境学

见聚居学(129页)。

人口百岁图 population pyramid,age pyramid

又称年龄金字塔图。是一种表现一定时间、一定地域范围(如市区)内人口年龄和性别构成状况的图形。一般以0~100岁(或年龄组)为纵坐标,以男、女性人数(或占总数的百分比)为左、右向横坐标。人口百岁图能表明当前人口的年龄构成和性别构成,揭示人

口出生、死亡及平均寿命等人口自然变动情况,还可以预示人口发展的趋势。

（张文奇）

人口变动 population change

人口状况的变化。通常是指由于出生、死亡、迁入、迁出而引起的人口数量的变化。

（张文奇）

人口分布 population distribution

反映一定地区范围居民的空间分布状况,是城市规划及人口地理学的共同课题。其特点一般表现为两个方面:一是疏密的程度;二是在结构上有城市型居民点和农村型居民点之别。目前世界各国的总趋势是人口向城市集中。量度人口分布的态势,可以用人口密度表示,也可以用人口集聚规模来表述。能否为城乡居民创造适当的生活居住环境,很大程度上取决于人口的合理分布。

（张国全）

人口负增长 negative population growth

由于毁灭性自然灾害、连年战争,或独身人数及婚后不育人数的增多等原因,导致人口数量的绝对减少。人口负增长的数量小于零。

（晏 群）

人口构成 population structure

按性别、年龄、民族、职业、教育程度等特征分类的城市各类人口的组成情况。人口构成表明一个地域在一定时期内经济、政治和文化的发展程度。在城市规划工作中,统计分析人口构成,研究其变化规律,可为确定城市性质、预测城市人口规模和选用适当的城市规划定额指标提供依据。

（刘仁根）

人口规模 population size

一个特定区域内某个时点居住人口的总量。它是反映该区域基本特征的一项重要指标。人口规模的大小及其变化,主要取决于所处区域的社会经济发展状况。在城市规划中,城市人口规模是指某个时点居住在城市地域范围内的人口总量。在我国一般以常住人口的数量进行计算。

（查 克）

人口过密 over‐population

特定地域内人口密度远远超过合理密度的现象。一般以能够有效地促进劳动力与已有资源相结合的分布态势为合理的密度。城市规划中,人口过密是指人口集聚的数量超过了合理的环境容量。

（张国全）

人口过疏 under-population

特定地域内人口密度远远低于合理人口密度的现象,即人口数量达不到合理利用本区域资源的水平,资源相对过剩。城市规划中的人口过疏,一般指城市土地未能得到充分而合理的利用。 （张国全）

人口机械增长 migratory population,mechanical growth of population

城市在一定时期内由各种社会性原因引起的,迁入人口超过迁出人口的人口变化现象。中国城市

规划中涉及的人口机械增长通常指常住人口部分。

(张文奇)

人口净增长　net population growth

由于出生、死亡和迁入、迁出等因素的相互作用,导致人口数量的绝对增加。人口净增长的数量大于零。

(晏　群)

人口劳动构成　labour structure

劳动人口在从事物质产品生产和非物质产品生产中因分工不同而分成的各类劳动人口的组成及其相互之间的比例关系。一般有以下几种分类:按产业划分,可分为第一产业、第二产业和第三产业的职工。按经济活动划分,可分为工业、基本建设、农林水气、交通运输及邮电、商业物资供销及饮食服务业、城市公用事业、科学研究、文教卫生、金融、国家机关及人民团体的职工。按劳动性质对城市发展所起不同作用划分,可分为基本人口和服务人口。在城市规划工作中,研究人口劳动分类,主要包括两方面的内容:一是劳动人口占城镇总人口的比重,二是各类劳动人口之间的比例关系。其目的在于研究各类人口的合理比例,为推算城镇人口发展规模提供依据,为城镇各项事业的发展,生产和生活配套建设创造必要条件。

(刘仁根)

人口老化

见人口老龄化(188 页)。

人口老龄化　serility

又称人口老化或高龄化。指老年人口占总人口的比重较高的一种发展趋势。一般把总人口中 65 岁以上人口所占比重超过 7% 或 60 岁以上人口所占比重超过 10% 的国家,称为进入老年型的国家。人口老化是当前世界上普遍存在的一个社会问题,在发达国家出现较早。严重的人口老化使整个社会需要赡养的老人大增,加重了国家在医疗、保健和社会福利等方面的负担。老龄化社会也向城市建设提出很多新课题。

(张国全)

人口零度增长

见人口零增长(188 页)。

人口零增长　zero population growth

又称人口零度增长、人口零值增长。指人口出生数与迁入数之和等于死亡数与迁出数之和的人口平衡状态。这种平衡是动态的平衡,亦即人口总量不变,它可以表现为人口自然增长绝对增加量,与人口机械增长绝对减少量相平衡;也可表现为人口自然增长绝对减少量,与人口机械增长绝对增加量相平衡。

若排除人口机械增长的因素,仅以人口自然增长为研究对象,当人口出生与死亡数量持平时,即人口自然增长率为零的状态,也称人口零增长。

(晏　群)

人口零值增长

见人口零增长(188 页)。

人口密度　population density

一定地域范围的单位用地内所容纳的居住人口数表示这一地区人口密集程度的综合指标。单位为人口／万 m^2。在城市规划中,人口密度主要指城市人口密度,即单位城市用地内居住的人口数,通常以万人／km^2 为单位。人口密度可分为毛密度和净密度。在居住区规划中,人口毛密度系指单位居住用地内所容纳的居住人口数(居住用地包括居住区中的住宅用地、配套公共设施用地、公共绿地和道路用地等四类用地);人口净密度系指单位住宅用地内的居住人口数。

(吴　晟)

人口年龄分布　age distribution

反映不同年龄层次人口构成的地域空间分布状况。各地区的人口年龄结构反映着地区经济社会发展特点,如新城市青壮年人口比重较高,原有的老城市则老年人口多,相应地引起城市公共设置水平及其种类的变化。

(张国全)

人口凝聚力　attraction for population

由于城市的生活水平较高、基础服务设施较齐全、就业岗位较多等原因,而对其他地区人口所产生的吸引力。人口凝聚力推动了城市化进程。

(张文奇)

人口普查　census

为取得全国或一个地区的全部人口数和人口构成等资料而专门组织的统计调查。普查方法为直接向广大居民作调查。有关调查标准时点、调查项目等都有统一的规定。

中国自 1949 年以来,分别于 1953 年、1964 年、1982 年、1990 年进行了人口普查工作。有些国家每隔十年或每隔五年进行一次人口普查。为了便于进行国际间的比较,联合国有关人口组织建议:希望各国的人口普查工作能在相同或相近的年份进行,如都在以"0"结尾的年份进行。

(张文奇)

人口统计　vital statistics

在特定地域范围内和一定历史条件下关于人口及其变动情况的统计。是管理国家的重要工具和制定各项社会经济政策的出发点。主要内容包括人口数和人口的变化情况(出生、死亡、生育、婚姻、迁移等)以及人口自然构成(性别、年龄)、社会构成(民族、文化教育程度)、经济构成(部门、职业)、地域分布(地区、城乡)等情况。人口统计资料主要来自人口经常登记、人口普查与抽样调查。是国民经济活动中合理分配使用劳动力、确定国民收入积累与消费的比例、进行城市规划和建设、发展各项公用事业和公共事业、检查人口计划完成情况和进行人口发

展预测的重要依据。　　　　　　（张文奇）

人口问题　population problem

人口数量、质量与社会经济、资源、文化等的发展,因失调而产生的一系列问题。不同社会制度下,人口问题产生的原因、性质及解决办法不同;在同一社会制度下,不同时期和不同地理环境中,人口问题的表现形式及程度也不同。　　　　（梅保华）

人口学　demography

研究人口的发展及变动与社会、经济、生态环境等因素相互关系规律的科学。由人口理论、人口统计学和人口分支学科(如人口经济学、人口社会学、人口地理学、人口优生学、人口未来学等)三部分构成。　　　　　　　　　　　　（梅保华）

人口移动率　rate of migration

表明人口迁移变动规模的指数。指一定地域范围内,一定时期的迁入、迁出人数占该地域同时期平均总人口数的比率。计算公式为:

$$人口移动率 = \frac{迁入人数 + 迁出人数}{平均总人口数} \times 100(\%)$$

（张文奇）

人口移动模型　model of population migration

对人口迁移现象和过程中各要素之间数量关系用数学公式所作的一种概括和描述。其中特别要考虑迁移者出发地区和抵达地区分别产生作用的排斥力和吸引力以及两地区之间的距离。

如齐普夫(George Zipf)模型:由 i 地区向 j 地区的迁移量 M_{ij} 与这两个地区人口 P_i 和 P_j 乘积成正比,而与这两个地区之间的距离 d_{ij} 的 n 次幂成反比:

$$M_{ij} = K \frac{P_i P_j}{d_{ij} n}$$

式中 K 为比例系数。　　　　　　（张文奇）

人口预测　population forecast, population projection

对一个特定区域内未来某个时点或某些个时点的人口数量和人口构成状况进行测算,或对未来某段时间的人口发展趋势作出估计。是确定人口规划、国民经济发展计划和各项社会发展计划的基础性工作,为上述各种规划和计划提供依据。人口预测有趋势性预测和计划性预测两种,前者是根据人口发展的自然规律对今后人口发展趋势作出估计,后者同时还要考虑社会经济发展对人口的影响和要求,根据社会经济与人口合理协调发展的要求作出人口的发展计划。

城市规划中的人口预测属于计划性的人口预测。城市人口预测是城市规划的一项重要内容,是确定城市规划人口规模的基础性工作。主要方法有劳动平衡法、年龄组生存法、自然增长率法、带眷系数法和综合平衡法等。目前比较常用的是年龄组生存法

和综合平衡法,在实际工作中,可根据城市的特点和资料搜集的条件,选用适当的方法。　　（查　克）

人口增长　population growth

由于出生、死亡和迁入、迁出等因素的相互作用,导致人口数量增加或减少的变动现象。根据人口增长的绝对数量,可分为人口净增长、人口零增长和人口负增长三种状况。

年人口增长的绝对数量用公式表示如下:

年人口增长量 = 年人口自然增长量 + 年人口机械增长量

= 年末人口数 − 年初人口数

=(本年出生人数 − 本年死亡人数) +
(本年迁入人数 − 本年迁出人数)

（晏　群）

人口职业分布　occupation distribution

反映人口职业构成的地域空间分布状况。它是地区产业结构的一种反映,经常用作判断城市性质的参照标准。　　　　　　　　　　　（张国全）

人口自然增长　natural growth of population

由于出生和死亡因素的相互作用,导致人口数量增加或减少的变化现象。一般地说,它是影响人口增长的最主要因素。

人口自然增长不仅是一种自然现象,也是一种社会现象。社会经济发展水平的地区差异,不同的人口生育政策和管理办法等,均制约着人口自然增长的数量和质量变化。表示人口自然增长变化的绝对数量指标是人口自然增长量,相对数量指标是人口自然增长率。　　　　　　　　　　（晏　群）

人类聚居学

见聚居学(129页)。

人民防空工程

见人防工程(187页)。

人文景物　cultural scenic

风景名胜资源中由人工产生形成的景象和事物。包括古建筑、古园林、摩崖石刻、石窟、古墓、古代工程、古战场等历史遗迹;近现代革命活动遗址、战场遗址以及有纪念意义的近现代工程、造型艺术作品等;有地方和民族特色的村寨、民居、集市、宗教活动传统节日、集会、民俗活动等风土民情。

（刘家麒）

人行道　pedestrian way, sidewalk

供行人步行的路。一般位于车行道两侧,临近建筑物。其宽度包括行人步行道宽度和绿化、地面杆柱杆沿街房基散水等用地宽度。步行道宽度等于一条步行带的宽度乘以步行带条数。步行带条数取决于要求通过的高峰小时人流量和一条步行带的通行能力。我国通常取每条步行带的通行能力为 800~

1 200人/小时,一条带宽约为0.75~1.00m,一般道路平均可取用0.75m,为防止车辆驶入,人行道一般高出车行道0.08~0.20m,常采用0.15m。人行道上的行人步行部分常进行铺砌,为保证表面排水,一般设2%的横坡。　　　　　　　　　（李峻利）

人与环境的整合作用　integeration of people and urban environment

城市环境对人们关于自我、他人、规范、社会反常、价值等概念的产生与发展所具有的极为密切的影响作用。是西方社会心理学的重要观点。

（梅保华）

认识地图　cognitive map

本人画出的自己头脑中对曾去过的某地的印象图。人主要是靠直接经验,在亲身去过某城市或某场所后,经过环境的感知和认识,对所看到的表象重新组织,就会在头脑中形成该地的印象图。由于人们的主观条件不一,每人头脑中形成的印象图和绘制出的认知地图是千差万别的。规划师通过对认知地图的分析可了解什么是人们印象最深的地方标志,人们如何理解该地的空间结构,大多数人以及不同类型的人对该地认识有哪些共同点又有什么特点等等。认识地图方法是1960年美国规划大师凯文、林奇在《城市的意象》一书中提出的,这种方法已经成为规划师们搜集基础资料的先进手段,得到广泛应用和发展。　　　　　　　　　（张守仪）

ri

日本富士箱根伊豆国立公园　Fuji Hakone Izu National Park

被指定于1936年2月,面积1 223.09km²,在神奈川、山梨、静冈等县和东京都境内的日本自然公园。以世界著名的圆锥火山、火山湖沼及温泉、延长190km的火山列岛和东京海滨公园为景观特征。著名景点有富士山圆锥火山孤峰,箱根复式破口火山群,伊豆温泉、伊豆东海岸熔岩台地,伊豆西海岸的洞窟、断崖,三原山、三宅岛的活火山,以及日本最大的海蚀崖——高48m的御藏岛。有富士山原始林、天城山原始林、山猫、鸣禽、海鸟等动植物景观。可进行登山、探胜、滑冰、滑雪、温泉浴、钓鱼等活动。

（刘家麒）

日本日光国立公园　Nikko National Park

被指定于1934年12月,面积1 406.98km²,跨福岛、栃木、群马、新潟等县境的日本自然公园。是日本式风景的典型,日本最高的湿地高原风景。著名景点有白根、那须、男体新火山群、燧、女峰旧火山群,尾濑火山性湿地高原,华严、三丈等瀑布以及湖

沼、温泉等。有寒带针叶树林和湿地高原植物等植物景观。人文景观有东照宫。可进行登山、探胜、滑雪等活动。　　　　　　　　　（刘家麒）

日本庭园　Japanese garden

日本园林初期受到中国文化的影响,尤其是唐宋山水园的影响,但经其吸收融化而发展成特有的园林风格。在奈良时期以中国造园为楷模,流行曲水宴,一池三山的形式;平安时期,在自然优美的平安京有许多受中国宫苑影响的寝殿造式庭园和受曼陀罗构图影响的净土庭园;在军事专政的镰仓时期,禅宗思想流传甚广,产生了以泉池为中心的回游式庭园,并出现了枯山水的禅宗庭园,室町时期达到盛期。桃山时期茶道盛兴,形成茶庭的格局。江户时期有了更大的发展,出现了桂离宫,修学院离宫等著名的回游式园林。明治维新后,也有了欧美式大草坪、花坛、喷泉和园路布局。其园林的布局虽有变化,并形成筑山庭、平庭、茶庭等类型和真、行、草的格式,特别是枯山水庭园,独具一格。而其艺术构思则一贯以再现自然美为依托,在一块不大的地面上表现一幅有自然写实又有象征写意的风景画。　　　　（李铮生）

日比谷公园　Hibiya Park

位于东京繁华的千代田区,面积33.8万m²的日本近代园林。1903年设立,是日本学习欧洲近代公园的代表,有大草坪、花坛喷泉以及会场、音乐台等设施,成为东京群众活动的场所之一。

（李铮生）

日负荷曲线　daily load curve

用户的用电负荷在一天之内随时间变化的曲线。一班制的工厂,主要是白天用电,夜间的用电负荷就很小;三班制的工厂,其用电负荷在一天24小时之内就比较平稳;居民家庭的用电高峰一般在18点至22点之间。总之,不同类别、不同性质的用户其用电负荷随时间变化的规律是不同的。城市用电负荷在一天之内的变化情况,一般可用该城市的日负荷曲线表示,取决于城市各种用户的用电特点及其在城市用电构成中的比重。　　　（武绪敏）

日晷　sundial

又称日规。设在户外利用太阳投影以测定时间的仪器。置于地面、墙面或制作的斜面上,标以时间刻度,竖立有指针,借助太阳照在指针上所产生的影子,以测定时间。原属古时的一种计时方法,如今则成为一种装饰点缀,在庭园中常用此方式布置花坛,即日晷花坛。　　　　　　　　　（章敬三）

日间人口　daytime population

日间在某一地区进行活动的人口。如城市中在日间工作时间集聚在中心商业区上班,下班后离开该区的人口,称为该区的日间人口。　（张国全）

日喀则 Rikaze

位于西藏自治区南部,古称"年曲麦",是西藏地区的中心,十四世纪初大司徒绛曲坚赞建立帕竹王朝,得到元、明政府支持。噶玛王朝时,西藏首府设此。现存建筑基本保持藏族传统风貌。有西藏三大宗之一扎什伦布寺,雄伟壮丽,为历代班禅驻锡之地。城东南有夏鲁寺等。为第二批国家级历史文化名城。日喀则市区人口 2.3 万(1991 年末)。为西藏第二大城,有电力、机械、食品、皮革等工业。手工业发达有氆氇、藏靴、地毡、马具等。 (阮仪三)

日下旧闻考

志书。朱彝尊编辑,窦光鼐、朱筠等增补。朱彝尊(号竹垞,浙江秀水人)博学多识,以布衣入选博学鸿儒科,得康熙帝赏识。清康熙二十五年(1686 年)彝尊奉敕编辑《日下旧闻》,从 1 600 多种古籍中选录历代有关北京的记载和资料,共分十三门,四十二卷,康熙二十七年(1690 年)出书。刊刻后,清廷在北京开始大兴土木,尤其是大规模地兴建苑囿。乾隆三十九年(1774年)敕令窦光鼐、朱筠等加以增补,考证,修编成《钦定日下旧闻考》,乾隆五十二年(1787 年)刻版出书。全书共 160 卷,是有关北京历史、地理、城坊、宫殿、苑囿、名胜等最大最完整的资料选辑,所保存的许多史料极为珍贵。本书记载了康熙中叶至乾隆中叶北京城市的主要变化和建筑情况,特别记述皇城内三海、景山,西郊圆明园、清漪园、静宜园等园囿的布局、建制、景观、建筑名称、居住情况,以及匾对、诗文题咏里所表达的思想。内容详尽,提供了清朝苑囿史第一手资料。

(乐卫忠)

日下尊闻录

清朝宫廷苑囿专记。著者不详,推知是清嘉庆时人。共五卷,451 条,其中苑囿类、名胜类、寺庙园林类计 342 条,包括北京圆明园、长春园、畅春园、静宜园、清漪园、西苑(即中南海与北海)、南苑、御花园、玉泉山、香山、万寿山、燕山,以及承德避暑山庄等。记载翔实,是研究北京历史的重要参考资料。

(乐卫忠)

日月潭风景名胜区

在台湾省南投县的著名风景区。水面面积 7.73km²,为台湾省最大的天然湖泊。水面海拔 760m,水深平均 40m。由相连的两部分组成,东北部较大,略呈圆形,称日潭;西部较小,形似弯月,称月潭。二潭间有一小岛,叫光华岛。"双潭秋月"曾被称为台湾八景之一。湖所在环境高温高湿形成特有的云雾烟霞和植物景观,苍山环抱,白云缭绕,潭水清澈。景区气候宜人,夏季凉爽舒适,为避暑胜地。环湖山中有很多庙宇:潭北山腰的文武庙,供奉孔子、文昌帝君和关羽。潭南山腰有玄奘遗骨,是抗日战争期间被日本从南京掠去,1966 年从日本取回藏于此。潭东南是高山族聚居的地方。潭下游已建有水电站两座。 (刘家麒)

rong

容积率 Floor area ratio(F.A.R)

见建筑面积密度(115 页)。

ru

入托率 ratio of children in nursery school

一个城市或地区在社会或社会各部门(单位)所属托儿所入托的儿童数量与入托适龄儿童数量之比,一般以百分数表示,反映社会福利设施发展水平和社会公共设施的社会化程度,是制定城市规划特别是居住区规划配套公共设施定额指标的依据之一。入托适龄儿童(包括托儿所、幼儿园)系指出生 6 个月后至 6 周岁的学龄前儿童,在我国城市中约占社会总人口的 8%左右。入托率可根据当地的社会经济发展水平和生活水平高低制定。 (吴 晟)

入学率 pupil rate

一个城市或地区实际入学(包括小学和中学)的儿童数量与社会学龄数量之比。反映儿童教育的普及程度和社会经济和人民生活水平高低,是城市规划和居住区规划中制定公共设施定额指标的依据之一。 (吴 晟)

ruan

软空间 soft space

由曲面构成的空间。给人以柔软、自由奔放、亲近的感受,富有生命感。例如顶棚和墙面之间没有明显的区别和界限,能达到浑然一体的境界。

(郑光中)

S

sai

塞得港(殖民时期) Port Said

19世纪英国殖民统治时期建设的埃及港口城市。殖民者为使城市发展从小到大,富于弹性,采用方格形道路骨架系统。城市的建设主要是划分地块,将地块出售给建房者,未提出城市立体构图与各个独立街坊间规划设计的连续性与统一性的要求。

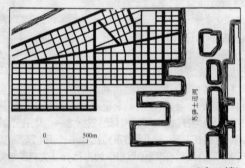

（沈玉麟）

san

三次产业

见第三产业(58页)。

三辅黄图

古地理书。记述秦汉时期京畿附近地区的城池、宫殿、陵庙、明堂、辟雍、苑囿的书。作者佚名,传成书于六朝梁陈年间,也有人认为是唐人作品,全书六卷三十六篇,三辅指当时关中邻近京畿长安的三个行政区,即京兆、冯翊、扶风。书中对汉长安的布局、变迁、皇家园林等记述甚详,是一本研究汉长安城市和中国园林史的重要史籍。 （董鉴泓）

三海

北海、中海、南海的统称。是我国现存规模宏伟的古代帝王宫苑之一。位于北京故宫西侧。初为唐代幽州城海子园址。辽代再修,增建瑶屿行宫。金代,疏浚湖泊、建琼华岛,并运来艮岳遗石置岛山。元代,又加整修,作皇城内西御苑太液池,改琼华岛为万寿山。明代,于太液池南凿南海,又改池上木吊桥为石桥,一分为二,南为中海、北称北海。环海置建筑。清代、于岛上建喇嘛白塔,并层叠寺宇,成今

之规模。三海中以北海为最,水面约 70 万 m^2,占全苑过半。其空间以琼花岛为构图中心,以寺宇建筑层叠,烘托出万寿山宏伟气势。此以寺包山为其时宫苑园林特点。西北峰以五龙亭,静心斋等建筑群与山岛呼应,形成池岛塔寺的格局。中海,水面狭等,两岸植林木,建筑较少,以蕉园为主。南海,水面小而形圆,中置岛屿,名瀛洲;上建涵元殿。为清廷帝室避暑游娱处。 （鲁晨海）

三江并流风景名胜区

在云南省西北部的国家重点风景名胜区。处于横断山脉纵谷地区,金沙江、澜沧江、怒江三条大江在境内并靠奔流 400 多千米。最近处直线距离仅66km。加之无际山野峡谷,形成世所罕见的地貌奇观。风景区分金沙江、澜沧江和怒江、独龙江三个片区。区内高山雪峰横亘,太子雪山海拔6 740m,是云南第一高峰,梅里雪山连绵数拾公里。有澜沧江石登至中排峡谷,怒江双腊瓦底嶂谷等高山峡谷相间并行的大峡谷,澜沧江沿途有欧亚板块和印度板块碰撞的地质现象。中甸县大小雪山丫口有秀丽的林海雪原景观。 （赵健溶）

三来一补

来料加工、来件装配、来样加工和补偿贸易的合称。 （谢文蕙）

三类工业用地 industrial land,class Ⅲ

对居住和公共设施等环境有严重干扰和污染的工业用地。应设在位于城市主导风向下风向和水系下游的独立工业区内,并与居住用地、公共设施用地有一定隔离。如冶金、大中型机械制造、化学、造纸、制革、建材等工业。 （蒋大卫）

三类居住用地 residential land,class Ⅲ

市政公用设施比较齐全,布局不完整,环境质量一般,或是住宅与工业等项目混合布置的居住用地。这类居住地通常是在建设资金不足,规划建设管理不善等条件下形成的,在规划与管理中,应对其进行局部的改造或改善,不适宜在居住用地内设置的项目应迁离。 （蒋大卫）

三清山风景名胜区

在江西省玉山、德兴两县境内的国家重点风景名胜区。包括西华台、三清宫、玉京峰、洞口、梯云岭、玉灵观、石鼓岭等七个景区。面积约 220km²。主峰玉京峰海拔 1 800 多米。群峰罗立,岩壑幽奇,气候宜人,风景秀丽。素有"高凌云汉江南第一仙

峰,清绝尘嚣天下无双福地"之誉。以奇峰异石、泉瀑溶洞、云海佛光、名贵动植物、第四纪冰川遗迹等构成的自然景观丰富多姿。被誉为"黄山姊妹山"。三清山历史上是江南道教圣地之一,三清宫等古建筑古朴壮观。还有道观、牌坊、山门、古墓、台塔、古石桥以及石雕壁刻数十处。 　　　　　(赵健溶)

三资企业

　　中外合资经营企业、中外合作经营企业和外商独资经营企业的合称。都是社会主义条件下的国家资本主义性质的企业,是对我国社会主义经济的必要补充。在法律上都是独立的法人,依据中国宪法和法律,享受应有的权利,履行应尽的义务。它的建立是我国实行对外开放政策的产物,有利于吸引国外资金,引进先进技术和设备,学习外国管理经验和培养人才。 　　　　　(谢文蕙)

散在产业

　　见基础产业(108页)。

sang

桑·伊利亚未来城市　Sant'Elia's Future City

　　第一次世界大战前夕,意大利未来主义者桑·伊利亚发表"未来主义建筑宣言"并绘制了许多未来城市和建筑的设想图。他的城市图样都是庞大的阶梯形的高楼,电梯放在建筑外部。林立的楼房下面是川流不息的汽车、火车,分别在不同的高度上行驶。桑·伊利亚说:"应该把现代城市建设改造得像大型造船厂一样,既忙碌,又灵敏,到处都是运动,现代房屋应该造得和大型机器一样"。

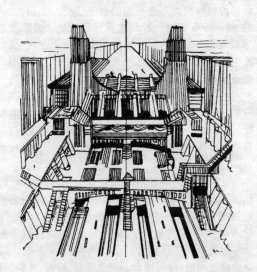

　　　　　(沈玉麟)

se

色叶树

　　有特殊叶色的树种。有的叶色始终如一,如红色的红叶李、蓝绿的翠柏、灰绿的油橄榄。有的则在春秋出现特殊的叶色,如银杏、黄栌、槭树、柿树、乌桕等在秋季叶色转黄或红。园林中常配以一定的色叶树以丰富景色并增添季节感。 　　(沈 洪)

sen

森林　forest

　　以树木和其他木本植物为主体的一种植被。自然形成的称天然林,人工建立的称人工林,天然林未经人工采伐或人为破坏者称原生林,反之经人工采伐或破坏后又自然恢复起来的称次生林。

　　　　　(沈 洪)

森林公园　forest park

　　在大面积的森林环境中,选择部分优美的地段开辟为公共游览、休憩之用,以满足人们接近自然,享受森林资源的要求。现代城市郊区常建有宽阔的森林带,以改善城市的生态环境,可划出部分地区加以改造、修整,使之成为适于人们休息、度假的场地,常设有供野炊、野营的场地、天然游泳场、浴场、划船、漂流、停车场等设施。亦有从全国范围森林资源的综合利用来考虑,选择以大片森林为基础可适度开发供人们游览、观光、野营、狩猎、保健疗养和科学文化活动的地域,设立国家森林公园。如张家界国家森林公园,远离城镇,则需考虑食宿等问题。

　　　　　(李铮生)

森林景观　forest landscape

　　森林具有丰富的植物景观,按地带分主要有热带雨林,亚热带常绿阔叶林,温带落叶阔叶林和寒温带针叶林等类型的景观。按郁闭度分,则有林中空地,带草地的幼林,疏林地,稀疏林地和郁闭林等景观。它们都是园林设计中经常模仿和采用的基本类型。 　　　　　(沈 洪)

sha

沙里宁　Gottlieb Eliel Saarinen(1873～1950年)

　　美国杰出建筑师、城市规划家、有机分散理论和现代城市设计的倡导者。1873 年生于原籍芬兰,1923 年移居美国,1925 年创建匡溪艺术学院,任院长并创办建筑与城市设计系。除建筑设计上的突出贡献外,他的主要规划成就有赫尔辛基近郊盂克斯纳斯—哈加规划(1910~1915 年)、爱沙尼亚拉弗尔城规划(1913 年)、大赫尔辛基规划(1918 年)、芝加哥和底特律河滨改建规划(1923~1924 年)和密歇根州维罗伦市中心规划(1942 年)等。他的代表性著作有《城市—它的发展、衰败与未来》(1943 年)和《形式之探索:艺术的基本途径》(1948 年)。他首创有机分散理论,主张把城市有机地分解和组合成城市的各个区片,并要求动态设计和布局灵活性,以适应城市有机体的生长。在城市设计方面,他致力于完善建筑群体组合以恢复城镇建筑秩序。

(沈玉麟)

shan

山庄 villa

建于山上或藏于群山环抱中的住宅或别墅的雅称。

(李铮生)

扇形模式 sector model

城市地域结构的一种理论模式。1939 年由美国学者霍伊特(H.Hoyt)提出。它根据对北美 142 个城市房租指标的研究分析,认为旧的同心圆模式并不完全符合当时城市的实际情况。他认为城市的发展是从城市中心出发,沿着主要交通干线或障碍最小的方向呈扇面状向外延伸,而且高租金居住区是形成城市土地利用结构的基础。该模式自中央商务区向外,分出批发商业和轻工业区、低级住宅区、中级住宅区和高级住宅区等几个扇形区。

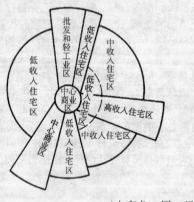

(史育龙 周一星)

shang

商埠区 treaty trading district

外国根据一些不平等条约,强迫中国政府在一些城市中开辟的通商贸易地区。商埠区内的外国人有一定的特权及势力,有的设有管理机构,但名义上并无行政管辖权,也无治外法权。 (董鉴泓)

商流 commercial distribution

在商品流通过程中,通过交易发生的商品价值形式的变化和所有权的转移。如预先订货、签订合同、买卖商品、计价结算等使商品成交的活动。商流和*物流是商品流通的两个方面,商流是物流的前提,商流搞活,才能使物流迅速周转。城市经济管理应广开商品流通渠道,减少流转环节。 (谢文蕙)

商品交换 commodity exchange

商品的相互让渡和转手。它以社会分工和生产资料、劳动产品属于不同的所有者为前提。

(谢文蕙)

商品经济 commodity economy

劳动产品为交换而生产、各个生产部门通过商品交换而联系起来的经济。产品进入流通领域,以价值规律为基本经济规律。 (谢文蕙)

商品流通 commodity circulation

以货币为媒介的商品交换。在商品经济条件下,商品的流通是商品生产和消费之间的中间环节,是经济活动的重要阶段。 (谢文蕙)

商品生产 commodity production

不是为生产者自己消费,而是为了交换而进行的生产活动。 (谢文蕙)

商品住宅 commodity housing

按市场价格出售、出租的住宅。其价格中除包括成本外还包括有税收和利润。 (严 正)

商丘(县) shangqiu

位于河南省东部。汤在此建商国,北魏、南宋做过帝都,秦置睢阳县,自汉以后历为郡、州、府治。现县城始建于明,称归德府,城池外圆内方,城墙、城河及城堤保存较完整,城内路网格局、四合院民居基本保持传统风貌。古迹有阏伯台、三陵台、文庙、壮晦堂、清凉寺等,还有梁园、文雅台等遗址。为第二批国家级历史文化名城。商丘县人口 1.2 万人,属商丘市辖。陇海铁路经此。 (阮仪三)

商业城市 commercial city

以商业、金融、贸易等为主要经济活动的城市。但实际上纯商业城市很少,一般多具有其他经济职能。 (赵炳时)

商业服务业用地 land for commercial and service facilities

城市中经营商业、服务业所需的建设用地,包括:综合百货商店、超级市场、经营各种食品、服装鞋帽、纺织品、医药用品、日用杂货、五金交电用品、文化体育用品、工艺美术品、煤炭石油、建筑材料等专业零售批发商店及其附属小型工场、车间和仓库等商业设施用地;经营饮食、照相、理发、浴室、洗染、日用修理等服务行业设施的用地;有独立地段的旅馆、招待所、度假村及其附属设施的用地;有独立地段的农贸市场、小商品市场、工业品市场和综合市场等用地。　　　　　　　　　　　　　　　　　　(蒋大卫)

商业街　shopping street

又称购物街。一种线形的购物空间。由古老的沿街摊贩变为常设的商业建筑,布置在街的两侧或一侧。人们边走、边观赏。见到中意的物品可随时购买,是一种最普遍的购物空间形式。商业的柜台、橱窗和入口面向街道,是人们购物、通行、观赏的空间。为不干扰购物活动,商店的仓储和货物运输通道设在后边。　　　　　　　　　　(白德懋)

商业区　commercial district

城镇中全市性或分区级商业网点比较集中的地区。由传统的露天市场和沿街摊贩演变而成。小城镇往往位于中心一条街或一个市场,大中城市则是互相连通的几条街和若干市场。大城市也可有若干个商业区。那里设有综合商场、专业商店、餐馆、旅馆、影院、银行、邮局等,是居民进行购物、娱乐、饮食的活动中心,也是外来旅客游览购物的场所。在城市规划上这是功能分区的一种划分形式,泛指城市中商业设施比较集中、商业活动频繁的地段,一般由商业街道、商业街坊、大型商场或贸易集市广场组成。　　　　　　　　　　　(赵炳时　白德懋)

商住楼

见居住综合楼(129页)。

上城(区)　uptown

城市中远离中心闹市的地区。在美国,一般指非商业活动地区的住宅区。　　　　　(赵炳时)

上海　shanghai

上海是我国近代工业科技、文化中心和国际港口城市,全国直辖市。唐天宝间设华亭县,宋设上海镇,元置上海县。近代许多重要历史事件都发生在这里,如小刀会起义、五卅运动、上海工人三次武装起义、淞沪抗战等,这里也是中国共产党诞生地。革命遗址有中共一大会址、孙中山故居、鲁迅墓、宋庆龄墓、龙华革命烈士纪念地等。文物古迹有龙华塔、松江方塔、豫园、秋霞圃、唐经幢等。上海外滩及许多各式外国风格近代建筑和里弄建筑在建筑史上也具有重要价值。为第二批国家级历史文化名城。上海市区人口752.8万(1991年末)。是我国最大的工业基地,国际和国内贸易中心。钢铁、机械、造船、电子、纺织、医药等工业都占全国重要地位,并建有金山石化总厂,宝山钢铁总厂等大型工程。有许多科研机构和高等学校。　　　　　　(阮仪三)

上海城隍庙　The Temple of City God, Shanghai

上海市的建筑文物及商业游览胜地,是市民及旅游者向往的购物、观光场所。以小商品特色和风味小吃闻名。庙始建于明永乐年间,嘉靖年间重建。万历年间在庙后筑豫园。乾隆末再修庙宇、内园及豫园的建筑。光绪十九年(公元1893年)重修部分建筑。辛亥革命后上海商业发展、四周街弄争设小商品及工艺品加工场,日趋繁华。1924年毁于火灾,两年后全部修复。1949年及1958年又整修庙宇及园林,焕然一新。1994年石其外围又进行了大规模扩建。　　　　　　　　　　(邓述平)

上海都市计划(一、二、三稿)

1947～1949年间上海制定的城市总体规划。1945年抗日战争胜利,当时的市政府于1946年8月成立都市计划委员会,制定都市计划(一稿),内容包括大上海区域计划及上海市土地利用计划和干道系统计划。在现有市区外围设一绿化及农田环形地带。在其外发展新区,新区按卫星城方式布置,在乍浦及吴淞建新港,道路按功能分类。1947年5月又修改完成"大上海都市计划总图报告书"(二稿),适当提高人口密度,以免市区范围过大;对铁路、港口等技术问题又作了详细研究;还按照"邻里单位"作了改建闸北西区的详细规划。1948年后又经过详细研究,在1949年6月上海解放前夕完成了(三稿),提出疏散市区人口,提高绿地比重,拟定南北快速干道系统,在吴淞蕴藻浜建造集中的挖入式新港。外围各分区单位均有工业及居住区,以免人流过分向市中心区集中。这次规划由当时一些欧美留学回国的专家参加工作,主持此项工作的有当时工务局局长赵祖康,专家有金经昌、程世抚、钟耀华、黄作

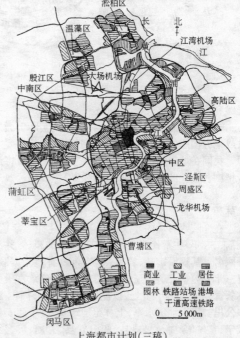

上海都市计划(三稿)

桨、鲍立克(Richard Paulick)等。规划中传播了当时较新的规划理论,如有机疏散、卫星城镇、邻里单位、快速干道系统等,对国内以后的规划有一定影响。

(董鉴泓)

上海新市区规划

1927～1929 年间制定的上海新市区规划。1927 年国民党政府定上海为特别市,并于当年 11 月设立设计委员会。1929 年提出上海新市区规划及中心行政区规划,这个规划是在无力收回租界的情况下,在黄浦江下游江湾,殷翔路一带建新市区。在吴淞口建港,在虹江口建码头,建真如到蕴藻浜的铁路。新市区内设行政区、商业区、住宅区。道路纲采用小方格与放射路相结合的方式,中心行政区则采用中国古代城市传统的轴线对称方式。新建的市政府大楼、图书馆、博物馆及体育场等则采用中西合璧的"中国民族形式"。这个规划除修建部分道路及行政中心的几座建筑外并未实现。

(董鉴泓)

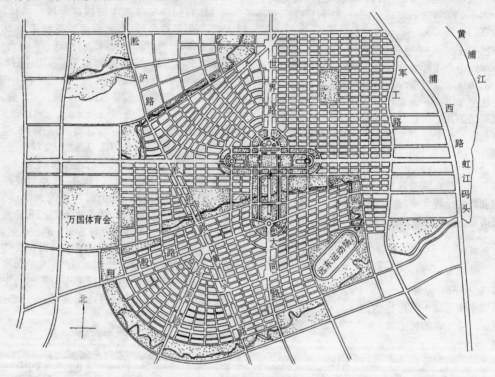

上海市中心区规划道路系统图

上缴利润 profit submission

全民所有制的国营企业在报告期内实际上缴中央或地方国库的利润数。是国家财政收入的主要来源。我国在城市经济体制改革中进行利改税,将逐步把国营企业的上缴利润,改为缴纳税金。

(谢文蕙)

上林苑

在今陕西省境内。汉武帝刘彻于建元二年(公元前 138 年)在秦代旧苑址上扩建而成的园林,并沿袭原名。其规模宏伟,宫室众多,苑内有苑。据载,有三十六苑、十二宫、三十五观。其中以建章宫最为称著。苑内池沼十多处,以昆明池为最广,周围 20 多公里。用于训练水军,上林苑地跨长安(今西安)、咸宁、盩厔(今周至)、户县、蓝田五县,有霸、浐、泾、渭、丰、镐、潦、潏八水贯穿其中,广 150 公里。苑中多畜奇兽,有虎、象、白鹿等;植千余种名果异树,如:桂、龙眼、荔枝、山姜、菖莆、槟榔、橄榄等。是宫廷游乐、狩猎和宴赏的大型自然山水景物的皇家苑园。

(鲁晨海)

上水道工程

见给水系统(110 页)。

shao

勺园

建于明万历三十九年至四十一年(1611～1613 年),为米万钟宅园。在北京海淀区今北京大学校园内。现已无存。因淀水滥觞成一勺池水,米氏依水筑园,故名勺园。园有 667 万 m²,以池水为主,配以曲堤、小径、桥梁、垂柳、白莲以及楼台榭舫,构成景色迷离的秀园。园中主要建筑有:定舫、翠葆楼、勺海堂等。另有桥二座,一称缥云;一称透迤梁,为曲桥。此园虽小,一望尽水;以长堤飞梁,幽亭曲榭巧妙点置,植高柳掩掩,烟水迷离。　　　　(鲁晨海)

绍兴　shaoxing

位于浙江省东北部杭州湾之南,春秋战国时为越国都城,秦汉置山阴县,南宋置绍兴府,明、清为绍兴府治。绍兴素以文化之邦著称,历史上人才辈出,名流荟萃。传说夏禹治水曾到过这里,并葬于此,秦始皇东巡到会稽立刻石颂秦德。著名大书法家王羲之在此写下杰作《兰亭集序》,唐代的李白、杜甫都曾到过这里。近代著名革命家秋瑾、徐锡麟、文学家鲁迅、教育家蔡元培均诞生在这里。文物古迹有禹陵、禹庙、兰亭、宋六陵、秋瑾故居、鲁迅故居、周恩来祖居、越王城遗址、青藤书屋、沈园等,东湖池水清澈、风光秀美。为第一批国家级历史文化名城,绍兴市区人口 18.1 万(1991 年末),工业有轻纺、钢铁、酿造等,并以"绍兴酒"和珠茶著称。　　(阮仪三)

she

设计等高线　designed contour

在建设地区内,经地形设计选定高点和根据排水趋势设计地形后,将用地各边建筑控制线(或红线)上的点和该地区内设计高度相同的点相连,形成的等值线,亦称规划等高线。由此而形成等高线地形图,又称竖向规划图。　　(管元馨)

设计力　design force

影响和制约设计的力。城市范围内各种动力相互作用的运动系统是建筑设计的支配性组织力量。例如一座建筑向空间挺伸出一条能量的空间甬道,作为建筑设计构图中的主要影响力而存在,对一切与之有关的形体的设计和定位形成一种戒律,同时也推动一股强大的力。冲击着在它范围内或它所影响的空间中来往的人们的情感,北京、费城、巴黎的中轴线存在着这种力量。　　(黄富厢)

设市规划　city-establishing planning

对区域在一定时期内设市的发展目标、顺序和布局的战略部署。是设市工作逐步实现科学化、规范化和法制化管理的重要依据。内容包括:在区域国民经济发展及区域城市化水平分析、预测基础上,①通过对设市条件的单因素及多因素分析,对不同规划期内城镇发展潜力进行分期预测评价;②对设市标准中的主要测度指标进行单项预测,并确定近、中期达到设市标准的城镇预选库;③根据城镇地域分布及用地布局形态特征,进行合理的设市模式选择;④时序调控,即按照城市化与地区经济发展相适应的原理,合理确定不同规划期的设市数量;⑤地域调控,即结合地区经济发展方向和城镇体系规划,对新设城市做出合理的地域安排。

　　(胡序威　陈　田)

设市模式　city-establishing

设立市建制行政管理区域所采取的基本形式。我国现行城市设置主要采用:①设市撤县。一般适用于县城设市,并将原县管辖乡、镇改由市管辖。如荣成市、莱州市;②设市撤镇(又称"切块设市"),多数为非县城专业性城镇设市,如工矿城镇、交通枢纽城镇等,其对外经济联系多具远向性,直接腹地范围较小,尤其是地处几个县界附近的城镇设市时,一般是切出一定区域作为城市的郊区,如奎屯市、青铜峡市;③设市辖区,多为适应中心城市向外发展的需要而采取的一种整县改区模式,如烟台市的福山区、青岛市的崂山区。　　(胡序威　陈　田)

社会变迁　social change

社会组织、社会关系、社会结构等的变化过程及其结果。这个变化是在生产力与生产关系矛盾运动的推动下和人口、环境、制度、文化等多种因素影响下发生的。人类生活的历史就是社会变迁的历史。
　　(梅保华)

社会动机　social motive

直接推动社会成员的个体活动以达到一定目的的内部动力。个体活动必然要体现在人们的行为中,而从人们行为的方向和内容上,又可推断出其动机的社会意义,这就是社会动机的重要性。包括:内部动机,即完全由内部刺激(如对活动的浓厚兴趣)引发出的动力;外部动机,即由外因的刺激诱发出的动力;初级的原发动机,即由生理需要激发的动力;习得的社会性动机,即在初级动机基础上和一定的社会生活条件下形成的高一级动机。　　(梅保华)

社会反常　anomie

西方社会学又称之为社会失调、社会病态,我国社会学则称为社会问题。由于社会关系结构失调而引起的社会生活不能正常进行乃至社会进步发生障碍与偏差的社会现象。这种社会现象很难及时消除。　　(梅保华)

社会分层　social stratification

人们生活在社会中,由于经济地位、生活水准、职业地位、生活方式、文化程度以及种族、信仰等等相同或接近而形成不同层次的现象。在城市中,同一层次的人往往生活在同一或相接近的空间位置上,对城市设施的要求也是相似的。　　(陶松龄)

社会规范　social norm

用以约束人们行为,协调人际关系,维护社会秩序,提高社会文明的行为准则。包括道德规范(舆论性的)和法制规范(强制性的)两类,是人类精神文明的组成部分,一般表现为信念、传统、时尚、习俗以及纪律、法律等形式。具有历史性、地域性、民族性,以及鲜明的阶级性。 (梅保华)

社会规划 social planning

对整个社会发展事业在总方向、大目标、主要步骤及重大措施等方面所做的"设计蓝图"及其实施过程。这是实现预测性建设计划的社会运动。社会愈发展,社会规划内容也越丰富,也日益显示出其必要性和重要性。 (梅保华)

社会化 socialization

一般是指社会活动在科学分工基础上的统一化、集中化、标准化,以及由此体现的社会结构和机制的优化。是社会进步的必然趋势。社会学则是专指自然人成长为社会人的过程。这是一个不断学习、积累经验、逐渐成熟的贯穿人一生的漫长过程。任何社会和时代的每个人都必然要经过社会化过程,但不同社会和时代的人其社会化的具体内容和形式不同。 (梅保华)

社会环境 social environment

存在于个体之外,为个体的活动和发展创造时空条件的一切社会因素的总称。生活方式、思想体系、社会规范、道德风尚、等级制度、人际关系等,都是社会环境的重要组成部分。随着社会发展,社会环境也不断变化。 (梅保华)

社会交往 social contact

家庭以外不同社会成员之间的来往与接触。人的基本需求之一。其方式因不同年龄,不同人数以及不同的社会群体而有差别。现代通信交通事业的发展也为社会交往带来了变化。 (张守仪)

社会结构 social structure

不同层次的社会关系以较稳定的联系方式形成的网络体系。社会的经济基础与上层建筑是社会的基本结构,它从根本上决定了社会中人与人的相互关系,也就决定了其他社会结构,如人口结构、家庭结构、民族结构、文化结构等。 (梅保华)

社会控制 social control

社会组织运用各种社会规范对其成员的社会行为施加约束以及社会成员间相互批评监督的过程。对一般社会行为约束是广义的社会控制,对犯罪和越轨行为的惩办、纠正、预防是狭义的社会控制。 (梅保华)

社会类属 social category

在分类系列中,同一等级、同一集团、同一类型的特征相似的一群人。他们没有组织、没有互动、没有形成群体,但却是促成群体出现的重要因素。比如老年人这个社会类属,由于特点和需要相同,便可能成为促使老年人社会组织产生的因素。 (梅保华)

社会流动 social mobility

在一定的社会分层结构中,人们社会地位的变动以及空间位置的移动。不是社会阶级结构的根本变化,只是社会阶级结构和分层结构的量变过程,但对整个社会结构也产生重要影响。 (梅保华)

社会认知 social realization

对他人的心理状态、行为动机和意向作出推测与判断的过程。这个过程,要有所依据,如认知者的过去经验和有关线索;认知者对信息进行加工处理的思维活动。 (梅保华)

社会态度 social attitude

反映社会大多数成员价值取向心理的行为趋势。价值是指态度的对象对人们的意义。人们对某个事物所具的态度,取决于该事物对人们意义的大小,亦就是事物价值的大小。 (梅保华)

社会停车场库用地 public parking space

又称公共停车场用地。在道路以外独立地段上,为社会上机动车和非机动车设置的露天或室内停车场地。主要设在市中心、区中心及城市对外出入口附近,选址时要注意对环境的影响,有条件时,可利用地下空间,在用地不足的地区也可建多层停车库,以节约用地。 (蒋大卫)

社会系统 social system

社会成员之间、社会组织之间以及社会成员与社会组织间,相互依赖又相互作用而形成的社会结构整体。整体性、综合性、层次性是社会系统的特点。城市社会中这个特点更为突出。当代社会学家都把社会作为这样一个系统进行研究。

(梅保华)

社会现象 social phenomenon

基于不同目的,采取不同方式的人与人之间交互作用本质的外部体现。包括两个方面:人与人之间的行为,即社会行为现象;人与人之间的关系,即社会关系现象。其具体形态复杂多变。

(梅保华)

社会需要 social need

整个社会生存发展的要求内容、满足方式、价值取向等的综合状态。不是个人需要的机械加减,而是个人需要的集中表现。具有一定的普遍性与整体性。比如,稳定、现代化、社会化等,都是目前中国的迫切的社会需要。 (梅保华)

社会主义集体所有制经济

见集体经济(109页)。

社会组织　social organization

人们按照一定目的、形式、原则,为实现特定目标而组成的共同活动的群体。如企业、学校、医院、商店、研究所、政党等。是社会稳定关系的网络,是社会秩序的基础。社会组织的内部结构和功能,为适应社会需要而不断调适。

(梅保华)

社稷　Gods of Earth and Grain

古代帝王诸侯祭土神和谷神的祭坛。社祭土神,稷祭谷神。二坛同在一大坛上,分坛合祭。周王城中有"左祖右社",社即社稷坛。北京社稷坛,明永乐十九年(1421年)建。为明清二代皇帝祭土地及谷神处。也泛指一个王朝统治的象征,包括整个土地,人民及王室传统,如"社稷为重,君为轻"。 (董鉴泓)

社区　community

活动于一定地域之内的人类社会生活共同体。这种共同体是以一定生产关系和社会关系为基础,并具有一定文化特点的行为规范和生活方式。最早是由燕京大学社会学师生译自英文的西方社会学概念,现已成为社会学研究的重要对象之一。

(梅保华)

社区参与

见公众参与(85页)。

涉外区

城市中专设的对外办事机构或外国使、领馆集中的用地范围。国际贸易港口或对外开放口岸城市中包括海关、边防、港监、水上公安、卫生检疫、动植物检疫、商品检验等边防部门;银行、保险、贸易谈判楼、商品展销、外轮理货、外轮代理公司等外经贸部门;外轮供应、船舶检验等后勤部门;以及文化生活部门。在城市中可集中布置,也可按各类部门的特点分区布置在港区邻近或离港区有一定距离、交通便利的地段。 (宗　林)

歙县　shexian

位于安徽省南部。秦代设县,自唐至清历为州、府郡治。城池始建于明,现保存南、北谯楼及部分城垣。城内有大量明、清住宅及庭园,一些街巷还基本保持着明、清时代风格。文物古迹有许国牌坊、李太白楼、长庆寺砖塔、棠樾村牌坊群、新安碑园、明代古桥等。还有歙砚、徽墨等传统工艺品。为第二批国家级历史文化名城。皖赣铁路经此。有茶叶和徽墨、歙砚等驰名国内外。 (阮仪三)

shen

神林　Stadt Wald

又称圣林、神苑。指种植在神庙周围的森林。早在古埃及、古希腊即已有之。特别是古希腊,颇多神殿周围均有浓密的林地,以增加神庙的神秘和肃穆感。并发展为祭祀神林作为宗教礼拜的主要对象。所用树木均为绿阴树,著名的希腊阿波罗神庙周围就有60~100m宽的神林遗迹,宙斯神庙的神林中陈列了许多雕像。这种神林在欧洲颇为流行,其林地由于神庙而常得以保存。 (李铮生)

神苑

见神林(199页)。

沈阳　shenyang

辽宁省省会,位于该省中部。汉代建侯城,辽、金时为沈州,明代在金、元旧城址上重建沈阳中卫城,1625年清太祖努尔哈赤迁都沈阳,扩建城池,是清人关前的政治中心。文物古迹有沈阳故宫、北陵(昭陵)、东陵(福陵)、新乐遗址、永安石桥、塔山山城,以及革命纪念地抗美援朝烈士陵园、周恩来少年读书处等。为第二批国家级历史文化名城。沈阳市区人口365.4万(1991年末)为东北地区最大综合性城市之一,工业以机械为主,电力、化学、冶金、建材、纺织等也很发达,有科研机构和高等学校。

(阮仪三)

sheng

生产防护绿地　productive green barrier

为城市绿化提供苗木、草皮、花卉的园林生产用地,和具有改善环境卫生和安全隔离作用的防护林带及其他形式的防护绿地的总称。 (蒋大卫)

生产绿地　nursery gardens

为城市园林绿化提供苗木、花草、种子的苗圃、草圃等绿地。 (李铮生)

生产性建设　productive construction

直接用于物质生产或直接为物质生产服务的建设。主要包括:工业建设、农村水利建设、运输邮电建设、建筑业建设、商业和物资供应建设、地质资源勘探建设。生产性建设形成固定资产,为国民经济各部门提供生产能力和效益,是提高国民经济技术水平和调整产业结构的重要手段。 (谢文蕙)

生活污水　domestic sewage

人类生活活动所产生的污水。包括:冲洗粪便水、洗涤水、盥洗水等。产生于住宅、学校、饭店、旅馆、医院、文化娱乐设施等场所。含有无毒的无机盐类、有机物类和病原微生物等。排入水体,会消耗水中的溶解氧,造成水体缺氧,影响鱼类生存。污水中丰富的氮、磷等营养物质,使水体中浮游生物和藻类大量繁殖,造成水体富营养化。其中的病原菌还会造成传染病流行,危害人民身体健康。

(罗廷栋)

生活性道路

主要功能为满足居住生活活动要求的道路。主要为居民购物、游憩、文化娱乐生活等活动服务。要注意交通方便及与车辆交通的矛盾。　（李德华）

生态平衡　ecological balance

又称自然平衡。生态系统发展到成熟阶段，其能量和物质的输出和输入、生物种类的组成和各个种群的比例都处于一种相对稳定的状态。一般认为，凡生物种类最多、种群比例适宜、总生物量最大，其生态系统的内稳性亦最强。这是因为生态系统内部的能量流动和物质循环可以通过多种渠道进行，即某一渠道受阻，其他渠道可以起代偿作用。影响生态平衡的自然因素有火山喷发、地震、泥石流、雷击火灾等等。它们都能在很短时间内使生态系统遭到破坏，甚至毁灭。但是应该说，这种破坏和影响出现频率并不高，在地域分布上也有一定的局限性。影响生态平衡的人为因素包括大面积森林植被的毁坏，引进或消灭某一生物种群，某些大型工程的建造，以及在工农业生产过程中排出的有毒有害物质，或向农田中喷洒大量农药等等。这些都会使人类生态环境的质量下降，甚至威胁人类的生存和发展，出现生态危机。这种当外界的干预因素影响超过了生态系统自动调节能力，使生态系统的结构和功能遭到破坏的现象，即为生态失调或生态失衡。　（朱祖希）

生态失衡　ecological unbalance

见生态平衡（200页）。

生态系统保护　protection of ecosystem

维护和促进生态系统内部结构和功能的完善化，使之获得最优化协调，以实现生态系统的相对平衡。也就是说，保持生态系统中的能量和物质在生产者、消费者和分解者之间不停地流动、转化，自动地向着生物种类组成多样化、结构复杂化、功能完善化方向发展。保证有足够的时间和相对稳定的环境条件，促使生态系统进入成熟阶段，其能量和物质的输入、输出、生物种类的组成和各种群间的比例都处于较长时期的相对稳定状态，即生态平衡状态。　（朱祖希）

生育率　fertility rate

又称总生育率、一般生育率等。通常指一年内出生的活婴儿数与同期育龄妇女数之比率。它是反映育龄妇女生育频度的相对指标之一。生育率用公式表示：

$$生育率 = \frac{年内活婴儿数}{育龄妇女年平均人数（或期中人数）} \times 1000（‰）$$

根据研究目的的不同，还可计算年龄组生育率、标准化生育率、总和生育率、终身生育率等特殊生育率。　（晏　群）

省城

见省会（200页）。

省道　provincial highway

省级公路干道。全省公路网系统的主要组成部分，包括联系省（自治区）内各主要城市、较大工矿企业的公路。　（宗　林）

省会　provincial capital

又称省城。我国地方最高一级省行政机关所在的城市。通常为全省的政治、经济、文化中心，全省或地区的交通运输枢纽，并由省政府直接管辖的城市。　（赵炳时）

圣彼得教堂广场　Piazza San Pietro, Rome

巴洛克时期最重要的广场。由教廷总建筑师伯尼尼设计。广场在罗马。由带柱廊的长圆形广场和梯形广场组成。圣彼得教堂是广场的主体建筑。长圆形广场的中心耸立着一座方尖碑，在整个建筑综合体中起核心的作用。梯形广场的地面向圣彼得教堂逐渐升高，更衬托出主体建筑的雄伟。

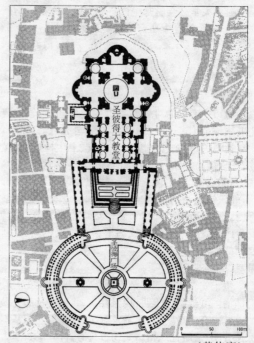

（黄伟康）

圣城　holy city

宗教发源地，设置最重要宗教仪典场所或主要宗教领袖居住的城镇。如基督教的耶路撒冷城，天主教的罗马梵蒂冈，伊斯兰教的麦加。亦可称为宗教城市。　（赵炳时）

圣林

见神林（199页）。

圣马可广场　Piazza San Marco, Venice

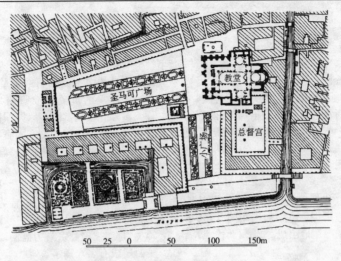

圣马可广场

世界最为著名的城市广场。公元 830 年开始建造于威尼斯,经历了好几个世纪,才形成目前的建筑群。在建设过程中,既保存了优秀的历史遗产,又有新的创造。广场空间呈 L 形,由两个梯形广场相交而成。以圣马可教堂为主体的广场是城市主要活动场所。面向海湾的小广场是海上进入威尼斯的主要入口。在两个广场空间的转折点。竖立着高达 98m 的钟塔,是城市的标志。广场四周建筑艺术的处理及群体空间设计均达到了和谐统一的艺术高峰,被誉为"欧洲最美丽的客厅"。(黄伟康)

圣密契尔山城　Mont S. Michel

法国 13 世纪重修的防御性很强的城堡型城市。城市建立在一座小山上,山顶上矗立着一座大的城堡。城堡中央的教堂,以其庞大的体积和高耸的塔尖,突出了整个山城的魏伟险峻的气势,城堡

与小山融为一体。　　　　　　　　　(沈玉麟)

圣西门　Claude Henri de Saint Simon(1760～1825 年)

法国贵族出身的空想社会主义者。他同情法国革命,曾参加美国独立战争。他认为历史是统一的、进步的、有规律的过程。主要著作有《工业问答手册》(Catechisme des Industriels 1823 年)、《新基督礼教》(Nouveau Christianisme,1825 年)。　　　(梅保华)

剩余空间　residual space

在限定空间内除建筑物等人工实体以外的空间。是人类室外活动的主要场所。　　　(白德懋)

剩余使用年限　remaining service life

住房使用年限与已使用年数之差,表示住房在正常使用条件下,还可以使用多少年。　　(严　正)

剩余住房　vacant houses,housing surplus

又称空闲住房。现有住房中没人居住的住房。住房套数多于住户数时会出现剩余住房,当住房套数少于住户数时也会出现空闲住房。这可能是分配流通领域的问题,也可能是管理领域的问题。　　　(严　正)

嵊泗列岛风景名胜区

在浙江省舟山群岛北部,由钱塘江与长江入海口会合处的数以百计岛屿群构成的国家重点风景名胜区。气候宜人,具有滩多、礁美、石奇的特色。景观较集中的有泗礁、黄龙、枸杞、嵊山、花鸟等岛。泗礁岛上基湖沙滩面积约 60 万 m^2,南长涂沙滩面积约 40 万 m^2,沙细滩阔,坡度平缓,是理想的海浴场所。嵊山东崖、黄龙岛元宝石等众多奇石怪礁耐人观赏,妙趣横生。岛上有明清以来摩崖石刻多处。花鸟岛有建于 1870 年的远东第一大灯塔,与渔港景色、渔村风貌等组成了特有的景观。嵊泗夏季凉爽,海产品丰富,适于避暑度假。　　　　　　　(赵健溶)

shi

失落空间 lost space

位于城市中心地段中被弃置的或无人管理维护的无主之地。也指惹人讨厌的停车场地、杂乱的河岸、被废弃的工厂或军事基地,以及未能进行再开发的土地。 （赵炳时）

施工与维修设施用地 land for construction bases

从事施工、养护、修缮的建筑企业及后勤基地的建设用地。由管理用房、仓库、加工车间、维修车间以及其他附属设施等用地组成。 （蒋大卫）

狮子林

在江苏苏州园林路。初为宋代废园,遗竹林怪石。元至正二年（公元 1342 年）僧惟则建庵于此,名狮林寺,后改菩提正宗寺。至清,又改称画禅寺。自明清,屡有兴废,后为贝氏私园。1925 年又重新修葺,遂成今貌。地形较方正,占地约 1 万 m^2。植古松五株,亦称五松园。布局以中部偏北为水池,东南多掇石为山,东、北两侧主要布置建筑,并以回廊萦绕。沿园高墙峻宇,布局特点为小型园林屋宇沿绕山池的通式。园以假山著称,以狮子峰为首,并有桃源十八景。附图中:1.门厅;2.祠堂;3.燕誉堂;4.小方厅;5.指柏轩;6.卧云室;7.立雪堂;8.修竹阁;9.霓山楼;10.荷花厅;11.真趣亭;12.暗香疏影楼;13.石舫;14.飞瀑亭;15.湖心亭;16.问梅阁;17.双香仙馆;18.扇面厅;19.文天祥碑亭;20.御碑亭;21.小赤壁。

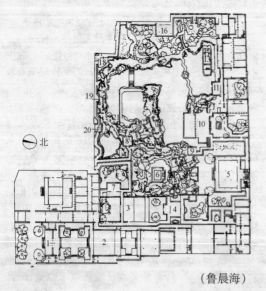

（鲁晨海）

狮子院

见阿尔罕伯拉宫(1 页)。

石峰 rockery peak

我国江南一带称高峻、奇秀型的特置山石为石峰。常见的多为太湖石或灵璧石。古人将这类石灰岩个体美的审美标准归纳为透、漏、瘦、皱、丑。作为室外陈设欣赏。多以园洞门和漏窗为框景,或置庭院中部构成视线交点。石峰下有石座,在江南多以同类自然山艮石为座称为"磐",磐上有榫眼与石峰底部之榫头相结合。北方皇庭园林中则多为石雕须弥座。古人有以石争荣之风尚,故有江南四大名石和岭南四大名石之说,皆为石峰。史载最著名的石峰为北宋寿山山岳之"神运峰"。体量高大而玲珑秀奇,被宋徽宗封为盘固候。不少名石都受帝王封赠或有名人镌字。

（孟兆祯）

石矶 flat stone projecting over the water

岸边呈熨斗状平伸入水面的块石。其自然天成者如南京之燕子矶。作为水石布置者如南京瞻园之石矶。石矶一般背水面高,向水面低,叠层而下以适应水位变化。

（孟兆祯）

石榴院

见阿尔罕伯拉宫(1 页)。

石笋 stalagmite

又称剑石。石形如笋的天然或人造石材和用这类石材置石的石景。其形态特征有如长剑。由于自然的力量在地上划出一些浅沟,一些沉积物在沟中成岩而形成石笋。除了钟乳石笋是直立的以外,其他石笋多平卧地下,采出后再立起来。石笋的主要品类有乌炭笋、白果笋(又称子母剑)、慧剑和钟乳石笋,石笋多作小品布置配以竹类。布置要点是高低参差、主次分明。忌排列成刀山剑树,炉烛花瓶。也忌成"山、川、小"的字形。

（孟兆祯）

时变化系数 hour variation coefficient

是城市供水规划设计的重要参数之一。通常以 $K_{时}$ 表示。它是最高日最高时用水量与最高日平均时用水量之比。即

$$K_{时} = \frac{最高日最高时用水量}{最高日平均时用水量}$$

影响时变化的因素有:供水区人口的多少;室内给排水设备完善程度;工业用水占总用水量的比重大小。通常情况下,$K_{时}=1.4\sim1.6$,但个别中小城镇 $K_{时}$ 可达 2 以上。 （曹型荣）

时间距离

见时距(203 页)。

时距 time distance

时间距离的简称。以时间代替长度为计量单位,度量交通或出行的距离。通常以分钟或小时计。 (徐循初)

时狂 morden maniac

追求某些时尚达到了极不理智程度的一种心理状态和情绪性的行为模式。由于过分热烈追求某些时尚,往往会打乱正常的社会生活秩序。 (梅保华)

时尚 fashion

社会生活中一时崇尚的行为模式。在日常生活中(如服装)、社会接触和活动中(如语言、娱乐),均有体现。是受从众心理支配的结果,是一种社会控制力量。 (梅保华)

实施规划 implementation plan

在划拨的用地范围内,对于具体建设项目进行全面布置,按此申请和核发建筑或管线工程的施工执照,用以指导规划设计的实施和建设管理。 (陶松龄)

使用面积 usable area

又称有效面积。建筑中,除去楼梯等公共交通面积和墙等结构面积;住宅建筑中使用面积包括:卧室、起居室、过厅、厨房、卫生间、厕所、贮藏室、餐室、走廊壁柜等能为住户独户使用的面积。不包括承重墙、隔断墙、烟道、垃圾道、通风道和公用楼梯的面积。 (严 正)

使用频率 frequency of use

在单位时间内对某一设施或设备使用的次数。或先后两次使用之间的平均时间。 (周杰民)

使用权 right of use

法律用语,依法使用财物的权力。是所有权的四项权力之一,其他三项权力分别是:支配权、收益权和占有权。以住宅为例,其使用权表示可以在住宅里进行正常的起居活动,但不能拆改住宅,一般也不能出租、转让住宅。 (严 正)

世界城市 World City

在政治、经济生活中起着世界性重要作用的城市。在 1845 年马克思和恩格斯的著作中,曾说"巴黎是十八世纪惟一的世界城市",也曾把伦敦称作"全世界的商业首都"。1915 年格迪斯(P·Geddes 1854~1932 年)提倡后被广泛应用。

20 世纪 50 年代以来,随着跨国公司、全球金融网络的发展和新的国际劳动分工的出现,世界城市的地位不仅日益重要,而且产生了更替现象。美国学者弗里德曼提出判断世界城市的两个标准:一是城市与世界经济体系结合的形式与力量,如作为跨国公司总部中心、商品生产中心、意识形态中心的地位;二是城市资本的空间支配度,即城市金融或市场控制能力是全球性的还是区域性的。一般,世界城市拥有庞大的人口规模(个别除外),是世界金融中心、国际航空和信息中心、重要的商品生产中心和文化中心,有些兼有政治中心的功能。

世界城市还可划分为不同等级,纽约、伦敦、东京为第一级,巴黎、法兰克福、苏黎世等为第二级;芝加哥、洛杉矶、香港、新加坡、圣保罗等为第三级,由此构成世界城市的等级体系。 (宁越敏)

世界大城市 The World Cities

英国里丁大学地理系教授彼得·霍尔(Peter Hall)于 1966 年所著,并于 1977 年再版。此书以伦敦、巴黎、荷兰兰斯塔德、莱茵—鲁尔、莫斯科、纽约和东京为例,选用大量图表和数据,系统地反映和分析了世界大城市的发展特点、地域扩展、经济变化、人口增长和职能特征。概括地总结了各城市的规划思想和执行过程中出现的问题以及解决这些问题的途径。全书共分九章。 (胡序威 陈 田)

世界都市带 ecumenopolis

人类未来一种尚未定论的聚落形式和城市理想形态。希腊建筑学家杜克西亚迪斯(C.A.Doxiadis)1963 年在希腊召开的戴劳斯会议上首先提出,由于交通和通信手段的改进,城市动力场不断扩大和延伸,大都市带的发展将超越国家范围而相互联结,形成更大空间尺度和更多人口的多核心的一种聚落形式,即世界都市带。预言到 21 世纪末世界都市带将穿越有人居住的每一个大陆。美国地理学家贝里(B.J.T.Berry)对未来城市聚落的空间形态有不同看法,认为进入电子时代以后,在世界都市带以外的环境舒适的较小中心会较快发展。 (周一星)

市 municipality,city,marketplace

①行政区域单位。在我国按其政治、经济地位的不同,经国务院批准建制规定,有中央直辖市、省(自治区)辖市(即地级市)和地区(自治州)管辖市三种建制市。因此,市是属省、地区领导的行政单位。中央直辖市是相当于省一级的行政单位。在美国,市是由州政府确定,具有行政权力的地方政府。其规模大小各有不同。

②聚集商货进行交易买卖的地方。 (赵炳时)

市场 market

狭义的市场是指商品买卖的地方。如商场、集市、交易所等。广义的市场是指一定地区对某种商品的供给或有支付能力的需求之间的状况。如国际市场、国内市场、农村市场等。

（谢文蕙）

市场调节 regulation through market

对一部分生产和流通，国家不作指令性计划，随着市场供求的变化和市场价格的涨落，由价值规律自发地对供、产、销起调节作用。在国家计划指导下，充分利用市场调节的作用，可以有效地调节商品供求的矛盾。把企业的生产与市场的需求直接联系起来，促使企业及时调整生产计划，生产适销对路的商品。但属于市场调节的部分，也必须接受国家的指导性计划。

（谢文蕙）

市场价格 market price

商品在市场上交换的价格，其基础是商品的价值。受供求关系的影响，经常围绕着价值上下波动。我国的商品市场价格主要是由国家主管部门制定的，包括计划价格和浮动价格。

（谢文蕙）

市带县 the system of the city subordinating counties

又称市管县或市领导县。一种由经济比较发达的城市领导和管辖附近县的行政管理体制。20世纪50年代开始我国有少数大城市领导县，1983年以后，作为行政体制改革的一项措施在全国许多省区的大中城市推广，目的是发挥城市在发展区域经济中的中心作用。1989年底共有705个县分别被169个市领导。市的带县范围主要考虑城市的经济实力和实际的经济联系状况，并没有具体的标准。

（周一星）

市管县 the system of the city subordinating countries

见市带县(204页)。

市集 marketplace

又称市，集市。城市或村镇中作为商业贸易的场所。有常设的或定期的、集中或分散的、专业或综合的各种不同形式和规模的集市。在欧美，集市多为农民市场（农副产品、鲜花等）或"跳蚤市场"（flea market 以旧货、廉价杂货摊贩为主）。一般都设在空地、广场或大型公共会场中。

（赵炳时）

市界 city boundary

城市的行政边界。是确定城市土地管辖范围，并将市管土地与其他用地分开来的界线。市界作为行政管理地域单位的城市边界，在我国，确定和改变市界的权限属于中央人民政府国务院。

（赵炳时）

市井 marketplace

古代指交易货物的场所。《管子·小匡》："处商必就市井"，尹知章注："立市必四方，若造井之制，故曰市井"。

（董鉴泓）

市领导县 the system of the city subordinating countries

见市带县(204页)。

市令 market officer

古代管理城市中商市的主管官。战国时称司市，汉长安城有东、西市令。唐长安，洛阳城的市中也设市令，管理平准、缉盗及税收。

（董鉴泓）

市楼 market office

市场管理处管理市内交易的建筑。市楼之前有广场。今保存较好的有山西平遥和太谷城的市楼，成为城市的标志性建筑。

（董鉴泓）

市民参与

见公众参与(85页)。

市区 city district

市的行政界限内的地域，亦指市以下行政区划的单位，即城市由若干个区组成。一般还泛指市的界限内集中建设形成市的中心地区的范围，亦称城区，即相对于郊区的地区。

（李德华）

市亭 market administrative office

古代设在城市市场中的二级管理机构，为市场管理处派驻市场之市吏的办公处所。聚集于"肆"设一市亭。四川出土的东汉画像砖上有清楚的图像。

（董鉴泓）

市镇设计 Town Design

英国城市设计名著。由英国著名建筑师、伦敦新城哈罗总规划师 F·吉伯德写成于 1953 年，并多次再版、译成多国文字。该书阐释城市设计要素与艺术规律，并按总体设计、城市中心、市民广场、购物中心、工业建筑及轻工业区、作坊和服务区、邻里与各类住宅等章节，选用大量不同时代、不同城市的实例，用实证方法阐明城市设计的原理和方法。该书已于 1982 年由程里尧译成中文，中国建筑工业出版社出版。

（黄富厢）

市政工程设施 municipal engineering facility

为城市各项生产、生活活动服务的道路、桥梁、排水、防洪、环境卫生、绿化和公共照明等工程体系的通称。是城市基础设施的组成部分。一般由地方政府的市政部门负责建设、经营和管理。

（赵炳时）

市政工程设施管理条例 Administrative Ordinance of Municipal Engineering Facilities

1982 年 8 月 21 日原城乡建设环境保护部颁发了《市政工程设施管理条例》，这是我国市政工程方面一部重要的法规。条例共 7 章 27 条。总则中规定:城市道路、城市桥涵、城市排水设施城市防洪设施和城市道路照明设施属于城市市政工程设施。统一管理、加强养护、积极改善、逐步提高是市政工程设施管理的方针。市政工程建设要严格按基建程序办事,遵循先地下,后地上的原则。实行统一规划,统一建设。大城市和特大城市的市政工程设施。可以实行市、区两级管理。条例对各类市政工程设施的管理作了原则规定。　　　（陈为邦）

市政公用设施用地　land for municipal public utilities

　　为保证城市的生产、生活等活动正常运转提供基础设施的建设用地。包括:水、电、燃气、热力等供应设施、交通设施、各种工程施工和维修设施,及其他工程设施等的用地;我国颁布的《城市用地分类与建设用地标准》规定,殡葬用地也归入市政公用设施用地。　　　　　　　　　　　（蒋大卫）

市政广场(罗马)　Piazza del Campidoglio,Rome

　　文艺复兴时期较早按轴线对称布置的广场。米开朗琪罗在重建了广场正面的元老院,使其处于突出地位之后;右侧增建了博物馆,与左侧原有档案馆形成了三面封闭一面敞开的倒梯形广场。创造了空间较为深远的效果,新老建筑在布局和体量上取得协调。广场中心布置一座罗马皇帝骑马铜像。大台阶上宽下窄,使台阶产生了缩短的错觉。椭圆形地面铺砌格局加强了建筑空间的统一性和内聚力。

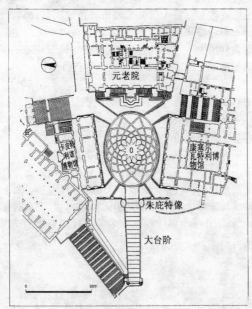

（黄伟康）

市政中心　civic centre

　　城市行政管理建筑如市政府、市政管理办公楼、法院及文化娱乐设施等集中的地段。通常由建筑物、广场和绿地构成。　　　　　　　（邓述平）

市中心　civic center

　　城市居民政治、经济、社会、文化活动的中心地段。一般由在全市性政治、经济、文化活动中起重要作用的广场、干道、公共建筑群和公共绿地组成。大城市中,除全市性的综合中心外,还有区级或单一功能的活动中心。小城市通常只有一个规模不大的市中心,即主要的道路交叉口及商业集中地段。　　　　　　　　　　　（赵炳时）

事后评价　post-facto valuation

　　某项规划或决策,在制定的目标实践后,对其产生的社会效益,经济效益,环境效益进行全面分析,以判断原规划决策的科学性、合理性、经济性。　　　　　　　　　　　　（吴明伟）

视点　viewing point

　　见观赏点(88 页)。

视角　visual angle

　　观赏景物时,由景物两端引出的两条光线在眼球内交叉而成的角。分垂直视角和水平视角。物体越小或距离越远,视角越小。能看清楚景物的视角,垂直方向约为 26°～30°,水平方向约为 45°。　　　　　　　　　　　　（刘家麒）

视景　view

　　从单一视点所见景观视觉反映。城市设计中又简称景观。常泛指环境、建筑或空间。　　　　　　　　　　　　（黄富厢）

视距　view distance

　　又称观赏视距。观赏园林风景时观赏点与被观赏景物之间的距离。正常人的视力,能够看清楚景物的距离为 0.25～250m 左右。能够完整地观赏景物的合适距离约为景物高度的 3～3.3 倍,景物宽度的 1.2 倍。当视距为景物高度 3 倍时,能看到景物整体和周围环境;视距为景物高度 2 倍时,能看到景物的全高;视距与景物高度相同时,只能看到景物的局部和细部。　　　　　　（刘家麒）

视觉分析　visual survey

　　对城市各部分及其相互间的情况和视觉联系所作的调查分析,作为视觉规划和各种规模城市设计的基础。内容包括:城市意象及其要素、地形与自然特征、当地气候、城市型式规模和密度、城市格局、纹理和质地、城市空间和旷地、活动结构、建筑方位、小品步行区、景观和城市轮廓、非自然要素以及有问题的地区等。　　　　　　（黄富厢）

视觉规划　visual planning

　　赏识景观,提出保护和美化的措施,使城市与自然相得益彰所作的规划。要兼顾景观和观景效果,使自然成为城市的背景,城市成为观景的框架。关键在于认知影响全城或广大地区的景观和局部性的景色,使之与城市美学价值观相对应,避免主次不分;注意突出视景序列,特别是入城或进入中心区的视景序列;扬长避短,既要显露好的景观,又要屏蔽杂乱的景观。 　　　　　(黄富厢)

室内绿化　indoor planting

　　将植物引至建筑内,以丰富室内和美化环境,在公共建筑和住宅中均可采用。要选择能适应其放置处条件(光照、温度、湿度)的品种,常选用热带、亚热带常绿耐荫的观叶植物。 　　(李铮生)

shou

首都　capital

　　一国的国都。是国家最高政权机关所在地,通常为这一国家的政治、文化和经济中心。中华人民共和国的首都是北京。 　　　　　(赵炳时)

首都计划

　　1927年当时的国民政府制定的南京城市规划。1928年2月1日成立国都设计技术专员办事处,1929年12月制定及公布了"首都计划",计划将城市分为中央政治区、行政区、工业区、商业区、文教区及住宅区。中央政治区拟设在中山门的紫金山南麓;市行政区拟设在市内鼓楼傅厚岗一带,还拟定了一个详细方案,全部采用"民族形式"的建筑,

首都计划(a)

首都计划(b)

布置成院落式。工业区拟设在江北及燕子矶一带;住宅区设在旧城各处,分为四个等级;道路系统采用方格网加对角线路网。这个规划是我国自己做的较早的城市规划,但除了开辟几条道路外,并未实现。

　　　　　(董鉴泓)

首位城市　primate city

　　在国家城镇体系中占有绝对优势地位的城市。它不仅集中了全国相当大一部分的城镇人口,与第二大城市的人口保持很大的差距,而且在国家的政治、经济、社会、文化活动中也具有明显的控制作用。1939年杰弗逊(Mark Jefferson)在分析了46个国家的前三位城市的规模关系后,发现许多国家的最大城市(特别是首都)总是比该国城镇体系中的任何其他城市大得异乎寻常而提出这一概念,并把这种普遍存在的现象称为首位城市律(the law of the primate city)。我国在实际应用中,有人把首位城市概念推广到地区城镇体系中规模最大的城市。

　　　　　(周一星)

首位度　primacy

　　见城市首位度(37页)。

首位分布　primate distribution

　　城市首位度大的城市规模分布。城镇体系中城市规模分布的一种主要类型。一般认为这一类型主要与小国经济和空间结构相对简单、经济上依赖农业出口和有殖民地历史的国家联系在一起。虽然有很多发展中国家的城市首位度很高,但首位分布与经济不发达之间并没有必然联系。历史上有大片殖民地、现在的首都具有世界城市职能的发达国家如英国、法国等也是典型的首位分布。

　　　　　(周一星)

寿春　shouchun

　　见寿县(206页)。

寿县　shouxian

　　古称寿春,战国末曾为楚国都城。西汉初为淮南王都城。位于淮河中游,今有城墙为南宋嘉定年间重修,保存完整。城墙坚固,用砖石包砌,城门、瓮城均完好。城墙本身是坚固的防洪堤,建有排水涵洞,用作排泄城中积水。为第二批国家级历史文化名城。 　　　　　(董鉴泓)

shu

书院园　school garden

　　古代儒家授讲修学的书院中,凿池、植树、修廊、筑亭、立碑,并结合自然地形引流成溪等,而形成的庭园。著名的书院园,如:江西庐山白鹿洞书

院、湖南长沙岳麓书院。　　　　　　　（鲁晨海）

枢纽环线　junction circuit

铁路枢纽城市外围修建的铁路环线。各方向引入枢纽的铁路干线在环线上接轨,可以不改变列车运行方向而顺利地进行干线间的转换,减少折角车流,运行有较大的机动性。枢纽中部分车站(如编组站、客运站等)可分布在环线上,小运转列车也可经环线运行。　　　　　　　　　　（宗　林）

疏勒　shule

见喀什(130页)。

疏运方式　mode of cargo transfer

亦称集疏运方式。港口集散的运输方式。包括铁路、汽车、船舶和管道运输等。位于城市的港口还包括进入港区的城市运输设施,如城市道路、轻型轨道等。　　　　　　　　　　　（宗　林）

疏运能力　capacity of cargo transfer

又称集疏运能力。港口在一定时间内能完成的从港口向腹地疏散与从腹地向港口集中的运量。是港口吞吐能力发展或制约因素。两者必须协调适应。　　　　　　　　　　　　　　（宗　林）

舒适性　amenity

令人感到生活舒适与赏心悦目的环境或设施。包括吸引人的旷地、造景、社交游憩设施、建筑小品以及使城市环境变得喜人和宜人的公用设施。
　　　　　　　　　　　　　　　　（黄富厢）

输出产业

见基础产业(108页)。

输配水工程　water-transfer and distribution works

输水工程和配水工程的统称。输水工程是从水源地将水输送到水厂的工程。输水构筑物主要包括输水管道或渠道,以及必要时设置的输水泵站、中压加压站。使用明渠输水时,要防止沿途水体被污染和被截流等问题;使用管道输水时,为了供水安全,一般宜铺设两条输水管。配水工程,是把经过净化消毒等处理后的水,从水厂配送到用户的工程。配水工程主要有调节水池(清水池)配水泵站,配水管网和附属设施(如水塔、高地水池)。
　　　　　　　　　　　　　　　　（曹型荣）

蔬菜生产基地规划　vegetable production base planning

规划和配置蔬菜生产基地,使其与城市发展规模相协调,是城镇郊区总体规划的一项重要内容。蔬菜生产基地的面积,按城镇规划期末总人口和居民吃菜标准进行计算。计算公式为:

$$S = \frac{P_1 \times A}{Y} \times (1 - S')$$

式中:S 为蔬菜基地规划面积;P_1 为规划期末总人口(包括菜农);A 为常年平均每人每年吃菜标准;Y 为常年菜地平均单产;S' 为季节辅助性菜地面积比例(按 15%～20% 计算)。蔬菜含水分多,亩产几千上万斤,为了保鲜,菜地到城镇的距离,是影响蔬菜生产基地配置的主要因素。因此,蔬菜生产基地应靠近城镇,非叶菜及季节辅助性菜地,可布置在较远的郊区。　　　　　　　　　（金大勤）

蜀岗瘦西湖风景名胜区

在江苏省扬州市西北部,由古城遗址、蜀岗名胜、瘦西湖自然风光和古典园林群等组成的国家重点风景名胜区。面积 6.35km[2]。古城遗址位于风景区北部,为春秋战国吴王夫差筑的邗城、汉吴王濞筑的广陵城、十里长街的唐城以及后周的周小城、宋宝佑城遗址,城区遗址保存较好。蜀岗有唐鉴真大和尚东渡日本前主持的大明寺、北宋欧阳修营建的平山堂及苏轼建造的谷林堂等古典园林和古建筑,有 1973 年新建的鉴真纪念堂(梁思成先生设计)。瘦西湖景区湖水面积 9.7 万 m[2],湖区利用桥、岛、堤、岸的划分,狭长的湖面形成层次分明、曲折多变的山水园林景观。　　　　　（赵健溶）

蜀南竹海风景名胜区

在四川省长宁、江安两县境内的国家重点风景名胜区。面积约 120km[2],以竹林景观为主要特色,兼有许多文物古迹。区内峰岭二十八座,山山皆竹,郁郁葱葱,楠竹如海,风景秀丽。还有人面竹、花竹、算盘竹、绵竹、黄竹、罗汉竹、香妃竹等 30 余种。数十条飞瀑流泉常年不断,其中三叠飞瀑高约200m,宽约 15m,十分壮观。峰岭有洞穴 20 余处,仙寓洞长 500m,半面敞亮,洞内雕像石刻神态逼真。天宝洞长 1 500m,高 20m,为半边山洞,上为形似刀削的红色石壁,下面深谷万丈,春夏红岩绿树,繁花似锦。　　　　　　　　　　　（赵健溶）

树丛　planting in cluster

为数不多的乔灌木做成丛的栽植方式。是种植设计中的一个基本单位。主要作主景用,既要求整丛树木的群体美,又要求显示每株树木的个体美,宜于不同角度和距离欣赏。　　　　（沈　洪）

树木　tree

多年生植物中根、枝木质化的植物。其主干明显且高大的称乔木,而枝干丛生又矮小的称灌木,介于二者之间的称小乔木或大灌木。按其叶片的形态与习性,可分出针叶、阔叶和常绿、落叶的类别。按观赏的重点部分,又可分出观叶、观花、观果、观枝等类别。　　　　　　　　（沈　洪）

树畦　tree bed

在园林或苗圃内,区分成小块土地种植树木的园地。如种植花卉则称花畦。　　　　（章敬三）

树群 planting in group

大量乔灌木组合在一起的结合体,是种植设计中的一个基本单位。主要作分隔空间、形成绿化气氛、掩蔽和防护之用。景观上通常作背景处理,并强调整体轮廓和层次的群体美。 （沈 洪）

树枝状管网 branched network

由水厂向用户供水的管道系统中,呈树枝状的供水干管管网。这种管网的工程造价较低,但供水可靠性差,某处管道损坏时,其后部的管道都要断水。树枝状管网一般用在供水不重要,可以短期间断供水的地区,或城镇供水的初期。 （曹型荣）

竖曲线 vertical curve

为克服车辆行驶在道路由于纵坡变化、车辆突然俯仰而设置的一段纵向曲线(面),用以缓和变坡处的折点(线)。有凸形、凹形两种。其作用既能使行驶平顺,又能缓解驾驶员视线的障碍。

（李德华）

竖向规划 vertical planning, site planning

对城市建设地区的地形进行利用和改造的规划设计过程。偏重于研究地形的上下高低问题,使地面标高和坡度满足道路、交通、地面排水、建筑布置和城市景观等方面的综合要求。一般分为三个阶段:①城市总体规划阶段,主要是确定干道网和主要工程设施的坐标和控制高程,通盘解决城市用地的排水,以利各项建设的经济合理;②城市详细规划阶段,主要对城市主、次、支路及交叉口进行具体标高设计并对沿线的建筑提出控制高程。对居住区及建筑场地进行土方填挖量计算和平衡;③修建规划阶段,主要是利用和改造建筑场地的自然地形,选择合理的设计标高,以适于布置和修建各项建筑物并利于地面水的迅速排除。 （管元馨）

数理统计 mathematical statistics

以概率论为基础的一门数学分科。主要研究如何进行科学的随机抽样或安排试验并进行有效的统计分析;如何根据观察或试验所得到的数据,找出描述随机现象的某些数量指标的分布或其平均值、标准差等;检验一些指标间有无显著差异(方差分析);找出各类指标间是否互相关联(相关分析);找出各相关指标间的数量关系(回归分析);揭示客观事物有关的统计规律,以便把握随机现象,进行预测,定量描述,为研究和决策提供信息。

（陈秉钊）

数学规划 mathematical planning

运用数学的方法对复杂系统进行统筹安排以达到优化为目的的一项工作。是运筹学的一个重要分支。常见的方法有线性规划、非线性规划、动态规划、O/I 规划、整数规划等。它广泛应用于生产计划、企业管理、交通运输诸多方面。

（陈秉钊）

数学模型 mathematical model

以各种数学关系式来表达客观对象内部某些本质特征间的数量关系。最简单的例子如距离等于时间乘速度,它反映了物体运动三个特征变量间的关系。由于客观事物数量间的关系远远要比这复杂得多,涉及众多变量,而且这些变量有的是不确定的随机量,甚至是模糊量,所以就得用各种数学模型,如多阶联立方程、微分方程、回归方程、模糊关系矩阵……来恰当有效地表达,同时要注意对反映本质特征影响不大的量应作简化。

（陈秉钊）

shuai

衰落迁离 blight and flight

城镇或其一部分由于经济不景气或其他原因趋向衰落从而使居民纷纷迁移离去的现象。

（陶松龄）

shuang

双层廊

见双廊(208 页)。

双层套 duplex apartments

多、高层住宅中,一户占有两层的套型。由通廊或楼梯入户后,通过户内小楼梯再上或下到另一层,保留了西方传统的低层住宅空间组成和生活模式,多用于跃廊式住宅或其他类型住宅的顶层。

（张守仪）

双廊 double-deck gallery

又称双层廊、楼廊。即上下两层的廊。它连接于楼房或不同标高的景点之间,便于解决上下两层的交通、合理组织两个不同高程上的人流,同时也为游人提供了能在上下两层不同高程的廊中观赏景物的条件。由于双廊的体量较高大。一般园林中除特殊情况外很少使用。 （周维权）

双约模型 doubly constrained model

引力模型的一种。当起始区的出行发生量(如居住人数)为固定,到达区的吸引到达量也固定(如就业岗位数)时,称双约。 （陈秉钊）

shui

水厂 waterworks

为了给城镇提供达到规定的水质标准的用水

而对自然水体进行处理而建立起来的工程设施及场所。水厂有净水和配水两个功能。城镇供水水厂通常有地下水水厂和地表水水厂。地下水水厂是以地下水作水源,水厂内生产构筑物比较简易,只需清水池、二级泵房、变配电室;地表水水厂是以地表水作水源,水厂内生产构筑物一般有:预沉池、反应池、澄清池、滤池、清水池、冲洗设施、二级泵房、变配电室、投药间、排污泵房等。不论是地表水水厂,还是地下水水厂,除了生产构筑物外,还要有化验室、检修车间、和其他辅助和附属建筑物。

(曹型荣)

水剧场 water theatre

意大利文艺复兴庭园中一种建于山边的半圆形庭院,有喷泉、水池、瀑布、雕像、水下雕刻、神龛等,一般将溪水变向地运转,形成特殊的水景效果。

(章敬三)

水廊 water gallery

建置在水面上的园廊。它联系水面两岸的交通,具有类似桥梁的作用,有时也沿着岸边建置而楔入水面,水廊架设水中、紧贴水面,予人以飘然凌波之感。与水中的倒影上下辉映,又呈现为极生动活泼的景观;游人坐憩其内,可以凭槛观赏水面之景。苏州拙政园东部随墙的一段水廊,便是此种园廊的佳例。

(周维权)

水流梯 water ramp, water stair, cascade

又称水扶梯。为意大利台地园的一种流水方式。在宽阔台阶的中央有水流槽,水按台级流下,形成跌瀑式景观。如在其两侧做成曲形栏墙,则形成链式跌瀑。

(李铮生)

水陆联运码头

见水陆联运枢纽(209页)。

水陆联运枢纽 land-water transport junction

又称水陆联运码头。水上运输与陆上运输直接转换的交通运输设施。船舶与车辆能最大限度地靠近,旅客或货物能以最短的时间、最简便的程序、最经济的花费,不需要出站屋或码头,即实现水上交通工具与陆上交通工具的转乘或转载。

(宗 林)

水门 water gate

设于河道穿过城墙处的城门。北宋东京城城门共20个,其中水门7个。现保存较完整的如苏州城西南角的盘门的水门,门扇用铁栅做成,如关闭,水流仍畅通,但舟楫则受阻,有水瓮城,行稽查之用。

(董鉴泓)

水平流动 horizontal mobility

人们在同一垂直分化阶层内部社会地位的转移。既包括人们从一种职业向另一种职业的流动;也包括人们从一个地区转向另一个地区的空间移动。大规模的水平流动(如一、二产业转向服务业),往往是由于科学技术发展的推动。

(梅保华)

水生植物 hydrophyte

植株的部分或整体浸于水中生长的植物。它们可分为①漂浮植物:叶片浮于水面,根部不入水底之土中,能随水漂浮,如凤眼莲(水葫芦);②沉水植物:与前者相似,但叶与茎均浸于水中,也能随水漂动,如金鱼藻;③浮叶植物:叶片浮于水面,而根着生于水底之土中,故浮动范围有限,如睡莲、菱;④立叶植物:叶片伸出水面,根也着生土中,如荷花。它们多宜在较为静止的水体中生长,并对水深有一定的要求。

(沈 洪)

水文地质 hydrogeology

指地下水位、流向、储量、水质、泉水及自流井位置等分布及其特点。

(吴明伟)

水污染 water pollution

水体受到人类或自然因素的影响,其感观性状、物质性能、或化学性质等产生恶化的现象。不仅使水体失去经济价值,而且会酿成公害,影响国民经济建设,并危害人民的身体健康。造成其主要原因有:工业污染物的排放,生活污染物的排放,以及农业使用农药、化肥等。

(罗廷栋)

水榭 water-side pavilion

建在水边,临水开敞的园林建筑。中国古代建于台上的房屋称为"榭",所谓"高台榭,美宫室",台和榭往往并称。到后来,逐渐演变为观赏四周风景的建筑物,尤以建在水边的"水榭"居多,宋人的山水画中多有此种建筑形象的描绘。晚期的中国古典园林,水榭建置更为普遍。通常是在水边架起一个平台,台的一半伸入水中,一半接岸。平台上建木构的单体厅堂。临水的三面完全敞开,设坐凳栏杆,游人可坐此凭栏观赏水景。它的形象轻盈空透,与水中的倒影上下辉映成趣,往往成为园林水景的重要点缀。

(周维权)

水俣病 Minamata disease

由摄入富集在鱼、贝中的甲基汞而引起的中枢神经疾病。有急性、亚急性、慢性、潜在性和胎儿性等类型。症状的轻重与甲基汞摄入量和持续作用时间呈剂量——反应关系。因最早发现于日本熊本县水俣湾附近而得名。是环境污染造成的最严重的公害之 。

(朱祖希)

水源保护 water tesources protection

为防止水源受到污染,对地表水和地下水采取保护措施。国家制定了《中华人民共和国水污染防治法》。水体污染的防治措施,主要包括制定水环境质量标准;污染物排放标准;明确水污染防治的监督管理部门;制定防止地表和地下水污染的管理条例等项内容。按照国家对城市水源卫生防护要求,在水源地一定范围内划定水源保护区域;制定水源防护的具体规定,以城镇行政立法形式公布实施;还包括要对水源的水质动态进行监测、定期分析水质的变化情况等措施。 　　　　　(罗廷栋　曹型荣)

水源选择　water source selection

　　根据城市水源的要求和工程设计规范标准对水源作出评价和选择的过程。选择城镇供水的水源时,主要应考虑:①水量充沛水源保证率要达到95%～97%以上;②尽量取用优良水质的水,能避免污染,便于水源保护,常年符合《饮用水卫生标准》要求;③取水点安全可靠,便于输水和管理,并有发展余地。选择地表水水源时,应收集、整理该水源地的长期水文资料,进行水文分析计算调查上下游卫生和污染状况、河床演变过程、水利航运综合开发利用等情况。选择地下水水源时,则应对水源地的水文地质条件进行勘探和分析研究,对其可开采储量和水质进行评估、对地下水污染状况进行调查。 　　　　　　　　　　　(曹型荣)

水质(标准)　water quality(criterion)

　　供城镇用水的质量。1985年,我国生活饮用水卫生标准,由卫生部作为国家标准正式颁布并实施。在水质标准中,规定有水体的感官性状指标、化学指标、毒理学指标和细菌指标。城镇供水的水质应符合规定的各项指标,否则不宜供城镇生活用。 　　　　　　　　　　　　　(曹型荣)

税率　tax rate

　　计算每一税目应征收税额的百分比或定额。我国现行的税率有累进税率、比例税率和定额税率。 　　　　　　　　　　　　　(谢文蕙)

税收　tax revenue

　　国家为了实现其职能,按照法律预先规定的标准,强制地、无偿地取得财政收入的一种手段。它是凭借国家政治权力参与国民收入分配,取得财政收入的一种分配方式。在社会主义有计划商品经济的条件下,是国家调节国民收入的分配和再分配的重要经济手段。 　　　　　　　(谢文蕙)

税收制度　tax system

　　国家颁布的各种税收法令和征税办法的总称。它是国家向纳税单位和个人征税的法律依据和税务工作规程。国家的税收制度是根据各个历史时期政治经济形势的需要,逐步变化和发展。 　　　(谢文蕙)

税种　kinds of tax

　　国家税收制度中规定的税收种类。一个税种由若干税制因素构成,其中主要是课征对象、纳税人、税目、税率、减税免税规定等。是国家税收制度的核心。不同的税种规定有不同的征税对象,各有其特点和作用。 　　　　　　(谢文蕙)

shun

顺岸式码头　parallel wharf

　　顺沿着岸线建造的码头。码头前水域一般比较宽敞,船舶靠离码头比较方便,陆域纵深发展有较大余地。码头线长度与岸线相仿,岸线的利用率不高。当在海港中有天然防护的水域,河港中有较宽广的水面,且有充足的岸线长度时,可采用这种码头形式。 　　　　　　　　　　　　(宗　林)

si

司空图山庄

　　见司空庄(210页)。

司空庄

　　又称司空图山庄,在中条山王官谷(今山西省永济县虞乡东南),初建于唐天祐末年(公元906～907年)。为唐代"司空图侍郎,归隐三峰"所营筑的庄园。规模约周回数公里,园中有良田数百万 m²。园依自然山石泉流而筑,所谓"泉石之美、冠于一山"。其布局不详。 　　　　　　　　　　　(鲁晨海)

司马光(1020～1086年)　Sima Guang

　　著名政治家、史学家,字君实,号迂夫,原籍山西夏县,后移居洛阳。宋治平年间官翰林学士,后出任永兴军(今西安)宣抚使,西京御史台。元祐元年官至宰相,卒后追封温国公。后世称司马温公。以编撰《资治通鉴》闻名于世。宋熙宁六年(1073年)营"独乐园"于洛阳,自作园记,称《独乐园记》,收编于《温国司马文正公集》。该文是记述宋朝名园的重要文献。 　　　　　　　　(乐卫忠)

私房

　　见私有住房(211页)。

私家园林　private garden

　　以隶属关系区分,属官宦商贾,文人士大夫和其他人士私有的园林。其类型有宅园、庭园、山庄、别业等。宅园、庭园多半位于城内及近郊。山庄、别业通常选址于郊野自然风景地带。绝大多数私家园林是附于宅第的宅园,规模较小,与居住建筑结合,布局灵活,师法自然,立意多寓诗画意境。著名的有:汉朝袁广汉园,唐朝王维的辋川别业,明朝苏州拙政园等。 　　　　　(鲁晨海　乐卫忠)

私密性　privacy

　　人控制自身与外界接近的倾向性。是人的一种基本需要。1975 年著名行为科学家爱尔文·阿特曼(Ivwin Altman)给私密性一词的定义为"个人或其群体对外界与自身的接触通道有选择控制的能力"。1970年南布·马歇尔(Nancy Marshall)将私密性解释为退隐(Withdrawal)与信息控制。退隐包括独处,隔离与亲密三种心理状态。意思是一人独处或离开噪声与视线以及和亲近的人在一起时不受干扰。信息控制则包括匿名,保留与非邻里性,意思是不愿为人知、对个人情况有所保留以及不喜欢别人没有预约就上门等。私密性作用是建立个人认同与自主意识。这一点对儿童成长尤为重要。保障私密性还可使人际关系有所遵循以维护组群秩序。　　　　　　　　　(张守仪)

私有经济　Private economy

以生产资料私有制和私人经营为基础的经济形式。是存在雇用劳动关系的经济成分。在社会主义条件下,是公有制经济的一种必要补充。国家保护私营经济的合法权益,并进行引导和管理。　　(谢文蕙)

私有住房　private housing

简称私房。产权为私人所有的住房。包括私人出租的住宅和房主自住的住宅,前一类私房,是利用房产来谋取经济利益,当规模达到一定标准就列入生产资料范畴,受政府管理。后一类私房,自有自住,是生活资料,受法律保护,也是"居者有其屋"的实现形式。　　　　　　　　　(严　正)

**斯大林格勒(现称伏尔加格勒)规划(米留廷)
Milutin's plan for Stalingrad**

前苏联第二个五年计划期间建筑师米留廷规

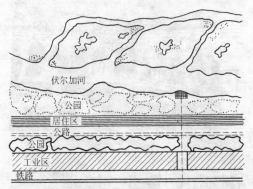

划当时的斯大林格勒时,采用的带形城市方案。用带状布局把铁路运输地带、工业地带、绿化隔离地带、公路运输地带、文教居住地带和公园绿化地带划分成六条平行带。居住区与工业区之间以 800m宽绿化隔离。这种"功能平行发展"布置方式使居住区与工业区均能沿交通干道平行发展和进一步扩展的可能。　　　　　　　　　(沈玉麟)

斯道维园　Garden at Stowe, Buckinghamshire, England

英国自然风景园发展之例。该园系白金汉斯道维的府邸园,原为受法国勒诺特影响建造之园,自 1713 年先由园林师布里奇曼在改建中将府邸的围墙拆去,改设沉垣,把园外的自然风景引入园内,却仍保留着直线的放射形的道路等原有布局,1734年,园林师肯特按照英国自然风景园的思想进行了大规模的改造,有大片草地,起伏的地形,自然生长的树木,却仍有直线路的痕迹,而 1750 年其助手勃朗对斯道维又作了一次彻底的改造,形成了原野牧场的自然风景园(图)。

　　　　　　　　　　　　　　　　(李铮生)

斯蒂文内奇　Stevenage

英国第一代新城。位于伦敦以北 50km 以独立自足为目标的卫星城。1946年开始规划,用地

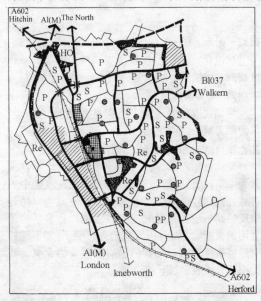

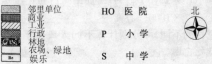

247km², 人口6万人。后陆续扩大规划范围。新城中心以在现代化城镇中,首创完整的步行区而闻名于世。居住区按邻里单位组织,每个拥有一万居民。因规模较大,每个邻里单位增设次级中心及小学。住宅布局采取人、车分行的雷德伯恩(Radburn)体系。 (陈保荣)

斯卡摩齐理想城市 Scamozzi Ideal City

意大利文艺复兴时期建筑师斯卡摩齐的一种城市模式。1593年按他的模式建造了威尼斯王国的边境防御城市帕尔马·诺伐城。城市平面为八角形,城角上设置凸出的防御性棱堡。中心有六角形广场,在广场的中心点设棱堡状的防御性构筑物,城市辐射道路用三组环路联结。斯卡摩齐还有个理想城市方案,也是多角形平面,城角设凸出棱堡,但城市路网为方格状,有五个广场。其中心广场南侧有运河横穿。

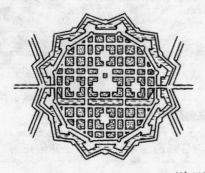

(沈玉麟)

死城 ghost town

被遗弃城镇的遗址,被天灾或战争摧毁的城镇废墟或古城遗迹。 (赵炳时)

死胡同 cul-de-sac

尽端式道路。一端不通向其他道路的小道。仅为两旁服务,不宜过长。 (严正)

死亡率 mortality rate, death rate

又称总死亡率、粗死亡率。指一定时期内(通常为一年)死亡人数与同期平均人口数(或期中人口数)的比率。一般用千分数表示。它是人口统计中反映其一地区特定时点人口总体死亡水平的最常用的指标。它对分析人口的自然变动,和不同社会经济条件对人口死亡的影响有重要的意义。死亡率用公式表示如下:

$$死亡率 = \frac{年死亡人数}{年平均人口数(或期中人口数)} \times 1000(‰)$$

根据研究目的的不同,可分别计算不同人口及年龄类别的特殊死亡率。 (晏群)

四类居住用地 residential land, class IV

市政公用设施不齐全,布局杂乱,环境质量较差,以简陋住宅为主的居住用地。这类居住用地往往是由城市中低收入居民或缺房户、无房户自发修建住房,或利用临时设施改建为住房而形成的,在规划与管理中,应对其进行全面改造。 (蒋大卫)

寺观园林 temple garden

附属于佛寺或道观的园林。位于城内者一般规模较小,状如宅园。庭园绿化追求恬适宁静气氛多,有以栽培名贵花卉而闻名于世的。郊野的佛寺和道观大多数选址于自然风景优美的地域,利用自然山水和天然植被作局部造景,形成雅致幽静的园林环境。造景重视宗教题材。著名的有杭州灵隐寺、南京栖霞寺、山东长清灵岩寺,浙江天台国清寺、厦门南普陀寺等。 (鲁晨海 乐卫忠)

寺院庭园 Cloister garden

宗教寺院中的园林,尤指欧洲中世纪寺院的园林。宗教的盛兴,带来了寺院的建造和环境的发展,特别是在战乱时期,寺院成为当时文化的保护者。欧洲的宗教寺院常为矩形的庭园围以传统的罗马式柱廊,小路将庭院分成若干规整的地块,分植果树、蔬菜、花卉、香料和药物等,园中常有水池或喷泉。规模大的寺院犹如一个小城镇,各类建筑均有相应的园地,如教堂休息区,居住生活区、厨房菜圃区、医院药圃区、墓园区等。瑞士的圣高尔寺院,就是例子。

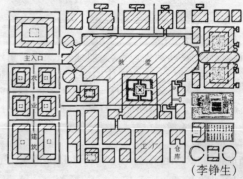

(李铮生)

肆　trading place;shop

古代商市贸易的地方，或指市中同类商品陈列的行列，系市的基本组织单位。市是聚集若干肆而组成的，文献中每每市肆并称。《汉书·食货志》："筑城郭以居之，制庐井以均之，开市肆以通之，设庠序以教之。"　　　　　　　　　　　（董鉴泓）

song

松花湖风景名胜区

在吉林省吉林市的国家重点风景名胜区。是丰满水电站大坝拦截松花江水形成的人工湖，分为10个景区，面积约700km²。湖面长200km，最宽处10余千米，水域面积480多平方千米。区内水面辽阔、植被繁茂，湖光山色秀美壮丽，冰雪资源独具优势，适合开展水上、冰上、山上多种游览、休憩活动。冬季沿江十里长堤上的冰雪树挂景观，为国内罕见，是本风景区一大特色；青山雪地是我国高山滑雪运动基地。湖内产有48种鱼类和其他水族生物，湖岸山林中栖息着约140种野生动物和160种野生经济植物。区内还有西团山古村落遗址、原始公社遗址等历史古迹。　　　（刘家麒）

嵩山风景名胜区

在河南省登封县境内的国家重点风景名胜区。包括少林寺、中岳庙、嵩阳书院、三皇寨和观景台5个景区，面积151.38km²。嵩山为我国五岳之中岳，由太室山（海拔1 494m）和少室山（海拔1 512m）等组成，雄峙中原，群峰耸立，层峦叠嶂。地处古都汴洛之间，自古为文人荟萃之地，历代帝王将相、文人学士、高僧名道、拳豪义侠留下了大量名胜古迹，有始建于北魏的少林寺，规模宏大的中岳庙，我国四大书院之一的嵩阳书院内的两株"将军柏"，以及我国现存最古的嵩岳寺塔，太室、少室、启母三汉阙和古天文观测台等胜迹。　　　（赵健溶）

su

苏州　Suzhou

位于江苏省南部，太湖东北，又名姑苏城。春秋时为吴国都城，三国时孙吴一度在此建都，隋唐为苏州治所，宋代为平江府，明、清为苏州府，历来是商业、手工业繁盛的江南水乡城市，与杭州齐名，并称"苏杭"。保存的历史文物有：太平天国忠王府、云岩寺塔、文庙内的宋代石刻、瑞光塔、玄妙观、寒山寺等。苏州许多著名的古代园林，代表着我国南方园林建筑艺术的精华，如拙政园、留园、网师园等。传统的苏绣技艺誉满天下。为第一批国家级历史文化名城。苏州市区人口71.4万（1991年末），工业有光学仪器、化学、纺织等，特产有刺绣、缂丝等工艺美术品。　　　（阮仪三）

苏州古典园林

中国园林专著。著名建筑学家刘敦桢教授著。著者于20世纪30年代已着手研究中国园林艺术。至1956年完成《苏州的园林》科学报告。其后在普查190处园林和庭院的基础上又对苏州重点园林做了进一步的调查研究、测绘和摄影工作。1960年写成《苏州古典园林》稿。1968年著者逝世。其原稿经整理小组整理，于1979年由中国建筑工业出版社出版。全书分总论和实例两大部分。总论部分有绪论、布局、理水、叠山、建筑、花木共六章。实例部分介绍拙政园等十五座苏州名园。全书约13万字，测绘图172幅，照片661幅。这是一部以科学立论，总结中国造园艺术成就和技术成就的重要著作，资料翔实，测绘图精致，对园林建设工作有重要参考价值。　　　（乐卫忠）

苏州名园　Suzhou gardens

广义的指苏州境域历代各时期最杰出的古典园林。狭义地说，也即一般意义指在苏州境内现存明、清时期最著名的古典私家园林。是私家园林发展成熟的标志。已知的名园以东晋顾辟疆园为最早。唐宋时兴建日增，至明清时期，达到空前兴盛，艺术手法渐臻成熟。现存名园，以沧浪亭为最古，拙政园为最大。而筑山，以环秀山庄最杰出石脉相通，一气呵成，峰峦险峻，形态逼真。苏州名园，以擅用太湖石叠山称世。园多与宅第相属，以池水为中心，周围筑山置石；植松、桂、梅、枫、竹、芭蕉等；并筑厅堂楼阁、亭榭廊馆。尤以折廊、云墙、漏窗、景门为胜。建筑装修素雅简洁；庭园空间相互错落，曲折萦回，小中见大。对清代皇家园林曾产生过巨大影响。　　　（鲁晨海）

速生树种　fast-growing species

生长速度超过一般树木的树种。如泡桐、白杨、柳树等每年高生长可达1m以上，茎粗也相应增加。　　　（沈　洪）

宿根植物　perennial plant

多年生植物中的一种，即冬季或夏季地上部分的枝叶枯死，而根部仍然活着，到翌年春季或秋季能从根部重新发出新的枝叶的植物。如菊花、芍药、石蒜等。　　　（沈　洪）

suan

酸土植物　oxylophyte

适宜于生长在酸性土的植物。而在碱性土壤上则生长明显不良，甚至不能生长，园林植物中不

少常绿阔叶树木多属此类。　　　　　（沈　洪）

sui

隋园
　　见随园(214页)。

随园
　　故址在金陵(今南京)小仓山。原名隋园,为清雍正间江宁织造隋赫德之园。乾隆十三年,为袁枚购入重建。取"随"地因水筑园之意,易名"随园"。园四周有溪流,前架红土桥。详细布局不明。清康熙年间重修,并在山北巅筑一堂,莳花种竹,周以围垣。有袁枚《随园记》记述此园。　（鲁晨海）

sun

损重原料 weightlossing material
　　生产过程中损失部分重量(或全部重量),仅剩余部分重量(或没有重量)转移到成品之上的原料,如铁矿石、煤炭等。　　（胡序威　陈　田）

ta

他群体
　　见外群体(225页)。

塔庇奥拉 Tapiola
　　芬兰田园城市。位于芬兰湾北岸,距赫尔辛基11km。人口17 000人,1952年开始建设。市中心同时为相邻居民点服务,设计规模8万人。城市建筑与自然风景密切结合,尽量保留和利用原有的植物和地形。城市美丽如画,被誉为二次大战后世界上最诱人的小城市之一。　　　　（陈保荣）

塔式住宅 apartment tower
　　一个单元的高层住宅楼,体型较窄,不产生大面积阴影区,对规划有利,但外墙多。为了提高电梯利用率,当每层套数多时,常无法做到户户有好朝向。　　　　　　　　　　　　　（张守仪）

塔院园 stupa garden
　　寺观园林中以佛教僧侣的墓塔为主题,利用自然景色配植林木所构成的园地。著名的如:河南登封少林寺塔林。　　　　　　　（鲁晨海）

suo

所有制结构 ownership structure
　　生产资料的所有制形式,即生产资料归谁所有。现代城市所有制形式,起决定意义的主要是生产资料私有制和生产资料公有制两种形式。在我国社会主义初级阶段的绝大多数城市中,全民所有制经济成分占主导经济地位,还有集体所有制经济、各种形式的合作经济(如全民与集体合营经济、中外合作经济)、外资独营经济、个体经济等所有制形式。各个城市中各种经济成分的比重和组合形式不尽相同,从而形成了不同的城市所有制结构。　　　　　　　　　　　　　（谢文蕙）

索道 cable way
　　由固定动力站钢索牵引沿架空索道作水平方向跨越运行或依山坡作斜面运行的客运或货运工具。架空索道上悬挂的装载工具,有成对布置、往复运行的;也有若干个装器间隔布置、连续循环运行的。　　　　　　　　　（徐循初）

T

tai

台 terrace,flatform
　　在园林里面用石料或砖砌筑为高出地面的平台,周围设栏杆,供游人露天驻足观赏园景,也可以举行露天的饮宴或娱乐活动。台的平面形状多为方形或长方形,也有圆形、半圆形、扇面形或其他几何形的。台一般建置在临水或山坡上的景界开阔的地段,以便于游人多方位的观景。山坡上的台往往与建筑物相结合而衬托该建筑物之巍峨,如颐和园万寿山前山中部的佛香阁下的二十余米高的石砌方台。重要建筑物的正面多有紧邻建台的,叫做"月台"。早期的中国古典园林中,台是主要的建筑物,体量十分高大。到后期,台已不占主要的地位,体量也逐渐缩小,仅作为园景之点缀了。　（周维权）

台地园 terrace garden
　　将斜坡地切割成若干台阶形的平地而形成的花园。在文艺复兴时期很多别墅建造在山坡地,把建筑、喷泉、池泉和树林布置在各层台地上,并有相应的扶墙、台阶、栏杆等工程措施,形成特具风格的意大利台地园。高台地往往是欣赏下层台地花园和园外自然景色的观景台,而低台则是入口之处,看到层层叠叠的台地景色。

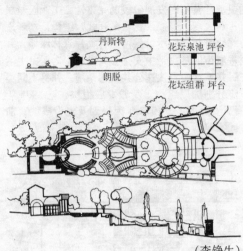

（李铮生）

台座式住宅　apartments on podium

位于多层平台上的一组或一栋住宅楼。一般在地价昂贵的大城市采用。顶层平台供居民室外活动及绿化,平台下面几层建筑可用作车库或商业服务用房。台座中央常设采光通风井。居民与商业公用部分分别有出入口上下。台座式住宅造价高,但有以下优点:①土地重复使用、效益高;②闹区、静区分开、车行人行分开、儿童游戏安全;③便于在出入口处管理,有利防卫。　　　　　　　　（张守仪）

太湖风景名胜区

在江苏省境内,以太湖和沿湖山脉为主体的国家重点风景名胜区。面积 888km²。太湖水不深而浩渺,山不高而秀丽。有 48 个岛屿,山水结合,层次丰富,自成天然画卷。分为 12 个景区:梅梁湖景区、天灵景区、锡惠景区、蠡湖景区、阳羡景区、虞山景区、同里景区、马山景区、洞庭东山景区、洞庭西山景区、光湖景区、石湖景区。有"太湖佳绝处"的鼋头渚,有"吴中第一峰"的莲花峰,有"清波秀水"的蠡园,有"天下第二泉"的惠山,有"洞天水府"的善卷洞、张公洞、灵谷洞。文化发达,古迹众多。春秋时期阖闾城、越城遗址,隋代大运河,唐代宝带桥,宋代紫金庵,元代天池石屋,明代扬湾一条街和名寺古刹、古典园林。　　　　　　　　（王早生）

太姥山风景名胜区

在福建省福鼎县南部的国家重点风景名胜区。面积约 60km²。太姥山屹立东海之滨,有五十四峰、四十五石、二十四洞、十岩、九泉、三溪,峰峦奇特。较著名者有二佛谈经、仙人锯板、云标石、一片瓦、七里洞、一线天、九鲤朝天、金猫扑鼠、七声应、传音谷等风景点。此外,珍珠泉、七龙泉、九曲泉、兰溪、九鲤溪及溪口、龙庭、赤鲤三大瀑布等泉、溪、瀑布也富有特色。景区内有朱熹隐居处、郑樵讲学处、明抗倭古战场及历代摩崖石刻数十处,还有国兴寺、白云寺、瑞云寺等规模较大的寺庙。　　　　　　　　（赵健溶）

泰姬陵园　Taj Mahal

印度泰姬·玛哈尔陵的重要组成部分。其主体为一宽 293m,深 297m 的大草地,一个十字形水渠把它分成四份,中央有一方形水池。水渠内各有一排喷泉,其布局属伊斯兰庭园类型,与陵墓、灵庙等建筑相得益彰,成为有名之佳作。

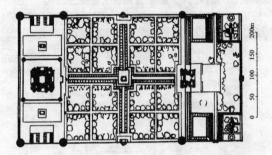

（李铮生）

泰山风景名胜区

在山东省泰安市的国家重点风景名胜区。面积 400 多平方千米。泰山被喻为中华民族伟大崇高的象征,由古老的片麻岩构成的断块山地,崛起于华北大平原东缘的齐鲁丘陵之上。主峰海拔 1 545m,山势磅礴,雄伟壮丽,为五岳之首。自秦皇、汉武、唐宗、宋祖,直至明清,历代帝王封禅祭祀,文人墨客吟咏题刻,留下丰富的文物古迹,被誉为露天的历史、艺术博物馆。有岱庙、普照寺、碧霞祠、经石峪刻石、灵岩寺等名胜古迹和玉皇顶、日观峰、月观峰、石坞松涛、鹰愁涧、龙潭瀑布等景点以及许多古树名木。

（赵健溶）

tan

摊大饼　urban sprawl

俗称摊大饼式的扩展。城市空间沿原来建成地区的周边由内向外连续扩展的发展方式。每有发展就向外扩大,有时是无规划蔓延,有时规划成同心圆式的向外扩展。　　　　　　　　（陶松龄）

tang

唐宁（1815～1852 年）　Anderw Jackson Downing

美国风景造园家和植物学家。他早期受英国风景画的影响,赞赏自然风景园,他积极倡导美国城市公园运动。他出版了《风景造园论述》和主编了《园艺者》杂志,他主持的华盛顿特区的建筑环境绿化,采用了简练的手法,标志着美国风景造园开始向现代风景建筑方向发展。 (李铮生)

唐山重建规划

1976 年唐山大地震后,于 1978～1982 年制订的唐山重建总体规划。这次大地震使这个工业大城市的建筑物几乎全部被毁坏,交通、邮电、公用设施也均受到损坏。1978 年组织全国专家开始制定重建规划,将市区 8 个较大工厂迁往市以北 25km 的丰润,另建新区;重建原有市区,主要在铁路以北发展;重建恢复东矿区,全市形成三大片。将压煤矿的京山线改线由市区西侧穿过,并另建新客站。全面加强规划及设计中的防震措施,经过 7 年实施,至1985 年底恢复建筑 1608 万 m^2,重建规划基本实现。一座崭新的唐山城已在原址重现。

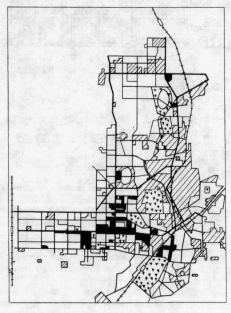

工业用地　公共建筑用地　生活居住用地
绿化用地　道　　路　铁　　路
(董鉴泓)

tao

陶里亚蒂新城　Toliati

20 世纪 60 年代末,前苏联在古比雪夫市附近为修建伏尔加汽车厂而建的新城。它位于古比雪夫等三座城市构成的三角地带的中心,距三座城市70～90km。城址在水库北岸的广阔平原上,有大片森林。规划考虑到地区的发展,使城市成为未来城镇集团结构中的重要组成部分;为确保城市发展的灵活性及不同发展阶段的完整性,工业区与居住区平行发展,形成带状“敞开式”结构,二者之间有绿化带相隔;尽量保留原有大片森林绿地,并在引进城市的林阴带中安排公共设施,为居民生活服务;在城市中设快速公共交通系统,并将不同类型车流分别加以组织。新城发展很快,至 1975 年人口已达 50 万人。1973 年因规划及建设成就获前苏联国家奖。

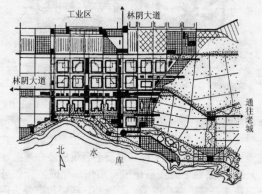

(陈保荣)

套户率　dwelling unit/household ratio

一个地区,住宅套数与居民户数之比值。一般用小数表示,一个地区的套户率为 1.1 表示这地区的住宅套数超过户数 10%。 (严　正)

套密度　density of housing units

一块土地上所建住宅套数与土地面积之比。单位用“套/万 m^2”。表示单位土地上盖了多少套住宅。 (严　正)

套型　type of dwelling unit

按一套住宅的房间数量和功能空间构成进行的分类。例如:一室套型、两室套型、两室一厅套型、四室两厅套型,英、美常用卧室数量来分类。日本用数字代表居室数量,L 代表起居室,D 代表餐室,K 代表厨房,四个字母一起来表示套型。例如:2LDK 套型表示有两个居室,一个起居室,一个餐室,一个厨房的住宅套型。套型也可按大、中、小套型分类。

(张守仪)

套型化　size distribution of dwelling unit

一个住宅工程或一栋住宅楼中,不同套型之间的比例关系。例如一个住宅楼有 5 个一室套型,10个二室套型,5 个三室套型,其一、二、三室套型比为1:2:1。 (严　正)

te

特奥蒂瓦坎城 Teotihuacan

古印第安文化的发祥地之一。位于墨西哥中部高原的河谷，离现在的墨西哥城48km。是最初的奴隶制国家的都城，也是巨大的宗教中心。开始建设约在公元前1世纪，最繁荣的时期约在3～9世纪。城市面积达18km²，最盛时大约有20万人口。城市在中美洲的宗教、政治和经济上居于领导地位。城市中心主要建筑是一组举行宗教礼仪的纪念性建筑群，分布在一条长达2km的大道两侧，包括好几座雄伟的庙宇，如高达64.5m，底部每边210m的太阳神庙以及月神庙、羽蛇神庙等，形状很像埃及的金字塔。其他建筑物形成若干个横轴，布局相当严谨。

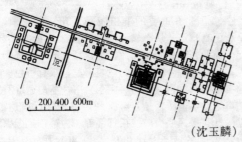

（沈玉麟）

特尔菲法 delphi method

通过有控制的反馈使专家意见的汇总更为可靠的一种专家预测、评价方法的名称。由美国兰德公司在20世纪50年代初研究提出，取名自希腊阿波罗神殿所在地Delphi。为防止通过会议在征集专家意见时，由于各专家可能相互影响，抑制了某些专家真实意见的表达，而采取背对背填表汇集意见，然后将专家对问题回答进行统计并将结果反馈给专家，以激发专家进一步思考，允许修改原先的意见。经过几次反复，意见一般将趋向一个稳定值，以获得较客观的专家意见。   （陈秉钊）

特殊需求者住宅 dwelling for special users

对住宅设计及社区服务有较多特殊需求者的住宅。主要指老人住宅、残疾人住宅和单亲家庭住宅等，而不是泛指一般家庭需求的千差万别。

（张守仪）

特殊用地 land for special use

需要保密或专门保护的建设用地。包括：直接用于军事目的的军事设施用地，如军事指挥机关、营区、训练场、试验场、军用机场、港口、码头，军用洞库、仓库、军用通信、侦察、导航、观测台站等；外国驻华使馆、领事馆使用的建设用地；以及监狱、拘留所、劳动改造场所等用地。

（蒋大卫）

特许 special permit

为社会公益目的，对不合区划规定相容性的使用或突破区划规定容积率、覆盖率、高度、日照、消防间距等规定的使用所发给的特别建设许可证。

（黄富厢）

teng

滕尼斯 Ferdinand Toennies（1855～1936年）

德国著名社会学家。德国社会学学会创始人之一，并担任该会第一任主席。1887年他在名著《礼俗社会与法理社会》一书中，把农村社会看作是"富有生机的整体"的"礼俗社会"，而把城市社会看作是人际关系生疏、冷漠的"机械联合"的"法理社会"，甚至认为人们进城后都"学坏了"。他对城市社会持基本否定的看法。他十分重视在社会学研究中运用统计资料。对犯罪、自杀、人口、工业、政治、伦理、社会改革等问题都进行过调查研究，并提出了引起社会学界重视的意见。主要著作还有：《社会学研究与批判》（1924～1929年）、《社会学导话》（1931年）。

（梅保华）

藤本植物

见攀缘植物（172页）。

ti

梯度理论 ladder-shaped economic development theory

在国家或大地区经济开发中，按照各地区经济、技术发展水平客观存在的梯度差异，由高向低，依次分期逐步开发的理论。由中国学者夏禹龙等根据国外"适应理论"变异而成。该理论认为，中国经济发展不平衡，实际上已形成了一种技术梯度，即"先进技术"地区、"中间技术地区"和"传统技术"地区。区域经济发展应承认历史形成的技术梯度，让一些有条件的地区首先掌握先进技术，然后逐步向"中间技术"地带、"传统技术"地带转移。

（胡序威　陈　田）

梯间式住宅

见单元式住宅（53页）。

提姆加德 Timgad

古罗马帝国时期军事营寨城。位于阿尔及利亚东北部奥雷斯山区，海拔1072m，四周群山环绕。公元100年按古罗马军队严谨的营寨方式建造。城市全部由巨石筑成，平面328m×357m。道路系统为格网状,每个街坊 25m 见方。城市有条互相垂直的干道丁字交叉。交会处为城市广场,比道路高出 2m,用台阶相连。广场面积为 50m×42m,四周环绕建筑,并有柱廊。广场南面依地势建有半圆形剧场,气势雄伟,可容观众 4 000 人。城内还有市场、商店、作坊、旅店、设施完善的公共浴室以及高大的凯旋门。

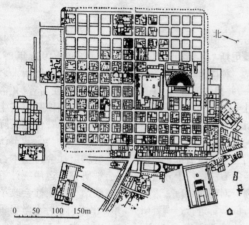

北

0 50 100 150m

(陈保荣)

体量控制 bulk control

对城市每一地区超过现有建筑主导高度(Prevailing height)的新建筑。按规定控制其可容许的最大水平尺度(bulk),结合高度控制,避免体量庞大。体量量取方法,其最大平面尺度沿任何一堵墙面的最大水平尺度在相当于本地区其他建筑主导高度处量取。最大对角线平面尺度为建筑外墙面两个最远点之间的水平尺度,在相当于本地区其他建筑的主导高度处量取。

(黄富厢)

体育公园 sports park

既有符合一定技术标准的运动设施和场地,又有较大面积的绿化布置。其各项体育场地除满足比赛和专门训练外,应有向公众开放的内容,如健身房、足球场、篮球场、网球场、游泳池等。 (李铮生)

体育用地 land for sports activities

供竞技比赛、训练和开展群众性体育运动的各种室内外体育场馆和训练场地的建设用地。如体育场馆、游泳场馆、各类球场、溜冰场、赛马场、跳伞场、射击场以及各种体育运动训练基地等。一般不包括属于学校等单位和居住小区内部的体育用地。

(蒋大卫)

tian

天安门广场 Tiananmen Square ,Beijing

中国首都的中心广场。位于北京的中轴线上,东西宽 500m,南北长 860m,面积约 40 万 m²,可容纳 40 万人,是当今世界上最大的城市广场。明清时为皇宫的前院,解放后以天安门为主体建筑进行了改建和扩建。1958 年人民英雄纪念碑落成。1959 年在东西侧建成了人民大会堂和中国历史、中国革命博物馆。1977 年又在南侧建造了毛主席纪念堂,组成了一组宏伟壮丽的政治性、纪念性建筑群。

(黄伟康)

天府广记

记述明代北京城市建置,城坊、建筑、人物、山川、名胜的著作。明末清初孙承泽(公元 1592~1676 年)著,共四十四卷。是较好的关于北京地方史的文献资料集。 (董鉴泓)

天际线 skyline

城市整体大空间的轮廓线。由城市所在的地形环境,自然植被、建筑物及高耸构筑物等的最高边界线组成。 (郑光中)

天津 Tianjin

我国北方重要的港口贸易城市、交通枢纽。是全国直辖市。从金、元时起,由于漕运的兴起,促使商业繁荣,明代在此设卫建城,清末被辟为租界,建有各种外国式样的建筑房屋,很有特色。文物古迹有天后宫、文庙、广东会馆,革命遗址有大沽口炮台、望海楼遗址、义和团吕祖堂坛口遗址、觉悟社、平津战役前线指挥部等。为第二批国家级历史文化名城。天津市区人口 461 万 (1991 年末)。工业有钢铁、电子、机械、纺织、石油、海洋化工、轻工、造船等,为我国重要工业基地之一。建有大港油田,引滦入津等大型工程,有科研机构和高等学校。天津新港为我国最大的人工海港之一。 (阮仪三)

天空敞开面 sky exposure plane

又称天空曝露面。按道路宽度的一定倍率决定沿街建筑高度后,由此高度起按规定倾角确定一斜面,控制建筑后退的高度。 (黄富厢)

天空曝露面

见天空敞开面(218 页)。

天然界限 natural boundary

又称自然区划界限。自然地域单元之间的分界限隔。将一定范围的地域依自然地理条件的相似性和差异性,按单项自然地理要素(如气候、地貌、土壤、水文、植被等)或综合多种自然地理要素的地域划分为不同的地带、地区、亚区、小区等各级地域单元。这些地域单元的界限均称天然界限。在城市规划用地概念上通常多指山脉、河流、海岸、森林与平原等地形变化的明显分界线。

(赵炳时)

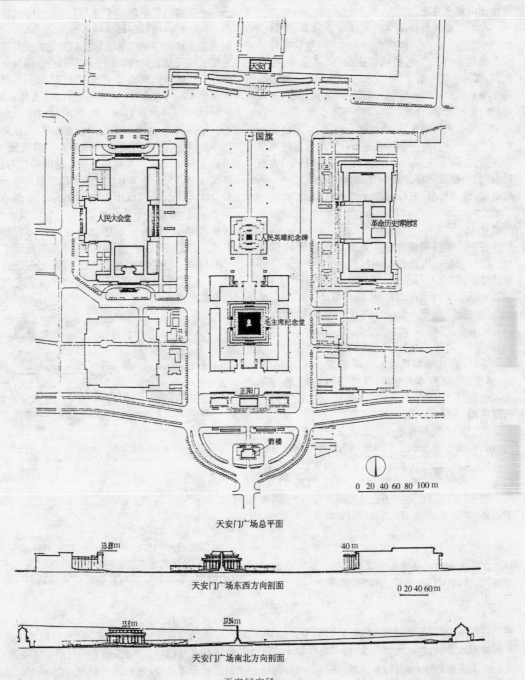

天安门广场总平面

天安门广场东西方向剖面

天安门广场南北方向剖面

天安门广场

天山天池风景名胜区

在新疆阜康县的国家重点风景名胜区。面积158km²。天池海拔1 900m，为高山堰塞湖。湖面3km²，深百余米。古称瑶池。清乾隆时以"天镜"、"神池"之意命名天池。雄伟的博格达峰为天山东部最高峰，海拔5 445m，冰川延绵，终年白雪，极为壮观。天池之水即来自天山融雪。险峻的地形，冰川雪山，森林草坪，湖水繁花，构成了别具特色的高原风光。自然景观有东小天池、西小天池、灯杆山、石峡、大小锅底坑等。历史上有寺庙，如铁瓦寺、无极观、观音庙、达摩庵、八卦亭等，已毁。天池之景，气象万千。风烟雨雪，奇幻无穷。湖中泛舟，近览林海幽谷，远眺雪峰倒影。松涛鸟语，情趣盎然。

（王早生）

天台山风景名胜区

在浙江省天台县城北的国家重点风景名胜区。面积 105km², 是我国佛教天台宗的发源地。主峰华顶山海拔 1 110m。区内峰峦连绵, 群峰争秀, 植被繁茂, 溪瀑奔泻。有华顶山、水珠帘、仙人座、絮云洞等主要景点。天台山植物种类繁多, 有黄山松、金钱松、竹柏、银杏、厚朴、红楠等, 盛产雾茶及多种中药材。天台山开发于东晋, 隋代建寺创佛教"天台宗", 现有国清、高明、方广等古寺庙。其中隋代古刹国清寺, 清雍正间重建, 是一个拥有约六百间殿宇的大型建筑群, 为我国保存比较完好的著名寺院之一。还有隋塔、唐一行墓、宋报恩塔及历代摩崖、碑刻等珍贵文物。

(赵健溶)

天童寺

在浙江鄞县境的太白山麓著名的佛教风景胜地。晋时始建。唐至德二年(757 年), 僧宗弼等另择地建寺, 即今天童寺址。现存屋宇均为清代重建。1979 年大修。寺周群山耸峙, 层峦叠嶂, 有"南山晚翠"、"东谷秋江"等十景。寺内有古柏一株, 传为唐物。另有历代碑刻数帖。沿中轴线, 有"外万工池"、"七塔苑"、"内万工池"、天王殿、佛殿、法堂等。院内林木郁郁, 颇具禅宗追求的宗教境意。其园地、种植、建筑皆与宗教本义相寓, 景境淡泊空灵, 静谧令人入胜。

(鲁晨海)

天咫偶闻

杂记。清朝曼殊钧著, 成书于光绪二十九年(1876 年)。追溯清朝北京与承德行宫之旧事, 对北京皇城(大内)的礼节、活动、礼俗、城内景象与活动, 以及人文、风俗、民风、山川、寺庙、胡同、戏剧、住宅、名人等, 都有详细记述。还记及热河承德行宫(即避暑山庄)的历史, 礼制、仪式和行围等情况。

(乐卫忠)

天柱山风景名胜区

在安徽省潜山县的国家重点风景名胜区。面积 82km²。主峰天柱峰海拔 1 490m, 如擎天一柱, 故名天柱山。主要景点有四十二峰、十八岩、五十三洞、七关、三川、二溪。天柱峰高入天穹, 气势非凡; 飞来石巨石压顶, 浑圆如盖; 衔珠峰群山罗列, 簇立如笋; 天狮峰形若猛狮; 莲花峰状若金莲; 翠花峰如千丈芙蓉。山上多危岩怪石, 有的似天狗狂吠; 有的像鹦鹉欲飞; 有的若老猿挂枝, 形象生动。溪流飞瀑有九井河、激水瀑、雪崖瀑、青龙涧等。汉武帝刘彻封天柱山为南岳, 现存祭台遗址。隋唐封为道家第十四洞天。有梁朝名刹、唐代佛塔、摩崖石刻等古迹。

(王早生)

田园城市 Garden City

19 世纪末英国社会活动家霍华德倡议的一种城乡结合的城市形态。1898 年霍华德著有《明天——一条引向改革的和平道路》一书。1902 年再版时, 书名改为《明日的田园城市》, 提出了城乡磁体的新概念。这种使城市生活和乡村生活像磁体那样相互吸引共同结合的城乡结合体被称为田园城市。书中绘有田园城市简图, 总用地面积为 24km², 其中城市用地 4km², 农业用地 20km², 30 000 人住在城市, 2 000 人住在乡间。对 30 000 居民的城市也绘有简图。平面为圆形, 由一系列同心圆组成, 依次划分为市中心区、居住区、工业仓库地带和铁路地带。有 6 条各宽 36m 的放射大道从市中心的圆心放射出去, 将城市划分为 6 个等分。另一个简图是以若干个各 32 000 人口的田园城市围绕一个人口为 58 000 的中心城市, 构成一个共容纳 25 万人口的城市组群。这种多中心的组合被称为"社会城市"。在霍华德的倡议下, 英国先后于 1903 年和 1919 年建设了伦敦外围的第一座卫星城莱奇沃思和第二座卫星城韦林。田园城市理论对其后各国城市规划理论与实践有重要影响。

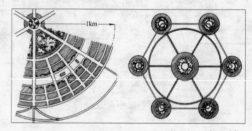

(沈玉麟)

tiao

调适 adjustment

存在差异的社会成员之间、社会群体之间、社会文化之间、互相适应、协调相处的动态过程。亦即个体或群体不断解决其与社会环境间矛盾的一种行为方式。

(梅保华)

跳跃理论 Jump economic development theory

在国家或大地区经济开发中, 摆脱各地区固有经济技术基础的束缚, 按照不同时期的客观需要, 依据区域资源优势, 进行有选择开发的理论。该理论认为: 区域发展不平衡是一动态过程, 原来处于较低发展阶段的地区亦能后来居上, 成为发达地区。因此, 区域开发重点不应机械地依据现状顺序, 而应根据需要和可能条件来决定。这仅适用于某些优势区位突出的地区或某些优势部门。若过多、过早地将开发重点移向落后地区, 则可能将因经济效益低下而大大延缓整个国民经济发展的进程。

(胡序威 陈 田)

tie

铁路附属地   land annexed to the Manchuria Railway

中东铁路所属类似租界的地区。1896 年依"中俄密约",由俄国铺筑东清铁路(后改称中东铁路),条约中规定,在铁路站场附近划出一块用地,由铁路局所有,并实行行政管辖,称铁路附属地,成为中国领土上事实的外国管辖地段。1905 年日俄战争后,中东铁路归日本所有,改称满铁附属地。哈尔滨在南岗一带。在长春于 1907 年兴建,面积达 5km²。在沈阳的面积约 8km²。   (董鉴泓)

铁路货运站   freight station

专门办理货物列车接发、货物装卸及货车的编组选配等作业的铁路车站。一般设在大城市或工业发达的中等城市及河海港湾等有大量货物吞吐的地点。它在城市中的位置与城市工业、仓库的布局有密切关系。有大宗货物运输的还可设置专业性货运站,如建筑材料、木材、煤炭、石油、粮食等货运站。   (宗 林)

铁路客运站   railway passenger station

专为旅客购票、上下车、办理行李和包裹的托运和领取,以及接发旅客列车等项作业的车站。主要设在大、中城市,与城市的关系甚为密切,位置要既方便旅客,又不干扰市区,在建筑环境面貌上要具有特色,素有"城市大门"之称。   (宗 林)

铁路枢纽   railway junction

位于二条以上铁路干线汇合地点,建有几个在统一指挥下协同作业的专业车站或客、货联合车站以及有关线路等组成的铁路运输技术设备的综合体。除了为当地直接办理客货接发外,还集纳了大量车流,是铁路运输组织车流和调节行车的据点;也是铁路与其他运输方式衔接的基地;与其他运输干线衔接,可构成综合运输枢纽。一般位于全国或地区的行政、经济、文化中心、大工业基地及与其他运输方式相交汇的地点,是城市总体中的有机组成部分。   (宗 林)

铁路用地   land for railway

铁路站场及线路的建设用地。铁路运输对城市发展影响很大,铁路用地布局,既要满足铁路运营的技术经济要求,又要满足城市发展的功能要求,应尽量避免铁路分割或包围城市。   (蒋大卫)

ting

亭桥   bridge with pavilion

在桥上加建亭子的拱桥或平桥。亭子四面开敞,临水的两面安装坐凳栏杆,游人可在此驻足坐憩,饱览远近水面之景,乃是绝好的观景点。它的形象比平桥和拱桥更丰富,因而也是园景的重要点缀。亭桥在江南园林中用得最多,造型亦最为丰富多变,著名的扬州五亭桥由五个亭子组合成别致的形象,跨越瘦西湖水面而成为湖上的一景。北方的皇家园林也多有模拟江南而建置亭桥的,如颐和园的西堤六桥之中,就有五座是亭桥的形式,避暑山庄的水心榭则由三座亭桥连续组成。   (周维权)

庭   courtyard

用建筑物从四面围合起来的室外空间。它与外界呈相对隔绝的状态,具有宁静、安谧的气氛。庭内地面施以各式装铺、摆设石凳、少量种植花树的叫做"庭院",多见于住宅之中,供家人散步、坐憩、纳凉。庭内地面大部分或一部分凿池堆山、种植花树的叫做"庭园",也就是园林化的庭院。它宜于内向的就近观赏,具有一种亲切的尺度感。中国古典园林中的小型私家园林,大多数都呈庭园的形式。如像苏州的名园网师园,就是由若干个大小不同的庭园组合而成。   (周维权)

庭山   rockery in courtyard

位于建筑庭院中的假山。可以作为主景或配景处理。一般作配景的以静观为主,可观而不可游。作为主景的则可观可游,如北京乾隆花园的假山,是作为主景之庭山。   (孟兆祯)

庭园   courtyard garden

由建筑物包围或在其周围形成的庭或庭院中种以树木花草,置以山石水体,养以禽鸟鱼虫,设置园林小品等以引入自然信息,美化环境,供观赏、休息之用的空间,庭园一般面积不大,并与周围建筑有密切关联,常被看作为建筑的附属和延伸。   (李铮生)

tong

通道   path

人们经常或偶尔经过的各种通道。包括街道、步行道、运输道、高速公路、铁路、运河等。有特色的通道给人以深刻的印象。他们观察城市必须经过这类通道,沿着通道才能产生有关环境的感知。   (白德懋)

通夫   Tong Fu

见陈达(22 页)。

通勤圈   commuting circle

以特定城市为中心,从业人员一日为周期的集中和分散的范围。通勤是发达国家确定城市职能地域大都市区或大都市圈的最重要指标。按照各地居民到某城市的通勤率,存在一种从城市中心由高到低的圈层结构。因私人汽车的普及和铁路交通的高速化,各城市的通勤圈外界迅速扩大,几乎人们居住的任何地方都可纳入到某城市的通勤圈内。人们在此范围内每天做集中和分散的有规律运动。圈域半径一般受中心城市规模、经济生活的发达程度和交通方式决定。 （周一星）

通行能力 capacity

又称道路容量。道路横断面在单位时间内所能通过的最多行人数或车辆数。是道路和交叉口规划设计和组织交通的重要依据。通行能力又可分为基本通行能力、可能通行能力和实际通行能力等。 （徐循初）

同化 assimilation

强力的个人或群体,通过社会接触,全部或部分改变了薄弱的个人或群体的文化特质或文化模式的过程。这是一个漫长的文化渗透与合并的过程。一般有通婚与文化传播两种形式。 （梅保华）

同心圆模式 concentric zone model

城市地域结构最早的一种理论模式。1925 年由美国社会学家伯吉斯(E.W.Burgess)提出。他以社会生态学的观点研究芝加哥的城市土地利用,基于均质平面的假设,特别强调同城市中心的距离因素。认为城市空间结构由几个宽度不定的同心圆带组成,从中心向外依次是中央商务区(CBD)、过渡带、工人住宅带、较好住宅带(中级住宅区)和通勤带(高级住宅区)。当城市扩大时,每一圈层都向外侧邻近圈层扩张。尽管该模式和芝加哥及其他一些城市有相似之处,但一般认为过于简单化。 （史育龙 周一星）

铜爵园

又称铜雀园。在河北临漳,今已无存。三国时,曹操在其魏都邺城,宫内文昌殿西侧营筑,规模较小,其中有园囿鱼池,如兰渚、石濑等景点。园西筑有铜雀、金凤、冰井三台,皆砖筑,上建有殿宇,以阁道相通,与园内景色交相辉映。 （鲁晨海）

铜雀园

见铜爵园(222 页)。

铜驼街

汉魏洛阳城中的南北主干道,东汉时曾有铜驼于街之东西两侧,故名。北魏时此街北面正对宫门阊阖门,南对内城中门宣阳门。两侧为官署、寺、庙、坛、社。街东有左卫门、司徒府、国子学、宗正寺、太庙等。街西有右卫街、太尉府、将作曹、太社等。 （董鉴泓）

统万城（西夏）

又称白城子。南北朝时十六国之一的夏国都城。在陕西省靖边县北,城呈白色,为夏国王赫连勃勃(公元 407～427 年)所筑,由东、西两城及外廓组

成,呈方形。城墙用土层层夯实,构筑坚固,沿墙四周,筑有密排的马面,西南城墙的马面做得长大宽厚,内建仓库,实为少见。城市布局沿袭汉民族传统都城布局,宫城居中,左有祖庙,右设社稷坛,宫旁有苑囿,宋时城被毁。现城中留有几处宫殿遗址。 （阮仪三）

tou

投资环境 investment environment, investment climate

又称投资气候。为工程项目建设和生产运营所必须的各项条件的综合。是影响投资来源和收益的条件和环境因素。在局部地区内,主要指地理位置、用地条件和交通、通信、动力供应、给排水、社会服务等基础设施条件;在宏观和中观范围内,主要指市场、原料、燃料供应、技术与管理水平。此外,还有"软环境",主要指投资地区的政策法律保障、人口素质、社会治安和人际关系、决策行为等。 （胡序威 陈 田）

投资结构 investment structure

在各产业部门之间的资金来源和资金分配关系。如在生产性建设与非生产性建设之间,农、轻、重部门之间,各工业部门之间,文化教育、科学研究之间的资金来源和资金分配关系。 （谢文蕙）

投资气候

见投资环境(222 页)。

tu

突堤式码头 jetty

又称直码头。由岸边伸入水域建造的码头。占用少量岸线可获得较多的码头线(泊位),港区布置较集中紧凑,在海港中常采用。但填方量大,工程费用较高。码头上需布置库场、道路、铁路、装卸机械等设施,须有足够的宽度;为减少调车作业的相互干扰,码头长度一般不宜超过 700m。 （宗 林）

图底关系理论 figure-ground theory

图与底是心理学中的一对概念。当两种不同质的领域在人的视野内同时出现时,所得到的体验总有一方占主导的地位,称为图,另一方为底。反之亦然。用 E.鲁宾的杯图说明,在知觉图像中,高脚杯与二人相对的侧影是可以互换的。这一概念运用到建筑与其所围合的城市空间上就是要处理好这两者的关系。 （白德懋）

涂尔干

见杜尔凯姆(62 页)。

土地补偿费　compensation on land

国家征用集体土地的经济补偿。包括三部分：一是土地上农作物的价值；二是复垦同样肥力土地所需要的投资；三依靠这块土地为生的农民转换工作费用。即青苗费、复垦费和转业费(安置费)。

(严　正)

土地分区专用　segregated use

根据经济实力、社会倾向或区划规章，将城市土地分成居住、商业、工业等不同用途区的做法。后又更进一步在每一用途区标明许可使用，不与其他用途区的许可使用有大的交叉，以使规划师规划出可望实现的土地使用。

(黄富厢)

土地附带用途　accessory use

从属于主要用途的惯例上自然和一般的附带和次要的使用。

(黄富厢)

土地管理法　Land Administration Law

1986年6月25日中华人民共和国第六届全国人民代表大会常务委员会第16次会议通过的《中华人民共和国土地管理法》。该法于1987年1月1日起施行。《土地管理法》共7章57条。第1章总则；第2章土地的所有权和使用权；第3章土地的利用和保护；第4章国家建设用地；第5章乡(镇)村建设用地；第6章法律责任；第7章附则。1988年12月29日第七届全国人大常务委员会第5次会议通过了《关于修改〈中华人民共和国土地管理法〉的决定》。增加了"国家土地和集体所有的土地的使用权可以依法转让。土地使用权转让的具体办法，由国务院另行规定"和"国家依法实行国有土地有偿使用制度。国有土地有偿使用的具体办法，由国务院另行规定"等内容。

(陈为邦)

土地价格　land price

简称地价。资本化的地租。土地不是人类劳动的产品，本身没有价值。马克思在《资本论》中指出："土地的购买价格，是按年收益若干倍来计算的，这不过是地租资本化的另一种表现。实际上，这个购买价格不是土地的购买价格，而是土地所提供的地租的购买价格，它是按普通利息计算的。"其计算式为

$$土地价格 = \frac{地租}{利息率}$$

(谢文蕙)

土地利用　utilization of land

指某一国、某一地区、某一单位的土地，在社会需求的不同方向上，在国民经济不同部门之间，在各个不同的项目上的分配和使用。土地利用方面，包括农业用地、城乡居民点用地、工矿交通业用地、水域以及特殊用地等。其开发利用方式、程度、结构及地域分布和效益，既受自然条件影响，也受社会、经济、技术条件(如开发历史、技术装备、技术水平、土地管理水平等)影响。利用的广度、深度和合理利用程度是一个国家国民经济各部门生产建设规模、水平和特点的集中反映。土地利用工作包括：土地资源的调查、分类统计，土地利用现状的分析，土地利用规划，土地分等定级及估价，以及制定土地的开垦、开发和保护的政策措施等。

(胡序威)

土地利用率　land-use ratio

城市建设用地范围内，各种不同性质和用途的土地面积在城市建设用地总面积中所占的比重。通常以百分比来表示。土地利用率可以反映各类土地利用状况和合理性。国家的城市建设用地分为：①居住用地；②公共设施用地；③工业用地；④仓储用地；⑤对外交通用地；⑥道路广场用地；⑦市政公用设施用地；⑧绿地；⑨特殊用地等九大类(不包括第十大类水域和其他用地)。其中居住、工业、道路、绿地四大类用地占城市建设用地的比例具有一定的规律性，应控制在60%～75%之间。其他各大类用地占建设用地的比例，由于城市性质、规模、地理、历史等条件不同而差异较大，可根据具体条件确定。

(高　霖)

土地批租

见土地使用权有偿转让(223页)。

土地使用　land use

城市规划对土地规划开发性质的规定。通常应对城市土地使用进行分类分区，并标明各类用地如居住区、商业区、工业区、公共建筑区等的位置，作为确定区划的基础。

(黄富厢)

土地使用权　land use right

按法律规定，分配给国营企事业单位、集体或个人使用土地的权利，使用土地的单位和个人，有保护、管理和合理利用土地的义务。全民所有制单位。集体所有制单位和个人依法使用的国有土地，由县级以上地方人民政府登记造册，核发证书，确认使用权。林地、草原、水面、滩涂的使用权的确认，要分别依照《森林法》、《草原法》和《渔业法》的有关规定办理。

(金大勤)

土地使用权有偿转让　compensated transfer of land use right

又称土地批租。中国政府将属国家所有的城镇土地，以指定的地块、年限、用途和条件，供企业、其他经济组织或个人开发经营，使用者则向国家支付一定数量货币的制度。在土地使用权转让期间，土地所有权仍属于国家。受让人获得土地使用权，可以继承或转让给其他企业或个人。土地使用权转

让,为政府开辟了城市建设资金的来源,也有利于促进企业提高土地的利用率。 （谢文蕙）

土地适用性评价 evaluation of the adaptability of land

根据适于进行城市建设的用地要求,对可能作为城市发展用地的自然条件进行质量评价,确定用地的适用程度。土地适用性评价的主要内容为:地下水位的深度、洪水淹没的范围、地形坡度、地基承载力等。通常根据各项自然条件的优劣程度,将用地分为三类:一类是指适宜于各类城市设施建设的用地;二类是指需采取一定工程措施才能建设的用地;三类是不适于建设的用地。 （蒋大卫）

土地税 land tax

又称地产税。国家向土地所有者征收的税种。我国 1982 年宪法规定城市土地全部国有之前,城市中少量私有土地由税收部门按年征收土地税。城市土地全部国有之后,不再具有存在的客观条件。现行的政策是国家向城市土地的使用单位或个人,征收土地使用费(或称土地使用税),其性质属于地租。 （谢文蕙）

土地所有权 ownership of land

简称地权。土地所有者在法律规定的范围内占有、使用和处理其土地,并从土地获取收益的权利,受国家法律的保护。我国现行的是公有制,即土地属全民所有或集体所有。前者主要包括:①森林、山岭、草原、荒地、滩涂的大部;②城市的土地;③农村和郊区的部分土地。后者包括:①由法律规定属于集体所有的森林、山岭、草原、荒地和滩涂等;②农村和城市郊区的土地除由法律规定属于国家所有的以外的部分;③宅基地和自留地、自留山。 （谢文蕙）

土地特殊专用 special use

又称土地特殊使用,土地特殊意图使用。指超出一般用途区范围经区划批准的特殊使用,或有关区划法规中特殊或有条件许可使用清单内包含的特殊使用。 （黄富厢）

土地细分 subdivision

经区划的土地,通过测量,由开发商根据有关规章和要求,划分为若干小的地块,进行开发。通常用于北美城市郊区生地开发的控制。 （黄富厢）

土地许可使用 permitted use

区划法规定某一特定用途区内所允许的使用。在区划法规中,对任一特定用途区土地许可使用的相容性应作出规定。 （黄富厢）

土地征用 land acquisition

因建设或其他公共利益的需要,由政府或政府授权的机构依照法律规定的条件,将个人或集体所有的或享有使用权的土地收为公用。征用时须对土地价值、地上设施和青苗、生产、生活等予以经济补偿和协助。 （谢文蕙）

土地主要用途 principal use

区划规定某一地块的基本用途。 （黄富厢）

土方工程 earthwork

现状地面按照规划设计标高填高或降低的土方调动,以及建筑物基础(房心土的填挖)、管沟、地下室或人防工程等施工过程中的产土与需土调动的总称。 （管元馨）

土方平衡 earthwork balance

通过用竖向规划图与现状地形图进行对照计算,对挖方、填方和土方总运输量三者的综合权衡。在建设用地的整备过程中,需将高于设计标高的地面挖掉,将低于设计标高的地面填至设计标高,尽量做到移挖作填,就地平衡。竖向设计的经济性以总土方量为重要标志,总土方量越大越不经济。因此,需多次计算,调整竖向规划设计,直至求得最佳方案为止。 （管元馨）

tun

屯 tun

村庄(47 页)的别称。多见于东北地区,如皇姑屯。 （金大勤）

tuo

托巴芝模型 technique for the optimal placement of activities in zones (TOPAZ)

英文缩写为 TOPAZ,将线性规划模型和引力模型相结合的一个城市空间模型,其目标函数是使城市土地开发费用和日常交通费用总和达到最高。是由布鲁切(Brotchie)和夏帕(Sharpe)在 20 世纪 70 年代创造的,首先应用于澳大利亚墨尔本城市发展规划方案研究中,以后迅速推广到其他国家。 （陈秉钊）

W

wɑ

挖入式港池 excavated basin

又称港池式码头。利用有限的岸线段为出入口,向纵深开挖一定范围的水域成为港池,在其周围布置泊位的码头形式。优点是可以人为地增加岸线长度建造码头;落池水域的掩护条件较好,可避免外界风浪侵袭;有利于形成单独的水域,减少潮汐对港区的影响。缺点是土方开挖量大,港池水域或连接港池的进港航道易泥沙淤积,港池内的污水不易流出,有碍港区卫生,在潮差较大的海港建封闭挖入式港池设船闸时,将影响船舶的通过能力。

(宗 林)

"蛙跃"发展 "frog-jump" development

一种不连续的城市发展方式。当城市规模发展到一定程度时,连续式扩展方式常因地理环境和其他因素而无法继续进行,城市用地就会在与中心地区相隔一定距离以外的地方成组、成团地向城市外围呈蛙式跳跃发展。有时为有计划地避免城市同心圆式蔓延带来的弊病而采取这种发展方式,以减轻中心城区的负荷。

(陶松龄)

瓦子

北宋东京(开封)城中,集中旅店、酒店、茶楼、技艺、杂耍、妓院等的市民活动场所。在道路交叉及近城门处,称中瓦子、南瓦子、保康门瓦子等。南宋都城临安中也有这种瓦子,称大瓦子、下瓦子等。

(董鉴泓)

wɑi

外城

见外廓(225 页)。

外廓 outer city wall, bailey

又称外城。城的外围加筑的一道城墙。为城外围的防护设施。《孟子·公孙丑下》:"三里之城,七里之郭。"外廓内有工商业及其居住区等。 (阮仪三)

外廓式住宅 exterior corridor apartments

通廊靠外墙,一侧布置住户的多层或高层住宅楼。外廊有敞开的也有用窗封闭的。各户均有前后朝向,采光通风好,外廊敞亮便于邻里交往和家务活动,但各户面向外廊的部分干扰大,进深小,不利防寒保温,多用于温热地区小套型住宅。 (张守仪)

外群体 out-group

又称他群体。我和我们以外的他人结合而成的群体。我和我们对外群体常常表现出冷漠、怀疑、轻视、有偏见、缺乏忠心、热情和合作精神。

(梅保华)

外商独资企业

见外资企业(226 页)。

外滩 The Bund, Shanghai

上海市区最早发展的地带,集中了重要的金融、商号、海关与行政管理机构。面临黄浦江,全长约1km,沿江建筑承袭西洋古典建筑的造型手法,雄伟壮观,和谐统一,带有浓厚的半殖民地时代特色,反映了上海城市风貌。环境历经改造、美化,吸引了大量旅游者前来观光、游览,市民来此散步、休息和体育锻炼。 (邓述平)

外滩公园

见黄浦公园(105 页)。

外向型经济 export-oriented economy

发展出口经营企业,以出口创汇为中心,参与国际市场交换和竞争的经济结构。发展外向型经济必须实行对外开放政策。利用国际分工来促进本国经济的发展。它是通过国际市场的转换机制,提供本国产业结构优化所需的原料、资金和技术,促进国民经济的良性循环。其特征是在沿海地区,发展劳动密集型和技术密集型企业,实行"两头在外,大进大出",即原材料的来源和产品的销售依托国际市场。

(谢文蕙)

外向型模式 export economic model

以开拓区域外市场为着眼点的一种经济发展模式。是内向型模式发展到一定阶段的产物,类似于发展中国家所实行的"出口替代"模式。基本特点是:①开放区域内市场,通过区内市场的竞争刺激本区的生产发展;②积极开拓区外市场,通过市场开拓来促进本区的经济增长;③区内的农业生产已达到较高水平,农村商品经济比较发达。

(胡序威 陈 田)

外延型城市化 urbanization by expansion

从城市建成区扩展方式考察城市化的一种类型。空间上保持与建成区连接、渐次向外推进的城

市发展过程。是最常见的城市扩展方式。与飞地型城市化相对。　　　　　　　　　　（周一星）

外诸司　official handicrafts, administrative offices

北宋东京(开封)城中,管理官办手工业的机构及作坊。分设在城内各处,不像唐长安城集中设置在皇城中。　　　　　　　　　　（董鉴泓）

外资企业　foreign capital enterprise

又称外商独资企业。外资股份为100%的企业。由外国个人或外国公司单独或联合投资,经我国政府批准注册即为法人,受我国的法律管辖和保护。外资企业必须采用先进技术和设备,产品的全部或大部必须出口。是我国社会主义经济必要的和有益的补充。　　　　　　　　　　（谢文蕙）

wan

宛

见南阳(165页)。

万春园

原名绮春园。建于清乾隆三十七年(1772年),后毁。同治年间重修,改今名。道光时,曾作皇太后居处。咸丰十年被英法联军焚毁。此园与长春园同为圆明园附园。园由原有小园林与皇室成员死后缴进的赐园合并而成。东路部分为旧园,西部则由傅恒、福康安死后缴回的赐园、庄敬和顾公主的含辉园及成亲王的寓园构成。再加改造,形成绮春园三十景,是一座小型水景园。参见圆明园附图(264页)。　　（鲁晨海）

wang

王氏拙政园记

明嘉靖十二年(1533年)文徵明为书画家、文学家王献臣的宅园拙政园作的园记。忠实地记录了拙政园建园缘由,园景内容,记述景物三十一处。凡堂一,楼一,亭六,轩槛池台坞之属二十有三,又各为一图,分别题咏其图,名"拙政园图"。其题咏称《拙政园三十咏》。　　　　　　　　　　（乐卫忠）

王世贞(1526~1590年)　Wang Shizhen

字元美,号凤洲,江苏太仓人。生于明嘉靖五年(1526年),嘉靖二十六年(1547年)中进士,历任官职。明万历十六年(1588年)为南京兵部右侍郎,最后官至刑部尚书,卒于明万历二十一年(1590年)。世贞是当时文坛盟主,喜游览林泉园圃,身历而为之作记的园林很多,有《游金陵诸园记》、《安氏西林记》、《弇山园记》、《灵洞山房记》、《寄畅园记》等。世贞还辑录了历代关于园墅的诗文为《古今名园墅编》,但只留下一篇序言。所作园记具散文之美。　　　　　　　　　　（乐卫忠）

网师园

江南著名园林之一,在江苏苏州市葑门阔家头

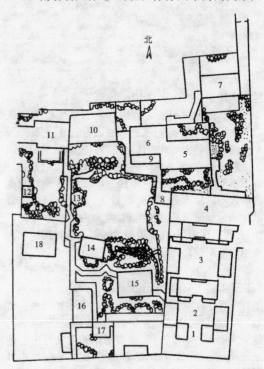

巷。南宋时为史正志(生卒不详)万卷堂故址,名渔隐,后废。清乾隆中叶,宋宗元得之重建,并借旧名之意,自比渔人,改称网师。乾隆末修葺,遂成今存布局。园位于住宅西侧,以中部水池为主,环池配以山石、建筑、花木、形成主景区;南部为园主宴聚场所,有小山丛桂轩等建筑;北部为读书作画之处。布局紧凑,池、宇、花木相互衬托,尺度宜人,以精致、小巧著称。附图中:1.大门;2.轿厅;3.万卷堂;4.撷秀楼;5.五峰书屋与读画楼;6.集虚斋;7.梯云室;8.射鸭廊;9.竹外一枝轩;10.看松读画轩;11.殿春楼;12.冷泉亭;13.月到风来亭;14.濯缨水阁;15.小山丛桂轩;16.蹈和馆;17.琴室;18.花房。

（鲁晨海）

辋川别墅

见辋川别业(226页)。

辋川别业

又称辋川别墅。唐代著名的自然山水式园林。在陕西省蓝田县西南10km,终南山麓,辋川之畔,今已无存。原为唐著名诗人宋之问(公元656?~712年)的蓝田山庄(一名"蓝田别墅")。后为唐著名诗人、书画家王维(公元701~761年)晚年隐居的庄园。布局不详,但从王维的《辋川集序》得知,景色清

新奇胜,有佳景二十处,如:孟城坳、华子岗、斤竹岭、宫槐陌、欹湖、柳浪、茱萸沜、辛夷坞等等,其中建筑有聚云楼、文杏馆、临湖亭、竹里馆等。此外,尚有供生活所用的经济或农作物园圃,如:漆园、椒园等。

（鲁晨海）

旺多姆广场　Place Vendome,Paris

巴黎著名的封闭性广场之一。建于17世纪后期。平面为长方形,长224m,宽213m,四角切去。短边的中心位置有一条街穿越,往北可通往巴黎歌剧院广场。广场周围建筑为3层,底层是券廊,廊内设商店。广场中央竖立着一根高44m的纪念柱。

（黄伟康）

望楼　watch tower

宋代城市中为防火灾建于高处供瞭望的高楼,有些村寨中修建的供守卫瞭望的楼。北宋《百岁寓翁枫窗小楼》记载:"……东京每坊三百步有军巡铺,又于高处有望火楼,上有人探望,下屯军百人及水桶、钩锯、斧、梯索之数,每遇火灾扑救,须臾便灭。"

（董鉴泓）

wei

危房　dilapidated building

基础或主体结构不合理,严重破损,采取一般补强措施仍不能保证安全使用的房屋。这类房屋一般需拆除或全面翻修。各地均有危险房屋标准和检测程序。在标准以下,不能满足安全使用的房屋均属危房之列。

（严　正）

危险品仓库用地　land for hazardous warehouses

专门用于储存易燃、易爆和剧毒等危险物品的仓库建设用地。如储存炸药、石油、汽油、火柴、爆竹及有毒化学品等物品。

（蒋大卫）

威廉斯堡　Williams burg

1776年美国独立前英国殖民者的统治中心。现整个旧城为绝对保护区。旧城东西长约1 500m、南北约600多米。保留有殖民时期的议会大厦、英国总督的府邸、法院、贵族住宅以及街上的商店、作坊等。城郊仍保留18世纪的风车、磨坊、农舍、麦仓、畜棚和菜地等。旧城服务人员都穿着18世纪的

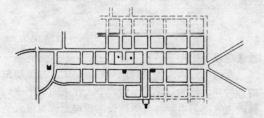

服装。街上可看到作坊里的工人在用老法打铁、印刷等。

（沈玉麟）

威尼斯宪章　Chartre of Venice

1964年5月,从事历史文物建筑工作的建筑师和技术人员国际议会(ICOM)在威尼斯通过关于保护文物及历史地段的决议,称威尼斯宪章。决议认为,1933年雅典宪章首次明确的有关原则曾促进广泛的国际运动的开展。随着人类社会的发展,情况发生了变化。有必要在对《雅典宪章》中有关条文进行再认识的基础上制定新的文件,成为共同遵循的原则。《宪章》进一步阐述了历史文物建筑的概念;对其保护、修复的原则性规定;对文物建筑所在历史地段的整体保护及对遗址发掘所应遵循的原则;对文物建筑保护、修复和发掘的档案工作等。《宪章》的问世对保护人类历史文化遗产起了重大的作用。但在实践中,对条文的理解常各有不同,近年来出现要求进一步明确一些条文含义的呼声。

（陈保荣）

威尼斯（中世纪）　Venicen（Middle Ages）

意大利中世纪最富庶、最强大的城市共和国。世界著名的水网城市、沟通东西方贸易的港口。早期城市建设在长3.2km、宽1.6km的群岛和泥滩上。城内有180条河流穿行在118个岛屿之间。大运河穿过市区,是贯穿群岛的主要水道。两岸有大量宫殿、教堂、府邸等,建筑华丽、开朗,风格多样。交通主要靠水路。岛之间由大约400座不同风格的桥梁相连。圣马可广场为世界最著名的广场之一。广场平面为曲尺形,由两个梯形广场构成,大广场长175m,东端宽90m,西端宽56m,面积1.27万 m²。小广场面朝大海,以100m外海湾内小岛上的圣乔治教堂为对景。作为两个广场过渡的99m高的钟楼拔地而起,并与远处小岛上的教堂遥相呼应。广场雏形形成于公元830年,经过数百年的经营,建成于文艺复兴时期。广场上最重要的建筑为东侧的建造于11世纪的拜占廷式教堂和完成于14世纪的总督宫,以及15世纪建造的钟塔。建筑群整体设计经过精心的推敲。总督府以方正的体量与稳定的水平划分衬托着教堂复杂的轮廓和蓬勃向上的动势。二者之间又以富丽的券廊和绚丽的色彩取得谐调。钟塔的造型别具一格,显示出当时意大利作为海上强国的雄姿豪态。

（陈保荣）

微观城市经济学　microcosmic urban economics

着重研究城市内部存在的经济问题及其相应的对策。如城市土地的利用、劳动力市场、住宅、交通和城市财政等矛盾突出的问题。主要代表作有英国巴顿著的《城市经济学——理论和政策》。

（谢文蕙）

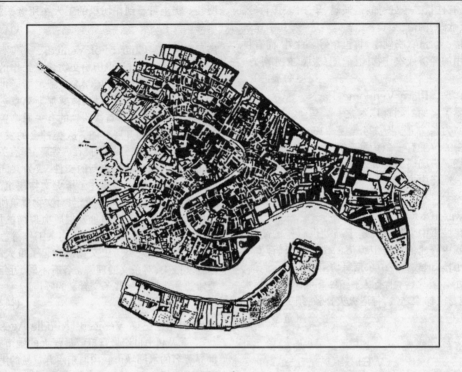

威尼斯平面

微观效益分析 microeconomic efficiency analysis

　　从企业的自身利益出发,研究企业经济活动效果的方法。如对生产的品种、数量、价格的变化所带来的经济效益的分析。 　　　　　　　(谢文蕙)

韦伯 Max Weber(1864～1920 年)

　　德国著名社会学家,西方现代社会学理论奠基人和德国社会学学会创始人之一。先后在柏林、弗赖堡、海德尔堡等大学任教授,讲授法学和国民经济学,后转而研究社会学,主编《社会学与社会政策文献》杂志。他对经济、政治、法律、宗教、文化等多方面问题,都进行过深入研究。对城市社会学也提出过重要理论观点。1921 年他在著名论文《论城市》中,全面研究了欧洲、中东、印度和中国城市的历史资料,提出了"完全的城市社区"的定义,主张城市应具备贸易、军事、法律、社交和政治等多方面的功能,开创了用科学方法研究城市的先例。 　　　　　　　(梅保华)

韦林 Welwyn

　　英国小城镇,位于伦敦以北 35km。由 E.霍华德集资于 1920 年按"田园城市"规划思想兴建的第二座"田园城"。规划用地 17.47km²,人口 5 万人。有将近 35％用地为开敞空间,其中大部分具有林地特征,城市周围有绿环。

▦ 居住用地	✛ 干道	
▨ 工业用地	┿ 铁路	
■ 城市:邻里单位及区中心	P 小学	
▢ 绿地及农业用地	S 中学	
	H 医院	

韦林城市平面图

　　　　　　　(陈保荣)

违法建设 illegal construction

　　在城市规划区内,违反《城市规划法》有关规定的各种建设行为。建设单位或个人在未向城市规划行政主管部门申请并获得建设工程规划许可证件的情况下擅自进行的建设活动。以及违反建设工程规划许可证件所规定的内容。进行的违反城市规划的建设活动，均属于违法建设。国家对一切违法建设均依法严加取缔。　　　　　　　　　　（陈为邦）

违法用地　illegal land use

在城市规划区内，违反《城市规划法》有关规定的各种用地行为。包括建设单位或个人在未向城市规划行政主管部门申请定点或虽申请但未获批准并发给建设用地规划许可证即擅自占用使用土地的行为；虽领取了建设用地规划许可证，但在用地过程中擅自改变建设用地规划许可证所核定的用地位置和界限的行为。国家对一切违法用地均依法严加取缔。　　　　　　　　　　　　　　　（陈为邦）

违章建房

见非法占建（70页）。

维特鲁威理想城市　Vitruvius Ideal City

公元前1世纪古罗马建筑师维特鲁威继承古希腊希波克拉底、柏拉图和亚里士多德的哲学思想和有关城市规划理论，提出的一种城市模式。他绘制了一个理想城市方案。其平面为八角形，城墙塔楼间距不大于箭射距离，使防守者易于从各个方面阻击攻城者。城市路网为放射环形系统。市中心广场以神庙居中。为避强风，放射形道路可不直接对向城门。维特鲁威的理想城市模式对其后文艺复兴时期的城市规划有极重要的影响。

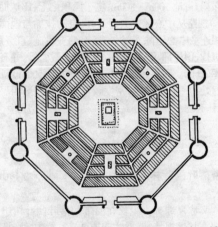

（沈玉麟）

维吾尔族园林　Uygar Garden

我国新疆维吾尔自治区维吾尔民族的园林。因受气候、地理环境、宗教及地区民族文化的影响，自具特色。布局自然活泼；园林种植多为花果及抗旱、耐寒、耐盐碱的树木；建筑多为当地民居形式，即砖土拱顶、木柱廊檐。其将游娱与生产巧妙地结合，形成独到的果树式园林，风格多清雅恬静。著名的如：莎车和卓园。　　　　　　　　　　（鲁晨海）

维也纳夏宫

见绚波纶宫苑（248页）。

纬涂

见经涂（124页）。

卫生防护带　segregation green belt

城市中设置在工业区和居住区之间，起着阻滞烟尘、减轻废气和噪声污染等作用的绿化防护地带。中国在20世纪50年代规定按工业性质的不同将卫生防护带宽度分为5级：1 000m、500m、400m、100m、50m。工业污染源的治理是城市环境保护工作的重点，但根据实际需要设置卫生防护带也是一项重要的城市规划措施。

（金经元　魏士衡）

卫生防护距离　sanitary isolation distance

为减轻对生活居住区或某一地区的污染，使污染源与之保持一定的间隔。根据烟尘扩散规律，在其他条件不变时，地面最大着点以外有害物质的浓度与距离成反比。故卫生防护距离的大小，可视企业对有害物质的治理状况、危害程度、当地自然、气象、地形条件及环境质量要求，通过烟尘扩散计算或风洞实验来确定。在无上述条件时，则按我国已经制定的工业卫生防护距离标准执行。

（朱祖希）

卫生防护林带　segregation shelterbelt

按国家规定，有污染危害的工厂与居住区之间，必须有间隔距离，以减轻有害气体、烟尘和噪声对居住区的影响，这种间距称为卫生防护地带，其宽度按工厂性质、规模和污染程度划分为若干等级，并按一定要求营造防护林带，通过树木的吸附和过滤作用，可有效地降低烟尘及有害气体的浓度。一般的卫生防护林带可分为紧密结构、疏透结构和通风结构三类，其作用不同，防护效果也各有不同。

（李铮生　朱祖希）

卫所　fort

明代军事防御建制名称。明初在京师、边疆及沿海各地皆设卫所，数府划为一个防区，设卫，下设千户所和百户所。卫，兵员约五千六百人；千户所约一千一百二十人；百户所约一百二十人。明洪武二十六年（公元1393年）定内外卫三百二十九个，千户所六十五个。著名的有威海卫、金山卫、宁海所等。

（阮仪三）

卫星城　satellite town

大城市周围建设的小城镇。因其环绕中心城市如卫星状，故名。为了消除工业和人口在大城市过分集中的弊病，改善居住环境并创造就地就业机会，减少交通压力等目的，现代卫星城镇一般都既有较多的就业岗位，又有完善的住宅和公共设施，在布局上与母城之间保持一定距离,以农田或绿带隔开,但交通联系便捷。广义上卫星城也可指大城市周围所有的各种类型的中小城镇。　　　　（赵炳时）

未来城市　future city

人们利用丰富想像和依托一些已经应用或尚在探索中的尖端科学技术对城市未来进行研究而提出的方案设想。有的设想城市土地资源有限,拟上天、入地、进山、下海以建设海上城市、海底城市、高空城、吊城、地下城、山洞城。有的设想不破坏自然生态,以移动式房屋组成空间城市或插入式城市。有的从模拟自然生态出发,拟建设以巨型结构组成的集中式仿生城市。有的从其他角度设想,提出其他种种方案。　　　　　　　　　　（沈玉麟）

位商　location quotient

又称区位商。反映两个不同地理区域某些特征值的差异程度的一个统计量。如甲区商业职工数和甲区居民数之比和乙区商业职工数和乙区居民数之比,两者比值之商则反映了甲乙两区商业职工的相对差异,反映了两个区商业服务水平的差异。

　　　　　　　　　　　　　　（陈秉钊）

位序—规模分布　rank-size distribution

城市首位度较小,相对均衡、连续的城市规模发布。城镇体系中城市规模分布的一种主要类型。它实际上是位序—规模律的推广,基本符合下式:

$$P_r = \frac{P_1}{r^b} \qquad (1)$$

P_r 是第 r 位城市的人口,P_1 是最大城市的人口,r 是 P_r 城市的位序,b 是常数。在经验研究中,常把上式进行对数转换,通过线性回归分析检验城市样本是否符合该模型:

$$\log P_r = \log P_1 - b\log r \qquad (2)$$

b 值越大,回归直线越陡,第一位城市相对于其他城市则越大;b 值越小,则说明低位次城市越发育。一般认为位序—规模分布是影响城市发展的许多种因素长时期共同作用的结果,通常在发达的工业国家、大国和有长期城市发展历史的发展中国家出现。该模型很有用,但在应用中也发现有一些缺陷。

　　　　　　　　　　　　　　（周一星）

位序—规模律　rank-size rule

一个国家或区域城市规模分布的一种经验性的表述。捷夫(G.K.Zipf)1949年提出经济发达国家完整的城市体系的规模分布可以用下列简单公式表达:

$$P_r = \frac{P_1}{r}$$

P_r 是第 r 位城市的人口,P_1 是最大城市的人口,r 是 P_r 城市的位序。即当城市位序从大到小排列时,第二位城市的人口可能是最大城市人口的一半,第三位城市的人口可能是最大城市的三分之一,依此类推。目前对基本符合或者不符合这一规律的情况都还缺乏有说服力的解释。　　　　（周一星）

位置

见地理位置(56页)。

魏林比　Vallingby

1950年规划的瑞典第一个新城。坐落于首都

斯德哥尔摩以西 10～15km 森林地带的魏林比区内。该区由几个新、老居民点构成,魏林比为该区的主要新城。占地 17km²,规划人口 23 000 人。中心区同时为附近其他居民点服务,设计规模为 80 000 人。中心为岛式布局,占地 700m×800m,位于山顶之上,比地面高出7m。铁路从中心区下面通过,设自动扶梯与地面层车站相连。中心区除车站外,还有商业设施、事务所、文化机构、俱乐部、图书馆、礼堂、邮局、教堂等,并有地下车库、仓库。高层建筑安排在新城中心 500m 范围内,较远处为一二层住宅,密度较低。另有三至四层公寓区,住有约 70% 居民。　　　　　　　（陈保荣）

wen

温带落叶阔叶林　temperate deciduous laurisil-vae

又称夏绿林。生长在温带的落叶阔叶树组成的森林。其景观特征:乔木只有 1～2 层,树种单纯,林下有灌木层和草本层。　　　　　　　（沈　洪）

温泉　hot spring

水温超过 20℃ 或超过当地年平均气温的泉。成因是泉源发源或流经地壳深处,受地热使水温升高。一般常含矿物质,形成医疗或有经济价值的矿泉水,也是地热异常的一种标志。有温泉的地方,常可开辟作休养疗养区。　　　　　　　（刘家麒）

温室效应　greenhouse effect

地表由于吸收太阳的短波辐射而被加热。之后,它又以长波向外辐射,但其大部分被大气中的水蒸气和二氧化碳吸收。大气在吸收地表的长波辐射能之后,也被加热,并也以长波向地表和天空辐射。但大部分长波辐射能被阻留在地表和大气下层,并使之温度增高。这一现象就是温室效应。

（朱祖希）

温室植物　greenhouse plant

原生长于热带或亚热带的植物,不能在较冷地区露地过冬,而需要放在保暖的温室中生长的植物。

（沈　洪）

文化发展规划　strategy of culture development

城市物质生产是文化发展的基础,在提高物质生产水平的同时,对城市文化素质和水平的提高,促进城市社会进步以及有关设施的分布,包括文教事业的发展、文物古迹的保护等方面进行周密的筹划。

（陶松龄）

文化模式　culture pattern

不同文化的构成方式及其相对稳定的特征。比如,中国古代建筑中的院落、木构架及讲究对称的格局、中国的烹调文化等。一般地说,某种文化在历史上延续存在愈久远,其模式愈稳定,其个性特征也愈突出。

（梅保华）

文化适应　culture adaptation

模式和价值取向不同的文化,通过相互联系与接触,从而改变原来文化模式的过程。由于适应程度的不同,一般又表现为两种不同的形式:涵化(acculturation),即在接触过程中,互相吸收对方文化要素的过程;同化(assimilation)。　　（梅保华）

文化特质

见文化要素(231页)。

文化休息公园　cultural and recreational park

将大众的文化、娱乐、教育、休息结合起来的公园。在前苏联城市绿地中作为公园的主要类型。不仅有大片的绿地,并且有各种类型的文化教育机构和活动场地,如宣传教育活动,文艺表演活动、体育竞技活动,儿童游戏活动等均有相应的地区,并常设有演讲厅、展览馆、表演厅、娱乐宫等建筑,其规模一般较大。

（李铮生）

文化要素　cultural element

构成人类文化总体的最小特质单位。这种最小单位也具有一定的功能和作用,因此,又可称为文化特质。如服装文化是由布料、纽扣、颜色、制作技术等要素构成;戏剧文化是由剧本写作、导演构思、演员表演、舞台美术等要素构成。　（梅保华）

文化娱乐用地　land for cultural and recreational use

城市文化娱乐设施,包括新闻出版、文化艺术团体、广播电视、图书展览、游乐等公共设施的建设用地。如通讯社、报社、剧团、乐团、广播电台、电视台、图书馆、博物馆、展览馆、电影院、剧场、音乐厅、杂技场、游乐场、俱乐部、文化宫等。　　（蒋大卫）

文化中心　culture centre

设有多种文化活动场所与设施,供公众使用的建筑物或建筑群体。例如巴黎蓬皮杜艺术文化中心,内有工业设计中心、现代艺术博物馆、音乐与声学研究所、公共情报知识图书馆及相应的服务设施。

（邓述平）

文脉　context

又称关联性。建筑与周围环境的关系。建筑环境包括自然环境、人工环境和人文环境。其中人文环境的形成涉及社会、历史和文化,时间上都存在着发展的连续性。建筑与环境必须统一成有机的整体。

（黄富厢）

文人学园　academy park

古希腊学者户外讲学的园地。著名的哲学家伊壁鸠斯,柏拉图等均有各自的讲学园地,内有祭坛、雕像、纪念碑,也有花架、林阴道、座椅等,周围常有柱廊,形成一种学园格局,影响很广。　（李铮生）

文物保护法　Historic Relics Protection Law

1982年11月19日第五届全国人大常委会第25次会议通过的《中华人民共和国文物保护法》。该法共8章33条。第1章总则,第2章文物保护单位,第3章考古发掘,第4章馆藏文物,第5章私人收藏文物,第6章文物出境,第7章奖励与惩罚,第8章附则。该法与城乡建设有密切关系,比如该法规定"各级人民政府制定城乡建设规划时,事先要由城乡规划部门会同文化行政管理部门商定对本行政区域内各级文物单位的保护措施。纳入规划。"(见第10条)"文物保护单位的保护范围内不得进行其他建设工程"(见第11条)建设单位在进行选址和工程设计的时候,建设工程涉及文物保护单位的应将其确定的保护措施列入设计任务书(见第13条)等。

（陈为邦）

文物古迹用地　historic site

具有历史价值需要保护的古遗址、古墓葬、古建筑、革命遗址等设施的用地。　　（蒋大卫）

文震亨（1585～1645年）　Wen Zhenheng

明朝书画家、造园及造园理论家,字启美,长洲县(江苏苏州)人。侍诏文徵明的曾孙。震亨风恣韶秀,少而颖异,生长名门,诗画咸有家风。明崇祯天启乙丑(1625年)官武英殿中书舍人。明亡,寓阳城。忧愤绝食死。清乾隆四十一年追谥"书愍"。震亨能诗善画,画山水兼宋元诸家,格韵兼胜。自营

"香草垞","水木清华,房栊窈窕",又于西郊构"碧浪园",南京置"水嬉堂",皆"位置清洁,人在画图"。致仕归,于苏州东郊水边林下经营竹篱茅舍,未就而卒。震亨著作甚多,与造园、园艺有关者不下十种,其中《长物志》、《怡老园记》、《香草垞》最具代表性,其造园理论,所涉面广,其造园实践,着眼淡雅宜人。

(乐卫忠)

文微明(1470~1595年)　Wen Zhengming

明朝书画家、文学家。初名璧,字徵明,后以字行,更字徵仲,号衡山,长洲人(今江苏苏州)。少时学文于吴宽,学画于沈周,学书法于李应祯。正德末(1521年)授翰林院待诏,三年后归故里,以卖字画为生。徵明诗文书画皆工,画尤称著,与沈周、唐寅、仇英齐名。他的大量"题画"诗与书、画有机结合,如《天平记游图》、《牡丹图》、《王氏拙政园记》等诗画,均是诗、书法、画互相补充,达到"诗中有画,画中有诗"的境界。

(乐卫忠)

纹理　grain

物质表面的组织形式。大到城市宏观面貌的抽象概括,如街道的宽窄及组织形式、建筑物的高低、大小与疏密形态等;小到建筑材料的表面组织特征等。

(郑光中)

问卷法

见调查表法(59页)。

weng

瓮城　outer bailey

城门外筑的方形或半圆形的小城。其作用为加强城门的防御,小城墙的城门往往与大城门不在一条直线上,由于其形如瓮,并欲置敌兵为"瓮中之鳖",故称瓮城。国内保存得最完好的为南京中华门,有五重瓮城,内有藏兵洞。

(阮仪三)

wo

窝铺　shed on city wall

城墙上兵丁值守的设施。筑在马面平台上的小屋,供储存兵器粮草及值勤兵将遮避风雨用。

(阮仪三)

我们的城市能否存在　Can Our Cities Survive

著名城市规划师塞尔特(Jose Louis Sert)的名著。1942年由美国哈佛大学出版社出版。此书以国际现代建筑协会通过的1933年雅典宪章和1937年巴黎会议文件和大量的城市调查统计资料和图片为依据,以城市四大功能——居住、工作、游憩和交通为题,翔实地报导了当时欧美各国城市建设的衰退和危机,描述了资本主义城市中,土地和资源的不合理使用,人口的超负荷密集和人类各项活动超出了当时当地的环境容量为最严重。为挽救城市危机,其基本方针必须首先制定一个以经济地理协作区为单位的区域规划,作为编制城市总体规划方案的依据。规划必须是动态的,必须预见到时间和空间上不同阶段的发展演变,并将各种自然的、社会的、经济的和文化的因素结合起来,建立以人的需要和以人为出发点的价值观念。

(沈玉麟)

我群体

见内群体(167页)。

沃思　Louis Wirth(1897~1952年)

德裔美籍社会学家。芝加哥学派代表人物之一。1947年起任美国社会学学会主席,1950年~1952年任国际社会学会首任主席。作为帕克的学生,他潜心研究芝加哥学派多年积累的成果并归纳成理论。成为第一个提出较系统的城市社会学理论的西方学者。主要著作有《都市生活是一种生活方式》(1938年)、《社区生活和社会政策》(Community Life and Social Policy)(1956年)。

(梅保华)

卧城　bedroom town

以生活居住为主要职能的居民点或市区以外相对独立的居住区;或专指20世纪20年代以后一些大城市为缓和住宅危机,在其周围一定距离内建设的居住性小城镇。这些城镇以住宅为主,除极少量的福利设施外,没有工业企业,就业人员每日到中心城市工作,交通压力大,生产与生活分离,造成诸多不便,20世纪40年代后逐渐为职能较健全的卫星城镇所代替。

(赵炳时)

wu

乌尔城　Ur

两河流域的古代城市,位于今伊拉克南部,巴格达至巴士拉的铁路线附近。公元前3000年左右,两河流域初步形成苏美尔城市国家。此城为苏美尔文明中心之一和三个王朝的都城。城市约建于公元前2100~前2000年。平面为卵形,有城墙及城壕,两个港口通向水面。城市面积0.88km²,人口约34 000人。由厚墙围绕的宫殿、庙宇、星象台、贵族及僧侣府第和衙署、商业设施等高踞于城市中央偏西北的高地之上。而墙外为平民及奴隶居住地,划分明显,防卫森严。巨大的星象台由几个长方形土台叠筑而成。城市在高地建筑群围墙外,还保留了大量耕地及零散的未经规划的居民点,点内房屋密集,街宽仅能通过一人及一驴,有利于防止烈日曝晒。

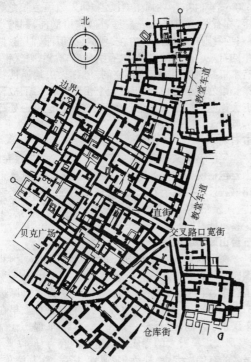

（陈保荣）

乌托邦　Utopia

16 世纪初期至 19 世纪一些社会开明人士尝试缓和社会和城市矛盾而提出的空想社会主义理论。乌托邦即乌有之乡、理想之国。早期空想社会主义者托马斯·摩尔于 16 世纪初提出的乌托邦有 54 个城,城与城之间最远一天可以到达,市民轮流下乡参加劳动,产品按需分配,废弃财产私有观念。稍后安德累雅的"基督教之城",康帕内拉的"太阳城"都主张废异私有财产制。后期空想社会主义者最著名的有 19 世纪初的欧文和傅立叶。

（沈玉麟）

污染交替换位　replacement of pollutant

因采用环境污染控制措施而使污染物质在环境介质间或环境介质内的转移现象。分时间上的交替换位和空间上的交替换位二种。前者指控制措施仅使当前污染程度减轻而远期污染加重的现象;后者则表现为易地污染,如垃圾堆场迁建。

（胡序威　陈　田）

污染物　pollutant

进入环境后使环境中原有的正常组成和性质发生变化,从而直接或间接有害于人类的物质。污染物往往本是生产中有用的物质,有的甚至是人和生物必需的营养元素。当排入环境的污染物超过环境的自净能力时,就造成了对环境的污染。

（朱祖希）

污染源分布　location of pollution sources

向环境排放有害物质或对环境产生有害影响的场所、设备和装置等的所在位置。污染源若按其污染物的来源可分为天然污染源(指自然界自行向环境排放有害物质或造成有害影响的场所,如正在活动的火山)和人为污染源(指人类活动所形成的污染源)。后者按人类活动功能可分为工业污染源、农业污染源、交通运输污染源和生活污染源。它们是环境保护工作研究和控制防治的主要对象。

（朱祖希）

屋顶花园　roof garden

把植物、水体或山石等布置在建筑物顶部的园林。二千多年前即已有著名的巴比伦空中花园。现代屋顶花园是在大城市用地紧、高层建筑大量增加的情况下发展起来的一种绿化类型。对增加绿化屋顶隔热,改善鸟瞰景观,就近游憩等有积极作用。其设置要考虑屋顶荷载、屋面排水防漏、植物覆土厚度、高空风力等特殊条件。其投资管理费用较高。

（李铮生）

屋主　home owner, owner

住宅的所有者。一般指自住住宅的产权人。屋主可以出售自己的住宅。但与专门从事房产经营的房地商不同,屋主的住宅是以自住为主要形式的。

（严　正）

屋主自住住宅　owner occupied house

又称自有住宅。住宅使用者也是住宅所有者的住宅。私有住宅的一种,这种自有、自住的住宅是"居者有其屋"的实现形式。

（严　正）

无差异曲线　indifference curve

指消费者在一定的偏好、一定的技术条件和一定的资源条件下,选择商品时对不同组合的商品的满足程度是无区别的。是在一定的收入和价格水平下得出的,并因收入和价格水平不同可形成若干条曲线,且与原点越远,所代表的满足程度就越高。是西方经济学家用于分析生产资源优化配置的方法之一。

（胡序威　陈　田）

无愁宫　Sans Souci, Potsdam

17 世纪德王腓德烈大帝在波茨坦建造的一个洛可可式的台地园,作为他的隐居处。他说"住在那里无忧无虑"而得"无愁宫"之名,他希望死后能埋葬在台地的花神塑像下。在台地的顶部建有俱乐部,前面喷水池的水经过六个台地泻入下方的大型喷水池,构成台地园水阶梯的特色景观。

（李铮生）

无电梯公寓 walk-up apartment

不设电梯的二、三层至多四层的公寓式住宅,以区别设有液压升降梯或电梯的多层住宅。在国内一般不用此概念。　　　　　　　　　　（张守仪）

无锡近代规划

近代工业城市无锡,在 1922 年和 1929 年制订的城市规划。无锡历代为江南地区大米主要集散地之一。沪宁铁路通车后,无锡的工业有很大发展,因而人口拥挤,工厂居住混杂,给城市建设带来了许多矛盾。1922 年提出的"商埠计划意见书",1929 年做的"无锡都市计划",对城市进行了调查统计,对市区作了测量,收集及制定了各种市政管理法规和章程,规划中运用了当时分区规划及田园城市理论,把城市分为:行政区、工业区、商业区、住宅区、田园区和风景区;道路按等级划分,并做了干河、干路等布置计划。这些规划未能实现。　　　　　　（阮仪三）

吴景超（1901～1968 年） Wu Jingchao

中国最早研究城市社会学的学者。安徽徽州（歙县）人。1925 年毕业于美国明尼苏达大学社会学系,获学士学位。同年进入芝加哥大学社会学系,师从帕克等人主修社会学,获硕士及博士学位。1928 年回国后,先后在南京金陵大学、清华大学讲授社会学原理、城市社会学、犯罪学、社会学研究方法等课程。积极倡导讲授社会学和研究社会问题。主要著作有《都市社会学》（1929 年）、《第四种国家的出路》（1937 年）等。　　　　　　　（梅保华）

吴文藻（1901～1985 年） Wu Wenzao

著名社会学家、民族学家、人类学家。江苏江阴县夏港镇人。1923 年赴美留学,获哥伦比亚大学研究院社会学系博士学位,并获该校近 10 年内最优秀外国留学生奖状。1928 年回国后,在燕京大学讲授家族社会学、人类学、当代社会学理论等课程。他极力倡导社会学中国化,并开创了将社会学与人类文化学结合起来研究与教学的方法。认为用此方法研究中国社区就是最实际的社会学中国化。他还十分重视人才培养。林跃华、费孝通等著名社会学者都是他的学生。　　　　　　　　　　（梅保华）

吴兴园林记

园林专记。宋元间文学家周密著,成书于元至元二十四年（1287 年）,原名"吴兴园圃"是《癸辛杂识》中的一章,记述他常所经游的湖州园林三十六处。后人别出单行本,名《吴兴园林记》。
　　　　　　　　　　　　　　　　　（乐卫忠）

梧桐园

又称琴川。春秋时吴王夫差（公元前 495 年～公元前 476 年）的宫苑。在今苏州一带。
　　　　　　　　　　　　　　　　　（鲁晨海）

五大连池风景名胜区

在黑龙江省五大连池市的国家重点风景名胜区。面积 720km²。以 14 座拔地而起的火山锥为主要景观。其中的老黑山、火烧山两座火山锥最后喷发期为 1719～1721 年。老黑山 166m 高,火山口径 350m,深 140m。四周熔岩漫溢,如无数黑色长龙翻滚,称石龙,范围 65km²。远看似波涛汹涌,翻腾飞溅;近看则在嶙峋怪石中,发现似虎、似熊、似驼、似牛的奇观。还有熔岩瀑布、石洪奔流、旋涡、喷气锥。有水帘洞、仙女洞等熔岩空洞,堪称火山地质博物馆。熔岩堵塞了白河,形成五个相连的堰塞湖,故称五大连池。矿泉水对各种疾病有疗效,也是一处疗养胜地。　　　　　　　　　　（王早生）

五石瓠

笔记小说文体杂记。明朝贵池刘著,共六卷。内容包括明朝及先朝时代的各种奇闻逸事,有皇帝诏书、宫廷逸闻、金石书画、民俗风情、工艺美术、考古、气候、园林、盆景、笑话传说等,范围极广,其中不少卷章涉及园林艺术。　　　　　　　（乐卫忠）

五台山风景名胜区

在山西省五台县的国家重点风景名胜区。为我国四大佛教名山之一。五台山以台怀镇为中心,周围有东、西、南、北、中五个山峰。最高峰北台海拔 3 058m,为华北屋脊。盛夏凉爽,又称清凉山。早在东汉永平年间（公元 58～75 年）就有寺庙,经历代修建,形成规模宏大的寺庙建筑群。现存寺庙 47 座,著名的有佛光寺、南禅寺、显通寺、塔院寺、菩萨顶、金阁寺、龙泉寺、文殊殿、殊像寺等。南禅寺是我国现存最古老的木构建筑,距今有一千二百多年。佛光寺简朴大方,建筑、塑像、壁画、题字为四绝。五台山以辉煌的寺庙、灿烂的文化、优美的传说,吸引着众多的香客、游人。　　　　　　　（王早生）

五维空间 five-dimensional space

即四维空间加上心理时空。"维"是人们把握和展现客观事物时空因素的层次。一维是线条或时间;二维是由长度与宽度组成的平面;三维是由长、宽、高组成的空间;四维是动态空间或包容了时态的空间;五维是具有心理时空的动态空间。园林是一种五维空间的表现艺术,园林艺术中的"虚实相生"、"小中见大"等手法以及意境、诗情画意等,都是心理时空的作用。　　　　　　　　　　（刘家麒）

潕阳河风景名胜区

在贵州省镇远、施秉、黄平三县境内的国家重点风景名胜区。面积 400km²。潕阳河谷分西峡、龙王峡、诸葛峡及高碑湖。峡内奇峰碧水,岩溶钟乳。景点 40 多处。位于潕阳河上游的云台山,地形起伏大,众多孤峰高达 300 余米。组成千山万壑的岩溶景观。铁溪为潕阳河支流,两岸原生植被丰富,石柱峰等奇峰异石耸立于河谷之中。镇远历史文化名城,有青龙洞、中元洞、和平村、中共镇远地下党支部旧址等人文景观,以青龙洞为代表的古建筑群。依山傍水,布局和设计别具特色。 （赵健溶）

武当山风景名胜区

在湖北省丹江口市境内的国家重点风景名胜区。面积 312km²。武当山为道教圣地之一,有 72 峰,24 涧,11 洞,3 潭,9 泉,10 池,9 井,10 石,9 台等风景胜迹。主峰天柱峰海拔 1 612m。峰奇谷险、洞室幽邃,景色绮丽。自唐以来不断有所建筑,从古均州城至天柱峰一线 70 余公里,分布着数十组元、明、清历代古建筑群,与地形完美结合,工程浩大,工艺精湛,体现了"仙山琼阁"的意境。主要宫观尚存金殿和太和、南岩、紫霄、五龙、遇真、玉虚等六宫,复真、元和二观以及磨针井、玄岳门等。 （赵健溶）

武汉 Wuhan

湖北省省会。位于该省的中部、长江中游,武昌、汉口、汉阳三镇跨江相连,水陆交通方便,号称九省通衢。自商、周以来即为重要的城镇。宋、元、明、清以来为全国四大名镇之一。武汉还是近代革命城市,辛亥革命武昌起义、"二七"罢工、"八七"会议都发生在这里。革命遗址、名胜古迹,有武昌起义军政府旧址,二七罢工旧址,八七会议址、向警予、施洋烈士墓及圣像宝塔、洪山宝塔、归元寺、黄鹤楼、东湖风景区等。为第二批国家级历史文化名城。武汉市区人口 331.8 万（1991 年末）。京广、汉丹、武大铁路在此交会,武汉长江大桥联系南北,是我国中部水陆交通枢纽。为我国重要工业基地之一,有钢铁、机械、造船、化学、石油化工、电子、纺织、食品加工等工业。有高等学校和科研机构多所。 （阮仪三）

武汉东湖风景名胜区

在湖北省武汉市武昌区的国家重点风景名胜区。分为听涛、磨山、落雁、白马、吹笛、珞珈等景区,面积 87km²,其中水面 33km²。东湖水面辽阔,港汊交错,素有 99 弯之称,湖岸曲折,吞吐奇丽,临岸眺望,碧波万顷,心旷神怡。沿湖山峦起伏,景色各具特点,以西岸风景最为集中,有水云乡、听涛轩、行吟阁、濒湖画廊、屈原纪念馆、长天楼、鲁迅广场,并有梨园、橘园、竹园、莲池、鱼塘等。湖东南的磨山秀丽多姿,四季花木繁茂,春兰、夏荷、秋桂、冬梅都很著名。此外还有楚王、屈原、刘备、关羽、李白、岳飞等历史名人的遗迹多处。 （赵健溶）

武侯祠

三国时蜀相诸葛亮祀庙,是一座独特的祠庙园林。名"昭烈庙"。亮曾封武侯,故俗以其封号名祠。初时,祀庙在成都少城内,后迁至南郊原昭烈庙西,即今址。占地 37 万 m²。左侧是祭祀的主要殿堂,右侧为辅助房舍。西北有荷花池,内植荷莲,池侧又有船舫和桂花楼。古柏苍翠,竹木葱郁,楼台亭榭掩映其间,幽雅静谧。池水、殿宇与树木浑然一体。祠南有溪流环绕、柏林苍翠,形成祠庙祭祀所需的意景。 （鲁晨海）

武林

见杭州(95 页)。

武林旧事

纪闻录。宋元间文学家周密著。是作者于南宋亡后,回忆临安（浙江杭州）耳闻目睹旧事所作。内容丰富,"凡朝廷典礼,山川风俗与市肆物产,鼓坊乐部,无不备载"。足本十卷,其中卷三西湖游幸等,卷四故都宫殿等,卷五湖山胜概,均直接录及园林名胜,叙述极详,虽为杂记,用词则雅。是杭州地方掌故的重要文献。 （乐卫忠）

武陵源风景名胜区

在湖南省西北部的国家重点风景名胜区。包括大庸市张家界、慈利县索溪峪和桑植县天子山三个景区,面积 264km²。地层以红砂岩、石英砂岩为主。经长期地质变化、水流切割、风化剥蚀,形成罕见的砂岩峰林峡谷地貌,数以千计的石峰危岩平地拔起,形态各异,亭亭玉立于金鞭溪、索溪等峡谷两侧,奇特壮观。峰山奇松挺拔,灌木丛生,时有云雾萦绕,景色神奇。山奇水秀,湖、潭、溪、瀑比比皆是,野生动植物资源丰富,此外还有张良墓、马公亭、朝天观、龙凤庵、接风庙等人文景观。 （赵健溶）

武威

见河西四郡(96 页)。

武夷山风景名胜区

在福建省武夷山市境内的国家重点风景名胜区。是以"丹霞地貌"为特征的风景名胜区,面积 70km²。可分为 7 个景区,即:九曲溪、一线天－虎啸岩、武夷宫、云窝－天游、桃源洞－三仰峰、天心、碧石岩－水帘洞。以盘流山中的九曲溪为中心,沿溪森列 36 峰,碧水丹山,奇险秀丽。九曲溪每曲自成异境。大王峰、玉女峰、天游峰、接笋峰、水桃源、水帘洞、流香涧、一线天各有其胜。还有新石器时代古越族遗留在悬崖绝壁上"架壑船"和"虹桥板"等文物,宋代朱熹创办的紫阳书院,元代御茶园以及历代摩崖石刻等名胜古迹。 （赵健溶）

物流 physical distribution

指商品的实体运动。商品在从生产领域进入消费领域的过程中,所发生的商品实体在空间的运动和商品所有权的转移过程。包括商品包装、运输、搬运、装卸、储存,以及加工等环节。城市是物流的集散中心,货畅其流是城市的重要功能。 （谢文蕙）

X

xi

西安　Xi'an

陕西省省会。位于该省关中平原渭河南岸,是我国古代文明发祥地之一。早在五六十万年前就有人在此居住生活。周、秦、汉、西晋、前赵、前秦、后秦、西魏、北周、隋、唐都建都于此。西安古称长安是汉、唐时"丝绸之路"的起点。唐长安城的布局对日本、朝鲜等国的都市建设有深远的影响,当时曾是国际著名的大都会。西安地上、地下遗存丰富,有半坡村遗址、西周丰镐遗址、秦阿房宫遗址、汉长安城遗址、唐大明宫遗址以及大雁塔、小雁塔、明代城墙、钟楼、鼓楼、碑林、清真寺等。城周围有秦始皇陵及兵马俑坑、古咸阳城和大量的汉、唐帝王陵墓群等。为第一批国家级历史文化名城。西安市区人口 1987 万(1991 年末)。我国西北的重要工业城市,以机械、纺织为主。有科研机构及多所高等学校。　　　　　　　　　（阮仪三）

西班牙庭园　Spanish garden

西班牙曾是罗马帝国的属地,造园仿罗马中庭式样。8 世纪阿拉伯人入侵后,伊斯兰园林风格引入西班牙,结合当地的条件,形成了西班牙园林风格。由于气候干燥和伊斯兰宗教的影响,多采用院落式布局,庭园中轴有十字形或直条的水渠,整形的水池和喷泉,下沉式种植乔木、花灌木和果树,草坪、花坛不易培植则以彩石子、陶瓷铺成花纹式地坪。14 世纪兴建的阿尔罕伯拉宫至今留存,成为西班牙庭园的代表。随着 18 世纪西班牙势力的扩张,这种造园格局又转传到墨西哥、巴西等地。　　　　　　　　　　　　（李铮生）

西湖风景名胜区

在浙江省杭州市的国家重点风景名胜区。"上有天堂,下有苏杭。"以西湖为中心的 49km² 范围内有丰富的自然风景资源和众多的文物古迹。一湖秀水,三面环山,景色如画。西湖南有南高峰、玉皇山、凤凰山,北有北高峰、栖霞岭。湖中以孤山、白堤、苏堤分隔为外西湖、里西湖、后西湖、小南湖和岳湖。著名的西湖十景为:苏堤春晓、断桥残雪、雷峰夕照、曲院风荷、平湖秋月、柳浪闻莺、花港观鱼、南屏晚钟、双峰插云、三潭印月。还有虎跑泉、六和塔、灵隐寺、小天竺、岳王墓、秋瑾墓、保俶塔、黄龙洞、云栖、满觉陇、九溪十八涧等名胜古迹,不可尽数。　　　　　（王早生）

西湖游览志

纪闻录。明朝田汝成(字叔禾,浙江钱塘人)著。初刻于明嘉靖二十六年(1547 年)。对杭州山川形势,以至建筑物等都详细记录其兴废沿革,并在广泛搜集历代诗人题咏的基础上,对人物的历史掌故也有详细记述。内容翔实可靠。全书共二十四卷,按西湖叙,孤山三堤,南山,北山,南山城内,南山分脉城内,南山分脉城外,北山分脉城内,北山分脉城外等处胜迹,以及浙江胜迹,次等叙述。著作兼有文学色彩,具有特色。　　　　　　　　　（乐卫忠）

西京杂记

杂记,传是东汉刘歆所编。西汉始都洛阳,后迁长安,故长安亦称西京。著者多闻博综,欲撰汉书,编录汉事,未得缔构而亡,故书无宗本止杂记而已。遭灾后存二卷,后并入汉故事,合成六卷,凡宗庙、宫殿、苑囿、陵寝、汉宫礼制轶事,均记述详尽。本书所载录的中国私家园林最早实例汉朝袁广汉园,及皇家园林上林苑内花树果木品种等情况,其保存的史料更为珍贵。　　　　　　　　　（乐卫忠）

西诺利亚广场与乌菲齐街　Piazza della Signoria and Uffizi Gallery, Florence

意大利佛罗伦萨最有情趣的市民广场。14 世纪中期开始形成现存格局。平面是不规则的 L 形,主体建筑市政厅的塔楼高 95m,成为城市的地标。米开朗琪罗的大卫像立在市政厅的两个空间的转折点,突出了 L 形空间。骑马雕像也起到了划分空间的作用。16 世纪后半叶,从阿诺河修建了联通这个市中心广场的乌菲齐街。街两侧为设有骑楼的联排式房屋,广场上的塔楼作为街的对景,十分壮观。　　　　　　　　　　　　（黄伟康）

西樵山风景名胜区

在广东省南海县西南部的国家重点风景名胜区。面积 14km²。西樵山是七八千万年前由海底火山喷发岩浆、岩块、火山灰后形成的死火山,山体外陡内平,状若莲衣复合,山不高,以景色清幽秀丽闻名。为"南粤名山数二樵"中的二樵之一。大秤峰居群峰之首,九龙岩、冬菇石、石燕岩等峰岩形态万千。山体岩石节理发育,裂隙纵横,窝有潜水,形成多处水景,有 232 口泉眼,28 处瀑布。早在新、旧石器时代就有人类活动,留下历代地下采石场等许多历史遗迹,史学界称为"西樵山文化"。明朝中叶成为南国理学名山,保存有"云泉仙馆"、"白云古寺"、大量摩崖石刻等文物古迹。　　　　　（赵健溶）

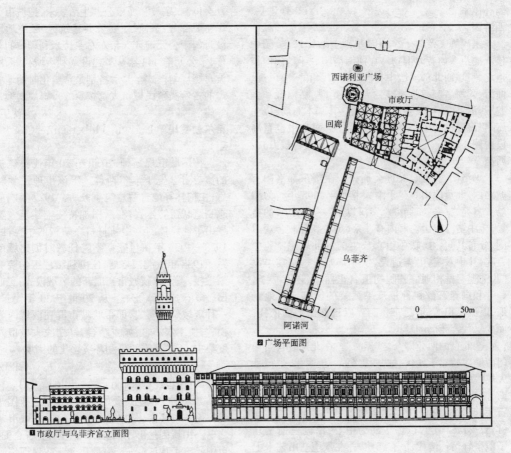

①市政厅与乌菲齐宫立面图

西诺利亚广场

市政厅

回廊

乌菲齐

阿诺河

0   50m

②广场平面图

西诺利亚广场与乌菲齐街

西市　West Market

隋唐长安城中两个市之一。隋称利人市,与东市对称布置在朱雀大道之西侧,东西主干道之南。面积及形制与东市同,西市颇多外国商人的店铺,以波斯及阿拉伯人居多,有胡店,有胡姬演胡戏、跳胡舞。汉长安城,东都洛阳城中也有西市。　　　　（董鉴泓）

西双版纳风景名胜区

在云南省西双版纳傣族自治州的国家重点风景名胜区。面积约 1 202km²。西双版纳年降水 1 200～1 900mm,年平均气温 20～22℃。因未受第四纪冰川侵入,保存许多世界其他地方已绝迹的古老植物,如树蕨、天料木、鸡毛松、木莲等,有 4 000 多种高等植物。苍莽的热带雨林,稀有的古树名木,奇花异草,珍禽异兽,多姿多彩的民族风情,一派动人的热带风光。名胜古迹有曼飞龙白塔,造型玲珑剔透。景真八角亭,为佛教建筑精品。傣族新年的泼水节,欢快热闹,载歌载舞。以傣族为主的民族聚居区,有独特的民居建筑和村寨。有仙人洞、大宗河瀑布、虎

跳石、茶树王等众多景点。　　　　　　（王早生）

西夏王陵风景名胜区

在宁夏回族自治区银川平原西部的国家重点风景名胜区。由滚钟口、西夏王陵、拜寺口和三关古长城四个景区组成。西夏王朝公元 1038～1227 年建都银川,贺兰山当时即被当作皇家林苑。山上建有"离宫"、"避暑宫"等皇家宫殿和皇家寺院,贺兰山绝壁千仞。松林如海,登山极目东望,银川平原黄河如带,阡陌纵横,沟渠如网,稻谷飘香,一派"塞上江南"景色。山东麓的西夏王陵,规模宏伟,是西夏历代帝王陵墓的所在地,是研究西夏文化历史的宝贵资源。

（赵健溶）

西亚园林　West Asian garden

以古波斯为代表的西亚园林,其影响持续至今。由于该地气候干旱,园林中的水成为重要因素,有沟渠、贮水池、喷泉等设施,并重视绿树浓阴和花、果的种植。受伊斯兰教义的影响,形成象征"天国"的平面布局,并围以墙垣,形成规整式的伊斯兰园林。这

种园林以中西亚为中心，东至印度，南至北非沿海，西至西班牙半岛，并影响到拉丁美洲等地，成为世界园林体系之一。　　　　　　　　　　　（李铮生）

西游园

三国魏文帝时于一旧园基础上增饰修建，园中楼观池沼多为昔时旧物。在河南洛阳原千秋门内御道北、皇城西北部。园中有凌云台、八角井、凉风观、曲海、碧海、宣慈观、灵芝钓台、宣光殿、嘉福殿和九龙殿等。建筑物较多，构筑奇丽。其基本布局，以曲海、碧海二池为中心，周置台观殿阁，而池中也置岛设台阁。　　　　　　　　　　　　　　　（鲁晨海）

西苑

①洛阳的西苑，又称会通苑。在隋东都洛阳宫城之西，北负邙山。建于隋大业元年（605年），为隋炀帝宫苑之一。布局继承秦汉以来"一池三山"的格局，苑中凿海筑山。海内有蓬莱、高丈、瀛洲，台观殿阁，分布其间。反映了追求长生的神仙思想。苑中有院，计十六院，沿渠造设，供养嫔妃。每院临渠辟门，渠上架桥相通。各院均植名花异草，还有亭子、鱼池和饲养家畜和种植瓜果蔬菜的园圃。各地景地，以流渠相连，可泛舟鱼舸。以自然山水为依托，而少汉代宫苑周阁复道。

②北京的西苑即今之"三海"。在北京故宫西华门西侧。始建于元代，称"西御苑"。至明代，进行了大规模的扩建，筑万岁山（今景山），并于元太液池南，凿小湖。又将瀛洲仪天殿西的木吊桥，改成九孔石桥，两端立牌楼，桥名"金鳌玉蝀"。至天顺年间（1457～1464年），以琼华岛为中心，沿湖三面增建了殿亭轩馆。清代，屡有修建，并在景境造山艺术上有所变化，遂成今之规模。西苑之规模和景象，元、明、清三代有所差异。元代，规模宏大，主要以太液池为主：筑山以石构且具自然峰峦之势，体量较小；而景境以松桧阴郁之秀。明代，池水有所添凿，苑中设园，基本保持元时景象；山上建筑多为单幢列置，略占主要地位。至清代，则突出山体，以大量建筑烘托山势，"因山构室，其趣恒佳"。造山以人工取胜。而池水成为次要的应景部分。　　　（鲁晨海）

吸引距离

见绿地服务半径（151页）。

吸引力　attractiveness

建筑或空间环境形态特征所具有的美给人以良好的感觉和印象，激发人的兴趣。　　（黄富厢）

希波丹姆　Hippodamus

公元前5世纪古希腊规划建筑师。在历史上曾被誉为"城市规划之父"。他于希波战争后从事大规模的建设活动中采用了一种几何形状的、以棋盘式路网为城市骨架的规划结构型式，名为希波丹姆规划模式。这种模式遵循古希腊哲理，探求几何和数

的和谐。城市典型平面为两条垂直大街从城市中心通过，中心大街的一侧布置中心广场，并根据古希腊社会体制、宗教和城市公共生活要求，把城市分为三个主要部分：圣地、主要公共建筑区、私宅地段。希波丹姆于公元前475年左右主持米利都城的重建工作，于公元前443年从事建设塞利伊城，都采用了希波丹姆规划模式。其后特别是希腊化时期地中海沿岸的古希腊殖民城市大都按希波丹姆规划型式进行修建。　　　　　　　　　　　（沈玉麟）

希尔勃赛玛　Ludwig Hilberseimer（1885～1967年）

德国城市规划师、20世纪20年代新建筑运动的参与者。生于卡尔斯鲁。于该市理工学院毕业后，在柏林等地自营建筑事务所。1927年响应德意志制造联盟的号召，在斯图加特住宅建筑展览会上展出了他设计的运用新材料新结构的示范性住宅。1928～1933年在包豪斯学院任教时创建城市规划系。1938年赴美国定居，任伊利诺理工学院城市规划教授。著有《新城市》和《新的区域模式：工业与花园，作坊与田野》等书。从20世纪30年代起，倡导一种区域聚居模式，即带状城市群在区域内分布的模式，使工农结合、城乡结合，以摆脱大城市人口极度集中、工业严重污染和环境恶化的困境。

　　　　　　　　　　　（沈玉麟）

锡耶纳（中世纪）　Siena（Middle Ages）

意大利中世纪重要的商业城市。位于国土中部佛罗伦萨市西南，是中世纪最早组成的城市共和国之一。山城因地形不同分成几个区，有各自的广场。市中心广场坎波（Campo）是几个区在地理位置上的共同焦点。城市街道均通向坎波广场。广场上的市政厅及高塔处于广场的中心位置，控制着广场的景观。经过窄小弯曲的街道进入开阔的广场，使广场具有异常的吸引力和戏剧性的美学效果。

　　　　　　　　　　　（陈保荣）

戏楼　theatre，theatrical stage

园林内为举行戏曲演出活动而专门建置的建筑物。包括有前台、后台以及其他演出设施的楼房，它的前面还建置供观众看戏的廊子和厅堂，构成一组相对独立的建筑群。其规模校大，一般都建在大型园林里面。清代的几座大型皇家园林内均有建置。如圆明园的清音阁、避暑山庄的同乐园、颐和园的德和园。前台高三层，台面下安装大水缸起聚音和共鸣作用。前台正中的天花板上安天井、台面下安地井，天井和地井都通向后台。在演出某些戏剧的特殊场景时，角色可以从天而降，也可以从地井钻出，雪花从天井飘下，水从地井喷出，从而创造逼真的演出效果，这在当时要算是设备最完善的戏楼了。

　　　　　　　　　　　（周维权）

锡耶纳平面

系统 system

由若干相互作用和相互依赖的组成部分结合而成，具有特定功能的有机整体。世界上系统千差万别，以不同标准，可有不同的分类。按自然属性分，有自然系统和人造系统；按物质属性分，有静态系统和动态系统；按反馈属性分，有开环系统和闭环系统；按规模及复杂程度分，有大系统和小系统等。

(陈秉钊)

系统分析 system analysis

根据系统的目标对系统方案的品质特征进行定性与定量的分析试验，为决策者提供更有力的信息。

(陈秉钊)

系统工程 system engineering

见系统工程学(239页)。

系统工程学 systems engineering

又称系统工程。对系统进行研究、规划、设计、制造、试验、运行等所采取的思想程序、组织和管理等的方法和技术。它既包括系统思考的思维方法，也包括对系统分析、综合、模拟、评价及优化的现代工程技术。它的核心思想是整体观念，追求全局的优化。它的关键是建立模型达到既定性又定量地把握系统。采用这种理论和方法处理系统一般有七个步骤：①摆明问题，明确系统要求；②确定考核系统优化的目标(指标)；③根据要求设计系统；④系统分析，对系统的品质力求定量化分析；⑤系统方案评价；⑥决策；⑦实施。上述步骤在整个过程中根据实际情况对各步骤都可能进行反复，经过若干反复循环过程取得较优化的系统。由于它应用广，如用于军事则称军事系统工程学，用于城市规划则称城市规划系统工程学。

(陈秉钊)

系统环境 system environment

一个系统往往总是从属于另一个更大的系统，后者则为前者的环境。由于系统思考要求人们全面地把握各方面的联系，而客观事物又总是和众多的因素存在着直接或间接的联系，这样将使系统研究的范围不断扩大，以至漫无边际。为了保证对系统研究既做到全面而又不漫无边际，必须对系统的研究确定一定的范围，而对系统的外部联系，外部约束条件作为研究的前提，这就能确保系统对环境的适应性，系统与环境间存在着物质流、信息流，系统只有适应环境才有生命力。

(陈秉钊)

系统评价 system valuation

根据反馈系统品质的若干指标，对系统总的品质作综合评估，对系统满足目标的优劣程度作出结论。由于复杂的系统往往是多目标的，因此反映系统品质也是多指标的，同时由于这些指标往往又是不相容的。另外各指标对系统整体品质优劣影响的作用力也不相同。因此要对多目标的复杂系统作总的评价则要运用诸如层次分析法、模糊评定法、矩阵综合评价法等科学方法。

(陈秉钊)

系统优化 system optimization

运用科学的技术手段求得较优系统方案的过程。如采用数学的线性规划方法，运用计算机模拟仿真技术进行不断试验，实时反馈和评价，使之逐步接近最优的方案。

(陈秉钊)

系统属性 system attribute

系统具备的内在本质特征。一般具有集合性、相关性、目标性、环境适应性等。了解系统的属性是为了更好地处理系统问题，例如系统的集合性，说明系统起码是由两个可达到的要素所组成的有机整体，因而对于复杂的大系统就可利用其属性进行分解，以利于对复杂系统的分析，而系统的相关性说明系统各组成要素彼此间有关联，但这种关联有疏有密，人们就可依其疏密程序在给系统分解时揭示其系统内部的层次结构等。

(陈秉钊)

xia

下沉式广场 sunken plaza

地面标高低于周围地面或道路的广场。用来分离步行与车辆交通,创造宜人的生活活动环境。丰富城市建筑空间艺术。公众可从紧靠广场建筑物的地下层直接进入。纽约洛克菲勒中心广场是一个有代表性的实例。 (邓述平)

下沉式花园 sunken garden

又称沉床园。指园地或部分园地低于周围地面一定高差的花园。可形成一个较低的围合空间,在其周围可产生俯视的构图效果,常按规整的方式布置。或为了减少周围的干扰而达到特有的安宁的效果。 (李铮生)

下城(区) downtown

即闹市区,"下城"为美国日常用语中泛指城镇中心的商业活动地区,但其实际所谓地区并无明确划定,可因情况而异;意似我国称为"城里"的概念。也有解释为城市的南部地区(因地图一般规定为上北下南),或地形高程较低地段。 (赵炳时)

夏绿林

见温带落叶阔叶林(230页)。

xian

先锋树种 pioneer tree

利用某些树种能适应特殊的立地条件或生长迅速的优势,作为初期绿化的开路先锋,以其先绿的手段进一步绿化及美化。如在贫瘠地先种耐瘠土的马尾松,在盐碱地先种柽柳等。 (沈 洪)

闲情偶记

见一家言(254页)。

闲暇 leisure(time)

工作之余以及必要的生理活动如睡眠、饮食、家务、出行等之外,可以由个人自由支配的时间。提倡利用闲暇做有益身心的活动,是精神文明建设的重要组成部分。设计影剧院、体育场馆、公园和风景区等文化娱乐设施,必须对人群闲暇利用方式作调查分析。 (刘家麒)

闲置地 vacant land,idle land

城市中空闲未建设的地段,或尚未被占用的土地。一般也指立即可以用于城市建设用地的地段。 (赵炳时)

咸阳(秦) Xianyang (the Qin Dynasty)

秦朝国都。秦孝公十二年(公元前350年),都城由栎阳迁至咸阳。起初以渭河北岸的咸阳宫为主,以后逐渐向渭河南岸发展,昭王时兴建乐宫。秦始皇统一六国后,城市有很大发展,"徙天下富户十二万居咸阳",在渭河北岸仿建六国宫殿群,在南岸建信宫及规模宏大的阿房宫。城址经探查在今咸阳以东长陵车站一带的渭水北岸,城墙遗址长达1 048m,相邻有密集的宫殿遗址,附近还有冶铁,冶铜作坊及陶窑遗址。居民区在宫殿区南,大部已为渭河冲毁,无可考。阿房宫为项羽烧毁,仅存一长1 000余米,宽500m,残高7~8m的大土台,在今西安西北的阿房村西南。咸阳城遗址1988年定为全国重点文物保护单位。 (董鉴泓)

县 county

地方行政区域建制单位。在我国为省、自治区、直辖市或自治州、省辖市以下的行政区域。县以下辖乡或镇。在国外也有县的行政建制,如日本的县为一级行政区,美国的县为州以下的行政区划。 (赵炳时)

县城 county town,county seat

县人民政府所在地的城镇,一般称城关镇。 (金大勤)

县级市 county-level city

行政地位相当于县一级的市。我国市制创立之初所设的普通的市就是相当于县一级的市,但此名直到1983年劳动人事部、民政部上报国务院的《关于地市机构改革中的几个主要问题的请示报告》中才正式使用。 (浦善新)

县域规划 county region planning

区域规划的一种类型。它根据社会经济发展的需要及资源条件,综合协调已有的各种专项规划,对县域内经济、社会的协调发展进行综合部署,在空间地域上进行统筹安排,包括县域内村镇居民点体系的合理布局。 (金大勤)

现状踏勘 spot survey

规划或设计前及在进展过程中实地查看地形、地貌和周围环境及社会、经济情况。一般使用现场记录、写生和照相方法收集有关信息。力求使规划或设计的主观设想符合客观实际。 (刘博敏)

线路系统规划 planning of transport system

为改善城市和地区居民和货物的流动,对客货运输的通道、线路、站点、运载工具和后方服务设施等的发展,给予充分合理的布置和安排的过程。 (徐循初)

线形发展 lineal development

城镇沿着道路河流,或滨湖、滨海延绵建设发展的状况。以其交通运输方便而形成。有整个城市依线发展,也有只限城市的局部。是城市发展的基本

形态之一。　　　　　　　　（陶松龄）

xiang

乡村城市化　rural urbanization, urbanization

乡村地域类型向城镇地域类型演化的过程。这一过程和乡村劳动力完成从传统产业到现代产业的转换以及从乡村到城镇的转移是分不开的。马克思曾概括道："现代的历史是乡村城市化，而不像在古代那样，是城市乡村化。"从这个意义上说，它等价于一般而言的城市化。但在中国城市化道路的讨论中，许多人用此概念特指县城以下的乡村范畴，不包括已有城市，或特指自下而上式动力机制的城市化，而不包括自上而下式的城市化。　　（周一星）

乡土树种　domestic tree

长期生长于当地的树种。在该地有较强的生长、繁殖能力。在绿化树种规划中宜以此为基础，能获稳妥而良好的绿化效益。　　　　（沈　洪）

乡镇　town and centre

一般指县以下农村基层行政区划单位——乡的政府所在的镇。也泛指县以下各乡村小镇。
　　　　　　　　　　　　　　　（金大勤）

乡镇企业　rural enterprise

泛指在农村集镇（或建制镇）上由农民集资开办的企业。在1979年党的十一届三中全会以后，随着党在农村经济政策的贯彻执行，商品经济的迅速发展，我国农村的乡镇企业发展很快。据统计，到1993年末，全国乡镇企业总产值已达2.9万亿元，职工人数已达超过1亿人，安排了大量农村剩余劳动力，为乡镇的建设事业提供了大量资金，为提高农民的生活水平创造了条件。　　（金大勤）

相地　site reconnaissance

勘查、踏察地形地貌。在筹划建造城市、选择城址时，勘察用地的条件。《吴郡志》："阖闾委计于伍子胥，仍使相土尝水，象天法地，筑大城。"
　　　　　　　　　　　　　　　（阮仪三）

香山公园

见香山园（241页）。

香山行宫

见静宜园（126页）。

香山园

又称香山公园。民国年间，於静宜园旧址扩建而成。在北京海淀区西山东麓。其部分景点为军阀、官僚、买办占有，并修建为消夏避暑的宅园行庄。解放后（1949～）人民政府重新修建，并恢复一些存留的建筑，增加了一些新的设施，如香山饭店等。
　　　　　　　　　　　　　　　（鲁晨海）

厢　side room

住宅正房两边的房子称厢房。宋元时代城市行政管辖地段的名称，为城市地方行政建制的一级，始于五代。如北宋开封（东京）城分为八厢，下管八十余坊。靠近城的地区称为城厢。靠近城门的地区称关厢。　　　　　　　　　　（董鉴泓）

湘东苑

南北朝时，梁朝元帝萧绎（552～555年在位）的御苑。以即帝位前"湘东王"封号为苑名。其址在建康（今南京）子城内，已毁。湘东苑，以池沼为中心，环池设置堂榭等建筑，其中通波阁架水两筑。此外，尚有芙蓉堂、楔钦堂、正武堂、乡射堂、连理堂等。池侧，筑山为屏嶂，山上有阳云楼，明月楼等建筑。池岸杂种奇树异木，水中植莲蒲。是一以山水为主题模拟自然景境的宫苑。　　　　（鲁晨海）

襄樊　Xiangfan

位于湖北省北部。周属樊国，战国时为楚国要邑，后多为州、郡、府治。襄阳城墙始建于汉，自唐至清多次整修，现基本完好。樊城保存有部分城墙和城门。文物古迹有邓城、鹿门寺、夫人城、隆中诸葛亮故居、多宝佛塔、绿影壁、米公（芾）祠、杜甫墓等。为第二批国家级历史文化名城。襄樊城区人口43.7万（1991年末）。汉丹、焦枝、襄渝三铁路交会境内。向为鄂北及豫、陕两省南部的交通重镇和经济中心。有机电、纺织、轻化、食品及汽车等工业。
　　　　　　　　　　　　　　　（阮仪三）

详细规划　detail planning

根据城市总体规划对建设用地的各项控制指标和规划管理要求作出的详细规定，或直接对建设项目作出的具体安排和规划设计。是城市总体规划的深入和具体化，城市规划中提出的目标和布局要分阶段地通过详细规划加以实施。工作内容包括：对规划地区内各类使用性质的用地，提出明确的界线，规定建筑高度、密度、容积率的控制指标，确定道路红线位置、断面型式、控制点坐标和标高，并确定工程管线的走向、管径和工程设施的用地界线。
　　　　　　　　　　　　　　　（陶松龄）

向心型城市化　centripetal urbanization

不断向城市中心向心集聚的城市发展过程。从与城市中心的空间关系来考察城市化的一种类型。各种商业服务设施、政府行政机构、各种企事业公司的总部、银行、新闻媒介机构等向心集聚的要求尤其明显。它们或者提供智力服务，或者需要与服务对象直接接触，或者需要以稠密的人流为经营对象，通过向心集聚才能获得良好的社会经济效益。它促使城市向立体化、高密度方向发展，与离心型城市化相对。　　　　　　　　　　　　（周一星）

巷 lane, alley

又称胡同。小于街的屋间道。可与城市干道相连。中国古代,一般指里坊制城市的坊内道路。宋之后街和巷一直为城市两级主要道路系统形式,并作为道路名称一直沿用至今。 (薛 平)

象形石 figure rock, pictographic stone

具有象形观赏效果的自然山石。常见的有十二生肖石。如北京颐和园排云门前和北京故宫御花园"堆秀"都可见这种用法。象形石贵在似与不似之间。神形兼备而不作过分的人工雕琢。著名的象形石有杭州烟霞洞的象石、浙江嘉兴市小烟雨楼的"舞蛟"和广州的"大鹏展翅"等。 (孟兆祯)

象征符号交往理论 symbolic interactionism

美国社会学家、芝加哥大学的米德(George Mead)提出的关于社会互动的一派理论。该理论认为,文字、手势、面部表情、非语言的声音等象征符号,是人们沟通和交往的基础。通过这些交往的反应,才能建立起人们之间的共同了解。 (梅保华)

xiao

消极空间

见负空间(77页)。

消极型城市化 negative urbanization

与经济发展不相协调,且延缓、阻碍经济发展的城市化过程。是从城市化进程的结果来考察城市化的一种类型。城市化滞后和过度城市化都可能对经济发展产生消极影响。此处主要指后者。当区域经济基础相当薄弱之际,城市化发展的失控会造成城市人口增加与就业机会之间、农村人口减少与农业生产集约化水平之间的不相协调,从而影响经济发展,城市病也随之产生。相对于积极型城市化。 (周一星)

小巴 minibus

外来语小型公共汽车的译音。车辆外形尺寸小、乘坐人数一般为8~15人,沿固定或半固定线路和站点营运,有抬手即停、上下方便的特点。 (徐循初)

小城镇大问题

著名社会学家费孝通的重要论文。最初发表于1983年9月在南京召开的"江苏省小城镇研讨会",其后再加整理而成。作者对我国小城镇发展进行了深入的社会学研究。主要观点为,小城镇是以不从事农业生产劳动的人口为主体而组成的比农村社区高一层次的社会实体,"我们的国家如果只有大城市、中等城市,没有小城镇,农村里的政治中心、经济中心、文化中心就没有腿",因此,"小城镇建设是发展农村经济、解决人口出路的一个大问题"。 (梅保华)

小崛远州(1579~1647年) Kobori Enshu

日本著名造园家。精通禅学、茶道以及造园艺术,是江户时期造园的代表人物。在利用自然借景、设置吉祥的鹤龟鸟、敷石、洗水钵、石桥等方面都有新的发展和创造,代表作有京都南禅寺金地院庭园和孤篷庵庭园等。 (李铮生)

小康住宅 housing for relatively comfortable standard

到20世纪末,相应于我国人民生活小康水平的城乡住宅。是1985年国家文件"中国技术政策"的"住宅建设"一节中正式提出的。内容是:"根据我国国情到2000年争取基本实现:城镇居民每户有一套经济实惠的住宅,全国居民人均居住面积达到8m²。乡村居民每户有一所实用、卫生、紧凑的宅院,人均居住面积比城镇居民略大一些,能基本适应生活与生产需要。"文件中还提出1990年前重点放在解困上,2000年达到小康。十余年来,在政策指引下我国城乡住宅建设取得了巨大成就,同时有关部门对小康住宅内容又作了研讨和补充,也增加了一些新名词。例如北京市将小康住宅建设定名为康居工程,将解困住宅建设称为安居工程等。 (张守仪)

小客车当量系数

见小汽车当量(242页)。

小客车等效系数

见小汽车当量(242页)。

小汽车当量 passenger car equivalent

又称小客车等效系数或小客车当量系数。指某类型机动车辆与小客车在数量上的换算比率。其值为该车型的车头时距同小客车的车头时距的比值。计算道路交通量时,用以换算不同类型车辆为统一当量的小汽车数,使混合车流的交通量具有可比性。 (徐循初)

小区道路 residential sub-district road

居住小区内的骨干道路。一般红线宽度在12m左右。人行道与车行道多数不分离。小区道路考虑机动车通行,但应避免机动车穿行,影响居住安静。 (严 正)

小区公园 community park, neibourhood garden

居住小区内的公园。为该地区美化环境,提供户外活动,体育锻炼,儿童游戏等创造良好条件,是居民使用频率高的公园绿地。该地段或其附近常成为小区居民的活动中心。每居民应有0.5~1.0m²的公园面积,其大小在0.2~0.5万m²,服务半径不宜超出500m。 (李铮生)

小区中心 neighbourhood centre

居住小区内居民日常性活动比较集中的地段。一般设置为小区服务的商业、饮食、服务、文化娱乐以及公共绿地、体育场地等。　　　　（周杰民）

小商品市场 small commodity market

小商品是我国商业上的习惯用语,一般指小土产、小水产、小食品、小百货、小五金等。这类商品的花色、品种、规格繁多,产销变化快,价值较低,利润较少,经营较麻烦,但为居民生活所必需。随着我国市场经济的发展,城镇中的小商品市场得到恢复和扩大,主要是利用原有街道搭棚设摊发展到规模相当大的市场。　　　　（谢文蕙）

小天井住宅 apartment building with light well

内部有小天井的低层或多层住宅。小天井面积在 $4\sim9m^2$ 左右,是为了布置在房屋中间的厨房、小厅、卫生间等采光通风用的。有利减少面宽节约用地。但是,处理不当易发生声音干扰、串味、低层采光差等弊病。　　　　（张守仪）

小巷

见弄(170 页)。

小游园 small park, pocket park

又称小绿地、小花园、小广场。供居民或行人作短暂游憩的小块绿化场地。用地小,因地制宜,布置灵活。成为城市中分布广、效用高的块状绿地。

（李铮生）

效果调查 effect survey

当一个方案实施完成后,对实际使用的有效性进行调查。内容一般包括社会、经济、环境的有效性及开发者、管理者和使用者活动规律和他们的评价与意向等。调查根据具体的目标、可进行综合性调查,也可进行有侧重性的调查。　　（刘博敏）

xie

楔形绿地 green wedge

从城市郊区沿城市辐射方向插入城市内的绿地。基本功能是在城市中形成若干条由郊区向城市中心区输送新鲜空气的绿色通道,以改善中心区的小气候。　　　　（金经元　魏士衡）

楔状绿地布局 layout of green space in wedges

由郊区伸入市中心的由窄到狭的绿地。一般利用河流、地形、放射干道等结合郊区防护林、森林公园、风景区等布置,形成一条由郊区到市中心的通风走廊(参见绿地通风功能151页)。可以改善城市小气候,也有利于城市艺术面貌的表现。　　（刘家麒）

协和广场 Place de la Concorde, Paris

巴黎市中心最著名的开敞性广场。为纪念路易十五而建造。位于塞纳河北岸,都勒里花园的西面。平面为 243m×172m 的长方形,略微切去四角。广场的短轴与爱丽舍大道重合,成为城市轴线上的重要组成部分。北端以马德兰教堂为对景,其他三面为花园及塞纳河。广场中央竖立着 22.8m 高的方尖碑,两侧有雕像喷泉。

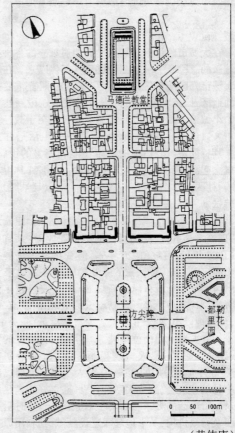

（黄伟康）

谐调 harmony

使相邻建筑物在形式、比例、尺度、色彩、光影作用和空间组织等方面保持基本一致或相互调和,从而达到完美和谐的效果。　　　　（郑光中）

xin

心理 psychology

导致人按其特有方式进行思维与活动的个人精神结构的总和。包括感觉、知觉、记忆、情感、性格、能力等。现代城市设计必须考虑使用者的心理与行为。　　　　（黄富厢）

新陈代谢主义 metabolism

1960 年丹下健三、菊竹清训与黑川纪章等提出的一种规划理论。采用"新陈代谢"这一生物学上的术语,是把人类社会纳入从原子到大星云生成发展过程中,并反对过去那样把城市和建筑看成固定的、自然进代的观点,认为城市和建筑不是静止的,而是一种像新陈代谢那样的动态过程,主张在城市和建筑中引进时间因素,明确各个要素的"周期"。在周期长的因素上装置可动的周期短的因素,以便过时的建筑单体或设备可随时撤换而不影响其他单体。

(沈玉麟)

新城 new town

在大城市附近新规划建设的相对独立的各种类型城镇的总称。一般指 20 世纪 40 年代以来。在一些大城市郊区或郊区以外地区,矿区或配置重要工业的地区,以及大城市市区内更新改造地段新建设的中小城镇。规划建设新城的主要目的在于减轻大城市人口压力。并为居民提供良好的生活居住条件。其特征是有较健全的城市职能和完善的设施。此概念起源于英国,后广泛为各国所采用,亦称卫星城、新社区。 (赵炳时)

新城运动 New Town Movement

新城运动可追溯于在 E·霍华德提出的"田园城市"理论指导下,在英国修建的两个花园城:莱奇沃思(1903 年)和韦林(1920 年)。但真正取得进展是在 1946 年英国《新城法》颁布之后。自那以来至1981 年,英国规划和建设新城 34 座。按修建年代划分为三代新城。第一代新城更接近"田园城市"概念,城市规模小(少于 6 万人),人口密度低(每万 m² 少于 100 人),就业岗位单纯等。经过三代新城的实践,其发展趋势是:人口规模不断扩大,从最初的2.5~6 万人到最后的 25~40 万人。便于为居民提供多种就业机会,配置大型公共设施,更好地满足居民对城市生活的要求;从单纯引进工业到同时引进科研及行政机构;从平地起家建设新城,到利用原有城镇;从单纯地作为大城市的疏散点,转为区域经济的发展点,以利于区域经济的合理调整。英国新城的建设实践,曾引起世界各国的关注。继英国之后,瑞典、前苏联、日本、美国、法国等于二次大战后也相继修建了大量新城。多数新城有一定的就业岗位。日本则在大城市的周围建立一系列"卧城"。一些发展中国家也开展了新城建设,用以疏散大城市的人口。有的国家用建造新城的办法,调整区域经济、开发不发达地区、建设新的区域发展中心,如委内瑞拉、马来西亚等。 (陈保荣)

新加坡(殖民时期) Singapore (colonial period)

19 世纪英帝国在东南亚殖民扩张的最大据点之一。这里原是马六甲半岛南端的荒凉孤岛,港口优良,沿港水深 10m 以上。1822 年进行了城市规划。市区设在岛的东南端,划分为政府区、商业区、欧洲人区、华人区,每个不同的种族都有自己的聚居地。街道垂直相交,成棋盘式道路系统。市区房屋均系西式。城市居民活动中心在临海一带。

(沈玉麟)

新平 Xinping

见景德镇(124 页)。

新宿副中心(东京) Sinjuku Sub-centre, Tokyo

日本首都东京的副中心,位于东京中心区以西8km 处。1958 年成立的"东京整备委员会"为疏解东京中心区功能过于集中,决定开发新宿等三个副中心。它们都位于山手环形线与高速公路、铁路、电车线及地铁的交汇处,是进入东京的换乘枢纽。新宿副中心主要由三部分构成:超高层建筑区、西口广场及地下部分、新宿中央公园。规划要求全地区人、车分行;区域集中供冷气及暖气以减少污染、节约空间、人力及设备;停车场公共化,以提高总停车能力。超高层建筑区由道路划分为十一个街区。西口广场采用立体设计,地下两层,局部三层,地面广场面积2.46 万 m²。西部的中央公园面积约 12 万 m²。利用地下空间设置为全地区服务的变电所及配水池。新宿副中心的建设是将东京改造为多中心城市结构的开端,这里已成为东京主要的就业中心。从而疏解了中心区的职能并减轻了对中心区的压力。

(陈保荣)

新西伯利亚科学城 New Siberia Science City

又称"大科学城"。是前苏联科学院西伯利亚分院和全苏最大的科学中心所在地。位于鄂毕河畔,距新西伯利亚市 25km。1957 年开始建设。1966 年初具规模。20 世纪 80 年代初拥有居民 7 万人,其中科研人员 2.3 万,占地 137km²。新城有明确的功能分区,有方便的车行及人行交通系统,分级安排文化服务设施。城市及建筑布局注意与自然地形、绿地相结合,并充分考虑当地的气候特点。

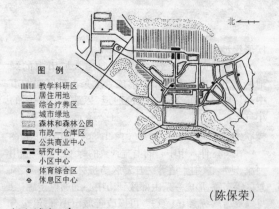

图例
教学科研区
居住用地
综合疗养区
城市绿地
森林和森林公园
市政—仓库区
公共商业中心
研究中心
• 小区中心
⊕ 体育综合区
休息区中心

北←—

(陈保荣)

新兴城市 boom town

经济上处于非常兴旺激增阶段,建设上快速发

展的城镇。　　　　　　　　　　（赵炳时）

新增成本

见边际成本（10 页）。

信度　reliability

测量工具、测量手段或测量结果的准确与可靠程度。亦即一种测试手段或量表先后两次用于同一组测试所得的结果，可能达到一致的程度。一致的程度越高，则信度越高，反之则信度越低。

（梅保华）

信息资源　information resources

可供利用并产生效益的一切信息的总称。是一种非实体性、无形的资源，具有无限性、多样性、灵活性、共享性和开发性。　　　　（胡序威　陈　田）

xing

兴城　Xingcheng

东北地区保存得较好的明代边防城市。东距山海关约 50km，建于明宣德三年（公元 1428 年），又名宁远卫城。明末曾有效地阻止了清兵的入关，明将袁崇焕凭借该城与努尔哈赤及皇太极进行过几次激烈战斗，取得著名的"宁锦大捷"。城墙用土夯筑，外墙包砖，内墙用石块镶砌，墙高 8.9m，城纵横各 800m 长，城内街道十字相交，各通四个城门，城中心有方形鼓楼。城内当时居住的多为驻兵与家属。城中留有两座高大的石牌坊，是明末崇祯帝为抗清将领立的，造型雄伟，花雕精美。兴城紧靠渤海，有良好的海滩和温泉，古城内基本保持清代以后的面貌。是第三批国家级历史文化名城。城区人口 10.4 万。京哈铁路斜贯，是一新兴的旅游城市。

（董鉴泓）

兴城海滨风景名胜区

在辽宁省兴城市的国家重点风景名胜区。面积 42km²，依山面海，集山海、古城、温泉于一地。海滨浴场绵延 14km，沙细滩缓，潮稳波清；首山平地突起，海拔 300 多米，秀木环绕，亭台楼阁掩映绿树之中，有古烽火台和朝阳寺古刹等。菊花岛山石秀美，古树参天，岛上有辽代大龙宫寺、大悲阁、八角琉璃井、唐王洞等古迹。菊花岛南有㨞山岛和阎山岛，北有磨盘山，相映成趣。兴城古城，建于明代，清乾隆重修，南北长 825.5m，东西宽 803.7m，是我国保存宗整的四座古城之一。温泉在城东南 2km 处，水温达 70℃ 左右，含多种矿物质，无臭澄明，可治疗多种疾病，附近已建有多处休疗养所。　　　　　　　　（刘家麒）

兴业区　enterprise zone

为促进新的商业活动，由政府划定为"低税区"的经济不景气地区。在美国，这一方式已在 26 个州被采纳，在一些出现衰退现象的市区或邻里内，可部分免除某些规定的限制，以增加就业机会和促进投资。英国的兴业区仅为地方性的，香港的兴业区的活动范围为国际性的。　　　　　　　　（赵炳时）

星形城市形态　star form, constellation pattern

城市空间结构形似星状。城市沿着对外交通干线发展新的集中的建筑地带，有几个放射方向的发展而形成星状平面。星状城市的中心区是市民活动的焦点，也可能是中心商业区所在，其他功能则以轴向向外扩散。既有一定的集中，也有适当的分散。克拉夫秋克提出建设"星座"组群的设想，是以大城市为核心，包括卫星城和农村居民点，形成一个高度发展的统一地区综合体。　　　　（陶松龄）

星形广场　Place de l'Efoile（Place charles de Gaulle），Paris

位于巴黎市中心轴线上的著名广场。东面有爱丽舍田园大道与协和广场、卢浮宫相连，西面通向德方斯综合区。主体建筑凯旋门耸立在广场中央，高 49.4m。广场为圆形，直径 137m，有 12 条道路向四周辐射。旅游者可通过宽畅的地下步行道进入广场中心，并能登上凯旋门顶瞭望巴黎全景。

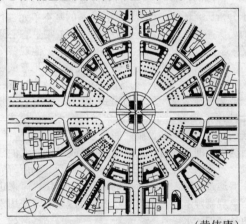

（黄伟康）

行车密度　density of trains

又称列车密度。指区间（车站之间）内列车运行间隔的时间长短或在单位时间内（昼夜）车站到达与发出的列车次数。能反映铁路运输繁忙程度，是衡量铁路设备效益与能力的一项指标。列车运行间隔时间越短，在车站到达与发出的列车次数越多，行车密度越大，反之则越小。　　　　（宗　林）

行车视距　sight distance

驾驶员在行车时必须看清前方道路的最短距离。为了确保汽车行驶的安全，应使驾驶员能看到前方一定距离的道路路面，以便在发现路上的障碍物或迎面来车时，能在一定的车速下及时刹车或避让,这一必须的最短距离是道路设计的依据之一。

(李峻利)

行道树 street tree

种植在道路两侧成行列种植的树木。有美化、遮阳、防噪、防尘等作用,由于道路立地条件复杂苛刻,因此对树种的选择务必谨慎。对树种的一般要求是:①生长速度较快,生命力强韧,管理粗放;②耐瘠薄、板结土壤;③耐灰尘及汽车尾气污染;④耐修剪;⑤不飞毛絮(或落果)从而不污染街道;⑥根部不生萌蘖,不影响交通也不破坏道路铺装。一般选择冠大阴浓的阔叶乔木。至于郊区公路的行道树也可与农田防护林相结合,风景区的行道树又应与周围风景相结合。

(沈 洪)

行为 behavior

人的行动或活动的方式,或人对任何情况反应的总和。通过观察、体验、模拟、预测和反馈调整。并与社会学家合作作出行为假设,包括设计范围内的行为分类组合、行为时间进程、行为对设备和环境的要求以及行为的关联性等,作为城市设计的重要依据之一。

(黄富厢)

行为场所 Behaviour setting

持续的行为模式及其周围物质环境的组合。用于分析研究环境与行为间相互关系的基本单元。行为场所一词及其基本研究方法是1951年生态心理学家罗杰·伯克(Becker R. J.)所提出的。他观察分析了儿童活动模式与场所关系并发表了《儿童的一天》一书。罗杰认为行为场所必须有以下特点:有一个或数个经常发生的行为模式,发生时间有一定规律性;同时存在一个特定的场所环境;而行为模式与场所及场所中某些设施之间是强烈的相互适应的。行为场所间一般有层次之分,并形成网络。人的活动是行为的外在表现,便于观察,因此行为场所研究主要通过观察人在场所中的活动,分析其规律来进行。规划师采用行为场所方法可以深刻理解使用人对场地的需求。

(张守仪)

行为地图 behaviour map

标有使用者多种行为具体位置的场所平面图。这些行为是在该场所中在一定时间内经常发生的。通过行为地图的方法汇集大量观察实录,可用以研究行为的规律。把场所实际使用情况与原设想的情况加以比较,有助于调整改造旧场所和设计类似的新场所。

(张守仪)

行政办公用地 land for public administration

市属和非市属的行政机构、政党、团体、企事业管理机构以及各种公共事务机构所需要的建设用地。

(蒋大卫)

行政界限 administrative boundary

国家间及国内各级行政区域之间在地域上的分界。一般国家依据领土的地理条件、历史传统、经济联系和民族分布等状况,将之划分为各级行政管理区域或地方,并设有相应的国家行政机构,如省、市、县政府。因此,国界或这些省、市、县等行政政权和执行国家任务在地域上的分界线均为行政界限。我国的省、自治区和直辖市的行政界限划分由全国人民代表大会批准。地区、自治州、市、县、自治县、旗、自治旗的划分由国务院批准。

(赵炳时)

行政区 administrative region

又称行政区域。国家为进行行政管理而划分的并设有相应的国家行政管理机构的各级区域。行政区在不同的国家有不同的名称和不同的分级体系。我国实行的是省(自治区、直辖市)、县(自治县、旗)、乡(民族乡、镇)三级制。有的为便于管理又不使政权机构层次过多,在各级行政区划内又划分为若干区域,设置该级政府的派出机构进行管理。如省下派出机构地区行署,县下派出机构区工委等。

(胡序威 陈 田)

行政区域

见行政区(246页)。

性别构成 sex composition

男性和女性的人数各自在人口总数中所占的比重,反映了男女人口之间的比例关系。性别构成的表示和计算有两种方法。一种是分别计算男性或女性人数在人口总数中的百分比;另一种是计算男性人数对女性人数的百分比。

(赵洪才)

xiu

休养疗养城市 health resort town

以提供休养、疗养服务为主要职能的城镇。一般具有适合休养、疗养的特有自然环境条件,如位于海滨、湖岸、山地有优美自然风景、气候宜人或有治疗价值矿泉等名胜地。其特征为①休养、疗养事业以及与之相关的服务设施在城市中占有重要地位;②服务人口及流动人口比重及季节差均大;③环境绿化、公用设施和建筑设计标准较高。

(赵炳时)

休养疗养区 recuperate and sanatory area

在具有优美的自然风景和气候舒适或有医疗作用的温泉、矿泉的地方,建立休养、疗养设施的区域。休养是用休息和调节饮食起居,必要时辅以药物使身体恢复健康,也可以是健康人的度假休息;疗养是患有慢性病或身体衰弱的人,在特设的医疗机构进行以休养为主的治疗,有些风景名胜区具备休养疗养条件,可设置休息疗养区。此区是专用地段,应与

一般游人隔离,避免互相干扰,也不宜设在游人集中的游览区内。　　　　　　　　　　（刘家麒）

修建规划　construction planning

　　修建性详细规划的简称。是详细规划的类型之一,用于当前开发建设的地区。主要内容为确定地块建设开发的总量,规定建筑物之间的相互关系,布置场地绿化种植和工程管线,并提出综合技术经济论证,作为施工建设的技术性文件,为建筑物和工程管线的设计提供依据。　　　　　　　（陶松龄）

绣毯式植坛　carpet bedding, parterre

　　又称地毯式植坛。法国古典式园林用黄杨作排列式种植,呈绣毯式图样认为是最高级的植坛,有的在植坛中种植花卉或草坪,则称绣毯式花坛,绣毯式草地。　　　　　　　　　　（章敬三）

绣毯式植坛

XU

墟　settlement, market, mound, ruin

　　①聚居的地方,即村庄等称墟里、墟落;②农村定期的集市,也称墟市;③地面隆起的土丘;④故城的遗址,如殷墟。　　　　　　　　（阮仪三）

墟市

　　见墟(247页)。

徐州　Xuzhou

　　位于江苏省西北部。尧封彭祖于此,称大彭氏国,春秋有彭城邑,战国时为宋都,项羽曾在此建都,三国时为徐州州治,清为府治。徐州为有名的军事战略要地,自古兵家必争。文物古迹有汉代戏马台遗址、兴化寺、大士岩、淮海战役烈士陵园,还有汉墓多处及地下明、清城遗迹等。南郊有云龙山、云龙湖风景区。为第二批国家级历史文化名城。徐州市区人口 81.8 万(1991 年末)。京沪和陇海两铁路交点。工业有煤炭、电力、水泥、机械、化工等。　　　　　（阮仪三）

序列　sequence

　　将建筑群按一定艺术规律组织成一个有机的整体。利用时空概念。通过独特的、连续不断的审美体验,人从一个瞬间的记忆转换,使连续不断的视觉感受被联系起来。　　　　　　　　（郑光中）

畜产品生产基地规划　cattle-raising poultry-farming base planning

　　为了保证城镇居民对肉、奶、蛋的需求而建立的畜产品生产基地的规划。畜产品生产基地有两种类型:专业性养畜(禽)场和综合性养畜场。专业性养畜(禽)场(如养鸡场、奶牛场等)规模大,专业化水平高,便于实现机械化和兽医防疫措施。综合性养畜场是在一场内同时饲养几种牲畜或家禽,每种畜舍的规模小,能共用一些设备、设施,减少基本建设投资,但不利于提高机械化水平和防疫。

(金大勤)

xuan

宣平门

汉长安城东北角的城门。亦称东都门。从东西汉至南北朝均为长安城主要城门。发掘证实,门有三个门洞,均宽 8m,门洞由木柱支撑,门洞实际宽度,须从 8m 减去两侧立柱所占的 2m,计 6m。每门洞可容 4 轨,横有木梁。王莽时烧毁,墙土发赤。

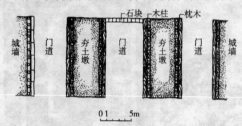

汉长安宣平门平面图

(董鉴泓)

悬空园

见巴比伦空中花园(5 页)。

选址意见书 advice on site selection of construction project

城市规划行政主管部门对在城市规划区内拟建设的项目所选地址所提出的意见的文件。国家要求,必须慎重选择建设项目的建设地点,这是搞好基本建设的重要任务。《城市规划法》第 30 条规定:"城市规划区内的建设工程的选址和布局必须符合城市规划。设计任务书报请批准时,必须附有城市规划行政主管部门的选址意见书。"这是对国家基建程序的补充和完善,以法律的形式,确定了城市规划在基建程序中的地位和作用。

(陈为邦)

绚波纶宫苑 Schonbrunn, Vienna

又称维也纳夏宫。是奥地利具有勒诺特式风格的园林。面积 11.3km²。主要建于奥匈帝国弗兰茨一世时期(18 世纪上半期)其构思受凡尔赛宫苑的影响(见凡尔赛宫苑)。原该处有城堡和泉水,其主轴由城堡直至喷水池,而后曲折壁梯登上丘陵高处的景观建筑,在此可眺望宫殿全景和维也纳城镇。在宫殿的西南的丛林中有动物园和植物园。在密林的漏空处设有 32 座精美的白色大理石雕像,与绿色的丛林形成明朗的对比。

(李铮生)

xue

血缘群体 consanguineous group

以婚姻和血缘关系为基础组成的群体。家庭是最基本、最典型的形式;家族(即家庭的扩大),也是我国较普遍存在的血缘群体形式。

(梅保华)

Y

ya

压力输配 pressure supply

借助机械动力加压并通过管道将水、液体或气体送到用户的一种输送方式。如把净化处理后的水,经配水机房加压并通过输配水管道供给用户。

(唐炳华)

鸭绿江风景名胜区

位于辽宁省丹东市鸭绿江下游浑江口至江海分界处的大东港之间的国家重点风景名胜区。江段全长 210km,面积约 400km²。包括水丰湖、太平湾、虎山、大桥、东港等五个景区。风景区内江水碧绿,色似鸭头,江中翠岛棋布,沿岸群山叠翠,鹤鸟翱翔。水丰湖是我国东北最大的水库,有高大的水丰电站大坝。虎山是明代长城的起点,万里长城沿山脊蜿蜒屹立。鸭绿江大桥是中、朝分界桥梁,中国人民志愿军抗美援朝由此出征和凯旋归国。风景区内还有一万八千年前丹东人洞穴遗址和汉代西安平县古城遗址等历史文化古迹。

(刘家麒)

衙城 provincial government city

古代州府城市中周围围筑有小城的衙署所在地。

(阮仪三)

雅典(古典时期) Athens (classical period)

古希腊的政治、文化中心。公元前 5 世纪为全盛时期,由于水及食品供应限制,人口未到 10 万人。

希波战争后,于公元前460年修建了雅典及与之相距8km的滨海城市庇拉伊斯(Piraeus)两城的城墙及两城间公路两边的"长墙",同时在路南又平行加筑了一道墙体,形成从雅典至海滨完整的防御体系。城市背山面海,平面不规则,在城市中心偏南的高地上建卫城。最早的居民点形成于卫城的脚下。卫城的西北方有城市广场(Agora)。广场无定形,建筑群排列无定制。广场为群众集会中心,有司法、行政、商业、宗教、文娱交往等社会功能。城市街道狭窄,依地形自发形成,无系统、无方向性、无铺装,卫生条件差。全盛时期在城市中进行了大规模建设,建筑类型繁多。除元老院议事厅、商场、画廊、作坊等外,剧场和竞技场还充分利用地形,收到良好的使用效果。

(陈保荣)

古典时期雅典中心地区平面图

雅典广场 agora,Athens

雅典历史上最早的广场。位于卫城的西北,是当时群众的集聚中心,在此进行商业、宗教、文娱、交际及行政等活动。广场形状不规则。庙宇、雕像、喷泉或作坊任意布置。广场上有一敞廊,宽46.55m,深18m,是行政长官公布法令的地方。

(黄伟康)

雅典卫城 Acropolis,Athens

位于雅典古城中部偏南的城山上,原为一军事要塞,城山顶部筑有围墙。公元前5世纪,雅典人用40年时间在山上建起用于祭祀雅典保护神雅典娜的宗教建筑群,通称雅典卫城。卫城高出地平面70～80m,高台东西长280m,南北最宽处为130m,西面有惟一上下通道。总体布局按照祭祀雅典娜大典的行进路程设计。游行队伍在山下绕卫城一周,上山后又陆续穿过全组建筑群,在每一段行程中都能看到不同的优美的建筑景象。进入卫城山门,迎面为高达 10m 手持长矛雅典娜青铜像，为分布在其周围建筑群的构图中心。其东南高地上的帕提农(Parthenon)神庙，是卫城的主要建筑，气势恢宏，体现了雅典人的智慧和力量。与北面秀丽的伊瑞克提翁(Erechtheon)神庙及其女像柱廊在体型、色调及柱式等方面形成强烈的对比。雅典卫城是古希腊文化珍品，在世界建筑史及艺术史上占有重要地位。

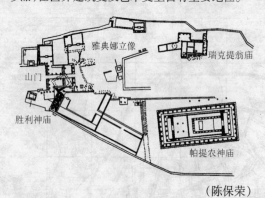

（陈保荣）

雅典宪章　Charter of Athens

1933 年国际现代建筑协会(CIAM)制定的关于城市规划理论和方法的文件，因在雅典讨论和通过而得名。与会者在回顾了工业革命以来城市规划和建设中存在的矛盾、分析研究了几十个城市调查报告后所通过的《宪章》指出：城市规划必须考虑到不断变化着的基本影响因素，在其不同的发展阶段中，将各种自然的、社会的、经济的和文化的因素结合起来，并把城市放到其所在的区域之中，作为整体考虑。《宪章》特别提出城市的四大功能——居住、工作、游憩及交通，对其各自的现状、问题进行分析，提出相应对策，并要求在城市中将用地按居住、工作、游憩进行分区平衡，并用交通网将三者联系起来。此外，《宪章》还提出在城市发展中保留名胜古迹、古建筑。强调城市规划是一门要求解决三度空间问题的科学。指出应以国家法律的形式，保证规划的实现。《宪章》是 19 世纪后期以来，对城市规划理论和方法较为系统的总结。它强调重视现代城市的功能，所阐明的思想及对现代城市规划所提出的原则，在以后的几十年中，对世界各国的规划实践产生了重要的影响。　　　　　　　（陈保荣）

雅尔湖故城

见交河城(116 页)。

雅砻河风景名胜区

在西藏自治区山南地区南部的国家重点风景名胜区。是藏民族的发祥地之一。雪山冰川、田园牧场、河滩谷地、古老文化遗址和民风民俗等构成一幅幅神秘、古朴而又壮丽的画面。区内植物种类丰富，植被随海拔变化呈垂直带分布。人文景观有西藏最早的宫殿雍布拉康、西藏第一座寺庙桑鸢寺、全国重点文物保护单位昌珠寺和藏王墓群等。还有保留着中世纪建筑特色的民居以及民风民俗、宗教活动等，都具有鲜明的地区特点。　　　（赵健溶）

亚热带常绿阔叶林　sub-tropical laurisilvae

生长在亚热带的常绿阔叶树组成的森林。其景观特征：森林上层由常绿阔叶林组成，乔木通常有二层，林下有明显的灌木层和草本层，一般都有藤本植物及附生于树木上的蕨类和苔藓等植物。

（沈　洪）

yan

咽喉区　bottle neck

又称车场咽喉或车站咽喉。铁路车场或车站两端连接线路的道岔汇聚的地方。是行车和调车作业最繁忙之处。它的布置是否合理，对作业的效率和安全关系很大。它的长度与站场线路的数量、线间距以及道岔的标号有关，线路愈多，线间距愈大，道岔标号愈高，则咽喉区愈长。咽喉区是站场宽度最小的位置，对跨铁路布局的城镇来说，往往是城镇道路跨越铁路站场较合适的位置。城市内大交通量经过较小容量路段的地方也称咽喉区。

（宗　林）

淹城　yancheng

战国时代淹国的都城。在今常州东南约 7km。有三重城墙，分宫城、内城、外城。宫城呈方形，周长约 0.5km。内城为不规则圆形，周长约 1.5km。外城亦为不规则圆形，周长约 3km。城墙均有护城河。三道城墙均只有一个城门，且不在一个方向上。1988 年定为全国重点文物保护单位。

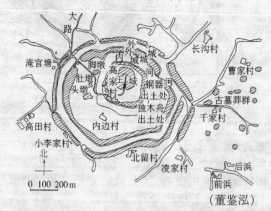

（董鉴泓）

延安　yan'an

位于陕西省北部延河之滨。秦置高奴县，隋改为延州，宋置延安府，元、明、清为延安路、府治所，自西汉至宋一直是屏障关中的军事重镇。1937 年至

1947 年,中国共产党中央和毛泽东同志在此领导全国革命。这里保留着大量的革命旧址、故居,建有革命纪念馆。古迹有宝塔、万佛洞石窟等。为第一批国家级历史文化名城。延安市区人口 11.6 万(1991年末)是陕北经济、文化、交通中心。工业有电力、化肥、汽车修配、纺织等。　　　　　　　　　　(阮仪三)

沿海开放城市　oppenned coastal city

我国实行鼓励开展对外经济活动特殊政策的沿海港口城市。1984 年 5 月中共中央和国务院决定在开办经济特区的基础上进一步开放上海、天津、大连、广州、青岛、秦皇岛、烟台、南通、连云港、宁波、温州、福州、湛江、北海等 14 个沿海港口城市,扩大这些城市的经济自主权,采取利用外资、引进先进技术等优惠措施,以促进对外经济技术协作的发展。

(赵炳时)

盐碱土植物　halophyte

能生长在盐碱土壤上的植物。园林植物中仅有少数能耐中度或轻度盐碱土的如柽柳、胡杨、梭梭、沙柳等。　　　　　　　　　　　　　　　　(沈 洪)

演化中的城市　Cities in Evolution

英国生物学家、城市科学与区域规划先驱者格迪斯(Patrick Geddes)的名著。1915 年由伦敦威廉与挪加特图书公司出版。全书共研讨了 18 个问题。其重要内容可归纳为:城市的演化;城市人口与大城市集群;世界城市与城市区域;旧工业技术与新工业技术;新工业社会的城市与区域;住宅运动与城市规划;城市和区域是决定地点、工作与人之间以及教育、美育与政治活动之间各种复杂的相互作用;城市原始资料的收集与测绘;规划成果的展出与公众参与;城市个性;城市改善与经济问题等。此书在当时有许多新的观点。例如提出把自然地区作为规划的基本框架,从而开创了区域规划的研究领域。又例如在进行城市规划前要进行系统的调查,获得第一手资料,实地勘察了解该地的历史、地理、社会、文化、美学等因素,并把城市规划与地方经济、生态环境发展潜力与限制条件联系在一起,进行研究,以及以居民的价值观和意见为基础,尊重当地的历史和特点,避免大拆大建等。　　　　　　　　(沈玉麟)

雁荡山风景名胜区

在浙江省乐清县、平阳县的国家重点风景名胜区。面积 289.91km²。属括苍山脉。因山顶湖中芦苇成荡,大雁栖宿而得名。因岩体断裂发育,流水侵蚀和风化作用,形成各种拔地而起的山峰、石柱,形成奇特景观。全山分为灵峰、灵岩、大龙湫、雁湖、显胜门、仙桥、羊角洞七个景区。以峰、洞、岩、石、瀑、潭、门、嶂为奇观。奇峰怪石,悬崖叠嶂,崇耸嵯峨;异洞石室,茂林幽径,曲折迂劲;流泉飞瀑,清溪碧潭。如带若练。徐霞客称:"欲穷雁荡之胜,非飞仙

不能。"大龙湫瀑布,高 190m。文物古迹有寺院庵堂十五处保存完整,有唐塔、宋桥和古墓葬。摩崖碑刻近两百处。　　　　　　　　　　　　　　　　(王早生)

燕下都

战国时燕国都城之一。在今河北易县城东南,由面积相近的两个方城相连,东西约 8km,南北约4km,中间有运粮河故道,与河道平行有一南北向城墙,将城分为东西二部分。先有东城,东城为当时政治中心,有宫殿区、居住区、墓葬区等。宫殿区在城东北部分,有些建筑群遗址的夯土台,以武阳台最大,有 100m 见方,后建西城,西城是警卫区(图)。1961 年定为全国重点文物保护单位。

(董鉴泓)

yang

扬州　yangzhou

位于江苏省中部,运河与长江交汇处。春秋时吴王夫差在此筑"邗城",秦置邗陵县,西汉为广陵国都,隋代改为扬州。隋代开凿大运河以后,成为南北交通的要冲,商业、手工业发达、文化繁荣,是东南沿海地区闻名的对外经济、文化交流的重要港口。唐代高僧鉴真由扬州东渡日本,宋代阿拉伯友好使者普哈丁居住扬州,元代马可·波罗授任扬州总督三年。扬州的文物古迹众多,有唐城遗址、史可法祠、仙鹤寺、大明寺、鉴真纪念堂等。著名的园林有瘦西湖、何园、个园等。为第一批国家级历史文化名城。扬州市区人口 31.9 万(1991年末),自古为淮盐总汇,商业发达,工业有造船、汽车修配、化学、电子、食品等。手工艺玉雕、漆器等著称。　　　　　(阮仪三)

扬州城（隋唐） yangzhou（the Sui and Tang Dynasty）

隋唐时的商业都会。在今扬州西北蜀岗。公元前吴王夫差始筑邗城,后经多次改建,重筑。隋开皇九年(公元589年)改称扬州,唐代在此设大都督府。因位于运河与长江交会处,又是外国通商港口,城市十分繁荣。居住有不少阿拉伯人,也是伊斯兰教由海路传入中国的城市之一。扬州城分为子城及罗城,子城在北,又称"衙城",周长约7 000m,罗城在南,城墙尚有残迹,实际范围尚未确证。有唐代大明寺遗迹。　　　　　　　　　　　　(董鉴泓)

扬州画舫录

记述清代扬州城市与园林的专著。清李斗著,共分十八卷,成书于乾隆末年(公元1795年),流传甚广。书中追忆乾隆四五十年间(1775~1794年),扬州城市繁盛的情况,对当时扬州的风貌,作了详尽的记述。其内容包括城池沿革、园林名胜、寺观祠宇、梨园酒肆等,兼采诗词楹联、论学名篇以及风俗传说、建筑营造,更结合名胜的记述,列举了有关名流学士、名缀小传或名状。记录十六处名胜园林为:东园、小洪园、西园曲水、南园、倚虹园、冶春诗社、净春园、趣园、白塔晴云、石壁流淙、锦泉花屿、春台祝寿、筱园、蜀冈朝旭、万松叠翠、尺五楼。有工段营造录一卷,涉及营造各条,乃融会清工部工程做法与内工则例,提纲挈领,旁参佐证,考古通俗,使其时儒匠之间有脉络感通之途径,成其特色。还记述了清康熙、乾隆南巡的盛况,书中附有园林湖池的图景,是一本研究扬州城市历史,探索名胜古迹、民情风俗、造园艺术、古建筑工程等的重要著作。

　　　　　　　　　　　(乐卫忠　阮仪三)

扬州名园 Yangzhou gardens

指扬州境内各朝著名的古典园林。其主要类型有御苑园林、寺庙园林、祠堂园林、书院园林、宅园等。自隋唐以来,历代都兴建了不少园林,如隋炀帝的宫苑、北宋欧阳修主持营建的平山堂、明代郑元勋的景园等等。清代乾隆多次南巡,当地绅商竞相造园,呈现出"一路楼台直到山"的景象。此时有"园亭胜天下"之称。现今的瘦西湖、何园、小盘谷、片石山房等均为其时存留。其御苑园、寺庙园林、书院园等,以借自然水景为胜,而宅园则以叠石见长;其风格承苏州园林,但显华丽艳俗。园林建筑造型及装修,介于南北风格之间,多硬山而雕刻丰富。

　　　　　　　　　　　　　(鲁晨海)

羊齿植物

见蕨类植物(130页)。

阳光城60 Sunshine 60

日本东京的副中心池袋,于1979年建成一座240m高的多功能超高层建筑。因它是当时日本最高的摩天大楼而得名。它位于池袋东口500m处,占地5.5万m²。是一组以阳光大厦为中心的建筑群。包括四组建筑:阳光大厦,地上60层,地下3层;商场,地上11层;文化会馆,地上12层;旅馆,地上36层;以及建筑间的连接体。总面积587 000m²。其中阳光大厦主要为办公楼,此外还有医疗、理发、证券交易、银行、邮电、外国文化机构、各种学校、餐厅和酒吧等。第60层为瞭望层,有超高速电梯直达顶层。瞭望室设望远镜多台供观赏东京市容之用。"阳光城"注意解决地铁、高速公路与市中心的联系,并设有可供停车1 800辆的巨大地下停车库,容量居亚洲之冠。　　　　　　　　　(陈保荣)

阳性植物 light-life plant

需在光线充足的环境下生长的植物。当在背阴下生长明显不良或甚至死亡。园林植物中多数落叶树均属此类,它们的树冠常有明显的层次,故处于下层的叶片也能得到充足的光线。　　(沈 洪)

仰视 upward view

观赏者视线中轴上仰,不和地平线平行。与地面垂直的线因透视产生向上消失感,景物高度方面的感染力较强,易形成险峻、雄伟的效果,对人的压抑感较强。在园林中常把假山、建筑物的视距缩短、视角增大,造成仰视,使假山和建筑物看上去比实际更加高大。　　　　　　　　　　　(刘家麒)

ye

耶路撒冷（中世纪） Jerusalem（Middle Ages）

中世纪阿拉伯伊斯兰教国家名城。曾是犹太王国首都。公元637年归辖阿拉伯伊斯兰教帝国。公元688年建造了被誉为世界五大圆顶建筑之一的八角形"石头圆顶圣岩寺"。公元12世纪,由星卜师规

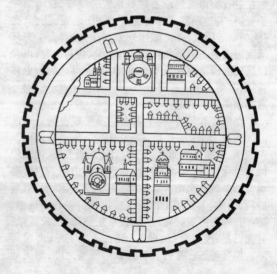

划营建的城市,平面为圆形,是太阳的象征。路网为方格系统。狭窄封闭的拱顶市场(巴扎)、阳光透射的金顶游廊、耸入云际的寺庙圆顶与灰暗色山岗交相辉映,蔚为奇观。　　　　　(沈玉麟)

野三坡风景名胜区

在河北省涞水县境内的国家重点风景名胜区。面积460km²。以层次多变的群峰和深邃难测的百里峡峪为胜,分为金京坨、阳明山、佛经洞、金华山、野三坡、拒马河等景区和老虎嘴、不见天、观音回首、龙潭映月等二十余处自然景点,其雄、险、奇的景观为华北地区罕见。白草畔景区植物种类繁多,较好地保存了原始森林的自然风貌。拒马河、小西河流经区内,河岸如意岭下,突起的沙丘和百米宽的沙滩与山影水石融会一起,构成水浴、沙浴、日光浴三结合的天然浴场。区内有省级文物保护单位野三坡龙门峡摩崖石刻、大龙门城堡、蔡树庵长城等文物古迹。　　　　　(刘家麒)

野涂 suburban road

《考工记·匠人》记述的王城通向郊外的道路。宽度为五轨。　　　　　(董鉴泓)

野营区 camping site

美国国家公园中指定供游人搭帐篷住宿的区域。设在距离主要参观景点及主要保护对象较远的地方,有良好的给水和污水处理设备,清洁的厕所和垃圾收集站。帐篷可自带或租用。　　　　　(刘家麒)

叶面积指数 leaf surface index

单位面积土地上植物叶片的面积数。在一定范围内群体的生物产量随叶面积指数的增大而提高,但超过一定限度,则产量不仅不能增加,甚至反而下降,农业上采用较多。在园林植物方面因计测困难,目前尚未研究使用。　　　　　(沈 洪)

邺城(曹魏)

曹操受封为魏王时建的都城,由于其明确的分区及严整的布局,在古代城市规划历史中占重要地位。城址在河北临漳县附近,除位于城西北角的铜雀台、金虎台尚有遗址外,城市已为漳河冲毁。据《水经注》载,邺城规模为"东西七里,南北五里"城中有一条通向东西城门的干道,将城市分为两半部。北半部为统治阶级专用地区,西为铜雀园,中为宫城,布置一组举行典礼的宫殿,宫城东为一组建筑,北半部帝王居住的宫殿,南半部为官署,其东面为戚里,为贵族专用居住区。南半部为一般居住区划分为方正的坊里,有三个市。中轴线干道由南城正门雍阳门,正对宫门及宫殿建筑群,以北城正中的齐斗楼为终点。邺城主要宫殿在西晋末年毁坏,后赵石虎在此建都时有所修复,北齐时在城南又统一邺南城。邺城道路系统,城门设置,宫殿布置等整体布局,宫城居中偏北,及城市中采用中轴线等对后世都城规划有很大影响。邺城遗址1988年定为全国重点文物保护单位。

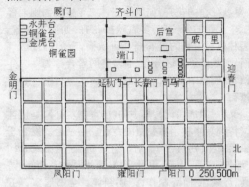

邺城(河北临漳附近)复原想像图

　　　　　(董鉴泓)

邺中记

东晋陆翔著。杂记。全书一卷,为"五代杂记"(二十八辑)中的一篇,主要记述邺城所产手工艺品品种与制造工艺;后赵帝石虎及帝后出巡情况与朝会盛典;石虎皇苑"华林园"的四季景观、植物品种与种植意图,以及分述园中宫殿周围的植物品种及其防护功能,是该时期园林史的重要史料。　　　　　(乐卫忠)

夜间人口 night population

夜间在某一地区活动的人口。如夜间仍留在城市中心商业区的看守人、夜间警卫、夜班工人和少数固定居住的人口等。　　　　　(张国全)

液化石油气储配站 liquefied petroleum gas bulk plant

储存和灌装液化石油气的基地。主要任务是把接收的液化石油气存入储罐,将液化石油气灌入钢瓶或槽车。以灌装为主的储配站也称灌瓶站。储配站中储存液化石油气的数量,根据气源数目、气源的距离、运输设备的可靠性、用户的需气高峰等因素而定。常用的储罐类型是球型罐和圆筒型卧罐。储配站由生产区和辅助区两部分组成。生产区属甲类火灾危险区,严禁烟火,所有电气设备均采用防爆型。生产区和辅助区之间需用实体围墙隔开。储配站一般位于市区边缘,应特别注意防火要求。

　　　　　(赵以忻)

yi

一般生育率

见生育率(200页)。

一次产业

见第一产业(59页)。

一二年生植物 annual and biennial plant

从种子发芽到开花结实而死亡,只经过一个无霜的生长期者称一年生植物。在园林中多属春季播种,夏秋死亡的花卉,如凤仙花。二年生植物则要经过二个无霜的生长期,多属秋播花卉,如羽衣甘蓝。在园林植物中有的可春播亦可秋播,有的因地区气候而异,难以绝对区分,故通常将两者合称为一二年生植物,园林中常作花坛布置。　　　　(沈　洪)

一家言

又称《闲情偶记》,其中的《居室器玩部》,是记述中国传统装修和园林叠石的专著。李渔著。发刊于清康熙十年(1671年)。对房舍构筑、窗栏图式及构式、墙壁、联匾、山石,以及几椅、床帐、橱柜、箱笼、茶酒具、灯烛、笺简等制作,记述颇详。全书居室部五篇,器玩部两篇,按房舍、窗栏、墙壁、联匾、山石、制度、位置等编目叙述,对建筑艺术和园林艺术具有独到见解。　　　　(乐卫忠)

一类工业用地 industrial land,class I

对居住和公共设施等环境基本无干扰和污染的工业用地。一般允许设在居住区内或邻近地段。如电子、缝纫、工艺品制造等工业。　　(蒋大卫)

一类居住用地 residential land,class I

市政公用设施齐全、布局完整、环境质量良好,以低层独立式或联立式住宅为主的居住用地。在规划与管理中,通常要求严格保护其环境和建筑布局,不得随意拆建、改建,不得在其内部或邻近地段设置工业、仓储及大型公共设施等项目,同时控制其建筑密度与容积率。　　　　(蒋大卫)

一文园

见曲水园(184页)。

伊甸园 The Garden of Eden

基督教圣经故事中人类始祖居住的乐园。上帝造了人类始祖亚当和夏娃后,专为他们在伊甸造了此园供其生活。园中有溪流、智慧树、生命树和多种植物,并有矿藏宝石等。由于他俩吃了禁果,而被驱逐出园,不让后人重新寻见。后人把伊甸园视为“天国乐土”。伊甸园按想像被描绘成多种现象:类似修道园庭园,装饰性意大利庭园,野生动物的乐园等。
　　　　(章敬三)

伊斯法罕(10~17世纪) Isfahan(10~17 Century)

10~17世纪波斯伊斯兰教帝国的名城。公元903年采用了琐罗斯德人的规划模式。城市平面为圆形,有4座城门,100座塔。1587~1629年阿巴斯大帝在此建都,修建了宫殿和宏伟的大道和桥梁,显示了几何的规则性。城市中心建有皇家广场。广场的西侧是宫殿,东侧是清真寺,南部是皇家清真寺。广场北部是长达4km的“巴扎”,由商业街道、商场

和驿馆等组成。

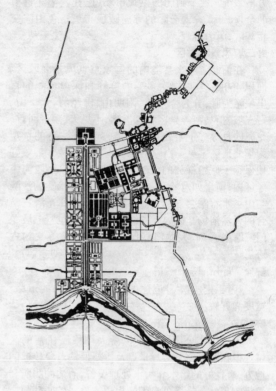

(沈玉麟)

伊斯兰堡 Islamabad

1961年开始建设的巴基斯坦首都。位于拉瓦尔品第以北15km的高原上。规划方案由著名规划师、人类环境生态学家多克西亚迪斯根据建立“双城”的概念进行修订。利用拉瓦尔品第作为新首都工作人员的主要居住地区。于首都城区65km²的规划用地内划分8个功能区,即行政区、外交区、居住区、公共机构区、工业区、商业区、绿化区及国家公园。国家公园内建有奥林匹克村。城市道路系统为

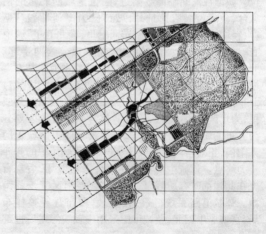

方格形布局,主要路旁均设置 50～100m 宽的绿化带。每 4 个社区设一个商业服务中心。城市外围的首都区面积为 906km²,是该城周围的自然阶地和草地。此外还有一个 2 717km² 的特别区,亦在规划管理范围内。　　　　　　　　　　　　（沈玉麟）

伊斯兰庭园　Islamic garden

即清真教庭园。源自古波斯,其布局受到《古兰经》的影响。常为矩形,有十字形园路相交,交会处有中心水池,并将水连至四方,象征"天堂"。四周围以柱廊或墙体,形成封闭式园林。规模较大的园林则由几个庭园组成。其植物按行、块规则种植,并以植物花纹或图案装饰墙、柱及地坪。水是伊斯兰庭园的灵魂,将有限的水在不大的空间里构成池、泉、喷泉、沟、渠、水钵、槽等形式,颇具特色。这种伊斯兰"天堂乐园"不仅为阿拉伯民族所追求,并随伊斯兰的扩展,在西班牙、印度、巴基斯坦、拉丁美洲等地出现,而成为世界园林重要类型之一。
　　　　　　　　　　　　（李铮生）

医疗床位指标　hospital bed index

按居民人口计算并制定的医疗设施规划设计标准及医院等级规模标准的统称。单位一般采用床(位)/千人、用地面积 m²/千人、医疗建筑面积 m²/床位。以北京为例,居住区规划中采用 4 床/千人,用地面积 75m²/床,医疗建筑面积 50m²/床。又如医院规模:县级定为 100～300 床,一般为 150 床左右;地段医院 50～100 床不等。　　（高　霖）

医疗卫生用地　land for health facilities

医疗、保健、卫生、防疫、康复和急救等设施的建设用地。如综合医院、各类专科医院、卫生防疫站、专科防治所、检验中心、急救中心、血库以及休养所和疗养院等。　　　　　　　　　　（蒋大卫）

夷里　foreigners' settlement

北魏洛阳城中供外国使节及商人居住的坊里。在洛河南岸靠近四通市有四夷里及四夷馆。
　　　　　　　　　　　　（董鉴泓）

宜宾　Yibin

位于四川省南部,金沙江、岷江交会处,古代为西南夷楚侯国、汉为楚道,北宋始定名,历为州、郡、府治所。文物古迹有翠屏山、流杯池、旧州塔、汉代墓葬、唐花台寺、大佛沱石刻以及赵一曼纪念馆等。为第二批国家级历史文化名城。宜宾市区人口24.4 万(1991 年末)。有内江至安边铁路线,为长江上游重要港口,四川盆地西南部水陆交通枢纽。有造纸、丝绸、制革、机械、化肥、酿酒等工业。
　　　　　　　　　　　　（阮仪三）

颐和园　the Summer Palace

我国现存最完整,规模最大的皇家园林。亦为世界古典名园之一。清光绪十四年(1888 年)修建。金贞元元年(1153 年),完颜亮在此设行宫;至明时,建好山园。清乾隆十五年(1756 年),疏凿昆明湖,改建为清漪园。咸丰十年(1860 年),被英法联军所毁。光绪十四年,慈禧挪用海军经费重建,改称颐和园,以作夏宫。占地 290 万 m²,由万寿山、昆明湖等组成。按布局分三大部分:宫室、万寿山和昆明湖。宫室部分在东宫门内,以仁寿殿为中心;殿后是居住生活区。万寿山分前山和后山两个景区。前山以佛香阁为中心,形成一条南北中轴线,更增山势,后山小溪曲折,景色清秀,具江南特色。昆明湖,以西堤、十七孔桥等构成湖景。此园尤以借景西山、玉泉山群峰及玉泉塔影,扩展园景;布局设计虽由人做,却宛如天成。是集我国造园艺术大成的代表作。

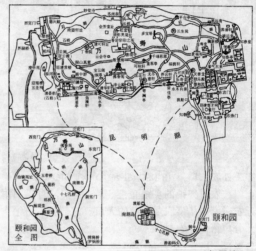

　　　　　　　　　　　　（鲁晨海）

以租养房　rent to cover maintenance

收取的租金能够维修房屋和管理活动之用。在中国等国家,房租很低,租金构成不含建房成本,甚至不够维修费。为减轻国家负担,提出了"以租养房"的租金收取标准。　　　　（严　正）

倚虹园

建于清乾隆年间,为洪氏别墅主要部分。在江苏扬州市,确址不详。见载于《扬州画舫录》。为当时扬州著名二十景之一,名虹桥修禊。园三面临水,环水构筑屋宇,主要有修禊亭、妙远堂、饯春堂、修禊楼、饮虹阁、涵碧楼、桂花书屋等。布局分南、东北两部分。南部以假山为胜,庭院之南为书屋,西为涵碧楼,北为修禊楼并歌台。东北部,为入口庭院。园中修禊楼则是著名的水厅,临河沿水成曲尺形,为园之胜景。园中假山,延脉湖岸,使溪涧与湖水相连,堪称当时叠山一特例。　　　　　（鲁晨海）

艺圃

在江苏苏州市文衙弄五号。明代袁祖康始建,后归文震孟,名药圃。清初改称艺圃,又名敬亭山房。今存园内山池布局大致仍因明末清初旧况。占地约 3 335m²,以水池为中心,池南以假山为园中主要对景;池北以建筑为主;东、西两岸层次较少。以石径、池水、绝壁三者相衬托的手法,为明清苏州常见的叠山理水方式。其特点:园景开朗自然,布局简练,风格朴质并具山林野趣,较多保存了明代造园的格局规制。

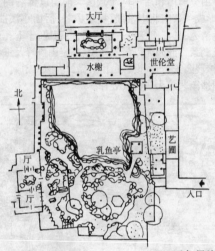

（鲁晨海）

亦工亦农人口 industrial-agro population

在农村集镇的乡镇企业工作,但农忙时仍回附近农村家中从事农业劳动的人口。这部分人口绝大部分户籍仍在农村。　　　　（金大勤）

异质性 heterogeneity

芝加哥学派著名社会学家沃思提出的城市居民特点之一。是指城市居民世袭观念淡薄了,个人奋斗的作用加强了,阶级结构更加复杂了;社会流动性增强,邻里关系冷漠;居住密集,大家又互不相识,分工复杂,大家又互相依赖。　　（梅保华）

抑景

见障景(268 页)。

易辨性 legibility

建筑或其他环境要素所具有的一种可以使其自身从周围环境中被区分出来的性质。它是可识别性的必要前提。　　　　（黄富厢）

易识别性 legibility

容易辨认的特性。在城市规划中,易识别性指从城市中任一点都可以容易地识别该城市的基本空间结构。如判断出城市中心位置,指明主要街道方向等。易识别性一词起源于对城市形象的分析,但现在已经被广义地运用于各种不同尺度的城市空间,例如建筑物、建筑群、广场、小区等。易识别性对于人的定向、找路和社会交往都有积极的作用,还能使人在心理上感到安全与安定,要形成具有易识别性的建筑环境,重要的是从整体着手,作到空间结构清楚,从大到小层次分明,并且组织好道路与景观的关系,以及设置有特色的环境标志等。　　　　（张守仪）

意大利广场（新奥尔良） Piazza d'Italia, New Orleans

当地美籍意大利后裔为怀念祖国,表现他们的团结和为节日庆典活动建设的广场。广场背靠一群 19 世纪的仓库和高层办公楼。建筑师查尔斯·摩尔采用了象征造型引起联想的设计手法,在广场上布置仿造的意大利古典建筑构件组合空间。圆形广场的水池一侧布置台阶,用卵石、石板和大理石砌成意大利半岛图案。在半岛最高层有人工瀑布流出,象征意大利的三条大河流入大海。弧形柱廊采用 6 种不同的古典柱式,柱上泉水喷注而下,构成绚丽多彩的水景。　　　　（邓述平）

意大利园林 Italian garden

以文艺复兴时期的园林为主体。意大利人以追求古罗马为荣,15 至 16 世纪先后在佛罗伦萨、罗马和威尼斯兴建了众多的别墅,形成了意大利园林的特色。人文主义和热爱自然的思想,在建造别墅中讲究人工美与自然环境的结合,由于别墅大多建于面海的山丘上,乃按其地形辟出相应的台地,形成台地园的形式。把府邸安置在较高层的台地上,并设廊、亭可以俯瞰全园美丽的构图和观赏周围的自然景色。在布局上采用建筑的手法,把园地视作建筑的引申和扩大。重视绿色的效果,运用黄杨、冬青等灌木组成绿篱或几何形图案,高耸的丝杉来加强透视。充分利用水的资源,将山泉加以汇集,用高差位能形成瀑布、喷泉等动水景观以及几何形池、渠来丰富景色。由于台地而出现多种阶梯和扶壁,加上精致的雕刻、盆饰、栏杆等人工饰物,就构成意大利台地园的风格,曾风靡一时,至今仍有影响。其保留之实例如朗脱别墅。　　　　（李铮生）

意境 image in artistic conception

艺术构思中的意象。城市设计者根据设计对象的需求确立目标,以身历其境者的感受去设想和构思,并以意象要素表达出设计构思。

（黄富厢）

意识 awareness

人从感觉到思维的客观存在的反映。在城市设计中主要指空间意识,它是设计者对空间的一种感受。　　　　（黄富厢）

意向调查 opinion survey

规划设计所涉及的个体与集体对未来设想计划和对某方面问题看法的价值倾向的调查。调查结果

作为规划设计的重要参考依据。调查方式一般采用问卷、走访和开调查会。　　　　　（刘博敏）

翼城　wing wall

城墙向外垂直伸出的条形墙体，为加强城门的防御而设，状如鸟之翼。

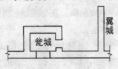

（阮仪三）

yin

阴性植物　shade-life plant

需在背阴的环境下生长的植物。当在充足的光线下生长明显不良或甚至枯萎。蕨类植物和常绿草本植物的多数属此类。如为树木者，往往枝叶密集，树冠没有明显的层次。　　　　　（沈　洪）

殷墟　Yinxu

商代都城之一。在河南安阳西北小屯村一带，是商朝自盘更迁殷至商朝末年（公元前 14～前 11 世纪）的都城，面积约 24km^2，中心为宫殿区，即今小屯村一带，遗址呈带状分布，绵延约 5km。王宫区东南分布着许多居民点及大批铜器、骨器、陶器作坊，曾发现大量甲骨文。商王及遗族墓葬区在王宫西北。已发现宫殿建筑基地有 53 座，台基为夯土筑成，建筑由木梁、柱、墙体及坡屋顶组成。1961 年定为全国重点文物保护单位。

（董鉴泓）

银川　Yinchuan

位于宁夏回族自治区北部。是自治区首府。秦为北地郡所辖，南北朝时屯田建北典农城。自古引黄灌溉，有"塞上江南"之称。现银川旧城为唐始建，新城为清代的满城。西夏名兴州，在此建都达一百九十年。文物古迹有承天寺塔、拜寺口双塔、西夏王陵等，还有海宝塔、玉皇阁、鼓楼、南门楼、清真寺以及阿文古兰经、古代岩画等。为第二批国家级历史文化名城。银川市区人口 36.5 万（1991 年末）。包兰铁路经此。有机械、电力、钢铁、仪表、化学、毛纺等工业。特产有栽绒毯、贺兰石雕。　　　　　（阮仪三）

引力模型　gravity model

又称空间互感模型（Spatial interaetion model）。根据牛顿万有引力定律，构造城市居民出行活动分布的一种数学模型。居民某种出行分布量和吸引这种出行目的（如上班、购物等）的引力（如就业岗位数、商店营业面积等）成正比，和居民出行出发点到达出行目的地间的距离 λ 方次成反比。λ 是待求的模型参数，它可根据实际居民出行分布调查，运用计算机反复校正求得模型拟合值和实际值最接近时的 λ 值作为参数，然后根据新的土地利用分布利用模型预测居民出行分布。　　　　　（陈秉钊）

隐垣　sunken fence, ha-ha

又称沉垣、哈-哈。是英国自然风景园边界的一种处理手法。即在园地的边界处挖掘了不引人注目的凹沟，沿其底部设有篱垣相隔，使风景园视野不受人工墙垣的阻障，而当人或牛羊行至边界处却不便逾越，而产生异趣。　　　　　（李铮生）

印度园林　Indian garden

早期印度的贵族府邸和宗教寺庙均有庭园。自 12 世纪穆斯林入侵，14 世纪蒙古人在印度建立莫卧儿帝国，伊斯兰的庭园和墓园在印度扎了根。其庭园有十字形水渠，交会处有水池和喷泉，下沉式的树畦花圃，其墓园墓穴居中央，十字形道路代替了水渠，而泰吉·玛哈尔陵园则把墓穴置于端头，创造了新的格局。　　　　　（李铮生）

ying

英国皇家植物园——丘园　The Royal Botanic Garden, Kew Garden

丘园位于英国伦敦的郊区，面积 1.2km^2。英国著名建筑造园家钱伯斯于 1759 年主持丘园的创设时，建造了若干中国风格的建筑物，特别是中国式的塔，至今犹存，成为当时中国庭园热的痕迹。自 1841 年建为英国皇家植物园，设有实验研究所及大量的温室等，培养有 25 000 种植物，是世界著名的植物园。　　　　　（李铮生）

英国自然风景园　English landscape park

英国在 18 世纪发展起来的自然风景园。它以起伏的地形，开阔的草地，自然的树丛，蜿蜒的溪流，曲折的小径仿效自然风景画为特色，在世界园林中产生了重要影响。17 世纪前英国园林主要受意大利台地园和法国古典主义园林影响，多采用规整式布局。18 世纪自然主义浪漫主义的兴起，导致人们对宫廷、古典、规整式的摒弃，追求自然美取代了人工美，自然风景园正是自然景色的再现。自 18 世纪初以切斯威克府邸园为开始，对一些规整式的园庭进行了改律，拆除了围墙，改造了台地，取消了笔直的大道，而形成起伏的草地，几簇树丛，自然的水体，弯曲的小径，迎合了公众的喜爱，形成自然风景园热。而一些反对者则认为这样的做法花了许多钱却与自然旷野无甚区别而受到责难。正当其时，中国园林通过各种渠道被介绍到欧洲。特别是钱伯斯发表了《中国园林的艺术布局》等书，并在英国皇家邱园中仿效中国园林建了亭、桥、塔等建筑物，引起了欧洲对中国园林的追求和仿造。 （李铮生）

英华庭园　Jardin Anglo-Chinois

18世纪中叶后，在英国园林中广泛引进中国造园艺术，并仿建了中国式的亭、桥、廊。虽然有些不伦不类，但公认英国的图画式园林与中国园林同出一辙。"英华庭园"一词因法国人勒鲁治于1774年出版的《英华庭园》一书而传开。

（李铮生）

营业税　business tax

对从事商业、交通运输、建筑业、金融保险、邮政电信、公用事业、出版业、娱乐业、加工修理和各种服务性业务的单位和个人，就其营业和服务收入征收的一种税。能广泛地参与国民收入的分配和再分配，是筹集资金和调节经济的一个重要税种。

（谢文蕙）

郢（楚）　Ying（the Chu Dynasty）

楚国都城之一。春秋时楚文王迁都于郢（公元前689年），共有23个王在此建都，历时411年。后来又在其东北建规模更大的纪南城。城市十分繁荣，号称"肩摩踵毂击朝衣鲜而暮衣敝。"城址在今江陵（荆州）城东北4.5km，纪南城在其西北约3km。

（董鉴泓）

影壁　shadow wall, screen wall

又称照壁、照墙。建置在院落建筑群的大门内或外、作为大门屏障的独立墙垣。一般用砖砌筑，包括壁座、壁身、壁顶三部分。壁身的四周用磨砖模仿木构筑物的枋、柱形，当中镶砌斧刃方砖和"中心"、"四岔"花饰。壁顶模仿木构建筑的屋顶，有庑殿、歇山、悬山、硬山等式样。讲究的影壁全部用琉璃饰面，多用在宫廷或皇家园林中，如北海著名的"九龙壁"。此外，影壁也有依附于建筑物墙面上的，如像北京四合院住宅大门内的小影壁即利用厢房的山墙做出壁身花饰和壁檐，俗称"跨山影壁"。 （周维权）

影响力系数　influence coefficient

又称后联系数。反映一个产业对国民经济其他产业发展所起诱导作用大小的测度指标。公式为：

$$INF_j^1 = n \sum_{j=1}^{n} a_{ij} / \sum_{i=1}^{n} \sum_{j=1}^{n} a_{ij}$$

式中 a_{ij} 为投入产出表中的完全消耗系数。

（胡序威　陈　田）

影响研究　impact study

在已定的环境状态中，某一个体受环境作用和对环境所产生的作用的调查分析，以探求个体与环境之间联系的内在规律。在城市规划中常指在原有物质环境中，新建某设施对其环境所产生作用的调查分析，以及处在不同环境中的相同项目受各自所处环境作用的调查分析。也包括城市发展对区域和相邻城市的作用，以及城市受区域变化影响作用的调查分析，其目的是对未来规划建设的方法修正。

（刘博敏）

应激　stress

人受到环境刺激后在生理上及心理上的反应。包括内分泌与心跳，血压变化等神经系统反应；抵抗或适应生理处理反应以及产生疲惫、感到压力等等。应激学主要研究心理反应及其整个过程，是环境心理学中的重要学科。 （张守仪）

硬空间　hard space

由水平面、垂直面或斜面等构成的空间。反映出要素的性格，显示了生硬、端庄的表情。一般由体形明确、质地坚硬的人工建造物或自然实体（如山石崖壁）及硬质地面围合而成。 （郑光中）

yong

甬道

见甬路(258页)。

甬路　passage

又称甬道。高楼间有顶棚的通道。此外还有两种解释：两旁有墙的通道；庭院里居中的通路。在居住区规划中，指住宅楼前的小路。一般宽2～3m，仅供居民通行。 （严　正）

用地分析图　map of land evaluation for urban development

依据城市用地的地形、地质、水文等自然条件以及用地的建设发展环境情况，在图上表示用地的适宜状况进行技术的、经济的分析结果。通常要标明不同再现期的洪水淹没线，地下水位线，不同地质和土壤承载力范围与界限；矿藏范围；不宜修建用地和采用简单工程措施后的可修建用地范围。

（刘博敏）

用地工程准备　site engineering

在城市规划区范围内，根据城市用地选择的需求，对地形、地貌、地质等条件较差的地段采取必要的工程技术措施，以改善和提高土地的使用条件，使能适于建设。工作内容包括：降低地下水位，河岸的加固、河道和其他水面的整治、治理冲沟和湖塘、处理沉陷和岩溶地区、治理滑坡和泥石流、治理沙丘、疏干沼泽地、排除地面水和进行竖向规划工作等。一般应在开发建设之前进行，并和城市土地利用规划和道路规划等工作结合进行。　　　（蒋大卫）

用地评定　land-use assessment

又称城市用地评定。根据可能作为城市发展用地的自然条件和社会条件，对其工程技术上的可能性和经济性作出综合分析，以确定用地适用程度，为合理选择城市发展用地提供依据。　　（吴明伟）

用地选择　land option for urban development

在一定的区域内选择适合于城市发展项目建设的用地。是城市规划工作中一项重要内容。主要根据土地的自然条件、建设条件和社会、经济、文化、生态等其他条件加以综合评定。同时结合城市各项设施对用地环境的要求和城市规划布局的需要确定用地的范围和边界。　　　　　　（陶松龄）

用电负荷　electrical load

用户在单位时间内耗用的电能。其计量单位是瓦或千瓦。由于用户的用电负荷是随时间变化的，所以一般表述的用户用电负荷数值均是其最大值。城市用电负荷的计算和预测，十分复杂而又十分重要，是确定发电厂和变电站容量以及送电线路能力的基本依据。　　　　　　　　（武绪敏）

用户参与

见公众参与(85页)。

用水量　water consumption

居民的生活用水量、公共用水量、工业用水量和消防用水量的总称。是城镇供水工程规划设计和供配水的依据。单位一般以 m^3/d 表示。在各种用水量中，又分年平均日用水量和高日用水量。城镇供水工程应满足高日用水量的要求。　（曹型荣）

用水量标准　water consumption norm

某一时期内各种用水的合理定额。一般城镇生活用水量标准以升/人·日表示，工业用水量标准有用升/人·日，也有用 $m^3/万\ m^2$·日表示。城镇用水中，用水情况比较复杂，地区差异很大，很难用统一的标准。各地应根据当地的具体情况，研究制定近期或远景的各种用水量标准。　　（曹型荣）

用水指标　water consumption limitation

我国许多缺水地区，为了维持城镇正常的生产和生活，对用水单位，特别是用水量多的单位下达用水指标，实行限制用水的措施。用水指标一般有月用水指标和年用水指标。有的供水特别紧张的城镇，对用水量多的单位还下达日用水指标。各用水单位都要严格将用水量控制在用水指标以内，如果用水超过指标，轻者罚款，重者断水。　　（曹型荣）

you

优势产业　superior industry

在地区诸产业或区际间同类产业对比中，具有资源丰富，技术力量雄厚，产品市场广阔，经济效益高，发展潜力大，并已形成良好的协作配套的初具规模的产业。有绝对优势与相对优势之分。前者包括在地区内及区际间都居优势地位的产业，后者仅指在地区内或区际间对比中居优势地位的产业。

（胡序威　陈　田）

优位经济效益　economic benefit of optimum location

由于优越的地理位置所产生的经济效益。资源丰富、交通便利、建设用地充足、气候适宜的地区，不仅使企业可以获得较高的经济效益，而且能为居民创造良好的生活环境。所以具备这些优越地理条件的地方，就容易形成城市，并且发展得快，经济效益好。　　　　　　　　　　　（谢文蕙）

优先车道　priority lane

允许某种车辆优先通过某一段路或交叉口而专设的车道。一般设置标志或其他交通控制设施，限制横穿或其他方向的交通，使该车道的车辆不致受阻。通常设置在交通量不大或某一方向交通量特别大的交叉口处。　　　　　（李峻利）

邮电设施用地　land for postal and telecommunication use

邮政、电信和电话等设施的建设用地。包括邮电局、支局、邮件处理中心，市内电话局、分局、长途电话局等的用地。　　　　　（蒋大卫）

游金陵诸园记

记述明朝留都南京园林的园记集。明朝文学家王世贞所著，共载园林十五座，其中三分之二属明朝开国功臣中山王徐达后裔之宅园，如东园、西园、南园、魏公西圃、四锦衣东园、万竹园、三锦衣家园、金盘李园、徐九宅园和莫愁湖园。其余五园为：同春园、武定侯园、市隐园、武氏园和杞园。园记兼具散文之美、记录之实，大略可见明朝南京诸园之规模景物。　　　　　　　　　　　　　（乐卫忠）

游览　touring, sightseeing

边行走边观看欣赏园林景色或风景名胜。是鉴赏园林和风景名胜的一种主要方式。游指行走，览指观看，包括动观和静观在内。　（刘家麒）

游乐场　amusement ground

设有各种旋转、翻浮、升降等大型游乐设备，供人游戏娱乐的场地。在城市中单独设置的列为城市公共设施用地；也有附属在城市公园和旅游度假用地内的。

国外著名的有迪斯尼乐园等。 (刘家麒)

游乐园 amusement park

以多种游艺方式供人们观赏娱乐而获得欢悦效果的公共游憩场所。早在古希腊以及中国汉朝即有人利用定期集市形成临时的游乐活动场地。初期以戏法杂耍、音乐舞蹈等特色的表演以获取游客的欢欣;而现代则以先进的电动、机具设施供人参与各项有趣的活动产生愉快、奇异、刺激的感受,以达到调剂生活的目的。所形成的各类型的游乐园,有专业性的,有综合性的;有室内的,有室外的,也常设在公园的一角。美国迪斯尼乐园的兴建为游乐园地开创了新的天地。 (李铮生)

游憩 recreation

游玩和休息。是人类为了恢复精神和体力,使劳动力得以再生产的必要生理需要。国际建筑师会议《雅典宪章》把游憩和居住、工作、交通列为城市四大主要活动。 (刘家麒)

有效面积

见使用面积(203页)。

酉阳杂俎

唐代笔记小说集。著者段成式(803~863年),字柯古,山东临淄人。因所述内容广泛博杂若《酉阳逸典》,故取名《酉阳杂俎》。前集20卷30篇,续集10卷6篇。前者记有仙佛鬼怪、人事,以及动物、植物、酒食、寺庙等事物。续集有《寺塔记》两卷。记载各地与国外珍异之物和唐长安诸佛寺的壁画等情况。所保存的史料十分珍贵。 (乐卫忠)

囿 hunting park

古代帝王贵族畜养禽兽,进行狩猎、游乐的一种园林形式。被视为中国有史可考的早期园林。划有一定地域,常设界垣,除筑台掘池以外,全为自然景物。有关记载(约公元前11世纪):"囿,所以域养禽兽也。天子百里,诸侯四十里"。"王在灵囿,麀鹿攸伏,麀鹿濯濯,白鸟翯翯。王在灵沼,於牣鱼跃"。周时颇盛,故又有"周囿"之称。古时,菜园亦称囿。 (李铮生)

yu

迂回线 detour line, tortuous line

城市外围绕过枢纽内个别专业车站或几个车站的联络线。除具有联络线的一般作用外,还起到以下作用:分流主要干线上的列车使其绕过城市,减轻干线行车负担和对城市的干扰;增加枢纽通过能力及运用灵活性;缩短主要车流方向的运行里程;还可在线路上分布车站,为市郊工业区和居民区服务。 (宗 林)

余房率

见得房率(54页)。

娱乐 amusement, recreation

余业消遣,快乐有趣的活动。联合国教科文组织的一个文件指出:同样的一种活动,如摄影、绘画、舞蹈、体育运动等,对摄影记者、美术师、舞蹈演员、职业运动员来说是工作,对非专业工作者的业余活动则是娱乐。 (刘家麒)

娱乐中心 amusement centre

设有多种娱乐场所与设施,供公众进行各种娱乐活动的建筑群体与场地。提供的室内活动有保龄球、桌球、牌戏、弈棋、电子游戏、卡拉OK、舞厅、餐厅及酒吧等。如北京亚运村的康乐宫、上海的锦江乐园、美国、法国、日本的超大型娱乐中心—迪斯尼乐园。 (邓述平)

榆林 Yulin

位于陕西省北部,古长城边,是古代军事重镇和蒙汉贸易交往地。古城建于明代,城墙大部分尚存。城内古建筑很多有新明楼、万佛楼、戴兴寺、关岳庙等。城北有古长城、镇北台、易马城、红石峡、还有凌霄塔、青云寺、永济桥等。榆林传统手工业发达、民间音乐"榆林小曲"很为著名。为第二批国家级历史文化名城。榆林市区人口7.8万(1991年末)。富煤矿有大型现代化采矿井、有机械、建材、化学等工业,并以产毛皮、地毯、毛织品著名。 (阮仪三)

舆论 public opinion

社会上多数人对共同关心并有争议的问题发表的意见。其来源有自上而下和自下而上两方面,具有现实针对性强、集体加工、靠大众传播、制约力快等特点。是集体心理的反映,是社会控制的重要工具。 (梅保华)

宇文恺 Yu Wenkai

隋代城市规划和建筑工程专家(公元555~612年)。字安乐,朔方夏州(今陕西榆林)人,官至工部尚书及太子左庶子。负责规划隋朝新都大兴城(唐代改称长安城),后又主持规划了东都洛阳城。在大兴城的规划中汲取了前朝邺城,洛阳的经验,根据隋文帝"官民不相参"的意图,使城市分区明确,布局严整,成为古代城市规划的杰作。他还规划设计过一些宫殿及陵墓等,流传下来的著作有《明堂议表》。 (董鉴泓)

玉泉山行宫

见澄心园(43页)。

玉泉院

见阿尔罕伯拉宫(1页)。

郁闭度 canopy density

森林中乔木树冠彼此相接遮蔽地面的程度,用十分数表示。完全遮蔽地面为1,依次为0.9,0.8,0.7等,郁闭度在0.1以下者称空旷地或林中空地,0.1~0.3者为疏林地,0.4~0.6者为稀疏林地,0.7~1者为郁闭林,幼林疏密不等,草地面积占10%~40%者称为带草地的幼林。　　（沈　洪）

域内人口流动　population mobility

一个地域范围内人口的流入流出现象。一般分为伴随住所变更的和不伴随住所变更的两种人口流动。我国户口制度对前一种城市人口流动有较严格的控制。　　　　　　　　　　　（张国全）

御路　imperial road

封建王朝都城中皇帝专用的道路。如汉长安在主要道路上为三条路并列,中间的一条为御路,非皇帝车辇不得通行。　　　　　　　　　（阮仪三）

豫园

上海著名园林。在今上海市区旧城东北(今城隍庙后侧)。初建于明嘉靖三十八年(1559年)潘允端为其父养老而建,园名取"豫悦老亲"之意。自万历五年(1577年)后,继有扩建。约47万m²地。其址,明末,一度荒废。清乾隆二十五年(1760年)重

建,易名西园。鸦片战争后,屡遭破坏,惟存东北部分,约2万m²。现存厅堂楼阁有三穗堂、仰山堂、点春堂、得月楼、会景楼等。西部三穗堂前莎池,由水池、湖心亭、九曲桥组成。为旧园中心。堂后大假山,以武康石叠成,是山景区。假山,系筑山名家张南阳所构。中部,是庭院小景。东部,疏朗自然,堂楼间景物互为引借。其中"玉玲珑"一石,传为宋代花石纲遗物。东、中部,以龙墙分隔。此龙墙,为江南园林中独例。附图中:1.三德堂;2.卷雨楼;3.望江亭;4.万花楼;5.点春堂;6.打唱台;7.快楼;8.玉玲珑;9.玉花堂;10.得意楼;11.九狮轩;12.得月楼;13.晴雪堂。　　　　　　　　　（鲁晨海）

yuan

鸳鸯楼

见青年户住宅(181页)。

元大都

元代都城。在今北京内城北半部。元世祖忽必烈即位初,以原金中都为陪都,称中都。至元元年(公元1264年)决定在中都城东北另建新都,命刘秉忠主持规划及营建,阿拉伯人也黑迭儿参与协助。经20余年建成,定名大都,是当时世界最宏大繁荣的城市。平面近方形,南北约7400m,东西约6635m。三重城墙,中为宫城,居中偏南,外为皇城,外城东西南各有三门,北二门。城市布局严整,有南北、东西二条轴线,相交处建中心阁。道路系统为方格形,分干道及支路二级。划分50个坊,并无坊墙坊门,坊内有胡同联结各住宅院落。宫城北有积水潭,为商舶中心,有通惠河通城外大运河。太庙在城东齐化门内,社稷坛在城西平则门内。布局符合《周礼·考工记》中的城制。大都以其统一的规划,严整的布局,周密的建设计划,杰出的总体空间布局艺术,与天然水系的结合著称于世。其大部城区保存至今,具有历史文化价值。　　　　　　　　　　　（董鉴泓）

元上都

元初所建都城。元世祖忽必烈于1265年命刘秉忠在桓州东,滦水以北规划兴建。三年建成,称开平,后加号上都。遗址在内蒙多伦西北80里,城市分宫城、内城、外城三部分。宫城在内城正中偏北,东西570m,南北620m。内城1400m见方,南北各一门,东西各二门,均有瓮城。外城西北二面以黄土版筑的城墙,二面各长2200m,北面二门,西面一门。忽必烈统治全国后,另建大都,每年5~8月在此居住。遗址1988年定为全国重点文物保护单位。

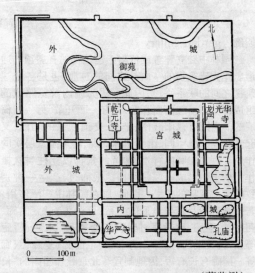

（董鉴泓）

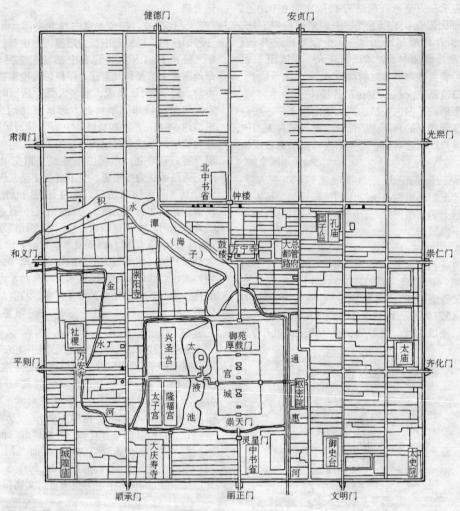

元大都城复原平面图

园廊 garden gallery

园林中独立建置或依附于建筑物的有屋顶的通道。作为建筑物的室内外之间的过渡,也是各个建筑物之间的联系手段,因此而成为园内游览路线的组成部分。一般两面开敞,也有一面开敞,另一面倚墙的。它既有遮阳蔽雨、坐息、交通联系的功能,又起着分隔园林空间、组织园林景观、增加园景层次的作用。游人在廊内行走,两旁的景物以立柱、枋、槛作为框子而形成一幅幅画面掠眼而过,产生一种别致的游动观赏的效果。因此,廊在园林中广泛使用。若按其造型及其与地形的关系,可分为直廊、曲廊、回廊、抄手廊、窝角廊、爬山廊、叠落廊、水廊、桥廊等;若按其结构,则可分为空廊、单面廊、复廊、双廊等。园廊有长有短,因地制宜。北京颐和园内的"长廊",共有 745 间,全长约一千米,可算是最长的园廊了。 (周维权)

园林 garden

将植物、土地、山石和水体等自然因子和道路、建筑、小品等人工设施按照一定自然规律、技术法则和艺术手法综合组成的供人们在观赏、游憩等活动中着重感受自然赋予的地域空间。对美化环境,改善生态有积极的作用。通过树木花草的种植,地形处理、叠山理水、道路布置和建筑营建等具体处理构成一定的物质形态,也包含了人们意识的需要和爱好,并是一定经济、技术和文化的反映。通常包括庭园、宅园、花园、公园等内容。如向建筑延伸则包括室内绿化、广场绿化和屋顶花园等园林形态;如向林学方面发展,则包括了森林公园、国家公园、风景名胜区、原野休息区等内容。 (李铮生)

园林工程 landscape engineering

园林绿地建设中除园林建筑以外室外工程的总称。包括地形整治的土方工程,叠山置石的山石工程,池渠喷泄的理水工程,道路铺地的园路工程,园林植物的种植工程以及园灯的照明工程等多项工程内容。分别以各种工程为技术基础,结合园林的特殊要求加综合考虑,以达到与园林景观融为一体。

(李铮生)

园林花镜

见花镜(98页)。

园林建筑 building in garden

园林绿地中供人游览、休息和娱乐等活动,并起造景作用的建筑物或构筑物。与水、石、植物相结合而构成供人观赏的园景,其本身也是赏景的特定场所。中国传统园林中的亭、廊、榭、桥等;公园绿地中的展览室、活动室、茶室、音乐台、运动场地;动植物园中的兽房、笼舍、观赏温室等。这些建筑除了满足使用功能外,要特别注意其选址和造景上的要求。其体量、形式、风格等要与园林环境的山势、水体、植物相协调,达到造景或点景的相应效果。园林建筑的风格在一定程度上代表着园林的风格。

(李铮生)

园林空间构图 spatial composition of garden

根据园林题材和主题思想的要求,把园林空间组织起来,构成一个协调完整的景观艺术形象。内容包括组织静态观赏视线和动态游赏路线;组织空间序列,把开敞、封闭、纵深、内外等不同空间按使用功能和观赏要求组成有节奏、有变化而又统一的空间序列,处理起景、高潮、结景及过渡空间;处理空间的转折和分隔,根据需要,转折有急转和缓转,分隔有实隔和虚隔。

(刘家麒)

园林设计 garden design, landscape design

建设园林之前,根据建园目的和功能、艺术上的要求,以及需要解决的问题,事先作好通盘的设想,制定图纸和文件,作为施工的依据。设计内容分总体设计和专业设计两部分。总体设计是根据城市规划和计划主管部门批准的计划任务书或委托单位的设计任务书的要求,及有关现状条件,对功能或景区划分、景观构想、景点设置、出入口位置、竖向及地貌、园路系统、河湖水系、植物布局、建筑物及构筑物的位置、体量、造型和各专业工程管线系统等作出综合设计;专业设计有地形及土方工程、山石和驳岸工程、园路及铺地、种植、建筑和小品、给水排水工程、电气工程、体育和游戏场设备等专业,都要在总体设计的统一要求下做出设计。设计程序通常从整体到局部,分为收集资料、方案、初步设计、施工图和详图、编写设计说明书和工程概、预算等阶段。

(刘家麒)

园林史 history of garden

研究人类社会从事造园活动过程的一门学科。包括造园的起源,各个历史时期造园艺术风格的演变、造园理论和技术的发展以及具体单个庭园的发掘考证等。

(鲁晨海)

园林小品 garden furniture and ornament

园林里面没有内部空间,体量较小,仅作为园景点缀的露天建筑物或构筑物。有美化园林、丰富园趣的作用,还能为游人提供文化休息和公共活动的方便。其中,有单纯装饰性的小品。如花台、水缸、日晷、香炉以及各种石雕和金属铸造物,其本身就是精美的工艺品;有供游人坐憩的小品,如椅、凳、桌、床等;有照明用的小品,如各种路灯、座灯;有展示性的小品,如说明牌、指路标、展览橱窗等;有服务性的小品,如饮水池、时钟塔、栏杆、大台阶等。

(周维权)

园林形式 garden form

园林各种组景因素所构成的外貌。是由园林的使用功能和景观艺术要求决定的。有自然式园林、规则式园林、混合式园林等形式。

(刘家麒)

园林植物 garden plant

泛指应用于园林的植物。由于植物的多功能性,其中不少植物常与其他门类相交叉,例如松、竹在园林中属园林植物,在经济用材林者为用材植物。还有一些植物现未属园林植物,如被采用,亦可属园林植物。通常按形态可分为常绿乔木、落叶乔木、常绿灌木、落叶灌木、常绿藤本、落叶藤本、一二年生花卉、宿根花卉、球根花卉等;按应用可分为林木、花木、果木、叶木、藤本、花卉、草地与地被植物等;按需光要求,可分为阳性、阴性和中性的植物;按需水要求,可分为旱生、湿生、沼生、水生等植物类别。

(沈 洪)

园桥 garden bridge

泛指园林里面的各式桥梁。它们能联系各景点之间跨越水面的交通,组织游览路线,变换观赏视线,增加水面层次、点缀园林景观,兼有交通和艺术欣赏的双重功能。园内的桥梁按其结构,可分为平桥、拱桥两大类,个别的也有悬索结构。造桥使用的材料为木材、石材、钢材、混凝土等。它们的形象十分丰富,除了常见的平桥、拱桥之外,还有曲桥、廊桥、索桥、亭桥等。它们的体量视所在地段的环境而大小不一,大型的如颐和园十七孔长桥长达150m,最小的则一步即可跨过。在比较开阔的水域,游人可以驻足桥上观赏远近水景,而水景经桥梁之点缀往往与水中倒影互相辉映,顿显凝练生动有如画意。某些形象别致的桥梁甚至成为园林的一景,有的桥梁与水闸相结合,还具有调节河湖水位的功能。

(周维权)

园亭 pavilion

独立、有顶、周围开敞的园林建筑。大多体量小巧,常建在山间水际或平坦地段,作为游人驻足稍事休息的观景场所,同时也起着点缀园景的重要作用。亭的形象非常丰富,平面有方形、圆形、多边形、扇面形、套环形、圭角形等,屋顶有平顶、单檐坡顶、重檐坡顶、盝顶等。园亭一般为单独建置,也有与廊结合的。一半紧贴墙壁的叫做半亭,建在桥上的叫做桥亭。此外,少数具有特定使用功能的,如商亭、书报亭、电话亭等。　　　　　　　　　(周维权)

园冶

中国著名造园理论专著。被尊为世界造园学最古名著之一。计成著。原称《园牧》,成书于明崇祯四年(1631年)。共三卷。卷一分兴造论、园说及相地、立基、屋宇、装折四篇。卷二全志栏杆。卷三分门窗、墙垣、铺地、掇山、选石、借景六篇。其中兴造论及园说,叙述造园意义;屋宇、装折、栏杆、门窗、墙垣五篇,属建筑艺术。而相地、立基、铺地、掇山、选石、借景六篇属造园艺术,是本书精华所在。

　　　　　　　　　　　　　　　(乐卫忠)

园艺　horticulture

农业的组成部分之一,包括果树蔬菜栽培以及观赏植物的培育与应用的专业名称。与园林专业互有交叉。　　　　　　　　　　　(沈洪)

原拆原建　compensatory replacemen of demolished housing

因建设需要拆除原有房屋,由建设单位在原地,基本按原来使用性质和标准重建房屋以补偿。

　　　　　　　　　　　　　　　(严正)

原料指数　material index

需要运输的“地方性原料”的重量对于成品重量的比例。　　　　　　　　(胡序威　陈田)

原野休憩区　wildness recreational area

又称原野游乐区。美国对于所有户外游乐活动区域的统称。美国自第二次世界大战后实行每周五天工作制及一年有两周带薪休假,人们对户外游乐的需求猛增,产生“回归自然”的倾向。户外游乐区的范围从各类风景区、自然保护区以至沙漠及水域,内容从最原始的游乐到现代游乐,如宿营、野餐、远足、骑马越野、登山、钓鱼、狩猎、游泳、划船、滑雪与冬季运动等。各具特色。各类原野游乐区从未有统一归口领导,大体包括国家公园系统、国家林务局管辖的野生动物庇护所,土地管理局管理的公共土地、田纳西水库和邻近土地、各州的州立公园以及由私人土地拥有者经营的游乐地区。　　　(刘家麒)

原野游乐区

见原野休憩区(264页)。

圆明园

原为清康熙四十八年(1707年)赐予皇四子胤禛的赐园,面积仅20万㎡,是一座以水景为胜的园林。至雍正时,于园南部起造殿宇,建筑亭榭,作长居“避喧听政”处。并培植林木,营构二十八景,面积达200万㎡。乾隆初时,再行扩建;至乾隆九年(1744年),基本建成,并完成“圆明园四十景”。其后,在园之东及东南添筑长春、万春两座附园。总面积达3335万㎡。而三园一般统称“圆明园”。咸丰十年(1860年)遭英法联军焚毁。此园是以水景为主的园林,湖池散落如珠,聚分有致,水道萦回。园景大多仿江南诸名胜或园林起构,移天缩地集缀一园。园内堆山,与水

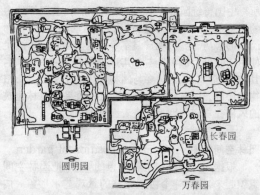

势形体相谐,筑成尺度不高,连绵起伏,曲折有致的岗阜,并略以叠石点化山崖丘壑之境界,是为大型皇家园林“平地筑园”杰出范例。与他园不同,此园以匾题名点景,建筑与景境交融。规模宏伟,景境丰富,有“万园之园”之誉。对欧洲造园艺术也有影响。

　　　　　　　　　　　　　　　(鲁晨海)

袁广汉园

建于汉初,是我国目前已知最早的私家园林。据《三辅黄图》所载,园址在茂陵(今陕西省兴平县东南)北邙山下,东西四公里,南北二三公里。此园傍山麓,“构石为山”;引激流入内,成溪成湖,积沙为洲屿;畜养珍禽奇兽,遍植奇树异草;楼阁廊庑相望,屋宇连属不断。为当时最著名的私园。具体布局不详,但此园已利用自然山麓,人工垒土、点石筑山,概是后世筑山之始。　　　　　　　　　　　(鲁晨海)

袁枚(1714～1797年)　Yuanmei

清文学家字子才,号简斋。生于杭州,卒于南京。乾隆四年(1739年)进士,曾任江宁等县知县,性耿直,看破宦场虚伪,引退后长期居于南京随园。南京随园“天下所称名园者也”,为袁枚在隋织造园旧址上自营而成。枚著作甚多,为世人熟知的《小仓山房全集》、《随园诗话》、《随园文选》等,均系著者成书于园居随园时。　　　　　　(乐卫忠)

缘石半径

见转弯半径(279页)。

远景　distant view

距离观赏者最远的景物。只能看到景物的大轮廓，看不清细部，常作为中景的衬托，起突出中景的作用，又称背景。如园林中用一片深色的针叶树作背景，衬托白色的雕像。也可借用园外景物，用远山或蓝天白云衬托主要建筑物，如北京北海的白塔、天坛祈年殿等。　　　　　　　　　　（刘家麒）

远景规划　prospective plan, long-term plan

对城市和地区长远发展的通盘安排，综合考虑城市整体布局和发展方向，引导和控制城市建设。
　　　　　　　　　　　　　　　　（陶松龄）

苑　garden

又称宫苑。秦汉在囿的基础上发展起来的一种园林。多建有宫室，一般拥有广大地域和良好的天然植被，有野生或畜养的飞禽走兽，供帝王射猎行乐。并建有供帝王居住，宴饮之用的宫室建筑。著名的宫苑有汉上林苑、唐庆兴宫、北宋的艮岳、清避暑山庄等。　　　　　　　　　　（李铮生）

院落式住宅　courtyard house

房屋包围庭院组成的低层独户住宅。如传统四合院。一般构造简单，取材容易，较独立式住宅用地省，而私密性强，有利防卫。庭院是室内空间的延续，供生活使用，院子还可供家庭手工业生产使用，是中外古代城镇中，最早广泛采用的住宅类型。　　　（张守仪）

yue

月城　crescent city wall

修筑在城门外的半圆形城墙，上开城门，用作加强防御，一般筑在城门的瓮城之外，用土夯筑，不包砖。《资治通鉴》："月城者，临水筑城，两头包水，形如却月"。

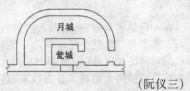

　　　　　　　　　　　　　　　　（阮仪三）

月洞门　moon gate

又称圆洞门、月亮门。园墙上开设的圆形门洞。门框为磨砖对缝拼镶，不安装门扇。一般用作为建筑群的入口，或者开设在分隔园林空间的院墙上作为主要交通孔道，也有安设在亭子或厅堂侧墙上的，如苏州拙政园的"梧竹幽居"亭，四面均安设月洞门。在很多情况下，匠师们有意识地利用月洞门来构成"框景"，犹如一幅生动的纨扇画。如像扬州瘦西湖的"吹台"亭，透过两侧的月洞门可以同时观赏到分别以五亭桥和小白塔为主题的两幅框景画面，其构

思之巧妙可谓匠心独运。　　　　　　（周维权）

岳阳楼洞庭湖风景名胜区

在湖南省岳阳市的国家重点风景名胜区。包括岳阳楼古城区、君山、南湖、团湖、芭蕉湖、汨罗江、铁山水库、福寿山、黄盖湖等九个景区，总面积 1 679.67 km²。岳阳楼雄踞洞庭湖，建筑精巧雄伟，为我国江南三大名楼之一，尤以楼内范仲淹的《岳阳楼记》宋代匾额著称于世。洞庭湖烟波浩渺，湖光山色秀丽。君山为湖中最大岛屿，由 72 个大小山峰组成，古迹甚多，有三十六亭、四十八庙、舜帝的"二妃墓"、汉武帝的"射蛟台"等珍贵历史文物。汨罗江畔有屈子祠、杜甫墓等。附近还有慈氏塔、宋代文庙、鲁肃墓、黄盖湖三国古战场等名胜古迹。　（赵健溶）

跃廊式住宅　skip-stop, skip-floor apartments

高层通廊住宅楼的一种特殊形式。两层或三层设一通廊，电梯只停在有通廊的层面。通廊位于中间的，称内跃廊式住宅；通廊靠外墙的，称外跃廊式住宅。一套住宅可占一层，两层或三层，由户内小楼梯联系。跃廊式住宅可减少电梯停靠次数，提高电梯使用效率。　　　　　　　　　　（张守仪）

越界筑路　road building beyond boundary

帝国主义国家在上海所占领的租界外非法扩占的一种方式。先将租界内道路非法向界外延伸，后又在两旁非法侵占或强买土地，造成扩展的既成事实，再强迫当时的中国政府承认。　　　（董鉴泓）

越行站　non-stop overtaking station

在复线铁路上业务性质与会让站基本相同的车站。参见会让站（105 页）。　　　　　（宗　林）

yun

云林石谱

品石的专著。宋朝杜绾（字季杨，号云林居士，山阴人）著。宋绍兴间版，集载各种石品 116 种，及各自的产地，采取方法，并详细描述石材的形状、色泽、纹理、品等高下。全书共三卷 122 篇：上卷，灵璧石、青川石、平江府太湖石、英石、石笋等 41 篇；中卷，鱼龙石、莱石、松花石、玛瑙石等 26 篇；下卷，柏子玛瑙石、宝华石、燕山石等 45 篇。除假山清玩，还论及矾材、浮光之类及器用之材。　　（乐卫忠）

云墙　cloud wall

顶部的墙檐或压顶做成波状起伏的墙。这种墙的形象富于动态感，仿佛行云流水，避免了一般墙垣的僵直感觉，与周围自然环境也易于取得谐调。因此，中国园林的院墙以及分隔空间的墙垣多有采用这种形式的，在江南园林中尤为常见。　　　　（周维权）

云台山风景名胜区

在江苏省连云港市的国家重点风景名胜区。包括花果山、孔望山、宿城、海滨四大景区，面积约 180km²。景区内大小山头 134 座，峻峰深涧，奇岩坦坡，有千奇百态的海浪石、海蚀洞及壮丽的石海胜景。云台山为我国古代文学名著《西游记》花果山的原型，以花果山、水帘洞出名。花果山玉女峰，海拔 625m，是江苏最高峰。这里曲洞幽深，花果飘香，有"东海胜境"之誉。孔望山有珍贵的汉代摩崖画像石刻，依山岩自然形势凿成，画面造型生动，还有其他丰富的古代文化遗迹。宿城景区幽谷深邃，有"世外桃源"的意境。海滨胜景宏阔舒朗。　　(赵健溶)

运动系统　movement system

通过建筑的布局形式和精心安排的运动路线与停留的点，使人们的运动纳入一定的渠道，从而影响人们的反应。例如穿城而过的中央运动系统的简洁性和对纪念价值及形式呼应的理解，这些基本点一经建立，就将成为城市建筑和规划发展的中心组织力。北京紫禁城的中轴线是一个突出的实例。

(黄富厢)

运输方式　mode of transportation

运送旅客与货物的工具、线路、设备与组织形式的类型。一切旅客与货物的运输都是采用一定的运输工具、线路、设备，通过一定的组织形式来完成的。按其技术设备的特征，有铁路运输、公路运输、水路运输、航空运输和管道运输等；按其组织形式有成组运输、集装运输、托盘运输和驮背运输等。　　(宗　林)

运输规划　planning of transportation

对区域之间、城市之间以及城市自身的客、货运输的综合安排。统盘考虑城市及其周围地域的各种交通运输方式、运输路线和设施，综合解决货物与客流之间的合理运输，使之运输能力与运输量相适应，各种运输方式之间的协调发展。　　(陶松龄)

运输结构　transportation structure

总运量中不同运输方式的构成。即不同运输方式完成的运量占总运量的比例。用以表示一地区内运输方式的特征以及不同运输方式所处的地位与作用。　　(宗　林)

运输枢纽

见交通枢纽(118 页)。

运输指向　transport orientation

某些工业的布局为节省运输成本而趋向于运费最低点的现象。如冶金、制糖、造纸等工业所用原料笨重，加工后失重比例大，宜配置于原料产地；而石油化工、家具、面包、服装等工业或因产品体积增大，品种增多，或不宜长途运输或长时间仓储，多配置于市场附近。前者又称原料指向型，后者又称市场指向型。　　(胡序威　陈　田)

韵律　rhythm

在视觉艺术中是物体诸元素成系统重复的一种属性。由均匀地交替重复一个或一些因素的基础上形成。建筑物通过形状、尺寸等的重复产生韵律。不同的重复有递增与递减的渐变、距离的渐变、产生有力的节奏感、美感等。具有强烈韵律的图案能增强艺术感染力。　　(郑光中)

Z

zao

造景　view making, landscape creating

在园林中创造供人游览观赏的景色。在中国传统园林中，主要是运用山水、地形、植物、建筑等素材，概括浓缩自然景观的特征，创造"虽由人作，宛自天开"的景色；西方古典园林主要运用建筑构图原理，创造富有几何图案美的景色；现代园林的趋向是运用植物造景，手法更加多样，既有模仿自然生态群落的自然景色，又有用丰富的花卉、树木品种，创造色彩绚丽的园景，也有吸收现代抽象绘画形式创造的抽象图案。　　(刘家麒)

造园　landscape gardening, garden making

在一定地域范围内，按照人们的需要，将植物、土、石、水等自然素材与建筑等人工设施加以组合所采取的营建活动以及形成的园林空间环境。包括庭园和城市公园两大范畴。自古以来，这类园林大多为人工所营造。　　(李铮生)

ze

泽列诺格勒　Zelenograd

前苏联莫斯科的卫星城。距母城西北约 26km。1959 年开始建设，人口规模原规划为 6.5 万人，后扩展至 8~10 万人。1977 年人口已突破 12 万人。城市布局严谨，除西北工业区外，分为两块具有各自公共中心的规划区，并由位于中央的市级中心将它们连为整体。两个规划区分别由生活居住区和工作区组成，中间用步行道相连。在 22km² 用地中，有森林 9km²。城市各部分与自然风景有机地结合，被誉为"绿色的城市"。

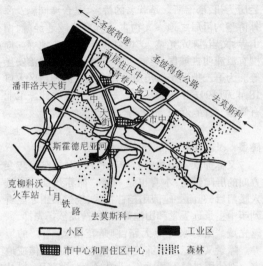

（陈保荣）

zeng

增长极理论　grouth pole theory

又称发展极理论。关于区域经济增长的空间发展模式的一种理论。法国学者佩鲁（Perroux）首先提出，并由布德维尔（Bondeville）等人拓展到地域空间上。该理论认为：经济增长不是在每个地区都以同样的速度增加的，相反，在不同时期内，能够带动区域增长的主导产业和具有创新能力的企业往往集中分布在某些中心城市，这些中心就成为增长极。它通过极化方式和扩散方式，有效地刺激和带动着周围广大地区的发展。具有创新能力的牵引产业（或企业）是增长极形成的关键。因为牵引产业具有技术进步快、产品需求弹性大，并与其他产业有很强的连锁关系的特点，所以，通过牵引产业，能够集聚一大批与其保持紧密联系的相关企业，共同组成极具活力的规模庞大的地域产业集团。作为一种政策工具，该理论主张，在发达国家的萧条地区或是不发达国家，如果缺少增长极，就应该通过集中投资，引入牵引产业，创造增长极。目前，该理论在区域规划实践中已被广泛采用，尤其受到发展中国家的普遍关注。　　　　　　　　　　　　　（胡序威）

增值税　tax on appreciation

以企业销售产品增值额（净增值）为课税依据的一种税。征收时需要正确地计算增值额。现行的计算方法是将企业全部销售收入减去产品销售成本中外购原材料、燃料及动力的消耗额部分，所得余额即为增值额。增值税仅对本企业经过生产而创造的价值部分征税。实行增值税可以避免重复征税的弊病，有利于专业化协作生产。　　　　（谢文蕙）

zhai

宅邸园林　nobleman's residence garden

历代官邸民宅中以树木、泉池、花卉、山石等构成的、供其主人及家眷游憩的空间。其特点多位于宅邸后部或偏于一隅；规模较小、形式自由活泼，与建筑互成景观。种植则多是观赏性植物为主。著名的如：汉袁广汉园、唐裴度宅园、宋代湖园、明代拙政园、清代寒碧山庄等。　　　　　　　　（鲁晨海）

宅基地　allotted dwelling-site

国营农场或乡、村政府按照当地规定的标准分配给当地农村、农场居民建造住宅的用地。人多地少的地区标准较低，人少地多的地区标准较高。目前，全国大部分地区规定的每户宅基地不超过 0.3亩，宅基地的所有权属于集体，居民只有使用权。

（金大勤）

寨　pallisade, mountain village

①用木栅或砌石围成的军营；②古代驻兵的军事行政单位；③至今一些山村也称寨。　（阮仪三）

zhan

瞻园

在江苏南京市夫子庙西瞻园路。初为吴王府，明初易为徐达府茫园。清朝，乾隆南巡，赐为藩台衙门的花园。后屡次废毁，解放后多次维修，恢复园内建筑，遂成今貌。园以池为中心，南、北、西三面为假山，山石为明代遗物。北山有人山瀑布。池东侧回廊水榭，主要厅堂工字厅一面临水，一面是荸台、绿地。另有玉兰院、海棠院等。园内假山自然，建筑精致。附图中：1. 入口；2. 小轩；3. 半亭；4. 花篮厅；5. 紫藤架；6. 静妙堂；7. 水榭；8. 方亭；9. 扇面亭；10. 厕所。　　　　　　　　　　　　　　（鲁晨海）

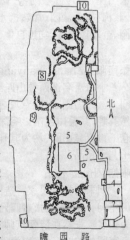

占用 occupancy, tenure

对财产占有、使用的简称。有合法占用和非法占用之别。 (严 正)

战略性规划 strategic planning

对城市整体、城市的各项事业所作的带有全局性的规划。是指导和控制城市发展的纲领性文件，包括制定城市的发展总目标、总任务和相应的政策，并综合考虑城市和区域之间空间布局，合理安排城市整体发展，对城市建设的重要项目作出统盘部署，是编制城市总体规划的基本依据之一。 (陶松龄)

站距 stop spacing

公共交通车辆停靠站之间的距离。通常站距：市区线路约 0.5~0.7km，郊区线路约 1.0~1.5km，大站快车线路约 1.5~2.0km。 (徐循初)

站线 station line

铁路车站上铺设的除正线以外的线路的统称。按不同的用途可分为：到发线、调车线、牵出线、装卸线、编组线等。 (宗 林)

zhang

张琏(1587~) zhang Lian

明朝造园家。号南垣松江华亭(今上海松江县)人，后迁浙江嘉兴，生于明万历十五年(1587年)。少时善画。兼工山水。以画意造园叠山，作品极多。尤擅长叠山，创土石相间叠石法，改变旧时矫揉造作的叠山风格，追求山势的自然真趣，对后世叠山艺术产生深远影响。所造园林遍布江南地区，如松江横云山庄、嘉兴竹亭湖墅、鹤州草堂、太仓乐郊园、南园、梅村、天藻园、常熟拂水山庄、吴县东园、嘉定南园、金坛豫园等，均出自他手。还善盆景，也负盛名。 (乐卫忠)

张南阳 Zhang Nanyang

上海著名造园叠山匠师，号卧石山人，明嘉靖年间人。原为画家，后专攻叠山，以画意造山，追求自然真趣，其叠山艺术影响深远。上海潘允端豫园，太仓王世贞弇山园，均为其作品。豫园黄石假山属叠山艺术精品。 (乐卫忠)

张然 Zhang Ran

明末清初造园家。造园家张琏次子，生于明万历年间，卒于清。张然四兄弟均得父术，而以张然最为知名。张然在清朝京师北京供奉朝廷二十八年，皇家园林的畅春苑、南海瀛台、玉泉山静明园；私家园林的王熙怡园、冯溥万柳堂等，均出其手。张然子孙继续供奉朝廷，业传百年，京师称之"山子张"。 (乐卫忠)

张掖 Zhangye

见河西四郡(96 页)。

漳州 Zhangzhou

位于福建省东南部，战国属越，晋设县，自唐以后历为州、郡治所。是著名的侨乡，是台湾同胞及海外侨胞的祖居之地。文物古迹有唐代咸通经幢、南山寺、文庙、陈元光墓、芝山红楼革命纪念地等。周围有漳浦明古城堡、明铜山古城、清军事城堡治安堡等。为第二批国家级历史文化名城。漳州市区人口18.4 万(1991 年末)。鹰厦铁路有支线通此。工业有制糖、食品、麻纺、造纸等。特产水仙花。 (阮仪三)

障景 obstructive scenery

又称抑景。园林中能抑制视线，引导空间转变方向的屏障景物，本身也是一景。如苏州拙政园进入腰门后，迎面一座假山挡住视线，绕过假山才能看到园中主景远香堂和山池等景物，造成欲扬先抑、欲露先藏，"山穷水尽疑无路，柳暗花明又一村"的境界。障景又能遮挡不够美观和不宜暴露的物体或地方。因使用材料不同，可分为山石障、影壁障、树丛障或几种方法结合的处理。 (刘家麒)

zhao

沼生植物 helophyte

植株的根部或茎基部分浸没在水中生长的植物，园林植物中如香蒲、黄花鸢尾等。 (沈 洪)

兆丰公园 Jessfield Park

上海的一所英国自然风景式公园。在极司非而路(今万航渡路)。原是英国商人霍克的私家宅园，1911年，花园南端部分被租界工部局购得，于 1914 年建为公园。河流曲折自然，地形起伏平缓，以大面积草坪为基调，植花种树品种繁多。1941 年改名为中山公园。格局已有很大改变。 (鲁晨海)

照壁 screen wall

见影壁(258 页)。

照墙

见影壁(258 页)。

肇庆星湖风景名胜区

在广东省肇庆市的国家重点风景名胜区。包括七星岩、鼎湖山两个景区，面积 $19.5km^2$。七星岩景区因有七座石山散布于湖中如北斗七星得名。它们是仙掌岩、蟾蜍岩、天柱岩、石室岩、玉屏岩、阆风岩和阿宴岩，兼具桂林之山、西湖之水的胜景。湖光山色，交相辉映。石室岩名胜集中，岩下有洞，洞中有地下河、璇玑台、石鼓、石角。有历代摩崖石刻近三百件。鼎湖山景区有鼎湖、三宝、凤来、鸡笼、伏虎、青狮等十余座山峰。峰峦叠嶂,峡谷幽深,沟壑曲延,流水不断,林木繁茂。属南亚热带常绿阔叶季雨林有飞水潭、浅水潭、葫芦潭、白龙潭、老龙潭、水帘洞天等胜景。鼎湖山为佛教圣地,现存庆云寺、白云寺古建筑。

（王早生）

zhe

浙江苍南县龙港镇

是我国第一个靠农民集资在一片荒滩上建设起来的“农民城”。1984 年 4 月建镇时只有 6 000 人口,经过 6 年的努力,目前全镇已形成纺织、服装、包装、机械仪表、印刷制品、工艺美术、标牌证卡等七个行业的城镇。已兴建房屋 200 万 m^2。居民达 5 万人。1990 年全镇工业产值达 2.5 亿元。

（金大勤）

zhen

真行草　Shin Gyo So

日本在书法、作画、造园、花道等艺术表现中习用的处理手法,常有一定的格式。如书法中有真体(正体)、行体、和草书之分。在造园中,《筑山庭造传》(1882 年)中即作了阐述,真体布局精致、严谨,有较强的均衡感,多用于主要建筑前的庭园;行体略去了构图的一些细节,比较潇洒、随意,常用于屋室前的庭园;草体最为自由、浪漫,常用于游憩部位。在一个庭园中的道路,种植也因其所处位置而常按真行草作不同的处理。

（李铮生）

镇　town

①居民规模小于城市而大于自然村的基层行政区域单位。多是在历史上由于行政、防卫、工业、交通、物资集散等原因逐步形成的居民聚集点。在我国分为县辖镇和市辖镇。②古代边防险要驻兵卫戍之地。

（赵炳时）

镇江　Zhenjiang

位于江苏省南部长江南岸。春秋时称朱方、谷阳,秦称丹徒,三国时称京口,北宋始称镇江,为府治。沿长江有京口三山,金山有金山寺、慈寿塔;焦山有定慧寺;北固山有甘露寺。市内文物有元代石塔和附近的古街道,还有清代的抗英炮台和纪念辛亥革命的伯先公园等。为第二批国家级历史文化名城。镇江市区人口 37.2 万(1991 年末)。大运河及京沪铁路经此,为苏南、苏北交通枢纽。工业有电力、机械、冶金、轻纺等。特产香醋、酱菜等。

（阮仪三）

镇远　Zhenyuan

位于贵州省东部。汉设无阳县,宋置州,后历为州、府、道治所,是古代西南入京城的主要通道。府城、卫城皆为明代建,保留有部分城墙。城内基本保持着传统风貌,民居及沿河建筑富有地方特色。古迹有青龙洞古建筑群、四官殿、文笔塔、天后宫、祝圣桥等。城西有沅阳河风景区。为第二批国家级历史文化名城。镇远境内湘黔铁路横贯,向为黔东交通与物资集散中心,盛产油桐、油茶,有“油源之乡”称号。工业有化肥、水泥、酿酒。

（阮仪三）

zheng

征地　land acquisition

见土地征用(224 页)。

整形式园林

见规则式园林(90 页)。

整形植物　plant under topiary

用人工整枝修剪成特定形态的植物。常见的如篱垣形(绿篱)、球形、塔形、动物形等。多见于意大利法国式古典园林,一般选取生长较慢、枝叶密集的常绿乔灌木,如柏树、黄杨等剪成。　（沈　洪）

正空间　positive space

又称积极空间。由实体包围而形成的内向的空间。如被房屋、围墙所围成的院落。正空间具有积极性和向心性。积极性是指它是有计划地为满足人的意图而产生的。它给人的感觉是实际存在着的有明确界定的空间。　　　　　　（张守仪）

正式群体　formal group

根据一定的目标和原则,通过正式手续建立起来的群体。群体对成员的地位、角色、权利、义务有明确规定。如生产班组、职能科室、学习班级、领导班子等。　　　　　　　　　　　（梅保华）

正线　trunk line

连接并贯穿铁路车站的铁路线。按其数量分有单线铁路、复线铁路。在单线铁路上,列车由两方向沿正线运行,对向列车须在车站进行会让;在复线铁路上,正常情况下只能沿左侧正线前进方向运行列车。　　　　　　　　　　　　　　（宗　林）

证券市场　securities market

各种有价证券交易的场所。证券交易按地区分,有国际的和国内的两种;按业务内容分,有现货交易和期货交易两种。随着我国经济体制改革的深化,已在少数大城市有领导有组织地开始建立证券市场,以利于企业和个人融通资金,促进商品经济的发展和完善社会主义市场体系。　（谢文蕙）

政治性组织　political organization

人类划分为阶级后出现的社会组织形式。包括政党组织、政权组织、立法与司法组织等。其根本任务是

处理不同阶级或阶层的人们之间的关系,是一定阶级或阶层利益和意志的集中体现。　　　　（梅保华）

zhi

支路　access road, branch road

从一条道路分支出的道路。国家标准解释为街区、街坊的边界道路,是联系主次干路之间的道路。合理间距通常为 400～500m,在中心商业地段一般更近些。　　　　　　　　　　　（李德华）

支线　branch

与铁路干线相接的地方线。即铁路网中为地区服务而又和干线铁路相沟通的铁路。其线路级别一般为Ⅱ级。远期年输送能力小于 500 万吨,旅客列车速度可达 80km/h。　　　　　　　　（宗　林）

支线机场　branchline airport

为国内航空支线服务的机场。航线以中程(1 000～2 000km)为主,使用航程一般不超过 1 600km。　　　　　　　　　　　　（宗　林）

芝加哥规划（伯赫姆）　Burnham's Chicago plan

1909 年在城市美化运动思潮影响下,由但尼尔·伯赫姆负责编制的一个宏大、壮观的城市总体规划方案。为了美化美国中西部名城芝加哥的城市面貌,采用轴线、底景、几何构图等古典手法,对城市结构布局以及街道、广场、绿地、城市中心和建筑组群等进行了浮华的修饰。在布局上沿城市外围环以半圆形林阴道。市内新辟众多放射形干道,整治、扩大和装点密歇根湖滨公园绿地和文化娱乐中心。城市应发展要求,规划范围拓展至离城市中心约 50km 处。

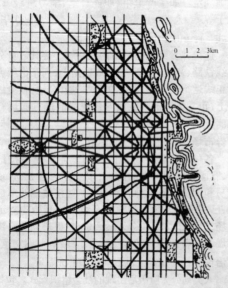

（沈玉麟）

芝加哥学派　Chicago school

美国城市社会学一大学派。1893 年芝加哥大学设立社会学系并开展了城市社会问题研究后,逐步形成。鼎盛时期是 20 世纪初。主要代表人物有:帕克、沃思和伯吉斯(Ernest W. Burgess1886～1966年)。他们用人类生态学观点研究城市社会,认为城市社区人际关系是由城市空间特点决定的。他们还很重视对城市的实地调查和经验研究。这个学派的形成对城市社会学的发展起了骨干和推动作用。
　　　　　　　　　　　　　　　　（梅保华）

知识密集型产业　knowledge intensive industry

见第四产业(58 页)。

织金洞风景名胜区

在贵州省织金县境内的国家重点风景名胜区。包括织金古城、织金洞、裸结河峡谷、洪家渡四大景区,面积约 450km²。织金城始建于 1382 年,古城三面环山,一水贯城,城内有清泉 71 处,庵、堂、庙、寺 50 余处。织金洞属高位旱溶洞。是我国大型溶洞之一,全长 10 多千米,面积 30 多万平方米,两壁最宽处 173m,垂直高度大多在 50 至 60 多米,最高达 150m。洞内空间开阔,岩质复杂,渗漏多变,分为"迎宾厅"、"万寿宫"等 10 个景点,拥有 40 多种岩溶堆积形态,各具特色,被称为"岩溶博物馆。"洞外有地面岩溶、峡谷、溪流、瀑布等自然景观。

　　　　　　　　　　　　　　　　（赵健溶）

直接城市化

见景观型城市化(125 页)。

直径线　diametrical in-town line

连接铁路枢纽环线,取直通过环内的线路。主要目的是直截地联络环线上的车站,并与城市中心区联系。为了避免切割城市街道,有些城市的直径线采取从地下通过市中心区的方式或与城市地下铁道相衔接。　　　　　　　　　　（宗　林）

直码头

见突堤式码头(222 页)。

直辖市　municipality directly under the central government

由中央政府(国务院)直接管辖的市。其行政地位相当于省级。又名中央直辖市。此名在我国最早见于民国政府内务部 1947 年草拟的《直辖市自治通则》。1949 年 10 月 1 日撤销华北大行政区,北京、天津两市改为中央直辖市,成为新中国最早设立的直辖市。此外,当时还有沈阳、鞍山、抚顺、本溪、上海、南京、武汉、广州、重庆、西安十个相当于中央直辖市的大行政区直辖市(省级)。1950 年改旅大行署为大行政区直辖市。1952 年底,东北、华东、中南、西南和西北五大行政区由一级地方政府改为中央政府派出机关,南京市改为省辖市,其余十个大行政区直辖市变为事实上的中央直辖市。1953 年 3 月,大行政区直辖市正式改为中央直辖市。同年 7 月,长春、哈尔滨升为中央直辖市。1954 年 6 月,除北京、天津、上海三市外的其他直辖市改为省辖市。1958 年 2 月至 1967 年 1 月,天津曾改为河北省省辖市。全国现有北京、天津、上海和重庆四个直辖市。　　　　　　　　　　　　　　　　（浦善新）

职工带眷系数法
　　见带眷系数法(52 页)。

职能型城市化　indirect urbanization
　　又称间接城市化。不通过直接建造市区而使乡村职能淡化、城市性状逐渐加强的过程。这是城市化的潜在表现形式,例如乡村居民兼业户的增加、乡村向外的流动人口的增加、乡村生活水平和生活方式向城镇靠拢的渐变过程。与景观型城市化相对。
　　　　　　　　　　　　　　　　　（周一星）

职业构成　occupation composition
　　按劳动分工的不同而分类的各类就业人口在总就业人口中所占的比重。目前我国还没有统一的职业分类标准。随着生产力的发展和社会分工的变化,一些旧的职业会消失,一些新的职业会出现,职业构成不是一成不变的。　　　（赵洪才）

职业流动　career mobility
　　一个人一生中社会地位或职业的升降变化。也叫终生流动。参照的基点一般是自己最初的职业。
　　　　　　　　　　　　　　　　　（梅保华）

植被　vegetation
　　泛指在一定地区内覆盖地面的植物及其群落。天然的森林和草甸称为天然植被,人工栽培的农田或树林称为人工植被。我国的植被按综合的自然条件分为八个植被区:①寒温带针叶林区;②温带针叶阔叶混交林区;③暖温带落叶阔叶林区;④亚热带常绿阔叶林区;⑤热带季雨林、雨林区;⑥温带草原区;⑦温带荒漠区;⑧青藏高原高寒植被区。
　　　　　　　　　　　　　　　　　（沈　洪）

植树节　tree planting day
　　以国家规定的形式发动群众植树造林的日期。3 月 12 日为我国的植树节。植树造林,保护生态已成为世界性的呼吁,"植树造林,绿化祖国"是我国的基本国策之一。凡中华人民共和国公民有义务植树的规定。3 月 12 日在我国正值春回大地之时(就大部分地区而言),是植树的好时辰,每逢该日,各地领导人及广大群众均积极参加义务植树的活动,既是绿化祖国的实际行动,又是植树造林,保护和改善生态的有力宣传。　　　　　　（李铮生）

植物配置

　　见种植设计(274 页)。

植物群落　plant community, phytocoenosium, phytocommunity
　　在一定地段的自然条件下,经长时间与环境相互作用所形成有规律组合的植物群体。一个植物群落就是一个生态系统,在群落内部的生产者、消费者、分解者与无机环境四个组成部分之间,不断在自然条件下形成的群落属自然群落,如天然林、按照群落的机制由人工建立的称人工群落,如人工林。
　　一个植物群落中必有一个占优势的种和一个占次优势的种,该群落即以它们的种名来加以命名。
　　在当今种植设计中,群落机制是一个重要方向,以探索建立城市绿化的人工群落,达到减少人工养护管理的目的。　　　　　　　（沈　洪）

植物学名　botanic name
　　国际公认的植物命名方式,用拉丁文写成,由属名和种名组成,末尾附命名人的姓氏。例如月季花的学名为 Rosa Chinensis Jacq。Rosa 为属名,第一字母要大写;Chinensis 为种名;Jacq 为命名人的姓氏。遇变种时,则在种名后加 Var 字样,其后写变种名称,例如月季花的变种小月季,其学名为 Rosa Chinensis Var Miniama Voss,最后的 Voss 为该变种命名人的姓氏。遇植物品种时,把它写在种名之后,并加引号,例如月季花"初莺"的品种,写成 Rosa Chinensis "Chuying"。各类书本中也有将命名人姓氏省略的情况。在植物学名列表时,写同一属的第二个种的学名时,可将属名缩写,例如:
　　Rosa Chinensis Jacq
　　R. Multiflora Thumb　　　　　　　（沈　洪）

植物园　botanical garden
　　以传播植物知识、进行科学研究及供观赏游览的专类园。是植物博物馆。早期药草园是其雏形。现世界上约有千余所植物园。各植物园按其自身的环境条件和服务目的而各有侧重。大部分以露地种植为主,也常有部分温室,引进热带和亚热带的植物。植物园内常设有标本馆、图书馆、实验室、演讲厅及有关服务设施。一般按植物分类或经济用途分区种植。有的还将观赏价值较高的植物单独辟为专类花园(如月季园、鸢尾园、杜鹃园、牡丹园等)。
　　　　　　　　　　　　　　　　　（李铮生）

指示植物　indicator plant
　　在一定地区范围内能指示某种特定环境的植物群体。例如指示土壤的酸碱性、地下矿脉等。
　　　　　　　　　　　　　　　　　（沈　洪）

指掌形城市形态　finger pattern
　　一种特定形式的城市形态。城市的发展从已建成地区或中心地区沿若干交通线,如公路、铁路、河流,往外呈放射状发展,形如张开的手掌"手指"之间为楔形绿地,使城市成为典型的放射状,它的郊区与市中心的联系比之郊区与郊区之间的联系更为密切、方便。以哥本哈根、墨尔本、汉堡等城市最为典型。   (陶松龄)

志愿性组织 voluntary organization

基于志趣或出自某种私人目的而组织起来的社会组织。这种组织都具有既定的目标,如同学会、学会、研究会、专业协会等。   (梅保华)

质感 texture

对物体表面形态的视觉感受,据以获得不同的艺术效果。如纹理上有直曲、宽窄、深浅之分,质地上有粗细、刚柔、隐显之分。   (郑光中)

秩序感 sense of order

对平衡、匹配、统一而有序的城市格局的感受。城市格局由自然地形、水面绿地、街道、建筑及其组群组成。在多系统不同速度运动、多种要素带随机性迅速发展的情况下,区分本质与非本质的发展,对前者求统一,注意控制和纪律,对后者可自由,才能将无序的发展组成有序的格局,取得秩序感。

(黄富厢)

置石 arrangement of stones

以天然或人造山石为材料,将装饰和实用功能结合一体的零星山石安置。既可作局部空间的构图中心,亦可作其他景物的陪衬。其主要理法是"因简易从,尤特致意"。要求"以少胜多,画龙点睛。"主要形式有特置、散点、涩浪、蹲配、抱角、镶隅、壁山、云梯、几案、花台、护坡、驳岸、藩篱、樊头等。置石姿态分立石、蹲石、卧石。置石要点为框景、背景、向背、聚散、呼应和顾盼。苏州留园揖峰轩以置石著称,有步移景异的游赏效果。江南四大名石为上海豫园之翠玲珑、苏州洽隐园之岫云峰、苏州留园之冠云峰和现存杭州花圃之皱云峰。   (孟兆祯)

雉堞 battlements

城墙上防守用的矮墙,上有豁口和射孔(参见城垛 23 页)。

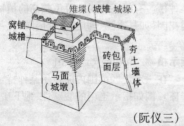

(阮仪三)

雉墙

见城垛(23 页)。

zhong

中产阶级化 Theory of gentrification

较高收入的家庭迁入经济条件较低的邻里,使该邻里由于住房及其他设施的改善、更新、提高而上升为较高收入和经济条件较好的地段。房屋、土地由此而升值,部分原来居民不得不迁出,居民社会层次所起的变化。   (陶松龄)

中国古典园林 Chinese classical garden

泛指辛亥革命前的中国园林。自秦汉始至明清二千多年以来,历代帝王兴建宫苑不断,如汉建章宫、唐兴庆宫、宋艮岳、明清的西苑三海、颐和园等;私家园林营建亦很兴旺,如唐的辋川别业,宋时的洛阳名园。明清时期苏州、扬州、杭州众多私家宅园;在山川优美之处也出现了游赏活动,早在东晋,庐山就引来众多香客,宋时的西湖游览已颇具规模,五岳更留下众多痕迹。这些就形成了中国皇家宫苑、私家园林、寺观丛林的体系。在其发展演变过程中形成了本于自然、高于自然的理念;诗情画意,追求意境的构思;顺乎自然,因地制宜的布局,建筑山水花木融为一体的组景的传统体系。在世界上独具一格,具有特殊的价值,占有重要地位。有许多名园至今犹存,是宝贵的民族遗产,应细心保护。

(李铮生)

中海

见三海(192 页)。

中华人民共和国城市规划法 City Planning Law, People's Republic of China

在实施和总结《城市规划条例》的基础上制定的我国城市规划,建设和管理方面的第一部法律。中华人民共和国第七届全国人民代表大会常务委员会第 11 次会议于 1989 年 12 月 26 日通过并由国家主席公布了《中华人民共和国城市规划法》,该法自 1990 年 4 月 1 日起施行。《城市规划法》共 6 章 46 条。第 1 章总则,第 2 章城市规划的制定,第 3 章城市新区开发和旧区改建,第 4 章城市规划的实施,第 5 章法律责任,第 6 章附则。制定与实施城市规划法的根本目的在于依靠法律手段,保证科学、合理地制定和严格实施城市规划,实现城市的经济和社会发展目标,建设高度文明的,具有中国特色的社会主义现代化城市,从而推进我国经济社会的协调发展。

(陈为邦)

中间站 intermediate station

以办理列车通过、会让和越行为主,保证线路的通过能力和行车安全,并办理客、货运输业务的铁路车站。一般位于铁路沿线中小城镇。   (宗 林)

中景　medium view

位置在前景和远景之间的景物。与观赏者的距离常在合适视距的范围内，能够让观赏者清晰、完整地观赏。园林中常把观赏的主要景物布置在中景的位置。　　　　　　　　　　　　（刘家麒）

中水系统　recycling of wastewater, grey water system

将污水作深度处理，使其水质状况介于清水和污水之间（称为中水），并将其输送出去的设施的总合。通常包括污水深度处理设施，如混凝沉淀、过滤、消毒等，以及调蓄水池、提升泵房、管道等。
　　　　　　　　　　　　（罗廷栋）

中心场论　central place theory

见中心地理论（273 页）。

中心城市　central city, key city

在西方国家指城市化地区和大都市区内占有支配地位的核心组成部分。一般是其中人口最多的设有建制的一个或几个地方。美国 1990 年的人口普查，在定义城市化地区时已不再把核心部分称为中心城市，而改称为中心地方（urbanized area central place）。

在中国指在政治、经济、社会、文化、金融、信息等多个领域，对较大地域范围具有强大吸引力和辐射力的综合性职能的大中城市。1982 年我国提出"要以经济比较发达的城市为中心，带动周围的农村，统一组织生产和流通，逐步形成以城市为依托的各种规模和各种类型的经济区"，这以后，该名词开始流行。严格讲，中心城市有国家级、大区级、省区级和地区级等不同的等级。　　　（周一星）

中心村　central village

一般是村民委员会所在的村庄，并有日常必需的商业服务设施。在一群自然村（或称基层村）中，一个规模较大、交通较方便的村庄，历史地成为这一组村庄的中心，就成为中心村。　（金大勤）

中心地理论　central place theory

又称中心场论。关于城市区位的一种理论。概括城镇体系中城镇的等级、数量、规模、职能和分布的规律性。该理论的两位创立者都是德国经济地理学家。学说首创于 1933 年克里斯塔勒（Walter Chris-taller）所著的《南部德国的中心地》一书。他把居民点看作服务中心，认为不同的零售和服务职能有不同的服务范围和门槛，形成不同的等级。在均质平原，人口均匀分布，企业主和消费者决策的效益最优等假设条件下，形成三角形聚落分布和六角形市场区网络。克氏着重研究了在市场原则（$k=3$）支配下的七级中心地的网络模型，也讨论了在交通原则（$k=4$）和行政原则（$k=7$）支配下的市场区网络的变化。在克氏模型中，中心地体系有严格规整的等级层次和嵌套关系。廖什（August Losh）在 1940 年出版的《区位经济学》一书中，独立推导出与克氏相同的六角形市场区。但廖什的模型考虑居民点除零售外还有制造业职能，他给 150 种职能分别确立市场区范围（k 值），在假设平原上，把所有的市场区进行重叠、旋转，在一定的原则下得出了与克氏不同的、较接近于现实的"廖什景观"。20 世纪 40 年代以后，该理论才引起学术界重视，受到高度评价，对该理论的验证、修正和深化极大地促进了 20 世纪五六十年代地理学的计量革命，推动了城市地理学的发展。特别是克氏模型，还被广泛应用到区域规划、城镇体系规划和城市内部的市场区研究。
　　　　　　　　　　　　（周一星）

中心商务区

见中央商务区（273 页）。

中性植物　neutral plant

①要求土壤 pH 值为中性的植物。②对光照选择较宽，介于阳性与阴性植物之间的植物。或阴阳皆宜的植物。园林植物中的常绿灌木有不少具此特性。　　　　　　　　　　　　（沈　洪）

中央商务区　central business district

又称中心商务区或简称 CBD。是城市中主要的金融、贸易、办公、信息和商业等设施集中的核心地段。最早由美国城市地理学家 E.W.Burgess 于 1923 年在其创立"同心圆模式"中提出，认为在城市地域结构中，城市中心必是商务会聚之处。随着现代城市经济的发展，作为城市经济功能的中枢，具有极明显的吸引力，高度集中了各种企业、公司、银行、财团的经营管理等指挥机构和最繁华的商业设施以及其他服务支持系统。区内建筑密集车流人潮汇聚。　　　　　　　　　　　　（赵炳时）

中央直辖市　municipality directly under the central government

见直辖市（270 页）。

中转站论　trensfer station theory

美国著名社会学家库利（Charles Horton Cooley）提出的关于货运中转地将产生城市的理论。该理论认为，人口和财富有汇集于交通中转地的趋势。这种中转地包括：地理环境造成的中转以及商业性的中转。这些中转地必然会建设商业机构和服务设施，这就是城市的雏形。　　　　（梅保华）

钟摆交通　pendulum traffic flow

又称潮汐式交通。城市高峰交通的主要流向在每天固定的时辰内往返变化的现象。　（徐循初）

钟摆式布局　"Pendulum pattern"for industrial allocation

根据两地资源互补性特点,充分利用回空运输能力而分别在两地建立资源相互依托的联合企业的布局模式。最早起源于 20 世纪 30 年代初的前苏联。当时为利用向乌拉尔大量运输煤炭的回空车运回铁矿石,而分别在相距 1 900km 的马格尼托哥尔斯克(铁矿石基地)和库兹巴斯(炼焦煤基地)都建立了大型钢铁联合企业,取得了较好的经济效果。我国六盘水市与攀枝花市的钢铁联合企业布局亦采用了此模式。　　　　　　　　(胡序威　陈 田)

钟楼　bell tower

见鼓楼(88 页)。

种植设计　planting design

又称植物配置、绿化设计。是利用植物材料来改善和美化环境的学科。其研究和应用范围很广,大至城市、区域,小至居住区、工厂、公园或庭园绿地。其历史由来已久,而作为独立学科尚属年轻。

　　　　　　　　　　　　　　　　(沈 洪)

种子植物　spermatophyte

具有种子的植物,是进化过程中发展到最高等的植物。园林植物中的绝大多数均属此类。植物学按种子有无包被又区分为被子植物和裸子植物。被子植物又按子叶数区分为单子叶植物和双子叶植物。园林中常见的裸子植物如银杏、松、柏,单子叶植物如竹、棕榈,双子叶植物如槐、榆、杨等。区分种子有无包被,须详察其花器官,而单子叶植物与双子叶植物通常还可以按叶脉呈平行或网状来加以区别。裸子植物的子叶数不定,有二个、三个或三个以上,故子叶为三个以上时可断定为裸子植物。

　　　　　　　　　　　　　　　　(沈 洪)

重力输配　gravity supply

借助位能和重力作用并通过河渠或管道将水或液体送到用户的一种输送方式。它具有节省能源、运行成本低的优点。　　　　　　(唐炳华)

zhou

州桥

北宋东京(开封)城中,中央干道御街跨越汴河的桥梁。据《东京梦华录》载:"皆低平不通舟船""其柱皆青石为之,石梁、石笋楯栏,近桥两岸皆石壁雕镌海马水兽飞云之状,桥下密排石柱,盖车驾御路也"。近年在开封已发现其遗址。　　　(董鉴泓)

周边式布局　peripheral layout

将住宅沿一个街坊或一个组团用地的四周布置。因此,住宅的朝向有南北向,也有东西向。是住宅规划布置时的一种方式。优点是:用地省,可以形成较大的中心空地。缺点是:有相当比例的东西向住宅,住宅单体设计时需特殊处理。　(严 正)

周礼·考工记

春秋末期齐国的工艺官书。西汉河间献王,以《周礼》六篇中佚《冬官》一篇,将《考工记》补入,所以后世也称《周礼·冬官》。该书记述周代城市,建筑的制度等,其中关于城制有一段记述:"匠人营国,方九里。旁三门。国中九经九纬,经涂九轨。左祖右社,面朝后市。市朝一夫。"公认为我国关于都城建设制度的最早论述,对后代都城规划有很大影响。

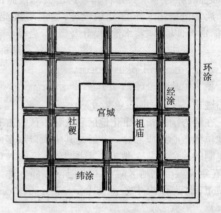

　　　　　　　　　　　　　　　　(董鉴泓)

周密(1232~1298 年)　Zhou Mi

宋元间文学家。字公谨,号草窗,又号萧斋,晚年又号弁阳老人、弁阳啸翁、四水潜夫。先世居山东济南,宋室南渡,家迁浙江吴兴,置业于弁山之阳。密父晋,为富春县令,富于收藏,工诗词,尤深于文献故实。密幼承家教,少以才俊见称,后入荫而官。入元不仕,移居杭州,以保存故国文献自任,广事采撷,著书数十种。今存者有《武林旧事》、《齐东野语》、《癸辛杂识》、《浩然斋谈雅》、《草窗词》等多种。《癸辛杂识》记载宋元间遗闻逸事,《武林旧事》专记南宋都城临安掌故。这些著作材料丰富,记述确实,都是宋朝野史的重要文献。　　　(乐卫忠)

周转住房　relocation housing

因工程项目需要,安置拆迁户短期使用的住房。住进周转房的拆迁户,当工程完成搬走之后,另一个工程的拆迁户又可以搬入同一栋周转房继续使用。

　　　　　　　　　　　　　　　　(严 正)

轴线　axis

一条无形的直线,作为中心或骨架,贯穿在城市或建筑的构图中。建筑群沿轴线相对地布置形成有一定规律的序列。　　　　　　(郑光中)

轴向发展　axial development

城市沿着交通干线扩展的一种发展方式。其延伸并不是无限的,当城市沿交通干线向外扩展到一定程度时,轴向发展的经济效益明显低于横向发展时,轴向发展的速度就会缓慢下来,城市扩展开始集中在城区内部的调整和轴间空地的填充。随着城市经济实力的不断增强,新的交通干线的开拓,城市发展又被赋以新的活力,再次向外延伸。亦指城市内重要地段、商业、贸易区的建设沿着一线形地带发展的状态。

(陶松龄)

zhu

朱雀大街

隋唐长安城中的南北主干道,也是城市总体布局的中轴线,自皇城中门朱雀门至南城中门明德门,长约 5 316m。宽度据记载为 100 步,发掘实测约 155m,两边有排水明沟。国内外其他一些模仿唐长安规划的城市也将主干道称朱雀大街。如渤海国上京龙泉府,日本的平安京等。 (董鉴泓)

竹类植物 bamboos

禾本科,多年生的常绿植物。有木质化长或短的地下茎,杆木质化,有明显的节,节间常中空。通常按其习性又分为散生和丛生两类。前者的根鞭在适宜的土壤中可向四周不断地快速延伸,长出新的植株,当与其他植物配植在一起时,便产生强烈的种间竞争。而后者的新枝以原植株为中心紧密地聚生在一起,易与其他植物共处。

(沈 洪)

主导产业 leading industry

建立在发挥当地优势基础上的、能显示一个地区产业结构特点及其在全国劳动地域分工中的地位,并对整个地区经济发展的规模、性质、内容与方向等都有重大影响的具有较高专门化水平的产业部门。特点是:规模较大,产品主要外销,与区内其他产业部门有较强的前后向联系和傍侧联系。

(胡序威 陈 田)

主干道

见主干路(275 页)。

主干路 arterial road

又称主干道。联系城市各分区、组团、工矿、市中心、交通枢纽、全市性公共场所的道路。是构成骨架道路网的道路。设计车速高、路面宽、标准高,具有通过高交通量的能力,担负城市主要客货运交通,合理间距通常为 2 000～2 500m。一般采用扩大交叉口的办法提高通行能力。个别流量特别大的主干道交叉口也可设置立体交叉。沿线不宜设置吸引大量人流的公共建筑(特别在交叉口处);不宜成为商业街;街坊出入口应尽量设在侧面支路上。

(秦福生)

主景 main feature

园林空间构图的中心。能体现园林主题,富有艺术上的感染力,在园林景观设计中重点处理,成为观赏视线集中的焦点。如广州越秀公园的五羊雕塑,表现了广州建城起源的历史传说;杭州花港观鱼以金鱼池和牡丹园为主景,体现了"花落鱼身鱼嘬花"的诗意。两例都反映了园林的主题内容。

(刘家麒)

住房 housing

由政府、企业或社会集资建造的成片住宅及其配套设施。工业革命后城市住宅短缺成为严重社会问题,解决居住问题已不仅是家庭和个人的责任。因此百余年来各国政府和社会各方面不同程度地以不同方式介入成片住宅建设。本辞涵义广阔,比住宅包括更多宏观的和社会的内容,常在词组如:住房制度、住房政策、住房金融中采用。 (张守仪)

住房标准

见居住标准(127 页)。

住房补贴 housing subsidy

政府(或机构)给居民(或职工)用以平抑过高房价(或租金)的钱。一些国家规定,给自建住宅的居民(或职工)以造价 10%～30% 的住房补贴;或者给低收入者一定数量的住房补贴,二次世界大战后的一段时期,有的政府给住宅建造商以补贴。以增加住房供给,这也曾叫住房补贴。 (严 正)

住房成本

见住房造价(277 页)。

住房存量

见住房现有量(277 页)。

住房贷款 housing loan

金融机构借贷给建住宅、买住宅人的钱。须付利息。一般利率比市场利率低。有的国家政府银行对低收入者发放无息住房贷款,有的国家政府为建房,买房居民向商业银行申请住房贷款提供担保,以帮助他们获得住房。 (严 正)

住房抵押 housing mortgage

住宅产权所有人以住宅产权为抵押,取得贷款的经济行为。如果住宅产权人不能按协议归还贷款,住宅产权将归发放贷款者。 (严 正)

住房调查 housing survey

对住房的实际情况进行的调查了解。可分为三种:典型调查、抽样调查和住房普查。是了解住房状况的手段,其调查结果是制定住房政策的基础,是搞好住宅规划、设计的条件。 (严 正)

住房短缺 housing shortage

住房供给量小于需求量的现象,一般发生在城市。尤其是农村人口大量向城市迁移的时候。住房短缺不仅使一部分居民的基本生活要求得不到满

足,还会引发其他社会问题。因此,各国政府均十分重视此现象。　　　　　　　　　　　　　　(林志群)

住房分配　housing allocation

住宅从生产者手中到消费者手中的过程。分配的方式因经济体制不同而异。在市场经济条件下,居民用货币到市场上去租、买住宅;在高度集中的计划经济条件下,政府(企业)以实物的形式分配住宅。
　　　　　　　　　　　　　　　　(严　正)

住房供给　housing supply

又称住房供应。住房从建造、分配、交换到使用的过程。强调年建造量。住房供给不足是指每年生产的住房赶不上住房需求的增长。　　(严　正)

住房供应

见住房供给(276 页)。

住房基金　housing foundation

用于住房生产、消费的专用资金。按隶属的主体,可分为三类:政府住房基金、企业(单位)住房基金、个人住房基金。个人住房基金的一种特殊形式叫住房公积金。住房公积金的来源一部分是个人收入,同时,就业单位也相应投入一部分资金,以职工个人名义存入金融机构,所有存款均归职工个人所有,但限制用途,只能主要用于住房方面,用途增多之后就不能叫"住房公积金",而只能叫"公积金"。例如,新加坡实行的是"公积金"制,公积金可用于买房,医疗卫生,养老等方面。　　　　　(严　正)

住房价格　housing price

住房价值的货币表现。由住房价值和市场供需关系共同决定。包括四部分:建造住房所消耗的物质材料的价值;劳动者的报酬;投资利息和税金;利润。　　　　　　　　　　　　　　(严　正)

住房建造量　housing construction put-in-place

某地区,一定时间内,生产的住宅数量。一般以住房套数或平方米为单位进行统计。住房建造量与人口有一定的比例关系,联合国人类居住中心推荐,每千居民每年建十套住宅。这样才能满足经济发展时期居民的住房需要。　　　　　　(严　正)

住房交易　house trading

住宅买卖活动。交易一方用钱或其他利益换取另一方的住宅所有权或一段时间的使用权。
　　　　　　　　　　　　　　　　(严　正)

住房解困　mitigation of housing shortage

在政府领导下,动员社会有关力量解决住房困难户的住房问题。住房困难户分为无房户、危房户、拥挤户、不方便户几种。特别困难的又简称为特困户,如人均 $2m^2$ 住房面积的困难户。　　(严　正)

住房金融　housing finance

住房资金的流通与管理。包括筹集资金、融通资金与资金使用管理等。住房资金的来源主要是三个方面:政府、企业和个人。住房金融既要为住宅的开发建设,也要为住宅的使用消费融通资金。住房金融的方式主要有住房储蓄、住房公积金、住房债券、开发贷款、购房抵押贷款等。　(严　正)

住房耐用年限

见住房使用年限(276 页)。

住房普查　housing census

在某一标定时间,对一个地区内所有居民的住房情况进行的规范化调查,主要形式是:普查员入户填写表格,并辅必要的大量工作。像人口普查一样,是一项大规模的社会工作,需要事先宣传动员、培训准备和事后资料汇总。一般都用计算机进行统计分析,以便得到大量有用的数据。内容包括:住房情况,如住宅型式、结构、面积、质量、设施、产权等和住户情况,如人口、年龄、性别、关系、职业等。
　　　　　　　　　　　　　　　　(严　正)

住房权

见居住权(128 页)。

住房使用年限　service life

又称住房耐用年限。住房在正常维修条件下能使用的年数。不同结构的住房,其使用年限不同。例如:"砖混"结构住房的使用年限一般为 50 年。而钢筋混凝土结构住房的使用年限在 80 年至 100 年左右。由于多种原因,住房不到使用年限就损坏了,而维护很好的住宅可以超过使用年限而正常使用。
　　　　　　　　　　　　　　　　(严　正)

住房淘汰率　ratio of demolished building

一年内拆去的住房和住房总量之比。一般用百分比表示,一个地区每年总要拆除一部分危险、破旧和不适应需要的住宅。经济发展好的时候,这个比例大一点,年景差时这个比例小一点。但从理论上推算,住房淘汰率等于使用年限的倒数,如果这个地区的住房使用年限平均为 50 年,淘汰率就为 2%。
　　　　　　　　　　　　　　　　(严　正)

住房(体制)改革　housing (system) reform

又称住房制度改革。调整、重组住房的分配体制,供给体制和权属体制,建立起一套新的住房制度的过程。住房改革是以调整体制适应社会经济发展为手段来更好地解决住房问题。我国住房改革要增加体制中市场调节的成分,朝商品化方向发展,建立更公平的供给与需求平衡机制。供给方面必须充分发挥中央、地方、集体和个人四方面的积极性,多渠道筹资建房;分配方面要变无偿分配为有偿分配,朝向"自住其力"的方向推进,权属方面要变单一的公有为公有、共有、自有相结合的体制,朝着"居者有其屋"的方向发展。　　　　　　(严　正)

住房问题 housing problems

又称住宅问题。由于人口大量增加,特别是乡村向城镇大量移民所产生的严重住房短缺现象。近年来,也泛指与住房有关的其他问题。例如:住房分配不公,无家可归者等。住宅严重短缺在世界各国先后出现,各国为此作了多种努力。迄今为止,还没有任何一个国家宣称其住房问题已妥善解决。住房问题的产生及其解决涉及社会、经济、文化、科技和政治诸方面,有待综合治理。联合国于1976年在温哥华召开的"人类居住会议",1987年的"为无家可归者提供住房年"。1988年拟定的"2000年全球住房发展战略",都是围绕住房问题而组织的重大国际活动,目的在于了解情况,估量形势,交流经验,改进解决住房问题的政策与措施。 （林志群）

住房现有量 housing stock

又称住房存量。某一地区,某一时间,现有住房总量。指已经分配,为居民使用的住房和空闲房数量。当年竣工,未分配的住房一般称为新增量,或住房增量。住房现有量按平方米或套数统计。 （严　正）

住房需求 housing need

又称住房要求。以居民的消费能力为基础,分析居民将来对住房的需求。是一种经济概念,也称为"有效需求"(DE),反映居民在一定市场价格条件下,购、租房的愿望与能力。有人把住房需求叫做未来住宅的主观需求,以区别于住房需要这种对未来住宅的客观需求。住房要求与住房需要是不同的两个概念,既有区别,又有联系。 （林志群）

住房需要 housing demand

理论上分析居民将来对住房的需要。是一种社会概念,也称为"标定需要"(DN)。根据已有的缺房数量(dp)及其计划消除年限,户口的年增长量(dp)与现有住宅老化的年更换量(df)三者之和可以得出住房需要数量。根据英国住房预测的经验,有两点在分析住房需要时值得注意:①住户增长高峰比人口增长高峰有一个推迟量;②每户人口呈减少趋势。 （林志群）

住房要求

见住房需求(277页)。

住房造价 housing costs

又称住房成本。住房价值一部分的货币表现。它包括建造住房中消耗生产资料的价值,劳动者的报酬、投资利息和税金等。住房造价的单位以"元/m²"计。又称单方造价。造价不包括利润。 （严　正）

住房债券 housing bonds

政府或住房组织为建住宅而发行的一种借钱凭证。购买住房债券在规定时间连本带息偿还。住房债券是一种有价证券,可以在证券市场交易,债券的利率一般是固定的。 （严　正）

住房占用率 occupancy rate

居民已使用的住房套数和地区住房总套数之比。一般用百分比表示,住房占用率加空房率应等于1。 （严　正）

住房折旧 housing depreciation

住宅因使用年数。自然损坏或功能式样过时而引起的价值降低。每一年引起的价值降低的比例叫"折旧率"。折旧率在住宅使用年限内是一个变量,开始大,以后逐年降低。实际应用时,为方便起见,使用平均折旧率。正常维护的住宅的平均折旧率为2%~3%。 （严　正）

住房制度改革

见住房(体制)改革(276页)。

住房状况 housing conditions

住宅和与居住有关设施以及住宅建设的现状。主要由以下指标反映:人均使用面积、住房成套率、千人套增长率、自来水到户率、煤气普及率、住房完好程度、私房比例、居住区人口密度、年竣工住房面积、房价、租金等。 （严　正）

住户

见户(98页)。

住户共有公寓 condominium

一种特定所有制的公寓。住户拥有他所住公寓套房的所有权,并与其他住户分享公共部分(包括门厅、电梯间、室外场地等)所有权。共有公寓管理人或委员会从全体住户利益出发负责公共面积及与全楼有关的维修管理工作,住户为此需向管理人或委员会付费,另外还可支付附加费用以获得他自己套房内的清洁等服务。在西方共有公寓多是非营利性的。购买共有公寓的同时。需签约以明确房主,管理人员,其他有关产权者之间的责权权利关系,以及同住一栋楼的行为准则。 （张守仪）

住宅 dwelling, residence

供家庭居住的人工建造的处所。它是起源最早,建造量最大的一种建筑类型。从远古穴居野处到现代住宅。其内容与形式随社会进步与家庭生活方式的改变而不断发展,并因自然条件和文化背景的不同而有差异。现代住宅设计要考虑用户在物质上和心理上的居住需求,有利身心健康。住宅应是独门独户的,保证安全卫生和私密性。每套住宅内应有供家庭成员合理分室的以及供共同活动的居住空间;有设施完善供炊事、卫生、储藏的其他空间;并保证良好的日照、朝向、通风、隔音、保温、防晒、防风雨等条件。此外,还要参考住宅能适应不同家庭在

不同时期需求和灵活性以利商品化。住宅可按层数多少分类;可按平面布局分类;也可按住户类型分类。 （张守仪）

住宅标准　housing standards

政府对住房条件的规定。从不同角度可分成多种住房标准,例如:住宅建设标准;分配标准;面积标准;质量标准;设施标准;装修标准;住房最低标准;住房一般标准等。 （严　正）

住宅价值工程　housing value engineering

在鉴定住宅使用功能,并确定这些功能价值的基础之上,综合研究以最低价格提供居住功能的学科。 （严　正）

住宅建设资金　housing fund

投入住宅的土地开发、勘察设计、土地施工等项费用的资金。 （严　正）

住宅建筑密度　coverage ratio of housing

又称住宅建筑覆盖率。居住区内住宅建筑基底占地面积之和与居住用地面积之比。一般以百分数表示,反映居住区住宅建筑密集程度和空地率状况,是决定居住区环境质量的主要控制指标,也是居住区规划主要技术经济指标之一。住宅建筑密度按其用地基数不同,可分为毛密度、净密度。即:

$$住宅建筑毛密度 = \frac{住宅建筑基底占地面积之和}{居住用地总面积}$$

$$住宅建筑净密度 = \frac{住宅建筑基底占地面积之和}{住宅用地总面积}$$

住宅建筑密度通常指净密度,主要取决于住宅层数、间距与绿地率等空间环境要求。 （吴　晟）

住宅建筑面积密度　density of housing floor area

居住区内单位用地上所容纳的住宅建筑总面积。计算单位为 m²/万 m²(或万 m²/万 m²),是反映居住区土地利用效率和居住区开发建设经济效益的主要指标,也是居住区规划主要技术经济指标之一。住宅建筑面积密度按其不同的用地基数可分为毛密度和净密度。毛密度为单位居住用地上所容纳的住宅建筑总面积;净密度为单位住宅用地上所容纳的住宅建筑总面积。即:

$$住宅建筑面积毛密度 = \frac{住宅建筑总面积}{居住用地面积}$$

$$住宅建筑面积净密度 = \frac{住宅建筑总面积}{住宅用地面积}$$

住宅建筑面积密度主要取决于住宅层数、不同地区所处地理纬度及气象、气候条件相关的日照间距要求、用地条件以及住宅建筑的平面形式与布置方式等。其中住宅建筑面积毛密度还与居住区的规模大小,道路、公共绿地以及公共设施的配套等级的不同

直接相关,一般情况下,在同一地区居住组团的毛密度大于小区(万人左右)的毛密度,小区的毛密度大于居住区(3.5 万人左右)的毛密度。 （吴　晟）

住宅绿化　home greening

围绕着住宅内外环境的绿化措施和效果,包括住宅前后庭园的绿化,住宅墙体的垂直绿化、阳台窗台的绿化装饰,室内的自然点缀。现代住宅绿化的要求和内容得到发展,植树、种花、引水、养鱼、盆栽等成为提高居住环境、美化生活、增添情趣、陶冶情操的一种方式。 （李铮生）

住宅社会学　housing sociology

社会学的一个分支学科。它着重从社会学角度,运用社会学的理论和方法对住宅建设与居住环境作宏观研究,研究领域广阔,主要有:各重大社会经济因素如人口、家庭、工作、消费、交通等等与住宅建设的相互关系;住宅发展预测;住宅建设及环境质量的社会效益问题等。住宅社会学与建筑学、城市规划学、经济学、人口学、心理学、生态学等诸学科关系密切,相互有交叉,重大课题常需从多方面进行综合研究才能取得较全面的成果。有关住宅社会问题的研究可上溯到 19 世纪,但其内涵百年来有了很大发展。20 世纪 60 年代后住宅社会学的重要性更逐渐为人们所认识,1978 年国际建筑研究与文献委员会成立了住宅社会学工作委员会。简称 CIB 第 69 工作委员会。我国 20 世纪 30 年代已有一些城市住宅社会问题的小规模调查研究,在 20 世纪 80 年代建立了住宅社会学研究的专门组织。 （张守仪）

住宅问题

见住房问题(277 页)。

住宅组团　housing cluster

城市小规模的生活居住用地。以几栋住宅楼围合的生活居住范围,占地约 2 万 ~ 3 万 m²,居住1 000 ~ 3 000 人。设有托儿所、居委会、小杂货店等服务设施。 （严　正）

柱廊园　peristyle

指希腊一种以柱廊相围的宅园。是在原有欧洲庭园的基础上受到西亚造园影响的一种形式。它有明显轴线。把四面柱廊以内的居室和绿化串联在一起,廊内有描绘林泉花鸟的壁画,造成幻觉,达到远望扩大空间的效果。国内种植葡萄和花果,配置喷泉和雕像,有的在柱廊外设林阴道,小院,称为绿廊(xystus),面积占全部宅地的三分之一。

（章敬三）

筑波科学城　Tsukuba Academic New Town

距日本首都东京东北 60km 的科学城。为集中加强国家级科研开发能力,并疏解东京的职能,于1963 年决定修建,1968 年开始建设。科学城东南方

有成田国际机场,区内自然条件优越。科学城规划总人口 20 万,其中学园区 10 万人。学园区用地南北长 18km、东西宽 6km,面积约 27km²。城市有明确的分区。占地为学园区用地一半以上的科研及教育机构按不同性质相对集中,分别布置在学园区及其周围。在学园区中部南北长 2.4km、东西宽 300～500m 地段上,分别布置了行政管理、大学、科技交流、社会文化及商业中心,为全市居民服务,并用城市步行系统中的主要步行道作为轴线将这些活动组织起来。学园区内的住宅建筑密度及层数较高,低层低密度的住宅多分布在郊区。至 1985 年人口已达 15 万,其中学园区人口将近 5 万。

图例
文教机构
建设机构
理工研究机构
生物研究机构
公关研究机构

(陈保荣)

筑山庭 tsukiyama-tei, hill garden

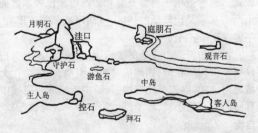

日本的一种有山水之景的庭园类型。要有较大的面积,常有 3～4 个山头,一个瀑布从山间流出,一泓流水,几组置石,还有岛、桥等,其布置有一定格局,早在《作庭记》中就有讲述。 (李铮生)

筑台 building on terrace

在山地、坡地建房的一种处理手法,即对坡地进行开挖和筑填,使其形成一个平整的台地,再在台地上修造建筑。 (严 正)

zhuan

专类公园 specified park

以某种使用功能为主的公园绿地。如动物园、植物园、儿童公园、体育公园、文化公园、科学公园等,或以某种植物、花卉作为观赏和研究的园林绿地,如盆景园、药草园、牡丹园、兰园等。

(李铮生)

专业化职能城市 specialized city

专业化部门明显,只有一个或少数几个部门具有区际意义的城市。专业化部门单一、职能强度高、城市规模相对较小(视专业化部门不同而有差异)是这类城市的共同特点。钢城鞍山、石油城大庆、汽车城十堰、铁路枢纽城市怀化、风景旅游城市五大连池等即为此类城市的典型。 (周一星)

专业性铁路车站 specialized station and yard

以办理某种技术作业或工作内容为主的铁路车站。有编组站、货运站、客运站等。 (宗 林)

专业作业区

见作业区(284 页)。

专用车道 reserved lane

为提高道路的通行能力,使车辆快速通过,在道路上划出专供某种交通需要的车道。有直行、左转、右转车道;公共汽车车道;小汽车车道;超车车道;自行车车道等。 (李峻利)

专用绿地 exclusive green space

又称附属绿地。专属某一单位使用管理的绿地。一般不向公众开放。如苗圃、花圃、果园以及学校、医院、工厂、机关、科研机构使用的绿地。各专用绿地按其使用性质和规模有各种布置的要求和方式,但均应以突出绿色植物为主要原则。

(李铮生 金经元 魏士衡)

专用线 siding, private line

与铁路网线路连接,通向工厂、矿山、仓库、码头、机场等企业专用的铁路线。它可以为一个单位专用,也可由几个沿线单位共用。专用线不包括在铁路网线路之内,一般应从路网的车站上接轨。

(宗 林)

转盘式交叉

见环形交叉(103 页)。

转弯半径 turning radius

又称缘石半径。车辆转弯时弧线所需的半径,尤指连接相交的两条城市道路的平曲线半径。在城市道路交叉口处,为使右转车辆能以一定速度安全、平顺地通过,需将转角处的缘石按曲线布设,其大小视道路性质、设计车辆的类型、设计车速等而定。

（李峻利）

转业费 re-employment cost

又称安置费。被征用土地的农民转换工作所需要的费用。例如征用了一个生产队的全部土地,再建一个工厂来安置生产队的农民。建厂投资就是征用这片土地的安置费或转业费。 （严　正）

转租 sub-lease

承租人以其承租的全部或一部分房屋的使用权交换第三者的其他利益。在我国,公有住房是不允许转租的。 （严　正）

zhuang

装卸作业区

见作业区(284 页)。

zhuo

拙政园

我国江南古典园林的代表作品。在江苏苏州东北街。明正德年间(公元 1506～1521 年)始建,苏州四大古名园之一。园名出自晋代潘岳《闲居赋》中"灌园鬻蔬,是亦拙者之为政也"一语。今园包括三部分:中部的原"拙政园"、西部的旧"补园"和东部的"归田园",面积约 1.87 万 m^2。布局以水为主,水面约占五分之三。池水南侧为住宅建筑和庭院;临池是厅堂。东西回廊沿池半院。池中以土山分隔成洲岛,北面池水环岛成流。此外,山石、树木、建筑布置比较疏朗自然,布局采取分割空间、利用自然,对比借景的手法;因地造景,景随步移。

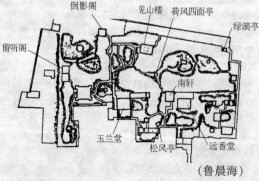

（鲁晨海）

拙政园图

见王氏拙政园记(226 页)。

资金密集型产业 capital intensive industry

产品成本中物化劳动消耗所占比重较大的产业,如冶金工业。特点是生产占用的资金较多,劳动力较少。 （谢文蕙）

资源待开发区 resources unexploitive region

蕴藏着丰富的自然资源,但由于客观条件的限制,尚未进行大规模开发的区域。有些已经进入开发的准备阶段,正在加紧基础设施建设和人才培养,成为国家基本建设投资的重点;有的尚未进入开发的准备阶段。 （胡序威　陈　田）

资源丰度 enrichment of resources

各类资源的富集和丰裕程度。为资源的自然属性。评价指标分绝对量与相对量两类。前者如矿产储量、森林蓄积量等;后者如人均水资源量、亩均水资源量等。它可决定资源的开发规模和利用程度。

（胡序威　陈　田）

资源配置 resource allocation

生产要素在不同区域之间或某一区域内各产业部门之间的分配使用的比例状况。一定时期内,一国或某一地区生产要素(如土地、资金、劳动力、技术装备及管理人材)的总供给是有限的,分配使用方案不同,则因投向地区或产业部门原有的经济基础及资源组合特征的差异,而产出不同的经济效益和社会效益。追求资源的合理配置和最优配置始终是经济管理和区域规划的最终目标。

（胡序威　陈　田）

资源与环境信息系统

见地理信息系统(56 页)。

资源转换型模式 resources transform model

立足于区内资源的转化而带动区域经济发展的模式。通常适用于自然资源和矿产资源比较丰富而生产力水平又比较低的地区。（胡序威　陈　田）

子城 inner city

古代州府城市或地区统治中心城市中衙署等行政领导机构所在地,四周围常筑墙围绕,一般多在大城之内。如"南宋平江府城图碑"中所绘苏州府城中有府衙所在的小城,即子城。 （阮仪三）

自贡 Zigong

位于四川省南部,生产井盐已有两千年历史。现存有南北朝时大公井遗址,有的清代盐井仍在生产,木构井架高大壮观。在大山铺出土大量恐龙化石,为"恐龙之乡",建有恐龙博物馆。文物古迹有西秦会馆,王爷庙、恒侯馆、镇南塔等。手工艺彩灯著称,建有彩灯展览馆。为第二批国家级历史文化名城。自贡城区人

口 39.8 万(1991 年末)。有铁路与成渝铁路相接。有化学、机械等工业。 （阮仪三）

自建住房 owner-built house

又称个人自建房。国家或集体提供土地,个人提供财力。物力和人力而建造的住房,自建住房的产权归个人私有。我国对城镇个人自建住房从政策上给予鼓励,并给予一定量的财力、人力支持;从管理上强调有组织的个人建房,不能超过一定建筑面积的标准,并要服从城镇规划。 （严 正）

自来水工程

见给水系统(110 页)。

自留地 self-retained land

国营农场或乡、村政府按照统一的标准分配给每户居民自己耕种的土地。所有权属于集体,居民只有使用权。自留地上生产的粮食、蔬菜及禽畜产品除自用外,可以出售。 （金大勤）

自明性

见可识别性(134 页)。

自然保护区 nature reserve district

为了保护自然,对具有代表性的自然生态系统、特有的珍稀动植物分布区、水资源涵养区、重要的自然风景区、有特殊意义的地质构造、地质剖面和化石产地,需要加以特殊保护和管理而划定的一定地域。按保护的性质、特点可分为:科学保护区、国家公园、天然风景区、资源保护区、生物圈保护区、世界遗产地、综合保护区等。除科研、教学需要之外,一般不对游人开放,或划出部分区域供游览用。到 1989 年底,我国已设的自然保护区中,广东鼎湖山、吉林长白山、四川卧龙、内蒙古锡林格勒草原已加入联合国教科文组织《人与生物园》的自然保护网。

（胡序威 陈 田）

自然村

见基层村(108 页)。

自然公园 nature park

日本由《自然公园法》规定的优美的自然风景地区。1957 年日本制定了《自然公园法》,规定了"在对优美的自然风景地区进行保护的同时,增进对它的利用,以利于国民的保健、休养及文化教育的目的,划出一定的区域。"经过相应的法律手续,即可指定为自然公园。自然公园又分国立公园、国定公园和都道府县立自然公园三级。 （刘家麒）

自然环境 natural environment

城市周围总的自然境况和城市内部历史形成的地形、水域、树木植被等自然境况。 （黄富厢）

自然监视 natural surveiliance

人们在日常活动中,对环境的监视作用。为发挥自然监视作用其基本手法是建筑规划布局,门窗位置安排都要便于居民从室内看到室外,这样不仅可监视外来人进入,同时让居民感到那里是安全的,因而经常使用那地方。由于活动的人多,就可对犯罪分子起威慑作用。当然,设计好门前半公共场地以吸引更多的人停留,也是常用手法之一。如果街道上日夜有人行动和巡逻,应使房屋面向街道,以利用街道起自然监视作用。 （张守仪）

自然景物 natural scenic object

风景名胜资源中由自然产生形成的景象和事物。包括山岳、峡谷、熔岩、岩溶、冰川、火山、海蚀、岛屿等特殊地貌、典型地质现象和地质剖面等;江河、湖海、溪潭、瀑布、泉源等水文景物;野生动植物、森林、草原、古树、名木、观赏花木等生物及其生态环境;日出、彩霞、云海、雪景、佛光、海市蜃楼等天文和气候景象。 （刘家麒）

自然平衡

见生态平衡(200 页)。

自然区划界限

见天然界限(218 页)。

自然式园林 natural garden

又称风景式园林。以模仿自然为主,不要求对称严整的园林。其特征是:地形断面多为缓和曲线,模仿自然山丘坡地或利用自然地形,不作大的人工改造;水体多为自然岸线,形成河湖、池沼、溪流、泉瀑等,驳岸用自然山石堆砌或斜坡草皮护岸;建筑物不用轴线对称;道路为自然曲线;植物不用对称行列种植,反映自然界植物群落错落之美,不用修剪绿篱和毛毡花坛;园林景物多采用峰石、假山、盆景等来丰富园景,较少用雕像。这种形式较能适合大面积有山水地形起伏地区,建造和养护费用较低。

（刘家麒）

自然灾害调查 survey of natural calamities

使环境质量下降,或有害于人类或其他生物的正常生存和发展的某些自然现象,如地震、火山爆发、冰雹、暴风雨、海啸等,对它们的发生、发展的机理及其危害程度等进行查访、记录、研究等。

（朱祖希）

自然增长率法 natural growth-rate method

根据人口的自然增长速度进行人口预测的一种方法。可按下述公式推算未来一定时期的人口规模。

$$P_n = P_0 \times (1 + K)^n$$

式中 P_0——预测基期的人口数;

K——年自然增长率;

n——基期至预测期的年度数。

该方法计算比较简便,是在预测精度要求较低或粗算未来人口规模时较为常用的方法。在城市规划中

主要应用于城市人口自然增长的预测。(查 克)

自然资源 natural resources

指存在于自然界、当前或可预见的将来能为人类利用并产生经济价值的自然环境因素和条件。通常包括矿物资源、土地资源、气候资源、水资源和生物资源等。还可分为可再生资源,如水力、太阳能、水资源、地热等;可更新资源,如动、植物资源等;不可再生资源,如煤、铁等矿产资源。 (胡序威)

自然资源保证程度 ensurement degree of natural resources

简称量保度。一定地区内主要自然资源满足社会和经济发展需要的程度。衡量指标有两类:①自然资源满足当前需要量的程度,亦可理解为自然资源在适当开采强度下的服务年限,可作为决定工程可行性研究和厂址选择的依据。②对远景社会经济发展需求量的保证程度,即预测资源的远景需求量。如人均资源占有量、平均单位面积资源拥有量。

(胡序威 陈 田)

自我实现 self actualization

一种人类的行为动机。属于美国著名心理学家马斯洛(A. Maslow)的需要层次理论中最高层次的一个概念。即每个人都有最大限度地发挥自己聪明才智尽力表现自己能力的需要。 (梅保华)

自我意识 self-consciousness

自己对于所有属于自己的一切身心活动的觉察,以及对自己与周围事物关系的认识。包括自我观察、自我评价、自我体验、自我监督、自我教育、自我控制等形式。是具有社会性的主观与客观的统一。 (梅保华)

自行车道系统 cycle track network

专为自行车或自行车及行人通行而设置的道路网络及其设施的总称。自行车道路按功能可分为:自行车行人专用道、自行车道、自行车行人道等,按用途可分为:自行车安全道、自行车旅游道路。我国自行车拥有量大,自行车交通发达。目前城市道路中均采用两侧设置非机动车道的办法供自行车行驶,专门的自行车道路还不多。 (秦福生)

自行车拥有率 bicycle ownership ratio

城市、地区或国家中在用的自行车数量与常住人口数量的比值。单位为辆/人。其值主要受国民经济发展水平、居民的生活习惯和国家交通政策的影响,也影响交通的状况。 (陈景润)

自选市场

见超级市场(22页)。

自由式布局 free-style layout

住宅规划布置时的一个方式,没有任何特定的规律,规划人员根据自然地形和其他条件自由安排

住宅。 (严 正)

自有住宅

见屋主自住住宅(233页)。

zong

综合城市经济学 comprehensive urban economics

指综合宏观分析与微观论证的城市经济学理论,把城市化规律和城市经济政策作为研究对象。结合当代城市人口高密度的特点,围绕大城市圈所产生的经济社会问题。分析市场机制对城市经济的影响。强调城市经济学应遵循客观社会经济规律。主要代表作有日本山田浩之著的《城市经济学》。

(谢文蕙)

综合分析法

见综合平衡法(283页)。

综合公园 multi-purpose park

能满足多方面需求的大型园林。城市园林绿地系统的重要组成部分,是群众游憩、观赏、文化娱乐的重要场所,应有大片的绿地和相应的设施。按其市、区不同级别的划分而考虑其位置、规模和内容。常按其内容和功能划分观赏游览区,安静休息区,儿童活动区和文化娱乐区等,以满足多方面的要求。要利用自然山水的有利条件和创造美好的绿化环境,把植物、水体、山石等自然因子与建筑、道路等人工设施和谐地组合起来要保证有足够的绿化面积,大型综合公园还要考虑大量游人出入和与城市交通的关系。 (李铮生)

综合管道 common pipeline tunnel

又称总管道、共同沟。容纳多种不同性质、不同专业管线的地下沟道。综合管道主要是为了解决地下管线的施工、维护检修与现代城市交通和市容环境的矛盾而修建的。根据维护、运行管理的不同需要,综合管道内需设置相应的通风、防火、降温、照明、排水、防潮、防爆、事故报警等设施。

(唐炳华)

综合规划 comprehensive planning

关于城市建设发展的目标和政策的纲领性文件。它比传统的城市总体规划涉及更多领域,包括城市在经济、社会、环境、文化以及节约能源等方面,主要确定城市的性质、规模、发展的各项目标以及达到目标的方针政策和措施,对城市建设发展起宏观、综合的指导作用。 (陶松龄)

综合开发 comprehensive development

在城市规划的指导下,由城市政府统一征用土地,并组织有关开发单位,根据批准的开发方案,按

照"先地下、后地上"的原则，配套进行房屋、各项市政公用和生活服务设施建设的开发方式。国家要求今后城市建设要实行"统一规划、合理布局、综合开发、配套建设"。实践表明，实行综合开发，有利于按照城市规划配套地进行建设，节约用地，充分发挥投资效果。《城市规划法》规定："城市新区开发和旧区改建必须坚持统一规划、合理布局、因地制宜、综合开发、配套建设的原则"。　　　　　　　　（陈为邦）

综合平衡法　combined balance method

又称综合分析法。分别分析人口的自然增长和机械增长的趋势，并加以综合平衡，推算城市人口规模的一种方法。采用此法时要根据人口发展变化的规律，充分考虑人口自身的发展趋势和城市内、外部因素对城市人口发展的影响和要求。其计算方法可以简单地用下式表示：

$$P_n = P_0 + P_自 + P_机$$

或　　　　　$$P_n = P_0 \times (1 + K_自 + K_机)$$

式中　P_n——预测的第 n 年的人口数；

　　　P_0——基期人口数；

　　　$P_自$——规划期内自然增长的人口；

　　　$P_机$——规划期内机械增长的人口；

　　　$K_自$——年自然增长率；

　　　$K_机$——年机械增长率；

　　　n　——基期至预测期的年度数。

该方法计算比较简便，直观性强，是近年较为普遍采用的城市人口预测方法。　　　　（查　克）

综合区　mixed-use district

一般指城市中一种多功能的工作居住用地。综合区具有一定的规模和相对独立性，能就近完成就业和居住生活的各项功能。按工作性质划分，综合区有：工业居住综合区；商业居住综合区；办公居住综合区等。　　　　　　　　　（严　正）

综合性铁路车站　multi-function station

进行多种技术作业与工作内容的铁路车站。可办理列车会让、越行、调车、客运、货运等多种业务的车站。如中间站、区段站。　　　　（宗　林）

综合性职能城市　multi-function city

专业化部门不很明显，有多个部门具有区际意义的城市。共同特点是城市的劳动力构成与平均状况相近，没有职能强度很高的部门。然而城市的规模跨度可以很大。从规模很大的全国性、大区级和省区级的中心城市，到规模较小的地区级或县域的政治、经济、文化中心都可能属于该类城市。

　　　　　　　　　　　　　　　（周一星）

综合运输　comprehensive transportation

又称综合运输体系(网)。综合利用和发展铁路、水路、公路、航空、管道等多种运输方式所形成的交通运输体系。目的是最大限度地发挥各种运输方式的优势，建立最切合社会需要的、效率最高的、劳动消耗最小的运输体系。在城市中，要将综合运输多种方式与城市交通方式结合构成城市交通系统，以加强城市运输能力。　　　　　（宗　林）

综合运输体系（网）　comprehensive transportation system（network）

见综合运输（283 页）。

综合治理　comprehensive remedy

组织各方面力量解决城市社会经济问题的途径和过程。具体做法是充分发挥制度优越性，在统一领导和组织下，各部门、各专业、各学科，针对问题，运用所长，各展其能，协同作战，相互配合，解决问题。这是由现代城市的客观特性所决定的重要方法。　　　　　　　　　　（梅保华）

总出生率

见出生率（44 页）。

总管道

见综合管道（282 页）。

总结婚率

见结婚率（120 页）。

总生育率

见生育率（200 页）。

总死亡率

见死亡率（212 页）。

总体规划　master plan, general plan

一定期内整个城市发展的综合布局。根据城市规划纲要，综合研究和确定城市性质、规模、容量和发展形态，统筹安排城乡各项建设用地，合理配置城市各项基础工程设施，目的为保证城市每个阶段的发展目标、途径、程序的优化和布局结构的科学性，引导城市合理发展。　　　　　　（陶松龄）

总体规划图　master plan, general plan

城市总体规划期内的城市物质环境发展规划图。是城市总体规划的主要图纸。主要表明规划期内的城市各类主要用地、公共设施和基础设施与系统的建设发展位置与范围，表示城市总规划的基本思想和内容，其表示形式要易于为公众理解，作为指导和控制城市发展的依据，也是编制各单项工程规划和详细规划的基础。　　　　　　（刘博敏）

ZU

租户　tenant, lessee

又称承租人。通过租赁契约对房屋或土地取得一段时间使用权的人。　　　　　（严　正）

租界　foreign settlement

帝国主义国家根据不平等条约在中国境内强占的地区。由帝国主义国家实行行政管辖,并享有治外法权。在上海有英租界、美租界(后合并称公共租界)、法租界。天津有英、德、日、俄、奥、意等八国租界。汉口、广州等城市均有。 (董鉴泓)

租赁保证金　deposit

为保证租赁行为按合同执行,出租物品方向租用物品方在租赁期内收取而租赁结束时退还的现金、贵金属等。如果租用品在租赁期间被损坏,出租方可以用保证金来支付修理费或抵偿损失。

(严　正)

组景　landscape organizing

风景区规划和建设中,通过导游线把景物、景点组织起来,形成起、结、开、合的序列,动观与静观结合,奥与旷的空间变化。风景区中的景物大多是自然和历史形成的,不同于城市公园的人工造景,通过有意识地把自然景物和历史人文景物组织起来,可以给游人以良好的空间感受。 (刘家麒)

组团式布局　layout in clusters

将3至5栋住宅楼成组、成团地安排在一起,形成一个相对独立的组团或院落的住宅规划布置的一种方式。有利于形成半公共空间。 (严　正)

zui

最佳城市规模　optimum city size

见城市合理规模(30页)。

最优区位　optimum location

人类活动按一定目标选择的达到最佳效果的空间位置。一般依据费用最小或利润最大原则来选择。由于影响区位经济效果的变量因素较多,应用多变量系统分析方法寻求最优区位日益受到重视。

(胡序威　陈　田)

醉白池

清顺治年间(1644~1661年)工部主事顾大申所建。园址在上海松江县松江镇西南。园名,取自北宋大诗人苏东坡《醉白堂记》。全园面积约6万多平方米。布局以池水为主。环池三面皆曲廊亭榭。园内多植樟、女贞、桂等古树。 (鲁晨海)

zun

遵义　Zunyi

位于贵州省北部川黔交通线上,唐置县,明、清为府治。1935年1月,中国工农红军长征途中,在这里召开了中国共产党中央政治局扩大会议,确立了毛泽东同志在全党的领导地位,在中国共产党历史上有重大意义。革命纪念地有遵义会议会址、毛泽东旧居、红军坟、娄山关等。古迹有桃溪寺、护国寺、湘山寺、杨粲墓等古迹。为第一批国家级历史文化名城。遵义市区人口27万(1991年末)川黔铁路经此,为黔北重镇,贵州省第二大工业城市,工业有机械、冶金、化肥、电器、纺织等。 (阮仪三)

zuo

作业区　working area of port

全称装卸作业区或专业作业区。根据货物种类、吞吐量、货物流向、船舶类型、陆上交通线等共同因素在港口内划分的有一定专业性的货物装卸区域。合理划分货物装卸区,能便于仓库、堆场、装卸机械的充分利用,提高效率,发挥最大的效益。

(宗　林)

外文字母·数字

CBD

见中央商务区(273页)。

CMSA

见结合大都市统计区(120页)。

MARS 伦敦规划　MARS London Plan

1942年由伦敦现代建筑研究学会(MARS)的一组建筑师所制定的伦敦总体规划。其特点是采用了一个经过精心推敲的交通规划,把受德国空袭后的伦敦划分为从中央轴南北向伸出的16个触角式的生活居住用地。城市呈指状发展,是带形城市的一种变种。 (沈玉麟)

MSA

见大都市统计区(48页)。

PMSA

见基本大都市统计区(107页)。

SCSA

标准结合统计区,见结合大都市统计区(120页)。

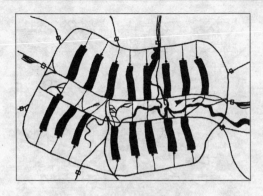

MARS 伦敦规划

SMSA

见大都市统计区(48页)。

1935 年莫斯科总体规划 Moscow master plan, 1935

1935 年前苏联政府批准的莫斯科改建总体规划。它否定了把现有城市当作历史遗留下来的博物馆加以保存,而在它的外围另建新城;也否定了拆除现有城市而在原地按全新的计划建设新城的建议,采用了从保护历史上现存的城市基础出发,用整顿城市街道和广场系统的方法,进行改造规划。规划的主要特点是:①保留历史形成的同心圆加放射式布局基础,疏散稠密人口、确保充足水源。②禁止在莫斯科新建工业企业,人口控制在 500 万,扩大城市用地,从 285km² 扩大到 600km²。③在市区外围建立 10km 宽的森林公园带,分出 8 条绿带楔入市区,并与市区各公园组成不间断的绿化系统。④发展包括地铁在内的公共交通,市郊铁路电气化。利用天然气,建设热电站,开辟新水源。⑤把莫斯科变为港口,用运河与白海、波罗的海、黑海、里海连接起来。⑥使广场、干道、滨河路、公园达到统一的艺术布局。   (沈玉麟)

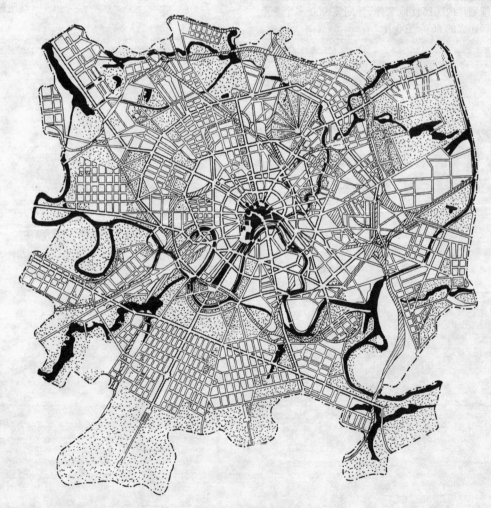

1935 年莫斯科总体规划

1971 年莫斯科总体规划　Moscow master plan, 1971

　　继 1935 年、1950 年两次总体规划之后,于 1971 年批准的莫斯科城市总体规划第三稿。规划期限为 25~30 年,远景人口不超过 800 万。市区总面积为 878.7km^2,并保留环外 100km^2 备用地。新规划有两个基本特点。一是城市规划结构从单中心演变成多中心,即划分成 8 个规划片。二是综合考虑社会、经济和技术诸方面问题,相应地制定了地区和郊区的规划。8 个规划片中的每片人口规模为 65 万~134 万。片内都有各自的市级公共中心,并做到劳动力和劳动场所的相对平衡。每个规划片又分成 2~5 个人口从 25 万至 40 万的规划区。规划区内又分成若干居住区、生产区、公共中心、公园、体育综合体等等。居住区规模为 3 万~7 万人。城市干道由十几条主要放射路和 6 条环路组成。城市绿化以 2 条绿化环和 6 条楔形绿带渗入城市中心。为逐步解决规划片内居民就地工作,计划将 900 多个企业迁入新建立的 66 个工业片。

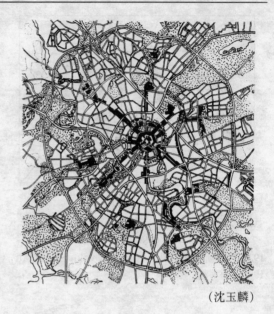

（沈玉麟）

词目汉语拼音索引

说　明

一、本索引供读者按词目汉语拼音序次查检词条。

二、词目的又称、旧称、俗称、简称等，按一般词目排列，但页码用圆括号括起，如(1)、(9)

三、外文、数字开头的词目按外文字母与数字大小列于本索引末尾。

词目汉字笔画索引

说　明

一、本索引供读者按词目的汉字笔画查检词条。

二、词目按首字笔画数序次排列；笔画数相同者按起笔笔形，横、竖、撇、点、折的序次排列，首字相同者按次字排列，次字相同者按第三字排列，余类推。

三、词目的又称、旧称、俗称简称等，按一般词目排列，但页码用圆括号括起，如(1)、(9)。

四、外文、数字开头的词目按外文字母与数字大小列于本索引的末尾。

[ㄱ]

七画

[一]

十画

十二画

[一]

[丨]

[丿]

十三画

词目英文索引